国内外重金属污染防治管理系列丛书

中国涉汞政策法规标准汇编

环境保护部环境保护对外合作中心

中国环境出版社·北京

图书在版编目（CIP）数据

中国涉汞政策法规标准汇编/环境保护部环境保护对外合作中心. —北京：中国环境出版社，2013.8
ISBN 978-7-5111-1518-8

Ⅰ. ①中… Ⅱ. ①环… Ⅲ. ①汞—污染控制—标准—汇编—中国 ②环境保护法—汇编—中国
Ⅳ. ①X506-65②D922.689

中国版本图书馆 CIP 数据核字（2013）第 155164 号

出 版 人	王新程
责任编辑	茆京来
责任校对	唐丽虹
封面设计	陈 莹

出版发行	中国环境出版社 （100062 北京市东城区广渠门内大街 16 号） 网 址：http://www.cesp.com.cn 电子邮箱：bjgl@cesp.com.cn 联系电话：010-67112765（编辑管理部） 发行热线：010-67125803，010-67113405（传真）
印 刷	北京市联华印刷厂
经 销	各地新华书店
版 次	2014 年 1 月第 1 版
印 次	2014 年 1 月第 1 次印刷
开 本	889×1194 1/16
印 张	37
字 数	1100 千字
定 价	196.00 元

编辑委员会

序　言

铅、汞、镉、铬和类金属砷等重金属污染物具有显著的生物毒性，在环境中无法自然降解，对大气、水体、土壤、生物造成的污染具有长期性、累积性和不可逆性，威胁人体健康和环境安全。

为防控和减轻全球汞污染，2009年联合国环境署提出制订具有法律效力的汞污染防治公约计划。我国是汞生产和消费大国，积极参与政府间谈判，发挥了建设性作用。2013年10月，我国签署《关于汞的水俣公约》(以下简称《水俣公约》)，同其他91个国家一道成为首批签约国。《水俣公约》是继《关于消耗臭氧层物质的蒙特利尔议定书》、《关于持久性有机污染物的斯德哥尔摩公约》之后又一个对发展中国家具有强制减排义务的限时公约，对于控制全球汞污染具有重要意义。

党中央、国务院对重金属污染防治问题高度重视，中央领导多次做出重要批示和指示，要求加大力度，让人民群众尤其是儿童远离重金属污染的危害。国务院批复《重金属污染综合防治“十二五”规划》，中央财政设立重金属污染防治专项资金。经过综合整治，超过80%的铅蓄电池企业被取缔关停，2012年铅、汞、镉、铬、砷等五种重点重金属污染物排放量与2007年相比有所下降。但是，我们也清醒地认识到，我国重金属污染防治还存在政策法规不健全、研发基础薄弱、核心技术缺乏、防治意识淡薄等诸多问题，亟待采取有效措施加以解决。

积力之举无不胜，众智之为无不成。做好重金属污染防治工作，需要有关部门、地方政府、科研机构和工业界携手共同努力。经认真调研、收集并梳理，环境保护对外合作中心编纂《中国涉汞政策法规标准汇编》，系统汇总了国内外重金属管理的政策法规标准，条理清晰，内容翔实，将为推进重金属污染防治工作提供技术支持和有益借鉴。

希望从事重金属污染防治工作的同志们，认真贯彻落实中央决策部署，以生态文明建设为统领，以建设美丽中国为目标，以履行《水俣公约》为契机，秉持民生为要、环保为民的理念，积极探索环境保护新路，打好重金属污染防治攻坚战和持久战，为切实维护人民群众身体健康和社会和谐稳定作出新的更大贡献！

2013年11月7日

目　录

第一章　综合政策法律法规

中华人民共和国水污染防治法

（1984年5月11日第六届全国人民代表大会常务委员会第五次会议通过　根据1996年5月15日第八届全国人民代表大会常务委员会第十九次会议《关于修改〈中华人民共和国水污染防治法〉的决定》修正　2008年2月28日第十届全国人民代表大会常务委员会第三十二次会议修订）

第一章　总　则

第一条　为了防治水污染，保护和改善环境，保障饮用水安全，促进经济社会全面协调可持续发展，制定本法。

第二条　本法适用于中华人民共和国领域内的江河、湖泊、运河、渠道、水库等地表水体以及地下水体的污染防治。

海洋污染防治适用《中华人民共和国海洋环境保护法》。

第三条　水污染防治应当坚持预防为主、防治结合、综合治理的原则，优先保护饮用水水源，严格控制工业污染、城镇生活污染，防治农业面源污染，积极推进生态治理工程建设，预防、控制和减少水环境污染和生态破坏。

第四条　县级以上人民政府应当将水环境保护工作纳入国民经济和社会发展规划。

县级以上地方人民政府应当采取防治水污染的对策和措施，对本行政区域的水环境质量负责。

第五条　国家实行水环境保护目标责任制和考核评价制度，将水环境保护目标完成情况作为对地方人民政府及其负责人考核评价的内容。

第六条　国家鼓励、支持水污染防治的科学技术研究和先进适用技术的推广应用，加强水环境保护的宣传教育。

第七条　国家通过财政转移支付等方式，建立健全对位于饮用水水源保护区区域和江河、湖泊、水库上游地区的水环境生态保护补偿机制。

第八条　县级以上人民政府环境保护主管部门对水污染防治实施统一监督管理。

交通主管部门的海事管理机构对船舶污染水域的防治实施监督管理。

县级以上人民政府水行政、国土资源、卫生、建设、农业、渔业等部门以及重要江河、湖泊的流域水资源保护机构，在各自的职责范围内，对有关水污染防治实施监督管理。

第九条　排放水污染物，不得超过国家或者地方规定的水污染物排放标准和重点水污染物排放总量控制指标。

第十条 任何单位和个人都有义务保护水环境，并有权对污染损害水环境的行为进行检举。

县级以上人民政府及其有关主管部门对在水污染防治工作中做出显著成绩的单位和个人给予表彰和奖励。

第二章 水污染防治的标准和规划

第十一条 国务院环境保护主管部门制定国家水环境质量标准。

省、自治区、直辖市人民政府可以对国家水环境质量标准中未作规定的项目，制定地方标准，并报国务院环境保护主管部门备案。

第十二条 国务院环境保护主管部门会同国务院水行政主管部门和有关省、自治区、直辖市人民政府，可以根据国家确定的重要江河、湖泊流域水体的使用功能以及有关地区的经济、技术条件，确定该重要江河、湖泊流域的省界水体适用的水环境质量标准，报国务院批准后施行。

第十三条 国务院环境保护主管部门根据国家水环境质量标准和国家经济、技术条件，制定国家水污染物排放标准。

省、自治区、直辖市人民政府对国家水污染物排放标准中未作规定的项目，可以制定地方水污染物排放标准；对国家水污染物排放标准中已作规定的项目，可以制定严于国家水污染物排放标准的地方水污染物排放标准。地方水污染物排放标准须报国务院环境保护主管部门备案。

向已有地方水污染物排放标准的水体排放污染物的，应当执行地方水污染物排放标准。

第十四条 国务院环境保护主管部门和省、自治区、直辖市人民政府，应当根据水污染防治的要求和国家或者地方的经济、技术条件，适时修订水环境。

第十五条 防治水污染应当按流域或者按区域进行统一规划。国家确定的重要江河、湖泊的流域水污染防治规划，由国务院环境保护主管部门会同国务院经济综合宏观调控、水行政等部门和有关省、自治区、直辖市人民政府编制，报国务院批准。

前款规定外的其他跨省、自治区、直辖市江河、湖泊的流域水污染防治规划，根据国家确定的重要江河、湖泊的流域水污染防治规划和本地实际情况，由有关省、自治区、直辖市人民政府环境保护主管部门会同同级水行政等部门和有关市、县人民政府编制，经有关省、自治区、直辖市人民政府审核，报国务院批准。

省、自治区、直辖市内跨县江河、湖泊的流域水污染防治规划，根据国家确定的重要江河、湖泊的流域水污染防治规划和本地实际情况，由省、自治区、直辖市人民政府环境保护主管部门会同同级水行政等部门编制，报省、自治区、直辖市人民政府批准，并报国务院备案。

经批准的水污染防治规划是防治水污染的基本依据，规划的修订须经原批准机关批准。

县级以上地方人民政府应当根据依法批准的江河、湖泊的流域水污染防治规划，组织制定本行政区域的水污染防治规划。

第十六条 国务院有关部门和县级以上地方人民政府开发、利用和调节、调度水资源时，应当统筹兼顾，维持江河的合理流量和湖泊、水库以及地下水体的合理水位，维护水体的生态功能。

第三章 水污染防治的监督管理

第十七条 新建、改建、扩建直接或者间接向水体排放污染物的建设项目和其他水上设施，应当依法进行环境影响评价。

建设单位在江河、湖泊新建、改建、扩建排污口的，应当取得水行政主管部门或者流域管理机构同意；涉及通航、渔业水域的，环境保护主管部门在审批环境影响评价文件时，应当征求交通、渔业主管部门的意见。

建设项目的水污染防治设施，应当与主体工程同时设计、同时施工、同时投入使用。水污染防治设施应当经过环境保护主管部门验收，验收不合格的，该建设项目不得投入生产或者使用。

第十八条　国家对重点水污染物排放实施总量控制制度。

省、自治区、直辖市人民政府应当按照国务院的规定削减和控制本行政区域的重点水污染物排放总量，并将重点水污染物排放总量控制指标分解落实到市、县人民政府。市、县人民政府根据本行政区域重点水污染物排放总量控制指标的要求，将重点水污染物排放总量控制指标分解落实到排污单位。具体办法和实施步骤由国务院规定。

省、自治区、直辖市人民政府可以根据本行政区域水环境质量状况和水污染防治工作的需要，确定本行政区域实施总量削减和控制的重点水污染物。

对超过重点水污染物排放总量控制指标的地区，有关人民政府环境保护主管部门应当暂停审批新增重点水污染物排放总量的建设项目的环境影响评价文件。

第十九条　国务院环境保护主管部门对未按照要求完成重点水污染物排放总量控制指标的省、自治区、直辖市予以公布。省、自治区、直辖市人民政府环境保护主管部门对未按照要求完成重点水污染物排放总量控制指标的市、县予以公布。

县级以上人民政府环境保护主管部门对违反本法规定、严重污染水环境的企业予以公布。

第二十条　国家实行排污许可制度。

直接或者间接向水体排放工业废水和医疗污水以及其他按照规定应当取得排污许可证方可排放的废水、污水的企业事业单位，应当取得排污许可证；城镇污水集中处理设施的运营单位，也应当取得排污许可证。排污许可的具体办法和实施步骤由国务院规定。

禁止企业事业单位无排污许可证或者违反排污许可证的规定向水体排放前款规定的废水、污水。

第二十一条　直接或者间接向水体排放污染物的企业事业单位和个体工商户，应当按照国务院环境保护主管部门的规定，向县级以上地方人民政府环境保护主管部门申报登记拥有的水污染物排放设施、处理设施和在正常作业条件下排放水污染物的种类、数量和浓度，并提供防治水污染方面的有关技术资料。

企业事业单位和个体工商户排放水污染物的种类、数量和浓度有重大改变的，应当及时申报登记；其水污染物处理设施应当保持正常使用；拆除或者闲置水污染物处理设施的，应当事先报县级以上地方人民政府环境保护主管部门批准。

第二十二条　向水体排放污染物的企业事业单位和个体工商户，应当按照法律、行政法规和国务院环境保护主管部门的规定设置排污口；在江河、湖泊设置排污口的，还应当遵守国务院水行政主管部门的规定。

禁止私设暗管或者采取其他规避监管的方式排放水污染物。

第二十三条　重点排污单位应当安装水污染物排放自动监测设备，与环境保护主管部门的监控设备联网，并保证监测设备正常运行。排放工业废水的企业，应当对其所排放的工业废水进行监测，并保存原始监测记录。具体办法由国务院环境保护主管部门规定。

应当安装水污染物排放自动监测设备的重点排污单位名录，由设区的市级以上地方人民政府环境保护主管部门根据本行政区域的环境容量、重点水污染物排放总量控制指标的要求以及排污单位排放水污染物的种类、数量和浓度等因素，商同级有关部门确定。

第二十四条　直接向水体排放污染物的企业事业单位和个体工商户，应当按照排放水污染物的种类、数量和排污费征收标准缴纳排污费。

排污费应当用于污染的防治，不得挪作他用。

第二十五条　国家建立水环境质量监测和水污染物排放监测制度。国务院环境保护主管部门负责制定水环境监测规范，统一发布国家水环境状况信息，会同国务院水行政等部门组织监测网络。

第二十六条　国家确定的重要江河、湖泊流域的水资源保护工作机构负责监测其所在流域的省界水体的水环境质量状况，并将监测结果及时报国务院环境保护主管部门和国务院水行政主管部门；有经国务院批准成立的流域水资源保护领导机构的，应当将监测结果及时报告流域水资源保护领导机构。

第二十七条 环境保护主管部门和其他依照本法规定行使监督管理权的部门，有权对管辖范围内的排污单位进行现场检查，被检查的单位应当如实反映情况，提供必要的资料。检查机关有义务为被检查的单位保守在检查中获取的商业秘密。

第二十八条 跨行政区域的水污染纠纷，由有关地方人民政府协商解决，或者由其共同的上级人民政府协调解决。

第四章 水污染防治措施

第一节 一般规定

第二十九条 禁止向水体排放油类、酸液、碱液或者剧毒废液。

禁止在水体清洗装贮过油类或者有毒污染物的车辆和容器。

第三十条 禁止向水体排放、倾倒放射性固体废物或者含有高放射性和中放射性物质的废水。

向水体排放含低放射性物质的废水，应当符合国家有关放射性污染防治的规定和标准。

第三十一条 向水体排放含热废水，应当采取措施，保证水体的水温符合水环境质量标准。

第三十二条 含病原体的污水应当经过消毒处理；符合国家有关标准后，方可排放。

第三十三条 禁止向水体排放、倾倒工业废渣、城镇垃圾和其他废弃物。

禁止将含有汞、镉、砷、铬、铅、氰化物、黄磷等的可溶性剧毒废渣向水体排放、倾倒或者直接埋入地下。

存放可溶性剧毒废渣的场所，应当采取防水、防渗漏、防流失的措施。

第三十四条 禁止在江河、湖泊、运河、渠道、水库最高水位线以下的滩地和岸坡堆放、存贮固体废弃物和其他污染物。

第三十五条 禁止利用渗井、渗坑、裂隙和溶洞排放、倾倒含有毒污染物的废水、含病原体的污水和其他废弃物。

第三十六条 禁止利用无防渗漏措施的沟渠、坑塘等输送或者存贮含有毒污染物的废水、含病原体的污水和其他废弃物。

第三十七条 多层地下水的含水层水质差异大的，应当分层开采；对已受污染的潜水和承压水，不得混合开采。

第三十八条 兴建地下工程设施或者进行地下勘探、采矿等活动，应当采取防护性措施，防止地下水污染。

第三十九条 人工回灌补给地下水，不得恶化地下水质。

第二节 工业水污染防治

第四十条 国务院有关部门和县级以上地方人民政府应当合理规划工业布局，要求造成水污染的企业进行技术改造，采取综合防治措施，提高水的重复利用率，减少废水和污染物排放量。

第四十一条 国家对严重污染水环境的落后工艺和设备实行淘汰制度。

国务院经济综合宏观调控部门会同国务院有关部门，公布限期禁止采用的严重污染水环境的工艺名录和限期禁止生产、销售、进口、使用的严重污染水环境的设备名录。

生产者、销售者、进口者或者使用者应当在规定的期限内停止生产、销售、进口或者使用列入前款规定的设备名录中的设备。工艺的采用者应当在规定的期限内停止采用列入前款规定的工艺名录中的工艺。

依照本条第二款、第三款规定被淘汰的设备，不得转让给他人使用。

第四十二条　国家禁止新建不符合国家产业政策的小型造纸、制革、印染、染料、炼焦、炼硫、炼砷、炼汞、炼油、电镀、农药、石棉、水泥、玻璃、钢铁、火电以及其他严重污染水环境的生产项目。

第四十三条　企业应当采用原材料利用效率高、污染物排放量少的清洁工艺，并加强管理，减少水污染物的产生。

第三节　城镇水污染防治

第四十四条　城镇污水应当集中处理。

县级以上地方人民政府应当通过财政预算和其他渠道筹集资金，统筹安排建设城镇污水集中处理设施及配套管网，提高本行政区域城镇污水的收集率和处理率。

国务院建设主管部门应当会同国务院经济综合宏观调控、环境保护主管部门，根据城乡规划和水污染防治规划，组织编制全国城镇污水处理设施建设规划。县级以上地方人民政府组织建设、经济综合宏观调控、环境保护、水行政等部门编制本行政区域的城镇污水处理设施建设规划。县级以上地方人民政府建设主管部门应当按照城镇污水处理设施建设规划，组织建设城镇污水集中处理设施及配套管网，并加强对城镇污水集中处理设施运营的监督管理。

城镇污水集中处理设施的运营单位按照国家规定向排污者提供污水处理的有偿服务，收取污水处理费用，保证污水集中处理设施的正常运行。向城镇污水集中处理设施排放污水、缴纳污水处理费用的，不再缴纳排污费。收取的污水处理费用应当用于城镇污水集中处理设施的建设和运行，不得挪作他用。

城镇污水集中处理设施的污水处理收费、管理以及使用的具体办法，由国务院规定。

第四十五条　向城镇污水集中处理设施排放水污染物，应当符合国家或者地方规定的水污染物排放标准。

城镇污水集中处理设施的出水水质达到国家或者地方规定的水污染物排放标准的，可以按照国家有关规定免缴排污费。

城镇污水集中处理设施的运营单位，应当对城镇污水集中处理设施的出水水质负责。

环境保护主管部门应当对城镇污水集中处理设施的出水水质和水量进行监督检查。

第四十六条　建设生活垃圾填埋场，应当采取防渗漏等措施，防止造成水污染。

第四节　农业和农村水污染防治

第四十七条　使用农药，应当符合国家有关农药安全使用的规定和标准。

运输、存贮农药和处置过期失效农药，应当加强管理，防止造成水污染。

第四十八条　县级以上地方人民政府农业主管部门和其他有关部门，应当采取措施，指导农业生产者科学、合理地施用化肥和农药，控制化肥和农药的过量使用，防止造成水污染。

第四十九条　国家支持畜禽养殖场、养殖小区建设畜禽粪便、废水的综合利用或者无害化处理设施。

畜禽养殖场、养殖小区应当保证其畜禽粪便、废水的综合利用或者无害化处理设施正常运转，保证污水达标排放，防止污染水环境。

第五十条　从事水产养殖应当保护水域生态环境，科学确定养殖密度，合理投饵和使用药物，防止污染水环境。

第五十一条　向农田灌溉渠道排放工业废水和城镇污水，应当保证其下游最近的灌溉取水点的水质符合农田灌溉水质标准。

利用工业废水和城镇污水进行灌溉，应当防止污染土壤、地下水和农产品。

第五节 船舶水污染防治

第五十二条 船舶排放含油污水、生活污水，应当符合船舶污染物排放标准。从事海洋航运的船舶进入内河和港口的，应当遵守内河的船舶污染物排放标准。

船舶的残油、废油应当回收，禁止排入水体。

禁止向水体倾倒船舶垃圾。

船舶装载运输油类或者有毒货物，应当采取防止溢流和渗漏的措施，防止货物落水造成水污染。

第五十三条 船舶应当按照国家有关规定配置相应的防污设备和器材，并持有合法有效的防止水域环境污染的证书与文书。

船舶进行涉及污染物排放的作业，应当严格遵守操作规程，并在相应的记录簿上如实记载。

第五十四条 港口、码头、装卸站和船舶修造厂应当备有足够的船舶污染物、废弃物的接收设施。从事船舶污染物、废弃物接收作业，或者从事装载油类、污染危害性货物船舱清洗作业的单位，应当具备与其运营规模相适应的接收处理能力。

第五十五条 船舶进行下列活动，应当编制作业方案，采取有效的安全和防污染措施，并报作业地海事管理机构批准：

（一）进行残油、含油污水、污染危害性货物残留物的接收作业，或者进行装载油类、污染危害性货物船舱的清洗作业；

（二）进行散装液体污染危害性货物的过驳作业；

（三）进行船舶水上拆解、打捞或者其他水上、水下船舶施工作业。

在渔港水域进行渔业船舶水上拆解活动，应当报作业地渔业主管部门批准。

第五章 饮用水水源和其他特殊水体保护

第五十六条 国家建立饮用水水源保护区制度。饮用水水源保护区分为一级保护区和二级保护区；必要时，可以在饮用水水源保护区外围划定一定的区域作为准保护区。

饮用水水源保护区的划定，由有关市、县人民政府提出划定方案，报省、自治区、直辖市人民政府批准；跨市、县饮用水水源保护区的划定，由有关市、县人民政府协商提出划定方案，报省、自治区、直辖市人民政府批准；协商不成的，由省、自治区、直辖市人民政府环境保护主管部门会同同级水行政、国土资源、卫生、建设等部门提出划定方案，征求同级有关部门的意见后，报省、自治区、直辖市人民政府批准。

跨省、自治区、直辖市的饮用水水源保护区，由有关省、自治区、直辖市人民政府商有关流域管理机构划定；协商不成的，由国务院环境保护主管部门会同同级水行政、国土资源、卫生、建设等部门提出划定方案，征求国务院有关部门的意见后，报国务院批准。

国务院和省、自治区、直辖市人民政府可以根据保护饮用水水源的实际需要，调整饮用水水源保护区的范围，确保饮用水安全。有关地方人民政府应当在饮用水水源保护区的边界设立明确的地理界标和明显的警示标志。

第五十七条 在饮用水水源保护区内，禁止设置排污口。

第五十八条 禁止在饮用水水源一级保护区内新建、改建、扩建与供水设施和保护水源无关的建设项目；已建成的与供水设施和保护水源无关的建设项目，由县级以上人民政府责令拆除或者关闭。

禁止在饮用水水源一级保护区内从事网箱养殖、旅游、游泳、垂钓或者其他可能污染饮用水水体的活动。

第五十九条　禁止在饮用水水源二级保护区内新建、改建、扩建排放污染物的建设项目；已建成的排放污染物的建设项目，由县级以上人民政府责令拆除或者关闭。

在饮用水水源二级保护区内从事网箱养殖、旅游等活动的，应当按照规定采取措施，防止污染饮用水水体。

第六十条　禁止在饮用水水源准保护区内新建、扩建对水体污染严重的建设项目；改建建设项目，不得增加排污量。

第六十一条　县级以上地方人民政府应当根据保护饮用水水源的实际需要，在准保护区内采取工程措施或者建造湿地、水源涵养林等生态保护措施，防止水污染物直接排入饮用水水体，确保饮用水安全。

第六十二条　饮用水水源受到污染可能威胁供水安全的，环境保护主管部门应当责令有关企业事业单位采取停止或者减少排放水污染物等措施。

第六十三条　国务院和省、自治区、直辖市人民政府根据水环境保护的需要，可以规定在饮用水水源保护区内，采取禁止或者限制使用含磷洗涤剂、化肥、农药以及限制种植养殖等措施。

第六十四条　县级以上人民政府可以对风景名胜区水体、重要渔业水体和其他具有特殊经济文化价值的水体划定保护区，并采取措施，保证保护区的水质符合规定用途的水环境质量标准。

第六十五条　在风景名胜区水体、重要渔业水体和其他具有特殊经济文化价值的水体的保护区内，不得新建排污口。在保护区附近新建排污口，应当保证保护区水体不受污染。

第六章　水污染事故处置

第六十六条　各级人民政府及其有关部门，可能发生水污染事故的企业事业单位，应当依照《中华人民共和国突发事件应对法》的规定，做好突发水污染事故的应急准备、应急处置和事后恢复等工作。

第六十七条　可能发生水污染事故的企业事业单位，应当制定有关水污染事故的应急方案，做好应急准备，并定期进行演练。

生产、储存危险化学品的企业事业单位，应当采取措施，防止在处理安全生产事故过程中产生的可能严重污染水体的消防废水、废液直接排入水体。

第六十八条　企业事业单位发生事故或者其他突发性事件，造成或者可能造成水污染事故的，应当立即启动本单位的应急方案，采取应急措施，并向事故发生地的县级以上地方人民政府或者环境保护主管部门报告。环境保护主管部门接到报告后，应当及时向本级人民政府报告，并抄送有关部门。

造成渔业污染事故或者渔业船舶造成水污染事故的，应当向事故发生地的渔业主管部门报告，接受调查处理。其他船舶造成水污染事故的，应当向事故发生地的海事管理机构报告，接受调查处理；给渔业造成损害的，海事管理机构应当通知渔业主管部门参与调查处理。

第七章　法律责任

第六十九条　环境保护主管部门或者其他依照本法规定行使监督管理权的部门，不依法作出行政许可或者办理批准文件的，发现违法行为或者接到对违法行为的举报后不予查处的，或者有其他未依照本法规定履行职责的行为的，对直接负责的主管人员和其他直接责任人员依法给予处分。

第七十条　拒绝环境保护主管部门或者其他依照本法规定行使监督管理权的部门的监督检查，或者在接受监督检查时弄虚作假的，由县级以上人民政府环境保护主管部门或者其他依照本法规定行使监督管理权的部门责令改正，处一万元以上十万元以下的罚款。

第七十一条　违反本法规定，建设项目的水污染防治设施未建成、未经验收或者验收不合格，主体工程即投入生产或者使用的，由县级以上人民政府环境保护主管部门责令停止生产或者使用，直至验收合格，处五万元以上五十万元以下的罚款。

第七十二条 违反本法规定，有下列行为之一的，由县级以上人民政府环境保护主管部门责令限期改正；逾期不改正的，处一万元以上十万元以下的罚款：

（一）拒报或者谎报国务院环境保护主管部门规定的有关水污染物排放申报登记事项的；

（二）未按照规定安装水污染物排放自动监测设备或者未按照规定与环境保护主管部门的监控设备联网，并保证监测设备正常运行的；

（三）未按照规定对所排放的工业废水进行监测并保存原始监测记录的。

第七十三条 违反本法规定，不正常使用水污染物处理设施，或者未经环境保护主管部门批准拆除、闲置水污染物处理设施的，由县级以上人民政府环境保护主管部门责令限期改正，处应缴纳排污费数额一倍以上三倍以下的罚款。

第七十四条 违反本法规定，排放水污染物超过国家或者地方规定的水污染物排放标准，或者超过重点水污染物排放总量控制指标的，由县级以上人民政府环境保护主管部门按照权限责令限期治理，处应缴纳排污费数额二倍以上五倍以下的罚款。

限期治理期间，由环境保护主管部门责令限制生产、限制排放或者停产整治。限期治理的期限最长不超过一年；逾期未完成治理任务的，报经有批准权的人民政府批准，责令关闭。

第七十五条 在饮用水水源保护区内设置排污口的，由县级以上地方人民政府责令限期拆除，处十万元以上五十万元以下的罚款；逾期不拆除的，强制拆除，所需费用由违法者承担，处五十万元以上一百万元以下的罚款，并可以责令停产整顿。

除前款规定外，违反法律、行政法规和国务院环境保护主管部门的规定设置排污口或者私设暗管的，由县级以上地方人民政府环境保护主管部门责令限期拆除，处二万元以上十万元以下的罚款；逾期不拆除的，强制拆除，所需费用由违法者承担，处十万元以上五十万元以下的罚款；私设暗管或者有其他严重情节的，县级以上地方人民政府环境保护主管部门可以提请县级以上地方人民政府责令停产整顿。

未经水行政主管部门或者流域管理机构同意，在江河、湖泊新建、改建、扩建排污口的，由县级以上人民政府水行政主管部门或者流域管理机构依据职权，依照前款规定采取措施、给予处罚。

第七十六条 有下列行为之一的，由县级以上地方人民政府环境保护主管部门责令停止违法行为，限期采取治理措施，消除污染，处以罚款；逾期不采取治理措施的，环境保护主管部门可以指定有治理能力的单位代为治理，所需费用由违法者承担：

（一）向水体排放油类、酸液、碱液的；

（二）向水体排放剧毒废液，或者将含有汞、镉、砷、铬、铅、氰化物、黄磷等的可溶性剧毒废渣向水体排放、倾倒或者直接埋入地下的；

（三）在水体清洗装贮过油类、有毒污染物的车辆或者容器的；

（四）向水体排放、倾倒工业废渣、城镇垃圾或者其他废弃物，或者在江河、湖泊、运河、渠道、水库最高水位线以下的滩地、岸坡堆放、存贮固体废弃物或者其他污染物的；

（五）向水体排放、倾倒放射性固体废物或者含有高放射性、中放射性物质的废水的；

（六）违反国家有关规定或者标准，向水体排放含低放射性物质的废水、热废水或者含病原体的污水的；

（七）利用渗井、渗坑、裂隙或者溶洞排放、倾倒含有毒污染物的废水、含病原体的污水或者其他废弃物的；

（八）利用无防渗漏措施的沟渠、坑塘等输送或者存贮含有毒污染物的废水、含病原体的污水或者其他废弃物的。

有前款第三项、第六项行为之一的，处一万元以上十万元以下的罚款；有前款第一项、第四项、第八项行为之一的，处二万元以上二十万元以下的罚款；有前款第二项、第五项、第七项行为之一的，处五万元以上五十万元以下的罚款。

第七十七条 违反本法规定，生产、销售、进口或者使用列入禁止生产、销售、进口、使用的严重污染水环境的设备名录中的设备，或者采用列入禁止采用的严重污染水环境的工艺名录中的工艺的，由县级以上人民政府经济综合宏观调控部门责令改正，处五万元以上二十万元以下的罚款；情节严重的，由县级以上人民政府经济综合宏观调控部门提出意见，报请本级人民政府责令停业、关闭。

第七十八条 违反本法规定，建设不符合国家产业政策的小型造纸、制革、印染、染料、炼焦、炼硫、炼砷、炼汞、炼油、电镀、农药、石棉、水泥、玻璃、钢铁、火电以及其他严重污染水环境的生产项目的，由所在地的市、县人民政府责令关闭。

第七十九条 船舶未配置相应的防污染设备和器材，或者未持有合法有效的防止水域环境污染的证书与文书的，由海事管理机构、渔业主管部门按照职责分工责令限期改正，处二千元以上二万元以下的罚款；逾期不改正的，责令船舶临时停航。

船舶进行涉及污染物排放的作业，未遵守操作规程或者未在相应的记录簿上如实记载的，由海事管理机构、渔业主管部门按照职责分工责令改正，处二千元以上二万元以下的罚款。

第八十条 违反本法规定，有下列行为之一的，由海事管理机构、渔业主管部门按照职责分工责令停止违法行为，处以罚款；造成水污染的，责令限期采取治理措施，消除污染；逾期不采取治理措施的，海事管理机构、渔业主管部门按照职责分工可以指定有治理能力的单位代为治理，所需费用由船舶承担：

（一）向水体倾倒船舶垃圾或者排放船舶的残油、废油的；

（二）未经作业地海事管理机构批准，船舶进行残油、含油污水、污染危害性货物残留物的接收作业，或者进行装载油类、污染危害性货物船舱的清洗作业，或者进行散装液体污染危害性货物的过驳作业的；

（三）未经作业地海事管理机构批准，进行船舶水上拆解、打捞或者其他水上、水下船舶施工作业的；

（四）未经作业地渔业主管部门批准，在渔港水域进行渔业船舶水上拆解的。

有前款第一项、第二项、第四项行为之一的，处五千元以上五万元以下的罚款；有前款第三项行为的，处一万元以上十万元以下的罚款。

第八十一条 有下列行为之一的，由县级以上地方人民政府环境保护主管部门责令停止违法行为，处十万元以上五十万元以下的罚款；并报经有批准权的人民政府批准，责令拆除或者关闭：

（一）在饮用水水源一级保护区内新建、改建、扩建与供水设施和保护水源无关的建设项目的；

（二）在饮用水水源二级保护区内新建、改建、扩建排放污染物的建设项目的；

（三）在饮用水水源准保护区内新建、扩建对水体污染严重的建设项目，或者改建建设项目增加排污量的。

在饮用水水源一级保护区内从事网箱养殖或者组织进行旅游、垂钓或者其他可能污染饮用水水体的活动的，由县级以上地方人民政府环境保护主管部门责令停止违法行为，处二万元以上十万元以下的罚款。个人在饮用水水源一级保护区内游泳、垂钓或者从事其他可能污染饮用水水体的活动的，由县级以上地方人民政府环境保护主管部门责令停止违法行为，可以处五百元以下的罚款。

第八十二条 企业事业单位有下列行为之一的，由县级以上人民政府环境保护主管部门责令改正；情节严重的，处二万元以上十万元以下的罚款：

（一）不按照规定制定水污染事故的应急方案的；

（二）水污染事故发生后，未及时启动水污染事故的应急方案，采取有关应急措施的。

第八十三条 企业事业单位违反本法规定，造成水污染事故的，由县级以上人民政府环境保护主管部门依照本条第二款的规定处以罚款，责令限期采取治理措施，消除污染；不按要求采取治理措施或者不具备治理能力的，由环境保护主管部门指定有治理能力的单位代为治理，所需费用由违法者承担；对造成重大或者特大水污染事故的，可以报经有批准权的人民政府批准，责令关闭；对直接负责的主管人员和其他直接责任人员可以处上一年度从本单位取得的收入百分之五十以下的罚款。

对造成一般或者较大水污染事故的，按照水污染事故造成的直接损失的百分之二十计算罚款；对造成重大或者特大水污染事故的，按照水污染事故造成的直接损失的百分之三十计算罚款。

造成渔业污染事故或者渔业船舶造成水污染事故的，由渔业主管部门进行处罚；其他船舶造成水污染事故的，由海事管理机构进行处罚。

第八十四条 当事人对行政处罚决定不服的，可以申请行政复议，也可以在收到通知之日起十五日内向人民法院起诉；期满不申请行政复议或者起诉，又不履行行政处罚决定的，由作出行政处罚决定的机关申请人民法院强制执行。

第八十五条 因水污染受到损害的当事人，有权要求排污方排除危害和赔偿损失。

由于不可抗力造成水污染损害的，排污方不承担赔偿责任；法律另有规定的除外。

水污染损害是由受害人故意造成的，排污方不承担赔偿责任。水污染损害是由受害人重大过失造成的，可以减轻排污方的赔偿责任。

水污染损害是由第三人造成的，排污方承担赔偿责任后，有权向第三人追偿。

第八十六条 因水污染引起的损害赔偿责任和赔偿金额的纠纷，可以根据当事人的请求，由环境保护主管部门或者海事管理机构、渔业主管部门按照职责分工调解处理；调解不成的，当事人可以向人民法院提起诉讼。当事人也可以直接向人民法院提起诉讼。

第八十七条 因水污染引起的损害赔偿诉讼，由排污方就法律规定的免责事由及其行为与损害结果之间不存在因果关系承担举证责任。

第八十八条 因水污染受到损害的当事人人数众多的，可以依法由当事人推选代表人进行共同诉讼。

环境保护主管部门和有关社会团体可以依法支持因水污染受到损害的当事人向人民法院提起诉讼。

国家鼓励法律服务机构和律师为水污染损害诉讼中的受害人提供法律援助。

第八十九条 因水污染引起的损害赔偿责任和赔偿金额的纠纷，当事人可以委托环境监测机构提供监测数据。环境监测机构应当接受委托，如实提供有关监测数据。

第九十条 违反本法规定，构成违反治安管理行为的，依法给予治安管理处罚；构成犯罪的，依法追究刑事责任。

第八章 附 则

第九十一条 本法中下列用语的含义：

（一）水污染，是指水体因某种物质的介入，而导致其化学、物理、生物或者放射性等方面特性的改变，从而影响水的有效利用，危害人体健康或者破坏生态环境，造成水质恶化的现象。

（二）水污染物，是指直接或者间接向水体排放的，能导致水体污染的物质。

（三）有毒污染物，是指那些直接或者间接被生物摄入体内后，可能导致该生物或者其后代发病、行为反常、遗传异变、生理机能失常、机体变形或者死亡的污染物。

（四）渔业水体，是指划定的鱼虾类的产卵场、索饵场、越冬场、洄游通道和鱼虾贝藻类的养殖场的水体。

第九十二条 本法自2008年6月1日起施行。

国务院关于印发节能减排“十二五”规划的通知

国发[2012]40号

各省、自治区、直辖市人民政府，国务院各部委、各直属机构：

现将《节能减排“十二五”规划》印发给你们，请认真贯彻执行。

国务院

2012年8月6日

节能减排“十二五”规划

为确保实现“十二五”节能减排约束性目标，缓解资源环境约束，应对全球气候变化，促进经济发展方式转变，建设资源节约型、环境友好型社会，增强可持续发展能力，根据《中华人民共和国国民经济和社会发展第十二个五年规划纲要》，制定本规划。

一、现状与形势

（一）“十一五”节能减排取得显著成效

“十一五”时期，国家把能源消耗强度降低和主要污染物排放总量减少确定为国民经济和社会发展的约束性指标，把节能减排作为调整经济结构、加快转变经济发展方式的重要抓手和突破口。各地区、各部门认真贯彻落实党中央、国务院的决策部署，采取有效措施，切实加大工作力度，基本实现了“十一五”规划纲要确定的节能减排约束性目标，节能减排工作取得了显著成效。

——为保持经济平稳较快发展提供了有力支撑。“十一五”期间，我国以能源消费年均6.6%的增速支撑了国民经济年均11.2%的增长，能源消费弹性系数由“十五”时期的1.04下降到0.59，节约能源6.3亿吨标准煤。

——扭转了我国工业化、城镇化快速发展阶段能源消耗强度和主要污染物排放量上升的趋势。“十一五”期间，我国单位国内生产总值能耗由“十五”后三年上升9.8%转为下降19.1%；二氧化硫和化学需氧量排放总量分别由“十五”后三年上升32.3%、3.5%转为下降14.29%、12.45%。

——促进了产业结构优化升级。2010年与2005年相比，电力行业300兆瓦以上火电机组占火电装机容量比重由50%上升到73%，钢铁行业1000立方米以上大型高炉产能比重由48%上升到61%，建材行业新型干法水泥熟料产量比重由39%上升到81%。

——推动了技术进步。2010年与2005年相比，钢铁行业干熄焦技术普及率由不足30%提高到80%以上，水泥行业低温余热回收发电技术普及率由开始起步提高到55%，烧碱行业离子膜法烧碱技术普及率由29%提高到84%。

——节能减排能力明显增强。“十一五”时期，通过实施节能减排重点工程，形成节能能力3.4

亿吨标准煤；新增城镇污水日处理能力6500万吨，城市污水处理率达到77%；燃煤电厂投产运行脱硫机组容量达5.78亿千瓦，占全部火电机组容量的82.6%。

——能效水平大幅度提高。2010年与2005年相比，火电供电煤耗由370克标准煤/千瓦时降到333克标准煤/千瓦时，下降10.0%；吨钢综合能耗由688千克标准煤降到605千克标准煤，下降12.1%；水泥综合能耗下降28.6%；乙烯综合能耗下降11.3%；合成氨综合能耗下降14.3%。

——环境质量有所改善。2010年与2005年相比，环保重点城市二氧化硫年均浓度下降26.3%，地表水国控断面劣五类水质比例由27.4%下降到20.8%，七大水系国控断面好于三类水质比例由41%上升到59.9%。

——为应对全球气候变化作出了重要贡献。"十一五"期间，我国通过节能降耗减少二氧化碳排放14.6亿吨，得到国际社会的广泛赞誉，展示了负责任大国的良好形象。

"十一五"时期，我国节能法规标准体系、政策支持体系、技术支撑体系、监督管理体系初步形成，重点污染源在线监控与环保执法监察相结合的减排监督管理体系初步建立，全社会节能环保意识进一步增强。

（二）存在的主要问题

一是一些地方对节能减排的紧迫性和艰巨性认识不足，片面追求经济增长，对调结构、转方式重视不够，不能正确处理经济发展与节能减排的关系，节能减排工作还存在思想认识不深入、政策措施不落实、监督检查不力、激励约束不强等问题。

二是产业结构调整进展缓慢。"十一五"期间，第三产业增加值占国内生产总值的比重低于预期目标，重工业占工业总产值比重由68.1%上升到70.9%，高耗能、高排放产业增长过快，结构节能目标没有实现。

三是能源利用效率总体偏低。我国国内生产总值约占世界的8.6%，但能源消耗占世界的19.3%，单位国内生产总值能耗仍是世界平均水平的2倍以上。2010年全国钢铁、建材、化工等行业单位产品能耗比国际先进水平高出10%～20%。

四是政策机制不完善。有利于节能减排的价格、财税、金融等经济政策还不完善，基于市场的激励和约束机制不健全，创新驱动不足，企业缺乏节能减排内生动力。

五是基础工作薄弱。节能减排标准不完善，能源消费和污染物排放计量、统计体系建设滞后，监测、监察能力亟待加强，节能减排管理能力还不能适应工作需要。

（三）面临的形势

"十二五"时期如未能采取更加有效的应对措施，我国面临的资源环境约束将日益强化。从国内看，随着工业化、城镇化进程加快和消费结构升级，我国能源需求呈刚性增长，受国内资源保障能力和环境容量制约，我国经济社会发展面临的资源环境瓶颈约束更加突出，节能减排工作难度不断加大。从国际看，围绕能源安全和气候变化的博弈更加激烈。一方面，贸易保护主义抬头，部分发达国家凭借技术优势开征碳税并计划实施碳关税，绿色贸易壁垒日益突出；另一方面，全球范围内绿色经济、低碳技术正在兴起，不少发达国家大幅增加投入，支持节能环保、新能源和低碳技术等领域创新发展，抢占未来发展制高点的竞争日趋激烈。

虽然我国节能减排面临巨大挑战，但也面临难得的历史机遇。科学发展观深入人心，全民节能环保意识不断提高，各方面对节能减排的重视程度明显增强，产业结构调整力度不断加大，科技创新能力不断提升，节能减排激励约束机制不断完善，这些都为"十二五"推进节能减排创造了有利条件。要充分认识节能减排的极端重要性和紧迫性，增强忧患意识和危机意识，抓住机遇，大力推进节能减排，促进经济社会发展与资源环境相协调，切实增强可持续发展能力。

二、指导思想、基本原则和主要目标

（一）指导思想

以邓小平理论和“三个代表”重要思想为指导，深入贯彻落实科学发展观，坚持大幅降低能源消耗强度、显著减少主要污染物排放总量、合理控制能源消费总量相结合，形成加快转变经济发展方式的倒逼机制；坚持强化责任、健全法制、完善政策、加强监管相结合，建立健全有效的激励和约束机制；坚持优化产业结构、推动技术进步、强化工程措施、加强管理引导相结合，大幅度提高能源利用效率，显著减少污染物排放；加快构建政府为主导、企业为主体、市场有效驱动、全社会共同参与的推进节能减排工作格局，确保实现“十二五”节能减排约束性目标，加快建设资源节约型、环境友好型社会。

（二）基本原则

强化约束，推动转型。通过逐级分解目标任务，加强评价考核，强化节能减排目标的约束性作用，加快转变经济发展方式，调整优化产业结构，增强可持续发展能力。

控制增量，优化存量。进一步完善和落实相关产业政策，提高产业准入门槛，严格能评、环评审查，抑制高耗能、高排放行业过快增长，合理控制能源消费总量和污染物排放增量。加快淘汰落后产能，实施节能减排重点工程，改造提升传统产业。

完善机制，创新驱动。健全节能环保法律、法规和标准，完善有利于节能减排的价格、财税、金融等经济政策，充分发挥市场配置资源的基础性作用，形成有效的激励和约束机制，增强用能、排污单位和公民自觉节能减排的内生动力。加快节能减排技术创新、管理创新和制度创新，建立长效机制，实现节能减排效益最大化。

分类指导，突出重点。根据各地区、各有关行业特点，实施有针对性的政策措施。突出抓好工业、建筑、交通、公共机构等重点领域和重点用能单位节能，大幅提高能源利用效率。加强环境基础设施建设，推动重点行业、重点流域、农业源和机动车污染防治，有效减少主要污染物排放总量。

（三）总体目标

到 2015 年，全国万元国内生产总值能耗下降到 0.869 吨标准煤（按 2005 年价格计算），比 2010 年的 1.034 吨标准煤下降 16%（比 2005 年的 1.276 吨标准煤下降 32%）。“十二五”期间，实现节约能源 6.7 亿吨标准煤。

2015 年，全国化学需氧量和二氧化硫排放总量分别控制在 2 347.6 万吨、2 086.4 万吨，比 2010 年的 2 551.7 万吨、2 267.8 万吨各减少 8%，分别新增削减能力 601 万吨、654 万吨；全国氨氮和氮氧化物排放总量分别控制在 238 万吨、2 046.2 万吨，比 2010 年的 264.4 万吨、2 273.6 万吨各减少 10%，分别新增削减能力 69 万吨、794 万吨。

（四）具体目标

到 2015 年，单位工业增加值（规模以上）能耗比 2010 年下降 21%左右，建筑、交通运输、公共机构等重点领域能耗增幅得到有效控制，主要产品（工作量）单位能耗指标达到先进节能标准的比例大幅提高，部分行业和大中型企业节能指标达到世界先进水平（见表 1）。风机、水泵、空压机、变压器等新增主要耗能设备能效指标达到国内或国际先进水平，空调、电冰箱、洗衣机等国产家用电器和一些类型的电动机能效指标达到国际领先水平。工业重点行业、农业主要污染物排放总量大幅降低（见表 2）。

表 1 “十二五”时期主要节能指标

指标	单位	2010 年	2015 年	变化幅度/变化率
工业				
单位工业增加值（规模以上）能耗	%			[－21%左右]
火电供电煤耗	克标准煤/千瓦时	333	325	－8
火电厂厂用电率	%	6.33	6.2	－0.13
电网综合线损率	%	6.53	6.3	－0.23
吨钢综合能耗	千克标准煤	605	580	－25
铝锭综合交流电耗	千瓦时/吨	14 013	13 300	－713
铜冶炼综合能耗	千克标准煤/吨	350	300	－50
原油加工综合能耗	千克标准煤/吨	99	86	－13
乙烯综合能耗	千克标准煤/吨	886	857	－29
合成氨综合能耗	千克标准煤/吨	1 402	1 350	－52
烧碱（离子膜）综合能耗	千克标准煤/吨	351	330	－21
水泥熟料综合能耗	千克标准煤/吨	115	112	－3
平板玻璃综合能耗	千克标准煤/重量箱	17	15	－2
纸及纸板综合能耗	千克标准煤/吨	680	530	－150
纸浆综合能耗	千克标准煤/吨	450	370	－80
日用陶瓷综合能耗	千克标准煤/吨	1 190	1 110	－80
建筑				
北方采暖地区既有居住建筑改造面积	亿平方米	1.8	5.8	4
城镇新建绿色建筑标准执行率	%	1	15	14
交通运输				
铁路单位运输工作量综合能耗	吨标准煤/百万换算吨 公里	5.01	4.76	[－5%]
营运车辆单位运输周转量能耗	千克标准煤/百吨公里	7.9	7.5	[－5%]
营运船舶单位运输周转量能耗	千克标准煤/千吨公里	6.99	6.29	[－10%]
民航业单位运输周转量能耗	千克标准煤/吨公里	0.450	0.428	[－5%]
公共机构				
公共机构单位建筑面积能耗	千克标准煤/平方米	23.9	21	[－12%]
公共机构人均能耗	千克标准煤/人	447.4	380	[15%]
终端用能设备能效				
燃煤工业锅炉（运行）	%	65	70～75	5～10
三相异步电动机（设计）	%	90	92～94	2～4
容积式空气压缩机输入比功率	千瓦/（立方米·分$^{-1}$）	10.7	8.5～9.3	－1.4～－2.2
电力变压器损耗	千瓦	空载：43 负载：170	空载：30～33 负载：151～153	－10～－13 －17～－19
汽车（乘用车）平均油耗	升/百公里	8	6.9	－1.1
房间空调器（能效比）	—	3.3	3.5～4.5	0.2～1.2
电冰箱（能效指数）	%	49	40～46	－3～－9
家用燃气热水器（热效率）	%	87～90	93～97	3～10

注：[ ]内为变化率。

表2　“十二五”时期主要减排指标

指　标	单　位	2010年	2015年	变化幅度/变化率
工业				
工业化学需氧量排放量	万吨	355	319	[−10%]
工业二氧化硫排放量	万吨	2 073	1 866	[−10%]
工业氨氮排放量	万吨	28.5	24.2	[−15%]
工业氮氧化物排放量	万吨	1 637	1 391	[−15%]
火电行业二氧化硫排放量	万吨	956	800	[−16%]
火电行业氮氧化物排放量	万吨	1 055	750	[−29%]
钢铁行业二氧化硫排放量	万吨	248	180	[−27%]
水泥行业氮氧化物排放量	万吨	170	150	[−12%]
造纸行业化学需氧量排放量	万吨	72	64.8	[−10%]
造纸行业氨氮排放量	万吨	2.14	1.93	[−10%]
纺织印染行业化学需氧量排放量	万吨	29.9	26.9	[−10%]
纺织印染行业氨氮排放量	万吨	1.99	1.75	[−12%]
农业				
农业化学需氧量排放量	万吨	1 204	1 108	[−8%]
农业氨氮排放量	万吨	82.9	74.6	[−10%]
城市				
城市污水处理率	%	77	85	8

注：[　]内为变化率。

三、主要任务

（一）调整优化产业结构

——抑制高耗能、高排放行业过快增长。合理控制固定资产投资增速和火电、钢铁、水泥、造纸、印染等重点行业发展规模，提高新建项目节能、环保、土地、安全等准入门槛，严格固定资产投资项目节能评估审查、环境影响评价和建设项目用地预审，完善新开工项目管理部门联动机制和项目审批问责制。对违规在建的高耗能、高排放项目，有关部门要责令停止建设，金融机构一律不得发放贷款。对违规建成的项目，要责令停止生产，金融机构一律不得发放流动资金贷款，有关部门要停止供电供水。严格控制高耗能、高排放和资源性产品出口。把能源消费总量、污染物排放总量作为能评和环评审批的重要依据，对电力、钢铁、造纸、印染行业实行主要污染物排放总量控制，对新建、扩建项目实施排污量等量或减量置换。优化电力、钢铁、水泥、玻璃、陶瓷、造纸等重点行业区域空间布局。中西部地区承接产业转移必须坚持高标准，严禁高污染产业和落后生产能力转入。

——淘汰落后产能。严格落实《产业结构调整指导目录（2011 年本）》和《部分工业行业淘汰落后生产工艺装备和产品指导目录（2010 年本）》，重点淘汰小火电 2 000 万千瓦、炼铁产能 4 800 万吨、炼钢产能 4 800 万吨、水泥产能 3.7 亿吨、焦炭产能 4 200 万吨、造纸产能 1500 万吨等（见表 3）。制定年度淘汰计划，并逐级分解落实。对稀土行业实施更严格的节能环保准入标准，加快淘汰落后生产工艺和生产线，推进形成合理开发、有序生产、高效利用、技术先进、集约发展的稀土行业持续健康发展格局。完善落后产能退出机制，对未完成淘汰任务的地区和企业，依法落实惩罚措施。鼓励各地区制定更严格的能耗和排放标准，加大淘汰落后产能力度。

表3 “十二五”时期淘汰落后产能一览表

行业	主要内容	单位	产能
电力	大电网覆盖范围内，单机容量在10万千瓦及以下的常规燃煤火电机组，单机容量在5万千瓦及以下的常规小火电机组，以发电为主的燃油锅炉及发电机组（5万千瓦及以下）；大电网覆盖范围内，设计寿命期满的单机容量在20万千瓦及以下的常规燃煤火电机组	万千瓦	2 000
炼铁	400立方米及以下炼铁高炉等	万吨	4 800
炼钢	30吨及以下转炉、电炉等	万吨	4 800
铁合金	6 300千伏安以下铁合金矿热电炉，3 000千伏安以下铁合金半封闭直流电炉、铁合金精炼电炉等	万吨	740
电石	单台炉容量小于12 500千伏安电石炉及开放式电石炉	万吨	380
铜（含再生铜）冶炼	鼓风炉、电炉、反射炉炼铜工艺及设备等	万吨	80
电解铝	100千安及以下预焙槽等	万吨	90
铅（含再生铅）冶炼	采用烧结锅、烧结盘、简易高炉等落后方式炼铅工艺及设备，未配套建设制酸及尾气吸收系统的烧结机炼铅工艺等	万吨	130
锌（含再生锌）冶炼	采用马弗炉、马槽炉、横罐、小竖罐等进行焙烧、简易冷凝设施进行收尘等落后方式炼锌或生产氧化锌工艺装备等	万吨	65
焦炭	土法炼焦（含改良焦炉），单炉产能7.5万吨/年以下的半焦（兰炭）生产装置，炭化室高度小于4.3米焦炉（3.8米及以上捣固焦炉除外）	万吨	4 200
水泥（含熟料及磨机）	立窑，干法中空窑，直径3米以下水泥粉磨设备等	万吨	37 000
平板玻璃	平拉工艺平板玻璃生产线（含格法）	万重量箱	9 000
造纸	无碱回收的碱法（硫酸盐法）制浆生产线，单条产能小于3.4万吨的非木浆生产线，单条产能小于1万吨的废纸浆生产线，年生产能力5.1万吨以下的化学木浆生产线等	万吨	1 500
化纤	2万吨/年及以下粘胶常规短纤维生产线，湿法氨纶工艺生产线，二甲基酰胺溶剂法氨纶及腈纶工艺生产线，硝酸法腈纶常规纤维生产线等	万吨	59
印染	未经改造的74型染整生产线，使用年限超过15年的国产和使用年限超过20年的进口前处理设备、拉幅和定形设备、圆网和平网印花机、连续染色机，使用年限超过15年的浴比大于1∶10的棉及化纤间歇式染色设备等	亿米	55.8
制革	年加工生皮能力5万标张牛皮、年加工蓝湿皮能力3万标张牛皮以下的制革生产线	万标张	1 100
酒精	3万吨/年以下酒精生产线（废糖蜜制酒精除外）	万吨	100
味精	3万吨/年以下味精生产线	万吨	18.2
柠檬酸	2万吨/年及以下柠檬酸生产线	万吨	4.75
铅蓄电池（含极板及组装）	开口式普通铅蓄电池生产线，含镉高于0.002%的铅蓄电池生产线，20万千伏安时/年规模以下的铅蓄电池生产线	万千伏安时	746
白炽灯	60瓦以上普通照明用白炽灯	亿只	6

——促进传统产业优化升级。运用高新技术和先进适用技术改造提升传统产业，促进信息化和工业化深度融合。加大企业技术改造力度，重点支持对产业升级带动作用大的重点项目和重污染企业搬迁改造。调整加工贸易禁止类商品目录，提高加工贸易准入门槛。提升产品节能环保性能，打造绿色低碳品牌。合理引导企业兼并重组，提高产业集中度，培育具有自主创新能力和核心竞争力

的企业。

——调整能源消费结构。促进天然气产量快速增长，推进煤层气、页岩气等非常规油气资源开发利用，加强油气战略进口通道、国内主干管网、城市配网和储备库建设。结合产业布局调整，有序引导高耗能企业向能源产地适度集中，减少长距离输煤输电。在做好生态保护和移民安置的前提下积极发展水电，在确保安全的基础上有序发展核电。加快风能、太阳能、地热能、生物质能、煤层气等清洁能源商业化利用，加快分布式能源发展，提高电网对非化石能源和清洁能源发电的接纳能力。到2015年，非化石能源消费总量占一次能源消费比重达到11.4%。

——推动服务业和战略性新兴产业发展。加快发展生产性服务业和生活性服务业，推进规模化、品牌化、网络化经营。到2015年，服务业增加值占国内生产总值比重比2010年提高4个百分点。推动节能环保、新一代信息技术、生物、高端装备制造、新能源、新材料、新能源汽车等战略性新兴产业发展。到2015年，战略性新兴产业增加值占国内生产总值比重达到8%左右。

（二）推动能效水平提高

——加强工业节能。坚持走新型工业化道路，通过明确目标任务、加强行业指导、推动技术进步、强化监督管理，推进工业重点行业节能。

电力。鼓励建设高效燃气-蒸汽联合循环电站，加强示范整体煤气化联合循环技术（IGCC）和以煤气化为龙头的多联产技术。发展热电联产，加快智能电网建设。加快现役机组和电网技术改造，降低厂用电率和输配电线损。

煤炭。推广年产400万吨选煤系统成套技术与装备，到2015年原煤入洗率达到60%以上，鼓励高硫、高灰动力煤入洗，灰分大于25%的商品煤就近销售。积极发展动力配煤，合理选择具有区位和市场优势的矿区、港口等煤炭集散地建设煤炭储配基地。发展煤炭地下气化、脱硫、水煤浆、型煤等洁净煤技术。实施煤矿节能技术改造。加强煤矸石综合利用。

钢铁。优化高炉炼铁炉料结构，降低铁钢比。推广连铸坯热送热装和直接轧制技术。推动干熄焦、高炉煤气、转炉煤气和焦炉煤气等二次能源高效回收利用，鼓励烧结机余热发电，到2015年重点大中型企业余热余压利用率达到50%以上。支持大中型钢铁企业建设能源管理中心。

有色金属。重点推广新型阴极结构铝电解槽、低温高效铝电解等先进节能生产工艺技术。推进氧气底吹熔炼技术、闪速技术等广泛应用。加快短流程连续炼铅冶金技术、连续铸轧短流程有色金属深加工工艺、液态铅渣直接还原炼铅工艺与装备产业化技术开发和推广应用。加强有色金属资源回收利用。提高能源管理信息化水平。

石油石化。原油开采行业要全面实施抽油机驱动电机节能改造，推广不加热集油技术和油田采出水余热回收利用技术，提高油田伴生气回收水平。鼓励符合条件的新建炼油项目发展炼化一体化。原油加工行业重点推广高效换热器并优化换热流程、优化中段回流取热比例、降低汽化率、塔顶循环回流换热等节能技术。

化工。合成氨行业重点推广先进煤气化技术、节能高效脱硫脱碳、低位能余热吸收制冷等技术，实施综合节能改造。烧碱行业提高离子膜法烧碱比例，加快零极距、氧阴极等先进节能技术的开发应用。纯碱行业重点推广蒸汽多级利用、变换气制碱、新型盐析结晶器及高效节能循环泵等节能技术。电石行业加快采用密闭式电石炉，全面推行电石炉炉气综合利用，积极推进新型电石生产技术研发和应用。

建材。推广大型新型干法水泥生产线。普及纯低温余热发电技术，到2015年水泥纯低温余热发电比例提高到70%以上。推进水泥粉磨、熟料生产等节能改造。推进玻璃生产线余热发电，到2015年余热发电比例提高到30%以上。加快开发推广高效阻燃保温材料、低辐射节能玻璃等新型节能产品。推进墙体材料革新，城市城区限制使用黏土制品，县城禁止使用实心黏土砖。加快新型墙体材料发展，到2015年新型墙体材料比重达到65%以上。

——强化建筑节能。开展绿色建筑行动，从规划、法规、技术、标准、设计等方面全面推进建筑节能，提高建筑能效水平。

强化新建建筑节能。严把设计关口，加强施工图审查，城镇建筑设计阶段100%达到节能标准要求。加强施工阶段监管和稽查，施工阶段节能标准执行率达到95%以上。严格建筑节能专项验收，对达不到节能标准要求的不得通过竣工验收。鼓励有条件的地区适当提高建筑节能标准。加强新区绿色规划，重点推动各级机关、学校和医院建筑，以及影剧院、博物馆、科技馆、体育馆等执行绿色建筑标准；在商业房地产、工业厂房中推广绿色建筑。

加大既有建筑节能改造力度。以围护结构、供热计量、管网热平衡改造为重点，大力推进北方采暖地区既有居住建筑供热计量及节能改造，加快实施“节能暖房”工程。开展大型公共建筑采暖、空调、通风、照明等节能改造，推行用电分项计量。以建筑门窗、外遮阳、自然通风等为重点，在夏热冬冷地区和夏热冬暖地区开展居住建筑节能改造试点。在具备条件的情况下，鼓励在旧城区综合改造、城市市容整治、既有建筑抗震加固中，采用加层、扩容等方式开展节能改造。

——推进交通运输节能。加快构建便捷、安全、高效的综合交通运输体系，不断优化运输结构，推进科技和管理创新，进一步提升运输工具能源效率。

铁路运输。大力发展电气化铁路，进一步提高铁路运输能力。加强运输组织管理。加快淘汰老旧机车机型，推广铁路机车节油、节电技术，对铁路运输设备实施节能改造。积极推进货运重载化。推进客运站节能优化设计，加强大型客运站能耗综合管理。

公路运输。全面实施营运车辆燃料消耗量限值标准。建立物流公共信息平台，优化货运组织。推行高速公路不停车收费，继续开展公路甩挂运输试点。实施城乡道路客运一体化试点。推广节能驾驶和绿色维修。

水路运输。建设以国家高等级航道网为主体的内河航道网，推进航电枢纽建设，优化港口布局。推进船舶大型化、专业化，淘汰老旧船舶，加快实施内河船型标准化。发展大宗散货专业化运输和多式联运等现代运输组织方式。推进港口码头节能设计和改造。加快港口物流信息平台建设。

航空运输。优化航线网络和运力配备，改善机队结构，加强联盟合作，提高运输效率。优化空域结构，提高空域资源配置使用效率。开发应用航空器飞行及地面运行节油相关实用技术，推进航空生物燃油研发与应用。加强机场建设和运营中的节能管理，推进高耗能设施、设备的节油节电改造。

城市交通。合理规划城市布局，优化配置交通资源，建立以公共交通为重点的城市交通发展模式。优先发展公共交通，有序推进轨道交通建设，加快发展快速公交。探索城市调控机动车保有总量。开展低碳交通运输体系建设城市试点。推行节能驾驶，倡导绿色出行。积极推广节能与新能源汽车，加快加气站、充电站等配套设施规划和建设。抓好城市步行、自行车交通系统建设。发展智能交通，建立公众出行信息服务系统，加大交通疏堵力度。

——推进农业和农村节能。完善农业机械节能标准体系。依法加强大型农机年检、年审，加快老旧农业机械和渔船淘汰更新。鼓励农民购买高效节能农业机械。推广节能新产品、新技术，加快农业机电设备节能改造，加强用能设备定期维修保养。推进节能型农宅建设，结合农村危房改造加大建筑节能示范力度。推动省柴节煤灶更新换代。开展农村水电增效扩容改造。推进农业节水增效，推广高效节水灌溉技术。因地制宜、多能互补发展小水电、风能、太阳能和秸秆综合利用。科学规划农村沼气建设布局，完善服务机制，加强沼气设施的运行管理和维护。

——强化商用和民用节能。开展零售业等流通领域节能减排行动。商业、旅游业、餐饮等行业建立并完善能源管理制度，开展能源审计，加快用能设施节能改造。宾馆、商厦、写字楼、机场、车站严格执行公共建筑空调温度控制标准，优化空调运行管理。鼓励消费者购买节能环保型汽车和节能型住宅，推广高效节能家用电器、办公设备和高效照明产品。减少待机能耗，减少使用一次性用品，严格执行限制商品过度包装和超薄塑料购物袋生产、销售和使用的相关规定。

——实施公共机构节能。新建公共建筑严格实施建筑节能标准。实施供热计量改造，国家机关率先实行按热量收费。推进公共机构办公区节能改造，推广应用可再生能源。全面推进公务用车制度改革，严格油耗定额管理，推广节能和新能源汽车。在各级机关和教科文卫体等系统开展节约型公共机构示范单位建设，创建 2 000 家节约型公共机构。健全公共机构能源管理、统计监测考核和培训体系，建立完善公共机构能源审计、能效公示、能源计量和能耗定额管理制度，加强能耗监测平台和节能监管体系建设。

（三）强化主要污染物减排

——加强城镇生活污水处理设施建设。加强城镇环境基础设施建设，以城镇污水处理设施及配套管网建设、现有设施升级改造、污泥处理处置设施建设为重点，提升脱氮除磷能力。到 2015 年，城市污水处理率和污泥无害化处置率分别达到 85%和 70%，县城污水处理率达到 70%，基本实现每个县和重点建制镇建成污水集中处理设施，全国城镇污水处理厂再生水利用率达到 15%以上。

——加强重点行业污染物减排。

加强重点行业污染预防。以钢铁、水泥、氮肥、造纸、印染行业为重点，大力推行清洁生产，加快重大、共性技术的示范和推广，完善清洁生产评价指标体系，开展工业产品生态设计、农业和服务业清洁生产试点。以汞、铬、铅等重金属污染防治为重点，在重点行业实施技术改造。示范和推广一批无毒无害或低毒低害原料（产品），对高耗能、高排放企业及排放有毒有害废物的重点企业开展强制性清洁生产审核。

加大工业废水治理力度。以制浆造纸、印染、食品加工、农副产品加工等行业为重点，继续加大水污染深度治理和工艺技术改造。制浆造纸企业加快建设碱回收装置；纺织印染行业推行废水集中处理和实施综合治理，大中型造纸企业、有脱墨的废纸造纸企业和采用碱减量工艺的化纤布印染企业实施废水三级深度处理；发酵行业推广高浓度废液综合利用技术、废醪液制备生物有机肥及液态肥技术；制糖行业推广闭合循环用水技术；氮肥行业推广稀氨水浓缩回收利用技术、尿素工艺冷凝液深度水解技术，加大生化处理设施建设力度；农药行业推广清污分流和高浓度废水预处理技术。

推进电力行业脱硫脱硝。新建燃煤机组全面实施脱硫脱硝，实现达标排放。尚未安装脱硫设施的现役燃煤机组要配套建设烟气脱硫设施，不能稳定达标排放的燃煤机组要实施脱硫改造。加快燃煤机组低氮燃烧技术改造和烟气脱硝设施建设，对单机容量 30 万千瓦及以上的燃煤机组、东部地区和其他省会城市单机容量 20 万千瓦及以上的燃煤机组，均要实行脱硝改造，综合脱硝效率达到 75%以上。

加强非电行业脱硫脱硝。实施钢铁烧结机烟气脱硫，到 2015 年，所有烧结机和位于城市建成区的球团生产设备烟气脱硫效率达到 95%以上。有色金属行业冶炼烟气中二氧化硫含量大于 3.5%的冶炼设施，要安装硫回收装置。石油炼制行业新建催化裂化装置要配套建设烟气脱硫设施，现有硫磺回收装置硫回收率达到 99%。建材行业建筑陶瓷规模大于 70 万平方米/年且燃料含硫率大于 0.5%的窑炉，应安装脱硫设施或改用清洁能源，浮法玻璃生产线要实施烟气脱硫或改用天然气。焦化行业炼焦炉荒煤气硫化氢脱除效率达到 95%。水泥行业实施新型干法窑降氮脱硝，新建、改扩建水泥生产线综合脱硝效率不低于 60%。燃煤锅炉蒸汽量大于 35 吨/小时且二氧化硫超标排放的，要实施烟气脱硫改造，改造后脱硫效率应达到 70%以上。

——开展农业源污染防治。

加强农村污染治理。推进农村生态示范建设标准化、规范化、制度化。因地制宜建设农村生活污水处理设施，分散居住地区采用低能耗小型分散式污水处理方式，人口密集、污水排放相对集中地区采用集中处理方式。实施农村清洁工程，开展农村环境综合整治，推行农业清洁生产，鼓励生活垃圾分类收集和就地减量无害化处理。选择经济、适用、安全的处理处置技术，提高垃圾无害化处理水平，城镇周边和环境敏感区的农村逐步推广城乡一体化垃圾处理模式。推广测土配方施肥，发展有机肥采集利用技术，减少不合理的化肥施用。

推进畜禽清洁养殖。结合土地消纳能力，推进畜禽养殖适度规模化，合理优化养殖布局，鼓励采取种养结合养殖方式。以规模化养殖场和养殖小区为重点，因地制宜推行干清粪收集方法，养殖场区实施雨污分流，发展废物循环利用，鼓励粪污、沼渣等废弃物发酵生产有机肥料。在散养密集区推行粪污集中处理。

推行水产健康养殖。规范水产养殖行为，优化水产养殖区域布局，国家重点流域以及各地确定的重点保护水体要合理减少网箱、围网养殖规模。加快养殖池塘改造和循环水设施配套建设，推广水质调控技术与环保设备。鼓励发展人工生态环境、多品种立体、开放式流水或微流水、全封闭循环水工厂化、水产品与农作物共生互利等水产生态养殖方式。

——控制机动车污染物排放。提高机动车污染物排放准入门槛。加强机动车排放对环境影响的评估审查。加快淘汰老旧车辆，基本淘汰 2005 年以前注册的用于运营的“黄标车”。推进报废农用车换购载货汽车工作。全面推行机动车环保标志管理，严格实施机动车一致性检查制度，不符合国家机动车排放标准的车辆禁止生产、销售和注册登记。实施第四阶段机动车排放标准，在有条件的重点城市和地区逐步推动实施第五阶段排放标准。“十二五”末实现低速车与载货汽车实施同一排放标准。全面提升车用燃油品质。研究制定国家第四、第五阶段车用燃油标准，推动落实标准实施条件，强化车用燃油监管。全面供应符合国家第四阶段标准的车用燃油，部分重点城市供应国家第五阶段标准车用燃油。大型炼化项目应以国家第五阶段车用燃油标准作为设计目标，加快成品油生产技术改造。

——推进大气中细颗粒污染物（$PM_{2.5}$）治理。促进煤炭清洁利用，建设低硫、低灰配煤场，提高煤炭洗选比例，重点区域淘汰低效燃煤锅炉。推广使用天然气、煤制气、生物质成型燃料等清洁能源。加大工业烟粉尘污染防治力度，对火电、钢铁、水泥等高排放行业以及燃煤工业锅炉实施高效除尘改造。大力削减石油石化、化工等行业挥发性有机物的排放。推动柴油车尿素加注基础设施建设。实施大气联防联控重点区域城区内重污染企业搬迁改造。加强建设施工、植被破坏等因素造成的扬尘污染防治。

四、节能减排重点工程

（一）节能改造工程

——锅炉（窑炉）改造和热电联产。实施燃煤锅炉和锅炉房系统节能改造，提高锅炉热效率和运行管理水平；在部分地区开展锅炉专用煤集中加工，提高锅炉燃煤质量；推动老旧供热管网、换热站改造。推广四通道喷煤燃烧、并流蓄热石灰窑煅烧等高效窑炉节能技术。到 2015 年工业锅炉、窑炉平均运行效率分别比 2010 年提高 5 个和 2 个百分点。东北、华北、西北地区大城市居民采暖除有条件采用可再生能源外基本实行集中供热，中小城市因地制宜发展背压式热电或集中供热改造，提高热电联产在集中供热中的比重。“十二五”时期形成 7 500 万吨标准煤的节能能力。

——电机系统节能。采用高效节能电动机、风机、水泵、变压器等更新淘汰落后耗电设备。对电机系统实施变频调速、永磁调速、无功补偿等节能改造，优化系统运行和控制，提高系统整体运行效率。开展大型水利排灌设备、电机总容量 10 万千瓦以上电机系统示范改造。2015 年电机系统运行效率比 2010 年提高 2～3 个百分点，“十二五”时期形成 800 亿千瓦时的节电能力。

——能量系统优化。加强电力、钢铁、有色金属、合成氨、炼油、乙烯等行业企业能量梯级利用和能源系统整体优化改造，开展发电机组通流改造、冷却塔循环水系统优化、冷凝水回收利用等，优化蒸汽、热水等载能介质的管网配置，实施输配电设备节能改造，深入挖掘系统节能潜力，大幅度提升系统能源效率。“十二五”时期形成4 600万吨标准煤的节能能力。

——余热余压利用。能源行业实施煤矿低浓度瓦斯、油田伴生气回收利用；钢铁行业推广干熄焦、干式炉顶压差发电、高炉和转炉煤气回收发电、烧结机余热发电；有色金属行业推广冶金炉窑余热回收；建材行业推行新型干法水泥纯低温余热发电、玻璃熔窑余热发电；化工行业推行炭黑余热利用、硫酸生产低品位热能利用；积极利用工业低品位余热作为城市供热热源。到2015年新增余热余压发电能力2 000万千瓦，“十二五”时期形成5 700万吨标准煤的节能能力。

——节约和替代石油。推广燃煤机组无油和微油点火、内燃机系统节能、玻璃窑炉全氧燃烧和富氧燃烧、炼油含氢尾气膜法回收等技术。开展交通运输节油技术改造，鼓励以洁净煤、石油焦、天然气替代燃料油。在有条件的城市公交客车、出租车、城际客货运输车辆等推广使用天然气和煤层气。因地制宜推广醇醚燃料、生物柴油等车用替代燃料。实施乘用车制造企业平均油耗管理制度。“十二五”时期节约和替代石油800万吨，相当于1 120万吨标准煤。

——建筑节能。到2015年，累计完成北方采暖地区既有居住建筑供热计量和节能改造4亿平方米以上，夏热冬冷地区既有居住建筑节能改造5 000万平方米，公共建筑节能改造6 000万平方米，公共机构办公建筑节能改造6 000万平方米。“十二五”时期形成600万吨标准煤的节能能力。

——交通运输节能。铁路运输实施内燃机车、电力机车和空调发电车节油节电、动态无功补偿以及谐波负序治理等技术改造；公路运输实施电子不停车收费技术改造；水运推广港口轮胎式集装箱门式起重机油改电、靠港船舶使用岸电、港区运输车辆和装卸机械节能改造、油码头油气回收等；民航实施机场和地面服务设备节能改造，推广地面电源系统代替辅助动力装置等措施；加快信息技术在城市交通中的应用。深入开展“车船路港”千家企业低碳交通运输专项行动。“十二五”时期形成100万吨标准煤的节能能力。

——绿色照明。实施“中国逐步淘汰白炽灯路线图”，分阶段淘汰普通照明用白炽灯等低效照明产品。推动白炽灯生产企业转型改造，支持荧光灯生产企业实施低汞、固汞技术改造。积极发展半导体照明节能产业，加快半导体照明关键设备、核心材料和共性关键技术研发，支持技术成熟的半导体通用照明产品在宾馆、商厦、道路、隧道、机场等领域的应用。推动标准检测平台建设。加快城市道路照明系统改造，控制过度装饰和亮化。“十二五”时期形成2 100万吨标准煤的节能能力。

（二）节能产品惠民工程

加大高效节能产品推广力度。民用领域重点推广高效照明产品、节能家用电器、节能与新能源汽车等，商用领域重点推广单元式空调器等，工业领域重点推广高效电动机等，产品能效水平提高10%以上，市场占有率提高到50%以上。完善节能产品惠民工程实施机制，扩大实施范围，健全组织管理体系，强化监督检查。“十二五”时期形成1 000亿千瓦时的节电能力。

（三）合同能源管理推广工程

扎实推进《国务院办公厅转发发展改革委等部门关于加快推行合同能源管理促进节能服务产业发展意见的通知》（国办发[2010]25号）的贯彻落实，引导节能服务公司加强技术研发、服务创新、人才培养和品牌建设，提高融资能力，不断探索和完善商业模式。鼓励大型重点用能单位利用自身技术优势和管理经验，组建专业化节能服务公司。支持重点用能单位采用合同能源管理方式实施节能改造。公共机构实施节能改造要优先采用合同能源管理方式。加强对合同能源管理项目的融资扶持，鼓励银行等金融机构为合同能源管理项目提供灵活多样的金融服务。积极培育第三方认证、评估机构。到2015年，建立比较完善的节能服务体系，节能服务公司发展到2 000多家，其中龙头骨干企业达到20家；节能服务产业总产值达到3 000亿元，从业人员达到50万人。“十二五”时期形成6 000万吨标准煤的节能能力。

（四）节能技术产业化示范工程

示范推广低品位余能利用、高效环保煤粉工业锅炉、稀土永磁电机、新能源汽车、半导体照明、太阳能光伏发电、零排放和产业链接等一批重大、关键节能技术。建立节能技术评价认定体系，形成节能技术分类遴选、示范和推广的动态管理机制。对节能效果好、应用前景广阔的关键产品或核心部件组织规模化生产，提高研发、制造、系统集成和产业化能力。“十二五”时期产业化推广30项以上重大节能技术，培育一批拥有自主知识产权和自主品牌、具有核心竞争力、世界领先的节能产品制造企业，形成1 500万吨标准煤的节能能力。

（五）城镇生活污水处理设施建设工程

加大城镇污水处理设施和配套管网建设力度。“十二五”时期新建配套管网16万公里，新增污水日处理能力4 200万吨，升级改造污水日处理能力2 600万吨，新增再生水利用能力2 700万吨/日。加快城镇生活垃圾处理处置设施建设，强化垃圾渗滤液处置。“十二五”时期分别新增化学需氧量和氨氮削减能力280万吨、30万吨。

（六）重点流域水污染防治工程

加强“三河三湖”、松花江、三峡库区及上游、丹江口库区及上游、黄河中上游等重点流域和城镇饮用水水源地的综合治理，加大长江中下游和珠江流域水污染防治力度，加强湖泊生态环境保护，推进渤海等重点海域综合治理。实施一批水污染综合治理项目。推动受污染场地、土壤及其周边地下水污染治理，重点推进湘江流域重金属污染治理。大力推进重点行业污水处理设施建设，“十二五”时期造纸、纺织、食品加工、农副产品加工、化工、石化等行业分别新增污水日处理能力300万吨、60万吨、60万吨、600万吨、200万吨、300万吨。

（七）脱硫脱硝工程

完成5 056万千瓦现役燃煤机组脱硫设施配套建设，对已安装脱硫设施但不能稳定达标的4 267万千瓦燃煤机组实施脱硫改造；完成4亿千瓦现役燃煤机组脱硝设施建设，对7 000万千瓦燃煤机组实施低氮燃烧技术改造。到2015年燃煤机组脱硫效率达到95%，脱硝效率达到75%以上。钢铁烧结机、有色金属窑炉、建材新型干法水泥窑、石化催化裂化装置、焦化炼焦炉配套实施低氮燃烧改造或安装脱硫脱硝设施，高速公路沿线逐步建设柴油车脱硝尿素加注站。“十二五”时期新增二氧化硫和氮氧化物削减能力277万吨、358万吨。

（八）规模化畜禽养殖污染防治工程

以规模化养殖场和养殖小区为重点，鼓励废弃物统一收集，集中治理。建设雨污分离污水收集系统和厌氧发酵处理设施，配套建设分布式粪污贮存及处理设施。加强规模化养殖场沼气预处理设施、发酵装置、沼气和沼肥利用设施建设，实现畜禽养殖场废弃物的资源化利用。到2015年，50%以上规模化养殖场和养殖小区配套建设废弃物处理设施，分别新增化学需氧量和氨氮削减能力140万吨、10万吨。

（九）循环经济示范推广工程

开展资源综合利用、废旧商品回收体系示范、“城市矿产”示范基地、再制造产业化、餐厨废弃物资源化、产业园区循环化改造、资源循环利用技术示范推广等循环经济重点工程建设，实现减量化、再利用、资源化。在农业、工业、建筑、商贸服务等重点领域，以及重点行业、重点流域、中西部产业承接园区实施清洁生产示范工程，加大清洁生产技术改造实施力度。加快共性、关键清洁生产技术示范和推广，培育一批清洁生产企业和工业园区。

（十）节能减排能力建设工程

推进节能监测平台建设，建立能源消耗数据库和数据交换系统，强化数据收集、数据分类汇总、预测预警和信息交流能力。开展重点用能单位能源消耗在线监测体系建设试点和城市能源计量示范建设。建设县级污染源监控中心，加强污染源监督性监测，完善区域污染源在线监控网络，建立减排监测数据库并实现数据共享。加强氨氮、氮氧化物统计监测，提高农业源污染监测和机动车污染监控能力。推进节能减排监管机构标准化和执法能力建设，加强省、市、县节能减排监测取证设备、能耗和污染物排放测试分析仪器配备。

初步测算，“十二五”时期实施节能减排重点工程需投资约 23 660 亿元，可形成节能能力 3 亿吨标准煤，新增化学需氧量、二氧化硫、氨氮、氮氧化物削减能力分别为 420 万吨、277 万吨、40 万吨、358 万吨（见表 4）。

表 4 “十二五”节能减排规划投资需求

工程名称	投资需求（亿元）	节能减排能力（万吨）
节能重点工程	9 820	30 000（标准煤）
减排重点工程	8 160	420（化学需氧量）、277（二氧化硫）、40（氨氮）、358（氮氧化物）
循环经济重点工程	5 680	支撑实现上述节能减排能力
总计	23 660	

五、保障措施

（一）坚持绿色低碳发展

深入贯彻节约资源和保护环境基本国策，坚持绿色发展和低碳发展。坚持把节能减排作为落实科学发展观、加快转变经济发展方式的重要着力点，加快构建资源节约、环境友好的生产方式和消费模式，增强可持续发展能力。在制定实施国家有关发展战略、专项规划、产业政策以及财政、税收、金融、价格和土地等政策过程中，要体现节能减排要求，发展目标要与节能减排约束性指标衔接，政策措施要有利于推进节能减排。

（二）强化目标责任评价考核

综合考虑经济发展水平、产业结构、节能潜力、环境容量及国家产业布局等因素，合理确定各地区、各行业节能减排目标。进一步完善节能减排统计、监测、考核体系，健全节能减排预警机制，建立健全行业节能减排工作评价制度。各地区要将国家下达的节能减排目标分解落实到下一级政府、有关部门和重点单位。国务院每年组织开展省级人民政府节能减排目标责任评价考核，考核结果作为领导班子和领导干部综合考核评价的重要内容，纳入政府绩效管理，实行问责制，并按照有关规定对作出突出成绩的地区、单位和个人给予表彰奖励。地方各级人民政府要切实抓好本地区节能减排目标责任评价考核。

（三）加强用能节能管理

明确总量控制目标和分解落实机制，实行目标责任管理。建立能源消费总量预测预警机制，对能源消费总量增长过快的地区及时预警调控。在工业、建筑、交通运输、公共机构以及城乡建设和消费领域全面加强用能管理，切实改变敞开供应能源、无约束使用能源的现象。依法加强年耗能万吨标准煤以上用能单位节能管理，开展万家企业节能低碳行动，落实目标责任，实行能源审计，开展能效水平对标活动，建立能源管理师制度，提高企业能源管理水平。在大气联防联控重点区域开展煤炭消费总量控制试点，从严控制京津唐、长三角、珠三角地区新建燃煤火电机组。

（四）健全节能环保法律、法规和标准

完善节能环保法律、法规和标准体系。推动加快制修订大气污染防治法、排污许可证管理条例、畜禽养殖污染防治条例、重点用能单位节能管理办法、节能产品认证管理办法等。加快节能环保标准体系建设，扩大标准覆盖面，提高准入门槛。组织制修订粗钢、铁合金、焦炭、多晶硅、纯碱等50余项高耗能产品强制性能耗限额标准，高压三相异步电动机、平板电视机等40余项终端用能产品强制性能效标准，制定钢铁、水泥等行业能源管理体系标准等。健全节能和环保产品及装备标准。完善环境质量标准。加快重点行业污染物排放标准的制修订工作，根据氨氮、氮氧化物控制目标要求制定实施排放标准，加强标准实施的后评估工作。

（五）完善节能减排投入机制

加大中央预算内投资和中央节能减排专项资金对节能减排重点工程和能力建设的支持力度，继续安排国有资本经营预算支出支持企业实施节能减排项目。完善“以奖代补”、“以奖促治”以及采用财政补贴方式推广高效节能产品和合同能源管理等支持机制，强化财政资金的引导作用。支持军队重点用能设施设备节能改造。地方各级人民政府要进一步加大对节能减排的投入，创新投入机制，发挥多层次资本市场融资功能，多渠道引导企业、社会资金积极投入节能减排。完善财政补贴方式和资金管理办法，强化财政资金的安全性和有效性，提高财政资金使用效率。

（六）完善促进节能减排的经济政策

深化资源性产品价格改革，理顺煤、电、油、气、水、矿产等资源类产品价格关系，建立充分反映市场供求、资源稀缺程度以及环境损害成本的价格形成机制。完善差别电价、峰谷电价、惩罚性电价，尽快出台鼓励余热余压发电和煤层气发电的上网政策，全面推行居民用电阶梯价格。严格落实脱硫电价，研究完善燃煤电厂烟气脱硝电价政策。完善矿业权有偿取得制度。加快供热体制改革，全面实施热计量收费制度。完善污水处理费政策。改革垃圾处理收费方式，提高收缴率，降低征收成本。完善节能产品政府采购制度。扩大环境标志产品政府采购范围，完善促进节能环保服务的政府采购政策。落实国家支持节能减排的税收优惠政策，改革资源税，加快推进环境保护税立法工作，调整进出口税收政策，合理调整消费税范围和税率结构。推进金融产品和服务方式创新，积极改进和完善节能环保领域的金融服务，建立企业节能环保水平与企业信用等级评定、贷款联动机制，探索建立绿色银行评级制度。推行重点区域涉重金属企业环境污染责任保险。

（七）推广节能减排市场化机制

加大能效标识和节能环保产品认证实施力度，扩大能效标识和节能产品认证实施范围。建立高耗能产品（工序）和主要终端用能产品能效“领跑者”制度，明确实施时限。推进节能发电调度。强化电力需求侧管理，开展城市综合试点。加快建立电能管理服务平台，充分运用电力负荷管理系统，完善鼓励电网企业积极参与电力需求侧管理的考核与奖惩机制。加强政策落实和引导，鼓励采用合同能源管理实施节能改造，推动城镇污水、垃圾处理以及企业污染治理等环保设施社会化、专业化运营。深化排污权有偿使用和交易制度改革，建立完善排污权有偿使用和交易政策体系，研究制定排污权交易初始价格和交易价格政策。开展碳排放交易试点。推进资源型经济转型改革试验。健全污染者付费制度，完善矿产资源补偿制度，加快建立生态补偿机制。

（八）推动节能减排技术创新和推广应用

深入实施节能减排科技专项行动，通过国家科技重大专项和国家科技计划（专项）等对节能减排相关科研工作给予支持。完善节能环保技术创新体系，加强基础性、前沿性和共性技术研发，在节能环保关键技术领域取得突破。加强政府指导，推动建立以企业为主体、市场为导向、多种形式的产学研战略联盟，鼓励企业加大研发投入。重点支持成熟的节能减排关键、共性技术与装备产业化示范和应用，加快产业化基地建设。发布节能环保技术推广目录，加快推广先进、成熟的新技术、新工艺、新设备和新材料。加强节能环保领域国际交流合作，加快国外先进适用节能减排技术的引进吸收和推广应用。

（九）强化节能减排监督检查和能力建设

加强节能减排执法监督，依法从严惩处各类违反节能减排法律法规的行为，实行执法责任制。强化重点用能单位、重点污染源和治理设施运行监管，推动污染源自动监控数据联网共享。完善工业能源消费统计，建立建筑、交通运输、公共机构能源消费统计制度、地区单位生产总值能耗指标季度统计制度，强化统计核算与监测。健全节能管理、监察、服务“三位一体”节能管理体系，形成覆盖全国的省、市、县三级节能监察体系。突出抓好重点用能单位能源利用状况报告、能源计量管理、能耗限额标准执行情况等监督检查。

（十）开展节能减排全民行动

深入开展节能减排全民行动，抓好家庭社区、青少年、企业、学校、军营、农村、政府机构、科技、科普和媒体等十个专项行动。把节能减排纳入社会主义核心价值观宣传教育以及基础教育、文化教育、职业教育体系，增强危机意识。充分发挥广播影视、文化教育等部门以及新闻媒体和相关社会团体的作用，组织好节能宣传周、世界环境日等主题宣传活动。加强日常宣传和舆论监督，宣传先进、曝光落后、普及知识，崇尚勤俭节约、反对奢侈浪费，推动节能、节水、节地、节材、节粮，倡导与我国国情相适应的文明、节约、绿色、低碳生产方式和消费模式，积极营造良好的节能减排社会氛围。

六、规划实施

节约资源和保护环境是我国的基本国策，推进节能减排工作，加快建设资源节约型、环境友好型社会是我国经济社会发展的重大战略任务。各级人民政府和有关部门要切实履行职责，扎实工作，进一步强化目标责任评价考核，加强监督检查，保障规划目标和任务的完成。地方各级人民政府要对本地区节能减排工作负总责，切实加强组织领导和统筹协调，做好本地区节能减排规划与本规划主要目标、重点任务的协调，特别要加强约束性指标的衔接，抓好各项目标任务的分解落实，强化政策统筹协调，做好相关规划实施的跟踪分析。发展改革委、环境保护部要会同有关部门加强对本规划执行的支持和指导，认真做好规划实施的监督评估，重视研究新情况，解决新问题，总结新经验，重大问题及时向国务院报告。

国务院关于印发工业转型升级规划（2011—2015年）的通知

国发[2011]47号

各省、自治区、直辖市人民政府，国务院各部委、各直属机构：

现将《工业转型升级规划（2011—2015 年）》（以下简称《规划》）印发给你们，请认真贯彻执行。

编制和实施《规划》，是推进中国特色新型工业化的根本要求，也是进一步调整和优化经济结构、促进工业转型升级的重要举措，对于实现我国工业由大到强转变具有重要意义。“十二五”时期推动工业转型升级，要以科学发展为主题，以加快转变经济发展方式为主线，着力提升自主创新能力，推进信息化与工业化深度融合，改造提升传统产业，培育壮大战略性新兴产业，加快发展生产性服务业，调整和优化产业结构，把工业发展建立在创新驱动、集约高效、环境友好、惠及民生、内生增长的基础上，不断增强我国工业核心竞争力和可持续发展能力。

各地区、各部门要进一步统一思想，增强大局意识、责任意识，加强领导，密切配合，切实按照《规划》要求做好各项工作。要进一步完善发展环境和市场机制，加强对市场主体行为的引导和约束，促进工业又好又快发展。各省（区、市）人民政府要按照《规划》确定的目标任务和政策措施，结合实际制定落实方案，切实抓好组织实施，确保取得实效。国务院各有关部门要按照职责分工，尽快制定和完善各项配套政策措施，切实加强对《规划》实施的指导和支持。工业和信息化部要强化对《规划》实施情况的跟踪分析和督促检查，中期评估结果和总体实施情况要向国务院报告。

国务院

二〇一二年十二月三十日

工业转型升级规划（2011—2015年）

前　言

“十一五”期间，面对国际国内环境的深刻变化和风险挑战，在党中央、国务院的正确领导下，工业保持平稳较快发展，结构调整取得积极成效，有力地促进了经济社会又好又快发展。

“十二五”时期是全面建设小康社会的关键时期，是深化改革开放、加快转变经济发展方式的攻坚时期。工业是我国国民经济的主导力量，是转变经济发展方式的主战场。今后五年，我国工业发展环境将发生深刻变化，长期积累的深层次矛盾日益突出，粗放增长模式已难以为继，已进入到必须以转型升级促进工业又好又快发展的新阶段。转型就是要通过转变工业发展方式，加快实现由传统工业化向新型工业化道路转变；升级就是要通过全面优化技术结构、组织结构、布局结构和行业结构，促进工业结构整体优化提升。工业转型升级是我国加快转变经济发展方式的关键所在，是走中国特色新型工业化道路的根本要求，也是实现工业大国向工业强国转变的必由之路。

《工业转型升级规划（2011—2015 年）》是指导今后五年我国工业发展方式转变的行动纲领，是落实《中华人民共和国国民经济和社会发展第十二个五年规划纲要》的具体部署，是工业领域其他规划的重要编制依据。

《工业转型升级规划（2011—2015 年）》由工业和信息化部会同发展改革委、科技部、财政部、国土资源部、环境保护部、商务部、国资委及国防科工局、烟草局等部门和单位联合编制。

第一章 “十一五”工业发展回顾和“十二五”形势分析

第一节 “十一五”工业发展取得的主要成绩

“十一五”期间，我国工业发展经历了极不平凡的五年。面对国内外环境的复杂变化，中央果断实施了一系列强有力的宏观调控措施，有效应对了国际金融危机的巨大冲击和特大地震等自然灾害的严峻挑战，我国工业总体上保持了平稳较快发展，在新型工业化进程中迈出了坚实步伐。

工业保持持续快速增长。在全面应对金融危机过程中，及时制定出台的十大产业调整和振兴规划，对国民经济企稳回升和平稳较快发展发挥了重要作用。“十一五”期间，全部工业增加值年均增速达 11.3%，全国城镇工业企业投资总额年均增速达 26.1%，规模以上工业企业实现利润总额年均增速达 30.2%。2010 年，全部工业实现增加值 16 万亿元，占国内生产总值的 40.2%，全国城镇工业企业完成投资 9.9 万亿元，规模以上工业企业实现利润总额 4.2 万亿元。

产业结构不断优化。组织实施重点产业调整和技术改造项目 8 955 项，带动社会投资 1 万亿元。“十一五”期间重点领域淘汰落后产能取得积极进展，其中淘汰炼铁产能 1.2 亿吨、水泥产能 3.5 亿吨、造纸产能 1 070 万吨。2010 年全国高技术产品出口占全部商品出口的 31.2%，较 2005 年提高 3.1 个百分点。企业兼并重组步伐加快，钢铁、汽车、船舶、水泥等行业产业集中度明显提高。东部向中西部地区产业转移步伐加快，“十一五”期间中西部地区工业增加值占全国工业增加值的比重提高 5.8 个百分点。

技术创新能力不断增强。到 2010 年，依托工业企业设立了 127 个国家工程研究中心、729 个国家级企业技术中心和 5 532 个省级企业技术中心，企业发明专利申请数已占国内发明专利申请总数的 53%。机械工业主要产品中约有 40%的产品质量接近或达到国际先进水平。载人航天、探月工程、新支线飞机、大型液化天然气船（LNG）、高速轨道交通、时分同步码分多址接入通信（TD-SCDMA）、高性能计算机等领域取得一批重大技术创新成果。

节能减排和安全生产取得积极成效。“十一五”期间规模以上企业单位工业增加值能耗累计下降 26%，单位工业增加值用水量下降 36.7%，工业化学需氧量及二氧化硫排放总量分别下降 17%和 15%；工业固体废物综合利用率达 69%，大宗固体废物等综合利用取得明显进展。工业企业本质安全生产水平不断提高，2010 年工矿商贸事故死亡人数和工矿商贸企业就业人员 10 万人生产安全事故死亡率较 2005 年分别下降 33%和 45%。

中小企业发展和产业集聚水平不断提高。目前，全国各类中小企业达 4 400 万户（含个体工商户），完成了全国 50%的税收，创造了 60%的国内生产总值，提供了近 80%的城镇就业岗位。中小企业发展的外部环境明显改善，社会化服务体系建设取得积极进展。各类产业集聚区成为工业发展的重要载体，东部地区工业园区实现工业产值已占本地区工业总产值的 50%以上，中西部地区涌现出一批特色产业园区，128 家国家新型工业化产业示范基地创建工作有序推进。

信息技术深化应用和军民融合式发展稳步推进。信息技术在研发设计、生产过程控制、节能减排、安全生产等领域的应用不断深化。国家级“两化”（工业化和信息化）融合试验区建设和重点行业信息化工作取得初步成效。2010 年，我国实现软件业务收入 1.3 万亿元、电子商务交易额 4.5 万亿元，分别为 2005 年的 3.3 倍和 3 倍。民口单位获武器装备科研生产许可证已占全部许可证的 2/3，国防科技工业完成民品产值占国防科技工业产值的 74.5%。

对外开放和体制改革不断深化。目前，我国工业制成品出口额已占全球制成品贸易的 1/7，较 2005 年提高 5 个百分点。2010 年，制造业外商直接投资（FDI）为 496 亿美元，占全国实际利用外资的 46.9%；企业对外直接投资遍布 129 个国家和地区，实现非金融类对外直接投资 590 亿美元，比 2005 年增加 3.8 倍。跨国公司在华设立的研发中心已超过 1 400 家，较“十五”末增长近一倍。国有工业大型企业布局调整步伐加快，非公有制经济发展环境不断完善。工业行业管理体系进一步健全。

经过五年的努力，我国工业整体素质明显改善，总体实力跃上新台阶。同时，必须清醒地看到，工业发展方式仍较为粗放，主要表现在：自主创新能力不强，关键核心技术和装备主要依赖进口；资源能源消耗高，污染排放强度大，部分“两高一资”行业产能过剩问题突出；规模经济行业产业集中度偏低，缺少具有国际竞争力的大企业和国际知名品牌，中小企业发展活力有待进一步增强；产业集聚和集群发展水平不高，产业空间布局与资源分布不协调；一般加工工业和资源密集型产业比重过大，高端制造业和生产性服务业发展滞后。这些矛盾和问题已严重制约工业持续健康发展，必须尽快加以研究解决。

第二节 “十二五”工业转型升级面临的形势

“十二五”时期，我国仍处于可以大有作为的重要战略机遇期，但工业发展的内外部环境发生深刻变化，既有国际金融危机带来的深刻影响，也有国内经济发展方式转变提出的紧迫要求，只有加快转型升级才能实现工业又好又快发展。

国际环境呈现新趋势。当今世界正处于大发展大变革大调整之中，我国工业发展面临的国际环境更趋复杂，既面临着难得机遇，也伴随着严峻挑战，给我国工业转型升级带来深刻影响。

——世界经济增长和市场需求发生新变化。当前和今后一个时期，经济全球化持续深入发展，为我国进一步实施“走出去”战略，提高在全球范围内的资源配置能力，拓展外部发展空间提供了新机遇。同时，国际金融危机影响深远，全球需求结构出现明显变化，贸易保护主义有所抬头，围绕市场、资源等方面的竞争更趋激烈，能源资源、气候变化等全球性问题错综复杂，世界经济的不确定性仍然较大，对我国工业转型升级形成新的压力。

——科技创新和新兴产业发展孕育新突破。信息网络、生物、可再生能源等新技术正在酝酿新的突破，全球范围内新兴产业发展进入加速成长期。我国在新兴产业领域已取得了一定突破，把握好全球经济分工调整的新机遇，加强战略部署和统筹规划，就有可能在新一轮国际产业竞争中抢占先机、赢得优势。同时，发达国家纷纷推行“制造业再造”，加紧在新兴科技领域前瞻布局，抢占未来科技和产业发展制高点的竞争日趋激烈，如果应对不当、贻误时机，我国在新技术和新兴产业领域与发达国家的差距有可能进一步拉大。

——全球化生产方式变革不断加快。随着信息技术与先进制造技术的深度融合，柔性制造、虚拟制造等日益成为世界先进制造业发展的重要方向。全球化、信息化背景下的国际竞争新格局，客观上为我国利用全球要素资源，加快培育国际竞争新优势创造了条件。同时，跨国公司充分利用全球化的生产和组织模式，以核心技术和专业服务牢牢掌控着全球价值链的高端环节，我国工业企业提升国际产业分工地位的任务还十分艰巨。

国内环境呈现新特征。今后五年，我国工业发展的基本条件和长期向好趋势没有改变，但传统发展模式面临诸多挑战，工业转型升级势在必行。

——城镇化进程和居民消费结构升级为工业转型升级提供了广阔空间。城镇化是扩大内需的最大潜力所在，巨大的消费潜力将转化为经济持续发展的强大动力。“十二五”期间，我国城镇化率将超过 50%，内需主导、消费驱动、惠及民生的一系列政策措施将进一步引导居民消费预期，推动居民消费结构持续优化升级，为我国工业持续发展提供有力支撑。同时劳动力、土地、燃料动力等价格持续上升，生产要素成本压力加大，转型升级的约束相应增多。

——信息化、市场化与国际化持续深入发展为工业转型升级提供了重要契机。信息化发展正进入一个新的历史阶段，信息化与工业化深度融合日益成为经济发展方式转变的内在动力。近年来，资本、技术、劳动力等各类要素市场逐步健全，市场配置资源的深度和广度不断拓展，对外经济技术交流合作日益扩大，开放型经济体系不断完善，经济体制活力显著增强。同时，我国信息化和国际化水平与发达国家仍有较大差距，社会主义市场经济体制仍处于完善过程中，经济增长的内生动力还不足，健全与科学发展要求相适应的体制机制尚需较长过程。

——能源资源和生态环境约束更趋强化对工业转型升级提出了紧迫要求。随着资源节约型、环境友好型社会加快推进，绿色发展的体制机制将进一步完善，为工业节能减排、淘汰落后产能等创造良好环境，也将促进节能环保、新能源等新兴产业加速发展。同时，由于长期粗放式发展，我国工业能源资源消耗强度大，能源消耗和二氧化硫排放量分别占全社会能源消耗、二氧化硫排放总量的 70%以上，钢铁、炼油、乙烯、合成氨、电石等单位产品能耗较国际先进水平高出 10%～20%；矿产资源对外依存度不断提高，原油、铁矿石、铝土矿、铜矿等重要能源资源进口依存度超过 50%。随着能源资源刚性需求持续上升，生态环境约束进一步加剧，对加快转变工业发展方式形成了“倒逼机制”。

总体上看，“十二五”时期是我国工业转型升级的攻坚时期。转型升级如能加快推进，就能推动我国经济社会进入良性发展轨道；如果行动迟缓，不仅资源环境难以承载，而且会错失重要的战略机遇期。必须积极创造有利条件，着力解决突出矛盾和问题，促进工业结构整体优化升级，加快实现由传统工业化向新型工业化道路的转变。

第二章 总体思路和主要目标

第一节 指导思想和基本要求

“十二五”工业转型升级，要坚持走中国特色新型工业化道路，按照构建现代产业体系的本质要求，以科学发展为主题，以加快转变经济发展方式为主线，以改革开放为动力，着力提升自主创新能力；推进信息化与工业化深度融合，改造提升传统产业，培育壮大战略性新兴产业，加快发展生产性服务业，全面优化技术结构、组织结构、布局结构和行业结构；把工业发展建立在创新驱动、集约高效、环境友好、惠及民生、内生增长的基础上，不断增强工业核心竞争力和可持续发展能力，为建设工业强国和全面建成小康社会打下更加坚实的基础。

工业转型升级涉及理念的转变、模式的转型和路径的创新，是一个战略性、全局性、系统性的变革过程，必须坚持在发展中求转变，在转变中促发展。基本要求是：

——坚持把提高发展的质量和效益作为转型升级的中心任务。正确处理好工业增长与结构、质量、效益、环境保护和安全生产等方面的重大关系，以提高工业附加值水平为突破口，全面优化要素投入结构和供给结构，改善和提升工业整体素质，强化工业企业安全保障，加快推动发展模式向质量效益型转变。

——坚持把加强自主创新和技术进步作为转型升级的关键环节。努力突破制约产业优化升级的关键核心技术，提高产业核心竞争力，完善产业链条，促进由价值链低端向高端跃升。支持企业技术改造，增强新产品开发能力和品牌创建能力，培育壮大战略性新兴产业。加快推动发展动力向创新驱动转变。

——坚持把发展资源节约型、环境友好型工业作为转型升级的重要着力点。健全激励与约束机制，推广应用先进节能减排技术，推进清洁生产。大力发展循环经济，加强资源节约和综合利用，积极应对气候变化。强化安全生产保障能力建设，加快推动资源利用方式向绿色低碳、清洁安全转变。

——坚持把推进“两化”深度融合作为转型升级的重要支撑。充分发挥信息化在转型升级中的支撑和牵引作用，深化信息技术集成应用，促进“生产型制造”向“服务型制造”转变，加快推动制造业向数字化、网络化、智能化、服务化转变。

——坚持把提高工业园区和产业基地发展水平作为转型升级的重要抓手。完善公共设施和服务平台建设，进一步促进产业集聚、集群发展。改造提升工业园区和产业集聚区，推进新型工业化产业示范基地建设。优化产业空间结构，加快推动工业布局向集约高效、协调优化转变。

——坚持把扩大开放、深化改革作为转型升级的强大动力。充分利用“两种资源、两个市场”，稳定外需、扩大内需，实现内需外需均衡发展。进一步深化改革，充分发挥市场配置资源的基础性作用，激发市场主体活力，加快推动宏观调控手段向更多依靠市场力量转变。

第二节　主要目标

根据走中国特色新型工业化道路和加快转变经济发展方式的总体要求，“十二五”时期要力争实现以下主要目标：

——工业保持平稳较快增长。全部工业增加值年均增长 8%，工业增加值率较“十一五”末提高 2 个百分点，全员劳动生产率年均提高 10%，经济运行的质量和效益明显提高。

专栏 1：“十二五”时期工业转型升级的主要指标

类别	指标		2010 年	2015 年	累计变化
经济运行	工业增加值增速（%）				[8]①
	工业增加值率提高（百分点）				2
	全员劳动生产率增速（%）				[10]①
技术创新	规模以上企业 R&D 经费内部支出占主营业务收入比重（%）			＞1.0	
	拥有科技机构的大中型工业企业比重（%）			＞35	
产业结构	战略性新兴产业增加值占工业增加值比重（%）		7	15	8
	产业集中度（%）②	钢铁行业前 10 家	48.6	60	11.4
		汽车行业前 10 家	82.2	＞90	7.8
		船舶行业前 10 家	48.9	＞70	21.1
“两化”融合	主要行业大中型企业数字化设计工具普及率（%）		61.7	85.0	23.3
	主要行业关键工艺流程数控化率（%）		52.1	70.0	17.9
	主要行业大中型企业 ERP 普及率（%）			80.0	
资源节约和环境保护	规模以上企业单位工业增加值能耗下降（%）				21
	单位工业增加值二氧化碳排放量下降（%）				＞21
	单位工业增加值用水量下降（%）				30
	化学需氧量、二氧化硫排放量下降（%）				10
	氨氮、氮氧化物排放量下降（%）				15
	工业固体废物综合利用率（%）		69	72	3

注：①[　]内数值为年均增速；

②是按产品产量计算的产业集中度。

——自主创新能力明显增强。规模以上工业企业研究与试验发展（R&D）经费内部支出占主营业务收入比重达到1%，重点骨干企业达到3%以上，以企业为主体的技术创新体系进一步健全。企业发明专利拥有量增加一倍，攻克和掌握一批达到世界领先水平的产业核心技术，重点领域和新兴产业的关键装备、技术标准取得突破。

——产业结构进一步优化。战略性新兴产业规模显著扩大，实现增加值占工业增加值的15%左右；面向工业生产的相关服务业发展水平明显提升。规模经济行业产业集中度明显提高，培育发展一批具有国际竞争力的企业集团。中小企业发展活力进一步增强。中西部地区工业增加值占比进一步提高。

——信息化和军民融合水平显著提高。重点骨干企业信息技术集成应用达到国际先进水平，主要行业关键工艺流程数控化率达到70%，大中型企业资源计划（ERP）普及率达到80%以上。军民资源开放共享程度明显提高，军民结合产业规模显著扩大。

——质量品牌建设迈上新台阶。新产品设计、开发能力和品牌创建能力明显增强，主要工业品质量标准接近或达到国际先进水平，食品、药品、纺织服装等民生产品的质量安全水平进一步提高。工业企业社会责任建设取得积极进展。

——资源节约、环境保护和安全生产水平显著提升。单位工业增加值能耗较“十一五”末降低21%左右，单位工业增加值用水量降低30%，单位工业增加值二氧化碳排放量减少21%以上；工业化学需氧量和二氧化硫排放总量分别减少10%，工业氨氮和氮氧化物排放总量减少15%；主要耗能行业单位产品能耗持续下降，重点行业清洁生产水平明显提升。安全生产保障能力进一步提升。

到“十二五”末，努力使我国工业转型升级取得实质性进展，工业的创新能力、抵御风险能力、可持续发展能力和国际竞争力显著增强，工业强国建设迈上新台阶。

第三章　工业转型升级的重点任务

坚持以市场为导向，以企业为主体，强化技术创新和技术改造，促进“两化”深度融合，推进节能减排和淘汰落后产能，合理引导企业兼并重组，增强新产品开发能力和品牌创建能力，优化产业空间布局，全面提升核心竞争力，促进工业结构优化升级。

第一节　增强自主创新能力

紧紧抓住增强自主创新能力这个中心环节，大力推进原始创新、集成创新和引进消化吸收再创新，突破关键核心技术，加快构建以企业为主体、产学研结合的技术创新体系，为工业转型升级提供重要支撑。

支持企业真正成为技术创新的主体。支持企业参与国家科技计划和重大工程项目，健全由企业牵头实施应用性重大科技项目的机制，重点支持和引导创新要素向企业集聚，使企业真正成为研究开发投入、技术创新活动、创新成果应用的主体。进一步研究落实财政、投资、金融等政策，引导企业增加研发投入。鼓励和支持企业技术中心建设，支持有条件的企业建立院士工作站和博士后科研工作站。鼓励骨干企业建立海外研发基地，收购兼并海外科技企业和研发机构。面向企业开放和共享国家重点实验室、国家工程实验室、重要试验设备等科技资源。支持骨干企业加强产业链上下游合作，提升协同创新能力。鼓励中小企业采取联合出资、共同委托等方式进行合作研发。

健全产业创新体系，攻克共性及关键核心技术。加强技术创新能力建设，面向主要工业行业，依托大型转制院所和骨干企业，整合相关资源，健全基础研究和共性技术研发体制机制，支持建设一批产业技术开发平台和技术创新服务平台。推动建立一批由企业、科研院所和高校共同参与的产业创新战略联盟，支持创新战略联盟承担重大研发任务，发挥企业家和科技领军人才在科技创新中的重要作用。以核心装备、系统软件、关键材料、基础零部件等关键领域为重点，结合国家重大工程建设及国家科技重大专项、国家科技计划（专项）等，推进重点产业技术创新，突破和掌握先进制造、节能减排、国防科技等领域的一批关键核心技术，研制一批重大装备和关键产品。支持和促进重大技术成果工程化、产业化，加强军民科技资源集成融合，加快提升制造业领域知识、技术扩散和规模化生产能力。

实施知识产权战略，加强标准体系建设。加强重点产业专利布局，建立重点产业知识产权评议机制、预警机制和公共服务平台，完善知识产权转移交易体系，大力培育知识产权服务业，提升工业领域知识产权创造、运用、保护和管理能力。深入开展企事业单位知识产权试点示范工作，实施中小企业知识产权战略推进工程和知识产权优势企业培育工程。完善工业技术标准体系，加快制定战略性新兴产业重大技术标准，健全电子电气、关键零部件等工业产品的安全、卫生、可靠性、环保和能效标准，完善食品、化妆品、玩具等日用消费品的安全标准。支持基于自有知识产权的标准研发、评估和试验验证，促进更多的技术标准成为国际标准，增强我国在国际标准领域的影响力和话语权。

专栏 2：实施重点产业技术创新工程

组织实施国家科技重大专项。依托“核心电子器件、高端通用芯片及基础软件产品”、“极大规模集成电路制造装备与成套工艺”、“新一代宽带无线移动通信网”、“高档数控机床与基础制造装备”、“重大新药创制”、“大型飞机”、“载人航天与探月工程”、“高分辨率对地观测系统”等重大科技专项，重点突破一批核心关键技术，加强知识产权布局和技术标准制定，在重点领域形成自主开发能力。

组织实施重大科技成果转化。制定国家产业技术发展指南，每年组织实施一批国家科技进步奖和国家技术发明奖等重大科技成果项目的工程化和产业化。推广一批能带动形成新的市场需求、改善民生的科技成果。

建设重点行业技术创新平台。整合现有研发资源，推动行业技术创新平台建设。积极推进工业重点领域实验室建设。建设重点行业知识产权公共服务平台，建立健全知识产权预警机制。加强重点企业和重点产业基地知识产权能力建设。建立标准化管理和信息服务平台。

发展产业联盟。在节能与新能源汽车、TD-SCDMA及长期演进趋势（LTE）、支线及通用飞机、重大节能环保装备、物联网、云计算、应用电子和工业软件、数字内容等若干新兴产业领域，推动一批技术创新示范企业和重点产业联盟发展。制定支持产业联盟发展的政策措施。

加强创新型人才和技能人才队伍建设。积极推动“创新人才推进计划”在装备制造、航空航天、电子信息等重点领域的组织实施，培养大批面向生产一线的实用工程人才、卓越工程师和技能人才，造就一批产业技术创新领军人才和高水平团队。依托国家科技重大专项和重大工程，加强战略性新兴产业等领域紧缺人才的引进和培养。进一步完善专业技术和技能人才评价标准和职业资格认证工作。加强中西部地区产业技术和管理人才的培养。支持建立校企结合的人才综合培训和实践基地。

第二节　加强企业技术改造

技术改造是促进企业走内涵式发展道路的重要途径，充分发挥技术改造投资省、周期短、效益好、污染少、消耗低的优势，通过增量投入带动存量调整，优化工业投资结构，推动工业整体素质跃上新台阶。

运用先进适用技术和高新技术改造提升传统产业。以企业为主体，以提高工业发展质量和效益为中心，紧紧围绕传统产业提升、智能及清洁安全发展等重点，通过不断采用和推广新技术、新工艺、新流程、新装备、新材料，对现有企业生产设施、装备、生产工艺条件进行改造，提高先进产能比重。大力推广重点行业关键、共性技术，支持企业改造提升研发设计、试验验证、检验检测等基础设施及条件，支持工业园区公共服务平台升级改造。注重把企业技术改造同兼并重组、淘汰落后、流程再造、组织结构调整、品牌建设等有机结合起来，提高新产品开发能力和品牌建设能力，提升企业市场竞争力。

促进新兴产业规模化发展。加快新兴科技与传统产业的有机融合，促进新技术、新产品和新业态的发展。围绕发展潜力大、带动性强的若干新兴领域，立足现有企业和产业基础，实施产业链升级工程，着力突破新兴产业发展的瓶颈制约，促进高新技术产业化，完善产业链条，加快形成一批先进的规模化生产能力。强化企业技术改造与技术引进、技术创新的结合，切实提高企业原始创新、集成创新和引进技术消化吸收再创新能力，加快产品和技术升级换代。

优化工业投资结构。加强工业投资监测分析，研究制定工业投资指南，建立国家重点技术改造项目库，编制发布年度导向目录，引导社会资金等要素投向。完善和落实支持企业技术改造的财政、金融、土地等政策，创新资金投入模式，支持一批重点行业、重点领域的重大技术改造项目，支持中小企业加强技术改造，逐步提高技术改造投资在工业投资中的比重。加强准入管理和产能预警，严格控制产能过剩行业固定资产投入，抑制盲目扩张和重复建设。强化技术改造基础工作，加强统计监测分析，完善技术改造管理体制和服务体系，健全支持企业技术改造长效机制。

专栏3：“十二五”技术改造专项工程

传统产业升级改造。围绕品种质量、节能降耗、安全生产、“两化”融合、军民结合等重点领域，创新研发设计，改造工艺流程，改善产品检验检测手段，开发新产品，提高产品质量，创建知名品牌，提高传统产业先进产能比重。

智能及清洁安全示范。深化信息技术在企业研发设计、生产流通、经营管理等各环节的应用。推进数字化研发设计工具的普及应用，推动生产装备的数字化和生产过程的智能化。支持重点节能、节水、节材技术和设备的推广应用。支持重点行业污染治理设施设备升级改造。支持高耗能、高污染企业建立环境和污染源监控信息系统。加大化工、有色、民爆等行业安全生产改造力度。

产业链升级。围绕新一代信息技术、高端装备制造、新材料、新能源汽车、生物医药等新兴产业领域，实施重点领域产业链改造升级，完善产业链条，形成新的经济增长点。

中小企业专业化发展。支持中小企业加快技术进步，促进走“专精特新”发展道路，支持工艺专业化企业发展，健全协作配套体系，提高中小企业聚集度，发展产业集群。

公共服务平台升级。支持重点工业园区研发设计、质量认证、试验检测、节能与污染治理、信息网络服务等平台升级改造；围绕产业共性关键技术研发和推广，对现有重点产业基础技术研发平台、行业共性检测试验平台、共性服务平台进行升级改造。

第三节　提高工业信息化水平

充分发挥信息化在工业转型升级中的牵引作用，完善信息化推进机制，推动信息技术深度应用，不断提高工业信息化的层次和水平。

加快发展支撑信息化发展的产品和技术。加快应用电子等产品的开发和产业化，着力提升汽车、飞机、船舶、机械、家电等行业的产品智能化水平。突破一批关键技术瓶颈，大力发展研发设计及工程分析软件、制造执行系统、工业控制系统、大型管理软件等应用软件和行业解决方案，逐步形成工业软件研发、生产和服务体系，为数字化、网络化、智能化制造提供有力支撑。组织开展重点行业工业控制系统的安全风险评估，研究开发危险自动识别和故障实时诊断共性关键技术，加快监控和数据采集系统（SCADA）等工业控制系统的安全防护建设。

专栏4：发展信息化相关支撑技术及产品

工业控制。加强分布式控制系统、可编程控制器、驱动执行机构、触摸屏、文本显示器等软硬件产品的研制，提升工业控制的集成化、智能化水平。

嵌入式系统。重点支持开发核心芯片、嵌入式操作系统、集成开发环境和嵌入式应用软件产品，加强嵌入式系统与网络技术的融合，推进嵌入式技术在各行业的应用。

工业软件。发展计算机辅助设计（CAD）、计算机辅助工程分析（CAE）、计算机辅助工艺设计（CAPP）、制造执行系统（MES）、产品生命周期管理（PLM）、产品数据管理（PDM）、过程控制系统（PCS）、企业资源计划（ERP）等工业软件，加快重点领域推广应用。

应用电子。突破数控系统现场总线、通信协议、高速伺服驱动等技术。加快发展车载网络、动力电池及管理控制系统、动力总成控制系统和车用芯片。突破数字化医学影像诊断、医用传感器、治疗微系统等的自主研制。促进绝缘栅双极型晶体管（IGBT）等新型器件开发和应用。发展航空机载电子设备及其相关计算机辅助设计和应用系统。研发综合船桥技术、船载全球定位系统（GPS）产品系统集成技术、船舶自动识别技术。

全面提高企业信息化水平。深化信息技术在企业生产经营环节的应用，推进从单项业务应用向多业务综合集成转变，从企业信息应用向业务流程优化再造转变，从单一企业应用向产业链上下游协同应用转变。推进数字化研发设计工具的普及应用，优化研发设计流程，加快构建网络化、协同化的工业研发设计体系。推动生产装备数字化和生产过程智能化，加快集散控制、制造执行等技术在原材料企业的集成应用；加快精益生产、敏捷制造、虚拟制造等在装备制造企业的普及推广；加大数字化、自动化技术改造提升消费品企业信息化水平力度。全面普及企业资源计划、供应链、客户关系等管理信息系统，以集成应用促进业务流程优化，推动企业管理创新。加强企业信息化队伍建设，鼓励有条件的企业建立首席信息主管（CIO）制度。

创新信息化推进机制。建立健全企业信息化推进服务体系，以服务能力建设为中心，实施行业信息化服务工程，推动信息技术研发与行业应用紧密结合，发展一批面向工业行业的信息化服务平台，培育一批国家级信息化促进中心，建设一批面向重点行业的国家级工程数据中心，树立一批信息化示范企业。依托国家新型工业化产业示范基地和国家级“两化”融合试验区，健全信息网络基础设施，提升智能化发展水平。建立工业企业信息化评估体系和行业评估规范，规范发展第三方评价机构。

第四节　促进工业绿色低碳发展

按照建设资源节约型、环境友好型社会的要求，以推进设计开发生态化、生产过程清洁化、资源利用高效化、环境影响最小化为目标，立足节约、清洁、低碳、安全发展，合理控制能源消费总量，健全激励和约束机制，增强工业的可持续发展能力。

大力推进工业节能降耗。围绕工业生产源头、过程和产品三个重点，实施工业能效提升计划，推动重点节能技术、设备和产品的推广和应用，提高企业能源利用效率，鼓励工业企业建立能源管理体系。完善主要耗能产品能耗限额和产品能效标准，严格能耗、物耗等准入门槛。深入开展重点用能企业对标达标、能源审计和能源清洁度检测活动。健全节能市场化机制，加快推行合同能源管理和电力需求侧管理。健全高耗水行业用水限定指标和新建企业（项目）用水准入条件；组织实施重点行业节水技术改造，加快节水技术和产品的推广使用，推进污废水再生利用，提高工业用水效率。推广节材技术工艺，发展木基复合材料、生物材料、再生循环和节材型包装。加强政策引导，促进金属材料、石油等原材料的节约代用。

促进工业清洁生产和污染治理。以污染物排放强度高的行业为重点，加强清洁生产审核，组织编制清洁生产推行方案、实施方案和评价指标体系，推动企业清洁生产技术改造，提高新建项目清洁生产水平。研究建立生态设计产品标识制度，发布工业企业生态评价设计实施指南。加强造纸、印染、制革、化工、农副产品加工等行业的水污染治理，削减化学需氧量及氨氮排放量。推进钢铁、石油化工、有色、建材等行业二氧化硫、氮氧化物、烟粉尘和挥发性有机污染物减排，逐步削减大气污染物排放总量。切实加强有色金属矿产采选、有色金属冶炼、铅蓄电池、基础化工等行业的铅、汞、镉、铬等重金属和类金属砷污染防治，推动工业行业化学品环境风险防控。稳步推进电子电气产品污染控制合格评定体系的建立，控制和减少废弃电子电气产品对环境的污染。

发展循环经济和再制造产业。开发应用源头减量、循环利用、再制造、零排放和产业链接技术。以工业园区、工业集聚区等为重点，通过上下游产业优化整合，实现土地集约利用、废物交换利用、能量梯级利用、废水循环利用和污染物集中处理，构筑链接循环的工业产业体系。加强废旧金属、废塑料、废纸、废旧纺织品、废旧铅酸电池及锂离子电池、废弃电子电器产品、废旧合成材料等回收利用，发展资源循环利用产业。加强共性关键技术研发及推广，推进大宗工业固体废物规模化增值利用。以汽车零部件、工程机械、机床等为重点，组织实施机电产品再制造试点，开展再制造产品认定，培育一批示范企业，有序促进再制造产业规模化发展。

专栏 5：工业节能降耗减排专项

工业节能。组织开展工业企业能效对标达标活动和企业能效“领跑者”行动，加强钢铁、有色、石化、建材等重点用能行业节能改造，推进能源管理体系建设，实施百项重点节能技术、节能产品（设备）推广应用工程，吨钢能耗、吨铝综合交流电耗、吨乙烯平均能耗、吨水泥综合能耗分别由 2010 年的 615 公斤标准煤、14 250 千瓦时、910 公斤标准煤、100 千瓦时下降到 2015 年的 590 公斤标准煤、13 800 千瓦时、880 公斤标准煤、92 千瓦时。

工业节水。对高用水行业实施节水技术改造。实施干法除尘、工业废水处理回用、矿井水资源化利用等节水工程。组织工业废水处理回用成套装置攻关，加强工业废水资源化利用，提高工业用水重复利用率。

工业节材。组织开展机电产品包装节材代木试点，推动节材代木包装产品的研究开发和扩大应用，开展包装物周转使用示范。组织开展贵重金属节材试点。

清洁生产和污染防治。在重点行业开展共性、关键清洁生产技术应用示范，推动实施一批重大清洁生产技术改造项目。实施重点行业挥发性有机物治理、钢铁烧结机脱硫、水泥厂脱硝、石化行业催化裂化烟气脱硫、造纸及印染行业废水深度治理、二噁英减排等工作方案。加快推行电子电气产品污染控制自 愿性认证。

资源综合利用及循环经济。推动大宗工业固体废弃物规模化高值利用。推进工业固废综合利用示范基地建设。组织开展有色金属再生利用示范工程，建设废旧汽车、家电、电子产品拆解加工利用示范基地及机电产品再制造示范基地。

“两型”企业创建。推进电力、钢铁、有色、化工、建材等重点行业资源节约型、环境友好型企业创建试点，培育一批示范企业。

积极推广低碳技术。加强低碳技术研发及产业化，推动重大低碳技术的示范应用，积极开发轻质材料、节能家电等低碳产品，控制工业领域的温室气体排放。建立企业、园区、行业等不同层次低碳评价指标体系，开展低碳工业园区试点，探索低碳产业发展模式。研究编制重点行业低碳技术推广应用目录，研究建立低碳产品评价标准、标识和认证制度，探索基于行业碳排放的经济政策和碳交易措施。

加快淘汰落后产能。充分发挥市场机制作用，综合运用法律、经济及必要的行政手段，加快形成有利于落后产能退出的市场环境和长效机制。强化安全、环保、能耗、质量、土地等指标约束作用，完善落后产能界定标准，严格市场准入条件，防止新增落后产能。加快资源性产品价格形成机制改革，实施差别电价等政策，促进落后产能加快淘汰；采取综合性调控措施，抑制高消耗、高排放产品的市场需求。严格执行环境保护、能源资源节约、清洁生产、安全生产、产品质量、职业健康等方面法律法规和技术标准，依法淘汰落后产能。

专栏6：主要行业淘汰落后产能的重点*

钢铁。重点淘汰90平方米以下烧结机、8平方米以下球团竖炉、400立方米及以下高炉、30吨及以下电炉、转炉。

焦炭。重点淘汰炭化室4.3米（捣固焦炉3.8米）以下常规机焦炉、未达到焦化行业准入条件要求的热回收焦炉等产能。

铁合金。重点淘汰6 300 kVA及以下普通铁合金矿热炉等产能。

有色金属。铜冶炼重点淘汰密闭鼓风炉、电炉、反射炉等落后产能。电解铝重点淘汰100千安及以下小预焙槽等产能。铅冶炼重点淘汰采用烧结机、烧结锅、烧结盘、简易高炉等工艺设备。淘汰落后的再生铜、再生铝、再生铅生产工艺及设备。

电石。重点淘汰开放式电石炉，单台炉变压器容量小于12 500千伏安的电石炉等落后设备。逐步淘汰高汞触媒电石法聚氯乙烯生产工艺。

水泥。重点淘汰3.0米以下水泥机械化立窑，小型水泥回转窑，水泥粉磨站直径3.0米以下的球磨机等产能，淘汰落后生产能力2.5亿吨。

平板玻璃。全部淘汰平拉（含格法）普通玻璃生产线。

造纸。重点淘汰单条年生产能力3.4万吨以下的非木浆生产线，年生产能力5.1万吨以下的化学木浆生产线，年生产能力1万吨以下的废纸制浆生产线等产能。

制革。重点淘汰年加工生皮能力5万标张牛皮以下的生产线，年加工蓝湿皮能力3万标张牛皮以下的生产线等产能。

印染。重点淘汰74型染整设备、浴比大于1：10的棉及化纤间歇式染色设备等落后设备。

化纤。重点淘汰湿法氨纶生产工艺，硝酸法腈纶常规纤维生产工艺，年产2万吨以下常规粘胶短纤维生产线等产能。

注：*落后产能淘汰重点将根据国家产业政策和有关规定进行动态调整。

提高工业企业安全生产水平。落实企业安全生产主体责任制，建立健全企业安全生产预防机制。加强重点行业安全生产政策、规划、标准的制定和修订，提升安全生产准入条件，对不符合安全生产标准、危及安全生产的落后技术、工艺和装备实施强制性淘汰。实施高风险化工产品、工艺和装备的替代和改造，推进高安全风险、高环境风险和安全防护距离不足的化工企业搬迁调整，规范建设安全、环保、风险可控的化工园区。研发和推广安全专用设备，加快安全生产关键技术装备升级换代，实现危险作业场所的人机隔离、遥控操作、远程监控或减少在线操作人员，增强事故的预防、预警和应急处理能力。

第五节　实施质量和品牌战略

以开发品种、提升质量、创建品牌、改善服务、提高效益为重点，大力实施质量和品牌战略，引领和创造市场需求，不断提高工业产品附加值和竞争力。

提升工业产品质量。健全技术标准，优化产品设计，改造技术装备、推进精益制造，加强过程控制，完善检验检测，为提升产品质量提供基础保障。强化企业质量主体责任，结合行业特点推广先进质量管理方法和质量管理体系认证，推动企业建立全员、全方位、全生命周期的质量管理体系。组织开展关键原材料和基础零部件的工艺技术、质量与可靠性攻关。加强重大装备可靠性设计、试验与验证技术研究，提高产品内在质量和使用寿命。加快重点行业质量和检测标准的制修订，深入推进重点工业产品质量对标和达标工作。结合食品、化妆品、家电等行业的产品质量与安全性能的强制性认证和现行法律制度及管理措施，加强质量基础能力建设，提高产品质量检测能力。

加强自主品牌培育。鼓励企业制定品牌发展战略，支持企业通过技术创新掌握核心技术，形成具有知识产权的名牌产品，不断提升品牌形象和价值。引导企业推进品牌的多元化、系列化、差异化，创建具有国际影响力的世界级品牌。鼓励有实力的企业收购海外品牌，支持国内品牌在境外的商标注册，促进品牌国际化。发展专业品牌运营机构，在信息咨询、产品开发、市场推广、质量检测等方面为企业品牌建设提供公共服务。建立品牌评价机制，指导重点行业定期发布品牌报告，加强自有品牌培育过程的动态监测。

加强工业产品质量安全保障。以食品、药品、化妆品等为重点，完善企业产品质量追溯和质量安全检验检测体系，健全产品安全法规和标准体系。引导企业开展“质量安全承诺”活动，有序推进企业质量诚信体系建设和评价工作，逐步建立企业质量安全诚信档案，引导企业创建诚信文化。规范企业质量自我声明，建立工业产品质量监测预警制度。加强行业自律，建立企业质量诚信管理体系和评价机制。强化质量安全基础工作，加快建设废弃工业产品的环境影响数据库、产品伤害监测数据库、重点产品缺陷数据库、有害物质限量安全数据库。支持企业运用信息化手段，加强对产品全生命周期和全供应链的质量控制。支持建立面向中小企业的质量公共服务平台。推进工业企业的社会责任体系建设，建立重点企业社会责任信息披露制度。

专栏7：工业产品质量和品牌建设

工业产品质量提升。支持建设500个权威的工业产品质量技术评价实验室和800个用于产品质量改进的公共服务平台；组织实施关键基础产品质量攻关计划，提升关键原材料、基础元器件性能的稳定性；组织实施重大装备可靠性增长计划，支持开展可靠性设计、试验与验证，提升重大装备可靠性、一致性水平。

工业企业质量诚信体系建设。以组织机构代码实名制为基础，健全工业企业质量诚信信息征集和披露、评价体系，完善政府、协会、企业联动的工作机制。建立健全企业质量安全诚信档案，完善食品质量安全追溯体系。完善工业产品技术和质量信息发布制度。建立奖惩并举、疏堵结合、多部门联动的工业产品质量信誉社会评价机制。组织完善自律规范。健全和规范“质量承诺”、“产品召回”等制度。

自主品牌培育。指导工业企业通过强化意识、增强能力、创新开发、评估改进和树立信誉等工作，积极培育知名品牌。以消费品、电子信息、机械装备等领域为重点，整合相关政策资源，重点培育100个具有国际影响力的品牌及1 000个国内著名品牌。

第六节 推动大企业和中小企业协调发展

在规模经济行业促进形成一批具有国际竞争力的大集团，扶持发展大批具有“专精特新”特征的中小企业，加快形成大企业与中小企业协调发展、资源配置更富效率的产业组织结构。

推进企业兼并重组，发展一批核心竞争力强的大企业大集团。以汽车、钢铁、水泥、船舶、机械、电子信息、电解铝、稀土、食品、医药、化妆品等行业为重点，充分发挥市场机制作用，推动优势企业强强联合、跨地区兼并重组、境外并购和投资合作，引导兼并重组企业管理创新，促进规模化、集约化经营，提高产业集中度。清理限制跨地区兼并重组的规定，理顺地区间利益分配关系，加快国有经济布局和结构的战略性调整，支持民营企业参与国有企业改革、改制和改组。鼓励通过壮大主业、资源整合、业务流程再造、资本运作等方式，加强技术创新、管理创新和商业模式创新，在研发设计、生产制造、品牌经营、专业服务、系统集成、产业链整合等方面形成核心竞争力，壮大一批具有竞争优势的大企业大集团。

促进中小企业走“专精特新”发展道路。继续实施中小企业成长工程，着力营造环境、改善服务，鼓励、支持和引导中小企业进一步优化结构和转型成长。增强创业创新活力和吸纳就业能力，鼓励和支持创办小企业、开发新岗位，积极发展劳动密集型和特色优势中小企业，鼓励中小企业进入战略性新兴产业和现代服务业领域。引导和支持中小企业专业化发展，支持成长性中小企业做精做优，发展一批专业化企业，支持发展新模式、新业态。鼓励中小企业挖掘、保护、改造民间特色传统工艺，发展地方特色产业，形成特色产品和特色服务。引导大型企业与中小企业通过专业分工、服务外包、订单生产等多种方式开展合作，培育一批“配套专家”，提高协作配套水平。大力发展产业集群，提高中小企业集聚度，优化生产要素和资源配置。

加强企业管理和企业家队伍建设。引导企业牢固树立依法经营、照章纳税、诚实守信意识，切实维护投资者和债权人权益，切实维护职工合法权益。加强企业文化建设，积极推进企业社会责任建设。加快现代企业制度建设，依法建立完善的法人治理结构，完善股权激励等中长期激励制度。引导企业加强设备、工艺、操作、计量、原料、现场、财务、成本管理等基础管理工作，推动管理创新，提高管理水平和市场竞争能力。大力开发人才资源，以职业经理人为重点，培养造就一批具有全球战略眼光、管理创新能力和社会责任感的优秀企业家和一支高水平的企业经营管理者队伍。建立企业经营管理人才库，实施企业经营管理人才素质提升工程和国家中小企业银河培训工程。

第七节 优化工业空间布局

按照国家区域发展总体战略和全国主体功能区规划的要求，充分发挥区域比较优势，加快调整优化重大生产力布局，推动产业有序转移，促进产业集聚发展，促进区域产业协调发展。

调整优化工业生产力布局。按照主体功能区规划和重大生产力布局规划的要求，引导产业向适宜开发的区域集聚。根据国家产业政策要求，综合考虑区域消费市场、运输半径、资源禀赋、环境容量等因素，合理调整和优化重大生产力布局。主要依托能源和矿产资源的重大项目，优先在中西部资源富集地布局；主要利用进口资源的重大项目，优先在沿海沿江地区布局，减少资源、产品跨区域大规模调动。加强对战略性新兴产业的布局规划，引导各地根据自身的基础和条件，合理选择发展方向和布局重点。

推进产业有序转移。坚持政府引导与市场机制相结合、产业转移与产业升级相结合、优势互补与互利共赢相结合、资源开发与生态保护相结合，引导地区间产业合作和有序转移。支持中西部地区以现有工业园区和各类产业基地为依托，加强配套能力建设，进一步增强承接产业转移的能力。鼓励通过要素互换、合作兴办园区、企业联合协作，建设产业转移合作示范区。鼓励东部沿海省市在区域内有序推进产业转移。促进海峡两岸产业融合对接。开展多种形式对口支援，加强对新疆、西藏和青海的产业援助。严格禁止落后生产能力异地转移，强化产业转移中的环境和安全监管。

推动产业集聚发展。按照“布局合理、特色鲜明、集约高效、生态环保”的原则，积极推动以产业链为纽带、资源要素集聚的产业集群建设，培育关联度大、带动性强的龙头企业，完善产业链协作配套体系。加强对工业园区发展的规划引导，提升信息网络、污染集中治理、事故预防处置和公共服务平台等基础设施能力，提高土地集约节约利用水平，促进各类产业集聚区规范有序发展。发挥县域资源优势和比较优势，支持劳动密集型产业、农产品加工业向县城和中心镇集聚，形成城乡分工合理的产业发展格局。按照新型工业化要求，在国家审核公告的开发区（工业园区）和国家重点规划的产业集聚区内，创建一批产业特色鲜明、创新能力强、品牌形象优、配套条件好、节能环保水平高、产业规模和影响居全国前列的国家新型工业化产业示范基地，发展若干具有较强国际竞争力的产业基地。支持以品牌共享为基础，大力培育国家地理标志、集体商标、原产地注册、证明标志等集体品牌，提高区域品牌的知名度。

专栏8：产业集聚区及工业园区提升改造

创建国家新型工业化产业示范基地。在现有依法设立的工业园区（集聚区）中，开展国家新型工业化产业示范基地创建工作。基本条件是：一是集约程度高，规模效益好。主导产业特色突出，规模和水平居国内同行业前列；单位土地平均投资强度和平均产出均在3 000万元/公顷以上。二是资源消耗低，安全有保障。单位工业增加值能耗及用水量处于国内同行业先进水平；工业“三废”排放、固体废物综合利用率指标全部达到国家标准；企业强制清洁生产审核实施率达到100%；未发生重大安全生产事故。三是创新能力强，技术水平高。研发投入占销售收入比重原则上不低于2%；有效发明专利拥有量居国内同行业前列；骨干企业工艺技术和装备先进。四是产品质量好，品牌形象优。主导产业产品质量处于国际或国内同行业先进水平；拥有一批国际国内知名品牌。五是信息化水平高。信息基础设施完备，企业在生产经营环节信息化应用达到国内同行业先进水平。六是配套服务体系完善。技术开发、检验检测、现代物流、人才培养等公共服务设施齐全，功能完善；社会保障体系健全，劳动关系和谐。

提升省级开发区（工业园区）发展水平。加强对省级开发区规划编制、产业升级、节能减排、“两化”融合等工作的指导和支持，健全省级开发区管理机制，逐步完善支持省级开发区规范发展的政策措施。

建设产业转移合作示范区。按照“政府引导、市场主导、优势互补、合作共赢”的原则，在有条件的中西部省市探索要素互换、企业合作、产业链协作等合作对接新模式，建立3～5个东（中）西产业转移合作示范区。

第八节 提升对外开放层次和水平

适应我国对外开放的新形势，更加注重引进产业升级亟需的先进技术设备，着力引进高端人才，加快实施“走出去”战略，努力提高工业对外开放的质量和水平。

提高工业领域利用外资水平。加强外资政策与产业政策的协调，鼓励外资投向先进制造、高端装备、节能环保、新能源、新材料等产业领域，积极推进战略性新兴产业的国际合作。利用国内市场优势、资源优势和智力资本优势，加强引进消化吸收再创新，积极引进研发团队等智力资源，更好地利用全球科技成果，努力掌握一批核心技术。鼓励跨国公司在华设立采购中心、研发中心和地区总部等功能性机构，发展国内配套企业。鼓励国内企业深度参与跨国公司全球价值链合作，鼓励港澳台企业到西部地区进行投资。

加快实施“走出去”战略。鼓励国内技术成熟、国际市场需求大的行业，向境外转移部分生产能力。加强统筹规划，推动在有条件的国家和地区建立境外重化工园区。鼓励有实力企业开展境外油气、铁矿、铀矿、铜矿、铝土矿等重要能源资源的开发与合作，建立长期稳定的多元化、多渠道资源安全供应体系。鼓励国内企业在科技资源密集的国家（地区）设立研发中心，与境外研发机构和创新企业加强技术研发合作。鼓励实力强、资本雄厚的大型企业开展成套工程项目承包、跨国并购、绿地投资和知识产权国际申请注册，建立境外营销网络和区域营销中心，在全球范围开展资源配置和价值链整合。

推动加工贸易转型升级。推进加工贸易转型升级试点和示范，延长加工贸易国内增值链条，推动加工贸易从组装加工向研发、设计、核心元器件制造、物流等环节拓展；在中西部地区培育和建设一批加工贸易梯度转移重点承接地，鼓励加工贸易向中西部地区转移。完善海关特殊监管区域政策和功能，鼓励加工贸易企业向海关特殊监管区域集中。

第四章　重点领域发展导向

按照走中国特色新型工业化道路的要求，促进传统产业与战略性新兴产业、先进制造业与面向工业生产的相关服务业、民用工业和军事工业协调发展，为加快构建结构优化、技术先进、清洁安全、附加值高、吸纳就业能力强的现代产业体系夯实基础。

第一节　发展先进装备制造业

抓住产业升级的关键环节，着力提升关键基础零部件、基础工艺、基础材料、基础制造装备研发和系统集成水平，加快机床、汽车、船舶、发电设备等装备产品的升级换代，积极培育发展智能制造、新能源汽车、海洋工程装备、轨道交通装备、民用航空航天等高端装备制造业，促进装备制造业由大变强。

关键基础零部件及基础制造装备。加强铸、锻、焊、热处理和表面处理等基础工艺研究，加强工艺装备及检测能力建设，提升关键零部件质量水平。推进智能控制系统、智能仪器仪表、关键零部件、精密工模具的创新发展，建设若干行业检测试验平台。继续推进高档数控机床和基础制造装备重大科技专项实施，发展高精、高速、智能、复合、重型数控工作母机和特种加工机床、大型数控成形冲压、重型锻压、清洁高效铸造、新型焊接及热处理等基础制造装备，尽快提高我国高档数控机床和重大技术装备的技术水平。

重大智能制造装备。围绕先进制造、交通、能源、环保与资源综合利用等国民经济重点领域发展需要，组织实施智能制造装备创新发展工程和应用示范，集成创新一批以智能化成形和加工成套设备、冶金及石油石化成套设备、自动化物流成套设备、智能化造纸及印刷装备等为代表的流程制造装备和离散型制造装备，实现制造过程的智能化和绿色化。加快发展焊接、搬运、装配等工业机器人，以及安防、深海作业、救援、医疗等专用机器人。到2015年，重大成套装备及生产线系统集成水平得到大幅度提升。

节能和新能源汽车。坚持节能汽车与新能源汽车并举，进一步提高传统能源汽车节能环保和安全水平，加快纯电动汽车、插电式混合动力汽车等新能源汽车发展。组织实施节能与新能源汽车创新发展工程，通过国家科技计划（专项）有关研发工作，掌握先进内燃机、高效变速器、轻量化材料等关键技术，突破动力电池、驱动电机及管理系统等核心技术，逐步建立和完善标准体系；持续跟踪研究燃料电池汽车技术，因地制宜、适度发展替代燃料汽车。加快传统汽车升级换代，提高污染物排放标准，减少污染物排放；稳步推进节能和新能源汽车试点示范，加快充、换电设施建设，积极探索市场推广模式。完善新能源汽车准入管理，健全汽车节能管理制度。大力推动自主品牌发展，鼓励优势企业实施兼并重组，形成3～5家具有核心竞争力的大型汽车企业集团，前10强企业产业集中度达到90%。到2015年，节能型乘用车新车平均油耗降至5.9升/百公里；新能源汽车累计产销量达到50万辆。

船舶及海洋工程装备。适应新的国际造船标准及规范，建立现代造船新模式，着力优化船舶产品结构，实施品牌发展战略，加快推进散货船、油船（含化学品船）、集装箱船等主流船型升级换代。全面掌握液化天然气船（LNG）等高技术船舶的设计建造技术，加强基础共性技术和前瞻性技术研究，完善船舶科技创新体系。提升船舶配套水平，巩固优势配套产品市场地位，提升配套产品技术水平，完善关键设备二轮配套体系。重点突破深水装备关键技术，大力发展海洋油气矿产资源开发装备，积极推进海水淡化和综合利用以及海洋监测仪器设备产业化，打造珠三角、长三角和环渤海三大海洋工程装备产业集聚区。组织实施绿色精品船舶、船舶动力系统集成、深海资源探采装备、深海空间站等创新发展工程，全面提升绿色高效造船、信息化造船能力和本土配套能力。到2015年，主流船型本土化设备平均装船率达到80%，海洋工程装备世界市场份额提高到20%，船舶工业前10强企业产业集中度达到70%以上。

轨道交通装备。以满足客货运输需求和构建便捷、安全、高效的综合运输体系为导向，以快速客运网络、大运量货运通道和城市轨道交通工程建设为依托，大力发展具备节能、环保、安全优势的时速200公里等级客运机车、大轴重长编组重载货运列车、中低速磁悬浮车辆、新型城轨装备和新型服务保障装备。组织轨道交通装备关键系统攻关，加速提升关键系统和核心技术的综合能力。到2015年，轨道交通装备达到世界先进水平。

民用飞机。坚持军民结合、科技先行、质量第一和改革创新的原则，加快研制干线飞机、支线飞机、大中型直升机、大型灭火和水上救援飞机、航空发动机、核心设备和系统。深入推进大型飞机重大科技专项的实施，全面开展大型飞机及其配套的发动机、机载设备、关键材料和基础元器件研制，建立大型飞机研发标准和规范体系。实施支线飞机和通用航空产业创新发展工程，加快新支线飞机研制和改进改型，推进支线飞机产业化和精品化，研制新型支线飞机；发展中高端喷气公务机，研制一批新型作业类通用飞机、多用途通用飞机、直升机、教练机、无人机及其他特种飞行器，积极发展通用航空服务。到2015年，航空工业销售收入比2010年翻一番，国产单通道大型客机实现首飞，国产支线飞机、直升机和通用飞机市场占有率明显提高。

民用航天。完善我国现役运载火箭系列型谱，完成新一代运载火箭工程研制并实现首飞；实施先进上面级、多星上面级飞行演示验证；启动重型运载火箭和更大推力发动机关键技术攻关。实施月球探测、高分辨率对地观测系统等国家科技重大专项。推进国家空间基础设施建设，实施宇航产品型谱化与长寿命高可靠工程，发展新型对地观测、通信广播、新技术与科学实验卫星，不断完善应用卫星体系。进一步完善卫星地面系统建设，推进应用卫星和卫星应用由科研试验型向业务服务型转变。加强航天军民两用技术发展，拓展航天产品与服务出口市场，稳步提高卫星发射服务的国际市场份额。

节能环保和安全生产装备。紧紧围绕资源节约型、环境友好型社会建设需要，依托国家节能减排重点工程和节能环保产业重点工程，加快发展节能环保和资源循环利用技术和装备。大力发展高效节能锅炉窑炉、电机及拖动设备、余热余压利用和节能监测等节能装备。重点发展大气污染防治、水污染防治、重金属污染防治、垃圾和危险废弃物处理、环境监测仪器仪表、小城镇分散型污水处理、畜禽养殖污染物资源化利用、污水处理设施运行仪器仪表等环保设备，推进重大环保装备应用示范。加快发展生活垃圾分选、填埋、焚烧发电、生物处理和垃圾资源综合利用装备。围绕“城市矿产”工程，发展高效智能拆解和分拣装置及设备。推广应用表面工程、快速熔覆成形等再制造装备。发展先进、高效、可靠的检测监控、安全避险、安全保护、个人防护、灾害监控、特种安全设施及应急救援等安全装备，发展安全、便捷的应急净水等救灾设备。

能源装备。积极应用超临界、超超临界和循环流化床等先进发电技术，加大水电装备向高参数、大容量、巨型化转变。大力发展特高压等大容量、高效率先进输变电技术装备，推动智能电网关键设备的研制。推进大型先进压水堆和高温气冷堆国家科技重大专项实施，掌握百万千瓦级核电装备的核心技术。突破大规模储能技术瓶颈，提升风电并网技术和主轴轴承等关键零部件技术水平，着力发展适应我国风场特征的大功率陆地和海洋风电装备。依托国家有关示范工程，提高太阳能光电、光热转换效率，加快提升太阳能光伏电池、平板集热器及组件生产装备的制造能力。推动生物质能源装备和智能电网设备研发及产业化。掌握系统设计、压缩机、电机和变频控制系统的设计制造技术，实现油气物探、测井、钻井等重大装备及天然气液化关键设备的自主制造。

专栏 9：重大技术装备创新发展及示范应用工程

智能制造装备发展工程。围绕感知、决策、执行三个关键环节，研究开发新型传感器、自动控制系统、工业机器人等感知、决策装置，以及高性能液压件与气动元件、高速精密轴承、高速精密齿轮和变频调速装置等执行部件；重点开发基于机器人的汽车焊接生产线、自动化仓储与分拣系统等自动化装备；推进数字制造技术、自动测控装置、智能重大基础制造装备在百万吨乙烯工程、百万千瓦级火电、数字化车间、煤炭综采等领域的示范应用。

节能与新能源汽车。重点开展柴油机高压共轨技术等高效内燃机技术、先进变速器和汽车电子控制技术的研发与应用。大幅提高小排量发动机的技术水平和性能。支持开展普通混合动力汽车技术研发。重点突破动力电池核心技术，支持电机及驱动系统，以及电动空调、电动转向、电动制动器等的研发和产业化，支持开展燃料电池电堆、燃料电池发动机及其关键材料的核心技术研发。支持建设新能源汽车共性技术平台。

深海探采工程装备。紧密围绕“勘、探、钻、采、运”五个核心环节，重点研制高性能物探船、深水勘察船、半潜式钻井平台、钻井船、深水生产储卸装置、深水半潜式生产平台、大功率平台供应船、潜水作业支持船、深水半潜式起重铺管船等装备，以及核心设备和系统，到 2015 年掌握 3 000 米以内深水资源开发所需装备的设计建造能力。

轨道交通装备及关键系统。依托重点建设工程，健全研发、设计、制造、试验验证、标准体系和平台，突破永磁电传动、列车运行控制、安全信息传输等核心关键技术；研制配套轮轴轴承、传动齿轮箱、牵引变流器、大功率制动装置等关键零部件；开发牵引传动与控制、列车运行及网络控制等关键系统。

支线飞机和通用飞机。加强航空基础研究，开展航空发动机、机载系统和设备等的研发。积极推进 ARJ21 支线飞机的批量交付和系列化发展，加快新舟系列支线飞机改进改型和市场推广，根据市场需求研制新型支线飞机；发展高端公务机，研制一批新型通用飞机及其他特种飞行器。选择若干地区和相关行业进行通用航空试点。

第二节　调整优化原材料工业

立足国内市场需求，严格控制总量，加快淘汰落后产能，推进节能减排，优化产业布局，提高产业集中度，培育发展新材料产业，加快传统基础产业升级换代，构建资源再生和回收利用体系，加大资源的国际化保障力度，推动原材料工业发展迈上新台阶。

钢铁工业。严格控制新增产能和总量扩张，以技术改造、淘汰落后、兼并重组、循环经济为重点提高行业整体素质。规范行业秩序，分批公布符合生产经营规范条件的钢铁企业名单。鼓励企业差异化开发品种，重点提升大宗产品的质量和性能，鼓励开发国内短缺的关键钢材品种。推广使用 400MPa 及以上钢筋等节能高效钢材，力争到 2015 年高强度钢筋使用比重超过 60%。支持以优势企业为主体，实施跨地区、跨所有制兼并重组，形成 3～5 家具有较强国际竞争力，6～7 家具有较强实力的大型钢铁企业集团，前 10 位钢铁企业集团产量占全国钢铁总产量的 60%左右。综合考虑资源、市场、环境和运输等条件，有序推进中心城市城区钢厂搬迁改造，调整优化钢铁工业空间布局。大力发展循环经济，提高钢铁渣、尘泥和尾矿的综合利用水平。加快废钢回收体系建设，鼓励废钢资源回收利用和废钢进口。加大国内铁矿资源勘探开发力度，加强境外资源合作开发，力争海外权益矿石进口量占铁矿石进口总量的30%以上，健全资源保障体系。鼓励企业在境外发展钢铁冶炼及深加工。

有色金属工业。以发展精深加工、提升品种质量和资源综合利用水平为重点，大力发展支撑战略性新兴产业的关键材料和市场短缺产品。提高行业准入门槛，从严控制铝、铅、锌、钛、镁冶炼产能增长。积极利用低温低压电解、强化熔炼、生物冶金等先进适用技术，加快淘汰铜、铝、铅、锌等常用有色金属落后产能，大力实施技术改造，加强含二氧化硫、氮氧化物、烟气、二噁英和汞、铅及其他重金属污染防治。鼓励低品位矿、共伴生矿、难选冶矿、尾矿和熔炼渣等资源开发利用，建设和完善再生利用体系。鼓励大型企业投资勘探开发铜、铝、铅、锌、镍等国内短缺的有色金属矿产资源，进一步推进现有老矿山深部和外围找矿。加强稀土、钨、锡、锑等稀有金属行业管理，整顿和规范勘探、开采、加工、贸易等环节秩序，继续严格控制开采和冶炼产能，大力发展稀有金属深加工。支持煤电铝加工一体化，有序扩大直供电试点。积极推进上下游企业联合重组，到2015年，铜、铝、铅、锌前10家企业产业集中度分别达到90%、90%、60%、60%。

石化及化学工业。按照一体化、集约化、基地化、多联产发展模式，从严控制项目新布点，加快推进炼化一体化新建扩建项目，统筹建设一批具有国际先进水平的千万吨级炼油和百万吨级乙烯炼化一体化基地。促进烯烃原料轻质化、多元化，全面提升炼化技术和大型装备国内保障能力。积极开发煤炭高效洁净转化和有机化工原料来源多样化技术，有序发展煤制烯烃、煤制天然气等现代煤化工；实施煤制合成氨等传统煤化工产业的技术改造，优化工艺流程，推动产业升级；鼓励煤基多联产，促进化工生产与能源转化有机结合。加强对挥发性有机物的控制与消耗臭氧层物质的逐步淘汰工作，严格氯碱、纯碱、无机盐、轮胎、涂料、氟化工、染料等行业准入，加强化学品分类和标签管理。大力发展化工新材料、高端石化产品、新型专用化学品、生物化工和节能环保等产业。优化氮肥生产原料路线和动力结构，鼓励发展专用肥料；支持中小化肥企业生产向肥料二次加工转移，促进基础肥料生产向资源地集中，完善磷、钾肥基地建设。发展高效、低毒、低残留的环境友好型农药，淘汰高毒、高残留、高环境风险的农药品种。促进化工行业推广绿色化学技术，逐步替代和淘汰对环境危害严重的持久性有机污染物及其化学品。

建材工业。重点发展节能环保型建筑构件、工程预制件等建材产品，以及具有保温隔热、隔音、防水、防火、抗震等功能的新型建筑材料及制品。大力推广窑炉余热利用、水泥粉磨节电和浮法玻璃全氧燃烧等节能技术，加强工业粉尘、氮氧化物和大气汞的治理。按等量置换原则推广新型干法水泥生产工艺，到2015年基本淘汰落后水泥产能，新型干法水泥熟料比重超过90%。重点支持利用水泥窑协同处置城市生活垃圾、城市污泥和工业废弃物生产线建设；加大非金属矿关键技术研发应用，推进建筑卫生陶瓷产品减量化工程，开发建筑陶瓷干法生产技术及装备；建立与电力、煤炭、钢铁、化工等产业相衔接的循环经济生产体系，提高工业固体废弃物利用总量。推进企业兼并重组，到2015年前10家水泥企业、平板玻璃企业产能占全国总产能比重分别达到35%、75%以上。

专栏10：原材料行业调整升级重点

钢铁。加大高强度、高抗腐蚀性、高专项性能等关键钢材品种的开发和应用，关键品种国内保障率达到95%以上。在减少或不增加产能的前提下，综合考虑资源、市场、环境和运输等条件，加快建设湛江、防城港钢铁精品基地，积极推进中心城市城区钢厂转型和搬迁改造。重点推动鞍钢与福建三钢等跨区域兼并重组，以及河北渤海钢铁集团、太钢等区域内兼并重组。研究支持海峡西岸和新疆等地区钢铁工业发展。

电解铝。原则上不再审批新增产能项目，鼓励东部能源紧张、环境容量有限地区的电解铝产能向中西部能源资源富集地区、特别是水电资源丰富的地区转移。支持在具有水电优势、资源富集的广西、云南、四川、青海、陕西、贵州等西部地区合理有序建设有色金属工业基地。

稀有金属。坚持保护性开采与合理利用相结合，严格勘察、开采、生产加工、进出口管理，大力推进稀有金属深加工和应用。到 2015 年，力争使稀有金属高技术产品销售比率达到 40%以上，稀土、钨、锡、锑、钼等稀有金属工业前 5 家企业产业集中度达到 80%以上。

水泥和平板玻璃。在产能相对过剩的地区，严格执行淘汰落后产能的原则，严禁新上新增产能项目。在落后产能较多的地区，引导企业加大联合重组的力度，通过等量置换、上大压小等手段加快淘汰落后产能。

煤化工。在传统煤化工领域，不再审批单纯扩能的焦炭、电石项目，结合淘汰落后产能，对合成氨和甲醇等通过上大压小、产能置换等方式提高竞争力。在现代煤化工领域，加强统筹规划，严格行业准入，在煤炭资源和水资源丰富、环境容量较大的地区有序推进煤制烯烃产业化项目，鼓励产业链延伸，积极发展高端产品；支持具备条件地区适度发展煤制天然气项目，严格控制煤制油项目。

石化炼化一体化。立足现有企业，综合考虑原油来源、环境、市场等因素，统筹规划建设炼化一体化项目，进一步改造提升长三角、珠三角和渤海湾等传统产业区，适度发展以武汉、成都为核心的中西部内陆产业集中区，优化东北和西部地区资源配置，发展深加工产品。严格市场准入，新建炼油项目规模不得低于 1 000 万吨/年，乙烯规模不得低于 100 万吨/年。

新材料产业。以支撑战略性新兴产业发展、保障国家重大工程建设为目标，大力发展稀土功能材料、高性能膜材料、硅氟材料、特种玻璃和功能陶瓷等新型功能材料，积极发展新型合金材料、高品质特殊钢、工程塑料、特种橡胶等先进结构材料，提升高性能纤维及其复合材料发展水平，加强纳米、生物、超导、智能等前沿新材料研究。加快材料设计、制备加工、服役行为、高效利用及工程化的技术研发，促进产学研用相结合，实现新材料产业与原材料工业融合发展，增强材料支撑保障能力。到 2015 年，新材料产业产值占原材料工业比重达到 6%。

专栏 11：新材料产业化及应用

高性能金属材料。加快发展高端铝合金、钛合金、镁合金等轻质高强度合金材料、高性能铜合金材料及非晶合金材料，组织开发具有高强度、耐高温、耐腐蚀、延寿等综合性能好的高品质特殊钢。

稀有金属和稀土功能材料。重点发展高性能磁体、新型显示和半导体照明用稀土发光材料和高端硬质合金，加快推进新型储氢材料、催化材料、高纯金属及靶材、原子能级锆材和银铟镉控制棒等产业化，研究突破新一代高储能密度电池材料及技术。

先进高分子材料。加快发展工程塑料、特种橡胶、高性能硅氟材料、功能性膜材料和复合功能高分子材料，加强改性及加工应用技术开发，大力发展环保型高性能涂料，防水材料和胶黏剂等材料。

高性能纤维及高性能复合材料。加强高性能增强纤维工艺及技术装备攻关，发展碳纤维、芳纶、超高分子量聚乙烯纤维、新型无机非金属纤维等高性能增强纤维。发展新型超大规格、特殊结构的树脂基复合材料、碳/碳复合材料等，积极开发陶瓷基复合材料，努力扩大产品应用范围。

无机非金属新材料。重点发展超薄基板玻璃、光伏太阳能电池用超白玻璃、导电氧化物镀膜（TCO）玻璃，鼓励发展应用低辐射（Low－E）镀膜玻璃、真空及中空玻璃等节能玻璃。组织推广高效阻燃安全保温隔热等新型建材。

第三节　改造提升消费品工业

以品牌建设、品种质量、优化布局、诚信发展为重点，增加有效供给，保障质量安全，引导消费升级，促进产业有序转移，塑造消费品工业竞争新优势。

轻工业。加强轻工产品品牌建设，引导企业增强研发设计、经营管理和市场开拓能力。重点发展智能节能型家电、节能照明电器、高效节能缝制设备、新型动力电池、绿色日用化学品、高档皮革和陶瓷，加快造纸、塑料、皮革、日化等重点行业装备关键技术产业化，推进重点行业节能减排，健全能效标准及标识管理。大力发展降解性好的包装新材料、新型绿色环保包装产品和先进包装装备。加强废旧包装、废纸、废塑料、废旧家电和电池等工业固体废弃物和废旧产品回收与综合利用。加快做强做大一批骨干企业，合理、有序引导产业转移，提升产业集群发展水平。

纺织工业。加大高新技术改造力度，发展技术先进、引领时尚、吸纳就业能力强的现代纺织工业体系。加强超仿真、功能性、差别化纤维、新型生物质纤维等的开发应用，力争使我国纤维材料技术水平达到国际先进水平。推动废旧纤维制品循环利用，再生纤维利用占纤维加工总量比重提高到 15%。组织实施产业用纺织品应用示范，加强产品标准和使用规范的对接，加快产业用纺织品开发及应用。发展高效纺纱、高速织造、短流程印染等成套装备及工艺，优化毛、麻、丝等独特资源的纺织染加工技术。提升纺织服装新产品设计和研发能力，加强营销创新和供应链管理，健全品牌价值体系，重点发展一批综合实力强的自主品牌企业。积极推进产业转移，引导企业在棉花、麻、蚕茧、羊毛等主产区发展精深加工，中西部地区纺织工业产值占全国比重提高到 28%。

食品工业。加快发展现代食品工业，推广应用高效分离、节能干燥、食品生物工程、非热杀菌等先进技术，开发健康、营养、保健、方便食品。推广清洁生产技术，促进资源高效利用，提高食品加工副产物和废弃物增值综合利用水平。重点支持发酵、制糖、饮料、酿酒、调味品等行业发展循环经济。加强食品行业标准体系建设，改善企业产品质量安全检验检测条件，推进企业诚信体系建设，加强食品工业优质原料基地建设，提高产品质量安全保障能力。

专栏 12：轻纺工业改造提升重点

智能节能家电。重点突破变频、空调制冷剂替代、太阳能混合动力、新材料和材料替代等应用技术，开发变频控制模块和芯片、高效环保压缩机和变频压缩机、直流电机、空气源热泵等关键零部件，发展环保、智能型家电产品。到 2015 年，主要家电产品能效水平平均提高 10%，自有品牌家电出口比例达到 30%。

高性能电池。大力发展锂电池、镍氢电池、新型结构铅蓄电池等动力电池；逐步降低电池行业铅、汞、镉的耗用量，淘汰普通开口式铅蓄电池，加快镍氢电池替代镉镍电池步伐。

制革。加大对清洁化制革、末端污染治理以及环保型皮革化学品的研发推广力度，推进节水降耗，减少制革污染排放，发展生态皮革。到 2015 年，皮革产品市场知名度和市场占有率有较大幅度提高。

日用玻璃和陶瓷。推广玻璃瓶罐轻量化制造技术、节能玻璃配方，发展自动化配料及均化系统、废（碎）玻璃自动化处理系统。优化窑炉结构设计，推广节能型干燥、球磨、成型设备，及高效燃烧控制、循环利用等先进技术。

化学纤维及产业用纺织品。通过分子结构改性、共混、异性、超细、复合等技术，发展仿棉涤纶和仿毛纤维；突破新型溶剂法等关键技术，实现生物质纤维产业化。发展百万吨级精对苯二甲酸（PTA）装置、大型粘胶装置、连续聚合氨纶等技术和装备。开发和提升非织造成型、织造成型、复合加工及功能性后整理技术，重点发展土工、医疗卫生、环保过滤、交通工具、安全防护等产业用纺织品。到

2015年，产业用纺织品占纤维消费比重提高到25%。

食品。重点支持肉制品、乳制品等12个食品行业企业工艺技术装备的更新改造，完善原料检验、在线检测、成品质量等检测设施和手段，健全质量可追溯体系和食品工业企业诚信体系。

医药工业。以提高重大疾病防治能力和提升居民健康水平为目标，加快实现基因工程药物、抗体药物、新型疫苗关键技术和重大新产品研制及产业化，支持利用基因工程、酶工程等现代生物技术改造传统制药工艺和流程。加强化学新药研发及产业化，抓住全球通用名药市场快速增长的机遇，培育国际市场新优势。坚持继承和创新相结合，发展疗效确切、物质基础清楚、作用机理明确、质量稳定可控的现代中药。提高先进医疗装备和高端生物医用材料的发展水平，推进核心技术和关键部件的研发及产业化。促进基本药物生产向优势企业集中，提高生产集约化、规模化水平。推动药品质量标准和生产质量管理规范升级。建立军民结合的应急特需药品研发、生产体系，健全民族药研发及产业化机制，满足应急救治的药物需求。“十二五”期间，医药工业产值年均增速保持在20%以上。

专栏13：生物医药技术创新和结构调整

重大疾病防治新药创制。以提高重大疾病防治能力为目标，支持现代生物技术药物、化学药和现代中药领域的创新药物研发及产业化。到2015年，培育20个以上创新药物投放市场，培育20个以上具有国际竞争优势的通用名药物新品种，培育50个以上现代中药品种。

先进医疗设备创制。部署核心部件与共性关键技术研究，重点突破主要依赖进口的数字医学设备、精密医疗器械等产品，支持中医诊疗设备发展。到2015年，培育50个以上掌握核心技术、形成较大市场规模的医疗设备产品。

质量升级示范。支持综合实力较强的企业率先实施新版《药品生产质量管理规范》（GMP），鼓励优势企业开展发达国家GMP认证。到2015年，50家以上制剂企业通过发达国家GMP认证。

国际化示范。鼓励国内企业在境外同步开展临床研究，鼓励企业在境外以直接投资或并购的方式设立研发机构或生产基地，加快开展产品国际注册。到2015年，20家以上的国内企业在境外设立研发机构或生产基地。

中药材（民族药）产业化。鼓励企业建立中药材原料基地，推广规模化种植，加强重要野生药材品种人工选育。运用生物技术进行优良种源的繁育，建立和完善种子种苗基地、栽培试验示范基地，推动野生药材的家种。加强中药材认证。到2015年，建成100个以上中药材（民族药）重点品种规模化生产示范基地。

第四节　增强电子信息产业核心竞争力

坚持创新引领、融合发展，攻克核心关键技术，夯实产业发展基础，深化技术和产品应用，积极拓展国内需求，引导产业向价值链高端延伸，着力提升产业核心竞争力。

基础电子。把握电子信息产品发展新趋势，突破关键电子元器件、材料和设备的核心技术和工艺，提高产品质量和档次，形成结构优化、配套完整的基础电子产业体系。结合国家科技重大专项和产业创新发展工程，着力发展集成电路设计业，持续提升先进和特色集成电路芯片生产技术和能力，发展先进封装工艺，进一步提高测试水平，攻克关键设备、仪器、材料和电子设计自动化（EDA）工具技术工艺，实现重大产品、重大工艺和新兴领域的突破。到“十二五”末，集成电路产业规模占全球 15%以上。统筹规划、合理布局，重点支持高世代薄膜晶体管液晶显示器件（TFT-LCD）面板发展，提高等离子体显示器件（PDP）产业竞争力，加快大尺寸有机电致发光显示器件（OLED）、电子纸、三维（3D）显示、激光显示等新型显示技术的研发和产业化，发展上游原材料、元器件及专用装备等配套产业，完善新型显示产业体系，平板显示产业规模占全球比重提高到 20%以上。支持高端微电子器件、光电子器件、绿色电池、功率器件、传感器件等产品及关键设备、材料的研发及产业化，推动传统元器件向智能化、微型化、绿色化方向发展。

专栏 14：基础电子产业跃升工程

集成电路。突破高端通用芯片核心技术，开发面向网络通信、数字视听、计算机、信息安全、工业应用等领域的集成电路产品。加快 12 英寸集成电路生产线技术升级和建设，开发 45 纳米（nm）及以下先进工艺模块和特色工艺模块；提升先进封装工艺和测试水平；增强刻蚀机、离子注入机、互联镀铜设备、大尺寸硅片等 8～12 英寸集成电路生产线关键设备、仪器和材料的开发能力。加强对 18 英寸集成电路生产技术的储备性研发。加快国家级集成电路研发中心和公共服务平台建设。

关键电子元器件和材料。支持片式阻容感、机电组件、电声器件、智能传感器、绿色电池、印刷电路板等产品的技术升级及工艺设备研发。积极发展半导体材料、太阳能光伏材料、光电子材料、压电与声光材料等，以及用于装联和封装等使用的金属材料、非金属材料、高分子材料等。

新型平板显示。重点支持 6 代以上 TFT-LCD 面板生产和玻璃基板等核心技术研发。围绕高光效技术（高能效、低成本）、高清晰度技术（3D、动态清晰度、超高清晰度）以及超薄技术进行研发，提高 PDP 产品性能，完善配套产业链。重点支持大尺寸 OLED 相关技术和工艺集成开发，攻克低温多晶硅（LTPS）技术，加强 OLED 关键原材料及设备本土化配套。支持电子纸及关键材料研发及产业化。

发光二极管（LED）。重点突破外延生长和芯片制造关键技术，提高外延片和高端芯片的国内保障水平。增强功率型 LED 器件封装能力，加大对封装结构设计、新型封装材料及新工艺的研究与开发。加快实现金属有机化合物化学气相淀积（MOCVD）设备的量产，推进衬底材料、高纯金属有机化合物（MO 源）、高性能环氧树脂以及高效荧光粉等研发和产业化。加快检测平台建设，制定和完善 LED 相关标准。

计算机。提升产品研发和工业设计能力，完善和延伸产业链，增强自主品牌国际竞争力。统筹部署云计算等关键技术、产品的研发、产业化及应用，积极推动设计、产品、应用、服务融合创新和互动发展，加快移动互联网终端的研制，加强云计算平台建设，推进先导部署和应用示范。大力支持自主设计研发中央处理器（CPU）等芯片在整机中的应用，加快平板电脑、高性能计算机及服务器、网络产品、存储系统及打印输出设备、工业控制计算机、自主可信安全产品等重点产品的研发及产业化。推进绿色智能数据中心及技术业务服务平台建设，拓展行业应用市场。加快新一代空管信息系统建设。

通信设备及终端。重点支持 TD-SCDMA 高端产品、TD-LTE 等新一代移动通信设备和系统的研发及产业化，完善 TD-LTE 移动终端基带和射频芯片、应用平台和测试仪器等配套产业。积极推进大容量、超高速、高智能的光传输、交换和接入技术，以及宽带无线接入技术和产品的研发及产业化。发展传感网络关键传输设备及系统，统筹部署下一代互联网、三网融合、物联网等关键技术的研发和产业化，培育自主可控的物联网感知产业和应用服务业。积极参与国际通信标准制定，推动我国标准更多地成为国际主流标准。大力发展智能手机及信息终端、卫星应用终端等新型终端产品。加强设备制造业与电信运营业的互动，推进产品和服务的融合创新。

数字视听。加快完善平板电视产业链，重点支持网络化、智能化、节能环保、具有立体显示功能的新型彩电产品的研发与应用，促进彩电产业转型升级。加快研发适应三网融合业务要求的多种数字家庭智能终端和新型消费电子产品，支持高清投影机、高保真音响的研发与应用，大力推动数字家庭多业务应用示范，加强音视频编解码、地面数字电视传输等技术标准的推广应用。支持数字家庭产业基地建设。支持电视整机企业与上游企业资源整合，加强与内容服务企业间的联合与合作。培育具有全产业链竞争优势的行业龙头企业，完善产业配套体系。

软件业。坚持以系统带动整机和软硬件应用、以应用带动产业发展，促进软件业做强做大。加强操作系统、数据库、中间件、办公软件等基础软件的研发和推广应用，发展新一代搜索引擎及浏览器、网络资源调度管理系统、智能海量数据存储与管理系统等网络化的关键软件。重点支持数字电视、智能终端、应用电子、数字医疗设备、下一代互联网等领域嵌入式操作系统及关键软件的研发及产业化，提升工业装备和产品智能化水平。大力发展工业软件、行业应用软件和解决方案，推动工业生产业务流程再造和优化。加快发展信息安全技术、产品和服务，构建自主可控信息安全体系和架构，完善信息安全产品及服务认证制度，提高对国家安全和重大信息系统安全的支撑能力。支持数字内容处理技术及相关产品的研发和产业化。着力培育龙头企业，鼓励中小软件企业特色化发展，形成良好的产业生态环境。推动中国软件名城创建。“十二五”期间，软件业年均增速保持在22%以上，占信息产业比重提高到20%以上。

专栏 15：物联网研发、产业化和应用示范

着力突破物联网的关键核心技术。围绕高端传感器、新型射频识别（RFID）、智能仪表、智能信息处理软件等瓶颈环节，突破核心技术，重点支持面向应用的数据挖掘和智能分析决策软件技术及产品的研发，加强高可靠、低成本传感器专用芯片、传感节点、微操作系统、嵌入式系统和适于传感器节点使用的高效电源等产品的研发及产业化，开发与新型网络架构相适应的虚拟化、低功耗技术及相应产品。

加快构建物联网标准化体系。从总体、感知、传输、应用等方面系统构建物联网标准体系。加快传感器网络组网、物品标识编码、信息传输、智能处理、安全等关键技术标准研究制定，建立跨行业、跨领域的物联网标准化协作机制。

统筹重点领域的物联网先导应用。研究制定物联网应用行动计划，分步骤、分层次开展先导应用示范，加快形成市场化运作机制。推进物联网在先进制造、现代物流、食品安全、数字医疗、环保监测、安全生产、安全反恐（周界防护）、智慧城市以及在交通、水利、电网等基础设施中的应用。研究推进无锡国家物联网创新示范区建设。加强物联网创新服务体系建设。

第五节　提高国防科技工业现代化水平

按照走中国特色军民融合式发展道路的要求，加快推进先进国防科技工业建设，建立和完善军民结合、寓军于民的武器装备科研生产体系，确保国防和军队现代化建设需要。

提升武器装备研发制造水平。根据国防建设需要，调整优化能力布局，加强武器装备研发条件建设，提升总体设计、总装测试和系统集成等核心能力，提高武器装备研制体系化和信息化水平。开展基础理论与前沿技术探索，增强原始创新能力。推进产学研用结合，形成创新合力，突破一批基础技术、前沿技术和关键技术，提高集成创新水平。以产业关键技术和先进制造技术为重点，大力推进引进消化吸收再创新，推动高技术武器装备自主式、跨越式和可持续发展。进一步推进国防科技工业投资体制改革，深化军工企业改革，稳步推进军工科研院所改革。

促进军民融合式发展。进一步完善武器装备科研生产许可制度体系，形成管理科学、规范有序、政策协调的武器装备科研生产准入和退出机制。引导和鼓励民间资本进入国防科技工业建设领域，形成面向全国、分类管理、有序竞争的开放式发展格局。加强国防工业与民用工业在规划、政策上的协调衔接，促进军、民科研机构的开放共享；加速军工和民用技术相互转化，促进国防领域和民用领域科技成果、人才、设施设备、信息等要素的交流融合，提高资源利用效率。开发军民两用技术和产品，加快国防科技成果转化和产业化进程，大力发展军民结合产业和军工优势产业；建设军民结合产业基地，促进军工经济与区域经济融合。到“十二五”末，基本实现国防科技与民用科技、国防科技工业与民用工业的互通、互动、互补发展。

第六节　加快发展面向工业生产的相关服务业

按照“市场化、专业化、社会化、国际化”的发展方向，大力发展面向工业生产的现代服务业，加快推进服务型制造，不断提升对工业转型升级的服务支撑能力。

工业设计及研发服务。围绕外观造型、功能创新、结构优化、包装展示以及节材节能、新材料使用等重点环节，创新设计理念，提升设计手段，壮大设计队伍，大力发展以功能设计、结构设计、形态及包装设计等为主要内容的工业设计产业。支持工业企业与设计企业开展多种形式合作，扩大工业设计服务市场。充分利用现代信息网络技术及平台，培育发展一批具备较强竞争力的专业化研发服务机构。扶持一批专业化的技术成果转化服务企业，构建多领域、网络化的技术成果转化服务体系。支持发展面向生产过程的分析、测试、计量、检测等服务，鼓励发展检索、分析、咨询、数据加工等知识产权服务。

专栏 16：工业设计及研发服务发展专项

培育高素质工业设计和研发人才。推动建立工业设计专业技术人员职业资格制度。建立国家工业设计奖励制度。鼓励有条件的企业创建工业设计实训基地。吸引海外优秀工业设计和研发服务人才回国创业。

培育龙头企业。引导企业加大设计创新投入，鼓励加强设计研发服务能力建设，创新服务模式，重点培育一批工业设计和研发服务骨干企业。组织认定一批国家级企业设计中心，建立工业设计企业资质评价制度。

培育国家级示范区。面向重点产业和重点区域，加强公共服务平台建设，促进工业设计企业集聚发展，培育一批辐射能力强、带动效应显著的国家级工业设计及研发服务示范区。加强研发设计领域共性和基础性技术研发，依托产业基地建设一批研发公共服务平台。

发展生物医药等专业研发服务外包。大力发展临床前研究、药物安全性评价、临床试验及试验设计等领域的专业化第三方服务，支持发展医药研发外包（CRO）等专业服务。

制造业物流服务。引导工业企业加快物流业务整合、分离和外包，释放物流需求。推进重点行业电子商务平台与物流信息化集成发展。加强危险品流向跟踪、状态监控和来源追溯的信息化管理，提高食品、农产品等冷链物流信息管理水平。支持第三代移动通信（3G）、3S（全球卫星导航系统GNSS、地理信息系统 GIS、遥感 RS）、机器到机器（M2M）、射频识别（RFID）等现代信息通信技术在制造业物流领域的创新与应用。加快信用、认证、标准、支付和物流平台建设，鼓励服务创新和商业模式创新，完善企业间电子商务（B2B）发展的支撑环境。

信息服务及外包。大力发展网络化、全链条的信息传输、信息技术、信息内容等服务业。引导信息系统集成服务向产业链前后端延伸，推动咨询设计、集成实施、运行维护、测试评估、数据处理与运营服务等业务向高端化发展。支持发展面向网络新应用的信息技术服务，加快发展软件即服务（SaaS）等新型业务模式。制定推广信息技术服务标准（ITSS），加快信息技术服务支撑工具研发和服务产品化进程，促进重点软件企业面向金融、电信、医疗、能源交通等行业的知识库建设。鼓励发展信息技术外包服务（ITO）、业务流程外包服务（BPO）和知识流程外包服务（KPO），扩大服务对象和业务规模。提高信息服务及外包公共服务平台和项目分包平台的服务能力，支持外包人才培训和实训基地建设。扶持一批由制造企业中剥离形成的专业化信息服务企业，提升外包业务承接能力。

节能环保和安全生产服务。加快发展合同能源管理、清洁生产审核、绿色产品（包括节能产品、环保装备）认证评估、环境投资及风险评估等服务。推动节能服务公司为用能单位提供节能诊断、设计、融资、改造、运行等“一条龙”服务。鼓励大型重点用能单位组建专业化节能服务公司，为本行业其他用能单位提供节能服务。加大污染治理设施特许经营实施力度，引导民间投资节能环保服务产业。创新合同能源管理模式，积极推广市场化节能服务模式。积极培育企业安全生产服务市场，加快发展安全生产技术咨询、合同安全管理、工程建设、产品推广和安全风险评估、装备租赁、人才培训等专业服务。

制造服务化。鼓励制造企业积极发展精准化的定制服务、全生命周期的运维和在线支持服务，提供整体解决方案、个性化设计、多元化的融资服务、便捷化的电子商务等服务形式。引导有条件的企业从提供设备，向提供设计、承接项目、实施工程、项目控制、设施维护和管理运营等一体化服务转变，支持大型装备企业掌握系统集成能力，开展总集成总承包服务。鼓励制造企业围绕产品功能拓展，发展故障诊断、远程咨询、呼叫中心、专业维修、在线商店、位置服务等新型服务形态。推动制造企业通过业务流程再造，发展社会化专业服务，提高专业服务在产品价值中的比重。积极开发和保护工业旅游资源，推进工业旅游示范与服务标准化建设，大力开发工业专题旅游线路和旅游产品，加快完善工业旅游市场体系。

第五章　保障措施及实施机制

第一节　完善保障措施

进一步完善政策法规体系，健全促进工业转型升级的长效机制，为实现规划目标及任务提供有力保障。

健全相关法律法规。围绕推进工业转型升级的重点任务，在产业科技创新、技术改造、节能减排、兼并重组、淘汰落后产能、质量安全、中小企业、军民融合式发展等重点领域，健全和完善相关法律法规。加强民用飞机、软件、集成电路、新能源汽车、船舶、高端装备、新材料等战略性、基础性产业发展的法律保障。

完善产业政策体系及功能。动态修订重点行业产业政策，加紧制定新兴领域产业政策，加强产业政策与财税、金融、贸易、政府采购、土地、环保、安全、知识产权、质量监督、标准等政策的协调配合。充分考虑资源状况、环境承载能力和区域发展阶段，研究实施针对特定地区的差异化产业政策。制定发布战略性新兴产业和先进生产性服务业发展指导目录，逐步消除生产性服务业与工业企业在生产要素价格等方面的差异。贯彻全国主体功能区规划，制定产业转移指导目录，促进区域间生产要素合理流动、产业有序转移和生产力合理布局。依法实施反垄断审查，建立产业安全监测预警指标体系和联动机制。

强化工业标准规范及准入条件。完善重点行业技术标准和技术规范，加快健全能源资源消耗、污染物排放、质量安全、生产安全、职业危害等方面的强制性标准，制定重点行业生产经营规范条件，严格实施重点行业准入条件，加强重点行业的准入与退出管理。进一步完善淘汰落后产能工作机制和政策措施，分年度制定淘汰落后产能计划并分解到各地，建立淘汰落后产能核查公告制度。

加大财税支持力度。整合相关政策资源和资金渠道，加大对工业转型升级资金支持力度，加强对重点行业转型升级示范工程、新型工业化产业示范基地建设、工业基础能力提升、服务型制造等方面的引导和支持。完善和落实研究开发费用加计扣除、股权激励等税收政策。研究完善重大装备的首台套政策，鼓励和支持重大装备出口；完善进口促进政策，扩大先进技术装备和关键零部件进口。稳步扩大中小企业发展专项资金规模。发挥关闭小企业补助资金作用。制定政府采购扶持中小企业的具体办法，进一步减轻中小企业社会负担。

加强和改进金融服务。鼓励汽车、电子信息、家电等企业与金融机构密切合作，在控制风险的前提下，开发完善各类消费信贷产品。鼓励金融机构开发适应小型和微型企业、生产性服务企业需要的金融产品。完善信贷体系与保险、担保之间的联动机制，促进知识产权质押贷款等金融创新。加快发展主板（含中小板）、创业板、场外市场，完善多层次资本市场体系；积极推进债券市场建设，完善信用债券发行及风险控制机制；支持符合条件的工业企业在主板（含中小板）、创业板首次公开发行并上市，鼓励符合条件的上市企业通过再融资和发行公司债券做大做强。支持企业利用资本市场开展兼并重组，加强企业兼并重组中的风险监控，完善对重大企业兼并重组交易的管理。

健全节能减排约束与激励机制。完善节能减排、淘汰落后、质量安全、安全生产等方面的绩效评价和责任制。建立工业产品能效标识、节能产品认证、能源管理体系认证制度，制定行业清洁生产评价指标体系。加强固定资产投资项目节能评估和审查。研究制定促进“两型”企业创建的政策措施。严格限制高耗能、高排放产品出口。建立完善生产者责任延伸制度，研究建立工业生态设计产品标志制度。制定鼓励安全产业发展和鼓励企业增加安全投入的政策措施，支持有效消除重大安全隐患的搬迁改造项目。加强重点用能企业节能管理，完善重点行业节能减排统计监测和考核体系。

推进中小企业服务体系建设。以中小企业服务需求为导向，着力搭建服务平台，完善运行机制，壮大服务队伍，整合服务资源。充分发挥行业协会和科研院所作用，支持各类专业服务机构发展，重点支持国家中小企业公共服务示范平台建设，构建体系完整、结构合理、资源共享、服务协同的中小企业服务体系。发挥财政资金引导作用，鼓励社会投资广泛参与，加快中小企业公共服务平台和小企业创业基地等公共服务设施建设。建立多层次的中小企业信用担保体系，推进中小企业信用制度建设。加强对小型微型企业培训力度，提高经营管理水平。

深化工业重点行业和领域体制改革。加快推进垄断行业改革，强化政府监管和市场监督，形成平等准入、公平竞争的市场环境。健全国有资本有进有退、合理流动机制，促进国有资本向关系国家安全和国民经济命脉的重要行业和重要领域集中。完善投资体制机制，落实民间投资进入相关重点领域的政策，切实保护民间投资的合法权益。进一步简化审批手续，落实企业境外投资自主权，支持国内优势企业开展国际化经营。完善工业园区管理体制，促进工业企业和项目向工业园区和产业集聚区集中。

第二节　健全实施机制

地方各级人民政府及国务院有关部门要切实履行职责，强化组织领导，周密部署、加强协作，保障规划顺利实施。

建立部际协调机制。建立由工业和信息化部牵头、相关部门和单位参加的部际协调机制，加强政策协调，切实推动规划实施。工业和信息化部牵头制定重点行业和领域转型升级总体方案，各地根据实际情况制定具体实施方案。

明确规划实施责任。规划提出的预期性指标和产业发展等任务，主要依靠市场主体的自主行为实现。地方各级人民政府及国务院有关部门要完善规划实施环境和市场机制，加强对市场主体行为的引导。对规划确定的约束性任务，地方各级人民政府及国务院有关部门要加强宏观指导，做好跟踪监测和信息发布，定期公布各地区规划目标完成情况，切实发挥规划的导向作用。

加强和创新工业管理。进一步强化工业管理部门在制定和实施发展规划、产业政策、行业标准等方面的职责，创新工业管理方式和手段。完善行业工业经济监测网络和指标体系，强化行业信息统计和信息发布。加强工业生产要素衔接。充分发挥行业协会、中介组织等在加强行业管理、推动企业社会责任建设等方面的积极作用。

强化规划监测评估。建立动态评估机制，强化对规划实施情况的跟踪分析和督促检查。工业和信息化部要提出规划实施年度进展情况报告，并适时开展中期评估，不断优化规划实施方案和保障措施，促进规划目标和任务的顺利实现。

中华人民共和国国家发展和改革委员会令
第 9 号

为加快转变经济发展方式，推动产业结构调整和优化升级，完善和发展现代产业体系，根据《国务院关于发布实施〈促进产业结构调整暂行规定〉的决定》（国发[2005]40 号），我委会同国务院有关部门对《产业结构调整指导目录（2005 年本）》进行了修订，形成了《产业结构调整指导目录（2011 年本）》，现予公布，自 2011 年 6 月 1 日起施行。《产业结构调整指导目录（2005 年本）》同时废止。法律、行政法规和国务院文件对产业结构调整另有规定的，从其规定。

国家发展和改革委员会主任：张平
二〇一一年三月二十七日

产业结构调整指导目录（2011 年本）（节选）

（编者按：本指导目录中所节选部分是与淘汰含汞物质有关的规定）

第一类　鼓励类

十一、石化化工

14．改性型、水基型胶粘剂和新型热熔胶，环保型吸水剂、水处理剂，分子筛固汞、无汞等新型高效、环保催化剂和助剂，安全型食品添加剂、饲料添加剂，纳米材料，功能性膜材料，超净高纯试剂、光刻胶、电子气、高性能液晶材料等新型精细化学品的开发与生产

十九、轻工

21．高效节能电光源（高、低气压放电灯和固态照明产品）技术开发、产品生产及固汞生产工艺应用；废旧灯管回收再利用

三十八、环境保护与资源节约综合利用

17．含汞废物的汞回收处理技术、含汞产品的替代品开发与应用

第二类　限制类

十、医药

7．新建、改扩建充汞式玻璃体温计、血压计生产装置、银汞齐齿科材料、新建 2 亿支/年以下一次性注射器、输血器、输液器生产装置

十二、轻工

5．聚氯乙烯（PVC）食品保鲜包装膜

6．普通照明白炽灯、高压汞灯

第三类　淘汰类

注：条目后括号内年份为淘汰期限，淘汰期限为 2011 年是指应于 2011 年底前淘汰，其余类推；有淘汰计划的条目，根据计划进行淘汰；未标淘汰期限或淘汰计划的条目为国家产业政策已明令淘汰或立即淘汰。

一、落后生产工艺装备

（四）石化化工

3．单台产能 5 000 吨/年以下和不符合准入条件的黄磷生产装置，有钙焙烧铬化合物生产装置（2013 年），单线产能 3 000 吨/年以下普通级硫酸钡、氢氧化钡、氯化钡、硝酸钡生产装置，产能 1 万吨/年以下氯酸钠生产装置，单台炉容量小于 12 500 千伏安的电石炉及开放式电石炉，高汞催化剂（氯化汞含量 6.5%以上）和使用高汞催化剂的乙炔法聚氯乙烯生产装置，氨钠法及氰熔体氰化钠生产工艺

（六）有色金属

2．采用铁锅和土灶、蒸馏罐、坩埚炉及简易冷凝收尘设施等落后方式炼汞

（七）黄金

1．混汞提金工艺

二、落后产品

（一）石化化工

5．高毒农药产品：六六六、二溴乙烷、丁酰肼、敌枯双、除草醚、杀虫脒、毒鼠强、氟乙酰胺、氟乙酸钠、二溴氯丙烷、治螟磷（苏化 203）、磷胺、甘氟、毒鼠硅、甲胺磷、对硫磷、甲基对硫磷、久效磷、硫环磷（乙基硫环磷）、福美胂、福美甲胂及所有砷制剂、汞制剂、铅制剂、10%草甘膦水剂，甲基硫环磷、磷化钙、磷化锌、苯线磷、地虫硫磷、磷化镁、硫线磷、蝇毒磷、治螟磷、特丁硫磷（2011 年）

（七）机械

62．含汞开关和继电器

（九）轻工

1．汞电池（氧化汞原电池及电池组、锌汞电池）

3．含汞高于 0.000 1%的圆柱型碱锰电池

4．含汞高于 0.000 5%的扣式碱锰电池（2015 年）

关于印发《工业清洁生产推行“十二五”规划》的通知

工信部联规[2012]29号

各省、自治区、直辖市及计划单列市、新疆生产建设兵团工业和信息化、科技、财政主管部门，有关中央企业，有关行业协会，工业和信息化部所属相关单位：

为贯彻落实《重金属污染综合防治“十二五”规划》和《国家环境保护“十二五”规划》等相关规划，提升工业清洁生产水平，工业和信息部、科技部、财政部制定《工业清洁生产推行“十二五”规划》。现印发你们，请结合实际，认真贯彻落实。

附件：工业清洁生产推行“十二五”规划

中华人民共和国工业和信息化部　科学技术部　财政部

二〇一二年一月十八日

附件：

工业清洁生产推行“十二五”规划

前　言

清洁生产是从源头提高资源利用效率、减少或避免污染物产生的有效措施，是促进产业升级、推动工业发展方式转变的重要途径。加快推行清洁生产，不断提高清洁生产水平，是“十二五”期间工业发展的一项重要任务。

为指导工业领域全面推行清洁生产，根据《国民经济和社会发展第十二个五年规划纲要》、《工业转型升级规划（2011—2015年）》、《国家环境保护“十二五”规划》和《重金属污染综合防治“十二五”规划》，结合工业领域清洁生产发展实际，制定本规划。

一、工业领域清洁生产推行现状与面临的形势

（一）现状

自2003年《中华人民共和国清洁生产促进法》实施以来，各级工业主管部门将实施清洁生产作为促进节能减排的重要措施，不断完善政策、加大支持、强化服务，工业领域清洁生产推行工作取得积极进展。

清洁生产基础工作得到加强。专家、咨询服务队伍不断壮大，已建立冶金、化工、轻工、有色、机械等行业清洁生产中心及760多家清洁生产审核咨询服务机构。审核培训取得积极进展，累计6万家工业企业负责人接受培训，2万多家企业开展清洁生产审核，分别占规模以上工业企业总数的

23.4%和 9%。

清洁生产政策标准体系初步建立。中央与地方制定颁布了《关于加快推行清洁生产的意见》、《清洁生产审核暂行办法》等一系列推进清洁生产的政策、法规和制度；发布《工业企业清洁生产审核技术导则》、《工业清洁生产评价指标体系编制通则》以及 30 个行业清洁生产评价指标体系等清洁生产标准；中央财政设立了清洁生产专项资金，地方工业主管部门加大节能减排资金对清洁生产的支持力度，累计安排财政专项资金 16 亿元，带动社会投资 1 200 亿元，实施清洁生产技术改造项目 5 万多项。

科技对清洁生产支撑作用进一步加强。发布 3 批清洁生产技术导向目录、27 个重点行业清洁生产技术推行方案；重点领域清洁生产技术研发加快，轻工、石化、建材、有色、纺织等行业成功开发出一批先进的清洁生产技术；电解锰、铅锌冶炼、电石法聚氯乙烯、氮肥、发酵等行业重大关键共性清洁生产技术产业化示范应用取得进展，为全面推广应用奠定了技术基础。

清洁生产促进节能减排效果明显。钢铁、有色、化工、建材、轻工、纺织等重点工业行业的清洁生产审核有序推进，实施了一批清洁生产技术改造项目，企业资源能源利用效率有效提高，污染物产生量大幅削减。据统计，通过实施清洁生产，2003 年至 2010 年累计削减二氧化硫产生量 93.9 万吨、化学需氧量 245.6 万吨、氨氮 5.6 万吨，节能约 5 614 万吨标准煤，为节能减排作出了重要贡献。

尽管工业领域清洁生产工作取得了一些成绩，但总体仍处于起步阶段，还存在一些突出问题：一是企业普遍重末端治理，轻源头预防，清洁生产尚未全面展开，实施清洁生产审核的企业数量比例偏低，特别是清洁生产技术改造方案实施率不高，仅为 44.3%。二是清洁生产科技开发投入不够，重金属污染减量、有毒有害原料替代和主要污染物削减等领域缺乏先进有效的技术。同时，成熟适用技术推广应用不够，制约了清洁生产技术水平的提升。三是政策机制尚不健全，市场机制在推行清洁生产过程中的作用尚未得到充分发挥。

（二）面临的形势

“十二五”是全面建设小康社会的关键时期。深入贯彻落实科学发展观，转变经济发展方式，建设资源节约型、环境友好型社会，对节约资源、保护环境提出了新的更高的要求。“十二五”期间，国家进一步加大环境保护力度，明确四种主要污染物总量减排约束性指标，并对重金属污染和持久性有机污染物防治提出要求。为从源头减少污染物产生量，尽可能降低末端治理压力，促进国家“十二五”规划纲要提出的各项资源节约和环境保护指标完成，必须进一步加大推行清洁生产力度，全面提升清洁生产水平。

工业是资源消耗和污染物排放的重点领域。2010 年，工业领域能源消耗占全社会 70%以上，二氧化硫、化学需氧量、氨氮排放分别占 85.3%、35.1%和 22.7%。降低工业领域资源能源消耗、减少污染物产生，既是实现国家节能减排任务的需要，也是促进工业转型升级的紧迫任务，是新型工业化道路的本质要求。“十二五”期间，我国工业化仍将继续快速推进，工业将面临资源消耗、污染物排放增加的压力。特别是在常规污染物问题尚未解决的同时，非常规污染物如持久性有机污染物（POPs）、持久性有毒污染物（PTS）、重金属污染物等带来的环境风险和压力越来越突出，血铅中毒等严重污染事件频发，影响经济发展和社会稳定，严重制约着工业可持续发展。为更好地统筹协调资源环境制约与工业化进程加快的矛盾，实现工业转型升级的战略任务，必须加快推行清洁生产，由高消耗、高排放的粗放方式向集约、高效、低排放的清洁生产方式转变，实现资源科学利用和污染源头预防。

从国际形势看，节能环保、绿色低碳已成为国际产业发展潮流和趋势，以清洁生产方式提供节能环保技术和产品已成为国际产业竞争的重要内容。同时，履行持久性有机污染物（POPs）国际公约，适应欧盟电子电气设备中限制使用某些有害物质指令等规则要求，应对汞污染控制谈判以及国际贸易中以节能环保低碳技术标准为特征的绿色贸易壁垒带来的挑战，客观要求我国工业必须加快推行清洁生产，在实现生产过程清洁化的同时，提供无毒无害或低毒低害的绿色技术和产品，提升产业竞争力。

二、指导思想、基本原则和主要目标

（一）指导思想

深入贯彻科学发展观，牢固树立源头预防、过程控制的清洁生产理念，紧紧围绕“十二五”节能减排要求，以高能耗、高排放、污染重和资源消耗型行业为重点，以提升工业清洁生产水平为目标，以技术进步为主线，突出企业主体责任，创新清洁生产推行方式，加大政策支持力度，完善市场推进机制，强化激励约束作用，加快建立清洁生产方式，推动工业转型升级。

（二）基本原则

——坚持技术攻关与推广应用相结合的原则。以减少化学需氧量、二氧化硫、氨氮、氮氧化物以及重金属、有毒有害污染物产生量为目标，集中力量开发一批重大、共性清洁生产工艺技术和绿色环保原材料（产品），推广应用一批先进、成熟适用技术和低毒低害或无毒无害原材料（产品）。

——坚持重点突破与全面推进相结合的原则。在与主要污染物减排紧密相关的行业、重金属污染防控行业，以及资源消耗、污染排放集中的领域加大力度推动企业实施清洁生产；加强对其他领域行业企业实施清洁生产的指导和支持，全面推进工业领域实施清洁生产。

——坚持政策引导和市场机制相结合的原则。加强宏观指导，加大财政投入和税收优惠等政策支持力度；通过建立生态设计产品标志制度，利用政府采购等措施，引导绿色消费，建立有利于清洁生产实施的市场环境。

（三）主要目标

“十二五”期间，工业领域清洁生产推进机制进一步健全，技术支撑能力显著提高，清洁生产服务体系更加完善，重点行业、省级以上工业园区企业清洁生产水平大幅提升，清洁生产对科学利用资源、节能减排的促进作用更加突出，为全面建立清洁生产方式奠定坚实基础。

具体目标：

——清洁生产培训和审核逐步展开。规模以上工业企业主要负责人接受清洁生产培训比例超过50%，通过清洁生产审核评估的企业不低于 30%。重金属污染防控企业每两年开展一轮审核；与主要污染物减排紧密相关的 11 个行业规模以上工业企业，以及中央企业所属工业企业完成一轮清洁生产审核。

——清洁生产技术水平显著提高。成功开发并产业化应用示范一批重点行业关键共性清洁生产技术；推广一批可显著减少生产过程中污染物产生的先进成熟技术；实现一批有毒有害原料（产品）替代。

——重点行业、省级以上工业园区清洁生产水平明显提升。审核报告中提出的清洁生产技术改造项目实施率达到 60%以上；到 2015 年，通过实施重点工程有效削减主要污染物产生量；重点行业 70%以上企业达到清洁生产评价指标体系中的“清洁生产先进企业”水平；培育 500 家清洁生产示范企业。

表 1 “十二五”工业清洁生产主要指标

指　标	2010 年	2015 年
清洁生产培训和审核		
规模以上工业企业负责人培训比例	[23.4%]	[＞50%]
规模以上工业企业通过审核比例	[9%]	[＞30%]
审核报告中清洁生产技术改造实施率	[44.3%]	[＞60%]
削减生产过程污染物产生量		
化学需氧量	[245.6 万吨]	65 万吨
二氧化硫（排放量）	—	60 万吨
氨氮	[5.6 万吨]	10.8 万吨
氮氧化物	—	120 万吨
汞使用量	—	638 吨
铬渣及含铬污泥	—	73 万吨
铅尘	—	0.2 万吨
重点行业清洁生产水平		
重点行业达到“清洁生产先进企业”比例	—	[＞70%]
培育清洁生产示范企业	—	[500 家]

注：[　]表示 2003—2010 年累计数。

三、主要任务

（一）开展工业产品生态设计

生态设计是企业以资源科学利用和环境保护为目标，按照全生命周期理念，在产品设计开发阶段系统考虑原材料选用、制造、销售、使用、处理等各个环节可能对环境造成的影响，将节能治污从消费终端前移至产品的开发设计阶段，力求产品在全生命周期中最大限度降低资源能源消耗、尽可能少用或不用有毒有害物质，从而减少污染物产生，实现环境保护的活动。“十二五”期间，按照“试点先行、稳步推进”的原则，围绕我国节能减排总体目标要求，综合考虑清洁生产技术水平和国际生态设计发展趋势，选择代表产品，开展产品生态设计试点，逐步完善产品生态设计标准体系，加快研发节能环保新材料和清洁生产技术工艺，奠定产品生态设计的技术基础。研究建立生态设计激励机制，鼓励倡导绿色消费，引导企业积极开展产品生态设计，使生态设计逐步成为提升清洁生产水平、促进工业向清洁生产方式转变的重要手段。

（二）提高生产过程清洁生产技术水平

按照源头预防急需、减量效果明显、应用前景明确的要求，围绕生产过程中污染物减量对工艺技术和装备的要求，区分不同阶段，提出重大清洁生产技术攻关、推广应用计划，充分运用国家科技重大专项和国家科技计划（专项）等渠道，支持相关领域的研究。积极支持科研院所、大专院校、工业企业等联合开发和攻关。对重大关键共性的清洁生产技术，鼓励建立多模式的产业创新联盟，形成利益共享、风险共担的创新主体，加快攻关步伐。依托技术基础好、创新能力强的科研单位和企业，建设一批清洁生产技术产业化服务中心，加强重大清洁生产技术的产业化应用示范，推动技术成果转化。

加快先进成熟技术的推广应用，鼓励企业积极实施清洁生产技术改造。创新技术成果转化机制，支持清洁生产技术拥有者采取技术转让、合作推广等多种方式，加快科技成果向生产力的转化。研究建立技术普及率与污染物排放控制标准相衔接的促进机制，对技术普及率达到一定程度的行业，通过制修订相应的环保标准，引导企业使用清洁生产技术，加快技术推广应用步伐。

发展的重点是：

——化学需氧量削减技术。造纸行业，研发非木材植物纤维清洁制浆及其废液资源化利用技术，推广纸浆无元素氯漂白等技术。制糖行业，推广糖厂废水循环利用与深化处理等技术。发酵（含酿酒）行业，研发高效菌种定向选育及系统控制技术，推广高性能温敏型菌种发酵技术和连续等电转晶提取技术、新型色谱分离提取柠檬酸技术及废母液综合利用技术、酒精糟液废水全糟处理等技术。纺织染整行业，研发可生物降解（或易回收）聚乙烯醇（PVA）浆料替代应用技术、生物脱胶退浆精炼技术，清洁制溶解浆（浆粕）新技术，推广印染高效短流程前处理清洁生产助剂及工艺、酯化废水乙醛回收再利用技术、丝光淡碱回收再利用等技术。农药行业，研发原药及中间体清洁生产技术，推广草甘膦母液资源化回收利用等技术。制药行业，推广绿色酶法生产技术、生物活性酶综合生产抗生素/维生素等技术。

——氨氮削减技术。氮肥行业，推广氮肥生产污水零排放等技术。偶氮二甲酰胺（ADC）发泡剂行业，推广无酸缩合生产工艺替代有酸缩合工艺、改进尿素法ADC发泡剂生产工艺（配套多效蒸发技术回收缩合母液中氨氮）等技术。电解锰行业，研发电解锰氨氮废水全过程控制等技术。稀土行业，研发离子吸附型稀土矿原地浸出氨氮无组织排放控制等技术，推广无氨皂化稀土萃取分离等技术。焦化行业，研发废水深度处理循环利用等技术。

——二氧化硫削减技术。针对钢铁、水泥、玻璃、陶瓷等行业工业窑炉，研发清洁原燃料、可替代原燃料、低硫燃烧、多种污染物联合去除等清洁生产技术、工艺和装备。钢铁行业，推广循环流化床（LJS-FGD）烧结烟气多组分污染物干法脱除技术、石灰石-石膏湿法（空塔喷淋）等烧结烟气脱硫技术，烧结工艺小球烧结、厚料层烧结、热风烧结、低温烧结技术和装备，以及烧结烟气循环等技术。

——氮氧化物削减技术。钢铁行业，研发低氮燃烧技术。水泥行业，研发水泥窑炉低氮燃烧技术，推广中低温催化还原氮氧化物减排技术、高温低成本非催化还原氮氧化物减排等技术。平板玻璃行业，推广零号喷枪的全氧助燃技术，逐步扩大富氧、全氧燃烧技术的应用范围。

——重金属污染物削减技术。在生产过程中，实现汞、铬、铅等重金属污染物削减。汞污染削减，推广电石法聚氯乙烯低汞触媒和高效汞回收技等术，荧光灯生产行业推广固态汞注入技术等；电池行业，研发无汞氧化银电池技术，推广扣式碱性锌锰电池无汞化等技术。铅污染削减，研发新型铅蓄电池制造技术、铅锌冶炼行业电解锌浸出渣中水溶锌多级逆流洗涤回收等技术；铅蓄电池行业，推广扩展式（拉网式、冲孔式）连铸连轧式铅蓄电池板栅制造等工艺技术；铅锌冶炼行业，推广氧气底吹—液态高铅渣直接还原铅冶炼技术、铅锌冶炼废水分质回用集成等技术；电子电气行业，推广无铅焊料等技术。铬污染削减，铬盐行业完成铬铁碱溶氧化制铬酸钠技术、气动流化塔式连续液相氧化生产铬酸钠等技术工艺示范，推广无钙焙烧技术、钾系亚熔盐液相氧化法等技术；电镀行业研发三价铬镀铬，推广低铬镀铬技术、在线回收铬技术、无铬无氰钨合金电镀等技术；皮革行业推广高吸收铬鞣及其铬鞣废液资源化利用等技术。

（三）开展有毒有害原料（产品）替代

围绕工业生产所需的原材料及有关最终产品，减少含汞、六价铬、铅、镉、砷、氰化物及POPs等有毒有害物质的使用，研究制定原料及产品中有毒有害物质减量化与替代的实施路径，明确替代的时间节点，促进生产过程中使用低毒低害和无毒无害原料，降低产品中有毒有害物质含量。

——涉重金属领域。电池行业，研发无汞氧化银电池、无汞化糊式锌锰电池，推广无镉化铅蓄电池、无汞无镉减铅纸板锌锰电池。电石法聚氯乙烯行业，研发固汞触媒、无汞触媒，推广低汞触媒。有色金属行业，推广多金属复杂硫化矿选矿无氰组合药剂等。照明电器（荧光灯）行业，推广汞含量2mg以下长寿命节能灯。电镀行业，推广无磷无铬无镍涂装前处理液、无氰无甲醛酸性镀铜电镀液等产品。电子电气产品污染控制领域，加快无铅焊料的工程实验研究，提高其可靠性，推广二元、三元、多元合金类无铅焊料。

——有机污染物领域。电镀行业，重点推广使用不含全氟辛烷磺酸盐（PFOS）的铬雾和酸雾抑制剂。在钢铁烧结中推广低氯化物含量原料。电子电气产品污染控制方面，重点推广无卤素溴化阻燃剂等。半导体器件生产领域，研发光阻剂和防反射涂层等领域的 PFOS 替代品。涂料行业，推广水性涂料。此外，重点开发全氟辛基磺酸及其盐替代品、船用防污漆中滴滴涕（DDT）替代品，严格控制氯化石蜡生产原料中的短链氯化石蜡含量。

——农药领域。开发杀扑磷、甲拌磷、甲基异柳磷、克百威、灭多威、灭线磷、涕灭威、磷化铝、氧乐果、水胺硫磷等替代产品。

四、重点工程

综合分析工业行业污染物产生排放水平和成熟、适用的清洁生产技术发展现状，围绕“十二五”主要污染物减排指标以及重金属污染防控要求，实施汞、铬、铅、氨氮、化学需氧量、二氧化硫、氮氧化物等污染物产生量削减七项重点工程。通过采用先进成熟的适用技术，在行业内实施清洁生产技术改造，提高技术普及率，有效削减污染物产生量。研究建立重点工程实施机制，鼓励企业实施清洁生产；对于技术普及率高于 60%的行业，研究通过提高相应的污染物排放标准，加快清洁生产技术在全行业的推广应用。

（一）化学需氧量削减工程

以产生化学需氧量较大的造纸、制糖、发酵（含酿酒）、制药（抗生素与维生素）行业为重点，实施化学需氧量削减工程。

在造纸行业，推广纸浆无元素氯漂白技术（包括中浓氧脱木素技术、中浓过氧化氢漂白技术、中浓二氧化氯漂白技术），到 2015 年实现技术普及率 40%；在制糖行业，废水循环利用与深化处理技术普及率到 2015 年达到 90%；在发酵（含酿酒）行业，推广高性能温敏型菌种发酵技术和连续等电转晶提取技术、新型色谱分离提取柠檬酸技术及废母液综合利用技术、酒精糟液废水全糟处理技术，到 2015 年技术普及率分别达到 80%、70%、90%；在制药（抗生素与维生素）行业，绿色酶法生产技术普及率到 2015 年达到 60%。通过推广以上技术，到 2015 年削减化学需氧量产生量 65 万吨/年。

（二）二氧化硫削减工程

以二氧化硫产生量较大、排放源集中的钢铁行业为重点，实施二氧化硫削减工程。在钢铁行业，推广循环流化床（LJS-FGD）烧结烟气多组分污染物干法脱除技术、石灰石-石膏湿法（空塔喷淋）等烧结烟气脱硫技术，到 2015 年实现烧结烟气脱硫技术普及率 50%。通过推广以上技术，到 2015 年削减二氧化硫排放量 60 万吨/年。

（三）氨氮削减工程

以氨氮产生量较大的氮肥、ADC 发泡剂和稀土行业为重点，实施氨氮削减工程。

在氮肥行业，推广氮肥生产污水零排放技术，到 2015 年实现技术普及率 30%；在 ADC 发泡剂行业，推广无酸缩合生产工艺替代有酸缩合工艺、改进尿素法 ADC 发泡剂生产工艺（配套多效蒸发技术回收缩合母液中氨氮），到 2015 年技术普及率分别达到 100%和 40%；在稀土行业，推广无氨皂化稀土萃取分离技术，到 2015 年实现技术普及率 80%。通过推广以上技术，到 2015 年削减氨氮产生量 10.8 万吨/年。

（四）氮氧化物削减工程

在水泥行业，针对水泥煅烧过程中窑炉烟气高粉尘、强碱性、中低温工况下的氮氧化物减排特点，在日产 2 500～5 000 吨新型干法水泥生产线上，重点推广水泥窑炉中低温催化还原氮氧化物减排技术、高温低成本非催化还原氮氧化物减排技术，到 2015 年普及率均达到 80%，削减氮氧化物产生量 120 万吨/年。

（五）汞污染削减工程

以电石法聚氯乙烯行业触媒的低汞无汞化、电池产品无汞技术、荧光灯低汞及生产中固汞使用技术为重点，实施汞污染削减工程。

在电石法聚氯乙烯行业推广低汞触媒技术、高效汞回收技术，到 2015 年技术普及率分别达到 100%、60%；在电池行业推广扣式碱性锌锰电池无汞化技术，到 2015 年实现技术普及率 100%；在荧光灯行业普及固态汞注入技术，推广汞含量 2mg 以下的长寿命节能灯，到 2015 年实现技术普及率 80%。通过推广以上技术，到 2015 年，削减汞使用量 638 吨/年。

（六）铬污染削减工程

以铬化合物生产及应用环节减少含铬废物产生为重点，实施铬污染削减工程。

考虑产品特性和市场需求，在铬盐行业推广无钙焙烧和钾系亚熔盐液相氧化法等技术，到 2015 年全行业全部采用先进的清洁生产技术，大幅度削减铬渣产生量；在电镀行业推广代铬镀层、低铬镀铬技术和在线回收铬技术，到 2015 年技术普及率均达到 30%；在皮革行业，推广高吸收铬鞣及其铬鞣废液资源化利用技术，到 2015 年实现技术普及率 50%。通过推广以上技术，到 2015 年削减铬渣及含铬污泥产生量 73 万吨/年。

（七）铅污染削减工程

针对铅污染产生量较大的铅锌冶炼、铅蓄电池和电子电气行业，以生产过程控制为重点，实施清洁生产技术改造，削减铅污染。

在铅锌冶炼行业，推广氧气底吹-液态高铅渣直接还原铅冶炼技术和铅锌冶炼废水分质回用集成技术，到 2015 年技术普及率均达到 50%；在铅蓄电池行业推广扩展式（拉网式、冲孔式）连铸连轧式铅蓄电池板栅制造工艺，到 2015 年实现技术普及率 30%；在电子电气行业推广无铅焊料技术，到 2015 年实现技术普及率 60%。通过推广以上技术，到 2015 年削减铅尘 0.2 万吨/年、废水中铅 60 吨/年、减少铅使用量 18 万吨/年。

五、保障措施

（一）加大财政资金支持力度

充分发挥中央财政清洁生产资金的支持引导作用，扩大资金规模，加大支持力度。重点支持重大关键共性清洁生产技术产业化应用示范等工作。地方财政要加大对清洁生产的支持力度，鼓励具备条件的设立地方清洁生产专项资金。

中小企业发展基金要安排适当数额支持中小企业实施清洁生产。中央财政在安排技术改造、节能减排、循环经济等有关专项资金时，把清洁生产技术改造项目作为重点支持方向，加大支持力度，加快提升清洁生产水平。充分利用地方节能减排资金、技术改造资金等资金渠道，加大对清洁生产项目特别是中小企业清洁生产项目的支持力度。

充分运用国家科技投入政策，鼓励科技风险投资、节能环保产业基金等机构投资，按照风险共担、利益共享的原则，参与重大清洁生产技术开发项目，对其中重点产业化应用示范项目，中央财政清洁生产资金给予优先支持。

创新财政资金支持清洁生产技术成果向产业化转化的方式，探索财政资金买断重大技术使用权、免费供行业使用的技术推广模式，加快成熟先进技术的推广应用。

（二）强化标准支撑引领作用

加快制修订产品生态设计、有毒有害物质控制、电子电气产品污染控制等方面的标准；在国家有关部门统一标准框架要求下，加快制修订工业行业清洁生产评价指标体系、工业清洁生产审核指南等有关标准；运用清洁生产评价指标体系，在重点行业开展清洁生产水平评价，公布清洁生产先进企业名单，引导企业不断提高清洁生产水平。加强与产业政策、环保政策等的衔接，把企业清洁生产水平作为环境影响评价、上市融资审查等政策的重要内容。创新标准实施机制，结合产业清洁生产技术发展现状，发布有毒有害物质减量替代的路线图，引导企业、科研院所加快科技开发和清洁生产技术应用；加强与环保标准的衔接配合，对技术普及率达到一定程度的行业，推动采取提高相应环保标准的措施，加快技术推广应用。

充分发挥清洁生产标准的引领作用，培育一批清洁生产示范企业和园区。按照标准规范引领、企业自愿申请、政府鼓励支持的原则，在钢铁、有色、建材、化工、造纸等行业，选择基础条件好、创新能力强的清洁生产企业，支持企业实施清洁生产示范企业建设方案。“十二五”期间，力争培育500 家清洁生产示范企业。在省级以上工业园区中，选择管理规范、高排放企业相对集中的综合性园区，以及电镀、皮革、化工等专业性园区，按照创新管理机制、强化公共服务、加强科技进步的要求，建设循环利用水平高、科技创新能力强、污染物产生量少的先进清洁化示范园区。

（三）完善政策机制

鼓励企业开展产品生态设计。推动生态设计产品列入政府采购清单，实施政府绿色采购；加强国际政策、技术标准交流与合作，探索开展生态设计产品标志与国际相关标志互认，减少绿色贸易障碍，提高生态设计标志产品的市场竞争力。修订《电子信息产品污染控制管理办法》，开展国家统一推行的电子信息产品污染控制自愿性认证活动，探索建立符合我国电子电气产品污染控制合格评定制度。

鼓励支持企业开展清洁生产审核。对自愿开展清洁生产审核且通过审核评估的企业，在地方主要媒体上给予通报表扬；研究促进中小企业清洁生产机制；在安排中央和地方清洁生产、节能减排等专项资金时，对通过清洁生产审核评估的项目给予优先支持。

加强产业政策与信贷政策的协调配合，鼓励银行等金融机构对符合国家产业政策的清洁生产技术开发和产业化应用项目，优先给予信贷支持，实施绿色信贷工程。

鼓励清洁生产企业自愿与地方工业主管部门签订进一步削减污染物产生量的协议。地方工业主管部门及时在有关媒体公布自愿企业名单及实施清洁生产的成果，并给予相应的奖励和支持。

（四）加强基础能力建设

加强清洁生产审核等技术服务能力建设。鼓励成立行业清洁生产中心，完善清洁生产审核技术服务支撑体系，为清洁生产审核等提供技术及政策咨询、培训、评估等服务。制定《工业清洁生产审核咨询机构管理办法》、《工业清洁生产评估管理办法》等管理制度，规范清洁生产审核咨询服务和评估管理。

构建清洁生产信息系统。建立各级工业主管部门、行业协会、企业、咨询服务机构等有关方面信息沟通的渠道，及时发布清洁生产政策法规、重要信息、典型经验、可再生利用废物的供求信息等，为企业，特别是中小企业开展清洁生产提供信息服务和技术指导。

加强人才队伍建设。建立工业领域清洁生产专家库，为企业和政府开展清洁生产提供技术指导、政策咨询；建立清洁生产培训制度，分层次、分类别、有计划地培训清洁生产工作行政管理人员、专家、审核咨询服务机构从业人员和企业负责人，有计划地培训清洁生产潜力大的中小企业；重点行业、省级以上工业园区企业主要负责人接受培训比例达到90%以上，国有企业相关负责人完成一轮培训。

六、规划实施

省级工业主管部门要会同财政、科技等部门将《规划》目标分解落实，制定年度实施计划，建立和完善清洁生产推行机制，确保完成规划目标。

有关中央企业集团要结合本企业集团实际，制定自愿审核推进计划，确保完成审核任务；制定技术示范和推广的具体落实方案，加强清洁生产推进工作的组织协调，加大资金支持力度，组织所属企业加快推进清洁生产。

有关行业协会、清洁生产中心等机构要充分发挥熟悉行业、贴近企业的优势，为政府部门做好政策和技术咨询，为企业做好标准宣贯、技术推广、审核评估等方面咨询服务。

各单位要充分利用电视、报纸、网络等各种媒体，加大对清洁生产工作的宣传力度，逐步提高全社会对清洁生产的认识水平，为规划实施创造良好的舆论氛围。

关于印发《国家环境保护标准“十二五”发展规划》的通知

环发[2013]22 号

各省、自治区、直辖市环境保护厅（局），部各派出机构、直属单位：

环境保护标准是我部落实环境保护法律法规的重要手段，是支撑环境保护各项工作的基础。为不断完善环境保护标准体系，进一步发挥标准对环境管理转型的支撑作用，在充分总结“十一五”环境保护标准工作基础上，我部组织编制了《国家环境保护标准“十二五”发展规划》。现印发给你们，请参照执行。

附件：《国家环境保护标准“十二五”发展规划》

环境保护部

2013 年 2 月 17 日

附件

国家环境保护标准“十二五”发展规划

一、“十一五”环境保护标准工作进展和问题

“十一五”期间，环境保护部和原国家环境保护总局深入贯彻落实科学发展观，大力推进生态文明建设，积极探索环境保护新道路，全面贯彻实施《国家环境保护标准“十一五”规划》，环境保护标准体系日臻成熟，总体水平迅速提高，标准作用更加突出，影响显著加强，人才队伍不断壮大，工作能力日益提升，标准工作取得跨越式发展，为“十二五”乃至更长一段时期环境保护标准发展奠定了坚实的基础。

（一）“十一五”环境保护标准工作主要进展

1. 环境保护标准体系进一步完善

“十一五”期间，共发布国家环境保护标准 502 项，增长幅度在 30 多年环境保护标准工作历史上前所未有。截至“十一五”末期，我国累计发布环境保护标准 1 494 项，其中现行标准 1 312 项。现行标准体系由两级五类标准组成，分别为国家级标准和地方级标准，标准类别包括环境质量标准、污染物排放标准、环境监测规范（环境监测方法标准、环境标准样品、环境监测技术规范）、管理规范类标准和环境基础类标准（环境基础标准和标准制修订技术规范）。截至“十一五”末期，共有国家环境质量标准 14 项，国家污染物排放标准 138 项，环境监测规范 705 项，管理规范类标准 437 项，环境基础类标准 18 项。国家环境保护标准体系的主要内容已经基本健全。“十一五”期间，各地结合实际加强了标准管理工作，北京、河南等省（市）环境保护部门发布环境保护标准规划，上海实施环境保护标准行动计划，黑龙江、山东、广东、天津、辽宁、福建等省（市）也出台了一系列地方环境保护标准，截至“十一五”末期，现行地方污染物排放标准达到 63 项，比“十五”末期增加了 40 项。

2. 促进污染物减排与发展方式转变的作用更加显著

“十一五”期间，共发布 48 项涵盖造纸、制药、有色、建材、机动车和施工机械等重点行业和污染源的国家水、大气污染物排放标准和噪声排放标准。取消了按环境功能区设立不同排放限值的做法，按照区别对待与统一要求相结合的策略规定新建和现有污染源的排放要求。设立了适用于环境敏感和生态脆弱地区的水和大气污染物特别排放限值。制定《国家污染物排放标准中水污染物监控方案》，设立了水污染物间接排放限值。设置了大气无组织排放和污染源周边环境质量监控的要求。新发布标准的污染物排放限值进一步收紧，平均收紧幅度在 50%以上。

“十一五”期间，通过实施排放标准减排化学需氧量 6.33%，减排火力发电行业的二氧化硫 18.20%，水泥行业在产量大幅度增长的情况下，二氧化硫排放量没有明显增加。全国实施国家第三阶段机动车排放标准，部分城市推行国家第四阶段机动车排放标准，机动车排放强度下降了 40%以上。造纸、火电和机动车等行业落后产能淘汰显著，行业技术进步加速。

3. 对环境保护重点工作的支撑力度得到加强

修订并发布了《声环境质量标准》（GB 3096—2008），启动了《环境空气质量标准》等 9 项环境质量标准的修订工作。支持北京奥运会和上海世博会等国家重大活动环境质量保障工作，制定发布了储油库、油罐车和加油站大气污染物排放标准和展览会用地土壤环境质量评价标准，在北京和上海等地提前实施国家第四阶段机动车排放标准，并配套制修订车用汽油和柴油中有害物质控制标准。

满足太湖蓝藻事件、汶川抗震救灾和灾后重建等环境应急工作需要，及时制定和实施相关标准。

促进环境管理规范化，制修订了一大批环境监测规范、环境信息传输标准和环境执法现场检查规范，制定发布了一系列适用于清洁生产、环境影响评价、建设项目竣工环境保护验收、生态环境保护、核与电磁辐射和化学品环境管理等方面工作的管理规范类标准。积极支撑农村面源污染防治，制定发布了一系列关于面源污染防治的环境保护标准。

4. 标准制修订工作管理制度进一步健全

发布了《国家环境保护标准制修订工作管理办法》等多项规范性文件，出台了一系列关于环境监测方法标准、环境标准样品、清洁生产与审核等标准的制修订技术规范。修订发布了《地方环境质量标准和污染物排放标准备案管理办法》。大力推行标准政务公开，标准工作公开性和透明度不断提高，开放了环境保护部政府网站的意见反馈平台，设立了标准咨询热线电话，所有标准正式文本在政府网站公开，摈弃了防复印套红印刷的做法。5 年来，公布标准 502 件、标准征求意见稿 473 件、标准行政解释文件 19 个。

（二）环境保护标准工作中存在的问题

1. 标准体系的协调性和完整性有待加强

部分标准之间的关系需进一步理顺，如水质标准“一水三标”（地表水环境质量标准、农田灌溉水质标准、渔业水质标准），空气质量两项标准并立（环境空气质量标准、保护农作物的大气污染物最高允许浓度），部分污染物排放标准行业拆分方式有待完善。随着需要监控的环境污染因子不断增多，环境监测规范的数量和技术水平距离实际需求尚存在一定的差距。固废、生态、核与辐射、环评导则等标准体系的系统性和协调性还有待进一步提高。

2. 对环境管理重点工作的支持能力需进一步提高

由于环保标准规范性、程序性要求严格，标准的上位法、基础数据、科研成果缺乏，以及环保标准工作任务重，制修订工作人员有限等主客观原因，一些标准难以出台或者出台速度慢，不能及时满足环境管理需求。部分标准的标龄较长，已经不能完全适应环境保护工作的需要。为支撑重点工作而进行的标准簇构建还需进一步深化。

3. 标准的宣传培训和实施评估工作不足

重要标准、标准基础理论和标准体系的宣传培训工作开展有限，部分使用者对于标准的理解不全面、不深入，部分标准发布后未能得到全面有效实施，未能充分产生应有的效益。对于标准实施效果的跟踪评估工作未全面开展，标准的适用性受到影响，依据标准实施效果指导修订工作的机制尚不完善。

4. 标准相关的科研工作和基础条件尚需加强

部分标准相关科研工作的针对性不强，成果缺乏系统性，对标准制修订工作的支持力度不足。重要基础数据和科研成果的信息共享程度不够。我国环境质量基准研究体系和应用国外基准的基本规则尚未形成。相对于标准工作任务，标准工作队伍的人员数量明显不足，单项标准工作经费仍然偏少，不利于标准工作的持续稳定发展。

二、指导思想与基本原则

（一）指导思想

以邓小平理论、“三个代表”重要思想和科学发展观为指导，坚持改革创新，以环境质量改善为目标导向，不断推进环境管理转型，努力实现新时期环保标准工作的四个转变，即：由数量增长型向质量管理型转变、由侧重发展国家级标准向国家级与地方级标准平衡发展转变、由各个标准单元建设向针对解决重点环境问题的标准簇建设转变、由以标准制修订为主的工作模式向包括标准制修订、宣传培训、实施评估、标准体系设计与能力建设的全过程工作模式转变。

（二）基本原则

1. 围绕中心，促进转型

以环境质量改善为目标导向，围绕深化总量减排、改善环境质量和防范环境风险，加快标准制修订。形成化学需氧量、氨氮、二氧化硫、氮氧化物、重金属、挥发性有机物、持久性有机物等标准簇，包含环境质量标准、污染物排放标准、环境监测规范和其他相关配套标准，发挥标准组合效能，支撑环境管理战略转型。

2. 突出重点，支撑减排

以污染减排、空气质量改善、生活饮用水安全保障、土壤环境保护、重金属污染防治、固体废物处理处置、化学品风险管理、农村环境保护、环境应急等影响科学发展和损害群众健康的突出环境问题为重点，建立环境质量标准和重大排放标准等的制修订新机制，提高单项标准投入，深化细化标准工作内容，进一步提升标准质量。

3. 注重实施，拓展领域

从以环境污染控制为目标导向向以环境质量改善为目标导向转变，更加需要发挥环境保护标准的导向、规范和依据作用。以完善标准体系为基础，以加强标准宣传培训、开展标准实施评估为突破，研究分析制约标准实施的关键因素，更加紧密结合环境保护系统各部门、各地方实际工作，不断提高环境保护标准的适用性，充分发挥标准对环境质量改善、产业结构调整和技术进步的引领和支撑作用。

4. 标准统领，全面动员

进一步突出环境保护标准在环境保护科技工作中的核心地位，以标准统领科研、技术、产业、健康、气候变化等各项工作，促进构建完善的科技标准体系。建立统一战线，不断完善竞争机制，广泛吸引社会各界参与环境保护标准工作，并充分发挥优势单位的作用。大力开展国际交流与合作，吸收借鉴国外先进经验，扩大我国环境保护标准的国际影响。

三、规划目标

（一）总体目标

基本建立符合我国经济社会发展要求、与环境管理制度相匹配的科学的、系统的、适用的国家环境保护标准体系，构建针对重点环境问题的标准簇，为环境管理各项工作提供全面支撑。建立健全标准宣传培训和实施评估机制，全面组织地方参与环境保护标准全过程工作。初步建立具有中国特色的环境保护标准基础理论体系，形成一支颇具规模的标准工作专业队伍和外围专家群体，进一步提升标准信息化管理水平。

（二）具体指标

1. 在“十二五”期间共完成600项各类环境保护标准制修订任务，对其中若干项制修订任务进行优化整合，正式发布标准300余项。基本完成国家环境保护标准体系构建，形成支撑污染减排、重金属污染防治、持久性有机污染物污染防治等重点工作的8大类标准簇。

2. 建立常态化的标准宣传培训机制，国家级培训3 000人次以上，带动地方培训15 000人次以上。

3. 建立环境保护标准实施评估工作机制，开展30项左右重点环境保护标准的实施评估，形成相应评估报告，指导相关标准制修订，提出环境管理建议。

4. 形成一支专业齐全、数量充足、结构合理的专业技术队伍。形成相对稳定的环境保护标准咨询专家约500人。

四、规划任务

（一）环境保护标准制修订

以保护生态环境和人体健康为目标，加快环境保护标准制修订步伐，进一步完善国家环境保护标准体系。鼓励地方参与国家环境保护标准制修订，制定地方环境保护标准发展规划，制定实施较国家标准更为全面和严格的地方标准。

1. 环境质量标准

完成地表水、海水、空气、机场噪声、振动等环境质量标准的修订工作，既反映我国特征，又逐步与国际接轨。完善地表水、空气、入海河口、近海生态等环境质量评价技术规范，客观反映环境质量状况及其变化趋势，使环境质量评价结果与人民群众的感受相一致。进一步强化环境质量标准的导向作用，以环境质量标准倒推规划目标，促进经济结构调整，实现以环境保护优化经济增长。进一步深化细化环境质量标准制修订工作内容。

（1）水环境质量标准

修订地表水环境质量标准、农田灌溉水质标准和渔业水质标准，解决指标不协调的问题。提高各功能水体与相应水质要求的对应性，体现饮用水源地水质标准的针对性和独立性。落实分区管理战略，完善富营养化评价要求，研究设置反映我国不同地域特征的湖泊富营养化指标。研究增设持久性有机污染物和新型污染物等控制项目的可行性，防范环境风险。研究建立基于风险控制的水环境短期评价技术规范。进一步规范水质评价技术方法，推动设立达标规划制度，推进水环境质量标准的实施。修订海水水质标准，完善河口与海岸带水质评价方法。

（2）环境空气质量标准

修订发布环境空气质量标准，将保护农作物的大气污染物最高允许浓度标准整合并入环境空气质量标准，调整环境空气功能区分类方案，增设 $PM_{2.5}$ 平均浓度限值和臭氧 8 小时平均浓度限值，收紧 PM_{10} 等污染物的浓度限值，收严监测数据统计的有效性规定，更新污染物项目的分析方法。分期实施，逐步与国际接轨。为客观表征我国环境空气质量特征，服务公众健康指引，发布实施环境空气质量指数（AQI）技术规定。制订环境空气质量评价技术规范，建立合理的环境空气质量和变化趋势评价工作规则，科学设置达标要求。

（3）声与振动环境质量标准

以保障安静适宜的生活、工作和学习环境为目标，修订机场周围飞机噪声环境标准，确定合理的机场噪声评价指标和控制水平，研究瞬时噪声影响评价指标，对机场周边土地利用提出合理要求，强化对机场周围区域环境噪声管理与规划控制的支撑。修订城市区域环境振动标准，客观反映环境振动对人体健康的影响。追踪国际环境噪声基准最新研究成果，推动开展我国公路和城市道路、铁路（含高速铁路）、航空噪声的人群烦恼度调查研究。

（4）土壤环境质量标准

修订土壤环境质量标准，建立包括农用地、居住类用地和工业用地等的土壤环境质量标准体系，进一步完善有毒有害物质控制指标。以保护人体健康为目标，以健康风险评估为手段，制订相关标准，启动污染土壤风险评估、污染场地土壤修复目标值确定和场地人体暴露参数调查等标准研究制订工作，初步建立工业污染场地环境风险管理与污染控制标准体系。

（5）生态环境质量标准

逐步构建包含生态环境质量标准、生态保护与恢复标准、生态监测与评价标准三大类别的生态环境标准体系。在进一步加强体系设计的基础上，有计划地开展生态环境标准制修订工作。开展生态保护定量化阈值和实施机制研究，针对农村和自然保护区特点，探索建立分区分类的生态系统质量评价技术规范。

2. 污染物排放标准

以人为本，配套环境质量标准实施需求，以总量控制污染物、重金属、颗粒物（PM_{10} 和 $PM_{2.5}$）、挥发性有机污染物、持久性有机污染物和其他有毒污染物为重点控制对象，通过完善污染物排放监控体系、收紧排放控制水平，进一步提高水、大气、固体废物和环境噪声等排放标准控制要求。坚持因地制宜，鼓励有条件的地区制订更严格的排放标准。进一步深化细化重大排放标准制修订工作内容。

（1）水污染物排放标准

结合环境保护重点需求、行业污染物种类及排放分担率，开展重点水污染物排放标准制修订工作。逐步实现以约 40 项（类）行业型排放标准为主，综合型排放标准为辅的水污染物排放标准体系建设目标，其中行业型排放标准覆盖约 90%以上化学需氧量和 85%以上氨氮工业排放源、95%以上重金属和持久性有机污染物排放源。

制修订畜禽养殖、城镇污水处理厂、合成氨、纺织染整、有机化合物制造、无机化合物制造、石油化工、农药、制革、啤酒、屠宰与肉类加工、酒精与白酒、海水淡化、有色金属、电池、钢铁等行业的水污染物排放标准，加强相关行业化学需氧量、氨氮和有毒有害污染物排放控制。修订污水综合排放标准，完善污染物控制指标和要求，保障污染物排放监控体系的严密性。研究完善工业园区和农村污水处理厂排放控制要求。进一步研究国家水污染物间接排放监控方案，在排放标准中完善水污染物间接排放控制要求，防范环境风险。

（2）大气污染物排放标准

结合环境保护重点工作需求、行业污染物种类及排放分担率，优化整合大气污染物排放标准体系，开展重点大气污染物排放标准制修订工作。固定源大气污染物排放标准体系由行业型、通用型和综合型排放标准构成，共约 35 项（类）标准。移动源大气污染物排放标准体系由道路、非道路的新车和在用车（发动机）排放标准构成，共约 25 项（类）标准。其中行业型、通用型固定源大气污染物排放标准和移动源排放标准共覆盖约 95%以上二氧化硫、氮氧化物和烟尘排放源，80%以上挥发性有机物排放源。

制修订火电、钢铁、水泥、石油炼制、炼焦、有色金属冶炼、稀土、再生有色金属、电子、电池、锅炉、工业窑炉、涂装、印刷包装、饮食业油烟、制药、医药、人造板、砖瓦、铸造、玻璃、陶瓷等大气污染物排放标准，加强对相关行业二氧化硫、氮氧化物、颗粒物的排放控制，加强对相关行业重金属、挥发性有机物和持久性有机污染物的控制，特别是无组织排放控制和污染源周边环境质量监控要求，满足风险防范需求。修订恶臭大气污染物排放标准，加强恶臭控制。修订大气污染物综合排放标准，保障污染监控体系的严密性。

适应机动车工业高速增长情况下污染防治工作的需要，以氮氧化物、颗粒物和挥发性有机污染物排放控制为重点，坚持道路与非道路移动源并重，机动车与油品标准同步，开展机动车和其他移动污染源排放标准制修订工作。进一步提高新机动车和移动式机械的排放控制要求，完善在用移动污染源排放监控体系。全面实施国家第四阶段机动车排放标准，发布国家第五阶段机动车排放标准，鼓励有条件地区提前实施下一阶段机动车排放标准。推动实施机动车环境保护标志管理，加强生产一致性检查，保障标准实施。推进车用燃油低硫化步伐和国家第四、第五阶段车用燃油标准的实施，推动在全国范围供应符合相应国家标准的车用燃油。配合新能源汽车推广，制订混合动力汽车污染物排放限值及测量方法。加强国际机动车排放技术法规协调工作，跟踪和参与国际机动车、非道路移动机械、燃油等技术法规的制订。

（3）固体废物污染控制标准

按照全过程管理与风险防范的原则，基于我国国情和固体废物管理规律，逐步完善固体废物收集、贮存、处理处置与资源再生全过程污染控制标准体系。建立以固体废物鉴别标准和技术规范为基础的固体废物属性鉴别类标准体系，促进固体废物鉴别、分类规范化。针对固体废物产生的重点行业和环节，进一步明确控制要求。强化和完善固体废物（特别是危险废物）的无害化处理处置污染控制标准，修订危险废物和生活垃圾焚烧等污染控制标准，针对水泥窑等工业窑炉共处置新兴技术，制订相应的固体废物处理处置污染控制标准，促进危险废物的减量化和资源化。从制修订建材生产、再生材料添加、电子废物拆解和综合利用等固体废物不同资源再生途径及其产品的污染控制标准入手，以环境风险评价为基础，构建固体废物（特别是危险废物）资源再生污染控制标准体系。

（4）环境噪声排放标准

以铁路噪声排放标准为基础，兼顾道路、城市轨道交通、内河航道等交通设施，整合制订交通干线环境噪声排放标准。进一步完善社会生活噪声排放标准的规制对象和方法，健全涵盖工业企业、建筑施工、交通运输和社会生活等 4 类噪声源的高噪声活动或场所噪声排放标准。强化高噪声产品的噪声辐射标准制修订工作。在当前机动车等移动源产品噪声管理的基础上，重点研究制订工程机械、建筑服务设备、能源动力设备等高噪声产品的噪声辐射标准，加强环境噪声源头控制。加大标准实施力度，促进居民噪声污染投诉、信访和纠纷的下降，推动解决噪声扰民的突出问题。

（5）核与电磁辐射安全标准

坚持安全第一，结合我国核能和核技术利用的发展特点和水平，推动核与电磁辐射安全标准的基础研究，为标准的自主研究制定提供支撑。适应核电与核工业快速发展的形势，针对放射性废物管理、放射性物品安全运输、铀矿冶尾矿库等重点领域，开展相关标准制修订工作，满足核与电磁辐射监管工作需要。

3. 环境监测规范

根据环境管理需求和监测技术进展，以水、空气、土壤等环境要素为重点，不断加大采用先进技术方法的力度，提高方法的自动化和信息化水平。根据需求紧迫性，分步有序地完善环境监测方法标准、环境标准样品和环境监测技术规范，保障环境质量标准和污染物排放标准的有效实施。制修订过程中进一步加强实验室验证工作。

（1）环境监测方法标准

优先满足现行环境质量标准和污染物排放标准中污染物项目监测工作需要，加快相关监测方法标准制修订。围绕环境质量标准实施，加大自动监测方法制订力度，完善相关要求。针对各种有毒有害物质控制需要，全面修订技术较为陈旧的现行方法标准，加大采用成熟、可靠、高效的新检测技术的力度，力争尽早形成适度超前于现行污染监控体系需要的环境监测方法标准体系，建成具有一定规模的方法标准“储备库”。加强土壤、沉积物、固体废物和生物样品采集、前处理和保存方法标准的制订。加强辐射环境监测、电磁场监测方法标准制修订工作。

为满足环境污染突发事件应急监测的需求，建立和完善现场快速监测方法标准体系，开展新型在线监测方法标准以及高通量、定性、定量和半定量的生物监测方法标准研究制订工作。增加和完善地面和遥感监测指标，建立生态监测方法与技术体系。

（2）环境标准样品

针对“十二五”期间环境保护标准中污染物项目以及实施相应监测方法标准的需求，开展基于环境水质、环境空气、土壤、生物和固体废物等环境标准样品的研究，重点加强环境基体标准样品、有机物标准样品、温室效应气体等标准样品的研制，做好环境标准样品储备。

（3）环境监测技术规范

制修订地表水、环境空气、土壤、污染场地、环境噪声、环境振动、辐射等环境监测技术规范。针对环境空气质量标准实施需求，制订环境空气质量自动监测技术规范等多项配套规范。为应对环境污染事故，制订突发性污染事故应急监测技术规范。制订生态环境监测技术指南和生物多样性调查等技术规范。开展城市轨道交通污染等环境监测技术规范的制修订。制订沙尘暴和城市降雨径流污染等监测技术规范。研究建立水、气、声等移动监测系统的技术规范和评价规范。强化监测质量保证与质量控制技术规范制修订，研究建立环境监测数据评价技术规范。适应环境管理需求，制订环境污染争议调查、仲裁监测技术规范。积极应对全球气候变化需求，探索建立相应的环境监测技术规范。

4. 环境基础类标准

环境基础类标准包括环境基础标准和标准制修订技术规范。加强环境基础标准制修订工作，进一步完善环境保护工作的名词、术语和符号标准。探索开展模式、方法类标准制修订工作。以制修订国家与地方水污染物排放标准制修订技术导则、国家与地方大气污染物排放标准制修订技术导则等为重点，加强各类标准制修订工作规则文件的编制工作。完善环境标准样品研制技术导则，为规范环境标准样品管理、提高环境监测工作质量提供技术支持。

5. 管理规范类标准

紧密结合环境管理需求，根据环境保护标准体系特点，进一步加强管理规范类标准制修订。开展建设项目和规划环境影响评价、饮用水源地保护、化学品环境管理、生态保护、环境应急与风险防范等各类环境管理规范类标准制修订工作。同时，结合标准实施评估，对现行各类管理规范类标准进行清理。

继续推进各类环境影响评价和竣工验收规范性文件编制工作。制订规模化畜禽养殖场（小区）等建设项目环境影响评价技术导则。研究制订后评价和规划环境影响评价技术导则/规范。

为严格保护饮用水水源地，制修订饮用水水源保护区划分技术规范、饮用水源环境状况评估技术规范、集中式饮用水水源编码规范等管理规范类标准，推进饮用水源地环境整治、恢复和规范化建设。

初步建立基于风险评估的化学品污染防治标准体系。完善化学品危害鉴别和分类，加强暴露评估和风险表征，逐步建立统一规范的化学品环境风险评估方法标准体系。按照化学品环境管理的需求，研究建立化学品管理分类分级技术导则。完善合格实验室管理技术规范。从化学品生产、运输、储存、使用及废弃化学品处置的全生命周期环境管理的角度，加强重点行业化学品环境管理标准规范建设。加强化工园区环境管理，制订化工园区环境保护设施建设标准。

逐步建立生物多样性保护标准簇，根据履行《生物多样性公约》和实施《中国生物多样性保护战略与行动计划（2011—2030 年）》的需求，研究制定区域生物多样性调查、评估与监测，生物多样性就地保护与迁地保护，生物遗传资源采集、经济价值评价与等级划分，外来入侵物种和转基因生物安全管理等方面的标准和技术导则与规范。制修订支撑生态功能区保护和建设、自然保护区建设与监管、资源开发生态环境监管的标准与规范。

研究建立环境风险防范与应急标准簇，以排放重金属、危险废物、持久性有机污染物和生产使用危险化学品的企业为重点，研究制定环境风险源调查与识别方法、环境风险评估方法、事故应急规范等，修订建设项目环境风险评价技术导则，探索制订重点企业和工业园区环境风险预防控制建设和管理规范、重大环境污染事故应急决策指南、重大环境污染事故应急处置技术预案和处置技术规范等。

会同有关部门制订清洁生产规范性文件，加强对清洁生产的技术指导。加快重点行业或领域的污染防治技术政策、最佳可行技术指南与环境保护工程技术规范的制订。不断加强环境标志产品标准制订工作，推动可持续消费。以环境保护标准推动环保产业和其他新兴产业的发展优化。

（二）环境保护标准实施评估

为持续提升环境保护标准的针对性和适用性，充分发挥标准在环境质量改善、污染物减排、经济结构调整、产业技术进步等方面的作用，加强环境保护标准实施评估工作。

1．环境保护标准实施评估原则与对象

环境保护标准实施评估工作要遵循“四结合”原则，即与当前环境保护重点工作相结合、与标准制修订项目立项工作相结合、与长标龄标准复审工作相结合、与完善实施标准政策措施相结合。“十二五”期间选取 30 项左右重大环境保护标准开展实施评估，包括声环境质量标准和生态环境质量评估技术规范，电镀、制浆造纸、机动车、生活垃圾填埋场、汽柴油输送和存储等行业污染物排放标准等，同时带动相关环境监测规范、管理规范类标准和环境基础类标准的评估。

2．环境保护标准实施评估机制

将环境保护标准实施评估列入环境保护标准年度工作计划。组织环境保护部有关派出机构和直属单位、地方环境保护部门、有关行业协会、科研机构、重点企业共同参与完成评估工作。将评估结果作为标准制修订立项的重要依据，作为改进标准制修订方式、方法的重要参考。鼓励地方环境保护部门参加国家环境保护标准评估，积极支持各地开展地方环境保护标准评估。

3．环境保护标准实施评估内容

统筹考虑产业发展变化、环境管理要求变化、相关环境保护科研和技术进步、环境监管实施能力等因素，重点评估环境保护标准实施后的环境效益、经济成本、治理技术与达标情况。形成的评估报告中明确制约达标的技术、经济和政策等关键因素，提出解决对策，形成标准修订和相关标准体系调整建议，提出完善环境管理的工作建议。

（三）环境保护标准宣传培训

建立并不断完善环境保护标准宣传培训工作机制，扩大环境保护标准社会影响，推动标准实施。加大标准宣传培训力度，带动相关人员全面参与，营造良好舆论氛围，形成环境管理人员和企业管理者学标准、用标准、守标准的良好风气。

1．环境保护标准宣传工作

建立统一有序的环境保护标准宣传机制。宣传分为日常宣传和强化宣传。多渠道广泛开展标准日常宣传工作，充分利用电视、网络、期刊、报纸、热线、培训等渠道平台，充分发挥各方作用，完善环境保护标准宣传网络体系。探索与环境日、地球日宣教活动相结合，开展专题宣传。

对于重要环境保护标准，开展强化宣传，搜集汇总舆情动态，加强标准制修订过程宣传和发布后集中宣传，引导社会各界及时了解和准确理解环境保护标准。加大标准信息公开力度，在报纸或网络上刊发标准征求意见稿及编制说明。加强公众参与，涉及民生的重要标准通过听证会等方式充分听取各方意见和建议。

坚持标准的公益性质，继续做好环境保护标准出版工作，并发送至各省级环境保护部门。针对不同行业、不同环境问题、不同管理环节的需求，出版相应适用的环境保护标准汇编。加强环境保护标准基础理论与体系研究著作的出版工作。

2．环境保护标准培训工作

建立常态化环境保护标准培训机制。培训分为环境保护部统一组织的标准专题培训和各环境管理业务部门、各地、各行业自行组织的标准培训等多种类型，以环境保护标准总体系和主要子体系、“十一五”以来新发布实施的环境质量标准、重点污染物排放标准和相关配套标准规范为主要培训内容，逐步建立覆盖全国的标准宣贯网络，使全国环境保护系统和全社会对标准的理解和把握水平显著提高。

全国层面统一组织的环境保护标准专题培训每年 2～4 次，“十二五”期间重点开展环境质量标准以及重大行业污染物排放标准等约 10 项标准及约 100 项配套的环境监测规范、环境质量评价技术规范、环境影响评价技术导则、污染防治技术政策、最佳可行技术指南和环境保护工程技术规范的培训。面向地方环境保护系统相关各部门和下属单位、部相关派出机构与直属单位、国家环境保护重点实验室和工程技术中心、相关行业协会、相关中央直属企业等单位，共培训 3 000 人次以上。

地方环境保护标准培训由地方环境保护部门主办，并指定具体部门管理，既包括针对国家环境保护标准的培训，也包括针对地方环境保护标准的培训，共约培训 15 000 人次。

（四）环境保护标准体系设计、基础性工作及能力建设

着力加强环境保护标准基础理论和体系构建工作。开展环境保护标准制定方法完善、标准优先控制污染物筛选等基础性工作，初步建立具有中国特色的标准理论体系。将环境保护标准体系设计和完善作为一项常态化、长期性的工作。为满足新时期标准工作需求，加强环境保护标准能力建设。进一步强化环境保护标准工作队伍，广泛吸引社会各界参与标准工作。

1．夯实环境保护标准基础理论

以国内外环境管理理念与制度研究为基础，重点开展和深化环境质量标准和污染物排放标准的环境、经济和社会效益与成本的评估方法、环境质量标准达标规划制定方法、污染物排放标准实施机制、区域、流域环境保护标准制定方法、水污染物间接排放限值制定方法、企业周边环境质量要求、累积性污染物控制方法等各项基础性工作，夯实环境保护标准基础理论。

参考国内外优先控制污染物评估筛选方法和相关环境质量标准及污染物排放标准控制项目，结合我国环境污染特征，开展我国水、空气、土壤等环境保护标准优先控制污染物筛选，着手构建符合我国国情的评估筛选方法，初步形成标准优先控制污染物名录，并逐步建立名录更新机制。

2．加强环境保护标准体系设计和构建

开展各种环境介质的环境质量标准、各种类型的污染物排放标准、环境监测规范、管理规范类标准体系的顶层设计，重点进行环境质量标准、水污染物排放标准、大气固定源污染物排放标准、移动源污染物排放标准以及土壤与污染场地、固体废物、声与振动、生态环境、核与辐射等环境保护标准的体系设计，开展环境影响评价技术导则、化学品管理、环境信息及物联网、遥感环保应用等标准体系设计。妥善处理好国家标准与地方标准、综合型排放标准与行业型排放标准、质量标准和排放标准与配套标准的关系。研究开展企业环境保护标准工作的可行性和有效措施。

3．环境保护标准工作队伍建设

加强国家级标准专业技术队伍建设，形成一支数量充足、专业齐备、结构合理的工作队伍。按照建立最广泛环境保护“统一战线”的要求，不断完善和强化竞争机制，吸引全国环境保护科研院所、高校、中科院、行业协会、行业科研院所、环保企业等共同参与环境保护标准工作，注重发挥国家环境保护重点实验室与工程技术中心在环境保护标准工作中的作用。建立水、空气（含移动源）、土壤、声与振动、固体废物、化学品、生态、环境健康、环境监测等各领域环境保护标准专家库，形成相对稳定的专家支持群体 500 人以上。各地应同步加强环境保护标准工作和专家队伍建设，鼓励地方企事业单位参与国家级环境保护标准制修订和实施评估工作。

不断完善环境保护标准立项与制修订机制，成立由行政部门、科研专家、行业协会代表组成的标准审查技术委员会，加强对环境保护标准立项与制修订的技术把关；对于重大环境保护标准，探索组建联合编制组，充分吸纳相关领域一流专家参与标准制修订工作。充分发挥国家环境咨询委员会、环境保护部科学技术委员会等专家咨询机构的作用，将科学研究和专家论证意见作为重大标准

决策的前置条件。

4．环境保护标准基础数据库和信息化建设

针对环境保护标准优先控制污染物，逐步建立国家环境保护标准污染物数据库。建立一套全面、高效的国家环境保护标准信息管理系统，继续加强标准专业网站建设和标准热线维护工作。

五、实施保障措施

（一）加强组织领导

各级环境保护部门要把加快完善环境保护标准体系作为探索中国环境保护新道路的重要实践内容，将严格实施环境保护标准、促进环境质量改善作为重要职责，及时研究解决环境保护标准工作中的重大问题。各级环境保护部门要组织编制地方环境保护标准规划或工作计划，把开展地方环境保护标准制修订、国家和地方标准培训、评估等作为重要工作内容纳入年度工作计划和部门预算。在环保科研院所中积极培养标准制修订人才和培训师，督促各级环境管理人员和企业管理者学标准、用标准、守标准。

（二）增加资金投入

为满足“十二五”环保重点工作需要，保证环境保护标准各项相关工作，培养和稳定标准工作队伍，需适当增加环境保护标准工作资金投入，提高单项标准制修订经费，特别是环境质量标准、污染物排放标准和环境监测规范等的单项经费，以进一步提高标准制修订水平以及强化方法标准的试验验证。“十二五”期间，约需标准经费投入 2.11 亿元，具体包括：

1．环境保护标准制修订

新立项 450 项标准，完成 600 项环境保护标准计划项目，整合后发布涵盖环境空气质量标准、火电、钢铁、水泥、畜禽养殖、有色等重点行业污染物排放标准和机动车排放标准以及配套的环境监测规范、环境管理规范等 300 项以上标准，共约 1.42 亿元。

2．环境保护标准实施评估

开展约 30 项以环境质量标准、污染物排放标准为主的环境保护标准实施效果评估，共约 0.10 亿元。

3．环境保护标准宣传培训

开展环境保护标准的媒体与公众宣传、培训、文本及有关汇编出版、培训教材编制与出版等工作，共约 0.09 亿元。

4．环境保护标准体系设计、能力建设和技术管理

开展环境保护标准体系设计及基础性工作、能力建设（全国监测方法标准化委员会、标准管理信息系统维护及标准动态信息管理、标准专业网站、热线建设与维护、环保标准与基准基础数据库建设等）、环保标准管理、国际交流与合作等工作，共约 0.50 亿元。

（三）完善管理制度

以“立项—制修订—发布—宣传培训—跟踪评估”为周期，逐步建立环境保护标准五年滚动更新机制，实现全过程、规范化管理。坚持“有保有压、有所为有所不为”，严把立项关，建立并严格执行标准项目建议征集和制修订承担单位筛选公开制度。针对急需标准，建立立项调整机制，加快标准审批程序，建立标准工作“绿色通道”。针对部分标准类别，健全灵活的修改单制度。加强在订标准项目技术管理，建立标准计划项目承担单位信用管理制度和进展通报制度，保障项目按时完成。

（四）加强科研支撑

将为环境保护标准体系建设、标准制定技术与方法、重点环境保护标准制修订提供基础支撑的科研项目优先纳入环境保护公益性行业科研专项及其他科研项目，在“水体污染控制与治理”科技重大专项及其他专项中充分考虑环境保护标准工作需求的相关科研项目，为标准体系建设与标准制修订提供扎实的基础支撑。

（五）强化评估考核

各级环境保护部门是规划实施的重要主体，在 2015 年年底，对规划实施及有关工作情况等进行评估考核。对承担国家环境保护标准工作任务的单位和人员不定期进行工作绩效评估考核，将经费预算执行率作为评估考核的一项重要内容，根据绩效评估考核结果，适用相应的奖惩措施。

（六）加强国际合作

与主要发达国家、重要发展中国家、主要国际组织开展广泛交流合作，深入了解各国家和地区以及国际组织的环境污染防治发展历程、管理机制、法律法规与标准体系设置、标准制定方法、实施机制与评估方法等，及时掌握各行业先进技术动态与发展趋势。跟踪并参与全球环境保护技术法规相关工作，继续做好世界贸易组织环境保护技术法规协调和国际机动车技术法规制定协调工作，不断推进我国环境保护标准与国际接轨。

关于印发《重点区域大气污染防治“十二五”规划》的通知

环发[2012]130号

北京市、天津市、河北省、山西省、辽宁省、上海市、江苏省、浙江省、福建省、山东省、湖北省、湖南省、广东省、重庆市、四川省、陕西省、甘肃省、宁夏回族自治区、新疆维吾尔自治区人民政府，科学技术部、工业和信息化部、公安部、住房和城乡建设部、交通运输部，国有资产监督管理委员会，国家质量监督检验检疫总局、国家电力监管委员会，国家能源局：

《重点区域大气污染防治“十二五”规划》（以下简称《规划》）已经国务院批复（国函[2012]146号），现印发给你们，请认真组织实施，确保实现《规划》目标。

附件：1. 国务院关于重点区域大气污染防治“十二五”规划的批复（国函[2012]146号）

2. 重点区域大气污染防治“十二五”规划

3. 重点区域大气污染防治“十二五”规划重点工程项目

环境保护部

发展改革委

财　政　部

2012年10月29日

附件：

重点区域大气污染防治“十二五”规划（节选）

五、深化大气污染治理，实施多污染物协同控制

（四）加强有毒废气污染控制，切实履行国际公约

1. 加强有毒废气污染控制

编制发布国家有毒空气污染物优先控制名录，推进排放有毒废气企业的环境监管，对重点排放企业实施强制性清洁生产审核；把有毒空气污染物排放控制作为环境影响评价审批的重要内容，明确控制措施和应急对策。开展重点地区铅、汞、镉、苯并[a]芘、二噁英等有毒空气污染物调查性监测。完善有毒空气污染物的排放标准与防治技术规范。

2. 积极推进大气汞污染控制工作

深入开展燃煤电厂大气汞排放控制试点工作，积极推进汞排放协同控制；实施有色金属行业烟气除汞技术示范工程；开发水泥生产和废物焚烧等行业大气汞排放控制技术；编制燃煤、有色金属、水泥、废物焚烧、钢铁、石油天然气工业、汞矿开采等重点行业大气汞排放清单，研究制定控制对策。

六、创新区域管理机制，提升联防联控管理能力

（三）全面加强联防联控的能力建设

2. 加强重点污染源监控能力建设

全面加强国控、省控重点污染源二氧化硫、氮氧化物、颗粒物在线监测能力建设，2014 年底前重点污染源全部建成在线监控装置，并与环保部门联网，积极推进挥发性有机物在线监测工作。加强各地监测站对挥发性有机物、汞监督性监测能力建设。进一步加强市级大气污染源监控能力建设，依托已有网络设施，完善国家、省、市三级自动监控体系，提升大气污染源数据的收集处理、分析评估与应用能力。全面推进重点污染源自动监测系统数据有效性审核，将自动监控设施的稳定运行情况及其监测数据的有效性水平，纳入企业环保信用等级。

八、保障措施

（五）强化科技支撑

在国家、地方相关科技计划（专项）中，加大对区域大气污染防治科技研发的支持力度。加快推进大气污染综合防治重大科技专项，开展光化学烟雾、灰霾的污染机理与控制对策研究，开展区域大气复合污染控制对策体系和氨的大气环境影响研究。加快工业挥发性有机物污染防治技术、燃煤工业锅炉高效脱硫脱硝除尘技术、水泥行业脱硝技术、燃煤电厂除汞技术等的研发与示范，积极推广先进实用技术。开展重点行业多污染物协同控制技术研究。

关于印发《“十二五”危险废物污染防治规划》的通知

环发[2012]123号

各省、自治区、直辖市环境保护厅（局）、发展改革委、工业和信息化主管部门、卫生厅（局），新疆生产建设兵团环境保护局：

为贯彻落实《国务院关于加强环境保护重点工作的意见》、《国家环境保护“十二五”规划》，我们组织编制了《“十二五”危险废物污染防治规划》。现印发给你们，请参照执行。

附件：“十二五”危险废物污染防治规划

环境保护部　发展改革委
工业和信息化部　卫生部
2012年10月8日

附件

“十二五”危险废物污染防治规划

前 言

危险废物（含医疗废物）具有腐蚀性、毒性、易燃性、反应性和感染性等危险特性，随意倾倒或利用处置不当会严重危害人体健康，甚至对生态环境造成难以恢复的损害。加强危险废物污染防治，是改善水、大气和土壤环境质量，防范环境风险，维护人体健康的重要保障，是深化环境保护工作的必然要求。

《“十二五”危险废物污染防治规划》依据有关法律法规和《国民经济和社会发展第十二个五年规划纲要》、《国务院关于加强环境保护重点工作的意见》、《国家环境保护“十二五”规划》中关于加强危险废物污染防治相关要求编制，阐明了未来五年我国危险废物污染防治工作的目标和任务，是指导各地开展危险废物污染防治工作的重要依据。

一、危险废物污染防治形势

（一）取得的积极进展

“十一五”期间，国家和各地区、各有关部门将危险废物污染防治作为环境保护工作的重要内容，积极健全完善危险废物污染防治法规政策和标准规范，大力推动利用处置设施建设，努力提升管理和技术支撑能力，着力加强危险废物全过程监管，相关规划确定的目标和任务基本完成。

1．危险废物污染防治法规体系基本形成。“十一五”期间，《固体废物污染环境防治法》、《危险废物经营许可证管理办法》、《医疗废物管理条例》等法律法规得到进一步落实，制定、修订并发布了《国家危险废物名录》、《铬渣污染治理环境保护技术规范》、《危险废物经营单位审查和许可指南》等一系列部门规章、标准和规范性文件，部分省（区、市）出台了固体废物或危险废物污染防治的地方性法规和管理办法。

2．危险废物经营单位利用处置能力显著提升。截至 2010 年，全国持危险废物经营许可证的单位（以下简称“持证单位”）危险废物年利用处置能力达 2 325 万吨（其中，医疗废物年处置能力 59 万吨），较 2006 年提高 226%。已建成《全国危险废物和医疗废物处置设施建设规划》（以下简称《设施建设规划》）内 23 个危险废物集中处置项目和 215 个医疗废物集中处置项目，占规划建设设施总数的 71.3%。持证单位多次在全国突发环境污染事件的危险废物应急处置中发挥了重要作用。

3．危险废物管理和技术支持能力建设取得突破性进展。“十一五”期间，建成环境保护部和 31 个省级固体废物管理中心，13 个省（区、市）的 67 个市级环保部门成立了市级固体废物管理中心，我国危险废物管理和技术支持体系初步形成，各级固体废物管理中心成为危险废物管理的重要力量。实施了“国家级和省级固体废物管理中心能力建设项目”，启动了全国固体废物管理信息系统建设。4 个二噁英监测中心、1 个危险废物处置技术和工程中心投入运行。

4．危险废物全过程监管初见成效。2010 年，全国危险废物转移联单运行量已达上百万份；全国已有约 1 500 家单位取得了危险废物经营许可证，持证单位实际利用处置危险废物（不含铬渣）约 840 万吨，较 2006 年提高 180%。“十一五”期间，累计处置历史堆存铬渣 337.6 万吨。环境保护部对全国重点单位危险废物污染防治情况进行了抽查考核，初步建立了督促危险废物各项法律制度和标准规范落实的长效机制。

（二）形势依然严峻

我国危险废物污染防治工作起步晚、基础薄弱、历史欠账多。总体而言，“十二五”期间，危险废物污染防治的压力依然巨大，隐患依然突出，主要表现在：

1. 底数不清。我国危险废物种类繁多、产生量大、涉及行业范围广。第一次全国污染源普查初步掌握了危险废物产生数量和企业分布，但危险废物流向、自建利用处置设施情况以及历史遗留危险废物的种类、数量、分布、环境污染状况等具体情况尚不清楚。

2. 无害化利用处置保障能力不强。专家预测“十二五”期间危险废物产生量仍将持续增长，2015年将超过 6 000 万吨。但是，目前全国持证单位利用处置能力仅为第一次全国污染源普查危险废物产生量的 50%左右，且设施负荷率不足 40%。大型危险废物产生单位和工业园区普遍没有配套的危险废物贮存、利用和处置设施。危险废物焚烧、填埋等处置能力明显不足，且新建设施选址日益困难。《设施建设规划》内部分集中处置设施建设进展缓慢。突发疫情期间医疗废物应急处置能力储备不足。危险废物利用处置设施运营和技术水平不高，存在超标排放现象，涉重金属危险废物利用处置污染问题尤为突出。

3. 监管和技术支撑能力薄弱。各级环保部门，特别是基层环保部门危险废物监管人员严重缺乏，素质不高。多数地区未将危险废物纳入日常监测监控和环境执法监管，大部分建设项目未将危险废物的产生贮存、转移和自行利用处置等作为重点进行环境影响评价且环境保护竣工验收不深入，存在重废水、废气，轻危险废物的问题。危险废物管理技术支撑能力，特别是危险废物鉴别能力极为薄弱。

4. 环境风险和污染日益突出。近年来，危险废物非法转移和倾倒频发，成为突发环境事件的重要诱因。非法利用处置危险废物活动猖獗，产生单位自行简易利用处置危险废物现象普遍。历史遗留危险废物长期大量堆存，严重影响土壤和水环境质量。据估算，仅铬渣造成的土地污染面积就高达 500 万平方米，污染土方量约 1 500 万立方米。医疗废物非法流失现象时有发生。实验室废物和废荧光灯管等非工业源危险废物产生源分散，回收处理体系不健全，污染问题逐步凸显。

（三）面临的历史机遇

“十一五”期间，我国危险废物污染防治的政策法规体系建设和利用处置设施建设工作成果，为“十二五”进一步推动危险废物污染防治工作提供了有力的法制基础和硬件保障。

“十二五”期间，国家将危险废物污染防治工作作为环境保护的重点领域。中央关于开展加快转变经济发展方式监督检查的总体部署，确定将危险废物污染防治情况作为环境保护和污染减排政策措施落实情况监督检查的重点内容，为加强危险废物污染防治工作提供了直接动力。

二、指导思想、基本原则和目标指标

（一）指导思想

以科学发展观为统领，积极探索中国环保新道路，将危险废物污染防治作为“十二五”深化环境保护工作的重要内容，突出“出重拳、用重典”的主基调，狠抓产生源头控制，进一步提高无害化利用处置保障能力，提升全过程监管能力，有效遏制非法转移倾倒行为，综合运用法律、行政、经济和技术等手段，不断提高危险废物污染防治水平，降低危险废物环境风险。

（二）基本原则

1. 突出重点，全面推进。着力解决一批影响群众健康和可持续发展的突出危险废物问题。摸清底数，全面推进危险废物“减量化、无害化和资源化”。

2．狠抓监管，严控风险。整治薄弱环节，全面加强危险废物全过程规范化管理，坚决遏制危险废物非法转移倾倒等恶性事件多发势头，保障环境安全。

3．完善机制，夯实基础。健全危险废物各项法规制度督查落实长效机制，夯实工作基础，严格责任追究。

（三）目标指标

到2015年，基本摸清危险废物底数，规范化管理水平大幅提高，环境风险显著降低。具体目标和指标是：

1．利用处置指标：完成铬渣污染综合整治任务；持证单位危险废物（不含铬渣）年利用处置量比2010年增加75%以上；市级以上重点危险废物产生单位自行利用处置危险废物基本实现无害化；设市城市（包括县级市、地级市和直辖市）医疗废物基本实现无害化处置。

2．设施建设和运行指标：完成《设施建设规划》内医疗废物和危险废物集中处置设施建设任务；《设施建设规划》内危险废物（不含医疗废物）焚烧设施负荷率达到75%以上。

3．规范化管理指标：全国危险废物产生单位的危险废物规范化管理抽查合格率达到90%以上，危险废物经营单位的危险废物规范化管理抽查合格率达到95%以上。

三、主要任务

（一）开展危险废物调查

基于第一次全国污染源普查、全国工业危险废物申报登记试点工作及重点行业工业危险废物产生源专项调查成果，推行危险废物管理计划和申报登记制度，全面调查危险废物的产生、转移、贮存、利用和处置情况，建立国家和地方危险废物重点单位清单并动态更新。2013年底前，掌握化学原料及化学制品制造业（基础化学原料制造，农药制造，涂料、油墨、颜料及类似产品制造，专用化学产品制造等），金属冶炼，原油加工及石油制品制造、炼焦，电子元件制造，铅蓄电池制造，多晶硅生产等重点行业危险废物情况；2015年底前，全面摸清危险废物情况。开展全国大宗历史遗留危险废物的调查和环境风险评估，初步掌握历史遗留危险废物的种类、数量、堆存地点以及造成环境污染情况。

（二）积极探索危险废物源头减量

选择重点行业和有条件的城市开展危险废物减量化试点工作。落实生产者责任延伸制度，开展工业产品生态设计，减少有毒有害物质使用量。在重点危险废物产生行业和企业中，推行强制性清洁生产审核。在铬盐行业推广铬铁碱溶氧化制铬酸盐、气动流化塔式连续液相氧化生产铬酸钠、钾系亚熔盐液相氧化法及无钙焙烧等清洁生产工艺；鼓励电石法聚氯乙烯行业使用耗汞量低、使用寿命长的低汞触媒以及高效汞回收生产工艺；推广使用无汞温度计和血压计等无汞产品；在荧光灯生产行业推广固态汞注入等清洁生产技术；在铅锌冶炼行业推广氧气底吹－液态高铅渣直接还原铅冶炼技术；在电子元件制造行业推广使用无铅焊料、废蚀刻液在线循环利用等清洁生产技术；在铅蓄电池制造行业推广无镉化铅蓄电池、扩展式（拉网式、冲孔式）连铸连轧式铅蓄电池板栅制造等清洁生产技术。鼓励开发和应用有利于减少危险废物产生量和危害性的废水、废气治理技术。农药稀释配制时，应对包装物三次刷洗，降低废弃包装物的农药残留。

（三）统筹推进危险废物焚烧、填埋等集中处置设施建设

各省（区、市）应将危险废物焚烧、填埋等集中处置设施纳入污染防治基础保障设施，统筹建设；要落实责任主体，确保完成《设施建设规划》内相关项目建设任务。各省（区、市）应当制定危险废物填埋设施选址规划，保障中长期填埋设施建设用地。鼓励跨区域合作，集中焚烧和填埋危险废物。鼓励大型石油化工等产业基地配套建设危险废物集中处置设施。鼓励使用水泥回转窑等工业窑炉协同处置危险废物。

（四）科学发展危险废物利用和服务行业

各省（区、市）要因地制宜制定专项危险废物利用发展规划，推动分类收集与专业化、规模化和园区化利用。在危险废物产生单位多，但各单位危险废物产生量少的工业园区或地区，积极稳妥发展分类收集、分类贮存和预处理服务行业。鼓励产生单位自建的危险废物利用处置设施提供对外经营服务。发展专业的危险废物运输企业。鼓励持证单位参与突发环境污染事件中危险废物应急处置工作。

（五）加强涉重金属危险废物无害化利用处置

落实铬盐生产企业铬渣治理的主体责任，确保当年产生的铬渣当年全部得到无害化利用处置。以天津、山西、内蒙古、辽宁、吉林、山东、河南、湖南、重庆、云南、甘肃、青海、新疆等省（区、市）为重点，加大督办力度，落实地方政府责任，确保2012年年底前完成历史遗留铬渣治理任务。

完善《危险废物经营许可证管理办法》，鼓励生产或经营企业建立废铅蓄电池回收网络。以移动通讯、机动车维修、电动自行车销售等行业为重点，开展废铅蓄电池收集体系示范项目建设。开展废铅蓄电池利用处置环保核查，依法关闭不符合再生铅行业准入条件或达不到相关标准规范要求的企业。在西北部地区建设电石法聚氯乙烯行业低汞触媒生产与废汞触媒回收一体化试点示范企业。以贵州、湖南、河南为重点，坚决取缔土法炼汞非法行为。以湖南、广东、广西、云南为重点，加强含镉、含砷危险废物的无害化利用和处置。推动再生铅、有色金属冶炼废物、含汞废物等危险废物利用处置基地建设。

（六）推进医疗废物无害化处置

各省（区、市）要加大《设施建设规划》内市级医疗废物集中处置设施建设的组织协调力度，完成建设任务。要加强收集体系建设，实现辖区内所有县级市和县（旗）医疗废物统一收集、统一处置。对确有困难，难以实现统一收集处置的县级市和县（旗）医疗废物，要因地制宜，统筹规划，鼓励采取高温蒸汽处理、化学消毒和微波消毒等非焚烧方式，建设县级医疗废物处置设施。各地区应当制定并动态调整疫情期间医疗废物应急处置预案，建立卫生、环保等多部门联动机制，提高疫情期间医疗废物应急处置能力。建立以处置方式为导向的医疗废物分类方法并开展试点示范。到2015年底，全国设市城市基本建立较完善的医疗废物收运机制和收费制度。探索将医疗废物无害化处置情况和处置费缴纳情况纳入《医疗机构执业许可证》年审考核指标体系。

（七）推动非工业源和历史遗留危险废物利用处置

开展废弃荧光灯分类回收和处理工作。结合“绿色照明工程”，督促荧光灯使用大户将废弃荧光灯交由有资质企业回收处理。研究建立以旧换新、有偿收购等激励机制，鼓励消费者将废弃荧光灯交由指定分类回收点回收。探索实施生产者延伸责任制，推动有条件的生产企业依托销售网点回收其废弃产品，建设处理设施自行处理或者委托有资质的企业处理。

开展实验室废物分类收集、预处理和集中处置试点工作。探索建立实验室废物处理相关资金机制；将实验室废物规范化管理纳入实验室计量认证和实验室资质认可要求。

以机动车4S店和维修点为重点，开展废矿物油收集、再生利用体系示范项目建设。严厉打击非法收集、转移和利用处置行为。

以历史遗留含砷废渣以及位于环境敏感区域的其他历史遗留危险废物为重点，研究制定综合整治方案和开展工程示范。彻底销毁经排查和识别的历史遗留的多氯联苯和杀虫剂类持久性有机污染物废物。

（八）提升运营管理和技术水平

积极引进国外先进、成熟的利用处置设施运营技术，鼓励设计、建设、运营一体（DBO）等市场化建设和运营模式，推广危险废物污染防治最佳可行技术（BAT）和最佳环境实践（BEP）。推动危险废物焚烧、填埋等处置企业向规模化发展，形成一批龙头企业。严格限制可利用或可焚烧处置的危险废物进入填埋场，减少危险废物填埋量。研究制定相关标准，规范废蚀刻液、废印刷电路板和含汞废物等危险废物综合利用活动。

以阴极射线管的含铅玻璃、生活垃圾焚烧飞灰和抗生素药渣等为重点，开展利用处置技术研发和示范工程。以含砷废渣、含镉废渣和含氰废渣等历史遗留危险废物为重点，研究开发环境污染调查评估、环境风险控制和利用处置等技术。

（九）加强危险废物监管体系建设

完善危险废物管理机制，提高技术支撑能力。各级环境监察部门将危险废物纳入日常监督管理的年度工作计划。各级固体废物管理技术支撑机构要积极开展危险废物基础调查工作，指导危险废物产生、利用、处置单位开展规范化管理工作。根据中央有关深化行政体制改革以及分类推进事业单位改革的意见，按照有利于进一步加强危险废物管理的原则，推进国家级和地方固体废物管理和技术支撑机构建设与改革，适时开展标准化达标考核。参照有关标准，推动大、中城市固体废物管理和技术支撑机构能力建设，鼓励重点区域的县级市达到固体废物管理的标准化水平。扶持一批地方固体废物管理机构向重点危险废物产生行业以及利用处置技术等专业化管理方向发展。

加强危险废物鉴别和监测能力建设。建立健全危险废物鉴定机制和制度，国家和省级环保部门要指定专门机构负责组织固体废物属性和危险废物鉴定工作。研究制定危险废物鉴别实验室管理办法，鼓励依托省级环境监测机构建设固体废物属性及危险废物鉴别实验室。推动将固体废物属性及危险废物鉴别机构纳入国家司法鉴定体系。制定危险废物特性分析和环境监测实验室仪器配置标准，逐步建立危险废物特性试验与监测分析的技术体系，使环保部门和其他具有资质的监测机构具备全面执行危险废物相关法规和标准的监测技术支撑能力。加强危险废物利用处置设施监督性监测。开展危险废物焚烧设施性能测试。

创新监管手段和机制。建立危险废物产生单位和经营单位环保核查机制。建成全国固体废物管理信息系统，实现危险废物的信息化管理。建立危险废物监管重点源的年度环境信息发布制度。选择医疗废物和涉重金属类危险废物开展物联网全过程电子监管试点工作。建立环保、公安、交通、安监和卫生等相关部门的合作机制，联合打击危险废物非法转移、倾倒行为。建立危险废物应急处置区域合作和协调机制，提高危险废物应急处置能力。探索推行危险废物填埋场环境监理制度。建立行业联盟，加强危险废物利用处置行业自律。加强国际合作，完善预防和打击废物非法越境转移的信息交换机制，加大《控制危险废物越境转移及其处置巴塞尔公约》履约能力建设力度。

加强人才培养与培训。对危险废物重点产生单位和持证单位开展轮训。在危险废物利用处置单位推行从业人员职业资格制度。加大危险废物利用处置职业教育力度。建设6个危险废物利用处置设施运营和应急管理实习示范基地，培养500名危险废物设施运营和应急管理骨干，培训危险废物管理人员35 000人次。

四、重点工程

重点工程包括危险废物产生与堆存情况调查工程、利用和处置工程、监管能力和人才建设工程等三项工程。重点工程资金需求为261亿元。

（一）危险废物调查工程。开展危险废物专项调查，摸清危险废物产生、转移、贮存、利用和处置情况。

（二）危险废物利用处置工程。包括《全国危险废物和医疗废物处置设施建设规划》内危险废物和医疗废物集中处置设施建设，《全国危险废物和医疗废物处置设施建设规划》外地方自建危险废物集中处置设施项目，产生单位自行利用处置危险废物新、改、扩建项目，危险废物分类与回收体系建设示范，涉重金属危险废物集中利用处置示范区建设，铬渣等历史遗留危险废物调查评估与治理等项目。

（三）监管能力和人才建设工程。包括法规标准体系建设、固体废物管理和技术支撑机构能力建设、危险废物鉴别能力建设、危险废物监测能力建设、全国固体废物管理信息系统运行维护、物联网监管技术研发与示范、危险废物规范化管理抽查项目、危险废物利用处置设施运营和应急管理实习基地建设、培训与宣传教育项目等能力建设项目。

上述工程以地方投入为主，中央财政通过现有资金渠道予以适当支持。建立企业自筹、银行贷款、社会投入的多元化资金筹措方式。各地应结合当地实际，选择实施一批重点工程，解决当地突出环境问题。

通过上述工程的实施，将带动和推动危险废物利用处置设施的建设和行业的发展。“十二五”期间，危险废物利用产业总产值预计超2 000亿元，焚烧、填埋等集中处置费用预计超过500亿元。

五、保障措施

（一）加强组织领导，明确落实责任

危险废物污染防治工作由地方政府负总责，政府主要领导人是第一责任人。各地区要切实加强组织领导，落实地方政府对环境质量负责制。省级和军队环保部门要会同有关部门结合当地实际，制定落实本规划的实施方案，分解落实目标和任务，细化措施政策。要落实企业危险废物污染防治的主体责任，全面做好危险废物污染防治各项工作。

环境保护部门要加强危险废物污染防治的指导、协调、监督和综合管理。发展改革部门要制定有利于危险废物污染防治的产业、价格和投资政策。工业部门要加大工业企业技术改造力度，严格行业准入，完善落后产能退出机制，加强工业危险废物污染防治。卫生部门应当加强对医疗卫生机构医疗废物管理工作的监督检查。

（二）健全法规标准，狠抓执法监管

开展修订《固体废物污染环境防治法》、《危险废物经营许可证管理办法》等法律法规的前期研究，研究建立危险废物产生单位自行利用处置危险废物许可管理，危险废物污染责任终身追究等制度。修订《国家危险废物名录》，完善危险废物豁免制度。修订《医疗废物分类目录》。研究制定实验室废物管理办法、危险废物利用处置职业资格管理办法、危险废物环境影响评价指标体系等政策法规。推动地方危险废物污染防治立法工作。

将危险废物产生、贮存、利用处置单位纳入日常环境监管工作的重点，实施最严格的全过程环

境监管措施。严格执行环境影响评价制度，研究建立环境影响评价审批与固体废物管理工作协调机制，从严审批产生危险废物的新建和扩建项目。对危险废物产生单位不处置或处置危险废物不符合国家有关规定的，由所在地环保部门严格执行“行政代执行制度”，处置费用由危险废物产生单位承担。规范和治理整顿产生单位自建危险废物贮存和利用处置设施；依法整改、淘汰或者关停不符合有关标准规范和不能稳定达标的危险废物和医疗废物处置设施。依法严惩并按高限处罚危险废物非法转移、无证经营等违反危险废物管理相关法规制度以及造成环境污染的企业和个人。依法严厉追究直接倾倒、丢弃或者遗撒危险废物的运输单位、个人以及移出单位的责任。

（三）完善经济政策，加大资金扶持

落实《营业税暂行条例》有关规定，对持证单位收取的危险废物和医疗废物处置费不征收营业税。进一步研究建立相关财税优惠政策，扶持危险废物利用处置产业健康发展。进一步落实和完善危险废物和医疗废物处置收费制度，督促产生单位将危险废物处置费纳入企业生产运营支出预算中，医疗废物处置费纳入医疗服务成本，研究建立危险废物处置保证金制度，保障危险废物处置经费来源。研究建立重点危险废物集中处置设施、场所退役费用预提制度，退役费用应列入投资概算或者经营成本。研究建立危险废物污染责任保险制度，承保危险废物产生、贮存、转移和利用处置单位因过错致使污染环境或损害人体健康时应负的法律赔偿责任。

坚持政府引导、市场为主的原则，建立政府、企业、社会多元化投入机制，拓宽融资渠道，加大对危险废物污染防治的投入。积极探索危险废物利用处置的“以奖促治”制度。各级政府加大对历史遗留和无主危险废物治理等保障民生工程的资金投入力度，对边远贫困地区建设医疗废物处置设施给予适当支持。

（四）加强宣传教育，推动社会监督

继续做好大、中城市固体废物污染环境防治信息发布工作，扩大公众知情权。制定专门方案，大力宣传危险废物污染防治相关知识，提升危险废物污染防治意识，引导公众自觉参与非工业源危险废物分类收集和处理。完善“12369”等环境举报渠道，支持公众、社会团体、媒体等监督举报危险废物违法行为，鼓励同行企业之间如实举报非法转移、倾倒、利用处置危险废物的行为。建立举报奖励机制，对查实的举报给予举报单位或个人适当奖励。

（五）实施目标考核，严格责任追究

环境保护部对各省（区、市）危险废物规范化管理进行督查考核，对各省（区、市）所辖县级以上城市医疗废物无害化处置情况进行考核。对危险废物规范化管理抽查合格率低的地区，暂停该地区有关环境保护的评比创建活动，取消该地区各项环境保护荣誉称号并通报批评。通报批评所辖设市城市医疗废物未实现无害化处置的省（区、市）。对发生危险废物重特大污染事件或因危险废物污染引发群体性事件，未按期完成《设施建设规划》内建设任务，未按要求完成《铬渣污染综合整治方案》所规定的历史遗留铬渣治理任务的地级市，暂停其除节能减排、民生保障项目外的建设项目环境影响评价文件的审批，并取消该地区各项环境保护荣誉称号。对在危险废物污染防治工作中作出显著成绩的单位和个人给予奖励。

各地区要将危险废物规范化管理抽查合格率和医疗废物集中处置设施建设情况纳入地方政府环境保护绩效考核指标体系，要加强对各项规划任务实施情况的监督和检查，定期公布规划任务进度和完成情况，接受社会监督。环境保护部会同有关部门 2014 年对本规划实施情况进行中期评估，2016 年对规划执行情况进行全面考核，并将考核结果全国通报。

附表

重点工程项目投资需求

总计：261 亿元

序号	重点工程	重点项目	项目内容	资金需求（亿元）
1	危险废物调查工程（3.0 亿元）	（1）危险废物专项调查	对全国约 10 万家危险废物产生和利用处置单位进行调查，全面调查危险废物产生、转移、贮存、委托外单位利用处置和自行利用处置情况，进行危险废物鉴别和自行利用处置设施污染物排放监测。	3.0
2	危险废物利用处置工程（239.3 亿元）	（1）危险废物利用处置与工程项目	完成《设施建设规划》内剩余的 7 个危险废物集中处置设施和 2 个医疗废物集中处置设施建设任务。（14.0 亿元）	144.2
			《设施建设规划》外地方自建危险废物和医疗废物无害化处置设施建设项目，增加约 108 万吨/年的危险废物和医疗废物无害化处置能力。（40.0 亿元）	
			产生单位自行利用处置危险废物新、改、扩建工程。（80.0 亿元）	
			建设废含汞灯管无害化处置工程建设项目，增加约 5 万吨/年的含汞灯管处置能力。（3.2 亿元）。	
			开展含铅玻璃、生活垃圾焚烧飞灰、抗生素药渣、含汞废物、含砷废物、含镉废物和氰渣等危险废物利用处置技术研发，并选择有基础企业开展工程示范。（7.0 亿元）	
		（2）危险废物分类与回收体系建设示范项目	开展医疗废物按照处置技术分类试点工作。（0.2 亿元） 选择移动通讯、机动车维修、电动自行车销售等 3 个行业开展废铅蓄电池通过销售网络建立回收体系试点项目。（0.3 亿元） 选择4S 店和机动车维修行业开展废矿物油分类回收试点项目。（0.1 亿元） 开展实验室废物规范化管理试点示范。（0.1 亿元）	0.7
		（3）涉重金属类危险废物集中利用处置基地建设	推动江苏邳州市循环经济产业园再生铅产业积聚区（45.7 亿元）、安徽界首田营循环经济工业园（以再生铅为主）（10.0 亿元）、贵州铜仁含汞废物集中利用处置示范区（8.0 亿元）以及湖南永兴县循环经济工业园（以有色金属冶炼废物为主）（10.8 亿元）等园区建设。（74.5 亿元）	74.5
		（4）历史遗留危险废物调查评估与治理项目	完成全国约 300 万吨历史遗留铬渣治理任务。	10.0
			对全国历史遗留危险废物（约 400 处堆存点）进行调查与风险评估，掌握历史遗留危险废物的种类、数量和对周边水土污染情况；针对历史遗留砷渣以及部分位于环境敏感区域的其他历史遗留危险废物，研究制定综合整治方案，开展工程示范。（10.0 亿元）	10.0
3	监管能力和人才建设工程（19.0 亿元）	（1）法规标准体系建设	制修订法律法规，完善危险废物污染防治标准和技术规范，研究制定环境政策，编制培训教材等。	0.1
		（2）危险废物管理和技术支撑机构能力建设	推进国家级、省级和大中城市固体废物管理和技术支撑机构能力建设，配置快速检测仪器、现场取证设备、现场防护设备；（1.5 亿元，其中国拨 1.0 亿元） 在国家级监管重点源（约 3 000 家）的危险废物产生、贮存和利用处置设施设置在线视频监控设施。（1.5 亿元）	3.0
		（3）危险废物鉴别能力建设项目	开展国家级（3 个）、31 个省（区、市）、新疆生产建设兵团和解放军的总共 36 个鉴别实验室建设，增设实验室用房和装修，购置气相色谱/质谱联用仪、气相色谱仪、液相色谱仪、快速溶剂萃取仪、静态顶空自动进样器、固相萃取装置和氮吹仪等仪器设备，鉴别易燃性、腐蚀性、反应性、浸出毒性、急性毒性等。（2.5 亿元）	2.5

序号	重点工程	重点项目	项目内容	资金需求（亿元）
3	监管能力和人才建设工程（19.0 亿元）	（4）危险废物监督性监测项目	中国环境监测总站、国家环境分析测试中心以及 31 个省（区、市）、新疆生产建设兵团和解放军环保部门监测机构补充相关检测仪器及配套设备，每年对 1 500 家危险废物利用处置单位进行 1～2 次监督性监测，包括尾气（含二噁英）、废水和周边土壤等进行环境监测。（7.5 亿元）	7.5
		（5）全国固体废物管理信息系统运行维护项目	“十二五”期间全国固体废物管理信息系统建成并投入使用，国家级信息系统每年的运行维护费用约为 350 万元，31 个省级信息系统每年的运行维护费用约为 930 万元。（0.65 亿元）	0.65
		（6）物联网监管技术研发与示范项目	开展医疗废物和涉重金属类危险废物的物联网监管技术研发与示范。（1.0 亿元）	1.0
		（7）危险废物规范化管理抽查项目	对全国31个省份和新疆生产建设兵团的危险废物规范化管理情况进行抽查，5 年抽查共约 10 000 家企业。（1.0 亿元）	1.0
		（8）危险废物利用处置设施运营和应急管理实习基地建设项目	按照地域分布，选择具有较好基础的 6 个持环境保护部危险废物经营许可证的单位，建设危险废物利用处置设施的运营和应急管理培训实习基地，用于培训危险废物利用处置设施运营和应急管理骨干。（0.6 亿元）	0.6
		（9）培训与宣传教育项目	“十二五”期间，累计培训全国环保系统、危险废物产生单位和利用处置单位的危险废物管理人员共约 3.5 万人次。（0.5 亿元，其中国拨 0.05 亿元） 制定危险废物污染防治宣传方案，向公众宣传危险废物污染防治有关知识。（1.75 亿元）	2.25
	合计			261

关于印发《化学品环境风险防控“十二五”规划》的通知

环发[2013]20号

各省、自治区、直辖市环境保护厅（局），新疆生产建设兵团环境保护局，辽河保护区管理局，各派出机构、直属单位：

为贯彻落实《国务院关于加强环境保护重点工作的意见》（国发[2011]35号）和《国务院关于印发〈国家环境保护“十二五”规划〉的通知》（国发[2011]42号）有关要求，构建化学品环境风险防控体系，严格化学品环境管理，我部组织编制了《化学品环境风险防控“十二五”规划》，现印发你们，请认真组织实施，全面加强化学品环境风险防控能力，切实保障人体健康和环境安全。

附件：化学品环境风险防控“十二五”规划

环境保护部

2013年2月7日

附件

化学品环境风险防控“十二五”规划

前　言

我国现有生产使用记录的化学物质4万多种，其中3千余种已列入当前《危险化学品名录》，具有毒害、腐蚀、爆炸、燃烧、助燃等性质。具有急性或者慢性毒性、生物蓄积性、不易降解性、致癌致畸致突变性等危害的化学品，对人体健康和生态环境危害严重，数十种已被相关化学品国际公约列为严格限制和需要逐步淘汰的物质。同时，尚有大量化学物质的危害特性还未明确和掌握。

随着我国经济高速发展，化学品的生产和使用量持续增加，化学品生产、加工、储存、运输、使用、回收和废物处置等多个环节的环境风险日益加大。化学品生产事故、交通运输事故、违法排污等原因引发的突发环境事件频繁发生，持久性有机污染物、内分泌干扰物等引起的环境损害与人体健康问题日益显现，化学品环境风险防控形势日趋严峻。

我国化学品环境风险管理较为薄弱，法规制度、监督监管、基础能力尚不能适应形势发展要求，化学品环境风险防控能力和防控水平亟待提升。加强化学品环境管理、防控环境风险已经成为“十二五”环境保护工作的重要组成部分，成为新时期探索环境保护新道路、解决影响科学发展和损害群众健康突出环境问题的迫切需要。

为保障我国人民群众身体健康和环境安全，落实国务院《关于加强环境保护重点工作的意见》（国发[2011]35号）和《国家环境保护“十二五”规划》（国发[2011]42号）确定的严格化学品环境管理、防控环境风险的任务要求，编制《化学品环境风险防控“十二五”规划》（以下简称《规划》）。《规划》阐明了“十二五”时期化学品环境风险防控的原则、重点和主要目标，通过实施优化布局、健全管理、控制排放、提升能力等主要任务，着力推进化学品全过程环境风险防控体系建设，遏制突发环境事件高发态势，控制并逐步减少危险化学品向环境的排放，探索符合科学规律、适应我国国情的化学品环境管理和环境风险防控长远战略与管理机制，逐步实现化学品环境风险管理的主动防控、系统管理和综合防治，不断提高化学品环境风险管理能力和水平，保障人体健康和环境安全。

一、现状与形势

（一）工作进展

“十一五”期间，我国初步建立了新化学物质和有毒化学品环境管理登记制度，开展了重点行业和重点地区的化学品环境风险检查，实施了多部门联合淘汰有毒有害化学品等工作。

推进环境管理制度建设。2009年7月环境保护部发布《关于加强有毒化学品进出口环境管理登记工作的通知》，加强了有毒化学品登记后的跟踪管理。2010年1月，环境保护部修订了《新化学物质环境管理办法》，进一步强化了新化学物质环境准入管理。2011年3月，国务院修订了《危险化学品安全管理条例》，明确了环境保护主管部门负责组织危险化学品的环境危害性鉴定和环境风险程度评估，确定实施重点环境管理的危险化学品，负责危险化学品环境管理登记和新化学物质环境管理登记，依照职责分工调查相关危险化学品环境污染事故和生态破坏事件，负责危险化学品事故现场的应急环境监测。通过制度建设，建立了与国际接轨的新化学物质管理措施，有效遏制了化学品非法贩运，防范了对环境和人体健康具有高风险的化学物质进入市场。

开展化学品环境风险检查。2010年，环境保护部开展了沿江沿河环境污染隐患排查整治行动，检查化工石化企业近18 000家。同年，对全国石油加工与炼焦业、化学原料与化学制品制造业、医药制造业等三大重点行业四万余家企业开展了环境风险及化学品检查工作，对环境风险源分布、化学物质类型、风险防范基本情况、环境保护敏感目标等进行了分析和研究。2011年下半年，环境保护部组织开展了化学品环境管理专项检查，对化工园区、化工企业集中区、所有持有危险化学品生产许可证的企业环评及“三同时”管理制度实施情况、污染治理设施建设运营情况、特征污染物排放达标情况、应急预案执行和应急防护措施落实情况等开展检查。通过检查摸底，为制订规划和有针对性的政策措施奠定了基础。

部门协同配合推进履约。我国积极履行《关于持久性有机污染物的斯德哥尔摩公约》、《关于在国际贸易中对某些危险化学品和农药采用事先知情同意程序的鹿特丹公约》等环境公约，实施联合国倡导的全球化学品统一分类和标签制度，参与国际化学品管理战略有关活动。2008年7月，原国家环保总局发布“高污染、高环境风险”产品名录。2009年4月，环境保护部会同国家发展改革委、工业和信息化部等十部委联合发布《关于禁止生产、流通、使用和进出口滴滴涕、氯丹、灭蚁灵及六氯苯的公告》，加速了有毒有害化学品淘汰进程。2010年10月，环境保护部会同外交部、国家发展改革委等九部委联合发布《关于加强二噁英污染防治的指导意见》，大力推进二噁英污染防治。通过以外促内，进一步推动了化学品环境管理工作的深入开展。

（二）主要问题

随着我国国民经济和化学品相关行业的快速发展，化学品在社会生产和生活中大量应用，化学品环境管理现状与需求相比存在明显差距，主要有以下四个方面的突出问题：

产业结构和布局不合理，环境污染和风险隐患突出。我国化学品相关行业技术和工艺水平参差不齐，部分企业技术落后，污染防治和风险防控设施不完善，清洁生产水平不高，物料浪费、有毒有害物质排入环境的现象较为普遍。发达国家已淘汰或限制的部分有毒有害化学品在我国仍有规模化生产和使用，存在部分高环境风险的化学品生产能力向我国进行转移和集中的现象。据2010年环境保护部组织开展的全国石油加工与炼焦业、化学原料与化学制品制造业、医药制造业等三大重点行业环境风险及化学品检查工作结果显示，下游5公里范围内（含5公里）分布有水环境保护目标的企业占调查企业数量的23%，对基本农田、饮用水水源保护区、自来水厂取水口等环境敏感点构成威胁；周边1公里范围内分布有大气环境保护目标的企业占51.7%，1.5万家企业周边分布有居民点，对人体健康和安全构成危险。经初步评估，重大环境风险企业数量占调查企业数量的18.3%，较大环境风险企业占22%，环境风险隐患突出。

化学品环境管理法规制度不健全。化学品环境管理现有制度主要停留在有毒化学品进出口登记和新化学物质环境管理登记，而对于危险化学品的环境管理、释放与转移控制、重点环境风险源管理等方面缺乏规定，对高毒、难降解、高环境危害化学品的限制生产和使用等缺乏措施，针对性、系统性的化学品环境管理法规、制度和政策明显缺失。

环境管理基础信息和风险底数不清。相对于化学品环境管理需求，我国目前存在化学品生产和使用种类、数量、行业、地域分布信息不清，重大环境风险源种类、数量、规模和分布不清，多数化学物质环境危害性不清，有毒有害化学污染物质的排放数量和污染情况不清，化学物质转移状况不清，受影响的生态物种和人群分布情况不清等问题。与发达国家相比，我国化学品环境风险防控意识、水平、能力还存在较大差距。

监测监管、预警应急、管理和科技支撑能力不足。环保部门缺乏特征化学污染物监测能力，监管手段不足。特征化学污染物监测方法体系不够完善，综合性排放标准在控制特征化学污染物排放方面未得到有效实施，有毒有害化学污染物质控制在环评、环保验收、监测、排放控制等环节缺乏明确要求或执行不到位。现有化学品环境风险预警体系、应急响应平台尚不完善。化学品环境危害测试、环境风险评估与科研技术支持能力不足，化学品测试合格实验室建设和认定尚处于起步阶段，相关基础科学研究十分薄弱。国家和省级管理机构和人员严重滞后于实际工作需求，地市、县级能力基本为空白，难以实现有效的化学品全过程环境风险防控。

（三）防控风险与压力

我国化学品环境管理总体处于起步阶段，环境管理基础能力薄弱，同时由于产业结构和布局不够合理，环境污染防治和风险防控措施不到位，化学品环境管理面临多重风险与压力。

1．化学品导致的健康和环境风险与日俱增

我国目前仍在生产和使用发达国家已禁止或限制生产使用的部分有毒有害化学品，此类化学品往往具有环境持久性、生物蓄积性、遗传发育毒性和内分泌干扰性等，对人体健康和生态环境构成长期或潜在危害。近年来，我国一些河流、湖泊、近海水域及野生动物和人体中已检测出多种化学物质，局部地区持久性有机污染物和内分泌干扰物质浓度高于国际水平，有毒有害化学物质造成多起急性水、大气突发环境事件，多个地方出现饮用水危机，个别地区甚至出现“癌症村”等严重的健康和社会问题。

2．危险化学品引发的突发环境事件频发

近年来，由危险化学品生产事故、交通运输事故以及非法排污引起的突发环境事件频发。2008—2011 年，环境保护部共接报突发环境事件 568 起，其中涉及危险化学品 287 起，占突发环境事件的 51%，每年与化学品相关的突发环境事件比例分别为 57%、58%、47%、46%。2010 年以来，相继发生紫金矿业泄漏污染事件、大连中石油国际储运有限公司陆上输油管道爆炸火灾引发海洋污染事件、杭州苯酚槽罐车泄露引发新安江污染事件等重大突发环境事件，造成严重的环境污染和不良社会影响。

3．相关行业特征污染物排放引发局部环境质量恶化

化工、农药、采矿等破产、停产、转制企业曾经使用和贮存的大量危险化学品，往往缺乏有效管理和处置。农药、医药、染料、纺织和精细化工等行业尚未实施有效的特征化学污染物污染防治和环境监测。危险化学品渗漏引发的场地污染问题日益严重，污染面积和影响范围不断扩大。新型煤化工企业造成特征污染物大量排放。一些污染物进入环境后难以降解并长期存在，对人体健康造成重大威胁。相关研究显示，近年来，在长江下游已监测出大量有毒有机污染物；在三峡库区重庆段水域中曾检测出难降解有机污染物 170 余种，其中有 18 种属于美国国家环保署优先控制污染物名单所列物质；天津海河段等地区底泥沉积物中仍能检测出滴滴涕等持久性有机污染物。

4．化学品环境管理和风险防控压力持续增加

“十二五”期间我国仍将处于工业化快速发展阶段，重化工产业仍将占有较大比重。我国化学工业自 21 世纪初以来增长迅速，2010 年总产值位居世界第一位，现有规模以上化工企业达 25 000 多家，农药、染料、甲醇、化肥等产品的产量已达世界第一。化学工业快速增长也带来了巨大环境压力，新老化学品环境风险同时存在。全氟辛烷磺酸盐、溴化阻燃剂等国际公认的持久性有机污染物尚未纳入管理范围。每年约有数千种新化学物质在我国申报生产和进口，对其造成的人体健康和环境安全危害性尚不能完全掌握，环境管理和风险防控面临越来越大的压力与挑战。

发达国家普遍于 20 世纪 70 年代开展了系统的化学品环境风险防控，包括完善化学品专门立法、推进化学品风险评价、开展化学品登记和审查、加强有毒污染物排放监测、实施特定化学品限制和淘汰、建立重大危险源事故预防制度、倡导和推进绿色化学、推行责任关怀等。化学品全过程环境风险防控已成为国际化学品环境管理的主要经验和做法。

《国家环境保护“十二五”规划》（国发[2011]42 号）确定“十二五”时期我国环境保护以“推

进主要污染物减排、切实解决突出环境问题、加强重点领域环境风险防控”为三大着力点，第一次在国家环境保护五年规划中将环境风险防控作为一项重要任务全面推进。化学品环境污染和风险是影响科学发展和损害群众健康的突出环境问题之一，化学品环境风险防控是“十二五”环境保护工作的重要组成部分。《国务院关于加强环境保护重点工作的意见》（国发[2011]35 号）中明确提出严格化学品环境管理任务。“十二五”期间，化学品环境管理工作迎来了提高认识、提升环境管理水平和风险防控能力前所未有的发展机遇。

二、指导思想、原则和目标

（一）指导思想

以科学发展观为指导，以建立健全化学品环境风险防控体系为目标，以夯实化学品环境管理和风险防控能力为重点，以法制建设和机构建设为抓手，突出重点防控化学品，控制特征污染物排放，提高预警应急水平，有效遏制化学品环境污染和突发环境事件高发态势，防范化学品导致的健康和环境风险，初步构建符合化学品管理科学规律、具有中国特色的化学品环境管理机制，为“十三五”全面推进化学品环境管理和风险防控奠定坚实基础。

（二）基本原则

预防为主，全程防控。坚持源头预防，积极主动做好环境风险预防，严格准入，优化布局，建立涵盖测试、评估、登记、排放、监管、处置、应急、责任追究等全过程的防控体系。

突出重点，分类实施。根据不同类型的环境风险防控物质对象，实施不同的防控对策，大力推进重点防控行业、企业的化学品环境管理和风险防控，提高化工园区环境风险防范水平。

制度先行，夯实基础。重点强化化学品环境风险防控主要环节、薄弱环节的制度建设，加强调查、测试、评估、管理、科研、培训等支撑体系建设。

政府主导，企业负责。大力强化规划、准入、标准、审批、监管、预案、应急等手段，引导和推动化学品环境风险防范；化学品相关企业担负化学品环境风险防控主体责任，负责落实各项管理规定和要求，预防和减少化学品突发环境事件发生。

（三）规划重点

重点防控化学品。根据环境风险来源和风险类型的不同，确定三种类型 58 种（类）化学品作为“十二五”期间环境风险重点防控对象：（1）根据重点环境管理危险化学品清单，重点考虑生产量、使用量、环境危害性、生物蓄积性等因素，确定 25 种累积风险类重点防控化学品。通过源头预防、减少暴露、加强登记、排放转移报告等措施控制风险；（2）根据近年来引发突发环境事件频次、危害影响等因素，确定 15 种（类）突发环境事件高发类重点防控化学品。通过严格管理、加强预警应急、强化响应等措施，遏制突发环境事件高发态势；（3）根据行业排放标准要求、环境危害性等因素，确定 30 种（类）特征污染物类重点防控化学品（包括 12 种突发环境事件高发类重点防控化学品）。通过强化环评、完善标准、加强监测、强化监管等措施，控制排放并逐步减少向环境的排放。具体名单见专栏一。

专栏一：“十二五”重点防控化学品名单

1．累积风险类

对苯二胺、三氯乙酸、环己烷、二环己胺、1,2-二氯乙烷、丙烯醛、丙烯酰胺、环氧乙烷、三氯乙烯、双酚A、壬基酚、邻苯二甲酸二乙酯、1,2,3-三氯苯、2,4,6-三叔丁基苯酚、对氯苯胺、丙二腈、对氨基苯酚、3,4-二氯苯胺、2,3,4-三氯丁烯、六氯-1,3-丁二烯、蒽、八氯苯乙烯、二苯酮、对硝基甲苯、三丁基氯化锡。

2．突发环境事件高发类

石油类（柴油、原油、汽油、燃油）、酸类（盐酸、硫酸、硝酸、氯磺酸）、苯类（苯、甲苯、二甲苯）、有机胺类（苯胺、甲基苯胺、硝基苯胺、三溴苯胺）、氨气（液氨）、氰化物、氯气、磷类、甲醇、苯酚、四氯化硅、酯类（丙烯酸丁酯、乙酸乙酯、甲基丙烯酸甲酯）、苯乙烯、环己酮、硫化氢。

3．特征污染物类

水体污染物：石油类、挥发酚、氰化物、氟化物、硫化物、苯、甲苯、乙苯、苯胺类、甲醛、硝基苯类、酸类物质、邻苯二甲酸二丁酯、邻苯二甲酸二辛酯、丙烯腈、氯苯、化学农药类、苯酚；

大气污染物：甲醛、苯、甲苯、二甲苯、酚类、苯并芘、氟化物、氯气、硫化氢、苯胺类、氯苯类、氯乙烯。

备注：①上述水体污染物中石油类、氰化物、苯、甲苯、酸类物质、苯酚以及大气污染物中苯、甲苯、二甲苯、氯气、苯胺、硫化氢等共12种（类）物质，同时也是突发环境事件高发类重点防控化学品；

②持久性有机污染物及重金属不含在上述名单中，防控措施参见相关专项规划；

③根据《规划》实施进展和环境管理需要，上述名单将不定期更新和完善。

重点防控行业。“十二五”期间以石油加工、炼焦及核燃料加工业，化学原料及化学制品制造业，医药制造业，化学纤维制造业，有色金属冶炼和压延加工业，纺织业等六大行业以及煤制油、煤制天然气、煤制烯烃、煤制二甲醚、煤制乙二醇等新型煤化工产业为重点防控行业，每类行业下具体重点防控子行业见专栏二。

专栏二：重点防控行业

石油加工、炼焦及核燃料加工业：原油加工及石油制品制造（2511）、炼焦（2520）；

化学原料及化学制品制造业：无机酸制造（2611）、无机碱制造（2612）、无机盐制造（2613）、有机化学原料制造（2614）、氮肥制造（2621）、磷肥制造（2622）、钾肥制造（2623）、复混肥料制造（2624）、化学农药制造（2631）、生物化学农药及微生物农药制造（2632）、涂料制造（2641）、油墨及类似产品制造（2642）、颜料制造（2643）、染料制造（2644）、密封用填料及类似品制造（2645）、初级形态的塑料及合成树脂制造（2651）、合成橡胶制造（2652）、合成纤维单（聚合）体的制造（2653）、化学试剂和助剂制造（2661）、专项化学用品制造（2662）、林产化学产品制造（2663）、信息化学品制造（2664）、动物胶制造（2666）、肥皂及合成洗涤剂制造（2681）；

医药制造业：化学药品原料药制造（2710）；

化学纤维制造业：化纤浆粕制造（2811）、人造纤维（纤维素纤维）制造（2812）、锦纶纤维制造（2821）、涤纶纤维制造（2822）、腈纶纤维制造（2823）、维纶纤维制造（2824）；

有色金属冶炼和压延加工业：铜冶炼（3211）、铅锌冶炼（3212）、镍钴冶炼（3213）、锑冶炼（3215）、铝冶炼（3216）、镁冶炼（3217）、金冶炼（3221）、银冶炼（3222）、钨钼冶炼（3231）、稀土金属冶炼（3232）、有色金属合金制造（3240）；

纺织业：棉印染精加工（1713）、化纤织物染整精加工（1752）、毛染整精加工（1723）、丝印染精加工（1743）；

新型煤化工：煤制油、煤制天然气、煤制烯烃、煤制二甲醚、煤制乙二醇等。

备注：括号内数字为国民经济行业分类（GB/T 4754—2011）代码。

重点防控区域。重点防控区域是指化学品生产使用企业数量较多、化学品生产使用量较大、地理位置生态环境较为敏感的区域，“十二五”化工行业规划重点发展的区域，风险防控基础设施和监管措施尚需进一步提高的区域，对全国化学品风险防控水平提升具有示范、带动意义的区域。2013年，环境保护部将组织开展全国重点防控区域名单的确定工作。对重点防控区域，通过严格园区入园标准、加强环境风险基础设施建设、提高区域监管水平、健全园区性管理制度等措施，提高区域范围的风险防范和应急水平，降低环境风险。

重点防控企业。重点防控企业是指具有较大环境风险和潜在危害的生产、使用、储存和排放危险化学品的企业。环境保护部负责组织开展全国重点防控企业名单的确定工作，各省可设立省级重点防控企业名单，重点防控企业确定方法见专栏三。对重点防控企业，通过搬迁改造、实施环境管理登记、开展清洁生产审核、加强监测监管、完善应急体系等措施，提高防控水平，降低环境风险。

专栏三：重点防控企业的选择标准

重点防控企业应符合以下条件之一：

1. 含有重大危险源（符合《危险化学品重大危险源辨识》标准（GB 18218—2009）），且生产、使用、储存高毒类危险化学品的企业；

2. 环境风险防控措施不完善、“三废”处理设施不健全、排放特征污染物数量较大的危险化学品生产、使用企业；

3. 位于人口密集区、安全防护距离或卫生防护距离不符合国家有关标准要求的企业；周边具有环境保护目标的企业，如饮用水源保护区、自来水厂取水口、水产养殖区、鱼虾产卵场、天然渔场、重要湿地和基本农田保护区等；

4. 发生过环境污染事件或群众举报危险隐患次数较多的危险化学品生产、使用企业。

（四）规划目标

到2015年，基本建立化学品环境风险管理制度体系，大幅提升化学品环境风险管理能力，显著提高重点防控行业、重点防控企业和重点防控化学品环境风险防控水平。

具体目标

——制度建设：建立化学物质环境风险评估、危险化学品环境管理登记、重点环境管理危险化学品释放与转移报告等制度；建立重大环境风险源报告制度；完善有毒化学品进出口登记和新化学物质登记制度；发布重点环境管理危险化学品名单，公布高毒、难降解、高环境危害化学品淘汰清单及严格限制生产和使用高环境风险化学品名单；建立中国现有化学物质名录更新制度；建立化学品测试机构管理制度和重点环境管理危险化学品环境风险评估机构检查推荐制度。

——能力建设：建立重点防控行业化学品环境风险评估指南；制定化学品环境管理能力建设标准要求；加强国家化学品环境管理和区域化学物质危害测试与风险评估能力建设；建立各省化学品环境管理机构，提高环境监管能力，省内重点防控区域的地市、县应明确承担化学品环境管理职能的机构；重点防控区域具备危险化学品特征污染物监测能力，提高化学品测试和风险评估能力；省级化学品应急能力达到全国环保部门环境应急能力建设标准要求。

——防控水平：全面完成化学品生产、使用及环境情况调查，掌握我国化学品重点防控行业、企业环境风险现状；重点防控企业危险化学品环境登记覆盖率达到 80%；提高企业固有风险防控水平，有效降低突发环境事件频次；新建化工企业入园率达到 100%；对位于环境敏感区内重点防控企业全面开展风险评价；重点防控企业特征污染物释放、转移报告率大于 80%。

三、主要任务

（一）促进产业结构调整和布局优化

1．加大淘汰和限制力度

依法淘汰高毒、难降解、高环境危害的化学品。优先对持久性生物累积性有毒物质（PBT）、高持久性高生物累积性物质（vPvB）和致癌致畸致突变物质（CMRs）等化学品开展环境风险评估。定期发布高毒、难降解、高环境危害的淘汰物质名单和国家鼓励的有毒有害化学品替代品目录，制定危险化学品生产和使用量大、自动化程度低、污染物排放量大的落后工艺名录，并将其纳入产业结构调整目录。各省应制订淘汰计划，建立完善重污染企业退出机制，防止跨地区、跨国界转移，并每年向社会公告淘汰情况。大力开展四甲基铅等物质的淘汰和替代工作，启动高持久性高生物累积性物质等化学品的风险控制和淘汰试点。

限制生产和使用高环境风险化学品和累积风险类重点防控化学品。对未纳入淘汰产品、设备和工艺名录的高环境风险化学品相关生产行业，以满足国内必要需求为主，合理控制高环境风险化学品的生产和使用，鼓励实施区域性、行业性生产规模总量控制。在国家有关产业政策及行业规划中明确规模控制要求，在项目立项中采取等量或减量置换等控制措施。

专栏四：淘汰高毒、难降解、高环境危害化学品，限制高环境风险化学品

结合国内工艺特点，参照国际上制定的持久性生物累积性有毒物质（PBT）、高持久性高生物累积性物质（vPvB）和致癌致畸致突变物质（CMRs）等名单，制定发布高毒、难降解、高环境危害化学品名单及高环境风险化学品名单。其中，高毒、难降解、高环境危害化学品是从危害程度评估化学品，高毒是指急性毒性高，难降解是指不能被生物快速降解、在环境中存留时间长，高环境危害是指对环境的危害强。高环境风险化学品是从危害和暴露两个方面评估化学品，包括高毒或高环境危害化学品、高产量化学品，以及具有高暴露接触或高分散使用等特性的化学品。

2．推进重点防控行业合理布局

重点防控行业危险化学品生产、使用、储存企业布局应纳入区域发展规划、土地利用总体规划和城乡规划中统筹安排，合理布局产业园区和建设项目。在环境敏感区域内划定特征污染物类重点防控化学品限排区域，一律不得新建、扩建危险化学品生产、使用、储存项目，逐步搬迁已有企业。在化学品环境风险集中地区结合环境功能区划要求实施化工类项目限批或更加严格的项目审批。在划定的工业园区（或集中区）环境和安全防护距离内，禁止规划建设集中的居民生活区、医院、文教区等，已有居住区的，应控制居住人口数量，逐步有计划搬离。对位于城市和人口密集地区、达不到安全防护距离要求或环境风险隐患突出的企业，应依法采取停产、停业、搬迁等措施，尽快消除环境隐患。

对现有危险化学品项目布局进行梳理，对海洋、江河湖泊沿岸化工企业进行综合整治。对危险化学品生产和使用企业分布较为密集的长三角、珠三角、环渤海、长江流域、黄河流域、松花江流域、成渝工业圈、海西等地区开展危险化学品企业数量、布局、环境风险等信息的调查与评估，鼓励企业通过搬迁改造、产业升级，提高本质安全度。对可能引发环境污染的风险隐患，各级人民政府要组织有关力量限期完成治理。

推进化工园区的规范化可持续发展。新建化工企业必须全部进入工业园区。提高化工园区建设标准，加强园区环境风险预警、防控、应急体系建设。制定化工园区环境保护工作考核管理要求，落实园区管理责任。对不符合要求的已有化工园区实施升级改造。

专栏五：推进化工园区的规范化可持续发展

1. 规范化工园区建设和发展。“十二五”期间新建化工企业必须全部进入化工园区，严禁在园区外审批新建，现有化工企业应逐步向符合条件的化工园区集中。园区入园项目必须符合国家产业结构调整的要求，采用清洁生产技术及先进的技术装备，确保特征污染物稳定达标排放。实行园区污染物排放总量排放控制，将园区总量指标和项目总量指标作为入园项目环评审批的前置条件。入园项目必须开展环境影响评价工作，将危险化学品环境风险评估作为重要内容，并提出有针对性的环境风险防控措施。加强园区环保基础设施建设，提升园区“三废”处理处置水平，全面建成园区集中式污水处理厂及配套管网，确保园区内企业废水接管率达100%，加强园区废气和固体废物的处理处置，建立企业、园区、流域三级风险防控体系。建立健全园区环境保护和监管能力建设。

2. 加强园区环境风险预警、防控、应急体系建设。园区管理机构应建立环境风险防控管理工作长效机制，建立覆盖面广的可视化监控系统，健全环境风险单位信息库。建立完善有效的化工园区化学品环境风险防控措施和有效的拦截、降污、导流等设施。园区企业应制定环境应急预案，明确环境风险防范措施。加强应急救援队伍、装备和设施建设，储备必要的应急物资。有针对性地排查环境安全隐患，有计划地组织应急培训和演练，全面提升园区风险防控和事故应急处置能力。

3. 落实园区管理责任。制定化工园区环境保护工作考核管理要求。园区环境保护工作由园区管理机构负责，园区管理机构每年应将本园区环境管理情况报告报送当地环境保护主管部门，各省级环境保护主管部门应于次年1月底前将辖区内园区环境管理和运行情况年度报告上报环境保护部。

3. 强化环境影响评价

制定和完善危险化学品相关行业和区域规划环境风险评估技术导则、环境影响评价技术导则，完善环境风险评估方法，科学确定化学品建设项目环境安全防护距离。将化学品环境风险评估作为化学品建设项目环境影响评价的重要内容，强化突发环境事件潜在风险分析，提出合理有效的环境风险防控、应急处置措施，明确企业特征污染物监测方案，开展特征污染物类重点防控化学品排放评估。加强建设项目环境保护验收，严格落实安全防护距离、环境风险防范和应急处置设施建设、运行、监测等相关要求。

加强环境影响评价管理。严格涉及重点防控化学品和重点防控行业的环境影响评价审批制度，加强建设规模、建设地点和风险防控的集中管理。实施环境影响后评价，对存在的问题及时整改。

4. 提高环境准入条件和建设标准

将化学品环境风险防控要求纳入行业准入政策体系，制定和完善化学品相关行业准入条件、标准和政策，并严格执行。对已制定准入条件的化学品相关行业，及时修订完善，强化化学品污染防治和环境风险防控要求。对尚未制定行业准入条件的化学品相关行业，从布局、规模、技术、环保和安全等多方面要求出发，制定行业准入条件，提高行业准入要求和建设标准。各省危险化学品生产和使用集中的地区要结合本地实情，划定重点防控区域，制定区域化学品行业环境准入规定。从事生产和使用危险化学品的企业，在进行环境管理登记、申请危险化学品使用安全许可和危险化学品经营许可之前，应对环境准入条件满足情况进行核证。

（二）健全生产及相关领域重点环节环境管理

1．建立健全化学品环境管理政策法规体系

健全化学品环境管理法规制度，研究制定《化学品环境管理办法》及相关鉴别导则和技术规范，系统性地开展危险化学品环境管理条例研究。开展化学品筛选、环境风险评估及风险控制措施、技术、标准研究，完善化学品环境风险评估方法。制定和完善重点环境管理危险化学品及其特征污染物排放标准和监测技术规范，控制特征污染物排放。

2．大力推进危险化学品环境管理登记

实施危险化学品环境管理登记制度，制定重点环境管理危险化学品清单。生产、使用危险化学品的单位应切实承担申报责任，按要求完成重点行业危险化学品生产、使用等基本信息的申报。涉及重点环境管理危险化学品的企业，还应向地方环境保护部门报告所登记重点环境管理危险化学品的释放、转移情况及风险评估报告结论，制定环境风险防控管理计划等。加强和完善新化学物质申报登记，严格新化学物质登记审批后的管理。化学品相关企业登记制度执行情况应作为环评审批、上市公司环保核查和环保专项资金安排的重要参考内容，依法对不申报单位实施处罚。开展化学品登记单位的定期审核，并将其纳入排污申报、总量核查、排污许可证发放等日常管理与检查内容。分类实施化学品环境管理，对化学品开展环境风险程度评估，确定并动态更新重点环境管理危险化学品清单，逐步建立分级分类动态管理制度。

专栏六：推进化学品环境管理登记制度

1．针对未列入《中国现有化学品物质目录》的新化学物质，开展新化学物质申报登记，完善新化学物质测试、评估和风险控制相关工作，提高新化学物质风险防控能力；

2．针对《危险化学品目录》中的危险化学品，开展危险化学品环境管理登记和重点环境管理危险化学品的释放与转移报告，收集危险化学品生产、使用、排放及转移情况等基本信息，在“十二五”末完成全国第一轮危险化学品环境管理登记；

3．针对列入《中国严格限制进出口的危险化学品目录》的危险化学品，开展进出口环境管理登记。通过跟踪溯源，强化有毒有害化学品的规范使用，防范生产、使用过程中的环境风险；

4．针对《中国现有化学物质名录》中的化学物质，开展化学品生产、使用和环境情况调查，收集全国化学品的总体情况，补充和完善《中国现有化学物质名录》中的化学物质信息。

3．开展化学品和环境风险源的调查评估

开展全国化学品生产、使用及有关环境情况的调查，掌握化学品生产和使用的种类、数量、行业、地域分布等信息，完善《中国现有化学物质名录》。开展典型区域水体、大气、土壤等介质中高环境风险化学品和累积风险类重点防控化学品的环境现状调查与评估，摸清分布、污染状况等。排查环境风险源的种类、数量、规模和分布信息等，提出需要关注的环境风险源名单。

4．落实企业化学品环境风险防控主体责任

企业应建立化学品环境风险管理制度，预防和减少突发环境事件。重点防控企业应建立健全化学品环境风险防范制度措施，编制突发环境事件应急预案，建立应急救援队伍和物资储备，开展预案演练，组织评估后向当地环保部门备案。组织开展环境风险评估和后评估，设置厂界环境应急监测与预警装置，推进与监管部门联网，定期排查评估环境安全隐患并及时治理。在应急处置与救援阶段，企业应及时启动应急响应，采取有效处置措施并积极参与当地政府和相关部门组织的应急救援工作，防止次生环境污染事件，主动报告事故情况，承担应急处置相关费用。在恢复与重建阶段，企业应开展或配合开展事件原因和责任调查，对造成的环境污染和生态破坏承担恢复和修复责任，赔偿相关方经济损失。制定和实施化学品环境污染责任终身追究制度。

化学品生产使用企业应建立化学品环境管理台账和信息档案，加强对特征污染物类重点防控化学品排放的日常监测和突发环境事件高发类重点防控化学品的管理。危险化学品生产使用企业应当于每年 1 月发布企业化学品环境管理年度报告，向公众公布上一年度生产使用的危险化学品品种、危害特性、相关污染物排放及事故信息、污染防控措施等情况。重点环境管理危险化学品生产使用企业还应当公布重点环境管理危险化学品及其特征污染物的释放与转移信息和监测结果。

5．实施危险化学品相关企业分级监管

研究制定重点防控行业企业化学品环境风险监管分级技术、导则和相关标准。重点防控企业应当按照危险化学品环境管理登记制度的要求，委托第三方机构编制危险化学品环境风险评估报告，开展危险化学品生产、使用、储存过程中的环境风险识别及其防控措施评估工作，提出企业环境风险监管等级建议。企业对环境风险监管要求的执行情况应纳入危险化学品环境管理登记定期审核内容中。对不同监管等级企业实施差异化管理，并根据变化情况进行相应调整。综合运用责任保险、绿色信贷等手段推动化学品企业不断提高环境风险防控水平。

专栏七：危险化学品相关企业化学品环境风险分级监管措施

根据危险化学品相关企业生产、使用的危险化学品种类、数量及企业环境风险防控措施、周边环境敏感区域等开展化学品环境风险评估，根据评估结果提出分级监管要求并实施。国务院环境保护主管部门应明确化学品环境风险评估报告编制机构的资质要求。企业按照监管等级定期由评估机构进行化学品环境风险评估，并向辖区相关环保部门提交评估报告。环保部门对重点监管企业加大监督和检查力度，督促企业严格落实化学品环境风险评估报告提出的防控措施。

6．推进危险化学品相关行业清洁生产

定期发布强制性清洁生产审核企业名单。强化和完善针对生产、使用累积风险类和突发环境事件高发类重点防控化学品或者在生产过程中排放重点防控化学品的企业清洁生产审核相关规定和要求。重点推广聚氯乙烯低汞触媒技术、高效汞回收技术、铬盐无钙焙烧等技术。重点防控企业应至少每两年开展一次强制清洁生产审核，并将审核结果和整改措施上报相关环境保护主管部门。推动工业产品符合绿色化学理念的生态设计，减少和替代累积风险类重点防控化学品的使用。

专栏八：重点推广化学品相关清洁生产技术

“十二五”期间，在国内相关化学品行业重点推广聚氯乙烯低汞触媒技术和高效汞回收技术、铬盐无钙焙烧技术、农药原药及中间体清洁生产技术、农药母液资源化回收技术、染料中间体加氢还原技术、涂料全密闭式一体化生产技术、助剂生产有毒有害溶剂替代等技术。

7．加强危险化学品储运过程和消费产品的监管

完善突发环境事件高发类重点防控化学品储运过程中的环境监管规定。与有关部门建立危险化学品运输过程的信息通报和备案制度，完善危险化学品存储和运输车辆联网联控系统，加强危险化学品运输过程环境风险应急预案。开展试点，利用物联网和电子标识等技术手段，依托相关物联网基础平台，完善环境监管接口。危险化学品运输路线应避开饮用水源地、居民密集区等环境敏感区域，交通运输工具应配备与所运输化学品相匹配的事故应急处置物资和设备，加强对运输人员的应急防控能力培训，预防和控制运输过程中的突发环境事件。

开展消费产品中高环境风险化学品环境和健康影响研究，制定警示名单，推动消费产品中高环境风险化学品含量的限定和标识。推行政府绿色采购，采取补贴、环保标识等激励性措施，落实支持环境保护和促进节能减排的税收政策，倡导绿色消费。

（三）控制特征污染物排放

1．加强环境监测与监管

研究累积风险类和特征污染物类重点防控化学品的环境基准。重点制定和完善新型煤化工、原油加工、有机化学原料制造、涂料制造、颜料制造、染料制造、化学助剂制造、化学药品原药制造、毛染精加工、丝印染精加工等行业特征污染物排放标准，完善监测技术规范。研究将特征污染物类重点防控化学品逐步纳入现有排污收费体系，鼓励各省积极开展试点。

将突发环境事件高发类和特征污染物类重点防控化学品排放纳入企业自行监测和各级环保部门监督性监测的管理范围。企业应加强监测能力，暂时不具备条件的，应委托相应的环境监测机构开展监测。企业应定期上报危险化学品特征污染物排放的监测结果，环保部门对重点防控企业定期开展监督性监测。

专栏九：加强特征污染物类重点防控化学品的环境监测与监管

1．制定和完善危险化学品环境标准体系

优先制定针对 PBT、vPvB、CMRs 及环境激素类等化学污染物的环境基准、环境质量标准及相关行业排放标准。

2．全面加强特征污染物类重点防控化学品的环境监测与监督管理

重点开展挥发酚、氰化物、氟化物、硫化物、苯、甲苯、乙苯、苯胺类、甲醛、硝基苯类、酸类物质、邻苯二甲酸二丁酯、邻苯二甲酸二辛酯、丙烯腈、氯苯、苯酚、化学农药等水体污染物和甲醛、苯、甲苯、二甲苯、酚类、苯并芘、氟化物、氯气、硫化氢、苯胺类、氯苯类、氯乙烯等大气污染物的监测与监管。

3．加强监测监管要求

各省制定本地区重点防控区域重点环境管理化学品环境监测管理实施计划，确定本地区环境监测与管理的排污企业名单，纳入各级环保部门监督性监测的管理范围，上报省级环境保护部门备案。排放企业对特征污染物类重点防控化学品排放开展自行监测，完善相关监测能力和制度，定期公布监测结果。重点环境管理危险化学品生产使用企业每年度填报重点环境管理危险化学品释放与转移报告表、环境风险防控管理计划，上报县级环境保护主管部门。地方环境保护部门对重点防控企业开展监督性监测。

各级环保部门应加大对重点防控企业化学品环境管理工作的监督检查力度。组织开展突发环境事件高发类重点防控化学品生产使用情况、危险化学品环境管理重点制度、风险防范措施、特征污

染物排放的监督检查，督促重点防控企业落实释放与转移登记等控制制度，完善环境风险防控体系及设施建设。限期治理不能达标排放的企业，停产整顿已经造成严重环境危害的企业，搬迁改造位于环境敏感区的污染企业，依法关闭不符合产业政策的重污染企业。

2．促进特征污染物的稳定达标排放

在环境保护重点区域开展特征污染物类重点防控化学品排放类型、数量和分布的监测与调查。重点防控企业制定累积风险类重点防控化学品的环境风险防控管理计划。对特征污染物排放量大、排放集中的重点防控行业，实施清洁生产和污染减排等污染防控行动，推进企业升级改造特征污染物污染防治设施技术水平。鼓励重点防控行业和企业推行最佳可行技术，提升企业环境管理水平，有效控制和逐步减少累积风险类重点防控化学品的排放。

3．提高化学品循环利用和安全处置水平

加强含重点环境管理危险化学品产品的技术研发、示范和推广。以延长产品有效使用周期、推行安全环保的循环利用方式为目标，避免或减少产品循环利用和处置过程中重点环境管理危险化学品的释放。加强产品中重点环境管理危险化学品的回收利用和环境无害化处置，加强农药等危险化学品包装物的循环利用和妥善处置。

严格落实废弃危险化学品环境污染防治有关规定，强化废弃危险化学品产生单位和处理处置单位的日常监管。加强废弃危险化学品产生源的管理，规范废弃危险化学品产生企业暂存设施。依据《危险废物名录》和《危险废物鉴别标准》对废弃危险化学品开展属性鉴别，对属于危险废物的，应严格落实危险废物分类收集、转移联单和安全有效处置的相关规定。

4．开展涉化污染场地的评估与修复试点

重点防控区域开展涉及重点防控危险化学品污染场地的调查、评估、管理和修复试点。开展重点防控化学品污染场地的调查和风险评估，重点推进重点防控危险化学品污染场地用途变更的风险评估，制定和完善危险化学品污染场地相关管理办法和标准规范。开展危险化学品污染场地环境无害化管理与修复试点，开发经济有效的环境应用修复技术，逐步降低和消除化学品环境污染场地的环境风险。

（四）提升环境监管能力

1．加强基础能力建设

提高国家和地方化学品环境管理能力，加强化学品环境管理登记、鉴别鉴定、风险管理、监督检查、业务培训、信息交流和宣传教育等工作。提升现有化学品环境管理机构和科研单位支撑能力，建立和完善化学品危害测试与风险评估机构，加强测试机构考核及监督管理工作。加强各级环保部门对特征污染物类重点防控化学品的监测能力建设。建立国家和省级化学品环境管理和风险防控信息数据与管理支持系统。定期开展化学品执法检查，对化学品环境风险防控和环境管理制度的执行情况开展评估。

加强化学品环境风险防控科学研究。设立重大科技专项，加强重点环境管理危险化学品的环境暴露检测和健康风险评估研究、危险化学品环境污染防治和环境风险防范工艺和技术研究、替代品/替代工艺技术开发与应用示范、化学品环境风险防控重点管理政策等研究。开展化学品环境风险评估与控制、生态效应、环境基准、调查评估、分类分级、预警应急、场地修复、分析监测等领域的研究，加强各类科技计划对化学品环境预防评估与削减技术研究的支持，积极拓展科研投入渠道。建立危险化学品环境危害性测试评估方法体系，开展危险化学品环境危害性、毒理特性鉴定，开展新化学物质生态毒理特性测试、预测评估和暴露评价。开展化工园区环境事故预警与动态跟踪监测研究与试点。开展危险化学品储运过程环境安全保障技术研究。

加强各级环境保护主管部门专业知识和技能培训。定期对化学品管理和技术人员开展培训，提高对危险化学品环境管理、监测等专业技能水平。

专栏十：化学品管理基础能力建设

目前亟需提高化学品监管机构和技术支撑机构的能力，“十二五”期间，将重点推动以下四类能力建设：

1. 推动国家化学品环境管理技术支持能力、区域化学物质危害测试和风险评估能力建设，开展全国化学品环境管理登记、鉴别、监测、风险评估、政策制定、培训等工作。

2. 推动省级化学品环境管理能力和省内重点防控区域地市、县、园区化学品环境管理能力建设。开展化学品环境管理信息登记、调查、监督管理、环境风险应急管理等工作。

3. 加强重点防控区域环境监测能力。完善对累积风险类危险化学品和特征污染物类危险化学品的监测能力。开展社会化监测试点。

4. 加强各级环境保护主管部门专业知识和技能培训。重点加强省级及重点防控区域地市级（含省直管县）培训，包括化学品环境管理体系建设、化学品环境风险防控措施、化学品危害特性、监测技术等专业知识和技能。

2．提升应急响应能力

制定危险化学品突发环境事件处置技术规范，制定环境应急监测标准、方法和技术规范。制定化学品环境应急能力标准化建设标准。

制定切实可行的危险化学品环境风险防范措施和突发环境事件应急预案，加强各级应急预案建设和管理。制定和完善各类应急预案编制指南和演练指南。重点防控企业突发环境事件应急预案应报地区环境主管部门备案。企业应定期开展环境应急培训，加大应急预案演练频次和力度，提高预案的操作性和有效性。编写危险化学品环境风险防控、应急处置和安全自救宣传手册，广泛开展应急宣传教育，普及化学品风险预防、避险、自救、互救、减灾等知识和技能。

建设区域环境应急联防联控体系，建立紧密协同、快速反应的工作机制。建立区域危险化学品突发环境事件应急管理信息系统，将重大环境风险源、应急预案、物资储备、人员调度等信息纳入应急系统。充分利用社会资源，实现区域性环境安全应急救援物资相互调配。加强危险化学品突发环境事件应急处置救援队伍建设，对重大环境风险源建立综合性防控工程设施。依托大型企业和社会专业应急机构，建立政府、企业与社会相结合的综合性、专业化的化学品突发环境事件应急处置队伍。

3．提高全民环境意识

开展化学品环境管理法律、法规、制度的宣传贯彻工作。针对重点防控行业、企业开展危险化学品环境管理登记、重点环境管理危险化学品释放转移报告、重大环境风险源报告等制度实施的培训。加强企业环境安全宣传教育，通过讲座、座谈、印发宣传册等方式加大对化学品环境风险管理、环境应急预案、环境应急处置等法律法规的宣传与普及，增强企业环境安全意识，提高企业守法的自觉性和积极性。

加大对公众和社会团体的宣传力度。通过“六五”环境日专题宣传、公益广告、宣传手册等方式推进化学品环境风险防控基础知识和相关环境保护法规和制度的普及，充分利用电视、互联网、平面媒体等宣传媒介，做到相关知识进园区、进村镇、进社区、进学校。树立对化学品危害特性和环境风险防控知识的正确观念，提高全民风险防范意识，加大社会监督和舆论引导力度。充分发挥行业协会作用，推进行业自律，倡导责任关怀活动。建立环境应急宣传教育基地。

四、重点工程

全国化学品生产、使用及环境风险基础信息调查。开展化学品生产、使用情况全面调查；开展化学品项目布局梳理评估；开展典型区域水体、大气、土壤等介质中高环境风险化学品环境基本信息调查；在环境保护重点区域开展特征污染物类重点防控化学品排放类型、数量和分布调查；开展环境敏感地区化学品环境污染场地调查、无害化管理与修复试点。

化学品环境管理风险预防与控制体系建设。制定《化学品环境管理办法》，开展危险化学品环境管理条例研究；开展化学品筛选、环境风险评估及风险控制措施技术、标准研究；开展化学品环境管理宣传培训；重点防控企业和化工园区试点建设化学品环境应急监测与预警系统；建立化学品环境应急物资调配与储备管理系统。

特征污染物类重点防控化学品排放控制。制定和完善重点环境管理危险化学品及其特征污染物排放标准和监测技术规范；在重点防控行业、重点防控企业开展清洁生产审核，开展特征污染物类重点防控化学品“三废”处理处置设施的升级改造，确保稳定达标排放。

化学品环境风险防控基础能力建设。加强国家化学品环境管理能力，具备化学品登记、鉴别、监测、环境风险评估、技术研发、管理、培训等能力，建设国家重点环境管理危险化学品的环境暴露检测与风险评估技术监控平台；加强各省区化学品环境风险防控管理能力，具备化学品环境风险预防、登记、应急、培训等能力；建设 3～4 个区域性化学品测试、分析和评估重点实验室；建设 200 个重点地区环境监测站，加强重点防控化学品环境监测能力；开展危险化学品运输车辆实时跟踪监控物联网建设试点；建立国家和省级化学品环境管理和风险防控信息数据与管理支持系统，建立国家级化学品信息数据库。构建集化学品基本特性、生产使用情况、相关企业信息、风险防范、监测监管和技术政策等为一体的综合性管理支持系统。

危险化学品风险控制示范工程。在长三角、珠三角、环渤海、松花江流域等沿江沿海环境敏感区域和中西部化工集聚区，开展重点防控行业、化工园区、企业化学品环境风险防范与管理示范；推进聚氯乙烯低汞触媒替代高汞触媒、盐酸脱析汞回收等污染控制技术的应用；开展 PFOS、壬基酚、邻苯二甲酸酯类等重点防控化学品的限制、替代和淘汰示范工程。

表 1 重点工程项目汇总表

序号	项目类别	项目名称
1	全国化学品生产、使用环境风险基础信息调查	开展化学品生产、使用情况全面调查
		开展化学品项目布局梳理评估
		开展典型区域水体、大气、土壤等介质中高环境风险化学品环境基本信息调查
		在环境保护重点区域开展特征污染物类重点防控化学品排放类型、数量和分布调查
		开展环境敏感地区化学品环境污染场地调查、无害化管理与修复试点
2	化学品环境风险预防与控制体系建设	制定《化学品环境管理办法》，开展危险化学品环境管理条例研究
		开展化学品筛选、环境风险评估及风险控制措施技术、标准研究
		开展化学品环境管理宣传培训
		重点防控企业和化工园区试点建设化学品环境应急监测与预警系统
		建立化学品环境应急物资调配与储备管理系统
3	特征污染物类重点防控化学品排放控制	在重点防控行业、重点防控企业开展清洁生产审核，开展特征污染物类重点防控化学品“三废”处理处置设施的升级改造，确保稳定达标排放
		制定和完善重点环境管理危险化学品及其特征污染物排放标准和监测技术规范

序号	项目类别	项目名称
4	化学品环境风险防控基础能力建设	加强国家化学品环境管理能力，具备化学品登记、鉴别、监测、环境风险评估、技术研发、管理、培训等能力，建设国家重点环境管理危险化学品的环境暴露检测与风险评估技术监控平台
		加强各省区化学品环境风险防控管理能力，具备化学品环境风险预防、登记、应急、培训等能力
		建设3～4个区域性化学品测试、分析和评估重点实验室
		加强重点防控区域环境监测站建设，具备危险化学品特征污染物环境监测能力
		建立国家和省级化学品环境管理、风险防控技术和防控信息数据与管理支持系统，建立国家级化学品信息数据库
5	危险化学品风险防控制示范工程	开展危险化学品运输车辆实时跟踪监控物联网建设试点
		在长三角、珠三角、环渤海、松花江流域等沿江沿海环境敏感区域和中西部化工集聚区，开展重点防控行业、化工园区、企业化学品环境风险防范与管理示范
		扶持、推进聚氯乙烯低汞触媒替代高汞触媒、盐酸脱析汞回收等污染控制技术的应用
		开展PFOS、壬基酚、邻苯二甲酸酯类等重点防控化学品的限制、替代和淘汰示范工程

五、保障措施

（一）加强领导，落实责任

环境保护部加强对规划实施的组织和领导，负责《规划》实施的指导、协调、督促、检查，组织开展规划实施评估考核，加强与国家发展改革委、工业和信息化部、财政部、安全生产监督管理总局等部门的沟通、协调和合作。各省级环境保护主管部门要依照规划总体要求，结合本省化学品环境管理需求和特点，编制规划实施年度工作方案，确定本省重点防控区域和重点防控企业，制定年度规划目标，明确具体任务、职责分工和进度，制定保障政策措施，上报环境保护部备案。

化学品相关企业落实环境安全主体责任。化学品从业企业应严格按照国家化学品环境管理和应急要求，切实履行登记、治理、监测、管理等责任。健全管理制度，建立化学品环境管理台账和信息档案，建设完善的污染防治和风险防控设施，提出切实可行的应急预案，开展化学品环境管理和环境风险防控相关知识培训。对造成环境污染的企业，要从立项、建设、验收、监管等各个环节，依法对有关部门和企业责任人员实施责任终身追究和全过程行政问责制度。

（二）完善法制，严格执法

积极推进国家化学品环境风险防控专项法规的制定，修订《环境保护法》、《固体废物污染环境防治法》等相关法律，强化化学品环境管理和环境风险防控内容，完善相关实施细则。鼓励制定化学品环境风险防控地方性法规和标准。健全化学品环境风险防控制度，提高环境违法处罚标准。完善化学品测试、鉴定、分类、评估和排放等标准和技术规范。鼓励各省推行责任关怀、自愿协议等综合管理手段，开展相关示范项目。

定期开展执法检查，加大对违法行为的处罚力度。加大对肇事企业的经济赔偿和责任追究力度。加大对地方政府有关责任人的惩处力度，适时采用区域限批、撤销荣誉称号等手段落实地方政府危险化学品环境风险防控管理责任。

（三）依靠科技，创新政策

加强化学品环境管理科技研发和技术支撑力度，积极拓展科研投入渠道，推动高环境风险化学品替代品/替代技术的研发，开发引进先进的生产工艺、生产设备和环境保护设施。制/修订重点防控行业特征化学污染物排放标准及相关监测技术规范，提高监测能力。

加强化学品环境风险防控环境经济政策研究，探索环境责任保险、排污收费、绿色采购等环境经济手段的运用。稳步推进危险化学品相关企业环境污染责任保险，研究解决无责任主体的化学品环境风险防控资金保障途径。促进企业化学品环境风险防控情况与信贷审批管理相联系，严格控制对高环境风险企业的信贷支持。化学品环境风险防控措施纳入上市公司环保核查范围。控制高环境风险产品的进出口。进一步完善危险化学品污染损害赔偿机制。协调完善企业安全生产风险抵押金制度，研究环境应急救援费用资金来源。

（四）加大投入，借鉴吸收

国家和地方各级人民政府要加大化学品环境管理和风险防控的资金投入，积极落实试点项目建设资金，推进规划实施。推动企业责任落实，将环境风险防控设施投资纳入工程项目投资。拓展融资渠道，建立政府、企业、社会、金融机构等多元化投融资机制，鼓励企业和社会多方资金投入。现有相关国家资金渠道要加大对化学品生产使用及环境情况调查、环境风险评估、化学品管理基础能力建设、宣传教育、技术支撑、基础科研能力建设的支持力度。

加强与国际组织机构及相关国家间的交流与合作，积极引进、消化、吸收先进理念和管理经验，促进技术转让。持续推进《关于持久性有机污染物的斯德哥尔摩公约》、《关于在国际贸易中对某些危险化学品和农药采用事先知情同意程序的鹿特丹公约》等化学品环境公约的履约。全面实施联合国全球化学品统一分类和标签制度，积极参与联合国环境规划署关于全球化学品环境管理战略的有关活动，提高国家化学品环境风险防控能力。

（五）广泛宣传，多方参与

加强面向管理部门、企业、公众的化学品环境风险防控的宣传与教育活动，引导社会各界积极防控化学品环境风险，合理使用和处置化学品，倡导使用环境友好型化学品，促进绿色消费。充分发挥社会各界的服务和监督功能。行业协会应积极配合对化学品环境风险防控法律法规的宣传，指导企业完善环境风险防控措施，组织开展技术经验交流，加强企业风险防控知识培训。加大对企业清洁生产、环境风险评估等咨询服务工作。加强信息发布制度，规范各省、重点防控企业环境风险防控信息发布。加强化学品环境污染事件及应急处置的舆论引导和舆情分析工作，为积极稳妥地处置化学品突发环境事件营造良好的舆论环境。

关于发布《2012年国家先进污染防治示范技术名录》和《2012年国家鼓励发展的环境保护技术目录》的公告

公告　2012年　第39号

为贯彻落实《国务院关于加强环境保护重点工作的意见》（国发[2011]35号），加快环保先进技术示范、应用和推广，我部组织编制了《2012年国家先进污染防治示范技术名录》和《2012年国家鼓励发展的环境保护技术目录》，现予发布。

《国家先进污染防治示范技术名录》所列的新技术、新工艺在技术方法上具有创新性，技术指标具有先进性，已基本达到实际工程应用水平。《国家鼓励发展的环境保护技术目录》所列的技术是已经工程实践证明的成熟技术。

2010年发布的《国家先进污染防治示范技术名录》和《国家鼓励发展的环境保护技术目录》同时废止。

附件：1．2012年国家先进污染防治示范技术名录

2．2012年国家鼓励发展的环境保护技术目录

二〇一二年七月五日

附件 1

2012 年国家先进污染防治示范技术名录

序号	技术名称	工艺路线	主要技术指标	适用范围
一、城镇污水、污泥处理技术				
1	“微生物法源头减量+调质深度脱水+资源化焚烧”污泥处理处置技术	该技术先在污水处理过程中投放筛选出的功能菌株降解有机物，从源头上使污泥减量，水处理产生的污泥经调质深度脱水后利用自行研发的导热油烘干机进行干化，干化的热媒为导热油，导热油的热量来自污泥焚烧产生的热量，烘干过程中产生的水蒸气用来加热除盐水，回收热能。	污泥可减量 95%以上，每吨污泥可利用热量约相当于 29.2 kg 标煤。焚烧炉膛温度高于 850℃，烟气停留时间约 5s，灰渣体积仅为污泥的 10%左右，产生的烟气经烟气净化系统后，达标排放。该技术无二次污染产生，能量可自持平衡。	适用于市政及工业污水污泥的处理处置。
2	城市污水厂污泥热解法稳定化处理技术	该技术采用以水热处理为核心的污泥处理组合工艺，先通过水热处理将难脱除的细胞水转化为自由水，难降解的大分子有机物水解为小分子；再经重力浓缩和机械脱水，使泥饼含水率降低至 50%；最后采用厌氧发酵法处理脱水废液产生沼气、回收热能。	污泥减容率大于 90%，进料污泥含水率 90%～95%，出料污泥含水率约 50%，呈半干化状态，可直接焚烧。	适用于城市污水厂污泥处理。
3	分级分相厌氧消化技术	污水处理厂污泥（含水率约 80%）与经过预处理的餐厨垃圾调配后，采用高温水解酸化、中温甲烷两级反应，产生沼气和消化污泥，消化污泥脱水后可进行土地利用，脱水后的滤液经化学沉淀除磷等处理达标后排入管网。	有机物降解率约 70%，每吨污泥沼气产量约 100～120 m^3，产生的沼气可用于发电。	适用于市政、工业污泥、餐厨垃圾和粪便等有机固体废弃物的处置和综合利用。
4	水蚯蚓原位消解污泥技术	该技术依据生态学原理延长食物链，在城镇污水处理系统好氧生化段接种水蚯蚓，利用食物链中水蚯蚓的捕食作用，在污水处理产生污泥的过程中，通过物质、能量转换消解污泥，实现污泥减量。	污泥过程减量 50%～80%（以 80%含水率的泥饼计），出水 COD 低于 60 mg/L，BOD_5 低于 20 mg/L。	适用于城镇生活污水的处理。
二、高氨氮工业废水处理技术				
5	有机废水碳氮硫同步脱除技术	该技术采用生物技术对废水进行碳氮硫同步脱除，并回收单质硫。利用自养和异养微生物的联合作用实现生态强化反硝化和脱硫，并利用自养微生物将含硫化合物转化为单质硫。	进水 COD 2 000～15 000 mg/L、硫酸盐 1 000～3 000 mg/L、氨氮 200～1 000 mg/L 时，出水 COD 低于 120 mg/L、硫酸盐低于 40 mg/L、氨氮低于 20 mg/L；COD 去除率大于 99%、硫酸盐去除率大于 98%、氨氮去除率大于 95%。	适用于制药、化工等重污染行业高浓度含硫含氮有机废水的生物处理，水量 500～10 000 m^3/d。

序号	技术名称	工艺路线	主要技术指标	适用范围
6	好氧生物脱氮技术	该技术采用脱氮性能优异的异养硝化/好氧反硝化脱氮菌对废水进行好氧脱氮处理，在反应过程中硝化和反硝化脱氮并存。曝气池内脱除有机物、氨氮、总氮同步进行，可承受更高的有机物和氨氮负荷。	废水 COD_{Cr} 为 2 500 mg/L、氨氮为 700 mg/L 时（需 COD/N≥3.5 以上），可以稳定、高效运行；平均去除率：COD_{Cr} 大于 90%，氨氮大于 99%，总氮大于 90%，可满足 GB 19431—2004 要求。进入好氧生物脱氮反应过程的污水 C/N 比值大于 4；污泥回流比一般为 60%～100%，保证生化池中污泥浓度在 3～6 g/L；推流式反应池内循环回流比一般为 200%～400%。	适用于食品发酵行业的废水处理。
7	曝气生物流化床废水深度处理技术	该技术在曝气生物流化床工艺中采用 NC-5ppi 型专用生物载体，微生物与载体的自固定化技术将微生物固定在载体上，可同时去除有机物和氨氮。	当进水 COD_{Cr} 200 mg/L，BOD_5 150 mg/L，SS200 mg/L，NH_3-N 30 mg/L 时；出水 COD_{Cr} 低于 20 mg/L，BOD_5 低于 5 mg/L，SS 低于 10 mg /L，氨氮低于 1 mg/L。	适用于化工、制药、电镀、制革、煤化工、畜禽养殖等行业废水深度处理及城市中水回用。
8	机械压缩-离子交换垃圾渗滤液处理技术	该技术采用“机械压缩（MVC）-离子交换（DI）”工艺处理垃圾渗滤液。应用降膜喷淋蒸发原理，通过热交换和蒸汽压缩实现连续稳定蒸发。冷凝液的热量可回收用于预热。MVC 产生的蒸馏水经由离子交换除氨后可达标排放。	出水达到 GB 16889—2008 中表 2 或表 3 的限值，浓缩液要求小于 10%。	适用于垃圾渗滤液处理。
9	高效节能汽提脱氨技术	该技术在汽提精馏氨氮废水处理技术的基础上，利用两级汽提脱氨塔，氨氮废水处理量的 55%和 45%分别送入 I 效汽提脱氨塔和 II 效汽提脱氨塔汽提脱氨，I 效汽提脱氨塔塔顶冷凝器与 II 效汽提脱氨塔塔底再沸器合二为一，可实现系统蒸汽热量的梯级利用。	氨氮废水处理蒸汽单耗约 100 kg/t 废水，蒸汽单耗降低 40%～45%。可以将氨氮以 15%～20%浓氨水或 90%以上浓氨气的形式或硫酸铵形式从氨氮废水中回收。出水氨氮低于 15 mg/L（最低<5 mg/L）。	适用于石化、制药、农药、轻工、冶金、煤化工、垃圾处理等行业和领域的氨氮废水处理。
10	焦化废水超磁树脂净化深度处理技术	该技术将特种磁性树脂流动床工艺与超磁分离技术有机结合，实现焦化生化尾水的深度处理。特种磁性树脂可催化加速水溶性有机污染物吸附，吸附后的特种磁性树脂用超磁分离技术分离后进行再生，并循环使用。	当进水 COD≤150 mg/L、色度 80～100 倍、总氮 40～60 mg/L 时，出水 COD 低于 70 mg/L、色度无检出、总氮低于 20 mg/L，出水可稳定达到 GB 8978—1996 要求。	适用于焦化行业低浓度生化尾水中水溶性有机污染物的深度处理，尤其适用于现有焦化废水处理系统的升级改造。

序号	技术名称	工艺路线	主要技术指标	适用范围
三、其他工业废水处理、回用与减排技术				
11	新型人工分子筛水处理技术	该技术使用粉煤灰制备的人工分子筛，可将污水中铵离子吸附脱除并解吸回收，污水处理后可回用，氨经浓缩可作为化肥。	在相同工艺条件下，新型人工分子筛的铵离子交换容量是天然分子筛的 150 倍，铵离子选择系数达 95%～99%，氨氮去除率达 95%～99%，处理每吨市政污水的运行成本不超过 0.1 元。	适用于低浓度（NH_3-N≤100 mg/L）含氨氮污（废）水的脱氮处理。
12	牛仔服洗磨污水净化再生回用技术	该技术将吸附、精细过滤和固液分离 3 个工序合并设计在一个一体化处理装置内，水力停留时间 30 min。	当原水 COD 200～400 mg/L、色度 50～250 倍时，处理后出水 COD30～50 mg/L、色度低于 10 倍。系统节水率可达 80%。	适用于牛仔服洗磨加工企业洗磨污水再生回用。
13	氯碱化工废水处理技术	该技术针对北方氯碱厂水质较硬、盐较高等特点，采用“调节隔油＋气浮＋活性炭＋反渗透”处理工艺，注重膜前预处理，保证反渗透的运行效果，反渗透产水可达到脱盐水补水水质。	原水硬度 1 000 mg/L 时，出水可降至 150 mg/L；出水可回用于氯碱工业生产，废水回用率达 80%。	适用于氯碱化工（无机酸碱）废水处理。
14	膜法浓缩、回收氰化钠技术	该技术采用膜分离工艺回收浓缩废水中的氰化钠等污染物，达到一定浓度后回收使用。	氰化钠原液浓度 2 g/L，透析后出水水质与自来水相当，可供冷冻行业生产使用，浓缩液浓度为 10 g/L，浓缩倍数 2.5～5 倍。	适用于金属冶炼行业。
15	有毒有机工业废水吸附法处理及回收技术	该技术根据废水中污染物特性，设计了海绵状高分子吸附材料，然后采用该海绵状高分子吸附材料处理含有毒有机污染物的工业废水。	海绵状高分子吸附材料对高浓度疏水性有毒有机物的吸附容量大于 10 g/g；吸附树脂重复使用 100 次后，其吸附容量仍可达初期饱和吸附量的 70% 以上。在工业废水中进行一次吸附处理的效果：进水中苯乙烯浓度 200ppm，苯酚浓度 200ppm，乙酸乙酯浓度 4 000ppm；经一次吸附处理后苯乙烯浓度降至 50ppm，苯酚浓度降至 30ppm，乙酸乙酯浓度降至 200ppm。	适用于化工等行业高浓度有毒有机废水的处理。
16	天然复合矿物在印染废水处理中的应用技术	该技术以天然矿物，如膨润土、硅藻土、稀土尾矿、沸石、铝矾土、粉煤灰、麦饭石、电气石尾矿等为主要原料，按一定的比例混合复配，制成粉末状天然复合矿物水处理剂和颗粒状天然复合矿物颗粒滤料，该材料具有絮凝、吸附、离子交换等功能，适用于印染废水的辅助处理。在印染废水中投加该水处理剂处理后再用天然复合矿物颗粒滤料过滤。沉淀污泥经收集、脱水、高温活化后可重复使用。	该技术可将纺织印染废水处理至生产回用要求。水处理剂投加量约为 1‰～3‰，反应时间为 0.5～1 h，沉淀时间为 2～4 h。滤料粒径为 4～6 mm，滤速为 36 m/min，反冲洗周期为 7 天。当进水 COD 2 500～3 500 mg/L，SS 140～170 mg/L，NH_3-N 5～40 mg/L 时；出水 COD 30～50 mg/L，SS 8～10 mg/L，NH_3-N 1～4 mg/L。	适用于纺织染整废水处理及回用等。

序号	技术名称	工艺路线	主要技术指标	适用范围
17	油田废水回收利用技术	该技术耦合了气动超声与气浮、磁吸附、平板超滤膜技术处理油田废水，可实现油回收、水回注。气动超声波的振动、空化和气体搅拌作用，使微米或纳米级磁性吸附剂很好地分散在含油废水中，同时破乳与吸附的耦合使微米或纳米级磁性吸附剂易于分散在污水中，使油易于回收。	可回收油田废水中约95%的石油，去除废水中约90%的乳化油和分散油。当进水含油量为30～120 mg/L，SS为30 mg/L时；出水含油量低于2 mg/L，SS低于1 mg/L。	适用于油田废水资源化利用和钢铁、化工行业中废水除油。
18	环保型循环冷却水处理技术	该技术采用高级氧化还原技术，有效破坏生物膜，起到杀菌、阻垢和缓蚀等作用，可替代传统化学药剂处理循环冷却水。	处理后污垢热阻小于$3.44\times10^{-4}\cdot m^2K/W$，腐蚀率小于0.075 mm/a（碳钢），细菌总数低于1×10^3个/ml，生物粘泥低于3 ml/m^3，浊度低于5NTU，pH7.0～9.0，总铁浓度低于1.0 mg/L。	适用于敞开式工业循环冷却水系统。
四、除尘、脱硫、脱硝技术				
19	移动极板静电除尘技术	该技术利用移动电极实现对高比电阻、超细粉尘的收集，并采用钢丝刷等特殊清灰装置实现对容易二次扬尘、高黏度的粉尘清灰。该技术前级电场采用固定式阳极板，振打清灰；末级电场采用移动式阳极板，旋转刷清灰，防止产生反电晕、二次扬尘，提高除尘效率。	处理后烟气出口粉尘浓度低于30 mg/Nm^3，除尘效率达99.8%。	适用于大容量火电机组长期稳定运行的情况。
20	镁质材料行业资源循环利用技术	该技术采用先进浮选工艺实现低品位菱镁矿资源升级使用，滚笼筛筛分技术结合炉窑工艺的系列改造实现粉矿碎矿的分级利用；通过设立煤气站结合煅烧工艺升级、多管旋风子加脉冲布袋等除尘综合措施，解决了菱镁矿煅烧过程中的粉尘/烟尘污染问题，实现粉尘/烟尘的回收利用。	电熔炉烟尘排放低于200 mg/m^3，部分企业可达到50 mg/m^3以下。	适用于菱镁矿集中地区及类似矿区污染治理。
21	湿式静电除雾技术	该技术将湿法脱硫后的烟气进入电场荷电区，烟气中的酸雾和气溶胶颗粒荷电后在电场力作用下不断被驱向阳极后去除。	各种有害气体（SO_3、SO_2、HCl、HF、NH_3等）、微细粉尘和重金属等所形成的气溶胶的去除率达99%，酸雾去除率达95%，水雾浓度低于10 mg/Nm^3。	适用于湿法脱硫烟气后处理。
22	烧结机循环流化床烟气脱硫技术	该技术采用干态消石灰粉脱硫剂，通过在脱硫反应塔中部喷水，脱除烟气中的二氧化硫。脱硫后的烟气进入布袋除尘器中，脱除颗粒物后排入大气，颗粒物经过再循环系统返回到脱硫反应塔中循环利用。	钙硫比为1.2时，脱硫效率可达90%以上，粉尘排放量低于30 mg/m^3。	适用于烧结机烟气脱硫。

序号	技术名称	工艺路线	主要技术指标	适用范围
23	脱硝催化剂载体二氧化钛产业化技术	该技术以硫酸法钛白粉生产的偏钛酸为原料，制备脱硝用催化剂载体。主要流程包括前处理、硫酸处理、载入活性组分、凝胶化、过滤、干燥煅烧、超细粉碎、包装等环节。	生产的载体二氧化钛为锐钛型结晶度，比表面积控制在（90±10）m^2/g，晶粒尺寸小于 20nm。	适用于电力、水泥、化工、冶金、汽车等高温燃烧烟气的氮氧化物处理。
24	低氮燃烧与选择性非催化还原脱硝（SNCR）组合技术	在水泥窑分解炉采用分级燃烧方式降低氮氧化物（NO_x）的基础上，以分解炉膛为反应器，以液氨、氨水或尿素作为还原剂，将其喷入分解炉内的高温区域（850～1 100℃），还原剂迅速热分解成 NH_3 并与烟气中的 NO_x 进行选择性反应，生成氮气和水，去除烟气中的 NO_x。	采用分级燃烧技术，NO_x 产生量减少 20%以上，组合采用 SNCR 技术后，烟气中氮氧化物浓度低于 500 mg/Nm^3，综合氮氧化物减排效率大于 50%，SNCR 脱硝系统氨逃逸浓度应低于 8 mg/m^3。	适用于新型干法水泥窑的氮氧化物减排。
25	低氮燃烧与选择性催化还原脱硝（SCR）组合技术	在水泥窑分解炉采用分级燃烧以降低氮氧化物（NO_x）的基础上，将烟气引入 SCR 反应器，并在反应器入口喷入液氨、氨水或尿素等作为还原剂，使之与烟气中的 NO_x 在催化剂的作用下化合，生成氮气和水，去除烟气中的 NO_x。	采用分级燃烧技术，NO_x 产生量减少 20%以上，组合采用 SCR 技术后，总体 NO_x 减排效率大于 85%，烟气中 NO_x 浓度低于 200 mg/Nm^3，SCR 脱硝系统氨逃逸浓度应低于 5 mg/m^3 以下。	适用于新型干法水泥窑的氮氧化物减排。
26	炉内射流组合低氮燃烧技术	该技术通过炉内射流组合使相关区域三场（温度场、速度场和浓度场）特性在空间和过程尺度上差异化，形成利于防渣、低 NO_x、稳燃的燃烧状态。	对于燃用贫煤、烟煤、褐煤的机组，该技术可将 NO_x 排放量降低 35%以上，在燃用烟煤时，能实现 NO_x 排放量小于 300 mg/Nm^3，同时实现锅炉防渣和高燃尽率。	适用于燃煤发电机组和热电联产机组。
五、工业废气治理、净化及资源化技术				
27	“醇性油墨+吸附回收+溶剂分离”VOCs 治理技术	该技术使用醇性（无苯无酮）油墨，然后采用活性炭吸附回收装置吸附回收废气中的有机物，吸附剂再生后，含水的混合溶剂通过精馏装置进行分离得到高纯溶剂。	回收装置的回收率大于 90%。	适用于采用凹版印刷工艺的包装印刷行业 VOCs 治理。
28	“漆雾净化+活性炭吸附+回收利用”VOCs 治理技术	该技术首先净化废气中的漆雾，再利用活性炭吸附回收废气中的有机物，吸附饱和的活性炭床切换进行脱附，脱附下来的混合气体经冷凝分离后回收有机溶剂。	回收装置的回收率大于 90%。	适用于集装箱喷涂行业中 VOCs 的治理。
29	家具行业有机废气治理技术	当有机物浓度大于 200 mg/m^3 时，采用吸附浓缩工艺对有机物进行浓缩，浓缩以后的高浓度有机物再进行催化燃烧处理；当有机物浓度小于 200 mg/m^3 时，采用“水基吸收+低温等离子体”技术进行净化。	当有机物浓度大于 200 mg/m^3 时，吸附净化率达到 90%以上，催化燃烧效率达到 95%以上；当有机物浓度小于 200 mg/m^3 时，处理装置的净化效率达 70%以上。	适用家具生产企业的有机废气治理。

序号	技术名称	工艺路线	主要技术指标	适用范围
30	低温等离子体处理有机废气净化技术	该技术中有机废气先经旋流除尘塔将大颗粒及溶于水的物质先喷雾下来，再经除雾器将水雾分离后进入等离子净化器处理，最后由引风系统抽出排放。	低浓度（小于 300 mg/m^3）有机废气的净化效率大于 70%，臭味净化效率大于 80%。	适用于轻工、化工、制药、印刷、皮革、家具、汽车、喷涂等行业的有机废气处理。
31	铝电解槽烟气除尘脱硫脱氟一体化治理技术	该技术针对同时治理电解铝行业烟气中 SO_2 和氟化物的需要，在氨法脱硫过程中，洗涤吸收塔吸收 SO_2 的同时将 F^- 吸收后溶解在系统内硫酸铵溶液中，F^- 离子和 NH_4^+ 形成氟化铵，硫铵工序中硫酸铵晶粒稠厚分离，氟化铵溶解在分离出来的硫酸铵溶液中，将硫酸铵稠厚分离的液体进行脱氟处理，脱氟产物冰晶石及氧化铝粉尘一起过滤回收，送电解铝厂循环利用，脱硫产生的 $(NH_4)_2SO_3$、NH_4HSO_3 直接催化氧化得化肥硫酸铵，有效利用资源，实现烟气 SO_2 和氟化物一体化治理及废弃物资源化利用。	当原始浓度 SO_2 浓度 400 mg/Nm^3，氟化物浓度 5 mg/Nm^3 时，治理后 SO_2 低于 50 mg/Nm^3，氟化物低于 3 mg/Nm^3。脱硫效率大于 95%，脱氟效率大于 80%，烟气排放 SO_2 浓度低于 50 mg/Nm^3，F^- 浓度低于 3 mg/Nm^3。1 吨 SO_2（含脱氟）处理成本低于 420 元。	适用于铝电解行业烟气治理。
六、固体废物综合利用、处理处置及土壤修复技术				
32	常压盐溶液法利用钙基湿法副产品制备α-半水石膏技术	该技术将脱硫石膏经计量后通过原浆制浆系统，与特制的 Ca、K、Mg 混合制成一定浓度的石膏原浆，送至反应釜内，以蒸汽外加热的形式，控制反应釜反应温度在 95℃左右，当釜内石膏浆液电导率达到一定数值后，得到α-半水石膏浆液，经脱水后干燥洗磨得成品。	产品符合 GB 5483—85 要求。	适用于脱硫石膏综合利用。
33	脱硫石膏资源化利用技术	该技术根据脱硫石膏综合利用要求，优化了电厂工艺参数：石灰石纯度大于 90%、烟气飞灰含量低于 50 mg/m^3、pH5.5～6.5、液气比 11～15L/m^3；不掺入添加剂、不干燥直接制成脱硫石膏，用作水泥缓凝剂。采用双筒回转窑生产脱硫建筑石膏。	脱硫建筑石膏达到《建筑石膏》质量要求，生产的粉刷石膏、石膏砌块也达到标准要求。	适用于脱硫石膏综合利用。
34	电子废弃物处理及资源化技术	该技术将电子废弃物经人工拆解、破碎分离后，利用磁选、风选、电选等技术，有效回收和利用热塑性塑料和热固性塑料、有色金属、钢铁等材料。	热塑性塑料和热固性塑料、有色金属、钢铁等材料回收率分别大于 90%、95%、98%。	适用于电子废弃物处理。
35	工业含盐固体废物的处理技术	该技术将含盐固体废物中的易挥发或易降解的胺、酚、醚等有机物高温分解去除，回收工业盐并用于氯碱生产。	分解温度 470～490℃；物料停留时间 4～6 h。产品盐总氮小于 20ppm，总磷小于 5ppm，有机杂质总量小于 0.5%。	适用于化工行业每年副产 1 000～200 000 吨含盐固体废物的企业或地域的工业含盐固体废物的处理。

序号	技术名称	工艺路线	主要技术指标	适用范围
36	木薯渣饲料资源化技术	该技术从细菌和真菌中筛选出能降解木薯渣中纤维素的菌株，经过物理和化学等多种方式诱变处理后作为生产菌种，将木薯渣转化为饲料原料。	处理后的木薯渣氨基酸含量提高，含赖氨酸约0.9%、蛋氨酸约0.8%、苏氨酸约0.54%。	适用于农副产品加工的糟渣处理。
37	危险废物新型回转窑热解气化多段焚烧处置技术	该技术采用回转窑为热解一燃室，尾部配置高温二燃室。回转窑物料适应性广泛，预处理要求低，高温二燃室可以保证尾气中的未燃尽的废气得以充分燃烧，同时二燃室中半流化旋转碎渣系统可以使固体残渣中未燃尽的物料进一步破碎燃烧，降低残渣的热灼减率。	残渣热灼减率低于 1.5%，二噁英类物质排放浓度低于 0.1ngTEQ/Nm^3。	适用于工业、医疗固体危险废弃物焚烧处置。
38	生活垃圾焚烧飞灰药剂稳定卫生填埋技术	该技术将焚烧厂飞灰装入飞灰槽罐车后，直接运输至填埋坑，用车载空气压缩机产生压缩空气，通过管道将飞灰送入专门设计的混合器，混合器的另一入口连接药剂液管道，药剂由液压泵提供一定的压力，灰、液经混合器喷射而出，利用二者速度差，产生吸附作用，并起到充分混合效果，混合料直接进入填埋坑，然后进行摊平、压实作业。	较传统飞灰处置技术可节约三分之一的填埋库容。	适用于垃圾焚烧飞灰的处理，配套装置处理能力20～40t/h。
39	沼气发酵废弃物处理技术	该技术利用离心式固液分离机使沼气发酵废弃物固液分离，固体部分沼渣可进行堆肥，液体部分沼液经沉淀后进入滴灌施肥系统。通过三级过滤沉淀系统，解决管道阻塞问题，实现沼液滴灌施肥。	污染物削减率达 90%以上，其中 BOD、COD、总氮、总磷消纳率达 90%以上。	适用于周边有蔬菜种植园区的畜禽养殖场大中型沼气站。
40	秸秆清洁制浆及其废液资源化利用技术	该技术以农作物秸秆为原料，经切断、筛选除尘、置换蒸煮、黑液提取、疏解+氧脱木素、洗涤筛选、无元素氯漂白或精制本色的主要工艺过程制浆，制浆废液经蒸发浓缩、养分调配、喷浆造粒制成木素有机肥料。	秸秆清洁制浆及其废液资源化利用。	适用于秸秆富产区。
41	农田土壤中残留农药的微生物降解和修复技术	该技术采用在农药污染土壤中添加高效菌剂的方法，强化微生物的降解作用，降低土壤中农药残留，提高农产品品质。	对农田耕作层土壤（0～20 cm）中农药（含滴滴涕和六六六）的降解率约 90%。使用该菌剂，每亩成本约需 100 元，同时可减少农产品污染。	适用于受农药污染的农田土壤。

序号	技术名称	工艺路线	主要技术指标	适用范围
42	多氯联苯污染土壤的生态修复技术	利用植物-微生物制剂联合修复技术，辅以调理剂和生态调控手段，实现土壤中多氯联苯（PCBs）污染的原位修复。该技术工艺包括：中和调控修复、土壤耕作修复、紫花苜蓿修复和苜蓿放压绿肥修复四个阶段。	使污染土壤的pH值从4调节至6以上，基本满足植物的生长要求；污染土壤中的PCBs总量可从0.5～1.0 mg/kg下降至0.1 mg/kg以下，PCBs平均去除率大于85%。以工程修复600亩计算，工程费用约360万元。	适用于受多氯联苯污染农田土壤。
43	土壤中挥发性有机污染物的气相抽提和生物通风修复技术	该技术采用气相抽提+生物通风工艺原位修复工艺去除土壤中的挥发性有机污染物。前期土壤中污染物含量较高时，采用气相抽提，后期土壤中污染物含量较低时，采用生物通风。	抽提井深2 m，抽提流量Q_1=28 m^3/h，中试单组分污染物（正己烷）连续抽提操作90 h，污染物浓度可由450 mg/m^3下降至6.5 mg/m^3。抽出尾气中的污染气体可通过化工吸附解析处理和活性炭去除。在200 m^3处理规模上，投资约2万元，运行费约为5 500元。	适用于受挥发性有机污染物污染的不饱和区砂质土壤。
44	多环芳烃污染土壤生物堆修复技术	将受污染土壤经预处理后堆放成垛（条），然后通风、补水、提供营养物和添加剂，强化土著微生物的好氧降解过程，加速土壤中多环芳烃的降解。主要工艺过程包括：土壤破碎、筛分、含水量调节、pH调节、碳氮比调节、孔隙度调节等。	运行周期3～6个月，土壤中典型多环芳烃化合物苯并[a]芘浓度可从20 mg/kg下降到1.3 mg/kg以下，降解率达到80%，单批处理量可达600 m^3。修复后土壤可用于道路底基、工业用地土壤、垃圾填埋场封场中层覆盖土资源化利用。处理9 600 m^3污染土壤，投资成本约为160万元，运行费用为70万元。	适用于受多环芳烃污染的土壤。
七、重金属污染防治技术				
45	砷污染地区饮用水处理技术	该技术采用砂滤+吸附+纳滤组合工艺处理高砷饮用水，在去除砷的同时，去除钙、镁等二价离子，降低饮用水的硬度。	出水砷含量低于10 μg/L。投资成本约为1 500元/吨水，运行费用约1.7元/吨水。	适用于砷污染地区饮用水除砷处理。
46	砷铜混合有色冶炼废水处理技术	该技术可使重有色金属冶炼产生的含砷废水资源化，其创新点为：二段中和除杂，回收石膏和重金属；可制备亚砷酸铜，并用于铜电解液净化；可制备三氧化二砷产品；亚砷酸铜经SO_2还原、硫酸氧化浸出回收硫酸铜循环利用，有效去除废水中的砷、铜。	产品三氧化二砷纯度可达95%，砷总回收率大于85%。	铜、铅、锌、锑、金、银等冶炼行业以及农药、化工行业的含砷废水处理。
47	膜法分离回收重金属处理与资源化利用技术	电镀废水按镀种分别收集，通过投加碱性物质生成重金属（镍、铬、铜、锌）碱式盐，直接采用高通量微滤膜，或采用超滤或反渗透分离膜，回收重金属。	出水中各种重金属离子含量达到GB 18918—2002和GB 21900—2008的要求，回收的重金属纯度达标。	适用于电子、电镀等行业废水处理。

序号	技术名称	工艺路线	主要技术指标	适用范围
48	火法有色冶炼烟尘中砷、铜、铅、锌及稀贵重金属分离去除资源化回收技术	该技术利用脱硫副产品液体 SO_2 脱除有色冶炼烟尘中的砷，烟尘脱砷后，再回收有价及稀贵金属。工艺流程：烟尘硫酸浸出→电积脱铜→浓缩结晶粗硫酸锌→液体 SO_2 还原沉砷→压滤除砷（砷进一步提纯加工）→母液返浸出；浸出渣采用熔炼炉还原熔炼，得到粗铅、铅冰铜等副产物；粗铅电解，产出电铅和铅阳极泥，再进一步提取阳极泥中的金、银；采用湿法工艺提取烟尘中的铟。	砷回收率大于 60%，铜回收率大于 75%，锌回收率大于 80%，铅富集率大于 98%。	适用于处理铜铅锌等重有色金属冶炼烟尘，回收有价金属。
49	铜冶炼烟灰等废弃物湿法处理技术	该技术以铜冶炼过程中产出的铜转炉烟灰、倾动炉高锌烟灰、黑铜渣浸出渣和电解废酸等危险废物为原料，采用三段浸出、萃取、溶液净化、合成、置换等全湿法处理工艺，得到硫酸铜溶液、活性氧化锌、三盐基硫酸铅、精铟和氧化铋等产品，实现了铜冶炼烟灰中铜、锌、铅、铟、铋的回收及砷的无害化处理。	铜、锌、铅、铟、铋回收率分别达到 93%、86%、85%、60%、82%，砷固化率达 80%；生产废水处理达到 GB 25467—2010，回用率达 75%；可减少约 65%危险废物堆存。	适用于铜冶炼烟灰中重金属的回收和砷的无害化处理。
50	电解锰废渣混合重金属离子碱性固化稳定化技术	该技术采用化学固化/稳定化处理方法，通过添加石灰和添加剂，将电解锰渣中的可溶性金属离子转化为不溶性物质，将渣中铵盐转化为氨气并加以回收，实现电解锰渣的无害化。	处理后锰渣中可溶性锰离子的固化率为 97.47%，氨氮去除率达 90%。其它 16 种元素（如砷、镉、硒、铬、汞等）也均在《固体废物鉴别标准—浸入毒性鉴别》（GB 5085.3—2007）限值以下。	适用于电解锰行业。
51	废旧电池资源化利用技术	该技术采用溶剂萃取-固相合成法处理废旧电池，包括预处理、浸出、除杂、前驱体合成、电池材料制备等工序。通过采用高效的废旧电池拆解及破碎技术、多技术复杂溶液分离和直接材料化工艺，分离废旧电池中的钴、镍和其他杂质金属，得到高纯度的钴镍化合物、硫酸盐溶液或镍合金产品，经深加工后制备成镍钴锰锂等电池材料。	废旧电池中的钴、镍、锰的综合利用率大于 98%。	适用于废旧电池及含铅废物处理。
52	旋流电解回收镍铜冶炼废渣中有价金属技术	该技术以各种含铜废酸为浸出剂，对黑铜渣浸出，浸出液经两次压滤、精密过滤，返旋流电解工序生产标准阴极铜，产品剪切、压平后入库。电积后液一部分返硫酸浸出工序回用。	电积后液含铜 8 g/L、砷 10 g/L，金属回收率达 98%。	适用于镍铜冶炼废渣中有价金属资源化。

序号	技术名称	工艺路线	主要技术指标	适用范围
53	镍、铬重金属混合污泥的镍铬分离与回收技术	该技术采用酸浸出—沉淀—离子交换层析法回收不锈钢酸洗废水污泥中的镍铬金属，其主要工艺路线为：废水站污泥→化浆池→酸溶池→压滤机→碱反应池→沉淀池→离子交换系统→提纯塔→硫酸镍。	铬的提取率大于 78%，镍的提取率大于 88%。	适用于冶金行业的不锈钢酸洗废水污泥和电镀行业电镀废水污泥的处理。
54	砷氰混合金矿尾矿浆处理技术	该技术采用 Cotl's 酸氧化法砷氰分离去除与资源化循环利用工艺。对黄金尾矿浆进行酸化曝气，将炼金尾矿中分离出的氰化氢气体重新转化为氰化钠并加以回收和再利用，同时将尾矿浆中的砷污染物进行转化回收。其技术关键是发生效率高的节能型酸化氧化发生器。	硫氰酸去除率大于 99%，再生氰化物回收率大于 91%，砷排放浓度低于 0.5 mg/L。	适用于黄金湿法冶炼行业金矿尾矿的处理。
55	砷、铜、铼混合湿法有色冶金污泥处理技术	该技术对含砷硫化物采用加压氧化法进行浸出，控制温度和氧分压，砷、铜、铼等元素浸出进入溶液，经 SO_2 还原后，得到三氧化二砷结晶，结晶后溶液进入铼酸铵、硫酸铜生产工序，富集铋的浸出渣进入氧化铋生产工序。同时回收三氧化二砷、硫酸铜、氧化铋及铼酸铵等产品。	砷、铜浸出率大于 98%，浸出渣砷含量低于 0.5%、铜含量低于 0.1%。	适用于含砷硫化物的无害化处理。
56	萃取法铬渣清洁处置与资源化金属回收技术	含钒铬渣经无卤钠化焙烧、浸出、结晶分离、深度除杂、钒铬萃取分离、沉钒等工段，实现废渣中钒和铬的分离和资源化。	钒、铬萃取回收率大于 95%，98%以上铬渣可转化为产品。	适用于冶金、化工等行业含钒铬渣的综合利用。
57	废弃线路板及含重金属污泥（渣）的微生物法重金属回收技术	该技术将废弃线路板粉碎或含重金属污泥（渣）溶解预处理，再经过微生物浸出，从非金属材料中回收环氧树脂和玻璃纤维，浸出液进行金属提取，残渣为一般固体废弃物，可用作建材。	废弃线路板或含重金属污泥中金属回收率大于 98%，每吨废弃电路板处理成本 1 500～2 000 元。	适用于废弃电路板和含重金属污泥（渣）处理。
58	新型氨性蚀刻液再生循环技术	该技术采用溶剂萃取—电解还原法对蚀刻废液进行再生处理。该工艺采用萃取剂对蚀刻液中的铜离子进行萃取，实现铜的无损分离，萃余液经膜处理、组分调节，恢复蚀刻功能后返回蚀刻生产线使用，最后利用电解法对萃取后的电解液进行电积，得到高附加值的副产品——阴极铜，整体工艺能够实现闭路循环。	蚀刻液回收利用率达到 100%，再生蚀刻液合格率达到 100%，阴极电解铜含铜量大于 99.95%。	适用于蚀刻液的回收处理。

序号	技术名称	工艺路线	主要技术指标	适用范围
59	控氧干馏法回收废触媒中氯化汞技术	该技术利用活性炭焦化温度比氯化汞升华温度高的原理，设计了一套氮气保护干馏法废触媒回收氯化汞装置，工艺过程全封闭。该技术将干燥的废触媒置于密闭的可旋转调温的炉中，物料中的氯化汞变为蒸汽，经气体抽出装置抽出，强力冷却成固体颗粒进行回收。水、气在系统内循环，氯化汞基本实现全部回收。	处理后触媒中氯化汞含量小于 0.3%。	适用于电石法聚氯乙烯（PVC）生产中废汞触媒回收与再生。
60	金属涂装前处理技术	该技术作为磷化物和低镀铬钝化剂的替代品，采用“无磷化成”工艺，利用氟锆酸水解反应在金属表面形成一层化学性质稳定的氧化物，从而获得性能良好的金属皮膜，提高涂料附着力并延长金属的耐蚀时间。主要工艺路线为：工件→脱脂→水洗→“无磷化成”→水洗　→水洗（纯水）→干燥→喷漆（粉）。	该皮膜剂中铅含量低于 10 mg/kg、镉含量低于 10 mg/kg、汞含量低于 10 mg/kg、六价铬含量低于 10 mg/kg，不含硝酸盐、磷酸盐。	适用于金属板材表面涂装前处理。
61	稀土硫化物颜料的制备技术	该技术利用稀土氧化物和硫源（包括气态或固态硫源）高温反应，制备相应的稀土硫化物颜料。该技术包括固态硫源分解法和完全固态硫源技术，前者通过分解法得到硫源气体，然后制备稀土硫化物，后者完全无需气体参与，全程固态反应。	采用该技术生产的稀土硫化物颜料中铅含量低于 10 mg/kg、镉含量低于 10 mg/kg、汞含量低于 10 mg/kg、六价铬含量低于 10 mg/kg。	适用于颜料生产行业清洁生产技术改造。
62	无氰无甲醛酸性镀铜技术	该工艺可替代高污染、剧毒的氰化镀铜工艺，解决了传统酸性镀铜工艺化学置换铜层影响结合力的技术难题，并突破了钢铁管状工件不能镀酸铜的禁区。在酸性（pH1.0~3.0）条件下，可在钢铁、铜、锡基体上直接电镀铜，也可在非金属（塑料）基体上进行化学镀铜，更适合于替代复合镀层电镀中的铜锡合金和乳白铬工艺。该技术工艺稳定、操作简便、结合力好、电流效率高、沉积速度快，质量可靠、电镀成本低。镀液中不含氰化物、甲醛及强络合剂等有毒有害成分，生产中无有毒、有害气体挥发逸散。	沉积速度：0.3～0.6 μm/min，结合力达到 GB 5933 和 QJ479—96 要求，镀层硬度 HV200—240。其他技术指标如深镀能力、抗蚀性能、电流效率等均优于传统的氰化镀铜技术。	适用于在钢铁、铜、锡等金属基质工件上直接镀铜。
63	清洁镀金技术	该技术可完全替代传统氰化物镀金工艺，在镀金工艺中用一水合柠檬酸一钾二（丙二腈合金[I]）作为镀金或化学镀金的原料替代剧毒品氰化亚金钾，采取新型化学结构，镀金液中不含有氰化物、甲醛及强络合剂等有毒有害成分，生产中无有毒、有害气体挥发。镀层牢固，镀液稳定，电流效率高，沉积速度快，生产成本低。	使用新材料镀金后，排放废水的氰化物低于 0.3 mg/L，若再经次氯酸钠破氰，可低于 0.1 mg/L。镀件产品符合航天 QJ479—96 标准。	适用于化工、镀金工业的清洁生产。

序号	技术名称	工艺路线	主要技术指标	适用范围
64	分子键合重金属污染土壤修复技术	该技术是一种重金属稳定化技术，分子键合稳定剂可以和存在于污染物中的以不稳定形态存在的重金属反应，生成多种稳定的化合物，降低了重金属的环境风险。该技术关键是分子键合稳定剂和处理对象的原位或异位混合。	重金属的浸出削减率高于 90%。	适用于重金属污染土壤（污泥）的处理。
65	重金属污染农田的超富集植物-经济作物间作修复技术	该技术在砷、铅、镉等重金属污染农田土壤上将超富集植物蜈蚣草与经济作物（桑树、甘蔗或苎麻）进行间作。间作的超富集植物可以去除土壤中的重金属，促进甘蔗、桑树和苎麻的生长，减少其重金属积累，提高产量和品质。另一方面，间作的经济作物可以促进蜈蚣草对重金属的吸收，提高修复效率。	收获后，桑树的桑叶用于养蚕、甘蔗用于制生物汽油、苎麻可直接使用，蜈蚣草放入焚烧炉中焚烧，焚烧温度控制在 600～800℃，焚烧处理量为 60 kg/h，在焚烧过程中加入固砷剂，使烟气达标排放。间作蜈蚣草使甘蔗体内 As 含量由 0.99 mg/kg 下降到 0.65 mg/kg；使桑叶 As 含量由 0.26 mg/kg 下降到 0.22 mg/kg；同时，增加蜈蚣草体内的 As 含量，由 25.5 mg/kg 提高到 30.9 mg/kg。	适用于重金属污染农田修复。
八、工业清洁生产技术				
66	氧化还原法铬盐清洁生产技术	该技术通过铬铁矿与钾碱在气液固三相反应器中与空气反应，使铬以铬酸钾形式得到分离，铬渣用于生产脱硫剂。铬酸钾用氢气还原生产氧化铬，实现钾碱的循环回用。	铬回收率大于 98%；资源综合利用率大于 90%。	适用于生产规模大于 1 万吨/年的铬盐生产。
67	色谱法提取柠檬酸技术	该技术用热水作洗脱剂、以树脂色谱分离技术替代现行的钙盐法生产柠檬酸，避免了二氧化碳废气、硫酸钙等废渣排放；废糖水循环发酵，可循环回用 200 次以上。	柠檬酸收率大于 98%，固定相利用率提高 2～5 倍，降低生产成本 10%～15%，产品浓度提高 5%～15%。	适用于有机酸生产行业。
68	干法乙炔制备技术	该技术用略多于理论量的水，以雾态喷在电石粉上使之水解，生产乙炔。提高了生产安全性，工艺水循环使用。生产密闭进行，无废气排放。	反应温度气相为 90～93℃，固相为 100～110℃，水与电石的比例约为 1.2∶1，电石水解率大于 99%，电石渣含水率低，乙炔收率大于 98%。无须沉降和压滤处理，节省投资和占地面积，年产 10 万 t 聚乙烯，节约成本约 800 万元。	适用于电石法聚氯乙烯生产行业。
69	蛋白质纤维微悬浮体染色技术	该技术采用特制的微悬浮体化助剂，使微悬浮体的染料颗粒达到纳米级，可大大提高对纤维的吸附能力。	提高固色率 10%～30%，缩短染色时间 1/3～1/2，减少染料用量 10%左右。	适用于毛用活性染料、酸性染料、中性染料及酸性络合染料对蛋白质纤维的染色加工。

序号	技术名称	工艺路线	主要技术指标	适用范围
70	涤纶织物的无助剂免水洗染色技术	该技术使用微胶囊化分散染料，配合专用的染料萃取器，对传统的高温高压染色工艺和设备实施改造，缩短了聚酯纤维制品染色工艺流程。	染色用水单耗下降 70%，热能消耗降低 1/3。	适用于对疏水性纤维（涤纶、锦纶）及涤/棉等混纺织物的染色加工。
71	氧化白液制备技术	该系统的反应器上部为二段填料塔，白液进入二段填料顶部，通过反应器均匀喷洒在填料层，白液从上向下流动，氧气从氧化白液连接部分向上流动，二者产生液相反应，生成氧化白液，代替外购碱，降低碱的成本并更好地控制系统碱平衡。	成本仅为外购碱的 50%，白液回收前硫化度为 20%～30%，氧化白液硫化钠含量低于 1.5 g/L。	适用于制浆造纸行业氧化白液的制备。
72	煤矿井下采煤工作面环保单体支柱防锈技术	该技术采用多元素合金沉积法对煤矿采煤工作面用于支护的单体液压支柱进行防锈处理，代替传统的乳化液防锈。工作介质采用清水后，防止了乳化液在支柱回收时排入采空区而污染地下水。	按全年生产 120 万～150 万根计算，采用该技术，生产成本提高 3 600 万～4 500 万元，但节约乳化剂费用 1.4 亿～2.1 亿元。	适用于煤矿井下采煤工作面用于支护的单体液压支柱的防锈处理。
73	制革行业氨氮减排技术	该技术通过在脱灰软化工序中采用无氨脱灰剂和无氨软化剂，减少该工序废水中 95%以上的氨氮；通过在复鞣加脂工序中采用无氨氮或低氨氮材料，减少该工序废水中 90%以上的氨氮；通过对预浸水和浸灰工序废水进行吹脱处理，减少该工序废水中 80%以上的氨氮。	可以减少制革废水中 80%以上的氨氮，使制革综合废水中氨氮降到 50 mg/L 以下。	适用于制革行业。
74	酸雾低排放电池化成装置	该技术采用铅蓄电池内化成工艺，电池充电过程中，电解液在系统内不断循环，把化成产生的热量和气体带走，可增大充电电流，从而化成时间大大缩短，同时产生的酸雾可以在系统内部处理。该化成工艺在封闭系统内进行，循环酸电解液和产生的酸雾都保持在系统内而不会逸出到环境中。	排出气体含硫酸量不大于 1 mg/m^3。	适用于铅蓄电池生产行业。
75	铅蓄电池极板制造清洁生产技术与装备	该技术采用一体化铅炉将铅合金熔融后，用连铸连轧技术及设备制造出连续铅带，然后将连续铅带制备成板栅，经连续涂膏、干燥、分片码垛制造成极板。	产生的含铅污泥等铅量约为 7.2 g/kVAh，比传统重力浇铸工艺减少约 37%。	适用于铅蓄电池制造行业。
76	环保型金属表面成膜技术研究及推广应用	该技术在洁净的金属表面形成一层类似磷化晶体的超薄有机涂层替代传统的结晶型磷化保护层，能在金属表面形成分子间力很强的 Si-O-Me 共价键（Me=金属），与金属表面和塑粉、油漆涂层形成很强的附着力。	减少五金制造行业磷、锌、铬、硝酸根、亚硝酸、氨氮和重金属排放。	适用于化工行业。

序号	技术名称	工艺路线	主要技术指标	适用范围
九、噪声与振动控制技术				
77	阻尼弹簧浮置板轨道隔振技术	该技术以阻尼弹簧隔振技术为基础，采用大荷载阻尼弹簧隔振器和浮置板道床工艺技术相结合进行隔振处理。	阻尼弹簧浮置板轨道隔声装置的隔振效果大于25 dB，每个阻尼弹簧隔振器的承载能力为30～80 kN，隔振系统阻尼比为0.05～0.08。隔振效果可达昼间70 dB，夜间67 dB的要求。采用该技术的轨道隔振工程费0.6万～0.75万元/m。	适用于城市轨道交通的隔振。
78	阵列式消声技术	该技术采用规格一致的柱状吸声主体和框架支撑结构组成的消声器，吸声体可以在消声器的宽度和高度方面灵活调整，可有效提升低频和高频段降噪效果、减小系统阻力损失，还可提高生产效率，方便运输和贮存。	消声器从传统片式改为阵列式后，阻力系数从4.1降为2.3，风机耗能显著减少。	适用于地铁隧道通风空调和大型建筑风道的通风消声。
十、监测检测技术				
79	水体藻类原位荧光快速监测技术	该技术根据藻类活体激发荧光光谱的特征对淡水藻类进行分类，通过光谱的拟合实现对绿色藻、蓝色藻和棕色藻浓度的分类测量，该方法集成了光信号调制技术、荧光信号检测技术和计算机技术。	藻类测量种类为3种（绿藻、蓝藻、棕藻），测量范围为0～100 μg/L、测量灵敏度为0.1 μg/L。	适用于环境监测、饮用水安全监测。
80	气态污染物傅立叶红外自动/在线监测技术	该技术利用傅立叶变换监测在红外光谱区具有吸收峰的气态污染物，通过便携或在线，或者采集样品或开放光路进行监测分析。	检测污染物10～20种，监测范围为50～500 m，动态范围响应为ppb级到ppm级，检测精度优于5%，响应时间小于3 min，分辨率小于4/cm。	适用于固定污染源监测。
81	固定污染源排放烟气汞（气态）在线监测技术	烟气经稀释探头采样、高温管线传输，在汞价态转换器中将离子态的汞转化为元素汞，转换后的采样气进入汞荧光分析仪，在汞荧光分析仪中通过冷蒸汽原子荧光光谱技术（CVAFS）测定烟气中元素汞（Hg^0）和气态总汞（Hg^T）的浓度。	监测成分：元素汞（Hg^0）、离子汞（Hg^{2+}）、气态总汞（Hg^T）；测量范围：0.1～500 μg/m³；检出限：0.1 μg/m³量级；响应时间：180～360s；伴热管线：温度180℃，PFA，最长100 m；样气接触材料：PTFE、PFA或者惰性不锈钢；工作温度：−20～50℃。	适用于燃煤电厂、市政、医疗废物焚烧炉，各类金属熔炼炉、水泥厂等烟气排放现场的元素汞（Hg^0）、离子汞（Hg^{2+}）、气态总汞（Hg^T）的在线监测。
82	在线脱硝监测技术	该技术采用稀释抽取采样分析法，稀释后的样气通过采样管线正压传送到NO_x自动监测仪器或NO_x-NH_3自动监测仪器测量浓度。	测量主要参数包括NO、NO_2、NO_x、NH_3和O_2，系统稀释比为50～250，零点漂移小于±2.5%F.S.，量程漂移小于±2.5%F.S.，响应时间小于200s，示值误差小于±5%F.S.。	适用于电厂、供热、钢铁、冶金、水泥和化工等行业氮氧化物的在线监测。

序号	技术名称	工艺路线	主要技术指标	适用范围
83	氮氧化物非分散红外在线监测技术	该技术利用非分散红外检测原理，通过被测气体对红外光谱的吸收，得出被测气体浓度。	量程 50～2 000ppm，重复性±0.5%F.S.，零点漂移为±1.0%F.S.。NH_3 测量量程为 0～100 mg/m^3，零点漂移小于±1%F.S.。	适用于电厂、供热、钢铁、冶金、水泥和化工等行业氮氧化物的在线监测。
84	紫外差分法氮氧化物在线监测技术	该技术利用紫外差分原理测 NO_x，利用半导体激光吸收光谱技术原理测 NH_3。	紫外差分原理测 NO_x：量程(0～300～5 000)ppm，线性误差小于±1%F.S.，响应时间小于 2s。半导体激光吸收光谱技术原理测 NH_3：量程（0～5～10）ppm，响应时间小于 1s，线性误差小于±1%F.S.，重复性误差小于±1%F.S.。	适用于电厂、供热、钢铁、冶金、水泥和化工等行业氮氧化物的在线监测。
85	在线 VOC 监测技术	该技术运用气相色谱（GD/FID/PID）、气相色谱/质谱（GC/MS）的原理，实现对大气中挥发性有机物的连续采样和测量，并进行定性定量分析，形成整套具有自主知识产权的大气中挥发性有机物在线监测系统。	CO_2 量程 0～1 000ppm；零点漂移±0.1ppm/d，量程漂移±2.0%F.S./d。CH_4 量程 0～100ppm 或 0～1 000ppm；线性小于 1%。O_3 线性±1.0%F.S.；零点漂移小于±1.0%F.S./d。	适用于环境空气质量监测、污染源现场监测、工况企业过程控制，以及气象、科研、化工园区、居住场所气体监测。
86	红外-紫外法在线温室气体监测技术	该技术利用红外和紫外吸收测量原理，通过被测气体对红外或紫外光谱的吸收，得到 CO_2、O_3 等气体的监测数据。	CO_2 量程 0～1 000ppm，零点漂移±0.1ppm/d，量程漂移±2.0%F.S./d。CH_4 量程为（0～100）ppb 或（0～1 000）ppb，线性小于 1%。O_3 线性±1.0%F.S.，零点漂移小于±1.0%F.S./d。	适用于环境空气监测研究、工业过程控制及各种科研领域环境大气温室气体的监控。
87	在线温室气体监测技术	该技术采用半导体激光气体 CO_2 分析仪测定 CO_2，气相色谱法 CH_4、非 CH_4 总烃分析仪测定 CH_4、非 CH_4 总烃。	半导体激光气体 CO_2 分析仪：量程（0～2 000）ppm 或 0～100%VOL，响应时间小于 1s，线性误差小于±1%F.S.，重复性误差小于±1%F.S.；气相色谱法 CH_4、非 CH_4 总烃分析仪：检出限甲烷 0.1ppm、非甲烷总烃 50ppb，可选量程甲烷 0.1～10ppm 或 0.1～1 000ppm、非甲烷总烃 0.05～100ppm，分析周期 30s，重现性±1%F.S.。	适用于排气管中 CO_2、CH_4、非 CH_4 总烃分析，大气中 CH_4、非 CH_4 总烃分析。
88	气相色谱-质谱联用重金属检测技术	采用四极杆质谱技术，保留了被测物谱图的完美匹配性及定量的稳定性；同时又克服了传统的 GC/MS 中真空泵对环境要求苛刻的局限性，可检测纳克/升（ppt）范围的化学物质。	检测元素范围为 Al～U，绝对检测下限为（0.1～10）ng（铅、镉、汞、铬、镍、砷）；浓度检测下限为（0.1～10）ng/m^3（元素同上，采样时间小于 1 h）；准确度 Er 为±20%（元素含量＞100ng）；重复性小于 4%（浓度大于 500ng/m^3）。	适用于水体、土壤中重金属的检测。

序号	技术名称	工艺路线	主要技术指标	适用范围
89	气相色谱-质谱联用应急检测技术	采用离子阱质量分析器，具有时间串联多级质谱功能，能有效地抵抗复杂基质的干扰；特有的低热容气相色谱（LTM-GC）技术、电子压力控制模块（EPC）和多阶程序升温技术构建成具有高稳定度和检测重复性的高性能小型色谱单元；实现色谱柱的快速程序升温，缩短分析时间、改善分析性能；专门的脉冲式内离子源技术（PIIS）提高质谱的灵敏度，自动增益控制（AGC）功能使仪器具有 6 个数量级的动态范围。	最快扫描频率为 10 000Hz；质量范围为（15～55）amu；多级质谱：MS^N，N 大于 3；单次分析时间小于 10s(单质谱模式)，单次分析时间小于 15 min（色谱-质谱联用模式）。	适用于环境应急监测、公共安全、公安刑侦、军队防化、食品安全现场检测。
90	空气中重金属（颗粒态）在线监测技术	该系统基于卷膜带采样方式，通过滤膜过滤、富集空气颗粒物中的重金属污染物，采用 XRF 技术快速、无损分析滤膜中过滤的重金属污染物含量 M，用质量流量计记录通过滤膜的气体体积 V，将两者相除（C=M/V），即可得到大气中 Pb、Cr、Hg（气态 Hg、颗粒态 Hg）、Cd、As 等 26 种重金属污染物的含量。	测量范围：0～100 μg/m^3；检出限：ng/m^3 量级；采样分析时间：10～300 min 可选。	适用于工业污染区、城市居民区等大气颗粒物中的重金属污染物在线监测。
91	烟气中重金属（颗粒态）在线监测技术	烟气经过高温采样后，通过滤膜过滤，将颗粒态及所含金属元素富集在滤膜上，用 XRF 分析仪检测滤膜上富集的金属污染物元素含量 M，同时用流量计记录通过滤膜的烟气体积 V，两者相除（C=M/V）即可得到烟气中重金属污染物的含量信息（单位：μg/m^3）。	测量范围：0.1～2 000 μg/m^3；检出限：0.1μg/m^3 量级；采样分析时间：10～120 min 可选。	适用于燃煤电厂、水泥厂、工业锅炉、垃圾焚烧炉及各类金属熔炼炉等烟气中重金属在线监测。

附件 2

2012 年国家鼓励发展的环境保护技术目录

序号	技术名称	工艺路线	主要技术指标	适用范围
一、城镇污水、污泥处理及水体修复技术				
1	A^2/O 城市污水处理技术	该技术采用分离池型的反应池，单独设立缺氧池（除磷时还应设厌氧池）及好氧池，并采取内部循环的混合液回流、鼓风微孔曝气或射流曝气方式。	COD 去除率大于 85%，BOD_5 去除率大于 95%，氨氮去除率大于 90%，总氮去除率大于 75%，SS 去除率大于 95%。	适用于 5 万～150 万 m^3/d 生活污水和与其水质类似的工业废水处理。
2	氧化沟活性污泥法污水处理技术	该技术采用环形廊道反应池和延时曝气，曝气设备可采用鼓风微孔曝气方式，也可以采用表面曝气方式。	COD 去除率大于 85%，BOD_5 去除率大于 95%，氨氮去除率大于 90%，总氮去除率大于 75%，SS 去除率大于 95%。	适用于大中型生活污水和与其水质类似的工业废水处理。
3	序批式活性污泥法污水处理技术	该技术在一个或多个带有选择器、平行运行且在反应容积可变的池子中完成生物降解和泥水分离过程。每次工艺操作按进水/曝气→进水/沉淀→滗水→闲置（视具体运行条件而定）进行，在曝气阶段完成生物降解，在非曝气阶段完成泥水分离，在滗水阶段出水并排出剩余污泥。	COD 去除率大于 85%，BOD_5 去除率大于 95%，氨氮去除率大于 90%，总氮去除率大于 75%，SS 去除率大于 95%。	适用于 2 万～10 万 m^3/d 生活污水和与其水质类似的工业废水处理。
4	交替式活性污泥法生活污水处理技术	该技术采用 UNITANK 工艺，三池之间水力连通，每池都设有曝气系统，边池设有出水堰及剩余污泥排放口，作为曝气池和沉淀池交替运行。通过调整系统的运行，形成好氧、厌氧或缺氧条件，以适应不同处理目标的要求。	COD 去除率 80%～90%，氨氮去除率 85%～90%，总磷去除率大于 80%。出水 COD 低于 60 mg/L，氨氮低于 8 mg/L。	适用于中小型城镇生活污水和与其水质相近的工业废水的处理。
5	好氧生物流化床污水处理技术	该技术采用内循环三相生物流化床工艺，填充高强度轻质载体以降低流化过程的动力消耗，采用迷宫式载体分离器结构保证载体的年流失率小于 10%，进水有机负荷 5～15 kgCOD/kgMLSS。	COD 去除率 80%～90%，出水 COD 低于 60 mg/L，氨氮低于 8 mg/L。	适用于工业园区集中式污水处理和中小城镇生活污水处理。
6	水解+生物流化床污水处理技术	该技术采用“膨胀水解+生物流化床”，生物流化床分成厌氧、缺氧和好氧三格，生物流化床中好氧工艺为活性污泥法与生物膜法组合工艺，好氧段添加悬浮填料。	COD 去除率大于 85%，氨氮去除率大于 85%，总氮去除率大于 70%，总磷去除率大于 80%。	适用于城镇污水处理。
7	生物移动床深度脱氮除磷技术	该技术中原水经厌氧池、缺氧池、好氧池，生化反应后进入沉淀池，完成沉淀后排出。该技术兼备了活性污泥工艺和生物接触氧化工艺两者的优点，在生化池中加入高效改性生物膜载体，通过搅拌或曝气使载体在水中均匀流动，载体上的微生物与水中的污染物充分接触，分解污水中有机污染物。	COD 去除率大于 85%，BOD_5 去除率大于 95%，SS 去除率大于 95%，氨氮去除率大于 95%，总氮去除率大于 75%，总磷去除率大于 80%。	适用于市政污水和与其水质类似的工业废水处理。

序号	技术名称	工艺路线	主要技术指标	适用范围
8	膜生物反应器污水处理技术	该技术采用内置超滤膜或微滤膜的生物反应器（曝气池），反应器由生物单元和膜分离单元组成，在生物反应池和膜单元之间形成水力循环，保证生物单元具有较高的污泥浓度。生物单元出水经膜的高效截留作用，实现固液分离。	当进水 COD1 000 mg/L，氨氮 22 mg/L 时；出水 COD 低于 50 mg/L，氨氮低于 5 mg/L。COD 去除率约 95%，BOD_5 去除率约 99%，浊度去除率约 99%，氨氮去除率约 75%。	适用于生活污水深度处理、小区中水回用。
9	高效生物曝气滤池用于污水回用技术	污水进入生物絮凝池后，经沉淀去除大部分 SS 和有机污染物，再经高效曝气生物滤池和消毒处理后排放。通过改善后续高效曝气生物滤池的工况条件、降低负荷。	出水满足城镇杂用水或循环冷却系统补充水的水质要求。	适用于城镇生活污水处理及回用。
10	导流曝气滤池用于污水回用技术	该技术通过合理设计，将接触氧化生物过滤区、污泥回流区和曝气生物过滤区整合成一套装置，经预处理的污水先从顶部进入装置中心的接触氧化生物过滤区完成一级处理，污泥依靠重力作用进入装置底部的污泥回流区，清液自下而上通过装置四周的曝气生物过滤区完成二级处理。	COD 去除率大于 95%、BOD_5 去除率大于 92%、氨氮去除率大于 93%、总磷去除率大于 80%。	适用于城镇生活污水处理及回用。
11	电吸附除盐污水回用技术	该技术中原水通过提升泵进入精密过滤器去除 10 μm 以上的残留固体悬浮物和沉淀物后，进入电吸附（EST）模块，水中溶解性盐类被吸附在电极上，从而净化水质。	原水电导率为 1 000～3 000s/cm 时，系统除盐率为 60%～90%，稳定产水率为 75%～85%；使用寿命≥10 年；耗电量为 1～2 kWh/m³；制水成本≤1 元/吨。除了可以选择性除盐，同时对废水中的痕量有机物和氨氮污染物也有较好的去除效果。可根据电压调节来控制除盐率在 60%～90%范围内变化。	适用于市政及工业（冶金、化工、电子、电力、制药、纺织、造纸）含盐污水处理。
12	悬挂链曝气污水处理成套技术	该技术采用经防渗处理的土地结构作为一体化生物处理反应器，悬浮富氧曝气机或悬浮曝气链为充氧设备，形成曝气池中多级 A/O 交错的污水处理单元，在保证脱氮除磷效果的前提下使能耗降到最低。	与常规活性污泥工艺相比，可降低工程投资 40%以上，SS 去除率大于 87%，COD 去除率大于 80%，BOD_5 去除率大于 83%，总磷去除率大于 65%，氨氮去除率大于 75%。用于城镇污水处理时，出水 COD 低于 60 mg/L，BOD_5 低于 20 mg/L，SS 低于 20 mg/L，氨氮低于 8 mg/L，总磷低于 0.5 mg/L。	适用于城镇生活污水及啤酒、食品加工等行业废水的处理。
13	超磁分离水体净化技术	该技术在废水中投加磁粉、混凝剂、助凝剂，形成以磁粉为核心的絮体，再利用磁性材料将废水中的磁性絮体分离出来，实现水体的净化。磁粉回收循环利用。	SS 和总磷去除率大于 95%。	适用于含悬浮物浓度高的污水处理。

序号	技术名称	工艺路线	主要技术指标	适用范围
14	污泥高压隔膜压滤脱水技术	该技术在浓缩后的污泥中加入化学药品使污泥改性，改性后的污泥先打入高压隔膜压滤机过滤腔室内，然后用高压离心泵将水打入隔膜滤板腔室，对污泥进行隔膜压榨。滤板压紧、过滤、隔膜压榨、滤板拉开、卸料、滤布清洗等过程均实现了自动化控制。	当进料污泥含水率为90%～98%时，出料污泥含水率低于60%，出料呈半干化状态。	适用于市政污泥，印染、造纸、电镀、食品等行业废水污泥的脱水及处置。
15	污泥加钙干化深度脱水技术	该技术将生石灰按一定比例与脱水泥饼均匀掺混形成碱性环境，结合反应放出热量形成的高温环境，达到杀菌、降低含水率、钝化重金属及改变污泥性质的效果。经加钙稳定干化处理后的污泥可作为填埋场覆盖土、建筑材料或土壤改良剂。	污泥经处理后含水率低于60%、特征粒径Φ10 mm的比例大于80%、杀菌率大于99%、烧失量减少30%。	适用于污水处理厂污泥的稳定化处理。
16	污泥干化和清洁焚烧技术	该技术采用低压余热蒸汽作为热源，通过螺旋回转式污泥干化机，将污泥从含水率80%左右干化至含水率50%以下。干化后污泥通过给料机送入污泥焚烧炉。采用石英砂作为炉内的惰性流化介质。污泥焚烧后的飞灰通过尾部除尘装置收集。	实现污泥从含水率约80%干化至含水率50%以下。	适用于市政污水处理、造纸、印染、制革过程中产生的污泥处理。
17	污泥高温好氧发酵与生态利用技术	该技术采用好氧发酵技术，综合考虑污泥好氧发酵周期、腐熟度、能耗、运行成本等指标，分别设定发酵初、中、后期三阶段的曝气参数（曝气量、曝气时间、曝气频率），提高堆肥效率。	堆肥周期夏季10 d、冬季15 d以内；发酵后污泥含水率低于35%，各项指标符合污泥稳定化和粪便无害化要求，可用于园林绿化、植被恢复、回填土等。	适用于污水处理厂污泥资源化处理。
18	污泥自动化堆肥综合利用技术	该技术采用自动控制生物堆肥工艺，对污泥好氧高温发酵过程温度、氧气等参数进行实时在线监测和计算机自动测控，优化了堆肥过程中的温度和氧气调控，实现工业化自动生产有机肥产品或有机-无机复合肥原料。	处理后污泥含水率为40%，减容1/3，堆肥过程始终处于好氧状态，避免排放恶臭气体和招引蚊蝇，利于厂区的清洁卫生和环境安全。处理后污泥可用于园林绿化、植被恢复等。	适用于污水处理厂污泥资源化处理。
19	水生植物法湖泊生态修复技术	该技术通过水生植被种类筛选与定植技术，促使水生植物恢复，重建湖泊生态系统。在高氮、高磷、低透明的条件下，逐步恢复以沉水植物为主的水生植被。	当原水质总氮11.0 mg/L，总磷1.6 mg/L时，治理后水中总氮6.0 mg/L，总磷0.6 mg/L，氮、磷去除率分别大于30%和60%。	适用于城市景观水体和自然湖泊生态系统的恢复。
二、高氨氮工业废水处理技术				
20	垃圾渗滤液处理技术	该技术采用“厌氧预处理+膜生物反应器+膜深度处理（NF或RO）”工艺，利用厌氧反应器去除渗滤液中的高浓度有机物，采用膜生物反应器强化氨氮和可生化有机物的去除，最后利用反渗透或纳滤分离无法生物降解的污染物。少量浓液返回系统。	出水达到GB 16889—2008中表2或表3的限值，连续运行一年后反渗透回收率仍大于75%。	适用于垃圾填埋场和焚烧厂渗滤液处理。
21	气流封闭循环法处理氨氮废水技术	该技术采用常温碱化吹脱脱氨技术，工艺流程为“废水预碱化+氨吹脱+氨气吸收”。利用酸性吸收液对吹脱尾气进行氨吸收，设置封闭式吹脱气体循环装置，将吸收过氨氮的吹脱尾气封闭循环到吹脱塔，以有效减少吹脱废气外排量。	处理后氨氮低于15 mg/L。	适用于石油化工、化肥、纺织等生产和使用含氮有机物或含氨氮物质的行业，规模为10～200t/h的废水处理。

序号	技术名称	工艺路线	主要技术指标	适用范围
22	焦化废水微生物处理技术	该技术采用设立预曝气池和投加 HSBEMBM 微生物菌剂的方法处理焦化废水。HSBEMBM 微生物菌剂包含 40 多个菌属的 100 余种微生物，对焦化废水有较好的适应性。	当原水 COD3 000 ～ 5 500 mg/L 、氨氮 150～450 mg/L、挥发酚 600～1 000 mg/L、氰化物 10～50 mg/L 时，经处理后出水 COD 低于 100 mg/L、氨氮低于 10 mg/L、挥发酚和氰化物均低于 0.5 mg/L。	适用于焦化废水处理。
23	高浓度难降解有机工业废水处理技术	该技术以典型的高浓度难降解有机工业废水为处理对象，开发了结合“叠片展开式蜂窝状微生物载体技术”、“厌氧缺氧高效搅拌技术”、“填料生物膜—活性污泥复合技术”和“曝气池泡沫控制和消除技术”的高浓度复合生化反应器。	该技术中的生物载体使用前为半圆形叠片，使用时现场展开成球，展开前后的体积比约为 1∶13～17，大幅度降低了包装、运输和仓储费用，其比表面积高达 500 m^2/m^3 以上，为同类产品的 2～5 倍。采用该技术可处理COD不高于5 000 mg/L的难降解有机废水，COD 容积负荷约为 1.5 kgCOD/（m^3·d）。	适用于焦化、聚甲醛、化工等难降解有机废水处理及回用。
24	高效微生物处理制革废水技术	该技术在制革废水处理系统中植入了高效微生物，工艺为传统 A/O 工艺。	当原水 COD5 000 mg/L，氨氮 200～300 mg/L，总氮 300～400 mg/L，BOD2 500 mg/L，SS2 500 mg/L 时；出水 COD100 mg/L，氨氮 1 mg/L，总氮 40 mg/L，BOD30 mg/L，SS50 mg/L；COD 削减率 98%，氨氮削减率 99%，总氮削减率 87%，BOD 削减率 92%，SS 削减率 94%。	适用于制革、高浓度氨氮废水处理。
25	三维过电位电解-高效复合微生物处理难降解工业废水技术	该技术采用“三维过电位电解+固定化微生物”的 A/O 生物处理工艺。三维过电位电解在保证良好的电催化活性的前提下具有较好的稳定性和耐腐性。	单位污染物去除能耗 0.8 kWh/kgCOD，电极材料的年腐蚀率约为 0.04%，COD 平均去除率 35%；再经高效生物处理，出水 COD 浓度可低于 100 mg/L，凯氏氮去除率 30%～50%，CN^-的去除率 40%～60%。	适用于制药行业和储罐行业难降解废水处理，规模通常在 10 000 m^3/d 以下。
26	马铃薯淀粉废水提取蛋白综合利用技术	该类技术采用凝聚法或生物发酵法，从马铃薯淀粉加工废水中提取蛋白饲料。	提取蛋白后的废水 COD 可降低 75%（COD1 500～5 000 mg/L），氨氮可降低 60%，SS 可降低 95%，为废水的后续处理奠定了基础。年产 5 000 t 淀粉的工厂，可生产蛋白液 25 000 t，饲料蛋白 50 t，微生物制剂 100 t，蛋白提取率大于 90%。凝聚法废水停留时间 6～8 h，温度−5℃以上（冬季），变性剂投加量 20～30 g/t 废水。生物发酵法发酵时间为 4 d，饲料蛋白含量 35%。	适用于淀粉年产量在 5 000～30 000 t 企业的马铃薯淀粉废水综合利用。

序号	技术名称	工艺路线	主要技术指标	适用范围
27	厌氧颗粒污泥床废水处理技术	该技术采用厌氧颗粒污泥悬浮床反应器，针对不同的进水水质，培养具有特定功能的自固定化颗粒污泥或固定在颗粒载体上的厌氧生物膜，在高效厌氧反应器内处理淀粉废水等中、高浓度工业有机废水。	对于高浓度易降解有机废水，在设计条件下厌氧反应器负荷可达 40 kgCOD/（m^3·d）；对于难降解有机废水，负荷可达 15 kgCOD/（m^3·d），在 10～12℃温度范围内，负荷大于 8 kgCOD/（m^3·d）。产生的沼气可用于发电。	适用于玉米淀粉及各类中、高浓度工业有机废水的处理。
三、其他工业废水处理、回用与减排技术				
28	糖蜜酒精废液直接浓缩焚烧技术	该技术利用耐热渗透酵母菌以间接加热蒸馏的方式生产糖蜜酒精，并对糖蜜酒精废液进行回用，可提高废液排放浓度，减少废液量，使每吨酒精产生 9t20°Bx 的废液。将废液浓缩到 60°Bx（低位热值 7 000 J/kg）后焚烧，可实现浓缩工艺的能量自给。	焚烧炉渣的钾含量达 15%，可用于制造复合有机肥或加工成硫酸钾。	适用于酿造、酒精、制糖、造纸、食品等行业高浓度有机废液的处理。
29	高浓度有机废水浓缩燃烧发电技术	该技术将高浓度有机废水蒸发浓缩，然后直接喷射进生物质锅炉中燃烧（不需添加任何辅助燃料），产生的蒸汽进入汽轮机发电机组发电。	从发电机组出来的蒸汽用于生产工艺和废水浓缩，在废水浓缩过程中的汽凝水全部回用于生产。	适用于酿造、酒精、制糖、造纸、食品等行业高浓度有机废液的处理。
30	杀菌剂废水处理技术	该技术以“电化学氧化+MBR”为核心工艺，电化学氧化预处理有效提高废水可生化性，配合 MBR 处理杀菌剂废水，出水可回用。	特制的钛基纳米管电极能耗低、运行成本低、选择性强，氧化电压 5～8V，电流密度 15 mA/cm^2，氧化时间 0.5～4 h。	适用于高浓度、生物难降解工业有机废水的处理。
31	高效脱氮、低产泥污水处理技术	该技术由水解预处理、同步硝化反硝化、优势菌、食物链动物捕食等技术集成，形成高效生物膜反应器。	进水 COD1 000 mg/L、氨氮 50 mg/L 时，COD 去除率大于 90%，氨氮去除率大于 80%，总氮去除率大于 70%。产泥率为常规方法的 15%～25%，可实现污泥基本全部回流。	适用于中低浓度有机废水的处理和分散型中小规模的污水处理。
32	石化工业废水处理技术	该技术采用“水解+A/O”工艺处理石化废水。水解采用一孔一点的布水方式，布水均匀，并能在水解池中形成高浓度酸化污泥床，出水进入 A/O 单元再进行生化处理。	当进水 COD1 000 mg/L、氨氮 30 mg/L、BOD_5 200 mg/L 时，经处理后出水 COD100 mg/L、氨氮 1 mg/L、$BOD_5$10 mg/L。	适用于 500～100 000 m^3/d 的石油化工、化工等行业污水处理。
33	改进型高效折板厌氧反应技术	该技术是在折流厌氧反应器（ABR）的基础上，根据屠宰、制药废水的特性，对 ABR 的配水、隔室宽度、填料筛选和安装位置进行改良和优化，增设中间池，在中间池进行沉淀和预曝气，将沉淀污泥回流。	容积负荷在处理屠宰废水时为 6.0 kgCOD/（m^3·d），在处理中药制药废水时为 4.5 kgCOD/（m^3·d），HRT 在 18～24 h 之间，COD 去除率 85%～87%，与 UASB 相比，投资节省 30%。	适用于屠宰、制药废水的处理。

序号	技术名称	工艺路线	主要技术指标	适用范围
34	内循环厌氧反应器污水处理技术	该反应器由通过内循环装置组合在一起的上、下两个反应室构成，废水进入反应器后，大部分有机物在下反应室被消化，下反应室产生的沼气进入提升管可使发酵液被提升至气液分离器，发酵液分离后又返回下反应室，从而形成发酵液的连续循环。	COD 去除率为 60%～70%，容积负荷可达 55～60 kgCOD/（m^3·d）；上反应室在相对低的负荷下运行，其 COD 去除率为 60%～85%，占总去除 COD 的 20%～30%。当进水 COD_{Cr} 为 2 000～8 000 mg/L，SS 低于 3 000 mg/L 时；出水 COD_{Cr} 低于 450 mg/L，SS 低于 20 mg/L。	适用于酒精、果汁、啤酒、酵母、柠檬酸等行业的废水处理。
35	庆大霉素废水处理技术	先分别采用加药絮凝和气浮的方法对庆大霉素废水和麦白废水进行预处理，回收丝蛋白和溶媒。采用“UASB+SBR”工艺处理混合废水，将内循环三相流化床和拼装搪瓷罐应用于制药废水，有效进行SBR 反应池程序控制。	当进水 COD 为 20 000～30 000 mg/L，BOD_5 为 6000～10 000 mg/L，SS 为 500～8 000 mg/L 时；出水 COD 低于 150 mg/L，BOD_5 低于 50 mg/L，SS 低于 80 mg/L。	适用于微生物发酵生产庆大霉素等抗菌素企业的废水处理。
36	印染废水生物处理—高效澄清—过滤组合处理技术	该技术采用“调节＋厌氧水解＋A/O（生物活性炭法）＋高效澄清池＋过滤”组合工艺处理综合印染废水。	当进水 pH9、COD500 mg/L、总氮 40 mg/L、氨氮 30 mg/L、总磷 3 mg/L、色度 100 倍时，出水 pH7.4、COD50 mg/L、总氮 7.5 mg/L、氨氮 0.25 mg/L、总磷 0.05 mg/L、色度 16 倍。	适用于印染废水深度处理。
37	印染废水生产回用技术	该技术对印染废水进行清污分流后，采用“水质水量调节+生化处理+混凝沉淀+过滤+活性炭吸附+软化+出水回用”工艺，对染色残液及初次漂洗水进行处理，处理后出水回用于生产。	中和调节停留时间约 4.5 h，生化系统水力停留时间约 4 h，沉淀池表面负荷 2.4 m^3/（m^2·h），过滤滤速 7 m/h，软化器滤速 20 m/h。	适用于印染行业废水处理及回用。
38	印染废水集中处理技术	该技术采用“调节+水解酸化+好氧生物处理+化学处理”工艺。	出水水质 pH6.5～8.5、COD40～70 mg/L、$BOD_5$8～12 mg/L、SS10～20 mg/L、色度 5～10 倍，削减率均大于 80%，污泥经脱水后外运。	适用于印染行业废水处理及回用。
39	缫丝废水回用及余热回收利用技术	该技术采用“调节池+加压生化+生物过滤+生物炭吸附（再生）+回用”工艺流程。处理缫丝废水等低浓度易降解废水，并回收利用废水中的余热。	处理 COD120～150 mg/L 的缫丝废水，废水中 70% 的余热可回收利用，废水回用率大于 90%。	适用于印染行业缫丝废水处理及回用。
40	染料废水处理及回用技术	该技术对硫酸浓度 8%～10%及以上的染料母液和中间体的酸性废水进行四级多效浓缩，浓缩到硫酸浓度为 40%～50%后，有机杂质可析出；过滤除杂后，过滤液中加入氯化钠置换出氯化氢，制成工业盐酸、氯磺酸和硫酸钠。	硫酸钠纯度达到 98%，可用于染料生产作添加剂，结晶母液可循环回用，废渣采用焚烧处理。	适用于含低浓度硫酸的印染废水综合利用。

序号	技术名称	工艺路线	主要技术指标	适用范围
41	化纤碱减量废水综合处理技术	该技术提取化纤碱减量废水中的对苯二甲酸，对其粗品进行规模化生产利用，大幅削减废水的有机负荷，保障后续废水处理达标。	苯二甲酸提取率 85%～90%，总回收率 65%～70%。	适用于化纤碱减量废水中对苯二甲酸的回收利用。
42	钢铁企业综合污水处理及回用技术	该技术将钢铁企业综合污水经药剂软化、絮凝、澄清、过滤、杀菌处理后，去除大部分 COD、SS、油类、硬度。一部分直接回用，一部分经膜处理脱盐后，与滤后水混合并控制含盐量，回用于工业循环水。技术关键点为具有自主知识产权的多流向强化澄清池[表面负荷 10～15 m^3/（m^2•h）]、反渗透脱盐及回用水含盐量控制技术。	以日处理 10 万 t 污水厂计，吨水投资约 1 200 元，吨水运行费用约 0.42 元。	适用于钢铁工业废水处理。
43	涂装工业废水处理技术	该技术以“混凝沉淀+水解酸化+SBR”工艺处理涂装废水，沉淀池表面负荷 10 m^3/（m^2•h），水解酸化停留时间 8 h，SBR 负荷 0.1～0.2 kgBOD_5/（kgMLSS•d），污泥浓度 3～4 g/L。	当进水 COD_{Cr}≤2 000 mg/L，BOD_5≤650 mg/L，PO_4^{3-}≤70 mg/L，Zn^{2+}≤15 mg/L，SS≤200 mg/L，石油类≤60 mg/L 时；出水 COD_{Cr}44 mg/L，$BOD_5$14.8 mg/L，PO_4^{3-}0.16 mg/L，Zn^{2+}≤0.75 mg/L，SS24.3 mg/L，石油类 3.7 mg/L。	适用于涂装工业（汽车制造、电器制造）废水处理。
44	火电厂烟气脱硫废水处理技术	该技术采用“氧化+pH 调节+混凝反应+沉淀分离”的工艺路线。处理量 2～40 m^3/h，混凝剂投加量 30～50 mg/L、金属离子沉淀剂投加量 0.2～0.5 mg/L、絮凝剂投加量 0.2～0.5 mg/L、pH9～10。	各项污染物的削减率：悬浮物大于 99%、COD 大于 50%、氟化物大于 50%；出水汞离子低于 0.05 mg/L。	适用于烟气脱硫废水处理。
45	制革废液中铬盐的循环利用技术	该技术通过单独分流收集、过滤（除去固形物杂质）、碱沉淀铬盐、过滤回收铬泥、再生等工序，将制革含铬废液中的铬盐回收并制备具有良好鞣制性能的铬鞣剂，回用于制革生产，回收铬盐后的清液回用于浸酸工序。	制革废液中铬盐的回用率大于 99%。	适用于皮革生产行业含铬废液处理及回用。
46	三元复合驱采油污水深度处理与回用技术	该技术在保留油田现有处理工艺的基础上，采用“UV/O_3/H_2O_2＋膜过滤”工艺对三元复合驱采油污水进行深度处理，有效降解污水中的聚合物 PAM 和表面活性剂等，对污水中的悬浮物和细微颗粒进行较彻底的清除。	深度处理后水质可达到油田回注水要求，对岩芯渗透率的伤害程度低于 30%。	适用于三次采油作业产生的三元复合驱采油污水处理。
47	双膜法浓水循环中水回用技术	该技术是中空纤维多孔膜和反渗透膜的组合膜处理技术，原水先经中空纤维多孔膜过滤掉部分污染物，再进入具有浓水在线增压回流和双向进水功能的反渗透膜，其中浓水在线增压回流功能利用了回流浓水的余压，双向进水功能使膜组件的两端可换用，进一步提高膜的抗污染能力。	反渗透系统脱盐率大于 95%。	适用于印染、电镀、皮革、钢铁等工业废水深度处理及回用。

序号	技术名称	工艺路线	主要技术指标	适用范围
48	难处理工业废水双膜法处理及回用技术	该技术为“预处理+超滤+反渗透”组合工艺，废水经预处理后通过袋式过滤器（过滤精度为 50～100 μm）去除水中较大颗粒的悬浮物，之后进入超滤装置过滤，然后采用卷式抗污染高脱盐率反渗透膜组件进一步处理后达标回用。	总硬度去除率大于 99%，总碱度去除率大于 98%，氯离子去除率大于 98%，电导率削减率大于 97%，总溶固去除率大于 98%。	适用于冶金、化工等行业的难处理工业废水再生回用。
四、除尘、脱硫、脱硝技术				
49	600MW 等级燃煤电厂锅炉袋式除尘技术	该技术对大型袋式除尘器进行结构优化，采用长袋及低压脉冲喷吹，降低了设备阻力。	烟尘捕集效率大于 99.8%，设备阻力小于 1 200Pa，烟尘排放浓度低于 30 mg/m^3。	适用于 600MW 及以下燃煤电厂锅炉烟气粉尘治理。
50	高炉煤气袋式除尘技术	该技术采用袋式除尘系统。除尘系统采用组合式筒体分筒离线清灰技术，具备在线检修功能，减少了占地面积和设备重量。	出口烟尘排放浓度低于 10 mg/m^3，除尘效率大于 99.9%，滤袋使用寿命大于 3 年。	适用于高炉煤气除尘。
51	大型密闭电石炉气干法除尘技术	该系统主要由回热式冷却器、火星捕集器、布袋除尘器、风机等组成。系统通过回热式冷却器、混风阀及冷却变频风机等设备的自动控制将炉气温度控制在 220～260℃，采用密封防爆技术防止 CO 泄露。	系统运行稳定，漏风率小于 0.01%，出口粉尘排放浓度低于 10 mg/m^3。	适用于 2.55×10^{4}KVA 及以上密闭电石炉除尘。
52	电袋复合除尘技术	该技术将电除尘和布袋除尘两种除尘技术有机地结合，前端电除尘阻力小，能够去除 70%～80%的粉尘，减少后端袋式除尘的过滤负荷，提高了去除效率。	除尘效率达 99.9%，排尘浓度低于 30 mg/m^3，设备阻力 1 000Pa，过滤速度 1.2 m/min，滤袋寿命大于 4 年。	适用于电力、建材、冶金等行业燃煤锅炉烟气除尘，特别适用于现役机组除尘系统改造和工业炉窑除尘。
53	第四代“OG”法转炉烟气净化及煤气回收技术	该技术将经初步冷却的烟气通过冷却塔喷水冷却并除去大颗粒灰尘，再经过第四代“OG”环隙除尘器除去细小粉尘。净化的烟气经过煤气引风机，合格的煤气（CO 含量大于 35%，O_2 含量小于 2%）通过三通阀切换，经水封逆止阀、V 型阀被输送到气柜，不合格的烟气通过烟囱，经点火燃烧后放散。	与传统的湿法除尘相比，除尘系统的阻力下降 20%～25%，水耗下降 30%，粉尘排放浓度从 150 mg/m^3 下降到 50 mg /m^3，其主要技术参数为：处理烟气量 10 000～300 000 m^3/h，阻力小于 2 000Pa，设备的整体泄漏率小于 0.5%，除尘效率大于 99.95%。	适用于炼钢转炉煤气净化回收系统。
54	煤粉工业锅炉清洁燃烧及烟气污染控制技术	该技术采用旋流快速点火煤粉燃烧器，实现宽煤种低氮稳定燃烧，燃烧过程为分级分段燃烧。烟气污染控制技术以循环流化床为基础，采用干态消石灰粉脱硫剂，通过在脱硫反应塔中喷水脱除烟气中的 SO_2。脱硫后的烟气部分回到塔体中，部分进入布袋除尘器中，颗粒物被布袋除尘器收集后，大部分经过再循环系统返回到脱硫塔中循环利用。	该技术燃烧效率大于 88%，烟尘排放低于 30 mg/m^3，加装烟气脱硫设施后 SO_2 排放低于 100 mg/m^3，NO_x 排放低于 350 mg/m^3。	适用于燃煤工业锅炉烟气污染控制。

序号	技术名称	工艺路线	主要技术指标	适用范围
55	燃煤工业锅炉烟气袋式除尘湿法脱硫技术	该技术为负压袋式除尘正压湿式脱硫烟气净化技术，对锅炉烟气的净化采用一级袋式除尘，有效去除烟尘；除尘后烟气进入二级脱硫系统进行湿法脱硫，有效去除 SO_2 和粉尘。	除尘效率大于 99%，脱硫效率大于 90%，系统阻力小于 2 200Pa。	适用于 20t/h 以上的燃煤工业锅炉除尘脱硫。
56	白泥-石膏法烟气脱硫技术	该技术以电石渣、造纸白泥为脱硫剂，采用湿法工艺对造纸行业等工业锅炉进行烟气脱硫。通过对石膏浆液采用沉降分离、旋流器旋流分离等技术，降低石膏浆液中胶状物的比例，提高石膏脱水性能；控制塔内分区 pH 值，去除抑制氧化的还原性物质，提高氧化率和副产石膏的品质。	脱硫效率大于 90%；白泥的资源化利用率大于 90%，脱硫副产物氧化率大于 95%，脱硫石膏纯度大于 90%，钙硫比小于 1.03。	适用于周边有白泥来源的燃煤烟气脱硫。
57	废碱渣（液）烟气脱硫技术	该技术一级处理用电除尘，二级处理用印染废水脱硫，印染废水经预处理去除杂质后，与烟气中的 SO_2 在脱硫塔中反应，生成亚硫酸钠和硫酸钠，达到脱硫除尘的目的。	脱硫效率可达 95%以上、液气比小于 4、脱硫装置电耗小于 20 kW/10t 锅炉、系统阻力小于 950Pa。	适用于周边有印染废水来源的燃煤工业锅炉或热电联产锅炉烟气脱硫。
58	烧结烟气资源回收铁法脱硫技术	该技术以废铁屑、钛白粉副产亚铁盐或酸洗钢板废液为脱硫剂，在氧气存在条件下，利用铁离子不断的氧化还原循环实现催化氧化脱除 SO_2，在脱硫的同时生产聚合硫酸铁水处理剂。	SO_2 原始浓度 500～4 000 mg/Nm^3，处理后浓度 20～200 mg/Nm^3；脱硫率可达 85%以上；脱硫副产物为聚合硫酸铁；脱硫副产物回收率大于 95%；脱硫副产物性能满足 GB 14593—2006 要求。	适用于冶金、化工等行业。
59	大型冲天炉除尘脱硫一体化技术	该技术利用冲天炉高温烟气加热空气作为燃烧空气，换热后的烟气进入湿法喷淋一级除尘脱硫，再进入净化器进行二级除尘脱硫后排向大气。	烟气处理前粉尘 500 mg/m^3，$SO_2$1 300 mg/m^3；处理后粉尘浓度低于 30 mg/m^3，SO_2 浓度低于 40 mg/m^3。脱硫效率可达 95%以上。	适用于冲天炉除尘脱硫。
60	烟气循环流化床干法脱硫技术	该技术以消石灰粉为吸收剂，将其喷入脱硫吸收塔内，并通过吸收剂的内外多次循环，实现高效脱硫，脱硫后气体中的固体颗粒物通过布袋除尘器收集可进一步综合利用。系统没有废水产生，系统烟道和设备无需防腐。	SO_2 脱除率可达到 85%以上，并可有效脱除 HCl、HF；脱硫装置阻力小于 1 500Pa。	适用于 300MW 及以下机组烟气脱硫。
61	燃煤电厂氨法烟气脱硫技术	该技术以一定浓度的氨水或液氨作吸收剂，与烟气发生反应产生亚硫酸铵，亚硫酸铵在吸收塔内氧化生成硫铵溶液并经离心分离、蒸发浓缩，得到固体硫酸铵。	脱硫效率大于 95%，脱硝效率大于 20%，氨逃逸浓度低于 8 mg/m^3。	适用于具有氨吸收剂来源、燃料硫含量大于 1.5%的热电联产锅炉和电站锅炉的烟气脱硫。

序号	技术名称	工艺路线	主要技术指标	适用范围
62	钢铁冶炼炉渣烟气脱硫技术	该技术用钢渣作为脱硫剂，SO_2 与经磨细的钢渣浆液在脱硫塔中反应，生成物经氧化后排往沉淀池，经沉淀压滤后的脱硫副产物用于盐碱地的改良。	脱硫效率可达到95%以上、脱硫渣水分小于20%。	适用于工业窑炉、燃煤锅炉、有色冶炼炉的烟气脱硫。
63	SCR 燃煤锅炉烟气脱硝技术	该技术通过在锅炉省煤器和空气预热器之间安装脱硝反应器，在催化剂的作用下，喷入的反应剂（通常为氨气）与燃煤烟气中的氮氧化物反应生成氮气和水，氨气可来自液氨蒸发、尿素分解、氨水等。	脱硝效率 60%～90%，系统氨逃逸质量浓度控制在 8 mg/m^3 以下。	适用于燃煤发电锅炉的烟气脱硝。
64	燃煤锅炉烟气SNCR 脱硝技术	该技术将还原剂（NH_3 或尿素）喷入一定温度条件下（800～1 100℃）的烟气中，与其中的 NO_x 发生反应，生成氮气和水。SNCR 工艺不需催化剂。	脱硝效率 30%～40%，氨逃逸率小于 8 mg/m^3。	适用于煤粉燃烧发电锅炉烟气脱硝。
65	低氮燃烧技术	该技术利用分级燃烧原理，将燃烧用风分为一、二次风，减少煤粉燃烧区域的空气量（一次风），提高燃烧区域煤粉浓度，形成富燃料区，以降低燃料型 NO_x 的生成。	燃用烟煤的机组 NO_x 排放浓度可控制在 300 mg/m^3 以下；燃用贫煤的机组 NO_x 排放浓度控制在 400 mg/m^3 以下。	适用于四角切圆和对冲燃烧方式的煤粉燃煤锅炉。
66	焦炉烟气净化技术	该技术在焦炉装煤、出焦两个环节，将烟气导入除尘地面站系统中，经袋式除尘器除尘后排入大气。除尘器回收的粉尘送到储灰仓中。	烟尘捕集率大于 95%，烟尘净化率大于 99%，经处理后的烟尘含尘浓度低于 50 mg/m^3。	适用于钢铁和炼焦行业焦炉烟气净化。
67	铅蓄电池行业铅粉机尾气治理技术	该技术用负压风机将铅粉吸进集粉器内，再经过 36 袋脉冲除尘器除尘，经除尘后的气体进入风机后送入高效滤筒除尘器，除尘后再进入二级风机或直接排放。	铅粉机尾气铅排放可降至 0.35 mg/m^3 或更低。	适用于铅酸蓄电池行业及铅冶炼行业。
68	四英寸电磁脉冲阀喷吹技术	该技术通过产品驱动装置的改进设计提高产品的开关性能，合理的产品内部流道设计，可使产品的执行机构达到最协调的启闭性能，从而获得更优的流通能力，降低产品的压力损失，不仅提高了喷吹清灰效果，而且降低了能耗。	产品核心指标为：①良好的开关性能：200 ms 脉冲宽度下开启到峰值时间 30 ms，峰值到关闭时间 40 ms，阀门开启到关闭总用时 285 ms；②流通能力：KV=242.35/CV=282.82；③使用寿命：喷吹 100 万次；④外形及安装尺寸与传统 3 寸脉冲阀一样；⑤喷吹量：200 ms 电脉冲宽度、0.3MPa 喷吹压力条件下 775NL（传统 3 寸脉冲阀为 450NL）；⑥袋底清灰压力：200 ms 电脉冲宽度、0.3MPa 喷吹压力条件下 2 417Pa（传统 3 寸脉冲阀为 2 003Pa）。	适用于大型袋式除尘器和电袋复合除尘器。
69	袋式除尘器用滑动阀片式电磁脉冲阀	该技术采用滑动阀片替代传统的橡胶膜片。由高分子材料制成的滑动阀片中心设有直线轴承，套在阀盖中心的空心轴上，空心轴内设置压缩弹簧，滑动阀片设有滑动环用以调节滑动阀片与阀体内壁的间隙。滑动阀片设有若干节流孔，使后气室压力均稳定上升。在电信号作用下滑动阀片依靠两个气室压力差及弹簧的作用在阀的气腔内前后移动，实现电磁脉冲阀的开启和关闭。	阀片式电磁脉冲阀具有更大的开度，开启压力具有更快的上升速率。气脉冲波形更符合滤袋清灰要求。	适用于袋式除尘器。

序号	技术名称	工艺路线	主要技术指标	适用范围
70	三维非对称微孔结构聚苯硫醚针刺毡滤料制备技术	该技术使不同细度的聚苯硫醚纤维在工作截面呈梯度分布，并在滤料的面层引入异形纤维，组成三维非对称结构，有利于提高过滤效率，降低除尘器的运行能耗。	该技术具有表层微孔化、过滤效率高、易清灰、运行阻力低及表层过滤等特点，除尘效率大于99.9%。进行烟气除尘治理，除尘器出口粉尘浓度可控制在30 mg/Nm^{3}以下。工业炉窑除尘器入口浓度最高可达1 000 g/Nm^3，出口粉尘浓度可控制在30 mg/Nm^{3}以下，甚至10 mg/Nm^{3}以下，并可有效过滤PM_{10}、PM_5甚至$PM_{2.5}$等超细粉尘，过滤效率达99.99%。	适用于燃煤锅炉、工业炉窑的新建袋式除尘器或电除尘器改袋式除尘器。
71	电除尘用高频高压整流技术	该技术利用国产超微晶材料自主开发了一种高频高压整流装置，采用三相供电及高低压一体化结构。	输出直流平均电流为0.4～2A，输出直流平均电压为60～80 kV，输出直流功率为24～160 kW，有利于提高除尘效率。	适用于电除尘高压控制。

五、工业废气治理、净化及资源化技术

序号	技术名称	工艺路线	主要技术指标	适用范围
72	蓄热式有机废气热力焚化技术	该技术将待处理的有机废气引入蓄热室的陶瓷介质层，废气经过直接热交换升温后进入氧化室，使废气中的VOC氧化分解为CO_2和H_2O，并将热量“贮存”到蓄热体后排放。	热交换效率大于90%，VOC净化率达95%。	适用于较低浓度的有机废气净化。
73	挥发性有机物吸附浓缩-催化氧化组合净化技术	该技术是一项吸附浓缩和催化氧化组合净化工艺，低浓度有机废气首先经过吸附床吸附，然后利用低流量热空气流进行解吸，解吸后产生的高浓度废气进入催化燃烧器氧化分解。利用燃烧后产生的热量加热解吸空气，运行费用低。	废气净化效率大于95%。	适用于大风量、浓度小于1 500 mg/m^{3}的多种VOCs有机废气处理。
74	生阳极车间沥青烟气净化技术	该技术利用生产原材料焦粉或无烟煤粉尘为吸附剂，吸附混捏成型过程中产生的沥青烟气，吸附后的物料可以直接返回工艺中使用。整套系统循环操作，无二次污染和物料的对外转运。设置自动灭火系统提高系统的安全性。	沥青烟气排放浓度低于 20 mg/m^3，粉尘浓度低于10 mg/m^3，焦油浓度低于5 mg/m^3。	适用于冶金行业烟气净化。
75	黄磷尾气回收利用技术	该技术采用变温变压吸附黄磷尾气中的一氧化碳，利用羰基合成技术生产甲酰胺等系列产品。	净化后黄磷尾气中磷、硫、砷、氟化物杂质含量小于1ppm，一氧化碳回收率大于85%。	适用于黄磷生产企业尾气治理。

序号	技术名称	工艺路线	主要技术指标	适用范围
76	“吸附回收+处理回用”VOCs 治理技术	该技术先利用活性炭吸附回收废气中的有机物，然后通过曝气对含有机物的回收液进行提纯后回用于生产。	回收装置的回收率大于 95%。	适用采用干法复合工艺的包装印刷行业 VOCs 治理。
77	双介质阻挡放电等离子体工业异味废气处理技术	该技术通过双介质阻挡电离方式产生等离子体，在外加电场的作用下，放电产生的大量携能电子轰击污染物分子，使其电离、解离和激发，使大分子污染物变成简单小分子，或有毒有害物质转变为无毒无害或低毒低害物质。	耗电约 2W/m^3 气体，对恶臭污染物如胺类、苯系物等的去除效率较高，异味去除率大于 70%。	适用于石油化工、制药、垃圾厂、皮革厂、食品厂、香精料厂等行业产生的异味气体的处理，规模在 1 000～100 000 m^3/h。
78	油气回收技术	该技术采用双罐交替吸附真空脱附，用汽油淋洗回收并循环净化。处理能力 100～2 000 m^3/h。	油气原始浓度 800～1 200 g/m^3，经处理后气体排放浓度 5～20 g/m^3，回收率大于 98%。	适用于汽油储油库汽油转运过程中所产生的油气净化。
79	恶臭气体微生物治理技术	该技术采用废气生物净化技术，将废气引入带有填料的生物滴滤床或生物过滤床，废气中的污染物被附着在填料中的微生物消化分解。	设计空床停留时间小于 20s，H_2S、恶臭去除率大于 90%。	适用于恶臭气体的治理。
80	硫酸工业废气酸洗净化技术	该技术将沸腾炉出口的烟气经过余热锅炉、旋风除尘器、电除尘器后，进入两级洗涤器进行降温除尘，最后烟气进入电除雾器除去酸雾。第一级洗涤器排出的稀酸经斜管沉降器固液分离后循环使用，第二级洗涤器排出的稀酸经板式换热器移走热量后循环使用。电除雾排出的稀酸和第二洗涤循环系统多余稀酸串入第一洗涤循环系统，由斜管沉降器固液分离后，一部分循环使用，一部分经脱气塔吸收后外排。	酸洗净化产生的污水量仅为水法净化的 1/100～1/80，污水处理达标后排放。	适用于硫铁矿制酸和有色金属冶炼、石化工业产生的含硫废气的治理。
81	喷浆造粒污染烟气治理技术	该技术采用文丘里洗涤、喷淋塔洗涤、气溶胶静电处理等多级处理技术，用于喷浆造粒尾气（富含 VOCs 和 SVOCs 气溶胶烟气污染物）的处理。	有机物去除效率大于 95%，各处理单元气体流速分别为：文丘里约 43 m/s，喷淋塔约 2.2 m/s，气溶胶约 0.6 m /s。	适用于发酵行业、制药行业、肥料行业、饲料等行业烟气治理。
82	铝电解烟气净化技术	该技术采用干法氧化铝吸附原理处理电解铝过程中产生的氟化物。	电解烟气中氟化物排放浓度低于 1 mg/m^3，粉尘排放浓度低于 5 mg/m^3。对于年产 30 万 t 的电解企业，每年可多回收约 100t 的氟化盐。	适用于冶金行业烟气净化。

序号	技术名称	工艺路线	主要技术指标	适用范围
六、固体废物综合利用、处理处置及土壤修复技术				
83	氰化尾渣资源化技术	该技术利用铅锌硫化矿物的浮选特性，从氰化尾渣回收铅锌混合精矿，实现选矿过程的清洁生产和尾水低排放。混合浮选技术主要以电化学为基础，通过在矿浆中添加“YO+硫酸铜”组合活化药剂，增加铅锌硫化矿物的可浮性。	铅锌总回收率约 90%。	适用于年处理矿石量 5 万 t 以上、含有多金属矿石（铜、铅、锌）的黄金开采行业的氰化尾渣处理。
84	废润滑油的环保再生技术及装置	该技术采用高速离心并沉降的方法对废润滑油进行预处理，预处理后的废润滑油通过“恒温擦膜薄膜蒸发器”进行再生，由于该蒸发器可连续进行热量补偿，并且具有在相对较低的温度下使废润滑油汽化的能力，可保证废润滑油在汽化过程中不裂解，保持润滑油良好的热稳定性。润滑油蒸汽经过分馏装置按馏程和馏出温度的不同，按照设定进入不同的收集器中，得到不同组分的再生润滑油基础油。	再生润滑油色度较浅，铜片腐蚀小于 1 级，倾点低于−5℃，闪点高达 250℃，黏度好，收率高于 95%，重质油裂化比例小。	适用于石油化工行业。
85	碱回收白泥污染控制及资源化技术	该技术通过在碱回收苛化工段中增加石灰和苛化绿液，深度净化，提高白泥（碳酸钙）的纯度和白度，达到造纸过程中所加填料碳酸钙的质量要求，回收草浆白泥。	生产的含水沉淀碳酸钙经烘干后碳酸盐不溶物大于 97%，pH 为 9～11，筛余物（325 目）小于 0.5%，白度高于 88%。	适用于碱回收白泥的综合利用。
86	啤酒废酵母利用技术	该技术是将啤酒废酵母经酶解等工艺生产 4 种单核苷酸，或经除杂除苦后，采用胞壁溶解酶和磷酸二酯酶实现破壁自溶，生产粗产品酵母精，细胞壁残渣则利用酶膜反应器制备甘露糖蛋白及水溶性葡聚糖。	啤酒废酵母降解率大于 80%，产品纯度大于 95%。	适用于啤酒废酵母综合利用与处理。
87	啤酒麦糟资源化开发和利用	该技术利用酶技术和膜分离工艺从麦糟中提取功能性膳食纤维和蛋白质作为食品配料，并采用挤压改性技术开发麦糟膳食纤维方便食品。	膳食纤维回收率大于 90%（以干基计）。	适用于啤酒麦糟资源化利用。
88	丢弃酒糟无害化、效益化处理技术	该技术采用 2 000 m^3 大窖，以酿酒丢弃酒糟为原料，加入糖化酶和固体酵母生产复糟白酒；生产复糟白酒后的丢糟经烘干后作为锅炉燃料生产蒸汽；燃烧后的酒糟灰再采用沉淀法（低压液相法）生产水玻璃，进而生产白碳黑。酿酒丢弃酒糟资源化、减量化、无害化，实现固态酿酒清洁生产。	工艺过程中产生的废水和粉尘经处理后达标排放。废弃酒糟供环保锅炉燃烧生产蒸汽。除尘器收集的稻壳灰供白碳黑车间作为生产原料。白碳黑车间生产主要污染物是废弃的稻壳灰，供附近村民用作肥料。	适用于白酒酿酒行业丢弃酒糟处理。
89	制革固体废弃物资源化利用技术	该技术以废皮屑为原料，制造固化单宁和固化金属离子吸附材料，可分别用于工业废水中有毒重金属离子的吸附和无机阴离子、染料、有机物等的吸附。	固化单宁对汞的吸附容量大于 200 mg/g，对铅的吸附容量大于 110 mg/g，对镉的吸附容量大于 75 mg/g；固化锆对三种酸性染料（DY11、AY11 和 RB19）的平衡吸附量分别为 407.2 mg/g、	适用于制革废物资源化利用。

序号	技术名称	工艺路线	主要技术指标	适用范围
			387.9 mg/g 和 364.9 mg/g；固化铁对氟、磷、砷和六价铬等无机阴离子的平衡吸附容量达到 50～100 mg/g。对初始浓度在 100 mg/L 以下的含毒重金属、无机阴离子、染料及多酚有机物工业废水，经上述吸附材料处理后均可达到 GB 8978—1996 要求。	
90	屠宰厂、皮革厂废弃物生产蛋白质技术	该技术利用自主生产的复合蛋白酶，将屠宰场、肉联厂、皮革厂生产的废弃物、啤酒厂生产的酵母泥、淀粉加工厂废水提取物经过加工生产蛋白质系列产品。剩下的骨渣、肉渣、皮渣作为饲料添加剂，油作为化工原料；生产废水经处理后回收用于生产，清洗设备、生产场及原料的用水经分离沉淀，沉淀污泥作肥料使用。	原料中蛋白质的提取率分别约为：动物骨 13%、边皮料 10%、杂碎肉 6%、皮粉 15%、酵母泥 5%、马铃薯淀粉生产废水中粗蛋白 1.12%。	适用于屠宰厂、皮革厂生产的废弃物的处理。
91	废碱焚烧中熔融碳酸钠固体回收技术	该技术采用“汽液动雾化+饱和溶液载送”组合工艺，回收废碱液中的粗碳酸钠产品。	污水中碳酸钠排放削减率大于 99%。	适用于环己酮生产排放的含碳酸钠废水处理。
92	钢渣热闷自解处理技术	该技术利用钢渣余热产生饱和蒸汽，高温饱和水蒸汽热闷可使钢渣消解粉化，稳定性良好。回收的废钢返回冶炼，用低能耗磨机将钢渣尾渣磨细成钢渣粉等量取代 10%～30%水泥配制混凝土使用。	钢渣中废钢回收率大于 98%，尾渣中金属含量小于 1%，粉尘和污水排放量少。钢渣粉比表面积大于 420 m^2/kg，吨产品主机电耗低于 32 kWh。	适用于冶炼钢渣处理。
93	生活垃圾焚烧处理系统技术	该技术采用炉排炉结构使垃圾充分燃烧，并利用垃圾焚烧产生的余热，通过汽轮机发电转化为电能。灰渣送去填埋处理，烟气经半干式烟气处理装置除去有害气体和粉尘后排放。喷雾塔、除尘器收集下来的飞灰与烟气处理系统的残余物收集到灰仓，经固化后按照危险废物管理规定安全处置。	单台处理能力 300t/d 以上，炉膛设计确保烟气在 850 ℃的停留时间大于 2s，二噁英类物质排放浓度低于 0.5ngTEQ/Nm^3。	适用于低位热值大于 5 000 kJ/kg 的城镇生活垃圾焚烧处理。
94	填埋场气体燃烧发电技术	该技术采用数学模型对填埋气体产生量及收集量进行预测，设计出适用于新建、正在运行和封场垃圾填埋场的填埋气体导排井、集气管网、排水井、监测井、抽气风机、燃烧器、发电机组等，将填埋场气体收集、处理、燃烧发电。	经预处理后的填埋气通入装机容量为 500 kW 以上的沼气内燃机组燃烧发电。	适用于填埋量大于 300t/d 的垃圾填埋场。
95	沼气利用技术	该技术先通过变压吸附将甲烷气体和其他气体分离，再经预处理系统对其进行脱水、脱硫、多级过滤等，保证系统和设备的安全稳定运行，最后经脱氧、深度脱硫、深度干燥等处理。	产品气中 CH_4 浓度稳定保持在 90%左右，最高可超过 94%。	适用于规模不小于 100Nm^3/h 的沼气利用工程。

序号	技术名称	工艺路线	主要技术指标	适用范围
96	填埋场气体制取汽车燃料技术	该技术采用常压多胺法净化填埋场气体，收集的填埋沼气经煤气风机加压后进入净化塔，在净化塔内，填埋沼气与吸收液进行化学反应。吸收液经解吸后循环利用。	填埋气中 CO_2 含量从 37%降到 2%以下，CH_4 含量从 50%提高到 95%以上。净化后的气体性能同二级天然气，经过加压至 25MPa，可送汽车加气站。	适用于城市生活垃圾填埋沼气净化利用。
97	医疗废物非焚烧处理技术	该技术采用高温蒸汽、微波或其组合消毒技术处理医疗废物，实现医疗废物的消毒、灭菌和毁形。	繁殖体细菌、真菌、亲脂性/亲水性病毒、寄生虫和分枝杆菌的杀灭对数值大于 6，枯草杆菌黑色变种芽孢（B.subtilis-ATCC9372）的杀灭对数值大于 4。	适用于 10t/d 以下的医疗废物集中处置。
98	含油污泥过热蒸汽喷射处理技术	该技术将高温蒸汽（0.3MPa）与含油污泥碰撞，油分和水分被瞬间蒸出，与固体颗粒一起进入旋风分离器，在旋风作用下实现蒸汽和固体颗粒的分离，蒸汽冷却后可直接回收原油，固体颗粒进入残渣罐内作为制砖原料或掺入煤粉作为燃料。	对油水含量为 90%的污泥，其污染物削减率 90%，残渣含油量小于 1%。	适用于油田、化工企业等产生的含油污泥。
99	工业危险废物焚烧处理技术	该技术采用分系统进料的方式将工业危险废物送入回转窑处理系统，废物在一燃室的温度约为 850～950℃，二燃室的燃烧温度高于 1 100℃，烟气停留时间大于 2s。高温烟气经余热利用后采用“烟气急冷、干式脱酸+活性炭吸附+袋式除尘+湿式洗涤+烟气再加热”的烟气处理工艺。另外，该技术进料系统设置了两级封闭门，实现上料口不漏烟，并配备自动控制和监测系统，可对主要工艺参数自动控制。	焚毁去除率大于 99.99%，残渣热灼减率小于 5%。	适用于工业废物（包括皮革）、危险废物（包括农药）及医疗废物，可同时处理固态、半固态、液态、气态等不同相态的废物，适用于日处理规模 10～100t 的装置。
100	精对苯二甲酸残渣资源化利用技术	该技术采用热溶解法、固液分离、蒸馏和精馏等集成技术，通过优化工艺参数和操作过程实现精对苯二甲酸残渣资源化综合利用，提取醋酸、苯甲酸、对苯二甲酸等化工产品。燃烧过程产生的热能可综合利用，并实现钴、锰等金属回收利用。	产品回收率大于 70%，对于不能回收的残渣采用高温焚烧处理，温度达 1 100～1 300℃，实现焚毁去除率大于 99.99%。	适用于精对苯二甲酸（PTA）残渣资源化处理及综合利用。
101	焦化有机固体废物综合利用技术	该技术将来自焦化厂的有机固体废物按照一定比例混合后与炼焦煤定量配料，配制成预成型均混料送入高压成型机制得炼焦用型煤产品，与炼焦配煤混合入炉炼焦。	年消纳处理焦化有机固体废物 4 000 t，生产型煤 50 000 t，全部供给焦化厂焦炉炼焦。	适用于焦化废物（焦油渣、酸焦油、生化污泥等）综合利用。
102	糠醛厂固体废弃物综合处理技术	该技术利用特殊菌种，将糠醛工业废渣和糠醛废水直接自然高温堆肥，使低劣品味的糠醛工业废渣和高浓度的糠醛废水转化成为环境友好型的有机肥料。	在不添加任何化学材料的条件下，使糠醛废渣的 pH 值由 2 转变成约 7 的近中性堆肥，堆肥前后糠醛废水和废渣中可溶性 COD 含量的去除率大于 90%。	适用于以玉米芯为主要原材料生产糠醛的工厂。

序号	技术名称	工艺路线	主要技术指标	适用范围
103	PCBs、农药等污染土壤的间接热脱附处置技术	该技术将污染土壤预处理后，在高温（＞500℃）条件下负压抽提（＞0.01MPa）使污染物热脱附。污染气体部分经除尘后通过湿法洗涤，洗涤后气体经过滤、冷凝、吸附等处理，洗涤废水经中和、沉降、固液分离后循环利用，对固态污染物进行异地焚烧处置。	土壤中 PCBs 和农药去除率可达到 99.8%。	适用于受到 PCBs 和农药污染土壤的处理。
104	石油污染土壤生态修复技术	该技术在自然温度下，采用以植物－微生物联合为主、辅以物理化学措施的生态修复技术体系原位修复耕层土壤（0～20cm）；利用固定化外源微生物的保护机制，辅以合理的作物品种、种植结构、污染物活化及农田管理措施强化石油污染土壤处理效果，实现生态修复。	通过耕作方式和种植结构的调整措施，蓖麻、豆科植物大豆、草木樨的降解率高于常规大田作物玉米，土壤中石油类污染物在第一个生长季中可得到 35%左右的降解。采取固定化微生物强化修复后，土壤中石油类污染物在第一个生长季中的降解率即可达 55%～70%，平均在 60%以上。固定化菌剂接种量为土壤体积的 1%～2%。	适用于石油污水灌区的土壤生态修复。
七、重金属污染防治技术				
105	镀镍废水资源化技术与设备	该技术采用离子交换法处理镀镍废水，选用对镍离子选择性较高的树脂，树脂再生后循环利用。废水经处理后可回清洗槽重复使用，洗脱得到的硫酸镍经净化后可回镀槽使用或通过其他途径实现镍资源的循环利用。该技术和设备可从镍离子浓度低于 100 mg/L 的废水中提取镍，实现废水回用。	镍回收率达 90%以上，镍回收液浓度 56 g/L，水的回用率达 70%以上，设备处理能力为 1.5 m^3/h，出水满足 GB 21900—2008 要求。	适用于涉及镀镍工艺的企业。
106	电镀废水处理及回用技术	该技术通过超滤、反渗透和离子交换组合工艺，提取电镀废水中的重金属离子，重新应用于电镀生产过程。	重金属回收率大于 95%，综合废水处理回用量大于 75%，出水满足 GB 21900—2008 要求。	适用于电子、电镀企业废水的处理。
107	低含铜废液减排处理技术	该技术采用旋转阴极直接电解沉积工艺，通过加入特殊的铜沉积添加剂，电解回收废水中铜，并获得电解铜板；处理后废液可回用于印制电路板厂脱膜显影废液的酸化处理。	电解回收废水中 99%以上的铜，并获得纯度大于 99.8%的电解铜板。	适用于线路板制造行业。
108	电絮凝水处理技术	该技术具有电解氧化还原、絮凝气浮功能，可以氧化有机物、分离重金属氢氧化物絮团，实现降解有机物、去除重金属的目的。	污染物原始浓度范围：铜 30～150 mg/L，铬 10～80 mg/L，砷 10～30 mg/L，铅 10～50 mg/L，镍 20～80 mg/L；采用技术后的污染物浓度范围：铜 0.1～0.5 mg/L，铬低于 0.001 mg/L，砷低于 0.001 mg/L，铅低于 0.001 mg/L，镍 0.01～0.2 mg/L。电解停留时间 20～90s，总停留时间不超过 1 h。设备占地是化学法的 20%。铅、镉、锌的去除率大于 95%，污泥产生量约为化学法的 40%。	适用于金属表面加工业及电镀、有色金属冶炼业废水的处理。

序号	技术名称	工艺路线	主要技术指标	适用范围
109	电解锰企业末端废水达标排放技术	电解锰企业的末端废水经预处理后，用高选择性吸附材料回收废水中的铬，然后用沉淀法分离废水中的锰和镁，最后用高选择性吸附材料回收废水中剩余的锰，出水达标排放。	当进水 Mn^{2+}为 2 000 mg/L，Cr（VI）为 300 mg/L 时；出水 Mn^{2+}低于 2 mg/L，Cr（VI）低于 0.5 mg /L。锰和铬的回收率均大于 97%，回收的锰、铬可直接回用于主体生产工艺。	适用于电解锰行业铬、锰、氨氮污染防治。
110	电解锰工艺废水减排技术	该技术在电解锰阴极板出槽-后处理-入槽过程中，通过沙粒减少电解液和钝化液挟带实现污染物减量，电解液回收入电解槽，钝化液回收入钝化工序，废水全部回用于制液，实现全过程自动化控制，消除了电解锰废水中锰、铬、氨氮污染。	清洗用水量削减 80%；废水中锰和铬（Ⅵ）的回收率均大于 97%，高浓度氨氮废水可全部回用。	适用于电解锰行业铬、锰、氨氮污染防治。
111	有色金属冶炼废水深度处理技术	该技术采用“节水优化管理-分质处理回用-末端废水处理回用”的集成技术。	处理后出水水质满足 GB 50050—2007 要求。	适用于有色金属冶炼企业废水处理及回收利用。
112	矿山废水膜处理技术	该技术将选矿废水先后经机械过滤器、纤维球过滤器、活性炭过滤器、精密过滤器除去油质、浮选剂和一些难处理的悬浮物，再用高压泵加压进入反渗透膜处理系统。	出水可用于选矿新水源，浓水含有重金属，经回收后循环用于选矿。	适用于矿山采选废水和尾矿库废水处理。
113	集成膜分离技术处理含铬、镉类重金属废水	该技术采用“分级处理、逐级深化”的设计原理，集成微滤、纳滤、反渗透等多种膜技术，并通过优化整合用于电镀废水深度处理和单镀种废水在线回用处理。	该技术在进一步提高出水水质情况下，运行能耗为普通单一反渗透技术的 40%。废水回用率大于 60%。出水达到 GB 21900—2008 要求。	适用于电子、电镀等行业废水处理
114	高浓度泥浆法处理重金属废水技术	该技术采用高浓度泥浆法（HDS），向重金属废水中加入石灰浆调整 pH 值，然后加入絮凝剂，在浓密池中进行固液分离，清水回用或排放，部分底浆返回反应池，污泥不需浓缩直接压滤。	当进水 Cu19 mg/L，Pd2 mg/L，Cd0.5 mg/L，As4 mg/L 时；出水 Cu0.11 mg/L、Pd0.08 mg /L、Cd0.02 mg/L、As0.3 mg/L。与常规石灰法（LDS）处理重金属污水相比，该技术处理能力提高 1～2 倍，排泥体积减小，运行费用减少 10%以上，管道结垢现象明显改善。	适用于有色金属（矿山、冶炼、加工）废水处理。
115	铅酸蓄电池行业废水治理技术	该技术通过在废水中投加碱性药剂使重金属生成氢氧化物沉淀，并投加 PAFS 混凝剂增强污泥凝结沉淀，后再经沉淀、过滤、吸附等工艺去除污水中的铅、镉等重金属。	当进水总铅 5～15 mg/L，总镉 2～3 mg/L 时；出水总铅 0.2～0.3 mg /L，总镉 0.05～0.1 mg/L。出水铅离子的去除率大于 96%，镉离子的去除率大于 95%。	适用于铅酸蓄电池及铅冶炼行业废水处理。
116	干法废蓄电池资源化利用技术	该技术将废旧铅蓄电池通过破碎分选、铅膏脱硫、短窑密闭燃烧和铅基合金深度脱氧等工序，进行资源化回收处理。	铅回收率大于 95%，锑回收率大于 90%。	适用于废蓄电池处理。

序号	技术名称	工艺路线	主要技术指标	适用范围
117	重金属废水深度处理及资源回收技术	该技术在常规电化学技术基础上发展了包括立式电化学反应器、反冲洗系统、通风式电絮凝系统、内电解技术、梯形极板、自动控制系统等的电化学重金属废水深度处理技术。	当进水 As 低于 100 mg/L，Pb 低于 50 mg/L，Cr 低于 50 mg/L，Hg 低于 10 mg/L，Ni 低于 50 mg/L，Cd 低于 50 mg/L，Cr^{6+}低于 50 mg/L，Zn 低于 500 mg/L；出水 As 低于 0.3 mg/L，Pb 低于 0.5 mg/L，Cr 低于 1.5 mg/L，Hg 低于 0.01 mg/L，Ni 低于 0.5 mg/L，Cd 低于 0.05 mg/L，Cr^{6+}低于 0.3 mg/L，Zn 低于 1.5 mg/L。重金属去除率大于 99%。	适用于采矿、金属冶炼、电镀、化工等行业的重金属废水深度处理。
118	重金属废水电化学处理技术	该技术利用电化学水处理方法，通过直接和间接的氧化还原、凝聚絮凝、吸附降解和协同转化等综合作用，去除重金属废水中的重金属离子、硝酸盐、有机物、胶体颗粒物、细菌、色度、嗅味和其他多种污染物，尤其对重金属和 COD 具有优良的去除效果。	废水中六价铬、总铬、COD、镍、锌、铜、氰化物、镉等指标可以达到 GB 21900—2008 中表 2 或表 3 要求。	适用于冶金、电镀、电子、电池、皮革制造等行业的重金属废水处理。
119	冶炼烟气洗涤废酸处理技术	该技术采用硫化剂与烟气洗涤废酸中砷、铜等重金属离子反应，生成难溶的硫化物沉淀，实现砷、铜等重金属离子的脱除。通过对硫化反应进行精确控制，可选择性的回收铜和砷。	铜和砷的去除率均大于 98%。	适用于冶炼烟气洗涤废酸中重金属的处理。
120	预脱硫-电解沉积全湿法废蓄电池铅回收技术	废旧铅蓄电池经解体分离、填料破碎、栅板—铅膏分离、栅板熔铸合金、铅膏脱硫滤液蒸发结晶、滤液浸出等工序，再利用不溶阳极电解沉积最终得到电铅产品。	硫以硫酸钠形式进入溶液，总硫回收率大于 98%；废铅膏通过电解沉积方式直接生产电铅，铅总回收率大于 97%；处理过程中无烟气排放。	适用于废蓄电池处理。
121	含铬废渣湿法（酸溶）解毒处置技术	该技术将含铬废渣湿法球磨至 200 目以上，依次进行水浸、酸溶、六价铬清液分离、还原解毒、pH 值调节、沉降熟化和固液分离等工序。	铬渣浸出液中总铬和六价铬的削减率大于 90%，可回收部分氢氧化铬。	适用于化工、冶金行业含铬废渣。
122	氧气底吹熔炼—鼓风炉还原炼铅工艺	该技术将硫化铅精矿、溶剂、少量煤粉混合制粒后加入氧气底吹炉，生成一次粗铅和含铅达 40%的氧化渣。氧化渣还原产生二次粗铅和炉渣，含 SO_2 的烟气用于制酸。	铅回收率大于 97%，硫捕集率大于 99%，铅、银回收率提高 1%～2%。	适用于铅冶炼。
123	低汞触媒技术生产工艺	将溶解彻底的氯化汞溶液注入密闭的浸渍灌后加入活性炭，当氯化汞溶液中氯化汞浓度低于 0.3%（质量百分比）时，浸渍残液进入密闭水池，吸附氯化汞的活性炭颗粒进入干燥塔，在 110℃的热空气下干燥至恒重，用于干燥的气体进入防腐且密闭的冷却塔除水后循环利用。	低汞触媒使用前后氯化汞含量变化为 6%到 4%；使用低汞触媒，可以将汞的使用量减少约 50%，排放量降低 75%。	适用于氯碱行业汞触媒生产。

序号	技术名称	工艺路线	主要技术指标	适用范围
124	代替铅、铬颜料的复合铁钛粉防锈涂料生产及应用技术	该技术利用纳米二氧化钛（TiO_2）和纳米二氧化钒（V_5O_2）和磁化铁（Fe_3O_4）合成复合铁钛粉，复合铁钛粉制备溶剂性、水溶性涂料，增强了涂料膜附着力和防锈性能。主要工艺路线为：（铁钛粉+树脂+填料+助剂+溶剂）→混合→分散→调漆→包装→防锈涂料。	采用该技术生产的涂料可以部分替代含铅、铬等重金属颜料的涂料，价格约 70 元/kg，远低于性能相当的其他涂料（20～50 美元/kg）。	适用于工业涂料（军工与民用）的防锈底漆。
125	复合重金属污染场地土壤修复技术	该技术针对重金属污染土壤的特点，在对污染土壤进行分类的基础上，对重度污染场地的土壤（该土壤浸出毒性大于危险废物浸出毒性）进行清挖，送危险废物填埋场填埋处置；对中度污染土壤采取固化/稳定化方式处理，处理后采取防渗措施集中封存于场区地下；对轻度污染土壤表面采取稳定、吸附层药剂进行铺设隔离、表层稳定化。	土壤经修复后达到 GB 15618—1995 中Ⅲ级标准（40 mg/kg 以下）。处理成本：重度污染土壤约 1 200 元/m^3，中度污染土壤约 120 元/m^3，轻度污染土壤稳定隔离层铺设约 40 元/m^2。	适用于复合重金属污染土壤的修复。
126	赤泥堆场生态修复技术	该技术通过选择适宜的、抗逆性好的植被品种，对赤泥堆场进行生态修复。该技术不需要覆土，实施无土植被恢复，人工改善基质。	植被覆盖率大于 80%，减少 85%以上的水土流失和扬尘，可显著减少流域水体、土壤的酸碱、重金属污染。	适用于同类尾矿库及类似废弃物堆场的治理。
127	砷污染土壤的植物修复技术	该技术是在污染土壤上种植超富集植物蜈蚣草，通过农艺措施，促进生物有效性砷被蜈蚣草吸收，从而去除土壤中的砷污染物。收割的蜈蚣草进行安全焚烧，焚烧后的少量灰渣采用安全填埋方式进行处置。	土壤砷污染物的去除率为 10%～15%，修复 1 万㎡ 含砷 80 mg/kg 的砷污染土壤需历时 5 年，总投资 4.5 万元。土壤经修复后达到 GB 15618—1995 中Ⅲ级标准（40 mg/kg 以下）。	适用于土壤砷污染修复。
八、工业清洁生产技术				
128	锅炉烟气净化硫酸钙型卤水技术	该技术采用“石灰—芒硝—CO_2 净化卤水技术”净化硫酸钙型卤水，可以利用制盐锅炉烟气中 CO_2 和制盐母液中芒硝作为净化卤水的原料，既降低锅炉烟气中 CO_2 和制盐母液对环境的污染，又可降低生产成本。	年产 60 万 t 装置，每年可减排 $CO_2$5 000 t、$SO_2$4 000 t；吨制盐降低成本 15～20 元；年节能约 1.35 万 t 标煤。	适用于制盐行业，60 万～100 万 t /年卤折盐卤水净化。
129	绿色电镀技术	该技术采用生化除油、电解除油自动控制、薄膜阳极及离子交换系统处理钝化液等技术集成，可大幅度降低电镀生产废水中 COD、锌、铁等污染物排放量。	COD 削减 85%，锌削减 65%，提高换槽周期（从 1 月提高到 12 月），工艺用电量小于传统工艺的 30%，电流效率提高 50%，生产过程不产生氰化物，钝化药品使用寿命比传统工艺延长 3 倍，减少 70%以上钝化液排放。	适用于五金电镀行业的清洁生产。

序号	技术名称	工艺路线	主要技术指标	适用范围
130	湿法磷酸生产用水多次串级循环使用技术	该技术在湿法磷酸生产中将工艺水经过5～7次的串级和循环使用，实现节约用水和减少排污。工艺水逐级由轻污染到重污染，最后转变成磷酸。	与传统的湿法磷酸生产相比，工艺水消耗从7～11 m^3/t P_2O_5减少到3～4 m^3/t P_2O_5，污水排放量从1.5～2.0 m^3/t P_2O_5减少到几乎全部回用，30万t/年的磷酸装置可减少污水排放量45万～60万m^3/年。	适用于磷酸生产工艺的节水改造。
131	冷冻法处理卤水中硫酸盐技术	该技术在卤水代盐生产烧碱工艺中，将富集硫酸盐的高芒母液与原卤混合后进行冷冻，经沉降分离出十水芒硝，可去除卤水中的硫酸根离子。分离出的十水芒硝再经蒸发、干燥得元明粉，实现排放废物的综合利用。	生产能力15万吨/年的烧碱企业，年应用卤水80万立方，副产元明粉1.1万吨，减排含硫酸钡盐泥8万立方。	适用于用卤水或部分卤水制碱的氯碱企业。
132	氮肥企业低排放清洁生产技术	该技术采用洗涤回收技术，将尿素造粒塔尾气中的尿素粉尘含量从100 mg/m^3以上降到30 mg/m^3以下，氨含量由50 mg/m^3以上降到10 mg/m^3以下。采用大型吹风气余热集中回收技术、三废流化混燃技术、全燃渣循环流化床锅炉、循环流化床锅炉等回收造气吹风气、合成放空气、弛放气、造气炉渣、煤灰、无烟煤末、煤矸石等的余热，副产3.8MPa及以上压力等级蒸汽。蒸汽先发电后供生产使用，实现能量的梯级利用。	每生产1t合成氨可副产3.8MPa、350℃蒸汽约2 000 kg，发电约220 kWh。减少造气炉渣排放量约200 kg，减少吹风气中CO排放量约150 m^3。锅炉炉渣用于生产水泥等建材。	适用于采用自然通风造粒塔的尿素企业，以及以无烟煤为原料，采用固定床间歇式制气工艺的氮肥企业。
133	氮肥生产污水减排及资源化技术	该技术将反渗透脱盐水作为循环水系统的补充水，在保证循环冷水水质的前提下，大大提高循环水的浓缩倍数，使循环冷却水做到基本不排放。吨氨循环冷却水排放量可由10～50 m^3减至2 m^3以下。该技术与清洁生产工艺改造、闭路循环改造、末端治理回用和在线监测管理相结合，可实现氮肥企业的生产污水全部回用和废水的低排放。	每生产1t氨可约减排氨氮3.4 kg、COD7 kg、氰化物0.05 kg、SS10 kg、石油类0.5 kg、挥发酚0.01 kg、硫化物0.05 kg，节约用水10～50t。	适用于氮肥企业废水处理和回用。
134	尿素工艺冷凝液低压水解技术	该技术利用低压蒸汽，将尿素生产产生的工艺冷凝液中的氨、尿素水解解析出来，生成氨和二氧化碳，然后再返回系统中生成尿素，减少氨氮的排放。	处理前氨0.07%（重量），尿素1.15%（重量），处理后氨低于5ppm，回收率大于99%，尿素低于5ppm，回收率大于98%，回收的氨和尿素可以减少吨尿素的氨耗约3～5 kg。	适用于化工厂、氮肥生产企业废水处理。
135	还原靛蓝生产中氨气回收再利用技术	该技术将反应过程中压力在0.25MPa，温度230℃状态下间歇式排放的氨气经过降温冷却、过滤、干燥、压缩后形成氨液，再作为原料用于生产。	约80%的废氨气可回收再利用，有效降低大气污染，同时降低生产成本。	适用于精细化工行业氨气回收再利用。
136	有机颜料生产中二乙二醇浓缩再利用技术	该技术采用压滤机将捏合物料打浆水回收，用蒸发器浓缩、离心机固液分离，降低了污染物排放，同时回收利用二乙二醇。	使二乙二醇从年排放850t/t$_{产品}$降低到年排放42 kg/t$_{产品}$；污水中COD的含量由2 000 mg/kg降低到150 mg/kg。	适用于精细化工行业二乙二醇回收再利用。

序号	技术名称	工艺路线	主要技术指标	适用范围
137	染料废水膜法处理及回用技术	该技术在染料生产过程中，采用膜处理工艺代替原盐析和压滤工艺，提高染料的回收率，并对滤后水进行催化氧化、pH 调节、沉淀和膜处理。	当进水 COD10 000～20 000 mg/L，$BOD_5$2 000～3 000 mg/L，色度 50 000～100 000，含盐量 15%～20%时；出水 COD180 mg/L，$BOD_5$30 mg/L，色度 80 倍，含盐量 1%～2%，达到工业用水的水质要求。约减少精盐用量 1.5t/t 染料，降低生产成本约 1.2 万元/t，处理成本为每吨废水约 12 元，比传统喷雾干燥工艺节约近 90%。	适用于染料生产行业的清洁生产。
138	染料清洁生产技术	该技术采用纳滤膜处理工艺和浓缩液喷雾干燥工艺进行染料后加工，削减固体废物和废水量。	喷雾干燥设备主要参数：塔径 6 m、塔高 49 m、进口温度 220℃、出口温度 85℃、水分蒸发量 1 100 kgH_2O/h；纳滤膜设备主要参数：分子量为 350、面积为 800 m^2、通透量为 1.1～2.0 t/h。	适用于染料生产行业的清洁生产。
139	蜡染行业皂化松香回收利用技术	该技术将蜡染花布洗蜡后产生的皂化松香类悬浮颗粒先用涡凹气浮分离，再经过脱色除杂提纯后再回用于生产。工艺流程：蜡染皂化蜡废水→加酸中和→涡凹气浮分离→晾晒脱水（或加热脱水）→与溶剂混合→静置分层（萃取）→蒸发溶剂→脱色除杂后的松香→回用于生产。	松香回收提纯率可达 95%。	适用于印染行业中的蜡染企业皂化松香的回收利用。
140	数码喷射印花技术	该技术将花样图案输入计算机，由微压电式喷嘴把专用染料喷到纺织品上，形成所需图案。	染料用量仅为传统的 40%，仅有 50%被洗掉，耗水量节约 60%。当进水水质为 COD1 100 mg/L、$BOD_5$150 mg/L、pH9 时；处理后出水 COD40 mg/L、$BOD_5$15 mg /L、pH7.5。	适用于印染行业印花工序的清洁生产。
141	泡沫染整技术	该技术通过机械方法，利用空气对高浓度染料和助剂进行稀释，形成细微并可控制的精确气泡，通过 PLC 控制均匀施加于织物上，渗透到纤维织物表面或一定深度范围，再通过烘干等工艺完成染色或整理。	水耗节省约 50%。	适用于纺织品印染企业的清洁生产。
142	高温高压气流染色技术	该技术采用空气动力学原理，通过高压离心风机产生的高速气流经喷嘴雾化染液，喷向织物着色，并带动其运行，浴比仅为 1∶4。	染色相同条件的等重织物，与传统的溢流喷射染色机相比，可节省助剂（盐、碱）50%以上，耗水量节省 50%，节省蒸汽 45%～50%，且染色时间缩短约 15%，污染物排放量可减少 50%。	适用于纺织印染行业的清洁生产。
143	棉针织冷堆前处理技术	该技术结合针织布结构松弛的特点，提出了松式浸液、平式堆置、无张力蒸洗工艺，即“浸处理液+堆置(25℃4 h)+短蒸(98℃10 min)+连续平洗”。	与传统前处理工艺相比，用水由 30～40t/t 降至 15 t/t，COD 由 2 000～4 000 mg/L 降至 1 800～2 000 mg /L。	适用于年产印染针织布不低于 3 000 t 针织印染行业的清洁生产。

序号	技术名称	工艺路线	主要技术指标	适用范围
144	竹浆高效高白度清洁漂白技术	该技术采用氧气和过氧化氢为主要漂白剂取代全氯漂白剂，通过活化处理，提高过氧化氢漂白效果。	漂后浆白度达到85%ISO。与传统的全氯漂白比较，有效氯用量减少70%、AOX产生量减少70%、清水用量减少60%、漂白废水排放量减少60%。	适用于造纸行业纸浆漂白生产线的新建和旧全氯漂白生产线的改造。
145	纸浆生物助漂技术	该技术采用木聚糖酶AU-PE89进行纸浆助漂。木聚糖酶AU-PE89只降解木聚糖而不能使纤维素分解，它在碱法制浆的高温和碱性环境下有效，在降解木聚糖的同时破坏LCC连接，有利于这部分木素的脱除；此外，木聚糖酶通过水解部分被吸回的木聚糖使残余木素暴露出来，使得化学药品易与残余木素发生作用，从而达到脱除木素的目的。	降低漂白化学品15%～50%，漂白段污水COD总量下降15%～35%。	适用于碱法麦草浆、碱法苇浆、碱法蔗渣浆、碱法杨木浆、硫酸盐桉木浆、硫酸盐马尾松等制浆工艺的清洁生产。
146	啤酒清洁生产技术	该技术采用"低压煮沸+动态煮沸+循环煮沸"工艺，缩短麦汁煮沸时间30%～50%。低压或常压回收麦汁煮沸产生的二次蒸汽；热麦汁冷却过程采用真空蒸发技术回收瞬间真空产生的二次蒸汽。将回收二次蒸汽的热量用于预热麦汁或作为热水用于投料、洗涤等。	与常压煮沸相比，减少蒸汽用量30%～60%。对于年产30万t冷麦汁的糖化生产线，每年减少原煤消耗量约2 200 t，减排SO_2约5 t、烟尘约0.5 t，并减少约7 000 t二次蒸汽直接排入大气。	适用于啤酒厂糖化工艺的清洁生产。
147	酿酒底锅黄水生产乳酸及乳酸钙技术	该技术充分利用酿酒底锅黄水中的有机酸、残糖、残淀等有益成分，运用现代生物工程技术接种黄水中的乳酸菌发酵，再经过中和、沉降、结晶、干燥酸解、除杂、真空浓缩等工序，生产乳酸和乳酸钙，提取乳酸和乳酸钙后的废水再进入废水站处理。	生产出的乳酸和乳酸钙符合国家食品标准，生产成本分别为5800元/吨和5000元/吨。提取乳酸和乳酸钙后废水浓度从100 000 mg/L降至约6 000 mg /L。	适用于酿酒底锅黄水的预处理。
148	低效应低电压铝电解节能减排技术	该技术为无阳极效应铝电解PFC减排工艺技术、无效应铝电解PFC减排控制技术、电解槽突发效应早期诊断及预警技术、外部限电情况下无阳极效应控制技术、非效应PFC抑制技术、低电压最佳极距判断技术及低电压生产工艺条件与能量平衡调控技术的集成，通过降低效应系数降低PFC排放和能耗、降低槽电压直接降低能耗，应用新型槽控制体系，减少非效应PFC排放量。	该技术应用后平均槽效应系数为0.03次/（槽•日），全行业年节电5亿kWh，减少500万t/a当量的二氧化碳排放量。	适用于电解铝技术改造。
149	环形套筒窑环保型石灰煅烧技术	该技术具有特殊的环形结构和拱桥结构，在运行时窑内形成微负压环境，废气在排放前经过二次除尘，有效控制粉尘排放。该技术可以使用低热值煤气作为燃料，燃烧效率高，减少石灰石的消耗，减少CO和SO_2的排放。	废气除尘前烟尘浓度1 200～1 500 mg/m^3，除尘后烟尘排放浓度低于20 mg/m^3，SO_2排放低于20 mg/m^3，CO燃烧前体积含量为56%，燃烧后为0.01%，废气烟气黑度1级，噪音低于86 dB（A），电耗小于26 kWh/t，热耗小于4 000 kJ/kg石灰。	适用于钢铁、有色金属、电石等行业环形套筒窑的烟气治理。

序号	技术名称	工艺路线	主要技术指标	适用范围
150	高效清洁多元钨合金新型表面处理技术	该技术采用 Ni-W-P 合金电镀工艺，属于合金诱导共沉积，镍元素全部进入镀层，产生的二氧化碳、氧气不会造成环境污染。镀液表面被大量泡沫所覆盖，难于被产生的气体带走；镀液中积累的 Na_2SO_4 达到较高浓度而影响电镀效率时，降温结晶使其析出，并以重结晶法提纯后作为副产品另作他用，母液中的少量硫酸镍等返回主镀槽加以利用。柠檬酸参与反应后的最终产物是水和二氧化碳。	该技术中镀液不含铬和氰化物，生产中无三废排放，无污泥产生。	适用于金属制品表面处理。
151	“真空镀—有机涂”复合镀层技术	该技术以真空镀为核心，用“有机底涂层—真空镀层—有机面涂层”取代传统电镀的“镍—铜—铬金属镀层”。	消除了六价铬离子，能耗减少 33%～50%，水耗减少约 85%，镍、铜使用量降至零，铬的使用量减少约 80%。	适用于电镀和表面处理行业。
九、农村污染治理技术				
152	改良一体化氧化沟生活污水处理技术	该技术采用底部相通的四个同心环组成的一体化自回流多级生化处理装置，由内自外分别为厌氧区、缺氧区、好氧区和沉淀区，污水在厌氧区停留约 1 h、缺氧区约 2 h、好氧区约 6 h，沉淀区的污泥借重力作用下沉到好氧区，无需使用污泥回流泵。	装置的 COD 和 BOD_5 削减率大于 85%，COD 排放浓度低于 40 mg/L，BOD_5 排放浓度低于 20 mg/L。	适用于 1 000～30 000 t/d 的农村生活污水处理。
153	农村生活污水一体化处理技术	该技术由圆筒形结构的钢混管件和钢制罐体组装成型，采用厌氧—好氧法处理生活污水，厌氧区投放填料利于微生物附着挂膜，同时在厌氧段和好氧段投加高效菌种，使其对污水降解能力比普通活性污泥效果提高 20%～30%。	出水 COD 低于 45 mg/L、BOD_5 低于 8 mg/L、SS 低于 10 mg/L，对氨氮、COD、浊度的去除率均大于 90%。	适用于 1 000～30 000 t/d 的农村生活污水处理。
154	高负荷地下渗滤污水土地处理技术	该技术由隔油沉淀、水量调节、高负荷地下渗滤床（上流式人工湿地）三个单元组成。高负荷地下渗滤单元的水力负荷约 0.5t/(m^2·d)，分为多个功能结构层，地表可作为花园绿地、停车场使用。其运行方式为间歇布水，落干时通风。	当进水 COD100～300 mg/L、氨氮 20～40 mg/L、总磷 2～5 mg/L、SS50～150 mg/L 时，经该系统处理后的出水 COD30～50 mg/L、氨氮 5～15 mg/L、总磷 1～2 mg/L、SS10～20 mg/L，可用作绿化用水及生活杂用水。	适用于农村低浓度生活污水处理。
155	人工湿地污水处理技术	该技术采用预处理（A/O 工艺）与人工湿地处理系统组合。针对北方冬季特点进行抗寒保温设计，使污水处理设施在低温条件下仍可正常运行。	出水可达到 GB 18918—2002 一级 B 标准。	适用于村镇、农村生活污水处理，以及河道的水质改善。
156	多功能农村生活污水人工湿地处理技术	该技术采用以沸石为填料的潜流人工湿地，辅以厌氧生物滤池作为预处理形成生活污水处理系统。原水首先经过格栅进入厌氧生物滤池，然后出水进入人工湿地进行深度处理。	当进水 COD_{Cr} 低于 160 mg/L，BOD_5 低于 130 mg/L，SS 低于 125 mg/L 时；出水 COD_{Cr} 低于 40 mg/L，BOD_5 低于 20 mg/L，SS 低于 15 mg/L。	适用于村镇、农村生活污水处理，以及河道的水质改善。

序号	技术名称	工艺路线	主要技术指标	适用范围
157	农村生活污水垂直流芦苇床人工湿地处理技术	该技术在一定长宽比和底面坡度的洼地中分层填充不同填料，污水通过管道自填料上层向下层沿缝隙流动，在床体表面可种植成活率高、抗水性强的水生植物芦苇形成污水处理系统。污水经过植物根系吸收、沉淀、吸附、微生物降解作用去除其中的氮、磷、有机物和悬浮物等污染物。	当进水总磷低于 6 mg/L、氨氮低于 50 mg/L、COD 低于 300 mg/L 时，SS 低于 150 mg/L 出水水质可达 GB 18918—2002 一级 B 标准。	适用于村镇、农村生活污水处理，以及河道的水质改善。
158	畜禽粪污厌氧产沼处理技术	该技术采用囊式厌氧反应器，利用自身空间实现三相分离、储存沼气、厌氧消化于一体，施工简便（挖掘土方池，安装囊式结构），可将反应器容量建到 10 万立方米以上。	适应中温和低温运行，COD 去除率大于 90%，BOD_5 去除率大于 85%，产沼气量 0.3 m^3/kgCOD。	适用于畜禽养殖粪便、污泥消化处理。
159	软体沼气发生装置、沼气贮气袋厌氧处理畜禽粪污技术	该技术采用高强度、高弹力涤纶丝网布和双面涂刮橡塑改性增强树脂，通过高周波自动控温控压熔接工艺，制成弹性软体沼气发生装置、贮气袋，代替传统沼气发生池，具有施工快、可折叠、自重轻、可二次移动等特点。	人畜粪便经该装置消化分解后，COD 去除率 80%～85%，BOD_5 去除率 85%～90%，根据处理量的不同，可并联、串联成 300～5 000 m^3 的装置，8 m^3 的软体沼气发生池建池费用 600 元，装置费用 1 800 元。	适用于畜禽养殖粪便、污泥消化处理。
160	畜禽养殖场粪污处理和利用技术	该技术将固、液分别处理。液体经厌氧（UASB 或 USR）降解/发酵后，产生的沼气存入贮气柜；沼液作为液体有机肥料利用或经过好氧生物处理后排放；沼渣和固体粪便高效堆肥。	堆肥时间通常为 5～7 d，USR 厌氧反应器内水力停留时间通常为 7～10 d，COD 负荷 8～10 kg/(m^3·d)；UASB 反应器 COD 负荷 2～5 kg/（m^3·d）。氨氮、总氮去除率分别达 95%和 90%。	适用于规模化畜禽养殖场粪污和废水的处理。
161	蚯蚓生物消解床处理畜禽粪便技术	利用蚯蚓生物消解床将畜禽粪便转化为蚓粪和蚯蚓活体。	每亩消解床年处理粪便 200～250t，年产蚯蚓 3～4t，蚓粪 70～110t。与畜禽粪便相比，蚓粪物理性质得到明显改善，容重减少，含水率降低，体积减少 30%。年经济效益可达 2 万元/亩以上。	适用于中小型畜禽养殖场粪便处理及资源化利用。
162	猪场粪污生物发酵舍处理技术	该技术在舍中铺上锯末、谷壳、米糠和洛东酵素混合成垫料（发酵床），养殖粪污水进入垫料内，垫料中的微生物将粪尿降解、消化，使废物减量化并资源化，实现了清洁生产。	无粪尿和污水外排；猪场无污水排放，垫料可用于生产有机肥料。	适用于畜禽养殖业
163	水产生态养殖技术	该技术在养殖池塘中央底部增设引水口和引水通道，在池塘堤坝边增建短程平流沉淀槽，将池塘中央底部养殖废水引至沉淀槽，有机物沉淀下来，上层养殖水沿池塘坝内斜坡形成薄层水流，经太阳光照射净化后，返回养殖池塘再利用，沉淀污泥可制生物肥料。	系统 COD 平均去除率为 25%，SS 去除率为 80%，硝态氮去除率为 10%～25%，亚硝态氮去除率为 20%～45%，溶解性磷酸盐去除率为 40%～50%。	适用于热带、亚热带海水或淡水养殖业。
164	生物质能源化利用技术	该技术利用农业废弃物（树枝、木屑等）为原料，经过常压、高温无氧热解（热解温度为 400～800℃），得到优质可燃气、木炭、木焦油和木醋液。	每吨原料可产 300 m^3 可燃气（热值大于 1 5000 kJ）、300 kg 木炭（热值大于 30 000 kJ）、50 kg 木焦油、220 kg 木醋液。	适用于农业废弃物处理。

序号	技术名称	工艺路线	主要技术指标	适用范围
165	用于污染控制和资源回收的源分离负压排水技术	该技术利用低于大气压的管道压力单独收集粪、尿和生活杂排水，避免粪尿被稀释与其它废水混合，以降低处理难度。收集的粪、尿污水经稳定化处理后作为肥料，分离后的杂排水简单处理后作为景观水体的补给水或绿化、灌溉用水使用。	采用负压排水（负压管网的工作压力为 0.4～0.7bar），系统的节水效果明显，与传统混合排放相比，室内排水的总量减少约 1/3。	适用于村镇生活污染治理。
十、噪声与振动控制技术				
166	大型发电厂环境噪声综合治理技术	该技术采用隔声、消声、吸声等综合降噪措施，对燃气、燃油、燃煤发电厂和热电厂的各项高噪声设备进行声源识别。	对高压排气噪声、吹管噪声和主机设备空气声隔离降噪 30 dB 以上。	适用于各种燃气、燃油、燃煤发电厂和热电厂的环境噪声综合治理。
167	双曲线冷却塔噪声控制技术	该技术利用声学和空气动力学原理，采用在冷却塔进风口周围设置大型通风消声装置的降噪措施。在获得良好降噪效果的同时保证冷却塔的热工性能。	阻力系数 1.0～1.5，设计插入损失 10～20 dB（A），厂界及敏感点达到 GB 12348—2008 和 GB 3096—2008 的相关标准限值。	适用于双曲线冷却塔淋水降噪。
168	双曲线自然通风冷却塔噪声控制技术	该技术在冷却塔上加吸声遮阳板，加强了隔声屏障的作用，并将隔声屏障整体做成圆弧状，扩大声影区，增强隔声效果。	厂界及敏感点达到 GB 12348—2008 和 GB 3096—2008 的相关标准限值。	适用于各种规模形式的双曲线自然通风冷却塔噪声治理。
169	道路声屏障材料、结构及其应用技术	该技术采用不同类型和参数的声屏障治理噪声污染，其材料、结构（包括隔声量、吸声性能、面密度）应满足不同声屏障插入损失设计和不同环境条件的使用要求。	当道路声屏障的传声损失 TL 为 20～30 dB，由声透射引起的插入损失的降低量为 ΔLt 时，TL－ΔLt 大于 10 dB；当声屏障的道路一侧附加吸声结构时，所使用的吸声材料的吸声性能应具有全天候功效，特别是应不受雨水、潮湿、粉尘条件的影响；3～6 m 高的声屏障，其声影区内的降噪效果应为 5～12 dB。	适用于道路交通噪声污染治理。
170	直流输电工程大型换流站噪声综合治理技术	该技术根据直流输电工程大型换流站噪声特点，自主创新开发了大型平波电抗器噪声控制设备、大型换流变压器噪声控制设备和低噪声电抗器。	装置外 3 m 处，噪声插入损失约 15 dB。	适用于大型输送变电换流站环境噪声污染治理。
171	室内低频噪声和固体声污染控制设备及集成控制技术	该技术采用以低频噪声和固体声分析识别技术为基础的高效低频隔振器件、隔振基础等各类隔振系统，控制室内噪声。	隔振效率在宽频带大于 95%，采用集成控制技术，可以使室内低频噪声（200Hz 以下）和固体声降低 10 dB 以上。	适用于城市民用建筑和公共建筑的低频噪声和固体声污染控制。

序号	技术名称	工艺路线	主要技术指标	适用范围
十一、监测检测技术				
172	水中重金属在线监测技术	连续自动采集水样并对水样进行处理，采用电化学或光度分析法对处理后的样品进行定量分析，如镉、铅、砷、锌、铜、镍、六价铬、钴、锰、汞等重金属。	系统具有自动校准功能，性能指标应达到：准确度，小于±10%；重复性，小于±5%；24 小时零点漂移，小于±5%；24 小时量程漂移，小于±5%；取样测量周期，小于 30 min。	适用于固定污染源和地表水中重金属监测。
173	简易瞬态工况（质量法）排放检测系统	该技术使用涡结流量计和氧气稀释比计算瞬态测试过程中每秒废气排放体积，通过气体分析仪采集逐秒数据，并和气体流量数据在时间上进行对齐，来计算逐秒的污染物排放质量（g/s），最后计算总的污染物排放质量结果，并发送至主机，计算得出每种污染物每公里的排放质量。	技术误判率低于 5%，能基本反映车辆实际行驶的排放特征。	适用于机动车尾气检测。
174	烟气水分在线监测技术	该技术运用阻容法原理，采用在线扩散方式，可以长期在线监测烟气的含湿量。	温度测量范围为 0～180℃，水分测量范围 0～40vol%，响应时间小于 3s。	适用于电力、钢铁、石化、水泥等固定污染源烟气排放的在线监测。
175	填埋场防渗层渗漏检测预警系统	该技术通过对填埋场、固体废物暂存库防渗层进行在线检测，及时发现防渗层渗漏并进行后期处理。该技术解决了填埋场防渗层渗漏点的定位问题，根据模型计算定位漏洞位置。	漏洞定位精度低于 50 cm，检出率大于 95%。	适用于垃圾填埋场、固体废物暂存库、景观、河道防渗层渗漏在线检测。
176	重金属污染的应急监测与环境风险评估技术	该技术集重金属现场原位监测、全球定位系统（GPS）和地理信息系统（GIS）、空间制图和风险评价系统于一体，实现污染场地的现场原位快速监测和环境风险评价。	在现场应用时，可快速监测重金属浓度和甄别高污染风险区域，并实时生成可视化的土壤重金属浓度空间分布图。该技术可以在 3 min 之内同时原位分析十几种污染元素的含量，每天可以检测 200～500 个样、3 000～6 000 项次，比传统分析方法的速度至少提高 100 倍以上。	适用于重金属污染的快速现场监测与风险评价和预警，及固体废物、土壤和沉积物的环境污染事故监测。

危险化学品名录（节选）

（2008版，国家安全监督管理总局）

序号	类别	项目	危险货物编号	品名	别名	英文名	英文别名	CAS号	UN号
8	爆炸品	具有整体爆炸危险的物质和物品	11025	雷（酸）汞［含水或水加乙醇≥20%］		Mercury fulminate，wetted with not less than 20% water，or mixture of alcohol and water，by mass		628-86-4	0135
688	易燃液体	中闪点液体	32195	硫汞白癜风擦药		Emplastrum contra-vitiligo			
1416	易燃固体、自燃物品和遇湿易燃物品	遇湿易燃物品	43010	碱金属汞齐，如：		Alkali metal amalgam			
1417	易燃固体、自燃物品和遇湿易燃物品	遇湿易燃物品	43010	钾汞齐		Potassium amalgam		1389	
1418	易燃固体、自燃物品和遇湿易燃物品	遇湿易燃物品	43011	碱土金属汞齐		Alkaline earth metal amalgam			1392
1836	毒害品和感染性物品	毒害品	61001	氰化汞	氰化高汞	Mercury cyanide	Mercuric cyanide	592-04-1	1636
1837	毒害品和感染性物品	毒害品	61001	氰化汞钾	汞氰化钾；氰化钾汞	Mercuric potassium cyanide	Mercury potassium cyanide；Potassium tetracyanomercurate	591-89-9	1626
1892	毒害品和感染性物品	毒害品	61012	砷酸汞	砷酸氢汞	Mercuric arsenate	Mercury arsenate	7784-37-4	1623
1967	毒害品和感染性物品	毒害品	61030	一级无机汞化合物，如：		Mercury compounds，inorganic，class Ⅰ			

序号	类别	项目	危险货物编号	品名	别名	英文名	英文别名	CAS 号	UN 号
1968	毒害品和感染性物品	毒害品	61030	氧氰化汞［钝化的］	氰氧化汞	Mercury oxycyanide，desensitized	Mercuric oxycyanide	1335-31-5	1642
1969	毒害品和感染性物品	毒害品	61030	砷化汞		Mercury arsenide			
1989	毒害品和感染性物品	毒害品	61093	一级有机汞化合物，如：		Mercury compounds，organic，class Ⅰ			
1990	毒害品和感染性物品	毒害品	61093	乙酸汞	醋酸汞	Mercury acetate	Mercuric diacetate	1600-27-7	1629
1991	毒害品和感染性物品	毒害品	61093	油酸汞		Mercury oleate		1191-80-6	1640
1992	毒害品和感染性物品	毒害品	61093	葡萄糖酸汞		Mercury gluconate		63937-14-4	1637
1993	毒害品和感染性物品	毒害品	61093	核酸汞		Mercury nucleate		12002-19-6	1639
1994	毒害品和感染性物品	毒害品	61093	水杨酸汞		Mercury salicylate		5970-32-1	1644
1995	毒害品和感染性物品	毒害品	61093	乙酸甲氧基乙基汞	醋酸甲氧基乙基汞	Methoxyethyl mercury acetate	Acetate （2-methoxyethyl） mercury	151-38-2	
1996	毒害品和感染性物品	毒害品	61093	氯化甲氧基乙基汞		Methoxyethyl mercury chloride		123-88-6	
1997	毒害品和感染性物品	毒害品	61093	氯化甲基汞		Methyl mercuric chloride		115-09-3	
1998	毒害品和感染性物品	毒害品	61093	羟基甲基汞		Methyl mercuric hydroxide			
1999	毒害品和感染性物品	毒害品	61093	氢氧化苯汞		Phenylmercuric hydroxide		100-57-2	1894
2000	毒害品和感染性物品	毒害品	61093	硝酸苯汞		Phenylmercuric nitrate		55-68-5	1895
2001	毒害品和感染性物品	毒害品	61093	苯甲酸汞	安息香酸汞	Mercury benzoate	Mercuric benzoate	583-15-3	1631

序号	类别	项目	危险货物编号	品名	别名	英文名	英文别名	CAS 号	UN 号
2152	毒害品和感染性物品	毒害品	61129	一级含汞固态农药，如：		Mercury based pesticide，solid，class Ⅰ			
2153	毒害品和感染性物品	毒害品	61129	赛力散	乙酸苯汞；裕米农；龙汞	PMA	Phenyl mercury；Phenylmercuric acetate	62-38-4	
2154	毒害品和感染性物品	毒害品	61129	谷乐生	磷酸乙基汞；谷仁乐生；乌斯普龙；汞制剂2号	EMP	Di（ethyl mercuric） phosphate；Cernesan；Ruberon	2235-25-0	
2156	毒害品和感染性物品	毒害品	61129	西力生	氯化乙基汞	EMC	Ethylmercury chloride	107-27-7	
2157	毒害品和感染性物品	毒害品	61130	一级含汞液态农药		Mercury based pesticide，liquid，class Ⅰ			2778，301
2231	毒害品和感染性物品	毒害品	61501	硫氰酸汞		Mercuric thiocyanate		592-85-8	1646
2232	毒害品和感染性物品	毒害品	61501	硫氰酸汞钾		Mercuric potassium thiocyanate		14099-12-8	
2233	毒害品和感染性物品	毒害品	61501	硫氰酸汞铵		Mercuric ammonium thiocyanate			
2246	毒害品和感染性物品	毒害品	61508	锌汞齐	锌汞合金	Amalgam zinc	Zinc amalgam		
2247	毒害品和感染性物品	毒害品	61508	铅汞齐	铅汞合金	Amalgam lead	Lead amalgam		
2248	毒害品和感染性物品	毒害品	61509	二级无机汞化合物，如：		Mercury compounds，inorganic，class Ⅱ			
2249	毒害品和感染性物品	毒害品	61509	氯化铵汞	白降汞	Mercuric ammonium chloride	White precipitate	10124-48-8	1630
2250	毒害品和感染性物品	毒害品	61509	氯化钾汞	氯化汞钾	mercuric potassium chloride	Mercury（Ⅱ） potassium chloride	20582-71-2	
2251	毒害品和感染性物品	毒害品	61509	溴化汞	溴化高汞；二溴化汞	Mercury bromide	Mercury dibromide	7789-47-1	1634

序号	类别	项目	危险货物编号	品名	别名	英文名	英文别名	CAS 号	UN 号
2252	毒害品和感染性物品	毒害品	61509	溴化亚汞	一溴化汞	Mercurous bromide	Mercurous monobromide	10031-18-2	1634
2253	毒害品和感染性物品	毒害品	61509	碘化亚汞	一碘化汞	Mercurous iodide	Mercurous monoiodide	15385-57-6	
2254	毒害品和感染性物品	毒害品	61509	碘化钾汞	碘化汞钾	Mercury potassium iodide	Potassium mercuric iodide	7783-33-7	1643
2255	毒害品和感染性物品	毒害品	61509	氧化汞	一氧化汞；黄降汞；红降汞	Mercury oxide	Mercury oxide red； Red precipitate	21908-53-2	1641
2256	毒害品和感染性物品	毒害品	61509	氧化亚汞	黑降汞	Mercurous oxide	Mercury（Ⅰ）oxide，black	15829-53-5	
2257	毒害品和感染性物品	毒害品	61509	硝酸亚汞		Mercurous nitrate		7782-86-7	1627
2258	毒害品和感染性物品	毒害品	61509	硫酸汞	硫酸高汞	Mercury sulphate	Mercury persulfate	7783-35-9	1645
2259	毒害品和感染性物品	毒害品	61509	硫酸亚汞		Mercurous sulfate		7783-36-0	1628
2260	毒害品和感染性物品	毒害品	61509	焦硫酸汞		Mercury pyrosulfate			1633
2853	毒害品和感染性物品	毒害品	61851	二级有机汞化合物，如：		Mercury compounds，organic，class Ⅱ			
2854	毒害品和感染性物品	毒害品	61851	二乙（基）汞		Diethyl mercury		627-44-1	
2855	毒害品和感染性物品	毒害品	61851	乙酸亚汞		Mercurous acetate		631-60-7	
2856	毒害品和感染性物品	毒害品	61851	草酸汞		Mercuric oxalate		3444-13-1	
2857	毒害品和感染性物品	毒害品	61851	萘磺汞		Hydrargaphen		14235-86-0	
2858	毒害品和感染性物品	毒害品	61851	二苯（基）汞		Diphenylmercury		587-85-9	

序号	类别	项目	危险货物编号	品名	别名	英文名	英文别名	CAS 号	UN 号
2859	毒害品和感染性物品	毒害品	61851	4-氯汞苯甲酸	对氯化汞苯甲酸	4-（Chloromercuri）benzoic acid	*p*-Mercurichlorobenzoic acid	59-85-8	
2860	毒害品和感染性物品	毒害品	61851	2-氯汞苯酚		2-（Chloromercuri）phenol		90-03-9	
2861	毒害品和感染性物品	毒害品	61851	五氯（苯）酚汞		Mercury pentachlorophenol			
2862	毒害品和感染性物品	毒害品	61851	五氯苯酚苯基汞		Mercury pheny pentachlorophenol			
3180	毒害品和感染性物品	毒害品	61882	二级含汞固态农药		Mercury based pesticides，solid，toxic，class Ⅱ			
3181	毒害品和感染性物品	毒害品	61882	氯化苯汞	PMC	Phenylmercuric chloride		100-56-1	
3182	毒害品和感染性物品	毒害品	61882	磺胺乙汞		EMPTS	Ceresan M	517-16-8	
3183	毒害品和感染性物品	毒害品	61882	富民隆	磺胺苯汞；磺胺汞；富民农	PMTS	Fumiron		
3184	毒害品和感染性物品	毒害品	61882	亚胺乙汞	埃米粉剂	EMMI	Emmi powder	2597-93-5	
3186	毒害品和感染性物品	毒害品	61883	二级含汞液态农药		Mercury based pesticides，liquid，class Ⅱ n.o.s			2778，301
3770	腐蚀品	其他腐蚀品	83505	汞	水银	Mercury	Liquid silver	7439-97-6	2809

剧毒化学品目录（2008 年 10 月）（节选）

一、剧毒化学品的判定界限：

1．剧毒化学品的定义

剧毒化学品是指具有非常剧烈毒性危害的化学品，包括人工合成的化学品及其混合物（含农药）和天然毒素。

2．剧毒化学品毒性判定界限

大鼠试验，经口 LD_{50}≤50 mg/kg，经皮 LD_{50}≤200 mg/kg，吸入 LC_{50}≤500ppm（气体）或 2.0 mg/L（蒸汽）或 0.5 mg/L（尘、雾），经皮 LD50 的试验数据，可参考兔试验数据。

二、本目录为 2002 年版，共收录音 335 种剧毒化学品。本目录将随着我国对化学品危险性鉴别水平和毒性认识的提高，不定期进行修订和公布新的目录。

三、本目录各栏目含义：

1．“序号”是指本目录录入剧毒化学品的顺序。

2．“中文名称”和“英文名称”是指剧毒化学品的中文和英文名称。其中：“化学名”是按照化学品命名方法给予的名称；“别名”是指除“化学品”以外的习惯称谓或俗名。

序号	中文名称	
	化学名	别名
7	氰化汞	氰化高汞；二氰化汞
17	硝酸汞	硝酸高汞
18	氯化汞	氯化高汞；二氯化汞；升汞
19	碘化汞	碘化高汞；二碘化汞
20	溴化汞	溴化高汞；二溴化汞
21	氧化汞	一氧化汞；黄降汞；红降汞；三仙丹
22	硫氰酸汞	硫氰化汞；硫氰酸高汞
23	乙酸汞	醋酸汞
24	乙酸甲氧基乙基汞	醋酸甲氧基乙基汞
25	氯化甲氧基乙基汞	
26	二乙基汞	
286	乙酸苯汞	赛力散；裕米农；龙汞
287	氯化乙基汞	西力生
288	磷酸二乙基汞	谷乐生；谷仁乐生；乌斯普龙汞制剂
289	乳酸苯汞三乙醇铵	
290	氰胍甲汞	氰甲汞胍

附注：

化学品中具有易燃、易爆、有毒、有腐蚀性等特性，会对人（包括生物）、设备、环境造成伤害和侵害的化学品叫危险化学品。

（一）危险化学品的定义

危险化学品系指有爆炸、易燃、毒害、腐蚀、放射性等性质，在运输、装卸和储存保管过程中，易造成人身伤亡和财产损毁而需要特别防护的物品。

其特征是：

（1）具有爆炸性、易燃、毒害、腐蚀、放射性等性质；

（2）在生产、运输、使用、储存和回收过程中易造成人员伤亡和财产损毁；

（3）需要特别防护。

一般认为，只要同时满足了以上三个特征，即为危险品。

如果此类危险品为化学品，那么它就是危险化学品。

不同场合的叫法。危险化学品在不同的场合，叫法或者说称呼是不一样的，如在生产、经营、使用场所统称化工产品，一般不单称危险化学品。在运输过程中，包括铁路运输、公路运输、水上运输、航空运输都称为危险货物。在储存环节，一般又称为危险物品或危险品，当然做为危险货物、危险物品，除危险化学品外，还包括一些其他货物或物品。在国家的法律法规中称呼也不一样，如在《中华人民共和国安全生产法》中称“危险物品”，在《危险化学品安全管理条例》中称“危险化学品”。

参考资料：

1．《危险化学品名录》（2002）

2．GB 6944—2005《危险货物分类和品名编号》

国家危险废物名录

环境保护部
国家发展和改革委员会　令

部令　第1号

根据《中华人民共和国固体废物污染环境防治法》，特制定《国家危险废物名录》。现予公布，自2008年8月1日起施行。

1998年1月4日原国家环境保护局、国家经济贸易委员会、对外贸易经济合作部、公安部发布的《国家危险废物名录》（环发[1998]89号）同时废止。

环境保护部部长　周生贤
发展改革委主任　张　平

二〇〇八年六月六日

国家危险废物名录

第一条　根据《中华人民共和国固体废物污染环境防治法》的有关规定，制定本名录。

第二条　具有下列情形之一的固体废物和液态废物，列入本名录：

（一）具有腐蚀性、毒性、易燃性、反应性或者感染性等一种或者几种危险特性的；

（二）不排除具有危险特性，可能对环境或者人体健康造成有害影响，需要按照危险废物进行管理的。

第三条　医疗废物属于危险废物。《医疗废物分类目录》根据《医疗废物管理条例》另行制定和公布。

第四条　未列入本名录和《医疗废物分类目录》的固体废物和液态废物，由国务院环境保护行政主管部门组织专家，根据国家危险废物鉴别标准和鉴别方法认定具有危险特性的，属于危险废物，适时增补进本名录。

第五条　危险废物和非危险废物混合物的性质判定，按照国家危险废物鉴别标准执行。

第六条　家庭日常生活中产生的废药品及其包装物、废杀虫剂和消毒剂及其包装物、废油漆和溶剂及其包装物、废矿物油及其包装物、废胶片及废像纸、废荧光灯管、废温度计、废血压计、废镍镉电池和氧化汞电池以及电子类危险废物等，可以不按照危险废物进行管理。

将前款所列废弃物从生活垃圾中分类收集后，其运输、贮存、利用或者处置，按照危险废物进行管理。

第七条　国务院环境保护行政主管部门将根据危险废物环境管理的需要，对本名录进行适时调整并公布。

第八条 本名录中有关术语的含义如下：

（一）“废物类别”是按照《控制危险废物越境转移及其处置巴塞尔公约》划定的类别进行的归类。

（二）“行业来源”是某种危险废物的产生源。

（三）“废物代码”是危险废物的唯一代码，为 8 位数字。其中，第 1～3 位为危险废物产生行业代码，第 4～6 位为废物顺序代码，第 7～8 位为废物类别代码。

（四）“危险特性”是指腐蚀性（Corrosivity，C）、毒性（Toxicity，T）、易燃性（Ignitability，I）、反应性（Reactivity，R）和感染性（Infectivity，In）。

第九条 本名录自 2008 年 8 月 1 日起施行。1998 年 1 月 4 日原国家环境保护局、国家经济贸易委员会、对外贸易经济合作部、公安部发布的《国家危险废物名录》（环发[1998]89 号）同时废止。

附件：国家危险废物名录

附件：

国家危险废物名录

废物类别	行业来源	废物代码	危险废物	危险特性
HW29 含汞废物	天然原油和天然气开采	071-003-29	天然气净化过程中产生的含汞废物	T
	贵金属矿采选	092-001-29	“全泥氰化-炭浆提金”黄金选矿生产工艺产生的含汞粉尘、残渣	T
		092-002-29	汞矿采选过程中产生的废渣和集（除）尘装置收集的粉尘	T
	印刷	231-007-29	使用显影剂、汞化合物进行影像加厚（物理沉淀）以及使用显影剂、氨氯化汞进行影像加厚（氧化）产生的废液及残渣	T
	基础化学原料制造	261-051-29	水银电解槽法生产氯气过程中盐水精制产生的盐水提纯污泥	T
		261-052-29	水银电解槽法生产氯气过程中产生的废水处理污泥	T
		261-053-29	氯气生产过程中产生的废活性炭	T
	合成材料制造	265-001-29	氯乙烯精制过程中使用活性炭吸附法处理含汞废水过程中产生的废活性炭	T，C
		265-002-29	氯乙烯精制过程中产生的吸附微量氯化汞的废活性炭	T，C
	电池制造	394-003-29	含汞电池生产过程中产生的废渣和废水处理污泥	T
	照明器具制造	397-001-29	含汞光源生产过程中产生的荧光粉、废活性炭吸收剂	T
	通用仪器仪表制造	411-001-29	含汞温度计生产过程中产生的废渣	T
	基础化学原料制造	261-054-29	卤素和卤素化学品生产过程产生中的含汞硫酸钡污泥	T
	多种来源	900-022-29	废弃的含汞催化剂	T
		900-023-29	生产、销售及使用过程中产生的废含汞荧光灯管	T
		900-024-29	生产、销售及使用过程中产生的废汞温度计、含汞废血压计	T

废物类别	行业来源	废物代码	危险废物	危险特性
HW48 有色金属冶炼废物	常用有色金属冶炼	331-015-48	铜锌冶炼过程中烟气制酸产生的废甘汞	T
	贵金属冶炼	332-001-48	汞金属回收工业产生的废渣及废水处理污泥	T
HW49 其他废物	非特定行业	900-044-49	在工业生产、生活和其他活动中产生的废电子电器产品、电子电气设备，经拆散、破碎、砸碎后分类收集的铅酸电池、镉镍电池、氧化汞电池、汞开关、阴极射线管和多氯联苯电容器等部件	T

附录 A：

本目录各栏目说明：

1．“序号”是指本目录录入危险化学品的顺序。

2．“中文名称”和“英文名称”是指危险化学品的中文和英文名称。其中：“化学名”是按照化学品命名方法给予的名称；“别名”是指除“化学品”以外的习惯称谓或俗名。本目录中的化学品按照中文名称的化学名拼音排序。

3．“CAS 号”是指美国化学文摘社为一种化学物质指定的唯一索引编号。

4．“UN 号”是指联合国危险货物运输专家委员会在《关于危险货物运输的建议书》（桔皮书）中对危险货物指定的编号。在目录中标注 2 个 UN 号是指该化学品 2 种不同形态危险货物指定的编号。

序号	中文名称		英文名称	CAS 号	UN 号
	化学名	别名			
19	苯甲酸汞	安息香酸汞	Mercury dibenzoate；Mercury benzoate	583-15-3	1631
35	草酸汞	草酸汞（II）	Mercury（II）oxalate	3444-13-1	
41	碘化汞	二碘化汞	Mercuric iodide；Mercury diiodide	7774-29-0	1638
42	碘化钾汞	四碘汞化二钾	Mercuric potassium iodide；Dipotassium tetraiodomercurate	7783-33-7	1643
43	碘化亚汞	一碘化汞	Mercurous iodide；Dimercury diiodide	15385-57-6	
62	二苯（基）汞	—	Mercury，diphenyl	587-85-9	
155	二乙基汞	乙基汞	Diethyl mercury；Ethyl mercury	627-44-1	2929
163	氟化汞	二氟化汞	Mercury fluoride；Mercury difluoride	7783-39-3	
172	汞	水银	Mercury	7439-97-6	
178	核酸汞	—	Mercurol；Mercury nucleate	12002-19-6	1639
204	甲氧基乙基氯化汞	2-甲氧基乙基氯化汞	Methoxyethyl mercury chloride；2-Methoxyethyl mercury chloride	123-88-6	2025
205	甲氧基乙基乙酸汞	甲氧基乙基醋酸汞	Methoxyethyl mercury acetate	151-38-2	2025
207	焦硫酸汞	—	Mercury pyrosulfate	—	
215	磷酸二乙基汞	谷乐生；谷仁乐生；乌斯普龙汞制剂	Di（ethylmercuric）phosphate；EMP；Lignasan	2235-25-8	2025

序号	中文名称		英文名称	CAS 号	UN 号
	化学名	别名			
217	硫化汞	朱砂、辰砂	Mercury sulfide	1344-48-5	
218	硫氰酸汞	二硫氰酸汞	Mercuric thiocyanate；Mercury dithiocyanate	592-85-8	1646
219	硫氰酸汞铵	—	Mercuri cammonium thiocyanate	—	
220	硫氰酸汞钾	—	Mercuric potassium thiocyanate	14099-12-8	
222	硫酸汞	硫酸汞（2+）盐（1∶1）	Mercuric sulfate；Sulfuric acid，mercury（2+）salt（1∶1）	7783-35-9	1645
224	硫酸亚汞	硫酸二汞（1+）盐；硫酸二汞	Mercurous sulfate；Sulfuric acid，dimercury（1+）salt；Dimercury sulfate	7783-36-0	1628
250	2-氯汞苯酚	氯（2-羟基苯基）汞	2-Chloromercuriophenol；Mercury，chloro（2-hydroxyphenyl）-	90-03-9	
251	4-氯汞苯甲酸	对氯化汞苯甲酸	4-Chloromercuriobenzoic acid；*p*-Chloromercuriobenzoic acid	59-85-8	
252	氯化铵汞	氨基氯化汞；白降汞	Mercury amide chloride；Aminomercury chloride；White mercuric precipitate	10124-48-8	
254	氯化汞	二氯化汞；升汞	Mercuric chloride；Mercury dichloride	7487-94-7	1624
256	氯化甲基汞	甲基氯化汞	Chloromethyl mercury；Methylmercuric chloride	115-09-3	
257	氯化乙基汞	乙基氯化汞；西力生	Ethylmercury chloride；Ethylmercuric chloride	107-27-7	2025
272	萘磺汞	双萘磺酸苯汞	Hydrargaphen	14235-86-0	
278	葡萄糖酸汞	葡萄糖酸汞（I）	Gluconate，mercury；Mercury（I）gluconate	63937-14-4	1637
280	铅汞齐	—	Lead amalgam	—	
287	羟基苯汞	氢氧化汞苯	Mercury，hydroxyphenyl-；Phenylmercury hydroxide	100-57-2	1894
289	羟基甲基汞	甲基氢氧化汞	Mercury，hydroxymethyl-；Methylmercury hydroxide	1184-57-2	
295	氰胍甲汞	甲汞氰胍	Panogen；Methylmercuric Cyanoguanidine	502-39-6	2025
300	氰化汞	二氰化汞；氰化高汞	Mercuric cyanide；Mercury dicyanide	592-04-1	1636
301	氰化汞钾	四氰汞化二钾	Mercuric potassium cyanide；Dipotassium tetracyanomercurate	591-89-9	1626
324	乳酸苯汞三乙醇铵	—	Phenylmercuric triethanolammonium lactate	23319-66-6	2026

序号	中文名称		英文名称	CAS 号	UN 号
	化学名	别名			
350	砷化汞	—	Mercury arsenide	—	
357	砷酸汞	砷酸氢汞；砷酸汞（2+）盐（1∶1）	Mercuric arsenate；Mercury ydrogenarsenate；arsenic acid，mercury（2+）salt（1∶1）	7784-37-4	1623
375	水杨酸汞	水杨酸亚汞	Mercury salicylate；Mercurous salicylate；[Salicylato（2-）-O1，O2]mercury	5970-32-1	1644
382	四氯化汞化钾	四氯汞化二钾	Potassium tetrachloromercurate；Mercurate（2-），tetrachloro-，dipotassium，（T-4）-	20582-71-2	
405	五氯（苯）酚汞	—	Mercury pentachlorophenol	—	
407	五氯苯酚苯基汞	—	Mercury phenyl pentachlorophenol	—	
422	硝酸汞	二硝酸汞；硝酸高汞	Mercuric nitrate；Mercury dinitrate	10045-94-0	1625
423	硝酸汞苯	—	Mercury，（nitrato-O）phenyl-；Phenylmercury nitrate	55-68-5	
424	硝酸亚汞	一水合硝酸汞（1+）盐	Mercurous nitrate；Nitric acid，mercury（1+）salt，monohydrate	7782-86-7	1627
427	溴化汞	二溴化汞；溴化高汞	Mercury bromide；Mercury dibromide	7789-47-1	1634
429	溴化亚汞	一溴化汞	Mercurous bromide；Mercury（I）bromide；	10031-18-2	1634
451	氧化汞	一氧化汞；黄降汞；红降汞	Mercury oxide；Mercury monoxide；Yellow mercuric oxide	21908-53-2	1641
453	氧化亚汞	氧化汞黑	Mercury oxide；Mercury oxide black	15829-53-5	
456	氧氰化汞（钝化的）	氰氧化汞	Mercury cyanide oxide	1335-31-5	
471	乙酸苯汞	赛力散；裕米农；龙汞	Phenylmercury acetate；PMA；Phenylmercuric acetate	62-38-4	1674
472	乙酸汞	醋酸汞	Mercuric acetate	1600-27-7	1629
475	乙酸亚汞	二（乙酸）二汞；醋酸汞（1+）盐	Mercurous acetate；Dimercury di（acetate）；Acetic acid，mercury（1+）salt	631-60-7	
491	油酸汞	9-十八（碳）烯酸（9Z）汞（2+）盐	Mercury oleate；9-Octadecenoic acid（9Z）-，mercury（2+）salt	1911-80-6	1640

中华人民共和国国家标准
GB 12268—90

危险货物品名表（节选）

1 主题内容与适用范围

本标准规定了危险货物的品名和编号。
本标准适用于危险货物运输、生产、贮存和销售。

2 引用标准

GB 6944 危险货物分类和品名编号
GB 7694 危险货物命名原则

3 术语

稀释　dilution 指在物品中加入水、醇或其他溶剂，以降低溶液的浓度或涂料的粘度。
涂层　coating 指物品表面经处理后，包覆一层油、蜡或其他材料，可防止物品与水或其他物质发生化学反应。

4 第 1 类　爆炸品

4.1 第 1 项　具有整体爆炸危险的物质和物品

编　号	品　名	别　名	备　注[1]
11025	雷（酸）汞[含水或水加乙醇≥20%]	0135	11025

6 第 3 类　易燃液体

6.2 第 2 项　中闪点液体

编　号	品　名	别　名	备　注[1]
32195	含乙醇或乙醚的制品		
	如：硫汞白癜风擦药		

7 第 4 类　易燃固体、自燃物品和遇湿易燃物品

7.3 第 3 项　遇湿易燃物品

编　号	品　名	别　名	备　注[1]
43010	碱金属汞齐		1389
	如：钾汞齐		
43011	碱土金属汞齐		1392

9 第 6 类　毒害品和感染性物品

9.1 第 1 项　毒害品

编　号	品　名	别　名	备　注[1)]
61001	氰化物		
	如：氰化汞	氰化高汞	1636
	氰化汞钾	汞氰化钾；氰化钾汞	1626
61012	砷酸盐类		1556，1557
	如：砷酸汞	砷酸氢汞	1623
61030	一级无机汞化合物		
	如：氧氰化汞[钝化的]	氰氧化汞	1642
	砷化汞		
	硝酸汞	硝酸高汞	1625
	氟化汞	二氟化汞	
	氯化汞	氯化高汞；二氯化汞	1624
	碘化汞	碘化高汞；二碘化汞	1638
61093	一级有机汞化合物		
	如：乙酸汞	醋酸汞	1629
	油酸汞		1640
	葡萄糖酸汞		1637
	核酸汞		1639
	水杨酸汞		1644
	乙酸甲氧基乙基汞	醋酸甲氧基乙基汞	
	氯化甲氧基乙基汞		
	氯化甲基汞		
	羟基甲基汞		
	氢氧化苯汞		1894
	硝酸苯汞		1895
	苯甲酸汞	安息香酸汞	1631
61129	一级含汞固态农药		1674，2777
	如：赛力散	乙酸苯汞；裕米农；龙汞	
	西力生	氯化乙基汞	
	谷乐生	磷酸乙基汞；谷仁乐生；乌斯普龙；汞制剂 2 号	
61130	一级含汞液态农药		2778，3011，3012
61501	二级无机硫氰酸盐类		
	如：硫氰酸汞		1646
	硫氰酸汞钾		
	硫氰酸汞铵		
61508	锌汞齐 铅汞齐	锌汞合金 铅汞合金	
61509	二级无机汞化合物		
	如：氯化铵汞	白降汞	1630
	氯化钾汞	氯化汞钾	
	溴化汞	溴化高汞；二溴化汞	1634
	溴化亚汞	一溴化汞	1634
	碘化亚汞	一碘化汞	

编　号	品　名	别　名	备　注[1)]
	碘化钾汞	碘化汞钾	1643
	氧化汞	一氧化汞；黄降汞；红降汞	1641
	氧化亚汞	黑降汞	
	硝酸亚汞		1627
	硫酸汞	硫酸高汞	1645
	硫酸亚汞		1628
	焦硫酸汞		1633
61851	二级有机汞化合物		
	如：二乙（基）汞		
	乙酸亚汞		
	草酸汞		
	萘磺汞		
	二苯（基）汞		
	4-氯汞苯甲酸	对氯化汞苯甲酸	
	2-氯汞苯酚		
	五氯（苯）酚汞		
	五氯苯酚苯基汞		
61882	二级含汞固态农药		2777
	如：氯化苯汞	PMC	
	磺胺乙汞		
	富民隆	磺胺苯汞；磺胺汞；富民农	
	亚胺乙汞	埃米粉剂	
61883	二级含汞液态农药		2778，3011，3012

第二章 进出口管理

化学品首次进口及有毒化学品进出口环境管理规定

环管[1994]140号

第一章 总 则

第一条 为了保护人体健康和生态环境，加强化学品首次进口和有毒化学品进出口的环境管理，执行《关于化学品国际贸易资料交流的伦敦准则》（1989年修正本）（以下简称《伦敦准则》），制定本规定。

第二条 在中华人民共和国管辖领域内从事化学品进出口活动必须遵守本规定。

第三条 本规定适用于化学品的首次进口和列入《中国禁止或严格限制的有毒化学品名录》（以下简称《名录》）的化学品进出口的环境管理。

食品添加剂、医药、兽药、化妆品和放射性物质不适用本规定。

第四条 本规定中下列用语的含义是：

（一）“化学品”是指人工制造的或者是从自然界取得的化学物质，包括化学物质本身、化学混合物或者化学配制物中的一部分，以及作为工业化学品和农药使用的物质。

（二）“禁止的化学品”是指因损害健康和环境而被完全禁止使用的化学品。

（三）“严格限制的化学品”是指因损害健康和环境而被禁止使用，但经授权在一些特殊情况下仍可使用的化学品。

（四）“有毒化学品”是指进入环境后通过环境蓄积、生物累积、生物转化或化学反应等方式损害健康和环境，或者通过接触对人体具有严重危害和具有潜在危险的化学品。

（五）“化学品首次进口”是指外商或其代理人向中国出口其未曾在中国登记过的化学品，即使同种化学品已有其他外商或其代理人在中国进行了登记，仍被视为化学品首次进口。

（六）“事先知情同意”是指为保护人类健康和环境目的而被禁止或严格限制的化学品的国际运输，必须在进口国指定的国家主管部门同意的情况下进行。

（七）“出口”和“进口”是指通过中华人民共和国海关办理化学品进出境手续的活动，但不包括过境运输。

第二章 监督管理

第五条 国家环境保护局对化学品首次进口和有毒化学品进出口实施统一的环境监督管理，负责全面执行《伦敦准则》的事先知情同意程序，发布中国禁止或严格限制的有毒化学品名录，实施化学品首次进口和列入《名录》内的有毒化学品进出口的环境管理登记和审批，签发《化学品进（出）口环境管理登记证》和《有毒化学品进（出）口环境管理放行通知单》，发布首次进口化学品登记公告。

第六条 中华人民共和国海关对列入《名录》的有毒化学品的进出口凭国家环境保护局签发的《有毒化学品进（出）口环境管理放行通知单》（见附件）验放。

对外贸易经济合作部根据其职责协同国家环境保护局对化学品首次进口和有毒化学品进出口环境管理登记申请资料的有关内容进行审查和对外公布《中国禁止或严格限制的有毒化学品名录》。

第七条 国家环境保护局设立国家有毒化学品评审委员会，负责对申请进出口环境管理登记的化学品的综合评审工作，对实施本规定所涉及的技术事务向国家环境保护局提供咨询意见。国家有毒化学品评审委员会由环境、卫生、农业、化工、外贸、商检、海关及其它有关方面的管理人员和技术专家组成，每届任期三年。

第八条 地方各级环境保护行政主管部门依据本规定对本辖区的化学品首次进口及有毒化学品进出口进行环境监督管理。

第三章 登记管理

第九条 外商或其代理人向中国出口所经营的未曾在中国登记（除农药以外）的任何化学品，必须向国家环境保护局提出化学品首次进口环境管理登记申请，并按规定填写《化学品首次进口环境管理登记申请表》，免费提供试验样品（一般不少于二百五十克）。外商首次向中国销售农药的登记管理仍按《农药登记规定》执行，农业部和国家环境保护局定期交换登记信息。

第十条 国家环境保护局在审批化学品首次进口环境管理登记申请时，对符合规定的，准予化学品环境管理登记并发给准许进口的《化学品进（出）口环境管理登记证》。

对经审查，认为中国不适于进口的化学品不予登记发证，并通知申请人。对经审查，认为需经进一步试验和较长时间观察方能确定其危险性的首次进口化学品，可给予临时登记并发给《临时登记证》。对未取得化学品进口环境管理登记证和临时登记证的化学品，一律不得进口。

第十一条 外商或其代理人为首次向中国出口化学品取得的化学品环境管理登记有效期五年，有效期满前要求延续登记的，原申请人须在期满之日六个月提出换证登记申请。临时登记有效期为一年，有效期满前应确认是否准予正式登记。遇特殊情况经登记机关批准可以延期，延续时间不超过一年。

第十二条 每次外商及其代理人向中国出口和国内从国外进口列入《名录》中的工业化学品或农药之前，均需向国家环境保护局提出有毒化学品进口环境管理登记申请。对准予进口的发给《化学品进（出）口环境管理登记证》和《有毒化学品进（出）口环境管理放行通知单》（以下简称《通知单》）。《通知单》实行一批一证制，每份（通知单）在有效时间内只能报关使用一次（见附件一）。

第十三条 申请出口列入《名录》的化学品，必须向国家环境保护局提出有毒化学品出口环境管理登记申请。

国家环境保护局受理申请后，应通知进口国主管部门，在收到进口国主管部门同意进口的通知后，发给申请人准许有毒化学品出口的《化学品进（出）口环境管理登记证》。对进口国主管部门不同意进口的化学品，不予登记，不准出口，并通知申请人。

第十四条 国家环境保护局签发的《化学品进（出）口环境管理登记证》须加盖中华人民共和国国家环境保护局化学品进出口环境管理登记审批章。国内外为进口或出口列入《名录》的有毒化学品而申请的《化学品进（出）口环境管理登记证》为绿色证，外商或其代理人为首次向中国出口化学品而申请的《化学品进（出）口环境管理登记证》为粉色证，临时登记证为白色证。

第十五条 《有毒化学品进（出）口环境管理放行通知单》第一联由国家环境保护局留存，第二联（正本）交申请人用以报关，第三联发送中华人民共和国国家进出口商品检验局。

第十六条 申请化学品进出口环境管理登记的审查期限从收到符合登记资料要求的申请之日起计算，对化学品首次进口登记申请的审查期不超过一百八十天，对列入《名录》的有毒化学品进出口登记申请的审查期不超过三十天。

第十七条 国家环境保护局审批化学品进出口环境管理登记申请时，有权向申请人提出质询和要求补充有关资料。国家环境保护局应当为申请提交的资料和样品保守技术秘密。

第十八条 化学品首次进口环境管理登记申请表和有毒化学品环境管理登记申请表、化学品进出口环境管理登记证和临时登记证、有毒化学品进出口环境管理放行通知单，由国家环境保护局统一监制。

第四章 防止污染口岸环境

第十九条 进出口化学品的分类、包装、标签和运输，按照国际或国内有关危险货物运输规则的规定执行。

第二十条 在装卸、贮存和运输化学品过程中，必须采取有效的预防和应急措施，防止污染环境。

第二十一条 因包装损坏或者不符合要求而造成或者可能造成口岸污染的，口岸主管部门应立即采取措施，防止和消除污染，并及时通知当地环境保护行政主管部门，进行调查处理。防止和消除其污染的费用由有关责任人承担。

第五章 罚 则

第二十二条 违反本规定，未进行化学品进出口环境管理登记而进出口化学品的，由海关根据海关行政处罚实施细则有关规定处以罚款，并责令当事人补办登记手续；对经补办登记申请但未获准登记的，责令退回货物。

第二十三条 进出口化学品造成中国口岸污染的，由当地环境保护行政主管部门予以处罚。

第二十四条 违反国家外贸管制规定而进出口化学品的，由外贸行政主管部门依照有关规定予以处罚。

第六章 附 则

第二十五条 因实验需要，首次进口且年进口量不足 50 公斤的化学品免于登记（《中国禁止或严格限制的有毒化学品名录》中的化学品除外）。

第二十六条 化学品进出口环境管理登记收费办法另行制定。

第二十七条 本规定由国家环境保护局负责解释。

第二十八条 本规定自 1994 年 5 月 1 日起施行。

国家环境保护局
海关总署
对外贸易经济合作部
一九九四年三月十六日

附件：

《中国严格限制进出口的有毒化学品目录》（2010 年）（节选）

序号	化学品名称	别　名	海关商品编号	计量单位
1	朱砂（辰砂）		2617901000	千克
3	汞		2805400000	千克
76	汞的无机或有机化合物，汞齐除外		2852000000	千克
80	铅汞齐		2853009021	千克

固体废物进口管理办法

环境保护部
商 务 部
发展改革委 令
海关总署
质检总局
部令 第12号

根据《中华人民共和国固体废物污染环境防治法》和有关法律、行政法规，制定《固体废物进口管理办法》。现予公布，自2011年8月1日起施行。

环境保护部部长 周生贤
商务部部长 陈德铭
发展改革委主任 张 平
海关总署署长 盛光祖
质检总局局长 支树平
二〇一一年四月八日

第一章 总 则

第一条 为了规范固体废物进口环境管理，防止进口固体废物污染环境，根据《中华人民共和国固体废物污染环境防治法》和有关法律、行政法规，制定本办法。

第二条 本办法所称固体废物，是指在生产、生活和其他活动中产生的丧失原有利用价值或者虽未丧失利用价值但被抛弃或者放弃的固态、半固态、液态和置于容器中的气态的物品、物质以及法律、行政法规规定纳入固体废物管理的物品、物质。

本办法所称固体废物进口，是指将中华人民共和国境外的固体废物运入中华人民共和国境内的活动。

第三条 本办法适用于以任何方式进口固体废物的活动。

通过赠送、出口退运进境、提供样品等方式将固体废物运入中华人民共和国境内的，进境修理产生的未复运出境固体废物以及出境修理或者出料加工中产生的复运进境固体废物的，除另有规定外，也适用本办法。

第四条 禁止转让固体废物进口相关许可证。

本办法所称转让固体废物进口相关许可证，是指：

（一）出售或者出租、出借固体废物进口相关许可证；

（二）使用购买或者租用、借用的固体废物进口相关许可证进口固体废物；

（三）将进口的固体废物全部或者部分转让给固体废物进口相关许可证载明的利用企业以外的单位或者个人。

第五条 禁止中华人民共和国境外的固体废物进境倾倒、堆放、处置。

禁止固体废物转口贸易。

未取得固体废物进口相关许可证的进口固体废物不得存入海关监管场所，包括保税区、出口加工区、保税物流园区、保税港区等海关特殊监管区域和保税物流中心（A/B 型）、保税仓库等海关保税监管场所（以下简称“海关特殊监管区域和场所”）。

除另有规定外，进口固体废物不得办理转关手续（废纸除外）。

第六条 国务院环境保护行政主管部门对全国固体废物进口环境管理工作实施统一监督管理。国务院商务主管部门、国务院经济综合宏观调控部门、海关总署和国务院质量监督检验检疫部门在各自的职责范围内负责固体废物进口相关管理工作。

县级以上地方环境保护行政主管部门对本行政区域内固体废物进口环境管理工作实施监督管理。各级商务主管部门、经济综合宏观调控部门、海关、出入境检验检疫部门在各自职责范围内对固体废物进口实施相关监督管理。

国务院环境保护行政主管部门会同国务院商务主管部门、国务院经济综合宏观调控部门、海关总署、国务院质量监督检验检疫部门建立固体废物进口管理工作协调机制，实行固体废物进口管理信息共享，协调处理固体废物进口及经营活动监督管理工作的重要事务。

第七条 任何单位和个人有权向各级环境保护行政主管部门、商务主管部门、经济综合宏观调控部门、海关和出入境检验检疫部门，检举违反固体废物进口监管程序和进口固体废物造成污染的行为。

第二章　一般规定

第八条 禁止进口危险废物。禁止经中华人民共和国过境转移危险废物。

禁止以热能回收为目的进口固体废物。

禁止进口不能用作原料或者不能以无害化方式利用的固体废物。

禁止进口境内产生量或者堆存量大且尚未得到充分利用的固体废物。

禁止进口尚无适用国家环境保护控制标准或者相关技术规范等强制性要求的固体废物。

禁止以凭指示交货（TO ORDER）方式承运固体废物入境。

第九条 对可以弥补境内资源短缺，且根据国家经济、技术条件能够以无害化方式利用的可用作原料的固体废物，按照其加工利用过程的污染排放强度，实行限制进口和自动许可进口分类管理。

第十条 国务院环境保护行政主管部门会同国务院商务主管部门、国务院经济综合宏观调控部门、海关总署、国务院质量监督检验检疫部门制定、调整并公布禁止进口、限制进口和自动许可进口的固体废物目录。

第十一条 禁止进口列入禁止进口目录的固体废物。

进口列入限制进口或者自动许可进口目录的固体废物，必须取得固体废物进口相关许可证。

第十二条 进口固体废物应当采取防扬散、防流失、防渗漏或者其他防止污染环境的措施。

第十三条 进口固体废物的装运、申报应当符合海关规定，有关规定由海关总署另行制定。

第十四条 进口固体废物必须符合进口可用作原料的固体废物环境保护控制标准或者相关技术规范等强制性要求。经检验检疫，不符合进口可用作原料的固体废物环境保护控制标准或者相关技术规范等强制性要求的固体废物，不得进口。

第十五条 申请和审批进口固体废物，按照风险最小化原则，实行“就近口岸”报关。

第十六条 国家对进口可用作原料的固体废物的国外供货商实行注册登记制度。向中国出口可用作原料的固体废物的国外供货商，应当取得国务院质量监督检验检疫部门颁发的注册登记证书。

国家对进口可用作原料的固体废物的国内收货人实行注册登记制度。进口可用作原料的固体废物的国内收货人在签订对外贸易合同前，应当取得国务院质量监督检验检疫部门颁发的注册登记证书。

第十七条　国务院环境保护行政主管部门对加工利用进口废五金电器、废电线电缆、废电机等环境风险较大的固体废物的企业，实行定点企业资质认定管理。管理办法由国务院环境保护行政主管部门制定。

第十八条　国家鼓励限制进口的固体废物在设定的进口废物“圈区管理”园区内加工利用。

进口废物“圈区管理”应当符合法律、法规和国家标准要求。进口废物“圈区管理”园区的建设规范和要求由国务院环境保护行政主管部门会同国务院商务主管部门、国务院经济综合宏观调控部门、海关总署、国务院质量监督检验检疫部门制定。

第十九条　出口加工区内的进口固体废物利用企业以加工贸易方式进口固体废物的，必须持有固体废物进口相关许可证。

出口加工区以外的进口固体废物利用企业以加工贸易方式进口固体废物的，必须持有商务主管部门签发的有效的《加工贸易业务批准证》、海关核发的有效的加工贸易手册（账册）和固体废物进口相关许可证。

以加工贸易方式进口的固体废物或者加工成品因故无法出口需内销的，加工贸易企业无须再次申领固体废物进口相关许可证；未经加工的原进口固体废物仅限留作本企业自用。

第三章　固体废物进口许可管理

第二十条　进口列入限制进口目录的固体废物，应当经国务院环境保护行政主管部门会同国务院对外贸易主管部门审查许可。进口列入自动许可进口目录的固体废物，应当依法办理自动许可手续。

第二十一条　固体废物进口相关许可证当年有效。

固体废物进口相关许可证应当在有效期内使用，无论是否使用完毕逾期均自行失效。

固体废物进口相关许可证因故在有效期内未使用完的，利用企业应当在有效期届满30日前向发证机关提出延期申请。发证机关扣除已使用的数量后，重新签发固体废物进口相关许可证，并在备注栏中注明“延期使用”和原证证号。

固体废物进口相关许可证只能延期一次，延期最长不超过60日。

第二十二条　固体废物进口相关许可证实行“一证一关”管理。一般情况下固体废物进口相关许可证为“非一批一证”制，如要实行“一批一证”，应当同时在固体废物进口相关许可证备注栏内打印“一批一证”字样。

“一证一关”指固体废物进口相关许可证只能在一个海关报关；“一批一证”指固体废物进口相关许可证在有效期内一次报关使用；“非一批一证”指固体废物进口相关许可证在有效期内可以多次报关使用，由海关逐批签注核减进口数量，最后一批进口时，允许溢装上限为固体废物进口相关许可证实际余额的3%，且不论是否仍有余额，海关将在签注后留存正本存档。

第二十三条　固体废物进口相关许可证上载明的事项发生变化的，利用企业应当按照申请程序重新申请领取固体废物进口相关许可证。

发证机关受理申请后，注销原证，并公告注销的证书编号。

第二十四条　进口固体废物审批管理所需费用，按照国家有关规定执行。

第四章　检验检疫与海关手续

第二十五条　进口固体废物的承运人在受理承运业务时，应当要求货运委托人提供下列证明材料：

（一）固体废物进口相关许可证；

（二）进口可用作原料的固体废物国内收货人注册登记证书；

（三）进口可用作原料的固体废物国外供货商注册登记证书；

（四）进口可用作原料的固体废物装运前检验证书。

第二十六条 对进口固体废物，由国务院质量监督检验检疫部门指定的装运前检验机构实施装运前检验；检验合格的，出具装运前检验证书。

进口的固体废物运抵固体废物进口相关许可证列明的口岸后，国内收货人应当持固体废物进口相关许可证报检验检疫联、装运前检验证书以及其他必要单证，向口岸出入境检验检疫机构报检。

出入境检验检疫机构经检验检疫，对符合国家环境保护控制标准或者相关技术规范等强制性要求的，出具《入境货物通关单》，并备注“经初步检验检疫，未发现不符合国家环境保护控制标准要求的物质”；对不符合国家环境保护控制标准或者相关技术规范等强制性要求的，出具检验检疫处理通知书，并及时通知口岸海关和口岸所在地省、自治区、直辖市环境保护行政主管部门。

口岸所在地省、自治区、直辖市环境保护行政主管部门收到进口固体废物检验检疫不合格的通知后，应当及时通知利用企业所在地省、自治区、直辖市环境保护行政主管部门和国务院环境保护行政主管部门。

对于检验结果不服的，申请人应当根据进出口商品复验工作的有关规定申请复验。国务院质量监督检验检疫部门或者出入境检验检疫机构可以根据检验工作的实际情况，会同同级环境保护行政主管部门共同实施复验工作。

第二十七条 除另有规定外，对限制进口类或者自动许可进口类可用作原料的固体废物，应当持固体废物进口相关许可证和出入境检验检疫机构出具的《入境货物通关单》等有关单证向海关办理进口验放手续。

第二十八条 进口者对海关将其所进口的货物纳入固体废物管理范围不服的，可以依法申请行政复议，也可以向人民法院提起行政诉讼。

海关怀疑进口货物的收货人申报的进口货物为固体废物的，可以要求收货人送口岸检验检疫部门进行固体废物属性检验，必要时，海关可以直接送口岸检验检疫部门进行固体废物属性检验，并按照检验结果处理。

口岸检验检疫部门应当出具检验结果，并注明是否属于固体废物。

海关或者收货人对口岸所在地检验检疫部门的检验结论有异议的，国务院环境保护行政主管部门会同海关总署、国务院质量监督检验检疫部门指定专门鉴别机构对进口的货物、物品是否属于固体废物和固体废物类别进行鉴别。

《固体废物鉴别导则》及有关鉴别程序和办法由国务院环境保护行政主管部门会同海关总署、国务院质量监督检验检疫部门制定。

检验或者鉴别期间，海关不接受企业担保放行的申请。对货物在检验或者鉴别期间产生的相关费用以及损失，由进口货物的收货人自行承担。

本条所涉进口固体废物的鉴别，应当以《固体废物鉴别导则》为依据。

第二十九条 将境外的固体废物进境倾倒、堆放、处置的，进口属于禁止进口的固体废物或者未经许可擅自进口固体废物的，以及检验不合格的进口固体废物，由口岸海关依法责令进口者或者承运人在规定的期限内将有关固体废物原状退运至原出口国，进口者或者承运人承担相应责任和费用，并不免除其办理海关手续的义务，进口者或者承运人不得放弃有关固体废物。

收货人无法确认的进境固体废物，由承运人向海关提出退运申请或者可以由海关依法责令承运人退运。承运人承担相应责任和费用，并不免除其办理海关手续的义务。

第三十条 对当事人拒不退运或者超过 3 个月不退运出境的固体废物，口岸海关会同口岸出入境检验检疫机构和口岸所在地环境保护行政主管部门对进口者或者承运人采取强制措施予以退运。

第三十一条　对确属无法退运出境或者海关决定不予退运的固体废物，经进口者向口岸海关申请（进口者不明时由承运人或者负有连带责任的第三人申请），参考就近原则，由海关以拍卖或者委托方式移交省、自治区、直辖市环境保护行政主管部门认定的具有无害化利用或者处置能力的单位进行综合利用或者无害化处置，相关滞港费用和处置费用由进口者承担，进口者不明的由承运人承担。

对委托综合利用或者无害化处置扣除处理费用后产生的收益，应当由具有无害化利用或者处置能力的单位交由海关上缴国库。各级海关未经批准，不得拍卖国家禁止进口的固体废物。具体管理办法由海关总署会同国务院环境保护行政主管部门另行制定。

第三十二条　海关应当将退运等后续处理情况通报出入境检验检疫机构和口岸所在地省、自治区、直辖市环境保护行政主管部门。

口岸所在地省、自治区、直辖市环境保护行政主管部门应当通知进口固体废物利用企业所在地省、自治区、直辖市环境保护行政主管部门和国务院环境保护行政主管部门。

出入境检验检疫机构和环境保护行政主管部门应当根据具体情况对有关单位做出处理。

第五章　监督管理

第三十三条　进口的固体废物必须全部由固体废物进口相关许可证载明的利用企业作为原料利用。

第三十四条　进口固体废物利用企业应当以环境无害化方式对进口的固体废物进行加工利用。

由海关以拍卖或者委托方式移交处理的进口固体废物的利用或者处置单位，必须对所承担的进口固体废物全部进行综合利用或者无害化处置。

第三十五条　进口固体废物利用企业应当建立经营情况记录簿，如实记载每批进口固体废物的来源、种类、重量或者数量、去向，接收、拆解、利用、贮存的时间，运输者的名称和联系方式，进口固体废物加工利用后的残余物种类、重量或者数量、去向等情况。经营记录簿及相关单据、影像资料等原始凭证应当至少保存 5 年。

进口固体废物利用企业应当对污染物排放进行日常定期监测。监测报告应当至少保存 5 年。

进口固体废物利用企业应当按照国务院环境保护行政主管部门的规定，定期向所在地省、自治区、直辖市环境保护行政主管部门报告进口固体废物经营情况和环境监测情况。省、自治区、直辖市环境保护行政主管部门汇总后报国务院环境保护行政主管部门。

固体废物的进口者、代理商、承运人等其他经营单位，应当记录所代理的进口固体废物的来源、种类、重量或者数量、去向等情况，并接受有关部门的监督检查。记录资料及相关单据、影像资料等原始凭证应当至少保存 3 年。

第三十六条　省、自治区、直辖市环境保护行政主管部门应当组织对进口固体废物利用企业进行实地检查和监督性监测，发现有下列情形之一的，应当在 5 个工作日内报知国务院环境保护行政主管部门：

（一）隐瞒有关情况或者提供虚假材料申请固体废物进口相关许可证或者转让固体废物进口相关许可证；

（二）超过国家或者地方规定的污染物排放标准，或者超过总量控制指标排放污染物；

（三）对进口固体废物加工利用后的残余物未进行无害化利用或者处置；

（四）未按规定报告进口固体废物经营情况和环境监测情况，或者在报告时弄虚作假。

国务院环境保护行政主管部门和省、自治区、直辖市环境保护行政主管部门应当将有关情况记录存档，作为审批固体废物进口相关许可证的依据。

各级环境保护行政主管部门、商务主管部门、经济综合宏观调控部门、海关、出入境检验检疫部门，有权依据各自的职责对与进口固体废物有关的单位进行监督检查。

被检查的单位应当如实反映情况，提供必要的材料。检查机关应当为被检查的单位保守技术秘密和业务秘密。

检查机关进行现场检查时，可以采取现场监测、采集样品、查阅或者复制相关资料等措施。

检查人员进行现场检查，应当出示证件。

第六章　海关特殊监管区域和场所的特别规定

第三十七条　固体废物从境外进入海关特殊监管区域和场所时，有关单位应当申领固体废物进口相关许可证，并申请检验检疫。固体废物从海关特殊监管区域和场所进口到境内区外或者在海关特殊监管区域和场所之间进出的，无需办理固体废物进口相关许可证。

第三十八条　海关特殊监管区域和场所内单位不得以转口货物为名存放进口固体废物。

第三十九条　海关特殊监管区域和场所内单位产生的未复运出境的残次品、废品、边角料、受灾货物等，如属于限制进口或者自动许可进口的固体废物，其在境内与海关特殊监管区域和场所之间进出，或者在海关特殊监管区域和场所之间进出，免于提交固体废物进口相关许可证。出入境检验检疫机构不实施检验。

第四十条　海关特殊监管区域和场所内单位产生的未复运出境的残次品、废品、边角料、受灾货物等，如属于禁止进口的固体废物，需出区进行利用或者处置的，应当由产生单位或者收集单位向海关特殊监管区域和场所行政管理部门和所在地设区的市级环境保护行政主管部门提出申请，并提交如下申请材料：

（一）转移固体废物出区申请书；

（二）申请单位和接收单位签订的合同；

（三）接收单位的经年检合格的营业执照；

（四）拟转移的区内固体废物的产生过程及工艺、成分分析报告、物理化学性质登记表；

（五）接收单位利用或者处置废物方式的说明，包括废物利用或者处置设施的地点、类型、处理能力及利用或者处置过程中产生的废气、废水、废渣的处理方法等的介绍资料；

（六）证明接收单位能对区内固体废物以环境无害化方式进行利用或者处置的材料；出区废物是危险废物的，须提供接收单位所持的《危险废物经营许可证》复印件，并加盖接收单位章。

第四十一条　海关特殊监管区域和场所行政管理部门和所在地设区的市级环境保护行政主管部门受理出区申请后，作出准予或者不准予出区的决定，批准文件有效期 1 年。

出入境检验检疫机构凭海关特殊监管区域和场所行政管理部门和所在地设区的市级环境保护行政主管部门批准文件办理通关单，并对固体废物免于实施检验。海关凭海关特殊监管区域和场所行政管理部门和所在地设区的市级环境保护行政主管部门批准文件按规定办理有关手续。

第四十二条　海关特殊监管区域和场所内单位产生的固体废物，出区跨省转移、贮存、处置的，须按照《中华人民共和国固体废物污染环境防治法》第二十三条的规定向有关省、自治区、直辖市环境保护行政主管部门提出申请。

海关特殊监管区域和场所内单位产生的固体废物属于危险废物或者废弃电器电子产品的，出区时须依法执行危险废物管理或者废弃电器电子产品管理的有关制度。

第七章　罚　则

第四十三条　违反本办法规定，将中华人民共和国境外的固体废物进境倾倒、堆放、处置，进口属于禁止进口的固体废物或者未经许可擅自进口限制进口的固体废物，或者以原料利用为名进口不能用作原料的固体废物的，由海关依据《中华人民共和国固体废物污染环境防治法》第七十八条的规定追究法律责任，并可以由发证机关撤销其固体废物进口相关许可证。

违反本办法规定，以进口固体废物名义经中华人民共和国过境转移危险废物的，由海关依据《中华人民共和国固体废物污染环境防治法》第七十九条的规定追究法律责任，并可以由发证机关撤销其固体废物进口相关许可证。

违反本办法规定，走私进口固体废物的，由海关按照有关法律、行政法规的规定进行处罚；构成犯罪的，依法追究刑事责任。

第四十四条　对已经非法入境的固体废物，按照《中华人民共和国固体废物污染环境防治法》第八十条的规定进行处理。

第四十五条　违反本办法规定，转让固体废物进口相关许可证的，由发证机关撤销其固体废物进口相关许可证；构成犯罪的，依法追究刑事责任。

第四十六条　以欺骗、贿赂等不正当手段取得固体废物进口相关许可证的，依据《中华人民共和国行政许可法》的规定，由发证机关撤销其固体废物进口相关许可证；构成犯罪的，依法追究刑事责任。

第四十七条　违反本办法规定，对进口固体废物加工利用后的残余物未进行无害化利用或者处置的，由所在地县级以上环境保护行政主管部门根据《中华人民共和国固体废物污染环境防治法》第六十八条第（二）项的规定责令停止违法行为，限期改正，并处1万元以上10万元以下的罚款；逾期拒不改正的，可以由发证机关撤销其固体废物进口相关许可证。造成污染环境事故的，按照《固体废物污染环境防治法》第八十二条的规定办理。

第四十八条　违反本办法规定，未执行经营情况记录簿制度、未履行日常环境监测或者未按规定报告进口固体废物经营情况和环境监测情况的，由所在地县级以上环境保护行政主管部门责令限期改正，可以并处3万元以下罚款；逾期拒不改正的，可以由发证机关撤销其固体废物进口相关许可证。

第四十九条　违反检验检疫有关规定进口固体废物的，按照《中华人民共和国进出口商品检验法》、《中华人民共和国进出口商品检验法实施条例》等规定进行处罚。

违反海关有关规定进口固体废物的，按照《中华人民共和国海关法》和《中华人民共和国海关行政处罚实施条例》等规定进行处罚。

擅自进口禁止进口、不符合国家环境保护控制标准或者相关技术规范强制性要求的固体废物，经海关责令退运，超过3个月怠于履行退运义务的，由海关依照《中华人民共和国海关行政处罚实施条例》的规定进行处罚。

第五十条　进口固体废物监督管理人员贪污受贿、玩忽职守、徇私舞弊或者滥用职权，依法给予行政处分；构成犯罪的，依法追究刑事责任。

第八章　附　则

第五十一条　本办法中由设区的市级环境保护行政主管部门行使的监管职责，在直辖市行政区域以及省、自治区直辖的县级行政区域内，由省、自治区、直辖市环境保护行政主管部门行使。

第五十二条　固体废物运抵关境即视为进口行为发生。

第五十三条　进口固体废物利用企业是指实际从事进口固体废物拆解、加工利用活动的企业。

第五十四条　来自中国香港、澳门特别行政区和中国台湾地区固体废物的进口管理依照本办法执行。

第五十五条　本办法自2011年8月1日起施行。

国务院环境保护行政主管部门、国务院商务主管部门、国务院经济综合宏观调控部门、海关总署、国务院质量监督检验检疫部门在本办法实施前根据各自职责发布的进口固体废物管理有关规定、通知与本办法不一致的，以本办法为准。

第三章 含汞产品及涉汞工艺管理

关于限制电池产品汞含量的规定

【颁布单位】轻工总会/国家经贸委/国内贸易部/外经贸部/国家工商行政管理局/国家环保局/海关总署/国家技术监督局/国家商检局

【颁布日期】19971231

【实施日期】19971231

【章名】全文

第一条 为了加强电池产品汞污染的防治工作，保护和改善我国生态环境，根据《中华人民共和国标准化法》、《中华人民共和国环境保护法》和《中华人民共和国进出口商品检验法》特制定本规定。

第二条 本规定适用于一切电池产品生产、进口、销售的单位和个人。

第三条 有关部门按照各自的职责范围，对电池生产、进口、销售及设备引进实施检验和监督管理。

第四条

1．根据我国电池行业的实际情况，限制电池产品汞含量的工作拟分步实施，首先实现低汞，最终达到无汞。低汞的含义为电池中的汞含量小于电池重量的 0.025%；无汞的含义为电池中的汞含量小于电池重量的 0.000 1%。

2．限制电池产品汞含量的规定，纳入相应的电池国家标准中。

第五条 自 2001 年 1 月 1 日起，禁止在国内生产各类汞含量大于电池重量 0.025%的电池；从 2001 年 1 月 1 日起，凡进入国内市场销售的国内、外电池产品（含与用电器具配套的电池），在单体电池上均需标注汞含量（例如：用“低汞”或“无汞”注明），未标注汞含量的电池不准进入市场销售；自 2002 年 1 月 1 日起，禁止在国内市场经销汞含量大于电池重量 0.025%的电池。

第六条 自 2005 年 1 月 1 日起，禁止在国内生产汞含量大于电池重量 0.000 1%的碱性锌锰电池；自 2006 年 1 月 1 日起，禁止在国内经销汞含量大于电池重量 0.000 1%的碱性锌锰电池。

第七条 对于在我国境内新建电池厂（含中外合资、合作及外商独资企业）和新引进电池生产线按有关规定审批。

第八条 进口电池涉及安全卫生、环境保护，从 2001 年 1 月 1 日起，由商检部门实施强制检验。

第九条 对废弃电池的收集、处理，各有关部门要通力合作，积极创造条件，采取多种方式，如废弃物的分类、收集、销售时的以旧换新，同时要加大宣传力度，提高全民环保意识。为鼓励废弃电池处理加工单位，国家应从政策、资金上给予倾斜和支持，并享受国家资源综合利用优惠政策。

第十条　防治废弃含汞电池对环境的污染适用《固体废物污染环境防治法》的有关规定。

第十一条　本规定由各有关职能部门负责监督执行。

第十二条　本规定由中国轻工总会负责解释。

第十三条　本规定自发布之日起施行。

电子信息产品污染控制管理办法

信息产业部令[第39号]

《电子信息产品污染控制管理办法》现予公布，自2007年3月1日起施行。

信息产业部部长：王旭东
国家发展和改革委员会主任：马凯
商务部部长：薄熙来
海关总署署长：牟新生
国家工商行政管理总局局长：王众孚
国家质量监督检验检疫总局局长：李长江
国家环境保护总局局长：周生贤

二○○六年二月二十八日

第一章 总则

第一条 为控制和减少电子信息产品废弃后对环境造成的污染，促进生产和销售低污染电子信息产品，保护环境和人体健康，根据《中华人民共和国清洁生产促进法》、《中华人民共和国固体废物污染环境防治法》等法律、行政法规，制定本办法。

第二条 在中华人民共和国境内生产、销售和进口电子信息产品过程中控制和减少电子信息产品对环境造成污染及产生其他公害，适用本办法。但是，出口产品的生产除外。

第三条 本办法下列术语的含义是：

（一）电子信息产品，是指采用电子信息技术制造的电子雷达产品、电子通信产品、广播电视产品、计算机产品、家用电子产品、电子测量仪器产品、电子专用产品、电子元器件产品、电子应用产品、电子材料产品等产品及其配件。

（二）电子信息产品污染，是指电子信息产品中含有有毒、有害物质或元素，或者电子信息产品中含有的有毒、有害物质或元素超过国家标准或行业标准，对环境、资源以及人类身体生命健康以及财产安全造成破坏、损害、浪费或其他不良影响。

（三）电子信息产品污染控制，是指为减少或消除电子信息产品中含有的有毒、有害物质或元素而采取的下列措施：

1．设计、生产过程中，改变研究设计方案、调整工艺流程、更换使用材料、革新制造方式等技术措施；

2．设计、生产、销售以及进口过程中，标注有毒、有害物质或元素名称及其含量，标注电子信息产品环保使用期限等措施；

3．销售过程中，严格进货渠道，拒绝销售不符合电子信息产品有毒、有害物质或元素控制国家标准或行业标准的电子信息产品等；

4．禁止进口不符合电子信息产品有毒、有害物质或元素控制国家标准或行业标准的电子信息产品；

5．本办法规定的其他污染控制措施。

（四）有毒、有害物质或元素，是指电子信息产品中含有的下列物质或元素：

1．铅；

2．汞；

3．镉；

4．六价铬；

5．多溴联苯（PBB）；

6．多溴二苯醚（PBDE）；

7．国家规定的其他有毒、有害物质或元素。

（五）电子信息产品环保使用期限，是指电子信息产品中含有的有毒、有害物质或元素不会发生外泄或突变，电子信息产品用户使用该电子信息产品不会对环境造成严重污染或对其人身、财产造成严重损害的期限。

第四条　中华人民共和国信息产业部（以下简称“信息产业部”）、中华人民共和国国家发展和改革委员会（以下简称“发展改革委”）、中华人民共和国商务部（以下简称“商务部”）、中华人民共和国海关总署（以下简称“海关总署”）、国家工商行政管理总局（以下简称“工商总局”）、国家质量监督检验检疫总局（以下简称“质检总局”）、国家环境保护总局（以下简称“环保总局”），在各自的职责范围内对电子信息产品的污染控制进行管理和监督。必要时上述有关主管部门建立工作协调机制，解决电子信息产品污染控制工作重大事项及问题。

第五条　信息产业部商国务院有关主管部门制定有利于电子信息产品污染控制的措施。

信息产业部和国务院有关主管部门在各自的职责范围内推广电子信息产品污染控制和资源综合利用等技术，鼓励、支持电子信息产品污染控制的科学研究、技术开发和国际合作，落实电子信息产品污染控制的有关规定。

第六条　信息产业部对积极开发、研制新型环保电子信息产品的组织和个人，可以给予一定的支持。

第七条　省、自治区、直辖市信息产业，发展改革，商务，海关，工商，质检，环保等主管部门在各自的职责范围内，对电子信息产品的生产、销售、进口的污染控制实施监督管理。必要时上述有关部门建立地区电子信息产品污染控制工作协调机制，统一协调，分工负责。

第八条　省、自治区、直辖市信息产业主管部门对在电子信息产品污染控制工作以及相关活动中做出显著成绩的组织和个人，可以给予表彰和奖励。

第二章　电子信息产品污染控制

第九条　电子信息产品设计者在设计电子信息产品时，应当符合电子信息产品有毒、有害物质或元素控制国家标准或行业标准，在满足工艺要求的前提下，采用无毒、无害或低毒、低害、易于降解、便于回收利用的方案。

第十条　电子信息产品生产者在生产或制造电子信息产品时，应当符合电子信息产品有毒、有害物质或元素控制国家标准或行业标准，采用资源利用率高、易回收处理、有利于环保的材料、技术和工艺。

第十一条　电子信息产品的环保使用期限由电子信息产品的生产者或进口者自行确定。电子信息产品生产者或进口者应当在其生产或进口的电子信息产品上标注环保使用期限，由于产品体积或功能的限制不能在产品上标注的，应当在产品说明书中注明。

前款规定的标注样式和方式由信息产业部商国务院有关主管部门统一规定，标注的样式和方式应当符合电子信息产品有毒、有害物质或元素控制国家标准或行业标准。

相关行业组织可根据技术发展水平，制定相关电子信息产品环保使用期限的指导意见。

第十二条 信息产业部鼓励相关行业组织将制定的电子信息产品环保使用期限的指导意见报送信息产业部。

第十三条 电子信息产品生产者、进口者应当对其投放市场的电子信息产品中含有的有毒、有害物质或元素进行标注，标明有毒、有害物质或元素的名称、含量、所在部件及其可否回收利用等；由于产品体积或功能的限制不能在产品上标注的，应当在产品说明书中注明。

前款规定的标注样式和方式由信息产业部商国务院有关主管部门统一规定，标注的样式和方式应当符合电子信息产品有毒、有害物质或元素控制国家标准或行业标准。

第十四条 电子信息产品生产者、进口者制作并使用电子信息产品包装物时，应当依据电子信息产品有毒、有害物质或元素控制国家标准或行业标准，采用无毒、无害、易降解和便于回收利用的材料。

电子信息产品生产者、进口者应当在其生产或进口的电子信息产品包装物上，标注包装物材料名称；由于体积和外表面的限制不能标注的，应当在产品说明书中注明。

前款规定的标注样式和方式由信息产业部商国务院有关主管部门统一规定，标注的样式和方式应当符合电子信息产品有毒、有害物质或元素控制国家标准或行业标准。

第十五条 电子信息产品销售者应当严格进货渠道，不得销售不符合电子信息产品有毒、有害物质或元素控制国家标准或行业标准的电子信息产品。

第十六条 进口的电子信息产品，应当符合电子信息产品有毒、有害物质或元素控制国家标准或行业标准。

第十七条 信息产业部商环保总局制定电子信息产品有毒、有害物质或元素控制行业标准。

信息产业部商国家标准化管理委员会起草电子信息产品有毒、有害物质或元素控制国家标准。

第十八条 信息产业部商发展改革委、商务部、海关总署、工商总局、质检总局、环保总局编制、调整电子信息产品污染控制重点管理目录。

电子信息产品污染控制重点管理目录由电子信息产品类目、限制使用的有毒、有害物质或元素种类及其限制使用期限组成，并根据实际情况和科学技术发展水平的要求进行逐年调整。

第十九条 国家认证认可监督管理委员会依法对纳入电子信息产品污染控制重点管理目录的电子信息产品实施强制性产品认证管理。

出入境检验检疫机构依法对进口的电子信息产品实施口岸验证和到货检验。海关凭出入境检验检疫机构签发的《入境货物通关单》办理验放手续。

第二十条 纳入电子信息产品污染控制重点管理目录的电子信息产品，除应当符合本办法有关电子信息产品污染控制的规定以外，还应当符合电子信息产品污染控制重点管理目录中规定的重点污染控制要求。

未列入电子信息产品污染控制重点管理目录中的电子信息产品，应当符合本办法有关电子信息产品污染控制的其他规定。

第二十一条 信息产业部商发展改革委、商务部、海关总署、工商总局、质检总局、环保总局，根据产业发展的实际状况，发布被列入电子信息产品污染控制重点管理目录的电子信息产品中不得含有有毒、有害物质或元素的实施期限。

第三章 罚 则

第二十二条 违反本办法，有下列情形之一的，由海关、工商、质检、环保等部门在各自的职责范围内依法予以处罚：

（一）电子信息产品生产者违反本办法第十条的规定，所采用的材料、技术和工艺不符合电子信息产品有毒、有害物质或元素控制国家标准或行业标准的；

（二）电子信息产品生产者和进口者违反本办法第十四条第一款的规定，制作或使用的电子信息产品包装物不符合电子信息产品有毒、有害物质或元素控制国家标准或行业标准的；

（三）电子信息产品销售者违反本办法第十五条的规定，销售不符合电子信息产品有毒、有害物质或元素控制国家标准或行业标准的电子信息产品的；

（四）电子信息产品进口者违反本办法第十六条的规定，进口的电子信息产品不符合电子信息产品有毒、有害物质或元素控制国家标准或行业标准的；

（五）电子信息产品生产者、销售者以及进口者违反本办法第二十一条的规定，自列入电子信息产品污染控制重点管理目录的电子信息产品不得含有有毒、有害物质或元素的实施期限之日起，生产、销售或进口有毒、有害物质或元素含量值超过电子信息产品有毒、有害物质或元素控制国家标准或行业标准的电子信息产品的；

（六）电子信息产品进口者违反本办法进口管理规定进口电子信息产品的。

第二十三条　违反本办法的规定，有下列情形之一的，由工商、质检、环保等部门在各自的职责范围内依法予以处罚：

（一）电子信息产品生产者或进口者违反本办法第十一条的规定，未以明示的方式标注电子信息产品环保使用期限的；

（二）电子信息产品生产者或进口者违反本办法第十三条的规定，未以明示的方式标注电子信息产品有毒、有害物质或元素的名称、含量、所在部件及其可否回收利用的；

（三）电子信息产品生产者或进口者违反本办法第十四条第二款的规定，未以明示的方式标注电子信息产品包装物材料成分的。

第二十四条　政府工作人员滥用职权，徇私舞弊，纵容、包庇违反本办法规定的行为的，或者帮助违反本办法规定的当事人逃避查处的，依法给予行政处分。

第四章　附　则

第二十五条　任何组织和个人可以向信息产业部或者省、自治区、直辖市信息产业主管部门对造成电子信息产品污染的设计者、生产者、进口者以及销售者进行举报。

第二十六条　本办法由信息产业部商发展改革委、商务部、海关总署、工商总局、质检总局、环保总局解释。

第二十七条　本办法自 2007 年 3 月 1 日起施行。

《部分工业行业淘汰落后生产工艺装备和产品指导目录（2010年本）》发布

工产业[2010]第122号

为加快淘汰落后生产能力，促进工业结构优化升级，按照《国务院关于进一步加强淘汰落后产能工作的通知》（国发[2010]7号）要求，依据国家有关法律、法规，我部制定了《部分工业行业淘汰落后生产工艺装备和产品指导目录（2010年本）》。

一、本目录所列淘汰落后生产工艺装备和产品主要是不符合有关法律法规规定，严重浪费资源、污染环境、不具备安全生产条件，需要淘汰的落后生产工艺装备和产品。按照以下原则确定淘汰落后生产工艺装备和产品目录：

（一）危及生产和人身安全，不具备安全生产条件；

（二）严重污染环境或严重破坏生态环境；

（三）产品不符合国家或行业规定标准；

（四）严重浪费资源、能源；

（五）法律、行政法规规定的其他情形。

二、对本目录所列的落后生产工艺装备和产品，按规定期限淘汰，一律不得转移、生产、销售、使用和采用。

三、按照国发[2010]7号文件要求，对未按规定限期淘汰落后产能的企业吊销排污许可证，银行业金融机构不得提供任何形式的新增授信支持，有关部门不予审批和核准新的投资项目，国土资源管理部门不予批准新增用地，环境保护部门不予审批扩大产能的项目，相关管理部门不予办理生产许可，已颁发生产许可证、安全生产许可证的要依法撤回。对未按规定淘汰落后产能、被地方政府责令关闭或撤销的企业，限期办理工商注销登记，或者依法吊销工商营业执照。必要时，政府相关部门可要求电力供应企业依法对落后产能企业停止供电。

四、工业和信息化部将根据工业结构调整需要适时修订本目录。

五、本目录自发布之日起执行，由工业和信息化部负责解释。

特此公告。

附件：部分工业行业淘汰落后生产工艺装备和产品指导目录（2010年本）

二〇一〇年十月十三日

附件：

部分工业行业淘汰落后生产工艺装备和产品指导目录
（2010年本　节选）

二、有色金属

12．采用铁锅和土灶、蒸馏罐、坩埚炉及简易冷凝收尘设施等落后方式炼汞

28．混汞提金工艺

三、化工

8．汞法烧碱、石墨阳极隔膜法烧碱、未采用节能措施（扩张阳极、改性隔膜等）的普通金属阳极隔膜法烧碱生产装置

9．电石渣采用堆存处理的5万吨/年以下的电石法聚氯乙烯生产装置

10．开放式电石炉

11．单台炉变压器容量小于12 500千伏安的电石炉（2010年）

43．氯化汞催化剂（氯化汞含量6.5%以上）（2015年）

五、机械

102. 含汞开关和继电器

六、轻工

37．汞电池（氧化汞原电池及电池组、锌汞电池）

38．含汞高于0.000 1%的圆柱型碱锰电池

39．含汞高于0.000 5%的扣式碱锰电池（2015）

注：条目后括号内年份为淘汰期限，如淘汰期限为“2010年”是指最迟应于2010年底前淘汰，其余类推；有淘汰计划的条目，根据计划进行淘汰；未标淘汰期限或淘汰计划的条目为已过淘汰期限应立即淘汰。

工业和信息化部　科技部　环境保护部关于发布《国家鼓励的有毒有害原料（产品）替代品目录（2012年版）》的通告

为落实《节能减排“十二五”规划》和《工业清洁生产推行“十二五”规划》，引导企业在生产过程中尽量使用低毒低害和无毒无害原料，减少产品中有毒有害物质含量，从源头削减或避免污染物的产生，现发布《国家鼓励的有毒有害原料（产品）替代品目录（2012年版）》。

工业和信息化部
科　技　部
环境保护部
2012年12月27日

附件：

国家鼓励的有毒有害原料（产品）替代品目录（2012年版）

序号	替代品名称	被替代品名称	适用范围
一、研发类			
（一）重金属替代			
1	彩色三价铬常温钝化液	高浓度六价铬彩色钝化液	镀锌钝化
2	氮化硼	氧化铍	微波管及大功率电真空器件
3	含汞催化剂（氯化汞含量低于4%）或无汞催化剂	含汞催化剂（氯化汞含量为10%～12.5%）	乙炔法氯乙烯合成
（二）有机污染物替代			
4	可生物降解型水性油墨	有机溶剂型油墨	印刷包装
5	水性塑料凹印油墨	有机溶剂型塑料凹印油墨	食品、药品、塑料软包装凹版印刷
6	全氟聚醚乳化剂	全氟辛酸及其铵盐（PFOA）	含氟树脂合成
7	多不饱和脂肪酸衍生物类表面活性剂	烷基酚聚氧乙烯醚类（APEO）表面活性剂	日化、纺织、农业等
8	脂肪醇聚氧乙烯醚（FEO）	烷基酚聚氧乙烯醚类（APEO）表面活性剂	日化、纺织、农业等
9	N烷基葡萄糖酰胺（AGA）	烷基酚聚氧乙烯醚类（APEO）表面活性剂	日化、纺织、农业等
10	烷基多糖苷（APG）	烷基酚聚氧乙烯醚类（APEO）表面活性剂	日化、纺织、农业等
11	无PAHs芳烃油	含PAHs芳烃油	橡胶制品
12	全氟丁基类织物三拒整理剂	全氟辛基磺酰氟（PFOS）	纺织品
二、应用类			
（一）重金属替代			
13	亚磷酸钙防锈颜料	铅系、铅铬系及锌系防锈颜料	防锈、防腐涂料
14	三价铬电镀液	六价铬电镀液	汽车、电子、机械、仪器仪表

序号	替代品名称	被替代品名称	适用范围
15	无铅易切削黄铜	含铅易切削黄铜	有色冶炼
16	合成法锑白等效阻燃剂	三氧化二锑	高聚物阻燃配方
17	铅钙等新型合金铅蓄电池	含镉铅蓄电池	铅蓄电池生产
18	无铬耐火砖	含铬耐火砖	水泥、钢铁、有色等行业的高温窑炉
19	氧化亚锡	氧化砷	光电显示玻璃制造
（二）有机污染物替代			
20	无烷基酚聚氧乙烯醚类（APEO）的建筑涂料乳液	含烷基酚聚氧乙烯醚类（APEO）的建筑涂料乳液	建筑物内外墙涂料
21	水性木器涂料	有机溶剂型木器涂料	木器家具、家庭装修
22	金属表面硅烷处理剂	磷化液	汽车、家电、机械制造等领域的金属表面涂装
23	无卤阻燃聚丙烯材料	多溴联苯、多溴二苯醚	聚烯烃阻燃
24	木蜡油木器漆	聚氨基甲酸酯（PU）漆	室内装饰
25	室内用水性木器漆	聚氨基甲酸酯（PU）漆	室内装饰
26	酪素胶	聚醋酸乙烯酯乳胶	工业用胶
27	无苯胶	氯丁胶	工业用胶
28	水溶性三聚氰胺胶	脲醛胶、酚醛胶	木制品粘接
29	乙二醛脲醛胶	脲醛胶	人造板制造
30	无甲醛胶黏剂	脲醛胶	人造板制造
31	高活性木质素	苯酚	酚醛类材料
32	水性聚氨酯胶黏剂	有机溶剂型聚氨酯胶黏剂	胶粘剂
33	水性聚氨酯树脂	有机溶剂型聚氨酯树脂	皮革加工及合成革制造
（三）农药替代			
34	白油	甲苯、二甲苯溶剂	乳油加工
35	松脂基油溶剂	甲苯、二甲苯溶剂	乳油加工
（四）其他有毒有害物质替代			
36	阿莫西林酶法工艺原料	阿莫西林化学法工艺原料	阿莫西林原料药生产
37	无氰无甲醛酸性镀铜电镀液	含氰镀铜电镀液	钢铁件预镀铜
38	无氟脱模防油剂	含氟防油剂	工业脱模处理
三、推广类			
（一）重金属替代			
39	钨基合金镀层	铬镀层	石油开采领域
40	高覆盖能力的硫酸盐三价黑铬电镀液	六价铬电镀液	军工领域
41	无铬钝化剂	重铬酸钾	镀锌钝化
42	无铅电子浆料	含铅电子浆料	混合电路、热敏电阻、太阳能电池
43	锂离子电池	铅蓄电池	电动自行车、电动工具
44	胶体管式铅蓄电池	开口式富液管式铅蓄电池	备用电源、储能系统
45	无汞扣式碱性锌锰电池	含汞扣式碱性锌锰电池	电池生产
46	氢镍电池	镉镍电池	电动工具、便携式电器
47	铬鞣废液循环利用助剂	三价铬鞣剂	皮革加工
48	钙锌复合稳定剂	铅盐稳定剂	PVC 制品
49	稀土稳定剂	铅盐稳定剂	PVC 制品
50	含汞催化剂（氯化汞含量为 4%～6.5%）	含汞催化剂（氯化汞含量为 10%～12.5%）	乙炔法氯乙烯合成

序号	替代品名称	被替代品名称	适用范围
（二）有机污染物替代			
51	耐沾污性强水性建筑涂料	有机溶剂型外墙建筑涂料	建筑物内外墙涂料
52	水性高弹性防水涂料	有机溶剂型聚氨酯防水涂料	建筑物和钢筋水泥构件的防水
53	水性环氧树脂涂料	有机溶剂型环氧树脂涂料	防腐涂料中的主要成膜物
54	水性塑料涂料	有机溶剂型塑料涂料	塑料制品涂装
55	紫外光（UV）固化涂料	有机溶剂型涂料	木器家具、塑料、纸品、汽车及粉末涂料涂装
56	水性工业涂料	有机溶剂型工业涂料	工业产品涂装
57	水性聚氨酯、丙烯酸树脂	有机溶剂型树脂	涂料、黏合剂、染料及油墨颜料
58	酯类溶剂	二甲苯类溶剂	涂料溶剂、涂料稀释剂、农药溶剂及金属清洗剂
59	水性醇酸树脂	溶剂型醇酸树脂	涂料
60	醇酯型无苯无酮油墨	溶剂型含苯含酮油墨	塑料薄膜及复合材料的印刷
61	紫外光（UV）固化油墨	溶剂型油墨	印刷包装
62	无溶剂聚氨酯胶粘剂	溶剂型聚氨酯胶粘剂	食品、日化品包装
63	水滑石	溴化阻燃剂、硬脂酸铅	高聚物阻燃
64	木塑复合材料	木质人造板	室内外装饰
65	农作物秸秆板	含甲醛人造板	家具、建材、装修、包装材料
66	二氧化氯	液氯	造纸
67	柠檬酸酯类增塑剂	邻苯二甲酸类增塑剂	医疗器械、食品包装、儿童玩具
68	水性色浆	有机溶剂型色浆	合成革的染色
（三）农药替代			
69	植物源增效剂	化学合成增效剂	叶面喷雾使用的各类农药制剂
70	C23-29 链烷烃类溶剂	甲苯、二甲苯溶剂	农药乳油、水乳剂加工
71	石油醚	二甲苯	甲叉法乙草胺的生产
72	甲基嘧啶磷	磷化铝	粮食仓储害虫防治
73	昆虫病毒类农药	高毒杀虫剂	鳞翅目害虫防治
74	螺威	五氯酚钠	血吸虫寄主钉螺防治
75	氯硝柳胺	五氯酚钠	血吸虫寄主钉螺防治
76	四聚乙醛	五氯酚钠	血吸虫寄主钉螺防治
（四）其他有毒有害物质替代			
77	β-羟烷基酰胺固化剂	异氰尿酸三缩水甘油酯（TGIC）	耐候性粉末涂料的固化剂
78	一水合柠檬酸一钾二（丙二腈合金（I））	氰化亚金钾	镀金
79	橡胶硫化促进剂 ZBDC	橡胶硫化促进剂 PZ	橡胶制品
80	橡胶硫化促进剂 TBzTD	橡胶硫化促进剂 TMTD	橡胶制品
81	高强高模聚乙烯醇（PVA）纤维	石棉	水泥构件及室内装修材料

说明：

1．研发类，指急需进行开发的原料（产品）；

2．应用类，指已开发成功、具有较好推广使用前景、尚未实现产业化应用的原料（产品）；

3．推广类，指已经成熟、需要加大推广力度、扩大使用范围的原料（产品）。

关于印发聚氯乙烯等17个重点行业清洁生产技术推行方案的通知

工信部节[2010]104号

各省、自治区、直辖市及计划单列市、新疆生产建设兵团工业和信息化主管部门，有关行业协会，有关中央企业：

为深入贯彻落实《中华人民共和国清洁生产促进法》，加快重大清洁生产技术的示范应用和推广，提升行业整体清洁生产水平，我部组织编制了聚氯乙烯等17个重点行业清洁生产技术推行方案（以下简称“方案”），现印发给你们，并就做好方案实施工作提出如下要求：

一、地方工业主管部门要将清洁生产技术推广工作作为推动节能减排的重要措施，加大力度，加快实施推行方案。

（一）加强调查研究，摸清本地区清洁生产技术推行现状、推行潜力，结合实际制定有针对性的清洁生产技术推行计划。

（二）加大政策资金引导和支持力度。方案中载明的清洁生产技术是国家清洁生产专项资金优先支持领域，地方工业主管部门要将其列为节能减排、技术改造、清洁生产、循环经济等财政引导资金支持的重点。

（三）加大宣传培训力度，加强有关信息交流，引导企业应用清洁生产技术。

二、行业协会要充分发挥企业和政府之间的桥梁和纽带作用，做好信息咨询、技术服务、交流研讨、效果追踪、问题反馈等工作，推动行业清洁生产技术升级，促进行业健康可持续健康发展。

三、企业作为应用清洁生产技术的主体，要把应用先进适用的技术实施清洁生产技术改造，作为提升企业技术水平和核心竞争力，从源头预防和减少污染物产生，实现清洁发展的根本途径。中央企业集团要积极支持所属企业应用推广方案中的清洁生产技术，对相关示范推广项目要优先列入集团项目实施计划并提供资金支持。

二〇一〇年三月十四日

聚氯乙烯等17个重点行业清洁生产技术推行方案

一、总体目标

1．到2012年，力争实现我国电石法聚氯乙烯行业低汞触媒普及率达50%，降低汞使用量208吨/年，并全部合理回收废汞触媒；盐酸深度脱吸技术推广到50%以上，处理废酸25万吨/年；全部利用电石渣，减排电石渣1 258万吨；废水排放由8 220万吨/年减到4 230万吨/年，减排3 990万吨；COD排放由19 230吨/年减到5 770吨/年，减排13 460吨；节约标煤200万吨。

2．加大分子筛固汞触媒技术研究力度，加大无汞触媒技术投入。

3．争取控氧干馏法回收废汞触媒中的氯化汞与活性炭技术及高效汞回收。

4．推广先进适用的清洁生产技术。到2012年实现我国电石法聚氯乙烯行业低汞触媒产能普及率达50%；完成260万吨产能的干法乙炔工艺的新建及技术改造，并配套完成780万吨干法水泥生产装置的投产；完成3 600万吨的聚合母液废水处理工程；盐酸深度脱吸技术配套硫氢化钠处理含汞废水技术普及率达到50%；进一步推广精馏尾气变压吸附技术。

二、推广技术

序号	技术名称	适用范围	技术主要内容	解决的主要问题	技术来源	所处阶段	应用前景分析
1	乙烯氧氯化生产聚氯乙烯	新建PVC企业及电石法PVC企业改造	乙烯在含铜催化剂存在下经过氯化反应生产出二氯乙烷，纯净的二氯乙烷经过裂解生产氯乙烯和氯化氢，氯化氢再与乙烯氧氯化反应生成二氯乙烷，二氯乙烷裂解生产氯乙烯，氯乙烯经聚合成聚氯乙烯。	乙烯原料路线相对电石乙炔原料路线来说，生产工艺没有电石渣等废物产出，同时不使用汞触媒，排放物少。	自主研发	推广阶段	乙烯氧氯化法原料路线的产量约占PVC总产量14%；采用二氯乙烷主体联合法原料路线的产量约PVC总产量占16%。在东部沿海地区采用这种方法有一定的优势。但我国的乙烯资源短缺，为乙烯氧氯化生产氯乙烯带来了障碍。
2	低汞触媒生产技术配套控氧干馏法回收废触媒中的$HgCl_2$及活性炭的新工艺一体化技术	新建汞触媒生产企业或者高汞触媒生产企业改造、汞触媒回收企业	低汞触媒的氯化汞含量在6%左右（高汞触媒的氯化汞含量为10.5%～12%），是采用多次吸附氯化汞及多元络合助剂技术将氯化汞固定在活性炭有效孔隙中的一种新型催化剂，大大提高了催化剂的活性、降低了汞升华的速度，重金属污染物汞的消耗量和排放量均大幅度下降。 控氧干馏法回收废触媒中的$HgCl_2$及活性炭的新工艺是针对低汞触媒开发的国内最先进的废汞触媒回	1．降低了汞的消耗及汞的排放量。新型低汞触媒的含量只有6%左右，汞消耗量下降50%。同时减少了氯化汞的升华，因此大大降低了后处理中汞的排放。 2．减少了含汞废活性炭的排放。传统的废汞触媒回收，在回收汞的过程中残渣排放、填埋。控氧干馏法回收废触媒中的$HgCl_2$及活性炭的新	自主研发	推广阶段	低汞触媒无论是使用寿命、反应活性及选择性都达到或优于高汞触媒，完全可以代替高汞触媒并使PVC生产成本有所下降。不仅降低了氯化汞的含量还减少了氯化汞的升华量，是一项清洁生产技术，可予全行业推广。 全行业推广需求量1万吨/年左右，目前生产能力只有4 000吨，年产量1 500吨左右。 全行业推广以后，汞的

序号	技术名称	适用范围	技术主要内容	解决的主要问题	技术来源	所处阶段	应用前景分析
			收技术，这项工艺有效回收废汞触媒中的氯化汞，并使活性炭重复利用。整个生产工艺完全做到了密闭循环，没有废气、废液和废渣的排放，是汞触媒生产与回收的清洁生产技术。	工艺回收的是氯化汞，活性炭可以回收利用，因此不会有含汞废活性炭的排放，避免了汞流失到环境中。 3. 提高了汞的回收效率。传统的废汞触媒氯化汞回收的是汞，回收效率70%左右，而新的废汞触媒回收技术回收的是氯化汞，效率可以达到99%以上。 4. 实现氯化汞循环。由于低汞触媒是由特殊的活性炭生产的，因此可以实现氯化汞的回收循环利用，进一步降低汞的消耗，低汞触媒氯化汞的升华量很小，失活后废汞触媒中的氯化汞含量仍很高，经回收可再利用，从而实现氯化汞的循环，使电石法聚氯乙烯行业汞消耗量下降70%，汞排放量下降90%。 5. 回收工艺无“三废”排放。目前产生的废汞触媒用传统的回收方式污染严重，废渣、废气和废液都随便排放，而新型废汞触媒回收技术是在密闭条件下分别回收活性炭和氯化汞，没有“三废”的排放问题。			消耗量下降70%以上，汞的排放量下降90%以上。 该项技术相对原来的废汞触媒回收技术不仅可以高效的回收氯化汞还可以回收活性炭。目前行业内每年产生的废汞触媒和含汞废活性炭有1万吨以上。实现全行业回收后，可实现回收氯化汞600吨/年左右，减少200吨/年汞的排放。 计划到2012年，低汞触媒的普及率达到50%，每吨PVC汞的消耗量将下降25%，汞的排放量下降50%以上。行业内产生的含汞活性炭实现全部回收。
3	干法乙炔发生配套干法水泥技术	新建电石法PVC生产企业及现有电石法PVC生产企业建设改造	干法乙炔发生是用略多于理论量的水以雾态喷在电石粉上产生乙炔气，同时产生的电石渣为含水量1%～15%干粉，不再产生电石渣浆废水。 干法乙炔工艺产生的电石渣可直接用于干法水泥生	1.解决了电石渣的排放。电石法PVC生产过程中，每吨PVC会产生1.50吨（干基）的电石渣。目前行业内的电石渣产生量超过1 000万吨，大多数采用填埋，干法乙炔	自主研发	推广阶段	目前国内已有6～10家左右使用此技术。在行业内的普及率已有20%。该技术可在全行业内应用。 全行业推广以后，减少近2亿吨电石渣浆的产生。同时产生的电石渣

序号	技术名称	适用范围	技术主要内容	解决的主要问题	技术来源	所处阶段	应用前景分析
			产，是解决电石渣排放最大、最有效的方法，同时干法乙炔发生产生的电石渣水分含量低，从而省去了压滤和烘干步骤，可以节省大量的能源。	发生技术配套干法水泥生产技术把原产生的电石渣改变为石灰粉，并用于水泥生产、制砖等，拓宽了应用领域。 3．杜绝了电石渣浆的排放。湿法乙炔发生工艺，电石与水的反应比例为 1∶17，因此每生产 1 吨 PVC 生产出 25 吨左右的电石渣浆。干法乙炔发生不产生电石渣废水。 3．节水、节能效果明显。采用干法乙炔发生配套干法水泥工艺可以使每吨 PVC 降低水耗 3 吨，同时干法乙炔发生产生的电石渣生产水泥更加节能。 4．降低能耗。新型干法水泥装置热耗由湿磨干烧的 4 600 kJ/kg 熟料降低到新型干法水泥的 3 800 kJ/kg 熟料，节煤 21%以上，相当于减少 0.18 吨标煤，该工艺具有较好的节能效果。			将全部用于生产水泥。到 2012 年计划完成 260 万吨产能的干法乙炔工艺配套 780 万吨的干法水泥生产装置的新建及技术改造。减少 6 500 万吨电石渣浆排放，减排约 400 万吨的电石渣。
4	低汞触媒应用配套高效汞回收技术	新建电石法 PVC 生产企业与电石法 PVC 生产企业技术改造	低汞触媒技术是聚氯乙烯行业减排方面的重大突破，它的汞含量在 6%左右，氯化汞固定在活性炭有效孔隙中的一种新型催化剂，提高了催化剂的活性、降低了汞升华的速度，重金属污染物汞的消耗量和排放量均大幅度下降。对我国电石法 PVC 行业所面临的汞问题的压力可以起到缓解作用。在不改变生产工艺、设备的前提下，完全可以替代传统的高汞触媒。 高效氯化汞回收技术是指通过工艺改造将升华到氯乙烯中的氯化汞回收的技	1.降低行业内汞的使用量与排放量。 2．减少行业内排放的废水、废渣中的汞的含量。 3．降低 PVC 成本。由于低汞触媒的价格比较低，因此在一定程度上会降低 PVC 的生产成本。 4．可回收在利用氯化汞。	自主研发	推广阶段	高效汞回收技术是通过工艺改造，使最大效率的回收已升华的氯化汞，有效截止氯化汞进入下道工序，示范成功后，可在全行业内推广，应用前景良好。 全行业内目前使用汞触媒量在 8 000 吨以上/年，计划到 2012 年，低汞触媒推广率达到 50%，每吨 PVC 使用汞的量下降 25%。实现高效汞回收技术的工业化。

序号	技术名称	适用范围	技术主要内容	解决的主要问题	技术来源	所处阶段	应用前景分析
			术。PVC 生产过程中升华的氯化汞蒸汽随着氯乙烯气体进入汞吸附系统（包括冷却器、特殊结构的汞吸附器以及新型汞吸附剂），采用高效吸附工艺及吸附剂，可回收大部分氯化汞，这是有效截止氯化汞进入下道工序的关键。				
5	盐酸脱吸工艺技术	新建电石法 PVC 生产企业与电石法 PVC 企业改造	氯乙烯混合气中混有约 5%～10%的 HCl 气体，经过水洗后产生一定量的含汞副产盐酸，目前处理副产盐酸的最好方法即采用盐酸全脱吸技术，将脱除的氯化氢重新回收利用，废水进吸收塔重新回到水洗工序，从而充分的利用了氯化氢资源，且保证了含汞废水的不流失。	1.回收利用氯化氢、废酸达标，降低对环境的污染。 2. 降低废酸中的汞对环境的污染。	自主研发	推广阶段	此技术全部推广后，将杜绝通过盐酸出售而将汞带出系统之外。实现氯化氢的综合利用。 目前行业内每年产生的含汞废盐酸在40万吨左右，只有 20%废酸通过盐酸脱析技术处理，其余都出售或利用了。计划到2012年该技术推广率达到 50%以上。
6	PVC 聚合母液处理技术	新建 PVC 企业和原来 PVC 企业技术改造	PVC 聚合母液是聚氯乙烯行业的主要废水，聚合母液中含有一定量的聚氯乙烯聚合用的助剂，COD 在 300 克/吨左右。 生物膜法是利用附着生长于某些固体物表面的微生物（即生物膜）进行有机污水处理的方法。生物膜法技术净化的母液废水出水指标满足 GB 50335—2002《污水再生利用工程设计规范》中电厂循环水的回用水标准。 生化处理技术可以使母液中的 COD 降到 30 克/吨以下。 双膜法是采用超滤膜和反渗透膜两层主要的过滤膜来处理聚合母液，通过对母液废水的净化达到母液废水回用的效果。 膜处理技术主要是通过“纳滤膜+反渗透”，母液回收率在 70%左右。	1.降低排放污水中的 COD 含量。 2. 使废水综合利用，减少了母液污水的排放。	自主研发	推广阶段	目前以我国 PVC 产量计算，每年产生的含 COD 废水在 6 000 万吨以上，如果全部该项技术，可减少 COD 排放在 1.62 万吨以上，可回收 4 200 万吨母液废水。 计划到 2012 年建成 3 600 万吨聚合母液处理装置。可减少 0.97 万吨/年的 COD 排放，可回收 2 500 万吨以上的母液

工业和信息化部

二〇一〇年二月二十二日

关于印发电石法聚氯乙烯行业汞污染综合防治方案的通知

工信部节[2010]261 号

各省、自治区、直辖市及计划单列市、新疆生产建设兵团工业和信息化主管部门，有关中央企业，中国石油和化学工业协会：

为认真贯彻落实《国务院办公厅转发环境保护部等部门关于加强重金属污染防治工作指导意见的通知》（国办发[2009]61 号），加强汞污染综合防治工作，我们组织编制了《电石法聚氯乙烯行业汞污染综合防治方案》。现印发给你们，请遵照执行。

附件：电石法聚氯乙烯行业汞污染综合防治方案

工业和信息化部

二〇一〇年五月三十一日

附件：

电石法聚氯乙烯行业汞污染综合防治方案

一、聚氯乙烯行业汞使用及污染防治现状

（一）聚氯乙烯行业基本情况。聚氯乙烯是五大通用塑料之一，广泛应用于工业、农业、国防、化学建材等重要领域。截至 2009 年底，我国聚氯乙烯生产企业 104 家，总产能为 1 781 万吨，其中电石法 94 家，产能为 1 362 万吨，占总产能的 76.5%。2009 年我国聚氯乙烯总产量为 915 万吨，其中电石法聚氯乙烯产量 580 万吨，占总产量的 63.4%。

（二）电石法聚氯乙烯汞使用情况。电石法聚氯乙烯使用的触媒，以活性炭为载体，浸渍吸附 10%～12%左右的氯化汞制备而成。触媒由于汞升华及触媒中毒等原因活性下降到一定程度后需进行更换，失活的汞触媒成为废汞触媒。目前，我国每吨聚氯乙烯消耗氯化汞触媒平均约 1.2 千克（以氯化汞的平均含量 11%计），以 2009 年我国电石法聚氯乙烯产量 580 万吨计算，电石法聚氯乙烯行业使用汞触媒约 7 000 吨，氯化汞的使用量约 770 吨，汞的使用量约 570 吨。

（三）电石法聚氯乙烯生产过程中的汞流向及排放情况。电石法聚氯乙烯生产过程的汞去向主要是废汞触媒、含汞废活性炭、含汞废盐酸、废碱液等，分别占氯化汞使用总量的 36%、8%、51%、5%。目前，废汞触媒和废汞活性炭由有资质的危险废物处理厂家回收处理，氯化汞回收率约 75%；而含汞废盐酸、废碱液等仅有 20%进行了盐酸深度脱吸和汞的无害化处理，大部分还未得到妥善处置。

（四）我国电石法聚氯乙烯行业面临的形势。目前，汞污染作为一个新的全球环境问题受到国际社会的高度重视，自 2001 年起，汞污染问题成为联合国环境规划署（UNEP）每年理事会的重要议题，目前正在研究制定限制汞流通和实施汞削减的国际公约。我国电石法聚氯乙烯行业汞使用量占全国汞使用总量的 60%左右，这决定了电石法聚氯乙烯行业将成为未来我国汞公约履约的最重要领

域。随着电石法聚氯乙烯产能的扩大，汞需求量将会继续增大，如不采取汞削减和控排措施，电石法聚氯乙烯企业不仅面临汞资源匮乏的威胁，也面临环境约束对行业发展影响的压力。

二、总体思路和主要目标

（一）总体思路

充分发挥技术支撑作用，加快汞污染综合防治技术的研发、示范和推广，提升聚氯乙烯行业汞污染防治技术水平。不断完善汞触媒的全过程监督管理机制，全面防范触媒生产、使用和回收过程中汞的流失。

（二）主要目标

到 2012 年，我国电石法聚氯乙烯行业低汞触媒普及率达到 50%，平均每吨聚氯乙烯氯化汞使用量下降 25%，全行业全部实现合理回收废汞触媒；氯乙烯合成气相汞高效回收技术实现工业化；盐酸深度脱吸技术普及率达到 50%以上。

到 2015 年，全行业全部使用低汞触媒，每吨聚氯乙烯氯化汞使用量下降 50%，废低汞触媒回收率达到 100%；高效汞回收技术普及率达到 50%；盐酸深度脱吸技术普及率达 90%以上；采用硫氢化钠处理含汞废水（包括废盐酸、废碱液等）的普及率达 100%。建立大型氯乙烯流化床反应器工业化生产装置；建立分子筛固汞触媒生产及回收示范装置；加快无汞触媒的研发，力争取得突破性进展。

三、主要任务

（一）加大低汞触媒应用推广力度。一是加快制定低汞触媒产品标准，2010 年发布实施；二是鼓励支持电石法聚氯乙烯企业加快低汞触媒替代高汞触媒步伐，扩大低汞触媒应用，同时支持低汞触媒生产企业扩大规模，满足替代应用需求。

（二）加大新型触媒研发。加强产学研合作，支持企业、科研院所加大投入，加快新型分子筛固汞触媒及配套大型氯乙烯流化床反应器的研发攻关，具备条件时，积极推广应用。瞄准电石法聚氯乙烯行业触媒无汞化，积极开展科技创新，研究新型无汞触媒，为根本解决电石法聚氯乙烯行业汞污染提供科技支撑。

（三）加强过程控制与治理，减少汞的流失和排放。针对电石法聚氯乙烯生产过程中汞流向特点，分别采用不同的技术，减少汞流失，加大回收利用和无害化处理。电石法聚氯乙烯企业要采用盐酸深度脱吸技术和酸碱中和及硫氢化钠汞处理技术，对产生的废酸、废碱液进行脱汞处理，未经脱汞处理的废酸、废碱液不得出售，对产生的硫化汞要安全填埋。积极选择具备条件的电石法聚氯乙烯企业采用氯乙烯合成气相汞高效回收技术开展试点，技术成熟后在全行业推广。按照生产者责任延伸的原则，选择具备条件的低汞触媒生产企业，开展低汞触媒生产和废汞触媒回收示范，探索低汞触媒生产和回收一体化新机制。

（四）开展生产过程中汞流向研究。选取不同地区、不同规模的企业开展试点，组织力量，对汞的去向进行查定，进一步研究汞触媒使用过程各环节汞的流失情况，为加强技术研发、技术改造及过程控制提供依据。

四、保障措施

（一）加强组织领导。各级工业主管部门要进一步提高对电石法聚氯乙烯行业汞污染综合防治重要性的认识，把汞污染减排作为推进行业持续健康发展的一项重要工作，切实加强组织领导，结合本地区实际和本实施方案，指导、督促有关企业提出到 2015 年高汞触媒淘汰及相应清洁生产项目实施时间表，加强监督检查，确保本方案顺利实施。

（二）完善产业政策。为规范低汞触媒的生产和废汞触媒的回收，抓紧研究制订低汞触媒生产和废汞触媒回收企业的准入条件。按照加快淘汰高汞触媒、适度发展低汞触媒的思路，对电石法聚氯乙烯行业汞触媒相关产业政策进行分类研究，完善相应的淘汰和支持政策。

（三）加大技术研发和推广应用的支持力度。鼓励成立产业技术创新联盟开展产学研合作，加大科研投入，积极研发新型分子筛固汞触媒和无汞触媒等汞污染防治新技术。国家清洁生产和技术改造专项资金优先支持电石法聚氯乙烯企业清洁生产项目。地方工业主管部门要积极利用技术改造、节能减排、清洁生产、中小企业改造等专项资金加大对电石法聚氯乙烯企业清洁生产项目的支持力度。

（四）充分发挥行业协会的支撑作用。行业协会要按照本方案要求，加强宣传和指导，协助企业开展培训和技术指导，积极组织有关科研院所和生产企业开展产学研合作，加大新型触媒尤其是无汞触媒的研发，力争实现我国电石法聚氯乙烯行业的无汞化。

附件：电石法聚氯乙烯行业重点清洁生产技术

附件：

电石法聚氯乙烯行业重点清洁生产技术

一、推广技术类

1．低汞触媒

低汞触媒是采用特殊要求的活性炭经多次吸附氯化汞及多元络合助剂将氯化汞固定在活性炭有效孔隙中的一种新型催化剂，其氯化汞含量在6%左右，由于低汞触媒提高了汞的利用效率，因此大大提高了催化剂的活性、降低了汞升华的速度，使用寿命不低于传统的高汞触媒，汞的消耗量和排放量均大幅度下降，国内近 20 家企业使用，2008 年低汞触媒的使用总量占行业内汞触媒使用总量的 12%。

2．盐酸脱吸技术

氯乙烯混合气中混有 5%～10%的氯化氢气体，经过水洗后产生一定量的含汞盐酸，含汞盐酸可以通过盐酸脱吸技术，将氯化氢重新回用，脱吸后的低浓度盐酸进吸收塔重新吸收氯乙烯气体中的氯化氢。提高了氯化氢的利用率，降低了水耗。目前行业内有 20%的电石法聚氯乙烯产能应用此技术。

3．硫氢化钠处理氯化汞技术

利用硫化汞的离子积小的优点处理电石乙炔法氯乙烯合成中废酸、废水中的 Hg^{2+} 是最有效的手段。随着氯化汞在系统中的积累，在盐酸脱吸后会有少量的高浓度含汞废盐酸排出，与后步碱洗过程产生的废碱液中和后用硫氢化钠处理，产生的硫化汞进行安全填埋。同时也可以采用硫氢化钠直接处理碱洗过程产生的废碱液，使废碱液达到排放标准。

二、应用示范类

1．控氧干馏法回收废触媒 $HgCl_2$ 及活性炭的新工艺

该工艺利用 $HgCl_2$ 高温升华，且活性炭焦化温度比 $HgCl_2$ 升华温度高的原理，采用惰性气体保护避免活性炭的氧化，在负压密闭环境下实现了 $HgCl_2$ 和活性炭的同时回收。与现有回收工艺相比，新工艺回收了氯化汞和活性炭不仅实现资源的综合利用，还有效避免了回收过程中汞的流失，使氯

化汞的回收率由75%左右提高到99.8%。该技术已通过技术鉴定，可应用示范。

2．高效汞回收技术

高效汞回收技术是指可以将升华到氯乙烯中的氯化汞高效回收的设备与技术（包括冷却器、特殊结构的汞吸附器以及新型汞吸附剂）。在氯乙烯的生产过程中由于反应温度较高使氯化汞升华而随氯乙烯气体流失到下道工序，通过采用高效吸附技术可回收这部分氯化汞，从而进一步减少了氯化汞的流失，也大大降低了产生的环境污染风险。该技术已研发成功，具备试点应用条件。

三、研发技术类

1．分子筛固汞触媒

分子筛固汞触媒是以分子筛代替活性炭为载体，利用分子筛的多孔结构及离子交换性能，使氯化汞取代分子筛中的钠离子，从而进入分子筛的骨架内。此项技术已通过小试。分子筛固汞触媒使用过程中氯化汞不随温度的升高而升华，其活性高、寿命长。但现有的反应器传热条件都不能满足要求，因此在积极研发分子筛固汞触媒的同时，还要加快开发与分子筛固汞触媒相配套的新型固定床和大型流化床，使分子筛固汞触媒技术能尽快应用。

2．无汞触媒

目前乙炔氢氯化反应是以活性炭负载的氯化汞做催化剂，在固定床反应器中进行的。开发气、固相催化反应以及气、液相催化反应，使用非汞络合物催化剂、非汞系列催化剂催化乙炔的氢氯化反应，并替代传统活性炭负载的氯化汞催化剂是一种有效解决汞污染的途径，从而可以从根本上杜绝汞的消耗和污染，但是从目前来看，无论是国际上还是国内都没有成熟的无汞触媒技术，要想彻底断绝我国电石法聚氯乙烯使用汞的状况，需加大无汞触媒研的发力度。

3．氯乙烯流化床反应器技术

流化床反应器是乙炔和氯化氢进行反应生成氯乙烯的大型反应装置，具有传热效率高、换热效果好、生产能力大等优势，可以在催化剂合成氯乙烯时对不同床层中的温度进行有效控制，氯乙烯的转化率得到提高，减少因汞催化剂升华、破碎造成的环境污染。也可以有效避免氯化汞的挥发损失，从根本上降低汞的消耗。这项技术的开发应用，将明显提高行业的技术发展水平。同时，由于流化床不存在触媒的人工翻倒问题，与固定床反应器相比，减少了触媒翻倒过程中的汞流失。

关于加强电石法生产聚氯乙烯及相关行业汞污染防治工作的通知

环发[2011]4 号

各省、自治区、直辖市环境保护厅（局），新疆生产建设兵团环境保护局，各环境保护督查中心，中国石油与化学工业联合会等有关行业协会及企业：

为贯彻落实国务院批转的《关于加强重金属污染防治工作的指导意见》的要求，加强电石法聚氯乙烯生产、汞触媒生产、废汞触媒利用处置企业汞污染防治管理工作，应对联合国关于全球汞问题的国际公约谈判，现将有关要求通知如下：

一、充分认识加强电石法生产聚氯乙烯及相关行业汞污染防治的重要性

（一）国务院高度重视重金属环境污染，批转了环境保护部、发展改革委等七部委共同制定的《关于加强重金属污染防治工作的指导意见》，将涉汞化工行业产品工艺列为重点防控对象之一。汞具有剧毒性、易迁移性和高度生物蓄积性，其使用与排放不当可造成严重环境污染并危及人体健康与生态环境安全。电石法生产聚氯乙烯采用氯化汞触媒作为催化剂，用汞量约占全国用汞总量的 60%，其上下游汞触媒生产和废汞触媒利用处置行业汞污染防治任务也十分艰巨。各地环保部门及有关企业要充分认识加强电石法生产聚氯乙烯及相关行业汞污染防治的重要性与紧迫性，提高意识，采取有效措施，做好汞污染防治工作。

二、全面推广低汞触媒，有效降低汞的排放

（二）到 2015 年底前，电石法聚氯乙烯生产企业要全部使用低汞触媒。各企业要抓紧制定电石法聚氯乙烯生产低汞触媒替代高汞触媒计划，上报省级环保部门备案；同时积极采取有效措施，确保计划完成。地方各级环境保护主管部门要督促企业实施并按期完成替代计划，对没有按期完成计划的企业，要依法报请本级人民政府予以关停；对没有完成计划的地区，暂停其新增电石法聚氯乙烯生产建设项目环评审批。

（三）本通知自发布 60 日后，新建、改建、扩建的电石法聚氯乙烯生产项目必须使用低汞触媒。现有电石法聚氯乙烯生产装置在未完成低汞触媒替代高汞触媒前不得改建、扩建。

（四）电石法聚氯乙烯生产企业应积极采用盐酸深度脱析、气相汞高效回收、硫氢化钠处理含汞废水等先进的清洁生产技术和汞污染防治技术，加大技术改造力度，减少汞排放。

（五）逐步削减高汞触媒生产，2015 年底前全面淘汰高汞触媒；根据产业发展需要，合理、适度扩大低汞触媒生产能力，完善和提高现有低汞触媒生产水平，满足替代应用需求；鼓励开展无汞触媒研发。

三、严格环境管理制度，强化环境监管手段

（六）严格执行环境影响评价制度和“三同时”制度。在人口集中居住区、重要生态功能区、饮用水水源保护区以及其他环境敏感区域和《重金属污染综合防治规划（2010—2015）》划定的重点防

控区，禁止新建、改建、扩建电石法聚氯乙烯生产、汞触媒生产及废汞触媒利用处置项目。新建、改建、扩建项目的环境影响评价一律由省级环境保护部门负责审批，报环境保护部备案。

（七）严格执行清洁生产审核制度。电石法聚氯乙烯生产企业应每两年完成一轮清洁生产审核。各地环境保护主管部门应依法公布电石法聚氯乙烯生产企业名单并组织对其实施强制性清洁生产审核，进一步强化清洁生产审核的评估验收工作。电石法聚氯乙烯生产企业清洁生产审核完成情况将作为企业申请上市（在融资）环保核查的重要前提和企业申请各项环保资金支持的重要依据。

（八）尽快规范企业监督性监测和信息公开制度。各地环境保护主管部门应督促电石法聚氯乙烯生产、汞触媒生产、废汞触媒利用处置企业按有关规定建立汞污染物日监测制度和信息公开制度，要安装在线监测装置与环保部门联网，加强含汞危险废物全过程和规范化管理，每两个月开展一次监督性监测，不能达标排放的企业要限期治理，存在严重环境隐患的企业要停产整顿。

（九）加强含汞废物处理处置过程的环境监管。推动现有废汞触媒利用处置企业向集中化、规模化发展，实现技术升级。对含汞废物的收集、贮存、运输及利用处置开展监督性检查，严查危险废物转移联单与危险废物经营许可证的执行情况，坚决取缔含汞废物的无证非法回收与利用处置等经营性活动。废汞触媒、含汞废酸等的处置与转运必须执行国家危险废物有关管理规定，不得非法转运与出售。

（十）抓紧组织制订和完善标准及相关管理规定。制订适用于电石法聚氯乙烯生产、汞触媒生产及废汞触媒利用处置企业汞污染防治的污染物排放（控制）标准，污染防治技术政策及清洁生产审核技术指南等相关技术文件，组织制（修）订《当前国家鼓励发展环保产业设备（产品）目录》、《国家先进污染防治技术示范名录》和《国家鼓励发展的环境保护技术目录》，将废汞触媒回收处置、含汞废酸碱和废水回收处理等新技术和设备纳入目录。研究制定电石法聚氯乙烯生产、汞触媒生产及废汞触媒利用处置的环境准入条件。

四、增强政策支持力度，完善相关配套措施

（十一）地方各级人民政府应制定有利于汞污染防治的资金支持政策，实行“以奖促治”。地方各级财政应对电石法聚氯乙烯行业汞污染防治给予重点支持，重金属污染防治专项资金和中央环保专项资金优先支持电石法聚氯乙烯行业汞污染防治重点项目。支持有条件的地区建立汞消耗更低的新型固汞触媒、废汞触媒和废活性炭回收工艺工业化示范装置，促进产业化应用。

（十二）鼓励低汞触媒生产企业根据电石法聚氯乙烯企业地区分布情况，就近布局建设，并积极探索低汞触媒生产与废弃后回收利用一体化机制。

（十三）推行电石法聚氯乙烯行业环境污染责任保险制度。各级环境保护主管部门应积极利用绿色信贷、绿色证券、排污收费等相关经济政策的激励与约束作用。

五、发挥行业协会作用，加强宣传教育培训

（十四）行业协会要按照本通知的要求，组织开展汞污染防治技术和清洁生产技术的推广；协助企业开展培训和技术指导；做好与电石法聚氯乙烯行业汞污染防治相关的信息统计工作；配合开展汞允许用途登记制度研究；加大先进汞触媒的研发，力争实现我国电石法聚氯乙烯行业的无汞化。

（十五）广泛开展宣传、教育和培训活动。通过广播、电视、报纸、互联网等媒体，向社会广泛宣传汞污染的危害及汞污染防治的重要意义，普及汞削减与防治知识，提高各级政府、企业及公众的环境意识，呼吁全社会共同参与对电石法聚氯乙烯及其相关行业汞污染防治工作的舆论监督，督促企业自觉落实环境保护和安全责任。

二〇一一年一月十九日

铅锌冶炼工业污染防治技术政策

（公告　2012 年　第 18 号　2012-03-07 实施）

一、总则

（一）为贯彻《中华人民共和国环境保护法》等法律法规，防治环境污染，保障生态安全和人体健康，促进铅锌冶炼工业生产工艺和污染治理技术的进步，制定本技术政策。

（二）本技术政策为指导性文件，供各有关单位在建设项目和现有企业的管理、设计、建设、生产、科研等工作中参照采用；本技术政策适用于铅锌冶炼工业，包括以铅锌原生矿为原料的冶炼业和以废旧金属为原料的铅锌再生业。

（三）铅锌冶炼业应加大产业结构调整和产品优化升级的力度，合理规划产业布局，进一步提高产业集中度和规模化水平，加快淘汰低水平落后产能，实行产能等量或减量置换。

（四）在水源保护区、基本农田区、蔬菜基地、自然保护区、重要生态功能区、重要养殖基地、城镇人口密集区等环境敏感区及其防护区内，要严格限制新（改、扩）建铅锌冶炼和再生项目；区域内存在现有企业的，应适时调整规划，促使其治理、转产或迁出。

（五）铅锌冶炼业新建、扩建项目应优先采用一级标准或更先进的清洁生产工艺，改建项目的生产工艺不宜低于二级清洁生产标准。企业排放污染物应稳定达标，重点区域内企业排放的废气和废水中铅、砷、镉等重金属量应明显减少，到 2015 年，固体废物综合利用（或无害化处置）率要达到 100%。

（六）铅锌冶炼业重金属污染防治工作，要坚持“减量化、资源化、无害化”的原则，实行以清洁生产为核心、以重金属污染物减排为重点、以可行有效的污染防治技术为支撑、以风险防范为保障的综合防治技术路线。

（七）鼓励企业按照循环经济和生态工业的要求，采取铅锌联合冶炼、配套综合回收、产品关联延伸等措施，提高资源利用率，减少废物的产生量。

（八）废铅酸蓄电池的拆解，应按照《废电池污染防治技术政策》的要求进行。

（九）要采取有效措施，切实防范铅锌冶炼业企业生产过程中的环境和健康风险。对新（改、扩）建企业和现有企业，应根据企业所在地的自然条件和环境敏感区域的方位，科学地设置防护距离。

二、清洁生产

（一）为防范环境风险，对每一批矿物原料均应进行全成分分析，严格控制原料中汞、砷、镉、铊、铍等有害元素含量。无汞回收装置的冶炼厂，不应使用汞含量高于 0.01%的原料。含汞的废渣作为铅锌冶炼配料使用时，应先回收汞，再进行铅锌冶炼。

（二）在矿物原料的运输、储存和备料等过程中，应采取密闭等措施，防止物料扬撒。原料、中间产品和成品不宜露天堆放。

（三）鼓励采用符合一、二级清洁生产标准的铅短流程富氧熔炼工艺，要在 3～5 年内淘汰不符合清洁生产标准的铅锌冶炼工艺、设备。

（四）应提高铅锌冶炼各工序中铅、汞、砷、镉、铊、铍和硫等元素的回收率，最大限度地减少排放量。

（五）铅产品及含铅组件上应有成分和再利用标志；废铅产品及含铅、锌、砷、汞、镉、铊等有害元素的物料，应就地回收，按固体废物管理的有关规定进行鉴别、处理。

（六）应采用湿法工艺，对铅、锌电解产生的阳极泥进行处理，回收金、银、锑、铋、铅、铜等金属，残渣应按固体废物管理要求妥善处理。

（七）采用废旧金属进行再生铅锌冶炼，应控制原料中的氯元素含量，烟气应采用急冷、活性炭吸附、布袋除尘等净化技术，严格控制二噁英的产生和排放。

三、大气污染防治

（一）铅锌冶炼的烟气应采取负压工况收集、处理。对无法完全密闭的排放点，采用集气装置严格控制废气无组织排放。根据气象条件，采用重点区域洒水等措施，防止扬尘污染。

（二）鼓励采用微孔膜复合滤料等新型织物材料的布袋除尘器及其他高效除尘器，处理含铅、锌等重金属颗粒物的烟气。

（三）冶炼烟气中的二氧化硫应进行回收，生产硫酸或其他产品。鼓励采用绝热蒸发稀酸净化、双接触法等制酸技术。制酸尾气应采取除酸雾等净化措施后，达标排放。

（四）鼓励采用氯化法、碘化法等先进、高效的汞回收及烟气脱汞技术处理含汞烟气。

（五）铅电解及湿法炼锌时，电解槽酸雾应收集净化处理；锌浸出槽和净化槽均应配套废气收集、气液分离或除雾装置。

（六）对散发危害人体健康气体的工序，应采取抑制、有组织收集与净化等措施，改善作业区和厂区的环境空气质量。

四、固体废物处置与综合利用

（一）应按照法律法规的规定，开展固体废物管理和危险废物鉴别工作。不可再利用的铅锌冶炼废渣经鉴定为危险废物的，应稳定化处理后进行安全填埋处置。渣场应采取防渗和清污分流措施，设立防渗污水收集池，防止渗滤液污染土壤、地表水和地下水。

（二）鼓励以无害的熔炼水淬渣为原料，生产建材原料、制品、路基材料等，以减少占地、提高废旧资源综合利用率。

（三）铅冶炼过程中产生的炉渣、黄渣、氧化铅渣、铅再生渣等宜采用富氧熔炼或选矿方法回收铅、锌、铜、锑等金属。

（四）湿法炼锌浸出渣，宜采用富氧熔炼及烟化炉等工艺先回收锌、铅、铜等金属后再利用，或通过直接炼铅工艺搭配处理。热酸浸出渣宜送铅冶炼系统或委托有资质的单位回收铅、银等有价金属后再利用。

（五）冶炼烟气中收集的烟（粉）尘，除了含汞、砷、镉的外，应密闭返回冶炼配料系统，或直接采用湿法提取有价金属。

（六）烟气稀酸洗涤产生的含铅、砷等重金属的酸泥，应回收有价金属，含汞污泥应及时回收汞。生产区下水道污泥、收集池沉渣以及废水处理污泥等不可回收的废物，应密闭储存，在稳定化和固化后，安全填埋处置。

五、水污染防治

（一）铅锌冶炼和再生过程排放的废水应循环利用，水循环率应达到90%以上，鼓励生产废水全部循环利用。

（二）含铅、汞、镉、砷、镍、铬等重金属的生产废水，应按照国家排放标准的规定，在其产生的车间或生产设施进行分质处理或回用，不得将含不同类的重金属成分或浓度差别大的废水混合稀释。

（三）生产区初期雨水、地面冲洗水、渣场渗滤液和生活污水应收集处理，循环利用或达标排放。

（四）含重金属的生产废水，可按照其水质及处理要求，分别采用化学沉淀法，生物（剂）法，吸附法，电化学法和膜分离法等单一或组合工艺进行处理。

（五）对储存和使用有毒物质的车间和存在泄漏风险的装置，应设置防渗的事故废水收集池；初期雨水的收集池应采取防渗措施。

六、鼓励研发的新技术

鼓励研究、开发、推广以下技术：

（一）环境友好的铅富氧闪速熔炼和短流程连续熔炼新工艺，液态高铅渣直接还原等技术；锌直接浸出和大极板、长周期电解产业化技术；铅锌再生、综合回收的新工艺和设备。

（二）烟气高效收集装置，深度脱除烟气中铅、汞、铊等重金属的技术与设备，小粒径重金属烟尘高效去除技术与装置。

（三）湿法烟气制酸技术，低浓度二氧化硫烟气制酸和脱硫回收的新技术；制酸尾气除雾、洗涤污酸净化循环利用等技术和装备。

（四）从固体废物中回收铅、锌、镉、汞、砷、硒等有价成分的技术，利用固体废物制备高附加值产品技术，湿法炼锌中铁渣减排及铁资源利用、锌浸出渣熔炼技术与装备。

（五）高效去除含铅、锌、镉、汞、砷等废水的深度处理技术，膜、生物及电解等高效分离、回用的成套技术和装置等。

（六）具有自主知识产权的铅锌冶炼与污染物处理工艺及污染物排放全过程检测的自动控制技术、新型仪器与装置；

（七）重金属污染水体与土壤的环境修复技术，重点是铅锌冶炼厂废水排放口、渣场下游水体和土壤的修复。

七、污染防治管理与监督

（一）应按照有关法律法规及国家和地方排放标准的规定，对企业排污情况进行监督和监测，设置在线监测装置并与环保部门的监控系统联网；定期对企业周围空气、水、土壤的环境质量状况进行监测，了解企业生产对环境和健康的影响程度。

（二）企业应增强社会责任意识，加强环境风险管理，制定环境风险管理制度和重金属污染事故应急预案并定期演练。

（三）企业应保证铅锌冶炼的污染治理设施与生产设施同时配套建设并正常运行。发生紧急事故或故障造成重金属污染治理设施停运时，应按应急预案立即采取补救措施。

（四）应按照有关规定，开展清洁生产工作，提高污染防治技术水平，确保环境安全。

（五）企业搬迁或关闭后，拟对场地进行再次开发利用时，应根据用途进行风险评价，并按规定采取相关措施。

制药工业污染防治技术政策

（公告　2012年　第18号　2012-03-07实施）

一、总则

（一）为贯彻《中华人民共和国环境保护法》等相关法律法规，防治环境污染，保障生态安全和人体健康，促进制药工业生产工艺和污染治理技术的进步，制定本技术政策。

（二）本技术政策为指导性文件，供各有关单位在建设项目和现有企业的管理、设计、建设、生产、科研等工作中参照采用；本技术政策适用于制药工业（包括兽药）。

（三）鼓励制药工业规模化、集约化发展，提高产业集中度，减少制药企业数量。鼓励中小企业向“专、精、特、新”的方向发展。

（四）要防止化学原料药生产向环境承载能力弱的地区转移；鼓励制药工业园区创建国家新型工业化产业示范基地；新（改、扩）建制药企业选址应符合当地规划和环境功能区划，并根据当地的自然条件和环境敏感区域的方位，确定适宜的厂址。

（五）限制大宗低附加值、难以完成污染治理目标的原料药生产项目，防止低水平产能的扩张，提升原料药深加工水平，开发下游产品，延伸产品链，鼓励发展新型高端制剂产品。

（六）应对制药工业产生的化学需氧量（COD）、氨氮、残留药物活性成分、恶臭物质、挥发性有机物（VOC）、抗生素菌渣等污染物进行重点防治。

（七）制药工业污染防治应遵循清洁生产与末端治理相结合、综合利用与无害化处置相结合的原则；注重源头控污，加强精细化管理，提倡废水分类收集、分质处理，采用先进、成熟的污染防治技术，减少废气排放，提高废物综合利用水平，加强环境风险防范。

废水、废气及固体废物的处置应考虑生物安全性因素。

（八）制药企业应优化产品结构，采用先进的生产工艺和设备，提升污染防治水平；淘汰高耗能、高耗水、高污染、低效率的落后工艺和设备。

二、清洁生产

（一）鼓励使用无毒、无害或低毒、低害的原辅材料，减少有毒、有害原辅材料的使用。

（二）鼓励在生产中减少含氮物质的使用。

（三）鼓励采用动态提取、微波提取、超声提取、双水相萃取、超临界萃取、液膜法、膜分离、大孔树脂吸附、多效浓缩、真空带式干燥、微波干燥、喷雾干燥等提取、分离、纯化、浓缩和干燥技术。

（四）鼓励采用酶法、新型结晶、生物转化等原料药生产新技术，鼓励构建新菌种或改造抗生素、维生素、氨基酸等产品的生产菌种，提高产率。

（五）生产过程中应密闭式操作，采用密闭设备、密闭原料输送管道；投料宜采用放料、泵料或压料技术，不宜采用真空抽料，以减少有机溶剂的无组织排放。

（六）有机溶剂回收系统应选用密闭、高效的工艺和设备，提高溶剂回收率。

（七）鼓励回收利用废水中有用物质、采用膜分离或多效蒸发等技术回收生产中使用的铵盐等盐类物质，减少废水中的氨氮及硫酸盐等盐类物质。

（八）提高制水设备排水、循环水排水、蒸汽凝水、洗瓶水的回收利用率。

三、水污染防治

（一）废水宜分类收集、分质处理；高浓度废水、含有药物活性成分的废水应进行预处理。企业向工业园区的公共污水处理厂或城镇排水系统排放废水，应进行处理，并按法律规定达到国家或地方规定的排放标准。

（二）烷基汞、总镉、六价铬、总铅、总镍、总汞、总砷等水污染物应在车间处理达标后，再进入污水处理系统。

（三）含有药物活性成分的废水，应进行预处理灭活。

（四）高含盐废水宜进行除盐处理后，再进入污水处理系统。

（五）可生化降解的高浓度废水应进行常规预处理，难生化降解的高浓度废水应进行强化预处理。预处理后的高浓度废水，先经“厌氧生化”处理后，与低浓度废水混合，再进行“好氧生化”处理及深度处理；或预处理后的高浓度废水与低浓度废水混合，进行“厌氧（或水解酸化）－好氧”生化处理及深度处理。

（六）毒性大、难降解废水应单独收集、单独处理后，再与其他废水混合处理。

（七）含氨氮高的废水宜物化预处理，回收氨氮后再进行生物脱氮。

（八）接触病毒、活性细菌的生物工程类制药工艺废水应灭菌、灭活后再与其他废水混合，采用“二级生化－消毒”组合工艺进行处理。

（九）实验室废水、动物房废水应单独收集，并进行灭菌、灭活处理，再进入污水处理系统。

（十）低浓度有机废水，宜采用“好氧生化”或“水解酸化－好氧生化”工艺进行处理。

四、大气污染防治

（一）粉碎、筛分、总混、过滤、干燥、包装等工序产生的含药尘废气，应安装袋式、湿式等高效除尘器捕集。

（二）有机溶剂废气优先采用冷凝、吸附－冷凝、离子液吸收等工艺进行回收，不能回收的应采用燃烧法等进行处理。

（三）发酵尾气宜采取除臭措施进行处理。

（四）含氯化氢等酸性废气应采用水或碱液吸收处理，含氨等碱性废气应采用水或酸吸收处理。

（五）产生恶臭的生产车间应设置除臭设施；动物房应封闭，设置集中通风、除臭设施。

五、固体废物处置和综合利用

（一）制药工业产生的列入《国家危险废物名录》的废物，应按危险废物处置，包括：高浓度釜残液、基因工程药物过程中的母液、生产抗生素类药物和生物工程类药物产生的菌丝废渣、报废药品、过期原料、废吸附剂、废催化剂和溶剂、含有或者直接沾染危险废物的废包装材料、废滤芯（膜）等。

（二）生产维生素、氨基酸及其他发酵类药物产生的菌丝废渣经鉴别为危险废物的，按照危险废物处置。

（三）药物生产过程中产生的废活性炭应优先回收再生利用，未回收利用的按照危险废物处置。实验动物尸体应作为危险废物焚烧处置。

（四）中药、提取类药物生产过程中产生的药渣鼓励作有机肥料或燃料利用。

六、生物安全性风险防范

（一）生物工程类制药中接触病毒或活性菌种的生产、研发全过程应灭活、灭菌，优先选择高温灭活技术。

（二）存在生物安全性风险的抗生素制药废水，应进行前处理以破坏抗生素分子结构。

（三）通过高效过滤器控制颗粒物排放，减少生物气溶胶可能带来的风险。

（四）涉及生物安全性风险的固体废物应进行无害化处置。

七、二次污染防治

（一）废水厌氧生化处理过程中产生的沼气，宜回收并脱硫后综合利用，不得直接放散。

（二）废水处理过程中产生的恶臭气体，经收集后采用化学吸收、生物过滤、吸附等方法进行处理。

（三）废水处理过程中产生的剩余污泥，应按照《国家危险废物名录》和危险废物鉴别标准进行识别或鉴别，非危险废物可综合利用。

（四）有机溶剂废气处理过程中产生的废活性炭等吸附过滤物及载体，应作为危险废物处置。

（五）除尘设施捕集的不可回收利用的药尘，应作为危险废物处置。

八、鼓励研发的新技术

鼓励研究、开发、推广以下技术：

（一）进行发酵菌种改良和工艺流程优化，提高产率、减少能耗。

（二）连续逆流循环等高效活性物质提取分离技术，研发酶法、生物转化、膜技术、结晶技术等环保、节能的关键共性产业化技术和装备。

（三）发酵菌渣在生产工艺中的再利用技术、无害化处理技术、综合利用技术，危险废物厂内综合利用技术。

九、运行管理

（一）企业应按照有关规定，安装COD等主要污染物的在线监测装置，并与环保行政主管部门的污染监控系统联网。

（二）企业应建立生产装置和污染防治设施运行及检修规程和台账等日常管理制度；建立、完善环境污染事故应急体系，建设危险化学品的事故应急处理设施。

（三）企业应加强厂区环境综合整治，厂区、制药车间、储罐区、污水处理设施地面应采取相应的防渗、防漏和防腐措施；优化企业内部管网布局，实现清污分流、雨污分流和管网防渗、防漏。

（四）溶剂类物料、易挥发物料（氨、盐酸等）应采用储罐集中供料和储存，储罐呼吸气收集后处理；应加强输料泵、管道、阀门等设备的经常性检查更换，杜绝生产过程中跑、冒、滴、漏现象。

（五）鼓励企业委托有相关资质的第三方进行污染治理设施的运行管理。

十、监督管理

（一）应重点加强对企业废水处理等工序的日常监测、控制与管理，严防偷、漏排行为发生。加强周边地表水、地下水和土壤污染的监控。

（二）应按有关规定，开展清洁生产工作，提高污染防治技术水平，确保环境安全。

（三）制药企业所在地的环境保护行政主管部门应加强对企业污染治理设施运行和日常污染防治管理制度执行情况的定期检查和监督。

中国逐步降低荧光灯含汞量路线图

中华人民共和国工业和信息化部
中华人民共和国科学技术部
中华人民共和国环境保护部公告
2013 年　第 11 号

为落实国务院《节能减排“十二五”规划》和《重金属污染综合防治“十二五”规划》，逐步降低荧光灯含汞量，减少行业用汞量及生产过程中汞排放，提高荧光灯行业污染防治水平，推动产业绿色转型升级，工业和信息化部、科技部、环境保护部制订了《中国逐步降低荧光灯含汞量路线图》，现予以公告。

各地工业、科技、环境保护主管部门要与行业协会、科研机构、企业和消费者共同推动路线图目标的实现；加强清洁生产审核，加大引导和支持力度，促进荧光灯行业清洁生产技术研发和产业化应用；鼓励低（微）汞、长寿命、高效荧光灯产品推广和使用；加强荧光灯生产企业环境管理，严格控制含汞废水、废气排放，妥善处置含汞固体废物，有效防范环境风险；加大宣传培训力度，树立绿色消费理念，共同营造绿色消费环境。

附件：中国逐步降低荧光灯含汞量路线图

工业和信息化部　科学技术部　环境保护部
2013 年 2 月 18 日

附件：

中国逐步降低荧光灯含汞量路线图

一、逐步降低荧光灯含汞量的必要性

荧光灯是目前广泛使用的节能型照明光源，分为直管型荧光灯、环形荧光灯、紧凑型荧光灯（俗称节能灯）和无极荧光灯。荧光灯的发光原理决定了灯管中必须含有少量汞蒸汽。汞是有毒有害的重金属元素，荧光灯废弃后难以有效回收，汞外泄既污染环境又威胁人体健康。

2011 年，我国荧光灯产量约 70 亿只。其中，紧凑型荧光灯产量约 47 亿只，占全球产量的 80% 以上，出口 28 亿只；其他类型荧光灯产量约 23 亿只，出口 7.7 亿只。按照我国 2008 年发布的行业标准《照明电器产品中有毒有害物质的限量要求》规定，紧凑型荧光灯含汞量不超过 5 毫克，直管型荧光灯含汞量不超过 10 毫克。每年荧光灯行业消耗大量的汞。

欧美等发达经济体已提出降低荧光灯含汞量的要求。欧盟 2010 年发布指令规定，从 2013 年起紧凑型荧光灯（功率小于 30 瓦）含汞量不得超过 2.5 毫克；美国相关行业标准中要求紧凑型荧光灯（功率小于 25 瓦）含汞量不超过 4 毫克。汞问题国际公约谈判提出在公约生效后，各国将逐步减少汞的使用。

我国是荧光灯的生产和出口大国，荧光灯行业发展面临减少汞用量的巨大压力。减少生产过程汞排放并逐步降低荧光灯含汞量，是保护环境、维护人体健康的需要，也是促进产业转型升级，实现可持续发展的必然要求。

二、逐步降低荧光灯含汞量的可行性

（一）符合国家节能减排政策

《节能减排“十二五”规划》提出实施绿色照明工程，《重金属污染综合防治“十二五”规划》把汞等重金属的污染防治作为重要目标。《工业清洁生产推行“十二五”规划》提出，“十二五”期间以荧光灯低汞及生产中固汞使用技术为重点，实施汞污染削减工程。一系列政策措施的出台，为荧光灯的汞削减提供了良好的政策环境。

（二）具备逐步降低含汞量的技术基础

我国已经掌握固汞生产工艺，高性能低含汞量汞齐等配套材料也已实现国产化，可有效降低荧光灯含汞量，减少生产和回收过程中的汞排放。目前，我国已研发成功含汞量不超过 0.5 毫克的小功率紧凑型荧光灯；含汞量不超过 1.5 毫克的紧凑型荧光灯增长迅速，已占总产量的 30%左右，在产品性能符合国家相关标准的前提下，生产成本无明显增加，为加快减少荧光灯含汞量提供了坚实的技术基础。

（三）适应绿色消费需求

随着节能减排工作的深入开展，全社会环境保护和绿色消费意识不断增强，节能环保照明产品市场占有率逐年提高，淘汰高含汞量荧光灯、选用低汞荧光灯已逐步成为社会共识，荧光灯市场绿色消费环境正在形成。

三、实施方案

（一）基本思路

围绕荧光灯产品及其制造过程低汞化目标，以减汞技术创新为基础，淘汰落后生产工艺与推广应用先进低汞技术相结合，加强政策标准引导，充分发挥市场机制作用，分阶段逐步降低荧光灯产品含汞量。

（二）法律依据

《中华人民共和国清洁生产促进法》等有关规定。

（三）实施步骤

1．淘汰液汞工艺

到 2013 年底，争取淘汰紧凑型荧光灯液汞生产工艺（生产过程中以液态汞或液态汞包裹物形式为原料生产荧光灯）；到 2014 年底，力争全面淘汰液汞生产工艺。

2．逐步降低荧光灯含汞量

对国内生产的功率不超过 60 瓦的普通照明用荧光灯，分三个阶段逐步降低其含汞量（详见附表），力争实现 50%以上的产品含汞量不超过同阶段目标值。

（四）预期效果

到 2014 年底，通过淘汰液汞工艺，生产过程中汞排放量比 2010 年减少约 50%。到 2015 年，单只荧光灯产品平均含汞量比 2010 年减少约 80%，一半以上的荧光灯含汞量低于 1 毫克。

附表：

逐步降低荧光灯含汞量时间表

阶段	时间	产品		目标值（毫克）	与现行标准比含汞量削减
1	2013年12月31日止	紧凑型荧光灯	功率≤30W	1.5	70%
			功率＞30W	2.5	50%
		长效荧光灯		4.0	50%
		其他荧光灯	管径≤17 mm	2.5	75%
			管径＞17 mm	3.0	70%
2	2014年12月31日止	紧凑型荧光灯	功率≤30W	1.0	80%
			功率＞30W	1.5	70%
		长效荧光灯		3.0	63%
		其他荧光灯	管径≤17 mm	1.5	85%
			管径＞17 mm	2.0	80%
3	2015年12月31日止	紧凑型荧光灯	功率≤30W	0.8	84%
			功率＞30W	1.0	80%
		长效荧光灯		2.5	69%
		其他荧光灯	管径≤17 mm	1.0	90%
			管径＞17 mm	1.5	85%

注：1．紧凑型荧光灯俗称节能灯，长效荧光灯指寿命大于25 000小时的双端荧光灯；

2．含汞量削减效果指目标值与现行产品标准[《照明电器产品中有毒有害物质的限量要求》（QB/T 2490—2008）]有关要求相比，单只荧光灯产品含汞量的削减比例。

第四章　含汞废物管理

关于发布《危险废物污染防治技术政策》的通知

环发[2001]199号

各省、自治区、直辖市环境保护局（厅）、经贸委（经委）、科委（科技厅）：

为贯彻《中华人民共和国固体废物污染环境防治法》，保护生态环境，保障人体健康，指导危险废物污染防治工作，现批准发布《危险废物污染防治技术政策》，请遵照执行。

附件：危险废物污染防治技术政策

国家环境保护总局
二〇〇一年十二月十七日

附件：

危险废物污染防治技术政策

1 总则

1.1 为引导危险废物管理和处理处置技术的发展，促进社会和经济的可持续发展，根据《中华人民共和国固体废物污染环境防治法》等有关法规、政策和标准，制定本技术政策。本政策将随社会经济、技术水平的发展适时修订。

1.2 本技术政策所称危险废物是指列入国家危险废物名录或根据国家规定的危险废物鉴别标准和鉴别方法认定的具有危险特性的废物。

本技术政策所称特殊危险废物是指毒性大、或环境风险大、或难于管理、或不宜用危险废物的通用方法进行管理和处理处置，而需特别注意的危险废物，如医院临床废物、多氯联苯类废物、生活垃圾焚烧飞灰、废电池、废矿物油、含汞废日光灯管等。

1.3 我国危险废物管理的阶段性目标是：

到2005年，重点区域和重点城市产生的危险废物得到妥善贮存，有条件的实现安全处置；实现医院临床废物的环境无害化处理处置；将全国危险废物产生量控制在2000年末的水平；在全国实施危险废物申报登记制度、转移联单制度和许可证制度。

到2010年，重点区域和重点城市的危险废物基本实现环境无害化处理处置。

到2015年，所有城市的危险废物基本实现环境无害化处理处置。

1.4 本技术政策适用于危险废物的产生、收集、运输、分类、检测、包装、综合利用、贮存和处理处置等全过程污染防治的技术选择，并指导相应设施的规划、立项、选址、设计、施工、运营和管理，引导相关产业的发展。

1.5 本技术政策的总原则是危险废物的减量化、资源化和无害化。

1.6 鼓励并支持跨行政区域的综合性危险废物集中处理处置设施的建设和运营。

1.7 危险废物的收集运输单位、处理处置设施的设计、施工和运营单位应具有相应的技术资质。

1.8 各级政府应通过制定鼓励性经济政策等措施加快建立符合环境保护要求的危险废物收集、贮存、处理处置体系，积极推动危险废物的污染防治工作。

2 危险废物的减量化

2.1 危险废物减量化适用于任何产生危险废物的工艺过程。各级政府应通过经济和其他政策措施促进企业清洁生产，防止和减少危险废物的产生。企业应积极采用低废、少废、无废工艺，禁止采用《淘汰落后生产能力、工艺和产品的目录》中明令淘汰的技术工艺和设备。

2.2 对已经产生的危险废物，必须按照国家有关规定申报登记，建设符合标准的专门设施和场所妥善保存并设立危险废物标示牌，按有关规定自行处理处置或交由持有危险废物经营许可证的单位收集、运输、贮存和处理处置。在处理处置过程中，应采取措施减少危险废物的体积、重量和危险程度。

3 危险废物的收集和运输

3.1 危险废物要根据其成分，用符合国家标准的专门容器分类收集。

3.2 装运危险废物的容器应根据危险废物的不同特性而设计，不易破损、变形、老化，能有效地防止渗漏、扩散。装有危险废物的容器必须贴有标签，在标签上详细标明危险废物的名称、重量、成分、特性以及发生泄漏、扩散污染事故时的应急措施和补救方法。

3.3 居民生活、办公和第三产业产生的危险废物（如废电池、废日光灯管等）应与生活垃圾分类收集，通过分类收集提高其回收利用和无害化处理处置，逐步建立和完善社会源危险废物的回收网络。

3.4 鼓励发展安全高效的危险废物运输系统，鼓励发展各种形式的专用车辆，对危险废物的运输要求安全可靠，要严格按照危险废物运输的管理规定进行危险废物的运输，减少运输过程中的二次污染和可能造成的环境风险。

3.5 鼓励成立专业化的危险废物运输公司对危险废物实行专业化运输，运输车辆需有特殊标志。

4 危险废物的转移

4.1 危险废物的越境转移应遵从《控制危险废物越境转移及其处置的巴塞尔公约》的要求，危险废物的国内转移应遵从《危险废物转移联单管理办法》及其它有关规定的要求。

4.2 各级环境保护行政主管部门应按照国家和地方制定的危险废物转移管理办法对危险废物的流向进行有效控制，禁止在转移过程中将危险废物排放至环境中。

5 危险废物的资源化

5.1 已产生的危险废物应首先考虑回收利用，减少后续处理处置的负荷。回收利用过程应达到国家和地方有关规定的要求，避免二次污染。

5.2 生产过程中产生的危险废物，应积极推行生产系统内的回收利用。生产系统内无法回收利用的危险废物，通过系统外的危险废物交换、物质转化、再加工、能量转化等措施实现回收利用。

5.3 各级政府应通过设立专项基金、政府补贴等经济政策和其他政策措施鼓励企业对已经产生的危险废物进行回收利用，实现危险废物的资源化。

5.4 国家鼓励危险废物回收利用技术的研究与开发，逐步提高危险废物回收利用技术和装备水平，积极推广技术成熟、经济可行的危险废物回收利用技术。

6 危险废物的贮存

6.1 对已产生的危险废物，若暂时不能回收利用或进行处理处置的，其产生单位须建设专门的危险废物贮存设施进行贮存，并设立危险废物标志，或委托具有专门危险废物贮存设施的单位进行贮存，贮存期限不得超过国家规定。贮存危险废物的单位需拥有相应的许可证。禁止将危险废物以任何形式转移给无许可证的单位，或转移到非危险废物贮存设施中。危险废物贮存设施应有相应的配套设施并按有关规定进行管理。

6.2 危险废物的贮存设施应满足以下要求：

6.2.1 应建有堵截泄漏的裙脚，地面与裙脚要用坚固防渗的材料建造。应有隔离设施、报警装置和防风、防晒、防雨设施；

6.2.2 基础防渗层为黏土层的，其厚度应在 1 米以上，渗透系数应小于 1.010～7 厘米/秒；基础防渗层也可用厚度在 2 毫米以上的高密度聚乙烯或其他人工防渗材料组成，渗透系数应小于 1.010～10 厘米/秒；

6.2.3 须有泄漏液体收集装置及气体导出口和气体净化装置；

6.2.4 用于存放液体、半固体危险废物的地方，还须有耐腐蚀的硬化地面，地面无裂隙；

6.2.5 不相容的危险废物堆放区必须有隔离间隔断；

6.2.6 衬层上需建有渗滤液收集清除系统、径流疏导系统、雨水收集池。

6.2.7 贮存易燃易爆的危险废物的场所应配备消防设备，贮存剧毒危险废物的场所必须有专人 24 小时看管。

6.3 危险废物的贮存设施的选址与设计、运行与管理、安全防护、环境监测及应急措施，以及关闭等须遵循《危险废物贮存污染控制标准》的规定。

7 危险废物的焚烧处置

7.1 危险废物焚烧可实现危险废物的减量化和无害化，并可回收利用其余热。焚烧处置适用于不宜回收利用其有用组分、具有一定热值的危险废物。易爆废物不宜进行焚烧处置。焚烧设施的建设、运营和污染控制管理应遵循《危险废物焚烧污染控制标准》及其他有关规定。

7.2 危险废物焚烧处置应满足以下要求：

7.2.1 危险废物焚烧处置前必须进行前处理或特殊处理，达到进炉的要求，危险废物在炉内燃烧均匀、完全；

7.2.2 焚烧炉温度应达到 110℃以上，烟气停留时间应在 2.0 秒以上，燃烧效率大于 99.9%，焚毁去除率大于 99.99%，焚烧残渣的热灼减率小于 5%（医院临床废物和含多氯联苯废物除外）；

7.2.3 焚烧设施必须有前处理系统、尾气净化系统、报警系统和应急处理装置。

7.2.4 危险废物焚烧产生的残渣、烟气处理过程中产生的飞灰，须按危险废物进行安全填埋处置。

7.3 危险废物的焚烧宜采用以旋转窑炉为基础的焚烧技术，可根据危险废物种类和特征选用其他不同炉型，鼓励改造并采用生产水泥的旋转窑炉附烧或专烧危险废物。

7.4 鼓励危险废物焚烧余热利用。对规模较大的危险废物焚烧设施，可实施热电联产。

7.5 医院临床废物、含多氯联苯废物等一些传染性的、或毒性大、或含持久性有机污染成分的特殊危险废物宜在专门焚烧设施中焚烧。

8 危险废物的安全填埋处置

8.1 危险废物安全填埋处置适用于不能回收利用其组分和能量的危险废物。

8.2 未经处理的危险废物不得混入生活垃圾填埋场，安全填埋为危险废物的最终处置手段。

8.3 危险废物安全填埋场必须按入场要求和经营许可证规定的范围接收危险废物，达不到入场要求的，须进行预处理并达到填埋场入场要求。

8.4 危险废物安全填埋场须满足以下要求：

8.4.1 有满足要求的防渗层，不得产生二次污染。

天然基础层饱和渗透系数小于 1.0×10^{-7} 厘米/秒，且厚度大于 5 米时，可直接采用天然基础层作为防渗层；天然基础层饱和渗透系数为 1.0×10^{-7}～1.0×10^{-6} 厘米/秒时，可选用复合衬层作为防渗层，高密度聚乙烯的厚度不得低于 1.5 毫米；天然基础层饱和渗透系数大于 1.0×10^{-6} 厘米/秒时，须采用双人工合成衬层（高密度聚乙烯）作为防渗层，上层厚度在 2.0 毫米以上，下层厚度在 1.0 毫米以上。

8.4.2 要严格按照作业规程进行单元式作业，做好压实和覆盖。

8.4.3 要做好清污水分流，减少渗沥水产生量，设置渗沥水导排设施和处理设施。对易产生气体的危险废物填埋场，应设置一定数量的排气孔、气体收集系统、净化系统和报警系统。

8.4.4 填埋场运行管理单位应自行或委托其他单位对填埋场地下水、地表水、大气要进行定期监测。

8.4.5 填埋场终场后，要进行封场处理，进行有效的覆盖和生态环境恢复。

8.4.6 填埋场封场后，经监测、论证和有关部门审定，才可以对土地进行适宜的非农业开发和利用。

8.5 危险废物填埋须满足《危险废物填埋污染控制标准》的规定。

9 特殊危险废物污染防治

9.1 医院临床废物（不含放射性废物）

9.1.1 鼓励医院临床废物的分类收集，分别进行处理处置。人体组织器官、血液制品、沾染血液、体液的织物、传染病医院的临床废物、病人生活垃圾以及混合收集的医院临床废物宜建设专用焚烧设施进行处置，专用焚烧设施应符合《危险废物焚烧污染控制标准》的要求。

9.1.2 城市应建设集中处置设施，收集处置城市和城市所在区域的医院临床废物。

9.1.3 禁止一次性医疗器具和敷料的回收利用。

9.2 含多氯联苯废物

9.2.1 含多氯联苯废物应尽快集中到专用的焚烧设施中进行处置，不宜采用其它途径进行处置，其专用焚烧设施应符合国家《危险废物焚烧污染控制标准》的要求。

9.2.2 含多氯联苯废物的管理、贮存和处置还需遵循《防止含多氯联苯电力装置及其废物污染环境的规定》的规定。

9.2.3 对集中封存年限超过二十年的或未超过二十年但已造成环境污染的含多氯联苯废物，应限期进行焚烧处置。

9.2.4 对于新退出使用的含多氯联苯电力装置原则上必须进行焚烧处置，确有困难的可进行暂时性封存，但封存年限不应超过三年，暂存库和集中封存库的选址和设计必须符合《含多氯联苯（PCBs）

废物的暂存库和集中封存库设计规范》的要求，集中封存库的建设必须进行环境影响评价。

9.2.5 应加强含多氯联苯危险废物的清查及其贮存设施的管理，并对含多氯联苯危险废物的处置过程进行跟踪管理。

9.3 生活垃圾焚烧飞灰

9.3.1 生活垃圾焚烧产生的飞灰必须单独收集，不得与生活垃圾、焚烧残渣等其它废物混合，也不得与其它危险废物混合。

9.3.2 生活垃圾焚烧飞灰不得在产生地长期贮存，不得进行简易处置，不得排放，生活垃圾焚烧飞灰在产生地必须进行必要的固化和稳定化处理之后方可运输，运输需使用专用运输工具，运输工具必须密闭。

9.3.3 生活垃圾焚烧飞灰须进行安全填埋处置。

9.4 废电池

9.4.1 国家和地方各级政府应制定技术、经济政策淘汰含汞、镉的电池。生产企业应按照国家法律和产业政策，调整产品结构，按期淘汰含汞、镉电池。

9.4.2 在含汞、镉的电池被淘汰之前，城市生活垃圾处理单位应建立分类收集、贮存、处理设施，对废电池进行有效的管理。

9.4.3 提倡废电池的分类收集，避免含汞、镉废电池混入生活垃圾焚烧设施。

9.4.4 废铅酸电池必须进行回收利用，不得用其它办法进行处置，其收集、运输环节必须纳入危险废物管理。鼓励发展年处理规模在 2 万吨以上的废铅酸电池回收利用，淘汰小型的再生铅企业，鼓励采用湿法再生铅生产工艺。

9.5 废矿物油

9.5.1 鼓励建立废矿物油收集体系，禁止将废矿物油任意抛洒、掩埋或倒入下水道以及用作建筑脱模油，禁止继续使用硫酸/白土法再生废矿物油。

9.5.2 废矿物油的管理应遵循《废润滑油回收与再生利用技术导则》等有关规定，鼓励采用无酸废油再生技术，采用新的油水分离设施或活性酶对废油进行回收利用，鼓励重点城市建设区域性的废矿物油回收设施，为所在区域的废矿物油产生者提供服务。

9.6 废日光灯管

9.6.1 各级政府应制定技术、经济政策调整产品结构，淘汰高污染日光灯管，鼓励建立废日光灯管的收集体系和资金机制。

9.6.2 加强废日光灯管产生、收集和处理处置的管理，鼓励重点城市建设区域性的废日光灯管回收处理设施，为该区域的废日光灯管的回收处理提供服务。

10 危险废物处理处置相关的技术和设备

10.1 鼓励研究开发和引进高效危险废物收集运输技术和设备。

10.2 鼓励研究开发和引进高效、实用的危险废物资源化利用技术和设备，包括危险废物分选和破碎设备、热处理设备、大件危险废物处理和利用设备、社会源危险废物处理和利用设备。

10.3 加快危险废物处理专用监测仪器设备的开发和国产化，包括焚烧设施在线烟气测试仪器等。

10.4 鼓励研究开发高效、实用的危险废物焚烧成套技术和设备，包括危险废物焚烧炉技术、危险废物焚烧污染控制技术和危险废物焚烧余热回收利用技术等。

10.5 鼓励研究和开发高效、实用的安全填埋处理关键技术和设备，包括新型填埋防渗衬层和覆盖材料、填埋专用机具、危险废物填埋场渗沥水处理技术以及危险废物填埋场封场技术。

10.6 鼓励研究与开发危险废物鉴别技术及仪器设备，鼓励危险废物管理技术和方法的研究。

10.7 鼓励研究开发废旧电池和废日光灯管的处理处置和回收利用技术。

关于发布《废电池污染防治技术政策》的通知

环发[2003]163 号

各省、自治区、直辖市环境保护局（厅），计委，经贸委（经委），建设厅，科技厅，外经贸委（厅）：

为贯彻《中华人民共和国固体废物污染环境防治法》，保护环境，保障人体健康，指导废电池污染防治工作，现批准发布《废电池污染防治技术政策》，请遵照执行。

附件：废电池污染防治技术政策

国家环境保护总局
国家发展和改革委员会
建设部
科学技术部
商务部
二〇〇三年十月九日

附件：

废电池污染防治技术政策（节选）

1 总则

1.5 废电池污染控制的重点是废含汞电池、废镉镍电池、废铅酸蓄电池。逐渐减少以致最终在一次电池生产中不使用汞，安全、高效、低成本收集、回收或安全处置废镉镍电池、废铅酸蓄电池以及其他对环境有害的废电池。

1.6 废氧化汞电池、废镉镍电池、废铅酸蓄电池属于危险废物，应该按照有关危险废物的管理法规、标准进行管理。

2 电池的生产与使用

2.5 根据国家有关规定禁止生产和销售氧化汞电池。根据国家有关规定禁止生产和销售汞含量大于电池质量 0.025%的锌锰及碱性锌锰电池；2005 年 1 月 1 日起停止生产含汞量大于 0.000 1%的碱性锌锰电池。逐步提高含汞量小于 0.000 1%的碱性锌锰电池在一次电池中的比例；逐步减少糊式电池的生产和销售量，最终实现淘汰糊式电池。

2.8 加强宣传和教育，鼓励和支持消费者使用汞含量小于 0.000 1%的高能碱性锌锰电池；鼓励和支持消费者使用氢镍电池和锂离子电池等可充电电池以替代镉镍电池；鼓励和支持消费者拒绝购买、使用劣质和冒牌的电池产品以及没有正确标注有关标识的电池产品。

3 收集

3.2 废一次电池的回收，应由回收责任单位审慎地开展。目前，在缺乏有效回收的技术经济条件下，不鼓励集中收集已达到国家低汞或无汞要求的废一次电池。

6 资源再生

6.5 任何废电池资源再生工厂在生产过程中，汞、镉、铅、锌、镍等有害成分的回收量与安全处理处置量之和，不应小于在所处理废电池中这一有害成分总量的95%。

关于印发《危险废物和医疗废物处置设施建设项目环境影响评价技术原则（试行）》的通知

环发[2004]58 号

各省、自治区、直辖市环境保护局（厅）：

为落实国务院批复的全国危险废物和医疗废物处置设施建设规划，加强危险废物和医疗废物处置设施建设项目环境影响评价工作，现将《危险废物和医疗废物处置设施建设项目环境影响评价技术原则（试行）》印发给你们，请遵照执行。

附件：危险废物和医疗废物处置设施建设项目环境影响评价技术原则（试行）

二〇〇四年四月十五日

附件：

危险废物和医疗废物处置设施建设项目环境影响评价技术原则（试行）

1 主题内容与适用范围

1.1 主题内容

根据《中华人民共和国固体废物污染环境防治法》和《中华人民共和国环境影响评价法》，为防止处置危险废物和医疗废物过程中产生的环境污染和生态破坏，明确危险废物处置设施和医疗废物处置设施建设项目环境影响评价的技术要求，特制定本原则。

1.2 适用范围

1.2.1 本原则适用于使用焚烧技术和安全填埋技术处置危险废物设施（包括一般建设项目中的危险废物处置设施）建设项目环境影响评价。

1.2.2 本原则适用于使用焚烧技术和其他方法处置医疗废物设施建设项目的环境影响评价。

2 编制依据

下列标准和文件所含的条文，通过本技术原则引用构成本原则的条文。

《中华人民共和国固体废物污染环境防治法》（1996 年）

《中华人民共和国环境影响评价法》（2002 年）

《中华人民共和国传染病防治法》（1989 年）

《建设项目环境保护管理条例》（1998 年）

《医疗废物管理条例》（2003 年）
《危险化学品安全管理条例》（2002 年）
《医疗卫生机构医疗废物管理办法》（2003 年）
《国家危险废物名录》（1998 年）
《医疗废物分类目录》（2003 年）
《国务院关于全国危险废物和医疗废物处置设施建设规划的批复》（国函[2003]128 号）
《危险废物集中焚烧处置工程建设技术要求（试行）》（环发[2004]15 号）
《医疗废物集中焚烧处置工程建设技术要求（试行）》（环发[2004]15 号）
《危险废物污染防治技术政策》（环发[2001]199 号）
《医疗废物集中处置技术规范（试行）》（环发[2003]206 号）
《医疗废物专用包装物、容器标准和警示标识规定》（环发[2003]188 号）
《危险废物焚烧污染控制标准》（GB 18484—2001）
《危险废物填埋污染控制标准》（GB 18598—2001）
《危险废物贮存污染控制标准》（GB 18597—2001）
《危险废物鉴别标准》（GB 5085.1-3—1996）
《固体废物　浸出毒性测定方法》（GB 5086.1-2—1996）
《医疗废物焚烧炉技术要求（试行）》（GB 19218—2003）
《医疗废物转运车技术要求（试行）》（GB 19217—2003）
《重大危险源辨识》（GB 18218—2000）
《地下水质量标准》（GB/T 14848—93）
《职业性接触毒物危害程度分级》（GB 50844—85）
《工作场所有害因素职业接触限值》（GB Z2—2002）
《环境影响评价技术导则—总纲》（HJ/T 2.1）
《环境影响评价技术导则—大气环境》（HJ/T 2.2）
《环境影响评价技术导则—地面水环境》（HJ/T 2.3）
《环境影响评价技术导则—声环境》（HJ/T 2.4）
《环境影响评价技术导则—非污染生态影响》（HJ/T 19）
当上述标准和文件被修订时，应使用其最新版本。

3 术语

3.1 危险废物

是指列入国家危险废物名录或者根据国家规定的危险废物鉴别标准和鉴别方法判定具有危险特性的废物。

3.2 医疗废物

是指各类医疗卫生机构在医疗、预防、保健以及其它相关活动中产生的具有直接或者间接感染性、毒性以及其他危害性的废物。

3.3 填埋场

处理废物的一种陆地处置措施。它由若干个处置单元和构筑物组成，处置场有界限规定，主要包括废物预处理设施、废物填埋设施和渗滤液收集处理设施。

3.4 焚烧炉

焚化燃烧危险废物使之分解并无害化的主体装置。

3.5 相容性

某种危险废物同其他危险废物或贮存、处置设施中其他物质接触时不产生气体、热量、有害物质，不会燃烧或爆炸，不发生其他可能对贮存、处置设施产生不利影响的反应和变化。

4 基本原则

4.1 危险废物和医疗废物处置设施建设项目环境影响评价必须编制环境影响报告书，并严格执行国家、地方相关法律、法规、标准的有关规定。

4.2 危险废物和医疗废物处置设施建设项目环境影响评价中应充分考虑项目建设可能产生的二次污染问题。

4.3 危险废物和医疗废物处置设施建设项目的环境影响评价应分建设期、营运期及服务期满后三个时段进行，应包括危险废物和医疗废物的收集、运输、贮存、预处理、处置等工艺全过程。

4.4 根据处置设施的特点，进行环境影响因素识别和评价因子筛选，并确定评价重点。环境要素应按三级或三级以上等级进行评价。

4.5 环境影响评价范围应根据处理方法和环境敏感程度合理确定，要包括事故状态下可能影响的范围。

4.6 危险废物和医疗废物处置设施建设项目的环境影响评价必须包括风险评价的有关内容。

4.7 本原则所述危险废物和医疗废物均不包括放射性废物。

5 厂（场）址选择

危险废物和医疗废物处置设施选址必须严格执行国家法律、法规、标准等的有关规定。其厂（场）址选择前应进行社会环境、自然环境、场地环境、工程地质/水文地质、气候、应急救援等因素的综合分析。确定厂址的各种因素可分成 A、B、C 三类。A 类为必须满足，B 类为场址比选优劣的重要条件，C 类为参考条件。（见表 1）

表 1 处置设施选址的因素

环　境	条　件	因素划分
社会环境	符合当地发展规划、环境保护规划、环境功能区划	A
	减少因缺乏联系而使公众产生过度担忧，得到公众支持	
	确保城市市区和规划区边缘的安全距离，不得位于城市主导风向上风向	
	确保与重要目标（包括重要的军事设施、大型水利电力设施、交通通讯主要干线、核电站、飞机场、重要桥梁、易燃易爆危险设施等）的安全距离	
	社会安定、治安良好地区，避开人口密集区、宗教圣地等敏感区。危险废物焚烧厂厂界距居民区应大于 1 000 米，危险废物填埋场场界应位于居民区 800 米以外	
自然环境	不属于河流溯源地、饮用水源保护区	A
	不属于自然保护区、风景区、旅游度假区	
	不属于国家、省（自治区）、直辖市划定的文物保护区	
	不属于重要资源丰富区	
场地环境	避开现有和规划中的地下设施	A
	地形开阔，避免大规模平整土地、砍伐森林、占用基本保护农田	B
	减少设施用地对周围环境的影响，避免公用设施或居民的大规模拆迁	B
	具备一定的基础条件（水、电、交通、通讯、医疗等）	C
	可以常年获得危险废物和医疗废物供应	A
	危险废物和医疗废物运输风险	B

环 境	条 件	因素划分
工程地质/水文地质	避免自然灾害多发区和地质条件不稳定地区（废弃矿区、塌陷区、崩塌、岩堆、滑坡区、泥石流多发区、活动断层、其他危及设施安全的地质不稳定区），设施选址应在百年一遇洪水位以上	A
	地震裂度在Ⅶ度以下	B
	最高地下水位应在不透水层以下 3.0 米	B
	土壤不具有强烈腐蚀性	B
气 候	有明显的主导风向，静风频率低	B
	暴雨、暴雪、雷暴、尘暴、台风等灾害性天气出现几率小	
	冬季冻土层厚度低	
应急救援	有实施应急救援的水、电、通讯、交通、医疗条件	A

在进行环境影响评价中应有比选厂（场）址。如通过评价对拟选厂（场）址给出否定结论，则应另选厂（场）址，并重新进行环境影响评价。

6 工程分析

6.1 基本要求

6.1.1 按国家对危险废物和医疗废物处置的相关标准、规定，分析项目采用工艺、设施及环境保护措施的合理性。

6.1.2 对项目的收集、运输、贮存、预处理、处置、综合利用进行全过程分析，分阶段给出工艺路线和环境保护措施。

6.1.3 工程分析应包括建设期、营运期和服务期满后三个时段。凡可定量描述的内容，须通过类比分析，给出定量结果。

6.1.4 凡列入《全国危险废物和医疗废物处置设施建设规划》（国函[2003]128 号）规划项目表中的新建处置设施项目，应具体调查项目的服务范围和待处置量，改扩建项目应调查待处置量、现有设施处理方法、处理能力及存在的问题等。

6.2 项目概况

6.2.1 项目名称、地点及建设性质。

6.2.2 建设规模、占地面积、厂区平面布置（附图）、区域地理位置图。

6.2.3 项目组成，包括主体工程、辅助工程、公用工程、配套项目和环保工程，原辅材料和能源消耗，职工人数，总投资。

6.2.4 主要工艺

6.3 工程分析的主要内容

6.3.1 执行 HJ/T2.1 中 7 的规定，进行工程污染因素分析、统计污染物排放量。

6.3.2 危险废物特性分析一般应包括以下内容：

（1）物理性质（组成、容重、尺寸等）

（2）元素分析和有害物质含量

（3）特性鉴别（腐蚀性、浸出毒性、危险毒性、易燃易爆性）

（4）反应性和相容性

进行工程分析时，还应采用图表结合的方式给出污染流程，包括工艺流程、排污点分布、污染物浓度和排放速率。

6.3.3 医疗废物特性分析一般应包括以下内容：

（1）物理性质（容重、尺寸等）

（2）元素分析和有害物质含量

（3）分类（感染性、病理性、损伤性、药物性、化学性）

进行工程分析时，还应统计卫生学指标要求的污染物排放种类、数量、浓度等。

6.4 环境影响因素分析

6.4.1 建设期

对建设期产生的噪声、扬尘、弃石、弃土、植被破坏等进行分析，并提出相应的环境保护和生态保护措施。

6.4.2 营运期

分析正常工况和非正常工况下污染物有组织和无组织排放的种类、数量、浓度。

6.4.3 服务期满后

给出处置设施服务期满后防止污染和恢复生态的方案。

6.5 污染物排放统计

根据所采用的处置工艺，选择以下全部或部分内容进行污染物统计：

6.5.1 废气污染源统计应包括排气筒位置、高度、出口内径、排气温度、排气速率和污染物浓度、速率、排放方式。

焚烧烟气污染物统计包括：烟尘、SO_2、NO_x、CO、HCl、HF、汞、镉、砷、镍、铅、铬、锡、锑、铜、锰及其化合物，二噁英类及恶臭物质等。

6.5.2 废水污染源应按生产废水、生活污水、初期雨水、设备及地面冲洗水、填埋场和临时贮存场所内渗滤液及排水、循环冷却排污水等分别统计水质、水量和去向。分析减少废水排放量及提高水重复利用率的可能性。

废水污染物统计包括：pH、COD_{Cr}、BOD、NH_3-N、总余氯、总磷、氟化物、挥发酚、氰化物、石油类、重金属、苯系物、粪大肠菌群数等。

6.5.3 固体废物统计应包括焚烧残渣、飞灰、经尾气净化装置产生的固态物质和污水处理站污泥等的产生量和主要有害成分。

6.5.4 设备噪声声级、分布和采取的防治措施。

6.5.5 编制污染物产生量、环保设施去除量和排放量汇总表。

6.6 清洁生产

6.6.1 危险废物处置

（1）处置工艺：运输工具和包装，贮存方式，预处理设施，处理流程合理配置，焚烧炉的燃烧温度、停留时间、急冷设计、除尘器选择、余热回收，安全填埋场的防渗、渗滤液处置，防洪。

（2）安全和环保：相容性、在线监测系统、异常事件报警系统和人员培训。

（3）处理单位危险废物的能耗、水耗，污染物产生量和排放量。

（4）可利用物质综合利用率、余热回收率和减量化程度。

6.6.2 医疗废物处置

（1）处置工艺：运输工具，产生/处置时间周期，灭菌效果，焚烧温度、停留时间、燃烧效率、热灼减率，烟气净化效率。

（2）安全和环保：感染性废物包装、运输、转移的安全性，焚烧废气净化设施的处理效果（含卫生指标），飞灰和残渣处置，人员培训。

（3）处理单位医疗废物的能耗、水耗，污染物产生量和排放量。

6.6.3 燃料选择及成分

7 环境现状调查

7.1 自然环境现状调查

7.1.1 自然环境调查主要包括处置设施选址区的地理、地貌、地质、水文、气象和土壤等。

7.1.2 地理、地貌调查主要包括处置设施选址区的行政属地，经纬度坐标，与周边重要河流、湖泊、城镇、山脉等的关系，海拔高度，地形特征，地貌类型与特点等，并给出处置设施选址的地形图。

7.1.3 地质调查主要包括处置设施选址区的地质构造、地层岩性、地质稳定性、区域内断层构造与分布、覆盖层厚度及地质灾害性问题，如崩塌、滑坡、泥石流及地面隐伏塌陷区等，有无矿业采空区、石灰岩溶洞等特殊地质问题。

7.1.4 气象调查主要包括处置设施选址区所处气候带，年平均风速、主导风向，年平均气温、极端最高和极端最低温度，年平均降水量、年蒸发量、最大一次降雨量，主要气象性自然灾害以及与大气影响和风险影响有关的地域性特殊气象问题。

7.1.5 水文调查主要包括地面水系、多年平均径流量、河流最大洪流量，选址区的雨水径流特征、百年一遇洪水高程、最大洪峰流量。调查区域地下水埋深、单位涌水量、地下水主要补给来源、地表水与地下水水力联系、地下潜水情况及地下水层分布，隔水层情况等，调查区域水资源赋存及利用情况，并给出水系图和地下水及地层分布柱状图。

7.1.6 土壤调查主要包括土壤类型、土层厚度、成土母质及土壤质地、土壤环境质量和土壤渗透系数。有土壤污染问题存在时，还应调查主要污染因子以及土壤的污染水平。

7.2 社会环境调查

7.2.1 调查处置设施建设项目服务范围内的城镇分布，人口，收入水平，产业结构，重要企业（或医疗机构）的数量、分布、规模以及危险废物收集、贮运有关的交通、通讯情况，环保规划基本概况。

7.2.2 调查处置设施 5 km 内的村镇分布、人口、土地利用规划、产业结构、路网布局、通讯设施、环保设施、环境保护敏感目标、流行性疾病和地方病情况。

7.2.3 分析项目建设与地方规划的协调性，对人口拆迁、土地利用和社会活动的影响。

8 大气环境影响评价

8.1 环境空气质量现状监测与评价

8.1.1 布点原则

执行《环境影响评价技术导则—大气环境》（HJ/T 2.2）中 5 的规定，监测点数量不应少于 4 个。拟选厂（场）址的主导风向上、下风向应有测点。改扩建项目设置无组织排放监测点。

8.1.2 监测制度

执行《环境影响评价技术导则—大气环境》（HJ/T 2.2）中 5 的规定。做一期监测，监测 5 天。特征污染物监测每天不能少于 4 次。同时应收集监测期间地面风向、风速资料，并充分利用近三年已有的环境质量监测资料。

8.1.3 监测项目

根据环境影响因素识别和评价因子筛选结果确定。

8.1.4 监测结果统计分析要点

列表给出各个测点主要污染物 1 小时、日平均浓度波动范围；特征污染物根据所执行的评价标准要求统计波动范围。

8.1.5 评价方法

采用单因子指数法进行现状评价。

8.2 大气环境影响预测与评价

8.2.1 大气环境影响预测执行《环境影响评价技术导则—大气环境》（HJ/T 2.2）中 7 的规定，并计算卫生防护距离和厂（场）界污染物浓度。

8.2.2 大气环境影响评价执行《环境影响评价技术导则—大气环境》（HJ/T 2.2）中 8 的规定，并制定大气环境保护对策。

9 水环境影响评价

水环境影响评价应包括接纳项目生产废水和生活污水排放的地表水体和项目所在地域的地下水质。

9.1 地表水环境现状监测与评价

9.1.1 监测时间

执行《环境影响评价技术导则—地面水环境》（HJ/T 2.3）中 6 的有关规定。

9.1.2 监测项目

根据环境影响因素识别和评价因子筛选结果确定。

9.1.3 现状评价

执行《环境影响评价技术导则—地面水环境》（HJ/T 2.3）中 6 的规定。

9.2 地表水环境影响预测与评价

9.2.1 地表水环境影响预测执行《环境影响评价技术导则—地面水环境》（HJ/T 2.3）中 7 的规定。对危险废物处置设施废水排入的湖泊、封闭海湾和三类水体河流应进行环境影响预测，对其它水体及医疗废物处置设施废水排入的水体可进行环境影响分析。

9.2.2 地表水环境影响评价执行《环境影响评价技术导则—地面水环境》（HJ/T 2.3）中 8 的规定。

9.3 地下水环境质量现状调查与分析

9.3.1 调查范围按建设项目具体情况及评价区地貌、地质结构、水及地质条件确定。在厂（场）址范围设置地下水监测点。

9.3.2 监测项目按照环境影响识别和评价因子筛选确定。

9.3.3 地下水质现状评价执行《地下水质量标准》（GB/T 14848—93）中 6 的规定。

9.3.4 根据建设项目的环境保护措施，进行有害污染物下渗对地下水影响的可能性分析，并提出地下水保护措施。

10 生态影响评价

10.1 基本要求

10.1.1 生态影响评价范围应包括项目建设的全部时空范围，并应能够说明厂（场）址区生态系统的整体特点和主要的生态环境敏感保护目标的情况。

10.1.2 依据环境实际情况和管理要求，进行环境影响识别和评价因子筛选，并确定生态环境调查和评价的内容。

10.2 生态环境现状调查与评价

10.2.1 陆地生态环境现状调查应包括植被、土地利用现状、重要生物、区域生态环境问题及敏感保护目标。

10.2.2 植被调查应包括植被类型、分布、面积、盖度、生产力，物种基本组成、优势物种、物种优势度或重要值等。

10.2.3 土地利用现状调查应区分森林、草地、湿地、农田、河湖水域、村镇、道路等类型，并绘制土地利用现状图。

10.2.4 项目影响区域有重要生物时，应进行重要生物调查。重要生物调查内容包括物种名称、科学分类、保护级别或其重要特性、分布、食性与生态习性、栖息地特征及生存资源情况、历史变迁、所受主要威胁及种群动态等。调查宜采用现场踏勘、典型调查与资料收集、专家调查相结合的方法进行。

10.2.5 直接与处置设施厂（场）址选择有关的区域生态环境问题，如水土流失、沙漠/石漠化、土地盐碱化以及其他自然灾害等，应进行重点调查和说明。

10.2.6 自然保护区、风景名胜区、文物（考古）保护区、生活饮用水源保护区、供水远景规划区、基本农田保护区以及重要生物及其生境、湿地等敏感保护目标调查应包括敏感保护目标的类别、规划保护范围和需要的保护范围。

10.2.7 当处置设施建设可能影响河流、湖泊或海域生态环境时，应进行水生生物或海洋生物调查。主要应调查底栖生物和鱼类资源。调查内容包括生物种类和生物量、历史变迁和种群动态等。

10.2.8 处置设施拟选厂（场）址的景观美学调查应说明是否属于景观敏感点、厂（场）址周围景观敏感点分布、厂（场）址区的景观美学特点以及对景观影响的耐受程度。

10.2.9 生态环境现状评价主要应说明处置影响区的生态系统类型、基本组成结构、基本状态、主要生态环境功能、存在的主要问题以及处置设施建设时应注意保护的主要敏感目标。

10.3 生态影响评价

10.3.1 生态影响评价按建设期、营运期及服务期满后三个时期进行。

10.3.2 建设期的生态评价主要应说明处置设施及配套项目的永久占地和临时占地的类型、面积，受影响的植被类型、面积及所造成的生物资源或农业资源损失，有无生态环境敏感保护目标受影响及其受影响的程度，有无其他影响。提出预防、减缓措施和植被、土地、景观的恢复措施。

10.3.3 营运期的生态环境影响应分析可能进入生态环境的主要污染物及主要受体，提出减轻影响的措施。事故泄漏应分析造成的生态环境影响。

10.3.4 服务期满后应对填埋场封场、植被恢复层和植被建设，提出适合当地生态特点的建议，并提出封场后 30 年内的生态监测方案，明确监测项目与监测对象、监测点位、时间、频次，监测内容及监测方法、监测保障措施等。

11 污染防治措施

11.1 基本原则

11.1.1 考虑危险废物和医疗废物收集、运输、贮存、处置全过程。

11.1.2 危险废物和医疗废物收集、运输、贮存、处置须符合国家有关法律、法规和标准的要求。

11.1.3 符合清洁生产、达标排放，满足环境功能区、生态保护和保障人群健康的要求。

11.2 废气污染控制措施

11.2.1 外排有毒有害气体、粉尘、恶臭等污染物的除尘净化设施的有效性分析。进行排气筒高度论证时，评价结论中排气筒高度大于工程设计，则排气筒高度按评价结论确定；反之，则按工程设计确定。

11.2.2 焚烧处置装置控制二噁英措施以及焚烧烟气中氮氧化物、尘汞等达标排放措施应进行技术经济论证。

11.2.3 易挥发物料、中间产品等的加工、储存过程中应进行逸出物质统计和防治措施可行性分析。

11.2.4 剧毒、恶臭物质密闭储存措施分析。

11.3 废水污染控制措施

11.3.1 根据给排水平衡计算分析减小废水排放量的措施和效果。

11.3.2 排水系统划分，清污分流、雨污分流的必要性和合理性分析。

11.3.3 废水处理方案、分级控制水质指标、废水处理流程的论证、运行达标可靠性分析。

11.3.4 废水管道和废水贮存、处理设施防渗漏分析。

11.3.5 废水排放口设置合理性分析。

11.4 固体废物污染控制措施

分析危险废物和医疗废物焚烧处置产生的固体废物（残渣、飞灰、经尾气净化装置产生的固态物质和污水处理站污泥等）安全处置措施的可行性。

11.5 噪声污染控制措施

11.5.1 要求厂（场）界噪声达标。

11.5.2 必须针对危险废物、医疗废物不同的处理工程特点，提出噪声的防治对策，并给出最终降噪效果。

11.6 填埋场污染控制措施

11.6.1 填埋场选址和防止二次污染措施的完整性分析。

11.6.2 安全填埋场扬尘治理措施和挥发性气体的处置分析。

11.6.3 渗滤液收集处理措施的可行性分析。

11.6.4 暴雨时期排水去向和污染物处理措施。

11.7 列出气、水、固体废物、声及填埋场污染控制措施的分项明细汇总表，包括详细内容、投资和计划完成时间。

12 环境风险评价

12.1 环境风险评价的目的和重点

环境风险评价的目的是分析和预测项目存在的潜在危险，有害因素，项目运行期间可能发生的突发性事件（一般不包括人为破坏及自然灾害），引起有毒有害和易燃易爆等物质泄漏，所造成的人身安全与环境影响和损害程度，提出合理可行的防范、应急与减缓措施。以使建设项目事故率达到可接受水平、损失和环境影响达到最小。

环境风险评价应把事故引起厂（场）址外人群的伤害、环境质量的变化及对生态系统影响的预测和防护作为评价工作重点。

12.2 环境风险评价的内容

评价内容包括风险识别及分析，同类项目事故统计，风险标准体系，最大可信事故及源项，后果计算及风险评价，风险管理及减缓风险措施，应急预案等。

12.3 风险识别

12.3.1 风险识别的范围和类型

风险识别范围包括危险废物和医疗废物处置设施风险识别和处置过程所涉及的物质风险识别。

设施风险识别范围：主体处置装置、预处理装置、贮运设施、公用工程设施及废水、废气、废渣处理、噪声控制设施等；

物质风险识别范围：所处置的危险废物和医疗废物、燃料、中间产物、最终产物以及处置过程排放的“三废”污染物等。

风险类型分为火灾、爆炸和有毒有害物质放散或泄漏三种类型。

12.3.2 物质危险性识别

按《重大危险源辨识》（GB 18218—2000）和《职业性接触毒物危害程度分级》（GB 50844－85）对项目所涉及的有毒有害、易燃易爆物质进行危险性识别和综合评价，筛选风险评价因子。

12.3.3 处置过程潜在危险性识别

对项目功能系统划分功能单元，按其所涉及物质和工艺参数（压力、温度等）确定潜在的危险单元及重大危险源。

12.4 源项分析

12.4.1 分析内容

确定最大可信事故的发生概率、危险物质的泄漏量。

12.4.2 分析方法

定性分析方法：类比法，加权法和因素图分析法。

定量分析法：概率法和指数法。

12.4.3 最大可信事故概率确定方法

事件树、事故树分析法或类比法。

12.4.4 危险物质的泄漏量

（1）确定泄漏时间，估算泄漏速率。

（2）泄漏量计算包括液体泄漏速率、气体泄漏速率、两相流泄漏、泄漏液体蒸发量计算。

12.5 环境风险影响预测

12.5.1 有毒有害物质在大气中的扩散

有毒有害物质在大气中的扩散，采用多烟团模式、分段烟羽模式、重气体扩散模式等计算。

12.5.2 有毒有害物质在水中的扩散

有毒物质在湖泊、封闭海湾和河流中的预测，采用《环境影响评价技术导则—地面水环境》（HJ/T 2.3）中推荐的地表水扩散数学模式。

12.6 风险计算和评价

12.6.1 风险值

风险值是风险评价表征量，包括风险事故的发生概率和风险事故的危害程度。定义为：

$$\text{风险值}\left(\frac{\text{后果}}{\text{时间}}\right)=\text{概率}\left(\frac{\text{事故数}}{\text{单位时间}}\right)\times\text{危害程度}\left(\frac{\text{后果}}{\text{每次事故}}\right)$$

12.6.2 风险评价

（1）环境空气风险评价。首先计算浓度分布，并按《工作场所有害因素职业接触限值》（GBZ 2—2002）规定的短时间接触容许浓度，给出该浓度分布范围及在该范围内的人口分布。

（2）水环境风险评价。计算污染物浓度分布、包络面积及质点轨迹漂移等指标，用水生生态损害阈与计算结果作比较分析。

（3）对以生态系统损害为特征的事故风险评价。用损害生态资源的价值进行分析，给出损害范围和损害值。

12.7 环境风险防范措施和应急预案

事故防范措施主要从管理制度、设计规范、操作规程、防护措施、监督检查、岗位培训和演习、警示标志、记录备案等方面提出要求。

事故应急预案应从事故预想，组织程序，报告制度，通讯联络方式，应急措施及装备，区域应急援助网络与信息发布，环境恢复与补偿等方面提出要求和建议。

12.8 环境风险评价结论及建议

列出主要环境风险评价结果，包括主要危险和危害因素，最大可信事故及其危害，风险防范措施与应急预案，并提出针对性建议。

13 环境监测与管理

根据国家和地方的要求，结合建设项目具体情况与周围环境状况，提出有针对性的建设期、运营期、服务期满后各不同阶段具有可操作性的环境管理措施与监测计划。

13.1 环境管理

13.1.1 机构设置

建立专门的环境管理部门，配备环境保护负责人、专（兼）职人员，实行责任制。

13.1.2 制度建设

风险事故应急救援制度；

危险废物和医疗废物安全处置有关的规章制度（安全操作规程、岗位责任制、车辆设备保养维修等规章制度）；

危险废物和医疗废物处置全过程的管理制度；

转移联单管理制度；

职业健康、安全、环保管理体系（HSE）；

处置厂（场）的管理人员应参加环保管理部门的岗位培训，合格后上岗；

档案管理制度。

13.1.3 建设项目环境保护竣工验收

由审批环境影响报告书的环境保护行政主管部门负责处置设施项目环境保护竣工验收。

13.2 环境监测

13.2.1 建立分析试验室，配置分析仪器。

13.2.2 危险废物填埋场环境监测执行《危险废物安全填埋污染控制标准》（GB 18598—2001）中10的监测要求。

13.2.3 危险废物焚烧场执行《危险废物焚烧污染控制标准》（GB 18484—2001）中6的规定。

13.2.4 危险废物贮存执行《危险废物贮存污染控制标准》（GB 18597—2001）中8的规定。

13.2.5 建立污染源和环境监测报告制度。

13.3 风险事故应急

13.3.1 制定风险应急预案。

13.3.2 建立异常事件的预警系统。

13.3.3 设立告知制度，组织人员疏散。

13.3.4 提出消除事故影响的措施。

13.3.5 建立事故环境影响消除的审核制度。

14 公众参与

14.1 危险废物和医疗废物处置设施建设项目环境影响评价应充分重视公众参与。应向被调查人介绍项目建设的必要性及建设条件、主要环境影响及对策。

14.2 公众参与调查可采用多种方式进行，包括信息发布、调查会、听证会及发放公众参与调查表等。

14.3 公众参与的主要调查对象应是有关单位、专家和公众，注意公众调查的代表性，调查人数在80～100人，调查表回收率一般不低于80%。

14.4 在项目建设范围内，如有搬迁居民，还应调查搬迁居民对重新安置的意见与要求。

14.5 对建设性意见应予以采纳，并反馈到工程建设中，同时在环境影响报告书中加以说明。对不同意见，应作必要的解释。

15 结论与建议

按环境影响评价的有关技术规定执行。

关于印发《全国危险废物和医疗废物处置设施建设规划》的通知

环发[2004]16号

各省（自治区、直辖市）发展与改革委员会（计委）、环保局（厅）、新疆建设兵团计划委员会、环保局：

《全国危险废物和医疗废物处置设施建设规划》业经国务院批准，现印发给你们。请按照国务院关于全国危险废物和医疗废物处置设施建设规划的批复精神认真组织实施。对规划内的项目，国家将区别情况安排资金予以支持。为保证规划的顺利实施，提高资金的使用效益，现将实施中的有关问题通知如下：

一、各地要加快项目前期工作，深优化研究项目建设方案。项目的前期论证和审批要以国家环保总局等部门发布的10项技术规范、标准（目录详见附件3）以及相应的管理法规、规定和文件（目录详见附件4）等为依据。同时，要将《关于有害废物越境转移及其处置的巴塞尔公约》（以下简称《巴塞尔公约》）作为审查项目的参考文献。要科学论证项目建设规模，选择有资质的设计单位承担项目的设计任务，确保采用成熟的工艺技术。

二、各地要落实建设用地、配套资金等建设条件，择优选择项目法人业主单位。从事危险废物和医疗废物集中处置的项目单位必须具备环保部门颁发的资质许可和相应的资金实力，并通过招投标确定。对安排的中央和地方财政性建设资金，地方政府必须明确由国有企业作为国有资本的出资人代表，做到产权清晰，责权明确。要充分利用特许经营权等手段，保证所建设施长期稳定发挥作用，防止危险废物和医疗废物处置的低水平、无序竞争，坚决制止重复建设，保证处置设施充分发挥效益。

三、严格规划内项目的审批程序。对省级危险废物处置中心项目，其项目建议书和可行性研究报告由省级计划部门（发展改革委部门，下同）会同省级环保局部门审批，环境影响报告书由国家环保总局审批。对地级设区城市医疗废物处置项目，可适当简化项目审批程序，其可行性研究报告（代项目建议书）由省发改委计划部门会同省级环保局部门审批，其环境影响报告书由省级环保部门审批。对《规划》印发前已完成审批程序的项目，未按上述要求审查的，需在原有审批的基础上进行复核，并提出复核报告，与原有批复文件一并作为向国家申报项目和申请投资补助的依据。对环保系统自身能力建设项目，其可行性研究报告（代项目建议书）由国家环保总局进行初步审查，报国家发展改革委审批。地方在上报可行性研究报告时必须附有地方配套条件落实文件。

由地方负责审批可行性研究报告的项目，各地要将资金申请报告、地方配套条件落实文件、批复的可行性研究报告、进口设备清单报送国家发展改革委和国家环保总局，由国家环保总局对项目进行技术复核，符合条件的，纳入国家中央政府投资计划。

四、危险废物和医疗废物处置设施建设项目所需设备，必须立足于国内现有条件，优先选用国产适用设备。对需要引进的设备，也应逐步实现国产化。

五、规划项目的验收。为保证安全，规划内项目建成后，经竣工验收合格，方可投入正式运营。规划内项目验收的内容除遵守一般工程验收的规定外，验收中还应重点检查相应危险废物管理体系的建立和执行情况；危险废物收费和产业化机制的建立情况等。省级危险废物处置中心和环保系统自身能力建设项目，由国家发展改革委、国家环保总局组织验收；设区地级城市医疗废物集中处置中心项目，由省级发展改革计划部门、省级环保部门进行验收。

六、切实落实医疗废物和危险废物收费和及产业化政策。各地要按照国家发展改革委、国家环保总局等五部委《关于实行危险废物处置收费制度促进危险废物处置产业化的通知》（发改价格[2003]1874 号文件）的要求，落实危险废物和医疗废物处置收费政策，制定合理的收费标准，加快危险废物处置的产业化进程。符合综合利用条件的处置企业，可按规定享受综合利用优惠政策。同时，各地环保部门要加强对危险废物的管理，保证危险废物、医疗废物和放射性废物得到安全、有效处置应收尽收，保证废物处置设施发挥效益。

附件：

1．国务院关于全国危险废物和医疗废物处置设施建设规划的批复（国函[2003]128 号）（略）
2．全国危险废物和医疗废物处置设施建设规划
3．危险废物处置设施建设项目审查的技术文件目录
4．危险废物和医疗废物处置有关管理法规和文件目录

国家环境保护总局
二〇〇四年一月十九日

附件 2：

全国危险废物和医疗废物处置设施建设规划（节选）

第一章　处置现状和存在问题

（一）产生状况

2002 年我国工业危险废物产生量为 1 000.16 万吨，其中，按种类分，碱溶液和固态碱、无机氟化物、含铜废物、废酸或固态酸、无机氰化物、含砷废物、含锌废物、含铬废物等产生量较大；按地区分，贵州、四川、江苏、辽宁、山东、广西、广东、重庆、湖南、上海、河北、甘肃、云南等 13 个省市产生量占全国总产生量的 80%以上；按行业分，工业危险废物产生于 99 个行业，重点有 20 个行业，其中化学原料及化学制造业产生的危险废物占总量的 40%。另外，社会生活中也产生了大量废弃的含有镉、汞、铅、镍等的废电池和日光灯管等危险废物。2002 年我国医疗卫生机构和其他行业还产生放射性废物 11.53 万吨。

第二章　指导思想、目标、原则和技术要求

（三）规划原则

4．功能齐全，综合配套。为了对不同类别、不同危害特性的危险废物实行分类处理处置，鼓励危险废物集中处置设施同时配备综合利用、焚烧和安全填埋等工艺装置，按照“三位一体”处置中心模式进行设计和建设。对可利用的危险废物，首先回收利用，使其资源化；对能焚烧的有机性危险废物和医疗废物采取焚烧处理；对不能焚烧处理的无机危险废物，焚烧后的飞灰、残渣等，以及达到填埋标准的危险废物应建设危险废物安全填埋场进行处置，不得混入生活垃圾填埋场。鼓励危

险废物处置中心配置含汞、镉、铅、镍等废电池及废日光灯管等社会源危险废物的收集处理设施。

第三章　主要任务

（三）建立收集、运输、处置体系

规范收集贮存。危险废物的产生者和经营者要根据危险废物组分，用能有效防止渗漏、扩散的专门容器进行分类收集，应建造专用的危险废物贮存设施，在贮存、接受前应进行检验和鉴别，对在常温常压下易燃易爆及排出有毒气体的危险废物必须进行预处理，在常温常压下易水解、挥发的危险废物必须装入容器贮存，禁止将不相容的危险废物混装。逐步完善含汞、镉、铅、镍等的废电池、废日光灯管等社会源危险废物的回收网络。医疗废物产生单位应按照要求建立健全医疗废物管理制度，分类别采用具有明显标识的专用包装，存放于贮存场所或库房，常温下贮存期不得超过 2 天，5℃以下冷藏的不得超过 7 天。

附件 3：

危险废物处置设施建设项目审查的技术文件目录

1. 医疗废物集中处置技术规范（环发[2003]206 号文件）；
2. 危险废物集中焚烧处置工程建设技术要求（试行）（环发[2004]15 号文件）；
3. 医疗废物集中焚烧处置工程建设技术要求（试行）（环发[2004]15 号文件）；
4. 危险废物污染防治技术政策（环发[2003]199 号文件）；
5. 医疗废物转运车技术要求（GB 19217—2003）；
6. 医疗废物焚烧炉技术要求（GB 19218—2003）；
7. 医疗废物专用包装物、容器标准和警示标识规定（环保总局、卫生部环发[2003]188 号文件）；
8. 危险废物焚烧污染控制标准（GB 18484—2001）；
9. 危险废物填埋污染控制标准（GB 18598—2001）；
10. 危险废物贮存污染控制标准（GB 18597—2001）。

注：文中所列标准、技术要求可查阅 www.sepa.gov.cn 和 www.es.org.cn。

巴塞尔公约可查阅《危险废物环境管理与安全处置-巴塞尔公约全书》(北京化工出版社 2002 年，ISBN7-5025-3756-2/X？165)，或查阅下列网址 www.basel.int/text/documents.html 和 www.basel.int/meetings/bc/workdoc/techdocs.html。

附件 4：

危险废物和医疗废物处置有关管理法规和文件目录

1.《中华人民共和国固体废物污染环境防治法》
2.《中华人民共和国传染病防治法》
3.《中华人民共和国放射性污染防治法》
4.《医疗废物管理条例》（国务院令[2003]380 号文件）
5.《危险化学品管理条例》（国务院令[2002]344 号文件）

6.《关于贯彻执行医疗废物管理条例的通知》（国家环保总局环发[2003]117 号文件）

7.《关于实行危险废物处置收费制度促进危险废物处置产业化的通知》（国家发改委、环保总局等五部委发改价格[2003]1874 号文件）

注：以上法律、法规可查阅国家环保总局和卫生部网站 www.sepa.gov.cn 和 www.moh.gov.cn。

关于发布《废弃家用电器与电子产品污染防治技术政策》的通知

环发[2006]115 号

各省、自治区、直辖市环境保护局（厅）、科技厅、信息产业主管部门、商务厅：

为贯彻《中华人民共和国固体废物污染环境防治法》和《中华人民共和国清洁生产促进法》，减少家用电器与电子产品使用废弃后的废物产生量，提高资源回收利用率，控制其在综合利用和处置过程中的环境污染，现发布《废弃家用电器与电子产品污染防治技术政策》，请参照执行。

附件：废弃家用电器与电子产品污染防治技术政策

环保总局　科技部　信息产业部　商务部

二〇〇六年四月二十七日

附件：

废弃家用电器与电子产品污染防治技术政策（节选）

一、总则

（三）定义

2．有毒有害物质：指家用电器与电子产品中含有的铅、汞、镉、六价铬、多溴联苯（PBB）和多溴二苯醚（PBDE）以及国家规定的其他有毒有害物质。

六、处理处置

（二）拆解

2．含下述物质的元（器）件、零（部）件应单独拆除，分类收集：

（5）多氯联苯电容器及含汞零（部）件；

（三）含危险物质的零（部）件的处理

2．液晶显示器（LCD）

（3）从背光模组中拆下的冷阴极荧光管可送往专业的汞回收厂回收汞，或者连同其他含汞荧光灯管一起按照危险废物处置。

电子废物污染环境防治管理办法

国家环境保护总局令

总局令　第40号

《电子废物污染环境防治管理办法》于2007年9月7日经国家环境保护总局2007年第三次局务会议通过。现予公布，自2008年2月1日起施行。

国家环境保护总局局长　周生贤

二〇〇七年九月二十七日

电子废物污染环境防治管理办法

第一章　总　则

第一条　为了防治电子废物污染环境，加强对电子废物的环境管理，根据《固体废物污染环境防治法》，制定本办法。

第二条　本办法适用于中华人民共和国境内拆解、利用、处置电子废物污染环境的防治。

产生、贮存电子废物污染环境的防治，也适用本办法；有关法律、行政法规另有规定的，从其规定。

电子类危险废物相关活动污染环境的防治，适用《固体废物污染环境防治法》有关危险废物管理的规定。

第三条　国家环境保护总局对全国电子废物污染环境防治工作实施监督管理。

县级以上地方人民政府环境保护行政主管部门对本行政区域内电子废物污染环境防治工作实施监督管理。

第四条　任何单位和个人都有保护环境的义务，并有权对造成电子废物污染环境的单位和个人进行控告和检举。

第二章　拆解利用处置的监督管理

第五条　新建、改建、扩建拆解、利用、处置电子废物的项目，建设单位（包括个体工商户）应当依据国家有关规定，向所在地设区的市级以上地方人民政府环境保护行政主管部门报批环境影响报告书或者环境影响报告表（以下统称环境影响评价文件）。

前款规定的环境影响评价文件，应当包括下列内容：

（一）建设项目概况；

（二）建设项目是否纳入地方电子废物拆解利用处置设施建设规划；

（三）选择的技术和工艺路线是否符合国家产业政策和电子废物拆解利用处置环境保护技术规范和管理要求，是否与所拆解利用处置的电子废物类别相适应；

（四）建设项目对环境可能造成影响的分析和预测；

（五）环境保护措施及其经济、技术论证；

（六）对建设项目实施环境监测的方案；

（七）对本项目不能完全拆解、利用或者处置的电子废物以及其他固体废物或者液态废物的妥善利用或者处置方案；

（八）环境影响评价结论。

第六条　建设项目竣工后，建设单位（包括个体工商户）应当向审批该建设项目环境影响评价文件的环境保护行政主管部门申请该建设项目需要采取的环境保护措施验收。

前款规定的环境保护措施验收，应当包括下列内容：

（一）配套建设的环境保护设施是否竣工；

（二）是否配备具有相关专业资质的技术人员，建立管理人员和操作人员培训制度和计划；

（三）是否建立电子废物经营情况记录簿制度；

（四）是否建立日常环境监测制度；

（五）是否落实不能完全拆解、利用或者处置的电子废物以及其他固体废物或者液态废物的妥善利用或者处置方案；

（六）是否具有与所处理的电子废物相适应的分类、包装、车辆以及其他收集设备；

（七）是否建立防范因火灾、爆炸、化学品泄漏等引发的突发环境污染事件的应急机制。

第七条　负责审批环境影响评价文件的县级以上人民政府环境保护行政主管部门应当及时将具备下列条件的单位（包括个体工商户），列入电子废物拆解利用处置单位（包括个体工商户）临时名录，并予以公布：

（一）已依法办理工商登记手续，取得营业执照；

（二）建设项目的环境保护措施经环境保护行政主管部门验收合格。

负责审批环境影响评价文件的县级以上人民政府环境保护行政主管部门，对近三年内没有两次以上（含两次）违反环境保护法律、法规和没有本办法规定的下列违法行为的列入临时名录的单位（包括个体工商户），列入电子废物拆解利用处置单位（包括个体工商户）名录，予以公布并定期调整：

（一）超过国家或者地方规定的污染物排放标准排放污染物的；

（二）随意倾倒、堆放所产生的固体废物或液态废物的；

（三）将未完全拆解、利用或者处置的电子废物提供或者委托给列入名录且具有相应经营范围的拆解利用处置单位（包括个体工商户）以外的单位或者个人从事拆解、利用、处置活动的；

（四）环境监测数据、经营情况记录弄虚作假的。

近三年内有两次以上（含两次）违反环境保护法律、法规和本办法规定的本条第二款所列违法行为记录的，其单位法定代表人或者个体工商户经营者新设拆解、利用、处置电子废物的经营企业或者个体工商户的，不得列入名录。

名录（包括临时名录）应当载明单位（包括个体工商户）名称、单位法定代表人或者个体工商户经营者、住所、经营范围。

禁止任何个人和未列入名录（包括临时名录）的单位（包括个体工商户）从事拆解、利用、处置电子废物的活动。

第八条　建设电子废物集中拆解利用处置区的，应当严格规划，符合国家环境保护总局制定的有关技术规范的要求。

第九条　从事拆解、利用、处置电子废物活动的单位（包括个体工商户）应当按照环境保护措施验收的要求对污染物排放进行日常定期监测。

从事拆解、利用、处置电子废物活动的单位（包括个体工商户）应当按照电子废物经营情况记录簿制度的规定，如实记载每批电子废物的来源、类型、重量或者数量、收集（接收）、拆解、利用、贮存、处置的时间；运输者的名称和地址；未完全拆解、利用或者处置的电子废物以及固体废物或液态废物的种类、重量或者数量及去向等。

监测报告及经营情况记录簿应当保存三年。

第十条 从事拆解、利用、处置电子废物活动的单位（包括个体工商户），应当按照经验收合格的培训制度和计划进行培训。

第十一条 拆解、利用和处置电子废物，应当符合国家环境保护总局制定的有关电子废物污染防治的相关标准、技术规范和技术政策的要求。

禁止使用落后的技术、工艺和设备拆解、利用和处置电子废物。

禁止露天焚烧电子废物。

禁止使用冲天炉、简易反射炉等设备和简易酸浸工艺利用、处置电子废物。

禁止以直接填埋的方式处置电子废物。

拆解、利用、处置电子废物应当在专门作业场所进行。作业场所应当采取防雨、防地面渗漏的措施，并有收集泄漏液体的设施。拆解电子废物，应当首先将铅酸电池、镉镍电池、汞开关、阴极射线管、多氯联苯电容器、制冷剂等去除并分类收集、贮存、利用、处置。

贮存电子废物，应当采取防止因破碎或者其他原因导致电子废物中有毒有害物质泄漏的措施。破碎的阴极射线管应当贮存在有盖的容器内。电子废物贮存期限不得超过一年。

第十二条 县级以上人民政府环境保护行政主管部门有权要求拆解、利用、处置电子废物的单位定期报告电子废物经营活动情况。

县级以上人民政府环境保护行政主管部门应当通过书面核查和实地检查等方式进行监督检查，并将监督检查情况和处理结果予以记录，由监督检查人员签字后归档。监督抽查和监测一年不得少于一次。

县级以上人民政府环境保护行政主管部门发现有不符合环境保护措施验收合格时条件、情节轻微的，可以责令限期整改；经及时整改并未造成危害后果的，可以不予处罚。

第十三条 本办法施行前已经从事拆解、利用、处置电子废物活动的单位（包括个体工商户），具备下列条件的，可以自本办法施行之日起 120 日内，按照本办法的规定，向所在地设区的市级以上地方人民政府环境保护行政主管部门申请核准列入临时名录，并提供下列相关证明文件：

（一）已依法办理工商登记手续，取得营业执照；

（二）环境保护设施已经环境保护行政主管部门竣工验收合格；

（三）已经符合或者经过整改符合本办法规定的环境保护措施验收条件，能够达到电子废物拆解利用处置环境保护技术规范和管理要求；

（四）污染物排放及所产生固体废物或者液态废物的利用或者处置符合环境保护设施竣工验收时的要求。

设区的市级以上地方人民政府环境保护行政主管部门应当自受理申请之日起 20 个工作日内，对申请单位提交的证明材料进行审查，并对申请单位的经营设施进行现场核查，符合条件的，列入临时名录，并予以公告；不符合条件的，书面通知申请单位并说明理由。

列入临时名录经营期限满三年，并符合本办法第七条第二款所列条件的，列入名录。

第三章 相关方责任

第十四条 电子电器产品、电子电气设备的生产者应当依据国家有关法律、行政法规或者规章的规定，限制或者淘汰有毒有害物质在产品或者设备中的使用。

电子电器产品、电子电气设备的生产者、进口者和销售者，应当依据国家有关规定公开产品或者设备所含铅、汞、镉、六价铬、多溴联苯（PBB）、多溴二苯醚（PBDE）等有毒有害物质，以及不当利用或者处置可能对环境和人类健康影响的信息，产品或者设备废弃后以环境无害化方式利用或者处置的方法提示。

电子电器产品、电子电气设备的生产者、进口者和销售者，应当依据国家有关规定建立回收系统，回收废弃产品或者设备，并负责以环境无害化方式贮存、利用或者处置。

第十五条　有下列情形之一的，应当将电子废物提供或者委托给列入名录（包括临时名录）的具有相应经营范围的拆解利用处置单位（包括个体工商户）进行拆解、利用或者处置：

（一）产生工业电子废物的单位，未自行以环境无害化方式拆解、利用或者处置的；

（二）电子电器产品、电子电气设备生产者、销售者、进口者、使用者、翻新或者维修者、再制造者，废弃电子电器产品、电子电气设备的；

（三）拆解利用处置单位（包括个体工商户），不能完全拆解、利用或者处置电子废物的；

（四）有关行政主管部门在行政管理活动中，依法收缴的非法生产或者进口的电子电器产品、电子电气设备需要拆解、利用或处置的。

第十六条　产生工业电子废物的单位，应当记录所产生工业电子废物的种类、重量或者数量、自行或者委托第三方贮存、拆解、利用、处置情况等；并依法向所在地县级以上地方人民政府环境保护行政主管部门提供电子废物的种类、产生量、流向、拆解、利用、贮存、处置等有关资料。

记录资料应当保存三年。

第十七条　以整机形式转移含铅酸电池、镉镍电池、汞开关、阴极射线管和多氯联苯电容器的废弃电子电器产品或者电子电气设备等电子类危险废物的，适用《固体废物污染环境防治法》第二十三条的规定。

转移过程中应当采取防止废弃电子电器产品或者电子电气设备破碎的措施。

第四章　罚　则

第十八条　县级以上人民政府环境保护行政主管部门违反本办法规定，不依法履行监督管理职责的，由本级人民政府或者上级环境保护行政主管部门依法责令改正；对负有责任的主管人员和其他直接责任人员，依据国家有关规定给予行政处分；构成犯罪的，依法追究刑事责任。

第十九条　违反本办法规定，拒绝现场检查的，由县级以上人民政府环境保护行政主管部门依据《固体废物污染环境防治法》责令限期改正；拒不改正或者在检查时弄虚作假的，处 2 000 元以上 2 万元以下的罚款；情节严重，但尚构不成刑事处罚的，并由公安机关依据《治安管理处罚法》处 5 日以上 10 日以下拘留；构成犯罪的，依法追究刑事责任。

第二十条　违反本办法规定，任何个人或者未列入名录（包括临时名录）的单位（包括个体工商户）从事拆解、利用、处置电子废物活动的，按照下列规定予以处罚：

（一）未获得环境保护措施验收合格的，由审批该建设项目环境影响评价文件的人民政府环境保护行政主管部门依据《建设项目环境保护管理条例》责令停止拆解、利用、处置电子废物活动，可以处 10 万元以下罚款；

（二）未取得营业执照的，由工商行政管理部门依据《无照经营查处取缔办法》依法予以取缔，没收专门用于从事无照经营的工具、设备、原材料、产品等财物，并处 5 万元以上 50 万元以下的罚款。

第二十一条　违反本办法规定，有下列行为之一的，由所在地县级以上人民政府环境保护行政主管部门责令限期整改，并处 3 万元以下罚款：

（一）将未完全拆解、利用或者处置的电子废物提供或者委托给列入名录（包括临时名录）且具有相应经营范围的拆解利用处置单位（包括个体工商户）以外的单位或者个人从事拆解、利用、处置活动的；

（二）拆解、利用和处置电子废物不符合有关电子废物污染防治的相关标准、技术规范和技术政策的要求，或者违反本办法规定的禁止性技术、工艺、设备要求的；

（三）贮存、拆解、利用、处置电子废物的作业场所不符合要求的；

（四）未按规定记录经营情况、日常环境监测数据、所产生工业电子废物的有关情况等，或者环境监测数据、经营情况记录弄虚作假的；

（五）未按培训制度和计划进行培训的；

（六）贮存电子废物超过一年的。

第二十二条 列入名录（包括临时名录）的单位（包括个体工商户）违反《固体废物污染环境防治法》等有关法律、行政法规规定，有下列行为之一的，依据有关法律、行政法规予以处罚：

（一）擅自关闭、闲置或者拆除污染防治设施、场所的；

（二）未采取无害化处置措施，随意倾倒、堆放所产生的固体废物或液态废物的；

（三）造成固体废物或液态废物扬散、流失、渗漏或者其他环境污染等环境违法行为的；

（四）不正常使用污染防治设施的。

有前款第一项、第二项、第三项行为的，分别依据《固体废物污染环境防治法》第六十八条规定，处以 1 万元以上 10 万元以下罚款；有前款第四项行为的，依据《水污染防治法》、《大气污染防治法》有关规定予以处罚。

第二十三条 列入名录（包括临时名录）的单位（包括个体工商户）违反《固体废物污染环境防治法》等有关法律、行政法规规定，有造成固体废物或液态废物严重污染环境的下列情形之一的，由所在地县级以上人民政府环境保护行政主管部门依据《固体废物污染环境防治法》和《国务院关于落实科学发展观加强环境保护的决定》的规定，责令限其在三个月内进行治理，限产限排，并不得建设增加污染物排放总量的项目；逾期未完成治理任务的，责令其在三个月内停产整治；逾期仍未完成治理任务的，报经本级人民政府批准关闭：

（一）危害生活饮用水水源的；

（二）造成地下水或者土壤重金属环境污染的；

（三）因危险废物扬散、流失、渗漏造成环境污染的；

（四）造成环境功能丧失无法恢复环境原状的；

（五）其他造成固体废物或者液态废物严重污染环境的情形。

第二十四条 县级以上人民政府环境保护行政主管部门发现有违反本办法的行为，依据有关法律、法规和本办法的规定应当由工商行政管理部门或者公安机关行使行政处罚权的，应当及时移送有关主管部门依法予以处罚。

第五章 附 则

第二十五条 本办法中下列用语的含义：

（一）电子废物，是指废弃的电子电器产品、电子电气设备（以下简称产品或者设备）及其废弃零部件、元器件和国家环境保护总局会同有关部门规定纳入电子废物管理的物品、物质。包括工业生产活动中产生的报废产品或者设备、报废的半成品和下脚料，产品或者设备维修、翻新、再制造过程产生的报废品，日常生活或者为日常生活提供服务的活动中废弃的产品或者设备，以及法律法规禁止生产或者进口的产品或者设备。

（二）工业电子废物，是指在工业生产活动中产生的电子废物，包括维修、翻新和再制造工业单位以及拆解利用处置电子废物的单位（包括个体工商户），在生产活动及相关活动中产生的电子废物。

（三）电子类危险废物，是指列入国家危险废物名录或者根据国家规定的危险废物鉴别标准和鉴别方法认定的具有危险特性的电子废物。包括含铅酸电池、镉镍电池、汞开关、阴极射线管和多氯联苯电容器等的产品或者设备等。

（四）拆解，是指以利用、贮存或者处置为目的，通过人工或者机械的方式将电子废物进行拆卸、解体活动；不包括产品或者设备维修、翻新、再制造过程中的拆卸活动。

（五）利用，是指从电子废物中提取物质作为原材料或者燃料的活动，不包括对产品或者设备的维修、翻新和再制造。

第二十六条 本办法自2008年2月1日起施行。

废弃电器电子产品回收处理管理条例

第一章 总 则

第一条 为了规范废弃电器电子产品的回收处理活动，促进资源综合利用和循环经济发展，保护环境，保障人体健康，根据《中华人民共和国清洁生产促进法》和《中华人民共和国固体废物污染环境防治法》的有关规定，制定本条例。

第二条 本条例所称废弃电器电子产品的处理活动，是指将废弃电器电子产品进行拆解，从中提取物质作为原材料或者燃料，用改变废弃电器电子产品物理、化学特性的方法减少已产生的废弃电器电子产品数量，减少或者消除其危害成分，以及将其最终置于符合环境保护要求的填埋场的活动，不包括产品维修、翻新以及经维修、翻新后作为旧货再使用的活动。

第三条 列入《废弃电器电子产品处理目录》（以下简称《目录》）的废弃电器电子产品的回收处理及相关活动，适用本条例。

国务院资源综合利用主管部门会同国务院环境保护、工业信息产业等主管部门制订和调整《目录》，报国务院批准后实施。

第四条 国务院环境保护主管部门会同国务院资源综合利用、工业信息产业主管部门负责组织拟订废弃电器电子产品回收处理的政策措施并协调实施，负责废弃电器电子产品处理的监督管理工作。国务院商务主管部门负责废弃电器电子产品回收的管理工作。国务院财政、工商、质量监督、税务、海关等主管部门在各自职责范围内负责相关管理工作。

第五条 国家对废弃电器电子产品实行多渠道回收和集中处理制度。

第六条 国家对废弃电器电子产品处理实行资格许可制度。设区的市级人民政府环境保护主管部门审批废弃电器电子产品处理企业（以下简称处理企业）资格。

第七条 国家建立废弃电器电子产品处理基金，用于废弃电器电子产品回收处理费用的补贴。电器电子产品生产者、进口电器电子产品的收货人或者其代理人应当按照规定履行废弃电器电子产品处理基金的缴纳义务。

废弃电器电子产品处理基金应当纳入预算管理，其征收、使用、管理的具体办法由国务院财政部门会同国务院环境保护、资源综合利用、工业信息产业主管部门制订，报国务院批准后施行。

制订废弃电器电子产品处理基金的征收标准和补贴标准，应当充分听取电器电子产品生产企业、处理企业、有关行业协会及专家的意见。

第八条 国家鼓励和支持废弃电器电子产品处理的科学研究、技术开发、相关技术标准的研究以及新技术、新工艺、新设备的示范、推广和应用。

第九条 属于国家禁止进口的废弃电器电子产品，不得进口。

第二章 相关方责任

第十条 电器电子产品生产者、进口电器电子产品的收货人或者其代理人生产、进口的电器电子产品应当符合国家有关电器电子产品污染控制的规定，采用有利于资源综合利用和无害化处理的设计方案，使用无毒无害或者低毒低害以及便于回收利用的材料。

电器电子产品上或者产品说明书中应当按照规定提供有关有毒有害物质含量、回收处理提示性说明等信息。

第十一条 国家鼓励电器电子产品生产者自行或者委托销售者、维修机构、售后服务机构、废弃电器电子产品回收经营者回收废弃电器电子产品。电器电子产品销售者、维修机构、售后服务机构应当在其营业场所显著位置标注废弃电器电子产品回收处理提示性信息。

回收的废弃电器电子产品应当由有废弃电器电子产品处理资格的处理企业处理。

第十二条 废弃电器电子产品回收经营者应当采取多种方式为电器电子产品使用者提供方便、快捷的回收服务。

废弃电器电子产品回收经营者对回收的废弃电器电子产品进行处理，应当依照本条例规定取得废弃电器电子产品处理资格；未取得处理资格的，应当将回收的废弃电器电子产品交有废弃电器电子产品处理资格的处理企业处理。

回收的电器电子产品经过修复后销售的，必须符合保障人体健康和人身、财产安全等国家技术规范的强制性要求，并在显著位置标识为旧货。具体管理办法由国务院商务主管部门制定。

第十三条 机关、团体、企事业单位将废弃电器电子产品交有废弃电器电子产品处理资格的处理企业处理的，依照国家有关规定办理资产核销手续。

处理涉及国家秘密的废弃电器电子产品，依照国家保密规定办理。

第十四条 国家鼓励处理企业与相关电器电子产品生产者、销售者以及废弃电器电子产品回收经营者等建立长期合作关系，回收处理废弃电器电子产品。

第十五条 处理废弃电器电子产品，应当符合国家有关资源综合利用、环境保护、劳动安全和保障人体健康的要求。

禁止采用国家明令淘汰的技术和工艺处理废弃电器电子产品。

第十六条 处理企业应当建立废弃电器电子产品处理的日常环境监测制度。

第十七条 处理企业应当建立废弃电器电子产品的数据信息管理系统，向所在地的设区的市级人民政府环境保护主管部门报送废弃电器电子产品处理的基本数据和有关情况。废弃电器电子产品处理的基本数据的保存期限不得少于 3 年。

第十八条 处理企业处理废弃电器电子产品，依照国家有关规定享受税收优惠。

第十九条 回收、储存、运输、处理废弃电器电子产品的单位和个人，应当遵守国家有关环境保护和环境卫生管理的规定。

第三章 监督管理

第二十条 国务院资源综合利用、质量监督、环境保护、工业信息产业等主管部门，依照规定的职责制定废弃电器电子产品处理的相关政策和技术规范。

第二十一条 省级人民政府环境保护主管部门会同同级资源综合利用、商务、工业信息产业主管部门编制本地区废弃电器电子产品处理发展规划，报国务院环境保护主管部门备案。

地方人民政府应当将废弃电器电子产品回收处理基础设施建设纳入城乡规划。

第二十二条 取得废弃电器电子产品处理资格，依照《中华人民共和国公司登记管理条例》等规定办理登记并在其经营范围中注明废弃电器电子产品处理的企业，方可从事废弃电器电子产品处理活动。

除本条例第三十四条规定外，禁止未取得废弃电器电子产品处理资格的单位和个人处理废弃电器电子产品。

第二十三条 申请废弃电器电子产品处理资格，应当具备下列条件：

（一）具备完善的废弃电器电子产品处理设施；

（二）具有对不能完全处理的废弃电器电子产品的妥善利用或者处置方案；

（三）具有与所处理的废弃电器电子产品相适应的分拣、包装以及其他设备；

（四）具有相关安全、质量和环境保护的专业技术人员。

第二十四条 申请废弃电器电子产品处理资格，应当向所在地的设区的市级人民政府环境保护主管部门提交书面申请，并提供相关证明材料。受理申请的环境保护主管部门应当自收到完整的申请材料之日起60日内完成审查，作出准予许可或者不予许可的决定。

第二十五条 县级以上地方人民政府环境保护主管部门应当通过书面核查和实地检查等方式，加强对废弃电器电子产品处理活动的监督检查。

第二十六条 任何单位和个人都有权对违反本条例规定的行为向有关部门检举。有关部门应当为检举人保密，并依法及时处理。

第四章 法律责任

第二十七条 违反本条例规定，电器电子产品生产者、进口电器电子产品的收货人或者其代理人生产、进口的电器电子产品上或者产品说明书中未按照规定提供有关有毒有害物质含量、回收处理提示性说明等信息的，由县级以上地方人民政府产品质量监督部门责令限期改正，处5万元以下的罚款。

第二十八条 违反本条例规定，未取得废弃电器电子产品处理资格擅自从事废弃电器电子产品处理活动的，由工商行政管理机关依照《无照经营查处取缔办法》的规定予以处罚。

环境保护主管部门查出的，由县级以上人民政府环境保护主管部门责令停业、关闭，没收违法所得，并处5万元以上50万元以下的罚款。

第二十九条 违反本条例规定，采用国家明令淘汰的技术和工艺处理废弃电器电子产品的，由县级以上人民政府环境保护主管部门责令限期改正；情节严重的，由设区的市级人民政府环境保护主管部门依法暂停直至撤销其废弃电器电子产品处理资格。

第三十条 处理废弃电器电子产品造成环境污染的，由县级以上人民政府环境保护主管部门按照固体废物污染环境防治的有关规定予以处罚。

第三十一条 违反本条例规定，处理企业未建立废弃电器电子产品的数据信息管理系统，未按规定报送基本数据和有关情况或者报送基本数据、有关情况不真实，或者未按规定期限保存基本数据的，由所在地的设区的市级人民政府环境保护主管部门责令限期改正，可以处5万元以下的罚款。

第三十二条 违反本条例规定，处理企业未建立日常环境监测制度或者未开展日常环境监测的，由县级以上人民政府环境保护主管部门责令限期改正，可以处5万元以下的罚款。

第三十三条 违反本条例规定，有关行政主管部门的工作人员滥用职权、玩忽职守、徇私舞弊，构成犯罪的，依法追究刑事责任；尚不构成犯罪的，依法给予处分。

第五章 附 则

第三十四条 经省级人民政府批准，可以设立废弃电器电子产品集中处理场。废弃电器电子产品集中处理场应当具有完善的污染物集中处理设施，确保符合国家或者地方制定的污染物排放标准和固体废物污染环境防治技术标准，并应当遵守本条例的有关规定。

废弃电器电子产品集中处理场应当符合国家和当地工业区设置规划，与当地土地利用规划和城乡规划相协调，并应当加快实现产业升级。

第三十五条 本条例自2011年1月1日起施行。

关于进一步加强危险废物和医疗废物监管工作的意见

环发[2011]19号

各省、自治区、直辖市环境保护厅（局）、卫生厅（局），新疆生产建设兵团环境保护局、卫生局：

危险废物（含医疗废物）污染防治是环境保护工作的重要组成部分。危险废物含有有毒有害成分，若利用和处置不当，将对水体、大气和土壤造成严重污染，甚至严重威胁人民群众身心健康。"十一五"期间，我国不断加大危险废物监管力度，规范利用处置行为，纳入规范化管理的危险废物数量持续大幅度上升。但是非法收集、转移、利用和处置危险废物的现象屡禁不止，由此引发的突发环境事件呈多发态势，暴露出危险废物监管工作依然薄弱，防范危险废物环境风险的压力巨大。各级环保部门要进一步提高认识，增强责任感和紧迫感，采取切实措施，进一步加强危险废物监管工作。现提出如下意见：

一、总体要求

（一）指导思想。以科学发展观为指导，以有效控制危险废物环境风险为目标，以全过程规范化管理为抓手，以产生、利用、处置危险废物的单位为监管重点，以落实危险废物管理制度为根本，进一步加强能力建设，完善危险废物监管体制机制，创新监管手段，严格环境监管，保障人体健康，维护生态安全，促进经济社会可持续发展。

（二）目标任务。到2015年，摸清全国重点危险废物产生单位以及利用、处置单位情况，建立健全危险废物管理信息系统。危险废物管理进一步规范，产生单位危险废物规范化管理抽查合格率达到90%；经营单位危险废物规范化管理抽查合格率达到95%。发展一批危险废物利用处置骨干企业，取缔一批非法利用处置危险废物企业，淘汰一批落后的利用处置设施。大、中城市医疗废物基本实现无害化处置。有效遏制危险废物引发的突发环境事件。

二、规范产生和经营单位内部管理

（三）规范产生单位危险废物管理。产生危险废物的单位应当以控制危险废物的环境风险为目标，制定危险废物管理计划和应急预案并报所在地县级以上地方环保部门备案。依据《固体废物鉴别导则》（原国家环保总局、国家发展改革委、商务部、海关总署、国家质检总局公告2006年第11号）、《国家危险废物名录》（环境保护部令第1号）和《危险废物鉴别标准》（GB 5085），自行或委托专业机构正确鉴别和分类收集危险废物。对盛装危险废物的容器和包装物，要确保无破损、泄漏和其他缺陷，依据《危险废物贮存污染控制标准》（GB 18597）规范建设危险废物贮存场所并设置危险废物标识。加强危险废物贮存期间的环境风险管理，危险废物贮存时间不得超过一年。严格执行危险废物转移联单制度，禁止将危险废物提供或委托给无危险废物经营许可证的单位从事收集、贮存、利用、处置等经营活动。严禁委托无危险货物运输资质的单位运输危险废物。自建危险废物贮存、利用、处置设施的，应当符合《危险废物贮存污染控制标准》（GB 18597）、《危险废物填埋污染控制标准》（GB 18598）、《危险废物焚烧污染控制标准》（GB 18484）等相关标准的要求，依法进行环境影响评价并遵守国家有关建设项目环境保护管理的规定；按照所在地环保部门要求定期对利用处置设施污染物排放进行监测，其中对焚烧设施二噁英排放情况每年至少监测一次。要将危险废物的产生、贮存、利用、处置等情况纳入生产记录，建立危险废物管理台账，如实记录相关信息并及时依法向环保部门申报。

（四）加强危险废物经营单位管理。危险废物经营单位应当依据《危险废物经营许可证管理办法》（国务院令第 408 号）依法申领危险废物经营许可证。禁止无经营许可证或者不按照经营许可证规定从事危险废物收集、贮存、利用、处置的经营活动。要参照《危险废物经营单位记录和报告经营情况指南》（环境保护部公告 2009 年第 55 号）、《危险废物经营单位编制应急预案指南》（原环保总局公告 2007 年第 48 号），建立危险废物经营情况记录簿，定期向环保部门报告经营活动情况；制定突发环境事件的防范措施和应急预案，配置应急防护设施设备，定期开展应急演练；要建立日常环境监测制度，自行或委托有资质的单位对污染物排放进行监测，其中对焚烧设施排放二噁英情况每年至少监测一次，防止污染环境。

（五）加强业务培训。危险废物产生单位和经营单位应当对本单位工作人员进行培训，提高全体人员对危险废物管理的认识。确保相关管理人员和从事危险废物收集、运送、暂存、利用和处置等工作的人员掌握国家相关法律法规、规章和有关规范性文件的规定；熟悉本单位制定的危险废物管理规章制度、工作流程和应急预案等各项工作要求；掌握危险废物分类收集、运送、暂存的正确方法和操作程序，提高安全防护和应急处置能力。对危险废物填埋和焚烧设施操作人员探索实行职业资格证书制度。

三、加强对产生单位的环境监管

（六）完善环评审批。建设产生危险废物的项目，应当严格进行环境影响评价，合理分析危险废物的产生环节、种类、危害特性、产生量、利用或处置方式，科学预测其环境影响。对危险废物产生强度大以及所产生的危险废物分析不清、无妥善利用或处置方案和风险防范措施的建设项目，不予批准其环评文件。建设项目竣工环境保护验收时，应对危险废物产生、贮存、利用和处置情况，风险防范措施，管理计划等进行核查。

（七）建立监管重点源清单。各级环保部门应当于 2011 年年底前建立危险废物产生单位监管重点源清单并及时更新。原则上年产生或贮存危险废物 1 吨以上的单位列为市级危险废物重点源；年产生或贮存危险废物 10 吨以上的单位列为省级危险废物重点源；年产生或贮存危险废物 100 吨以上的单位应当列为国家级危险废物监管重点源。产生含氰等剧毒类危险废物以及被剧毒化学品污染的废弃包装容器的单位应当纳入市级以上地方环保部门的重点监管范围。

（八）强化监督管理。各级环保部门要积极开展产生单位危险废物规范化管理工作，推动落实各项危险废物管理制度。对纳入监管重点源的危险废物产生单位，年抽查率不低于 30%。对产生单位非法转移危险废物的，要坚决打击，从严处理。对超期贮存危险废物的产生单位，应责令限期处置；逾期不处置或处置不符合国家有关规定的，由所在地的县级以上环保部门指定单位代为处置，处置费用由危险废物产生单位承担。以产生废矿物油和铅酸蓄电池的机动车维修企业为重点，因地制宜，探索对流通领域危险废物产生单位的监管。

（九）开展对自有利用处置设施的专项检查。各省（区、市）环保部门应当于 2011 年年底前，组织对危险废物产生单位自有危险废物利用处置设施开展一次全面排查和评估。对于污染物排放超标的设施，特别是二噁英超标的焚烧设施，要依法处罚并限期治理；逾期未完成治理任务的，要依法关停；限期治理期限最长不得超过 1 年。

四、加强对经营单位的环境监管

（十）严格许可证审查。各级环保部门应当严格执行《危险废物经营许可证管理办法》，按照《危险废物经营单位审查和许可证指南》（环境保护部公告 2009 年第 65 号），不断规范和完善危险废物经营许可证的审批工作。上级环保部门应当加强对下级环保部门审批颁发危险废物经营许可证情况的监督检查，及时纠正下级环保部门审批颁发危险废物经营许可证过程中的违法行为。要做好新建危险废物利用处置项目环境影响评价审批与危险废物经营许可证审批工作的衔接工作。对从事收集、贮存废弃荧光灯管、废铅酸蓄电池等流通领域危险废物经营活动的单位，依法开展危险废物经营许可证审批工作，鼓励生产企业回收废弃荧光灯管和废铅酸蓄电池。

（十一）加强监督性检查和监测。地方各级环保部门要落实对危险废物经营单位的属地监管责任，积极开展危险废物经营单位规范化管理工作。发证机关应当组织对持证单位每年至少开展一次监督检查和监督性监测，对危险废物焚烧设施的二噁英排放情况每年至少监测一次。要定期对持证单位污染防治情况和突发环境事件防范能力进行全面评估，对存在严重安全和污染隐患，不符合原许可条件的持证单位，要责令限期整改，直至依法吊销危险废物经营许可证。

（十二）严格依法处罚违法行为。各级环保部门要严格执法，坚决取缔无证从事危险废物收集、贮存、利用、处置经营活动的行为。对不按照经营许可证规定从事收集、贮存、利用、处置危险废物经营活动的，要责令停止违法行为，没收违法所得，可以并处违法所得 3 倍以下的罚款，并可以由发证机关吊销经营许可证。被依法吊销或者收缴危险废物经营许可证的单位，5 年内不得再申请领取危险废物经营许可证。

五、加强医疗废物监管

（十三）建立医疗废物管理责任制。落实《医疗废物管理条例》（国务院令第 380 号）和《医疗卫生机构医疗废物管理办法》（卫生部令第 36 号），建立医疗废物管理责任制。医疗卫生机构负责医疗废物产生后的分类收集管理并及时将医疗废物交由医疗废物集中处置单位处置。医疗废物集中处置单位负责从医疗卫生机构收集医疗废物并进行无害化处置。医疗卫生机构和医疗废物集中处置单位的法定代表人为第一责任人。第一责任人要切实履行职责，防止因医疗废物导致疾病传播和环境污染事故，特别是防止医疗废物流向社会非法加工利用。

（十四）加大对医疗废物的监管力度。卫生行政部门应当加强对医疗卫生机构医疗废物管理工作的监督检查；环保部门应当加强对医疗废物集中处置单位和设施的监管，特别是加强对小规模医疗废物焚烧处置设施的监督性监测力度，对不能稳定达标的，要在 1 年内依法淘汰或者关停。各停用处置设施可用于突发疫情期间应急处置医疗废物。不具备集中处置医疗废物条件的农村等偏远地区，自行就地处置医疗废物的，应当符合《医疗废物管理条例》规定的基本要求。

六、完善监管机制

（十五）建立风险监管机制。落实危险废物经营单位经营情况报告制度，开展危险废物产生单位申报登记工作。以此为基础，充分利用污染源普查成果和其他相关调查成果，结合群众举报等相关信息，加强对各危险废物产生、经营单位违规可能性的分析，建立健全违规风险识别和评估机制，提高监管的针对性和有效性。定期组织开展环境风险排查，着重防范突发自然灾害引发危险废物，特别是长期堆存的危险废物污染环境事件。

（十六）推行考核机制。在 2010 年危险废物污染防治督查工作的基础上，进一步完善危险废物规范化管理的指标体系。各省（区、市）级环保部门要加强对辖区内危险废物产生、利用、处置单位的监督性检查和抽查，考核各单位危险废物规范化管理情况，统计各地区危险废物规范化管理合格率。危险废物规范化管理合格率要纳入对地方环境保护绩效考核的指标体系中。对危险废物规范化管理合格率低于 60%的地区，要通报批评，暂停对该地区有关环境保护的评比创建活动。

（十七）建立合作协调机制。各级环保部门要加强区域合作，以及与公安、交通、安监、卫生等相关部门的合作，联合打击危险废物非法转移、利用和处置的行为。鼓励建立危险废物应急处置区域合作和协调机制，提高风险应对能力。各级环保部门的污染防治、固体废物管理、环评、监测、监察、应急、宣教等部门要信息共享，加强协调，形成合力。

（十八）完善危险废物收费政策。按照成本加合理利润的原则，配合有关部门推动危险废物处理处置收费政策的制定完善，保证处置设施的正常运行。

七、创新监管手段

（十九）建立危险废物管理信息系统。加快国家和省级固体废物管理机构能力建设项目的建设进度，保障危险废物管理信息系统建设质量，尽快实现危险废物网上申报登记、转移管理和经营许可证审批，建立危险废物产生单位、利用、处置单位档案库，建设危险废物突发环境事件应急辅助决策系统，提高危险废物信息化管理能力和水平。

（二十）探索电子监管。充分运用现代物联网技术，探索对危险废物产生、贮存、转移、利用、处置进行全过程电子跟踪监管，提高管理效率，防止非法倾倒。

（二十一）推进信息公开。各级环保部门要落实《固体废物污染环境防治法》关于固体废物污染防治信息发布的制度，参照《大中城市固体废物污染环境防治信息发布导则》（原国家环保总局公告 2006 年第 33 号）的要求，定期公开危险废物的种类、产生量、利用和处置状况，监督管理情况等信息，保证公众知情权，促进舆论监督。

八、加强基础建设

（二十二）加强能力建设。地方各级环保部门要因地制宜，进一步理顺承担固体废物管理工作的行政管理部门和事业单位的关系，明确相关职能定位，形成相互支持，相互配合的局面，提高管理效能。国家和省级固体废物管理机构应于 2011 年年底前完成标准化建设，加强大、中城市固体废物管理机构建设。加大对危险废物执法人员的业务培训力度。各级固体废物管理机构要强化自身建设，积极开展基础调查工作，摸清本地区各行业危险废物基本情况，研究对策建议；指导危险废物产生、利用、处置单位开展规范化管理工作；配合环境应急部门加强危险废物污染事故应急处置能力建设。建立危险废物污染防治专家库。

（二十三）加强危险废物鉴别能力建设。及时动态修订《国家危险废物名录》，完善危险废物鉴别标准。各地应当因地制宜，依托现有环境监测机构或固体废物管理机构，加快危险废物鉴别机构建设，提升危险废物鉴别能力。鼓励危险废物鉴别机构在条件成熟时，根据国家有关规定逐步加入国家司法鉴定体系。

（二十四）保障中长期危险废物填埋处置能力。各省（区、市）环保部门应当会同有关部门抓紧研究制定危险废物填埋设施选址规划，保障中长期危险废物填埋设施建设用地；要采取技术措施和经济手段，控制危险废物填埋数量。

九、建立长效机制

（二十五）完善政策法规。抓紧研究《固体废物污染环境防治法》和《危险废物经营许可证管理办法》的修订工作，健全危险废物全过程管理制度。完善危险废物贮存、利用、处置有关污染控制标准规范。针对危险废物鉴别、申报登记、管理计划、转移管理、应急预案、经营许可、经营情况记录等各项管理制度，逐一制定和完善配套的实施办法和指南，增强可操作性。积极推动地方危险废物相关立法工作。重点针对量大面广的危险废物，建立健全危险废物综合利用产品的质量标准体系，促进综合利用。建立健全危险废物相关环境影响评价导则、违规风险识别和评估导则。

（二十六）加强技术研发和推广。加强含重金属盐类危险废物、阴极射线管的含铅玻璃、生活垃圾焚烧飞灰、废氯化汞触媒和废弃含汞荧光灯等危险废物利用处置，水泥窑等工业窑炉共处置危险废物，以及危险废物污染场地评估与修复等技术的研发，依托重点工程项目组织开展试点示范。研发铬渣、砷渣、镉渣和氰渣等危险废物的污染防治和利用处置技术，统筹国家和地方的科技资源，促进科研单位、企业、政府之间的联合，加快先进、适用技术示范与推广。鼓励低汞触媒生产技术在聚氯乙烯行业，无钙焙烧工艺在铬盐生产行业的应用。

（二十七）制定专项规划。环境保护部要抓紧编制全国“十二五”危险废物污染防治规划，提出加强危险废物污染防治和监督管理的总体思路、目标、原则、工作重点和相关政策措施。各省（区、市）环保部门要制定相应的实施方案，积极落实。

（二十八）加强组织领导。各级环保部门要健全领导机制，明确责任和分工，做到责任到位、措施到位，监管到位。环境保护部各督查中心要对各省（区、市）执行国家危险废物污染防治政策、规划、法规、标准情况进行监督检查并将情况报环境保护部。

各地要在 2011 年 3 月 31 日前，将本地区落实本意见的实施方案，报送环境保护部备案。

二〇一一年二月十六日

第五章 监督管理

危险化学品安全管理条例

中华人民共和国国务院令 第591号

《危险化学品安全管理条例》已经2011年2月16日国务院第144次常务会议修订通过，现将修订后的《危险化学品安全管理条例》公布，自2011年12月1日起施行。

总理 温家宝

二〇一一年三月二日

（2002年1月26日中华人民共和国国务院令第344号公布 2011年2月16日国务院第144次常务会议修订通过）

第一章 总 则

第一条 为了加强危险化学品的安全管理，预防和减少危险化学品事故，保障人民群众生命财产安全，保护环境，制定本条例。

第二条 危险化学品生产、储存、使用、经营和运输的安全管理，适用本条例。

废弃危险化学品的处置，依照有关环境保护的法律、行政法规和国家有关规定执行。

第三条 本条例所称危险化学品，是指具有毒害、腐蚀、爆炸、燃烧、助燃等性质，对人体、设施、环境具有危害的剧毒化学品和其他化学品。

危险化学品目录，由国务院安全生产监督管理部门会同国务院工业和信息化、公安、环境保护、卫生、质量监督检验检疫、交通运输、铁路、民用航空、农业主管部门，根据化学品危险特性的鉴别和分类标准确定、公布，并适时调整。

第四条 危险化学品安全管理，应当坚持安全第一、预防为主、综合治理的方针，强化和落实企业的主体责任。

生产、储存、使用、经营、运输危险化学品的单位（以下统称危险化学品单位）的主要负责人对本单位的危险化学品安全管理工作全面负责。

危险化学品单位应当具备法律、行政法规规定和国家标准、行业标准要求的安全条件，建立、健全安全管理规章制度和岗位安全责任制度，对从业人员进行安全教育、法制教育和岗位技术培训。从业人员应当接受教育和培训，考核合格后上岗作业；对有资格要求的岗位，应当配备依法取得相应资格的人员。

第五条 任何单位和个人不得生产、经营、使用国家禁止生产、经营、使用的危险化学品。

国家对危险化学品的使用有限制性规定的，任何单位和个人不得违反限制性规定使用危险化学品。

第六条 对危险化学品的生产、储存、使用、经营、运输实施安全监督管理的有关部门（以下统称负有危险化学品安全监督管理职责的部门），依照下列规定履行职责：

（一）安全生产监督管理部门负责危险化学品安全监督管理综合工作，组织确定、公布、调整危险化学品目录，对新建、改建、扩建生产、储存危险化学品（包括使用长输管道输送危险化学品，下同）的建设项目进行安全条件审查，核发危险化学品安全生产许可证、危险化学品安全使用许可证和危险化学品经营许可证，并负责危险化学品登记工作。

（二）公安机关负责危险化学品的公共安全管理，核发剧毒化学品购买许可证、剧毒化学品道路运输通行证，并负责危险化学品运输车辆的道路交通安全管理。

（三）质量监督检验检疫部门负责核发危险化学品及其包装物、容器（不包括储存危险化学品的固定式大型储罐，下同）生产企业的工业产品生产许可证，并依法对其产品质量实施监督，负责对进出口危险化学品及其包装实施检验。

（四）环境保护主管部门负责废弃危险化学品处置的监督管理，组织危险化学品的环境危害性鉴定和环境风险程度评估，确定实施重点环境管理的危险化学品，负责危险化学品环境管理登记和新化学物质环境管理登记；依照职责分工调查相关危险化学品环境污染事故和生态破坏事件，负责危险化学品事故现场的应急环境监测。

（五）交通运输主管部门负责危险化学品道路运输、水路运输的许可以及运输工具的安全管理，对危险化学品水路运输安全实施监督，负责危险化学品道路运输企业、水路运输企业驾驶人员、船员、装卸管理人员、押运人员、申报人员、集装箱装箱现场检查员的资格认定。铁路主管部门负责危险化学品铁路运输的安全管理，负责危险化学品铁路运输承运人、托运人的资质审批及其运输工具的安全管理。民用航空主管部门负责危险化学品航空运输以及航空运输企业及其运输工具的安全管理。

（六）卫生主管部门负责危险化学品毒性鉴定的管理，负责组织、协调危险化学品事故受伤人员的医疗卫生救援工作。

（七）工商行政管理部门依据有关部门的许可证件，核发危险化学品生产、储存、经营、运输企业营业执照，查处危险化学品经营企业违法采购危险化学品的行为。

（八）邮政管理部门负责依法查处寄递危险化学品的行为。

第七条 负有危险化学品安全监督管理职责的部门依法进行监督检查，可以采取下列措施：

（一）进入危险化学品作业场所实施现场检查，向有关单位和人员了解情况，查阅、复制有关文件、资料；

（二）发现危险化学品事故隐患，责令立即消除或者限期消除；

（三）对不符合法律、行政法规、规章规定或者国家标准、行业标准要求的设施、设备、装置、器材、运输工具，责令立即停止使用；

（四）经本部门主要负责人批准，查封违法生产、储存、使用、经营危险化学品的场所，扣押违法生产、储存、使用、经营、运输的危险化学品以及用于违法生产、使用、运输危险化学品的原材料、设备、运输工具；

（五）发现影响危险化学品安全的违法行为，当场予以纠正或者责令限期改正。

负有危险化学品安全监督管理职责的部门依法进行监督检查，监督检查人员不得少于 2 人，并应当出示执法证件；有关单位和个人对依法进行的监督检查应当予以配合，不得拒绝、阻碍。

第八条 县级以上人民政府应当建立危险化学品安全监督管理工作协调机制，支持、督促负有危险化学品安全监督管理职责的部门依法履行职责，协调、解决危险化学品安全监督管理工作中的重大问题。

负有危险化学品安全监督管理职责的部门应当相互配合、密切协作，依法加强对危险化学品的安全监督管理。

第九条 任何单位和个人对违反本条例规定的行为，有权向负有危险化学品安全监督管理职责的部门举报。负有危险化学品安全监督管理职责的部门接到举报，应当及时依法处理；对不属于本部门职责的，应当及时移送有关部门处理。

第十条 国家鼓励危险化学品生产企业和使用危险化学品从事生产的企业采用有利于提高安全保障水平的先进技术、工艺、设备以及自动控制系统，鼓励对危险化学品实行专门储存、统一配送、集中销售。

第二章 生产、储存安全

第十一条 国家对危险化学品的生产、储存实行统筹规划、合理布局。

国务院工业和信息化主管部门以及国务院其他有关部门依据各自职责，负责危险化学品生产、储存的行业规划和布局。

地方人民政府组织编制城乡规划，应当根据本地区的实际情况，按照确保安全的原则，规划适当区域专门用于危险化学品的生产、储存。

第十二条 新建、改建、扩建生产、储存危险化学品的建设项目（以下简称建设项目），应当由安全生产监督管理部门进行安全条件审查。

建设单位应当对建设项目进行安全条件论证，委托具备国家规定的资质条件的机构对建设项目进行安全评价，并将安全条件论证和安全评价的情况报告报建设项目所在地设区的市级以上人民政府安全生产监督管理部门；安全生产监督管理部门应当自收到报告之日起45日内作出审查决定，并书面通知建设单位。具体办法由国务院安全生产监督管理部门制定。

新建、改建、扩建储存、装卸危险化学品的港口建设项目，由港口行政管理部门按照国务院交通运输主管部门的规定进行安全条件审查。

第十三条 生产、储存危险化学品的单位，应当对其铺设的危险化学品管道设置明显标志，并对危险化学品管道定期检查、检测。

进行可能危及危险化学品管道安全的施工作业，施工单位应当在开工的7日前书面通知管道所属单位，并与管道所属单位共同制定应急预案，采取相应的安全防护措施。管道所属单位应当指派专门人员到现场进行管道安全保护指导。

第十四条 危险化学品生产企业进行生产前，应当依照《安全生产许可证条例》的规定，取得危险化学品安全生产许可证。

生产列入国家实行生产许可证制度的工业产品目录的危险化学品的企业，应当依照《中华人民共和国工业产品生产许可证管理条例》的规定，取得工业产品生产许可证。

负责颁发危险化学品安全生产许可证、工业产品生产许可证的部门，应当将其颁发许可证的情况及时向同级工业和信息化主管部门、环境保护主管部门和公安机关通报。

第十五条 危险化学品生产企业应当提供与其生产的危险化学品相符的化学品安全技术说明书，并在危险化学品包装（包括外包装件）上粘贴或者拴挂与包装内危险化学品相符的化学品安全标签。化学品安全技术说明书和化学品安全标签所载明的内容应当符合国家标准的要求。

危险化学品生产企业发现其生产的危险化学品有新的危险特性的，应当立即公告，并及时修订其化学品安全技术说明书和化学品安全标签。

第十六条 生产实施重点环境管理的危险化学品的企业，应当按照国务院环境保护主管部门的规定，将该危险化学品向环境中释放等相关信息向环境保护主管部门报告。环境保护主管部门可以根据情况采取相应的环境风险控制措施。

第十七条　危险化学品的包装应当符合法律、行政法规、规章的规定以及国家标准、行业标准的要求。

危险化学品包装物、容器的材质以及危险化学品包装的型式、规格、方法和单件质量（重量），应当与所包装的危险化学品的性质和用途相适应。

第十八条　生产列入国家实行生产许可证制度的工业产品目录的危险化学品包装物、容器的企业，应当依照《中华人民共和国工业产品生产许可证管理条例》的规定，取得工业产品生产许可证；其生产的危险化学品包装物、容器经国务院质量监督检验检疫部门认定的检验机构检验合格，方可出厂销售。

运输危险化学品的船舶及其配载的容器，应当按照国家船舶检验规范进行生产，并经海事管理机构认定的船舶检验机构检验合格，方可投入使用。

对重复使用的危险化学品包装物、容器，使用单位在重复使用前应当进行检查；发现存在安全隐患的，应当维修或者更换。使用单位应当对检查情况作出记录，记录的保存期限不得少于2年。

第十九条　危险化学品生产装置或者储存数量构成重大危险源的危险化学品储存设施（运输工具加油站、加气站除外），与下列场所、设施、区域的距离应当符合国家有关规定：

（一）居住区以及商业中心、公园等人员密集场所；

（二）学校、医院、影剧院、体育场（馆）等公共设施；

（三）饮用水源、水厂以及水源保护区；

（四）车站、码头（依法经许可从事危险化学品装卸作业的除外）、机场以及通信干线、通信枢纽、铁路线路、道路交通干线、水路交通干线、地铁风亭以及地铁站出入口；

（五）基本农田保护区、基本草原、畜禽遗传资源保护区、畜禽规模化养殖场（养殖小区）、渔业水域以及种子、种畜禽、水产苗种生产基地；

（六）河流、湖泊、风景名胜区、自然保护区；

（七）军事禁区、军事管理区；

（八）法律、行政法规规定的其他场所、设施、区域。

已建的危险化学品生产装置或者储存数量构成重大危险源的危险化学品储存设施不符合前款规定的，由所在地设区的市级人民政府安全生产监督管理部门会同有关部门监督其所属单位在规定期限内进行整改；需要转产、停产、搬迁、关闭的，由本级人民政府决定并组织实施。

储存数量构成重大危险源的危险化学品储存设施的选址，应当避开地震活动断层和容易发生洪灾、地质灾害的区域。

本条例所称重大危险源，是指生产、储存、使用或者搬运危险化学品，且危险化学品的数量等于或者超过临界量的单元（包括场所和设施）。

第二十条　生产、储存危险化学品的单位，应当根据其生产、储存的危险化学品的种类和危险特性，在作业场所设置相应的监测、监控、通风、防晒、调温、防火、灭火、防爆、泄压、防毒、中和、防潮、防雷、防静电、防腐、防泄漏以及防护围堤或者隔离操作等安全设施、设备，并按照国家标准、行业标准或者国家有关规定对安全设施、设备进行经常性维护、保养，保证安全设施、设备的正常使用。

生产、储存危险化学品的单位，应当在其作业场所和安全设施、设备上设置明显的安全警示标志。

第二十一条　生产、储存危险化学品的单位，应当在其作业场所设置通信、报警装置，并保证处于适用状态。

第二十二条　生产、储存危险化学品的企业，应当委托具备国家规定的资质条件的机构，对本企业的安全生产条件每 3 年进行一次安全评价，提出安全评价报告。安全评价报告的内容应当包括对安全生产条件存在的问题进行整改的方案。

生产、储存危险化学品的企业，应当将安全评价报告以及整改方案的落实情况报所在地县级人民政府安全生产监督管理部门备案。在港区内储存危险化学品的企业，应当将安全评价报告以及整改方案的落实情况报港口行政管理部门备案。

第二十三条 生产、储存剧毒化学品或者国务院公安部门规定的可用于制造爆炸物品的危险化学品（以下简称易制爆危险化学品）的单位，应当如实记录其生产、储存的剧毒化学品、易制爆危险化学品的数量、流向，并采取必要的安全防范措施，防止剧毒化学品、易制爆危险化学品丢失或者被盗；发现剧毒化学品、易制爆危险化学品丢失或者被盗的，应当立即向当地公安机关报告。

生产、储存剧毒化学品、易制爆危险化学品的单位，应当设置治安保卫机构，配备专职治安保卫人员。

第二十四条 危险化学品应当储存在专用仓库、专用场地或者专用储存室（以下统称专用仓库）内，并由专人负责管理；剧毒化学品以及储存数量构成重大危险源的其他危险化学品，应当在专用仓库内单独存放，并实行双人收发、双人保管制度。

危险化学品的储存方式、方法以及储存数量应当符合国家标准或者国家有关规定。

第二十五条 储存危险化学品的单位应当建立危险化学品出入库核查、登记制度。

对剧毒化学品以及储存数量构成重大危险源的其他危险化学品，储存单位应当将其储存数量、储存地点以及管理人员的情况，报所在地县级人民政府安全生产监督管理部门（在港区内储存的，报港口行政管理部门）和公安机关备案。

第二十六条 危险化学品专用仓库应当符合国家标准、行业标准的要求，并设置明显的标志。储存剧毒化学品、易制爆危险化学品的专用仓库，应当按照国家有关规定设置相应的技术防范设施。

储存危险化学品的单位应当对其危险化学品专用仓库的安全设施、设备定期进行检测、检验。

第二十七条 生产、储存危险化学品的单位转产、停产、停业或者解散的，应当采取有效措施，及时、妥善处置其危险化学品生产装置、储存设施以及库存的危险化学品，不得丢弃危险化学品；处置方案应当报所在地县级人民政府安全生产监督管理部门、工业和信息化主管部门、环境保护主管部门和公安机关备案。安全生产监督管理部门应当会同环境保护主管部门和公安机关对处置情况进行监督检查，发现未依照规定处置的，应当责令其立即处置。

第三章 使用安全

第二十八条 使用危险化学品的单位，其使用条件（包括工艺）应当符合法律、行政法规的规定和国家标准、行业标准的要求，并根据所使用的危险化学品的种类、危险特性以及使用量和使用方式，建立、健全使用危险化学品的安全管理规章制度和安全操作规程，保证危险化学品的安全使用。

第二十九条 使用危险化学品从事生产并且使用量达到规定数量的化工企业（属于危险化学品生产企业的除外，下同），应当依照本条例的规定取得危险化学品安全使用许可证。

前款规定的危险化学品使用量的数量标准，由国务院安全生产监督管理部门会同国务院公安部门、农业主管部门确定并公布。

第三十条 申请危险化学品安全使用许可证的化工企业，除应当符合本条例第二十八条的规定外，还应当具备下列条件：

（一）有与所使用的危险化学品相适应的专业技术人员；

（二）有安全管理机构和专职安全管理人员；

（三）有符合国家规定的危险化学品事故应急预案和必要的应急救援器材、设备；

（四）依法进行了安全评价。

第三十一条　申请危险化学品安全使用许可证的化工企业，应当向所在地设区的市级人民政府安全生产监督管理部门提出申请，并提交其符合本条例第三十条规定条件的证明材料。设区的市级人民政府安全生产监督管理部门应当依法进行审查，自收到证明材料之日起45日内作出批准或者不予批准的决定。予以批准的，颁发危险化学品安全使用许可证；不予批准的，书面通知申请人并说明理由。

安全生产监督管理部门应当将其颁发危险化学品安全使用许可证的情况及时向同级环境保护主管部门和公安机关通报。

第三十二条　本条例第十六条关于生产实施重点环境管理的危险化学品的企业的规定，适用于使用实施重点环境管理的危险化学品从事生产的企业；第二十条、第二十一条、第二十三条第一款、第二十七条关于生产、储存危险化学品的单位的规定，适用于使用危险化学品的单位；第二十二条关于生产、储存危险化学品的企业的规定，适用于使用危险化学品从事生产的企业。

第四章　经营安全

第三十三条　国家对危险化学品经营（包括仓储经营，下同）实行许可制度。未经许可，任何单位和个人不得经营危险化学品。

依法设立的危险化学品生产企业在其厂区范围内销售本企业生产的危险化学品，不需要取得危险化学品经营许可。

依照《中华人民共和国港口法》的规定取得港口经营许可证的港口经营人，在港区内从事危险化学品仓储经营，不需要取得危险化学品经营许可。

第三十四条　从事危险化学品经营的企业应当具备下列条件：

（一）有符合国家标准、行业标准的经营场所，储存危险化学品的，还应当有符合国家标准、行业标准的储存设施；

（二）从业人员经过专业技术培训并经考核合格；

（三）有健全的安全管理规章制度；

（四）有专职安全管理人员；

（五）有符合国家规定的危险化学品事故应急预案和必要的应急救援器材、设备；

（六）法律、法规规定的其他条件。

第三十五条　从事剧毒化学品、易制爆危险化学品经营的企业，应当向所在地设区的市级人民政府安全生产监督管理部门提出申请，从事其他危险化学品经营的企业，应当向所在地县级人民政府安全生产监督管理部门提出申请（有储存设施的，应当向所在地设区的市级人民政府安全生产监督管理部门提出申请）。申请人应当提交其符合本条例第三十四条规定条件的证明材料。设区的市级人民政府安全生产监督管理部门或者县级人民政府安全生产监督管理部门应当依法进行审查，并对申请人的经营场所、储存设施进行现场核查，自收到证明材料之日起30日内作出批准或者不予批准的决定。予以批准的，颁发危险化学品经营许可证；不予批准的，书面通知申请人并说明理由。

设区的市级人民政府安全生产监督管理部门和县级人民政府安全生产监督管理部门应当将其颁发危险化学品经营许可证的情况及时向同级环境保护主管部门和公安机关通报。

申请人持危险化学品经营许可证向工商行政管理部门办理登记手续后，方可从事危险化学品经营活动。法律、行政法规或者国务院规定经营危险化学品还需要经其他有关部门许可的，申请人向工商行政管理部门办理登记手续时还应当持相应的许可证件。

第三十六条　危险化学品经营企业储存危险化学品的，应当遵守本条例第二章关于储存危险化学品的规定。危险化学品商店内只能存放民用小包装的危险化学品。

第三十七条 危险化学品经营企业不得向未经许可从事危险化学品生产、经营活动的企业采购危险化学品，不得经营没有化学品安全技术说明书或者化学品安全标签的危险化学品。

第三十八条 依法取得危险化学品安全生产许可证、危险化学品安全使用许可证、危险化学品经营许可证的企业，凭相应的许可证件购买剧毒化学品、易制爆危险化学品。民用爆炸物品生产企业凭民用爆炸物品生产许可证购买易制爆危险化学品。

前款规定以外的单位购买剧毒化学品的，应当向所在地县级人民政府公安机关申请取得剧毒化学品购买许可证；购买易制爆危险化学品的，应当持本单位出具的合法用途说明。

个人不得购买剧毒化学品（属于剧毒化学品的农药除外）和易制爆危险化学品。

第三十九条 申请取得剧毒化学品购买许可证，申请人应当向所在地县级人民政府公安机关提交下列材料：

（一）营业执照或者法人证书（登记证书）的复印件；

（二）拟购买的剧毒化学品品种、数量的说明；

（三）购买剧毒化学品用途的说明；

（四）经办人的身份证明。

县级人民政府公安机关应当自收到前款规定的材料之日起 3 日内，作出批准或者不予批准的决定。予以批准的，颁发剧毒化学品购买许可证；不予批准的，书面通知申请人并说明理由。

剧毒化学品购买许可证管理办法由国务院公安部门制定。

第四十条 危险化学品生产企业、经营企业销售剧毒化学品、易制爆危险化学品，应当查验本条例第三十八条第一款、第二款规定的相关许可证件或者证明文件，不得向不具有相关许可证件或者证明文件的单位销售剧毒化学品、易制爆危险化学品。对持剧毒化学品购买许可证购买剧毒化学品的，应当按照许可证载明的品种、数量销售。

禁止向个人销售剧毒化学品（属于剧毒化学品的农药除外）和易制爆危险化学品。

第四十一条 危险化学品生产企业、经营企业销售剧毒化学品、易制爆危险化学品，应当如实记录购买单位的名称、地址、经办人的姓名、身份证号码以及所购买的剧毒化学品、易制爆危险化学品的品种、数量、用途。销售记录以及经办人的身份证明复印件、相关许可证件复印件或者证明文件的保存期限不得少于 1 年。

剧毒化学品、易制爆危险化学品的销售企业、购买单位应当在销售、购买后 5 日内，将所销售、购买的剧毒化学品、易制爆危险化学品的品种、数量以及流向信息报所在地县级人民政府公安机关备案，并输入计算机系统。

第四十二条 使用剧毒化学品、易制爆危险化学品的单位不得出借、转让其购买的剧毒化学品、易制爆危险化学品；因转产、停产、搬迁、关闭等确需转让的，应当向具有本条例第三十八条第一款、第二款规定的相关许可证件或者证明文件的单位转让，并在转让后将有关情况及时向所在地县级人民政府公安机关报告。

第五章 运输安全

第四十三条 从事危险化学品道路运输、水路运输的，应当分别依照有关道路运输、水路运输的法律、行政法规的规定，取得危险货物道路运输许可、危险货物水路运输许可，并向工商行政管理部门办理登记手续。

危险化学品道路运输企业、水路运输企业应当配备专职安全管理人员。

第四十四条 危险化学品道路运输企业、水路运输企业的驾驶人员、船员、装卸管理人员、押运人员、申报人员、集装箱装箱现场检查员应当经交通运输主管部门考核合格，取得从业资格。具体办法由国务院交通运输主管部门制定。

危险化学品的装卸作业应当遵守安全作业标准、规程和制度，并在装卸管理人员的现场指挥或者监控下进行。水路运输危险化学品的集装箱装箱作业应当在集装箱装箱现场检查员的指挥或者监控下进行，并符合积载、隔离的规范和要求；装箱作业完毕后，集装箱装箱现场检查员应当签署装箱证明书。

第四十五条　运输危险化学品，应当根据危险化学品的危险特性采取相应的安全防护措施，并配备必要的防护用品和应急救援器材。

用于运输危险化学品的槽罐以及其他容器应当封口严密，能够防止危险化学品在运输过程中因温度、湿度或者压力的变化发生渗漏、洒漏；槽罐以及其他容器的溢流和泄压装置应当设置准确、起闭灵活。

运输危险化学品的驾驶人员、船员、装卸管理人员、押运人员、申报人员、集装箱装箱现场检查员，应当了解所运输的危险化学品的危险特性及其包装物、容器的使用要求和出现危险情况时的应急处置方法。

第四十六条　通过道路运输危险化学品的，托运人应当委托依法取得危险货物道路运输许可的企业承运。

第四十七条　通过道路运输危险化学品的，应当按照运输车辆的核定载质量装载危险化学品，不得超载。

危险化学品运输车辆应当符合国家标准要求的安全技术条件，并按照国家有关规定定期进行安全技术检验。

危险化学品运输车辆应当悬挂或者喷涂符合国家标准要求的警示标志。

第四十八条　通过道路运输危险化学品的，应当配备押运人员，并保证所运输的危险化学品处于押运人员的监控之下。

运输危险化学品途中因住宿或者发生影响正常运输的情况，需要较长时间停车的，驾驶人员、押运人员应当采取相应的安全防范措施；运输剧毒化学品或者易制爆危险化学品的，还应当向当地公安机关报告。

第四十九条　未经公安机关批准，运输危险化学品的车辆不得进入危险化学品运输车辆限制通行的区域。危险化学品运输车辆限制通行的区域由县级人民政府公安机关划定，并设置明显的标志。

第五十条　通过道路运输剧毒化学品的，托运人应当向运输始发地或者目的地县级人民政府公安机关申请剧毒化学品道路运输通行证。

申请剧毒化学品道路运输通行证，托运人应当向县级人民政府公安机关提交下列材料：

（一）拟运输的剧毒化学品品种、数量的说明；

（二）运输始发地、目的地、运输时间和运输路线的说明；

（三）承运人取得危险货物道路运输许可、运输车辆取得营运证以及驾驶人员、押运人员取得上岗资格的证明文件；

（四）本条例第三十八条第一款、第二款规定的购买剧毒化学品的相关许可证件，或者海关出具的进出口证明文件。

县级人民政府公安机关应当自收到前款规定的材料之日起 7 日内，作出批准或者不予批准的决定。予以批准的，颁发剧毒化学品道路运输通行证；不予批准的，书面通知申请人并说明理由。

剧毒化学品道路运输通行证管理办法由国务院公安部门制定。

第五十一条　剧毒化学品、易制爆危险化学品在道路运输途中丢失、被盗、被抢或者出现流散、泄漏等情况的，驾驶人员、押运人员应当立即采取相应的警示措施和安全措施，并向当地公安机关报告。公安机关接到报告后，应当根据实际情况立即向安全生产监督管理部门、环境保护主管部门、卫生主管部门通报。有关部门应当采取必要的应急处置措施。

第五十二条 通过水路运输危险化学品的，应当遵守法律、行政法规以及国务院交通运输主管部门关于危险货物水路运输安全的规定。

第五十三条 海事管理机构应当根据危险化学品的种类和危险特性，确定船舶运输危险化学品的相关安全运输条件。

拟交付船舶运输的化学品的相关安全运输条件不明确的，应当经国家海事管理机构认定的机构进行评估，明确相关安全运输条件并经海事管理机构确认后，方可交付船舶运输。

第五十四条 禁止通过内河封闭水域运输剧毒化学品以及国家规定禁止通过内河运输的其他危险化学品。

前款规定以外的内河水域，禁止运输国家规定禁止通过内河运输的剧毒化学品以及其他危险化学品。

禁止通过内河运输的剧毒化学品以及其他危险化学品的范围，由国务院交通运输主管部门会同国务院环境保护主管部门、工业和信息化主管部门、安全生产监督管理部门，根据危险化学品的危险特性、危险化学品对人体和水环境的危害程度以及消除危害后果的难易程度等因素规定并公布。

第五十五条 国务院交通运输主管部门应当根据危险化学品的危险特性，对通过内河运输本条例第五十四条规定以外的危险化学品（以下简称通过内河运输危险化学品）实行分类管理，对各类危险化学品的运输方式、包装规范和安全防护措施等分别作出规定并监督实施。

第五十六条 通过内河运输危险化学品，应当由依法取得危险货物水路运输许可的水路运输企业承运，其他单位和个人不得承运。托运人应当委托依法取得危险货物水路运输许可的水路运输企业承运，不得委托其他单位和个人承运。

第五十七条 通过内河运输危险化学品，应当使用依法取得危险货物适装证书的运输船舶。水路运输企业应当针对所运输的危险化学品的危险特性，制定运输船舶危险化学品事故应急救援预案，并为运输船舶配备充足、有效的应急救援器材和设备。

通过内河运输危险化学品的船舶，其所有人或者经营人应当取得船舶污染损害责任保险证书或者财务担保证明。船舶污染损害责任保险证书或者财务担保证明的副本应当随船携带。

第五十八条 通过内河运输危险化学品，危险化学品包装物的材质、型式、强度以及包装方法应当符合水路运输危险化学品包装规范的要求。国务院交通运输主管部门对单船运输的危险化学品数量有限制性规定的，承运人应当按照规定安排运输数量。

第五十九条 用于危险化学品运输作业的内河码头、泊位应当符合国家有关安全规范，与饮用水取水口保持国家规定的距离。有关管理单位应当制定码头、泊位危险化学品事故应急预案，并为码头、泊位配备充足、有效的应急救援器材和设备。

用于危险化学品运输作业的内河码头、泊位，经交通运输主管部门按照国家有关规定验收合格后方可投入使用。

第六十条 船舶载运危险化学品进出内河港口，应当将危险化学品的名称、危险特性、包装以及进出港时间等事项，事先报告海事管理机构。海事管理机构接到报告后，应当在国务院交通运输主管部门规定的时间内作出是否同意的决定，通知报告人，同时通报港口行政管理部门。定船舶、定航线、定货种的船舶可以定期报告。

在内河港口内进行危险化学品的装卸、过驳作业，应当将危险化学品的名称、危险特性、包装和作业的时间、地点等事项报告港口行政管理部门。港口行政管理部门接到报告后，应当在国务院交通运输主管部门规定的时间内作出是否同意的决定，通知报告人，同时通报海事管理机构。

载运危险化学品的船舶在内河航行，通过过船建筑物的，应当提前向交通运输主管部门申报，并接受交通运输主管部门的管理。

第六十一条 载运危险化学品的船舶在内河航行、装卸或者停泊，应当悬挂专用的警示标志，按照规定显示专用信号。

载运危险化学品的船舶在内河航行，按照国务院交通运输主管部门的规定需要引航的，应当申请引航。

第六十二条 载运危险化学品的船舶在内河航行，应当遵守法律、行政法规和国家其他有关饮用水水源保护的规定。内河航道发展规划应当与依法经批准的饮用水水源保护区划定方案相协调。

第六十三条 托运危险化学品的，托运人应当向承运人说明所托运的危险化学品的种类、数量、危险特性以及发生危险情况的应急处置措施，并按照国家有关规定对所托运的危险化学品妥善包装，在外包装上设置相应的标志。

运输危险化学品需要添加抑制剂或者稳定剂的，托运人应当添加，并将有关情况告知承运人。

第六十四条 托运人不得在托运的普通货物中夹带危险化学品，不得将危险化学品匿报或者谎报为普通货物托运。

任何单位和个人不得交寄危险化学品或者在邮件、快件内夹带危险化学品，不得将危险化学品匿报或者谎报为普通物品交寄。邮政企业、快递企业不得收寄危险化学品。

对涉嫌违反本条第一款、第二款规定的，交通运输主管部门、邮政管理部门可以依法开拆查验。

第六十五条 通过铁路、航空运输危险化学品的安全管理，依照有关铁路、航空运输的法律、行政法规、规章的规定执行。

第六章 危险化学品登记与事故应急救援

第六十六条 国家实行危险化学品登记制度，为危险化学品安全管理以及危险化学品事故预防和应急救援提供技术、信息支持。

第六十七条 危险化学品生产企业、进口企业，应当向国务院安全生产监督管理部门负责危险化学品登记的机构（以下简称危险化学品登记机构）办理危险化学品登记。

危险化学品登记包括下列内容：

（一）分类和标签信息；

（二）物理、化学性质；

（三）主要用途；

（四）危险特性；

（五）储存、使用、运输的安全要求；

（六）出现危险情况的应急处置措施。

对同一企业生产、进口的同一品种的危险化学品，不进行重复登记。危险化学品生产企业、进口企业发现其生产、进口的危险化学品有新的危险特性的，应当及时向危险化学品登记机构办理登记内容变更手续。

危险化学品登记的具体办法由国务院安全生产监督管理部门制定。

第六十八条 危险化学品登记机构应当定期向工业和信息化、环境保护、公安、卫生、交通运输、铁路、质量监督检验检疫等部门提供危险化学品登记的有关信息和资料。

第六十九条 县级以上地方人民政府安全生产监督管理部门应当会同工业和信息化、环境保护、公安、卫生、交通运输、铁路、质量监督检验检疫等部门，根据本地区实际情况，制定危险化学品事故应急预案，报本级人民政府批准。

第七十条 危险化学品单位应当制定本单位危险化学品事故应急预案，配备应急救援人员和必要的应急救援器材、设备，并定期组织应急救援演练。

危险化学品单位应当将其危险化学品事故应急预案报所在地设区的市级人民政府安全生产监督管理部门备案。

第七十一条 发生危险化学品事故，事故单位主要负责人应当立即按照本单位危险化学品应急预案组织救援，并向当地安全生产监督管理部门和环境保护、公安、卫生主管部门报告；道路运输、水路运输过程中发生危险化学品事故的，驾驶人员、船员或者押运人员还应当向事故发生地交通运输主管部门报告。

第七十二条 发生危险化学品事故，有关地方人民政府应当立即组织安全生产监督管理、环境保护、公安、卫生、交通运输等有关部门，按照本地区危险化学品事故应急预案组织实施救援，不得拖延、推诿。

有关地方人民政府及其有关部门应当按照下列规定，采取必要的应急处置措施，减少事故损失，防止事故蔓延、扩大：

（一）立即组织营救和救治受害人员，疏散、撤离或者采取其他措施保护危害区域内的其他人员；

（二）迅速控制危害源，测定危险化学品的性质、事故的危害区域及危害程度；

（三）针对事故对人体、动植物、土壤、水源、大气造成的现实危害和可能产生的危害，迅速采取封闭、隔离、洗消等措施；

（四）对危险化学品事故造成的环境污染和生态破坏状况进行监测、评估，并采取相应的环境污染治理和生态修复措施。

第七十三条 有关危险化学品单位应当为危险化学品事故应急救援提供技术指导和必要的协助。

第七十四条 危险化学品事故造成环境污染的，由设区的市级以上人民政府环境保护主管部门统一发布有关信息。

第七章 法律责任

第七十五条 生产、经营、使用国家禁止生产、经营、使用的危险化学品的，由安全生产监督管理部门责令停止生产、经营、使用活动，处 20 万元以上 50 万元以下的罚款，有违法所得的，没收违法所得；构成犯罪的，依法追究刑事责任。

有前款规定行为的，安全生产监督管理部门还应当责令其对所生产、经营、使用的危险化学品进行无害化处理。

违反国家关于危险化学品使用的限制性规定使用危险化学品的，依照本条第一款的规定处理。

第七十六条 未经安全条件审查，新建、改建、扩建生产、储存危险化学品的建设项目的，由安全生产监督管理部门责令停止建设，限期改正；逾期不改正的，处 50 万元以上 100 万元以下的罚款；构成犯罪的，依法追究刑事责任。

未经安全条件审查，新建、改建、扩建储存、装卸危险化学品的港口建设项目的，由港口行政管理部门依照前款规定予以处罚。

第七十七条 未依法取得危险化学品安全生产许可证从事危险化学品生产，或者未依法取得工业产品生产许可证从事危险化学品及其包装物、容器生产的，分别依照《安全生产许可证条例》、《中华人民共和国工业产品生产许可证管理条例》的规定处罚。

违反本条例规定，化工企业未取得危险化学品安全使用许可证，使用危险化学品从事生产的，由安全生产监督管理部门责令限期改正，处 10 万元以上 20 万元以下的罚款；逾期不改正的，责令停产整顿。

违反本条例规定，未取得危险化学品经营许可证从事危险化学品经营的，由安全生产监督管理部门责令停止经营活动，没收违法经营的危险化学品以及违法所得，并处 10 万元以上 20 万元以下的罚款；构成犯罪的，依法追究刑事责任。

第七十八条 有下列情形之一的，由安全生产监督管理部门责令改正，可以处 5 万元以下的罚款；拒不改正的，处5万元以上10万元以下的罚款；情节严重的，责令停产停业整顿：

（一）生产、储存危险化学品的单位未对其铺设的危险化学品管道设置明显的标志，或者未对危险化学品管道定期检查、检测的；

（二）进行可能危及危险化学品管道安全的施工作业，施工单位未按照规定书面通知管道所属单位，或者未与管道所属单位共同制定应急预案、采取相应的安全防护措施，或者管道所属单位未指派专门人员到现场进行管道安全保护指导的；

（三）危险化学品生产企业未提供化学品安全技术说明书，或者未在包装（包括外包装件）上粘贴、拴挂化学品安全标签的；

（四）危险化学品生产企业提供的化学品安全技术说明书与其生产的危险化学品不相符，或者在包装（包括外包装件）粘贴、拴挂的化学品安全标签与包装内危险化学品不相符，或者化学品安全技术说明书、化学品安全标签所载明的内容不符合国家标准要求的；

（五）危险化学品生产企业发现其生产的危险化学品有新的危险特性不立即公告，或者不及时修订其化学品安全技术说明书和化学品安全标签的；

（六）危险化学品经营企业经营没有化学品安全技术说明书和化学品安全标签的危险化学品的；

（七）危险化学品包装物、容器的材质以及包装的型式、规格、方法和单件质量（重量）与所包装的危险化学品的性质和用途不相适应的；

（八）生产、储存危险化学品的单位未在作业场所和安全设施、设备上设置明显的安全警示标志，或者未在作业场所设置通信、报警装置的；

（九）危险化学品专用仓库未设专人负责管理，或者对储存的剧毒化学品以及储存数量构成重大危险源的其他危险化学品未实行双人收发、双人保管制度的；

（十）储存危险化学品的单位未建立危险化学品出入库核查、登记制度的；

（十一）危险化学品专用仓库未设置明显标志的；

（十二）危险化学品生产企业、进口企业不办理危险化学品登记，或者发现其生产、进口的危险化学品有新的危险特性不办理危险化学品登记内容变更手续的。

从事危险化学品仓储经营的港口经营人有前款规定情形的，由港口行政管理部门依照前款规定予以处罚。储存剧毒化学品、易制爆危险化学品的专用仓库未按照国家有关规定设置相应的技术防范设施的，由公安机关依照前款规定予以处罚。

生产、储存剧毒化学品、易制爆危险化学品的单位未设置治安保卫机构、配备专职治安保卫人员的，依照《企业事业单位内部治安保卫条例》的规定处罚。

第七十九条　危险化学品包装物、容器生产企业销售未经检验或者经检验不合格的危险化学品包装物、容器的，由质量监督检验检疫部门责令改正，处10万元以上20万元以下的罚款，有违法所得的，没收违法所得；拒不改正的，责令停产停业整顿；构成犯罪的，依法追究刑事责任。

将未经检验合格的运输危险化学品的船舶及其配载的容器投入使用的，由海事管理机构依照前款规定予以处罚。

第八十条　生产、储存、使用危险化学品的单位有下列情形之一的，由安全生产监督管理部门责令改正，处5万元以上10万元以下的罚款；拒不改正的，责令停产停业整顿直至由原发证机关吊销其相关许可证件，并由工商行政管理部门责令其办理经营范围变更登记或者吊销其营业执照；有关责任人员构成犯罪的，依法追究刑事责任：

（一）对重复使用的危险化学品包装物、容器，在重复使用前不进行检查的；

（二）未根据其生产、储存的危险化学品的种类和危险特性，在作业场所设置相关安全设施、设备，或者未按照国家标准、行业标准或者国家有关规定对安全设施、设备进行经常性维护、保养的；

（三）未依照本条例规定对其安全生产条件定期进行安全评价的；

（四）未将危险化学品储存在专用仓库内，或者未将剧毒化学品以及储存数量构成重大危险源的其他危险化学品在专用仓库内单独存放的；

（五）危险化学品的储存方式、方法或者储存数量不符合国家标准或者国家有关规定的；

（六）危险化学品专用仓库不符合国家标准、行业标准的要求的；

（七）未对危险化学品专用仓库的安全设施、设备定期进行检测、检验的。

从事危险化学品仓储经营的港口经营人有前款规定情形的，由港口行政管理部门依照前款规定予以处罚。

第八十一条 有下列情形之一的，由公安机关责令改正，可以处1万元以下的罚款；拒不改正的，处1万元以上5万元以下的罚款：

（一）生产、储存、使用剧毒化学品、易制爆危险化学品的单位不如实记录生产、储存、使用的剧毒化学品、易制爆危险化学品的数量、流向的；

（二）生产、储存、使用剧毒化学品、易制爆危险化学品的单位发现剧毒化学品、易制爆危险化学品丢失或者被盗，不立即向公安机关报告的；

（三）储存剧毒化学品的单位未将剧毒化学品的储存数量、储存地点以及管理人员的情况报所在地县级人民政府公安机关备案的；

（四）危险化学品生产企业、经营企业不如实记录剧毒化学品、易制爆危险化学品购买单位的名称、地址、经办人的姓名、身份证号码以及所购买的剧毒化学品、易制爆危险化学品的品种、数量、用途，或者保存销售记录和相关材料的时间少于1年的；

（五）剧毒化学品、易制爆危险化学品的销售企业、购买单位未在规定的时限内将所销售、购买的剧毒化学品、易制爆危险化学品的品种、数量以及流向信息报所在地县级人民政府公安机关备案的；

（六）使用剧毒化学品、易制爆危险化学品的单位依照本条例规定转让其购买的剧毒化学品、易制爆危险化学品，未将有关情况向所在地县级人民政府公安机关报告的。

生产、储存危险化学品的企业或者使用危险化学品从事生产的企业未按照本条例规定将安全评价报告以及整改方案的落实情况报安全生产监督管理部门或者港口行政管理部门备案，或者储存危险化学品的单位未将其剧毒化学品以及储存数量构成重大危险源的其他危险化学品的储存数量、储存地点以及管理人员的情况报安全生产监督管理部门或者港口行政管理部门备案的，分别由安全生产监督管理部门或者港口行政管理部门依照前款规定予以处罚。

生产实施重点环境管理的危险化学品的企业或者使用实施重点环境管理的危险化学品从事生产的企业未按照规定将相关信息向环境保护主管部门报告的，由环境保护主管部门依照本条第一款的规定予以处罚。

第八十二条 生产、储存、使用危险化学品的单位转产、停产、停业或者解散，未采取有效措施及时、妥善处置其危险化学品生产装置、储存设施以及库存的危险化学品，或者丢弃危险化学品的，由安全生产监督管理部门责令改正，处5万元以上10万元以下的罚款；构成犯罪的，依法追究刑事责任。

生产、储存、使用危险化学品的单位转产、停产、停业或者解散，未依照本条例规定将其危险化学品生产装置、储存设施以及库存危险化学品的处置方案报有关部门备案的，分别由有关部门责令改正，可以处1万元以下的罚款；拒不改正的，处1万元以上5万元以下的罚款。

第八十三条 危险化学品经营企业向未经许可违法从事危险化学品生产、经营活动的企业采购危险化学品的，由工商行政管理部门责令改正，处10万元以上20万元以下的罚款；拒不改正的，责令停业整顿直至由原发证机关吊销其危险化学品经营许可证，并由工商行政管理部门责令其办理经营范围变更登记或者吊销其营业执照。

第八十四条　危险化学品生产企业、经营企业有下列情形之一的，由安全生产监督管理部门责令改正，没收违法所得，并处10万元以上20万元以下的罚款；拒不改正的，责令停产停业整顿直至吊销其危险化学品安全生产许可证、危险化学品经营许可证，并由工商行政管理部门责令其办理经营范围变更登记或者吊销其营业执照：

（一）向不具有本条例第三十八条第一款、第二款规定的相关许可证件或者证明文件的单位销售剧毒化学品、易制爆危险化学品的；

（二）不按照剧毒化学品购买许可证载明的品种、数量销售剧毒化学品的；

（三）向个人销售剧毒化学品（属于剧毒化学品的农药除外）、易制爆危险化学品的。

不具有本条例第三十八条第一款、第二款规定的相关许可证件或者证明文件的单位购买剧毒化学品、易制爆危险化学品，或者个人购买剧毒化学品（属于剧毒化学品的农药除外）、易制爆危险化学品的，由公安机关没收所购买的剧毒化学品、易制爆危险化学品，可以并处5 000元以下的罚款。

使用剧毒化学品、易制爆危险化学品的单位出借或者向不具有本条例第三十八条第一款、第二款规定的相关许可证件的单位转让其购买的剧毒化学品、易制爆危险化学品，或者向个人转让其购买的剧毒化学品（属于剧毒化学品的农药除外）、易制爆危险化学品的，由公安机关责令改正，处10万元以上20万元以下的罚款；拒不改正的，责令停产停业整顿。

第八十五条　未依法取得危险货物道路运输许可、危险货物水路运输许可，从事危险化学品道路运输、水路运输的，分别依照有关道路运输、水路运输的法律、行政法规的规定处罚。

第八十六条　有下列情形之一的，由交通运输主管部门责令改正，处5万元以上10万元以下的罚款；拒不改正的，责令停产停业整顿；构成犯罪的，依法追究刑事责任：

（一）危险化学品道路运输企业、水路运输企业的驾驶人员、船员、装卸管理人员、押运人员、申报人员、集装箱装箱现场检查员未取得从业资格上岗作业的；

（二）运输危险化学品，未根据危险化学品的危险特性采取相应的安全防护措施，或者未配备必要的防护用品和应急救援器材的；

（三）使用未依法取得危险货物适装证书的船舶，通过内河运输危险化学品的；

（四）通过内河运输危险化学品的承运人违反国务院交通运输主管部门对单船运输的危险化学品数量的限制性规定运输危险化学品的；

（五）用于危险化学品运输作业的内河码头、泊位不符合国家有关安全规范，或者未与饮用水取水口保持国家规定的安全距离，或者未经交通运输主管部门验收合格投入使用的；

（六）托运人不向承运人说明所托运的危险化学品的种类、数量、危险特性以及发生危险情况的应急处置措施，或者未按照国家有关规定对所托运的危险化学品妥善包装并在外包装上设置相应标志的；

（七）运输危险化学品需要添加抑制剂或者稳定剂，托运人未添加或者未将有关情况告知承运人的。

第八十七条　有下列情形之一的，由交通运输主管部门责令改正，处10万元以上20万元以下的罚款，有违法所得的，没收违法所得；拒不改正的，责令停产停业整顿；构成犯罪的，依法追究刑事责任：

（一）委托未依法取得危险货物道路运输许可、危险货物水路运输许可的企业承运危险化学品的；

（二）通过内河封闭水域运输剧毒化学品以及国家规定禁止通过内河运输的其他危险化学品的；

（三）通过内河运输国家规定禁止通过内河运输的剧毒化学品以及其他危险化学品的；

（四）在托运的普通货物中夹带危险化学品，或者将危险化学品谎报或者匿报为普通货物托运的。

在邮件、快件内夹带危险化学品，或者将危险化学品谎报为普通物品交寄的，依法给予治安管理处罚；构成犯罪的，依法追究刑事责任。

邮政企业、快递企业收寄危险化学品的，依照《中华人民共和国邮政法》的规定处罚。

第八十八条 有下列情形之一的，由公安机关责令改正，处5万元以上10万元以下的罚款；构成违反治安管理行为的，依法给予治安管理处罚；构成犯罪的，依法追究刑事责任：

（一）超过运输车辆的核定载质量装载危险化学品的；

（二）使用安全技术条件不符合国家标准要求的车辆运输危险化学品的；

（三）运输危险化学品的车辆未经公安机关批准进入危险化学品运输车辆限制通行的区域的；

（四）未取得剧毒化学品道路运输通行证，通过道路运输剧毒化学品的。

第八十九条 有下列情形之一的，由公安机关责令改正，处1万元以上5万元以下的罚款；构成违反治安管理行为的，依法给予治安管理处罚：

（一）危险化学品运输车辆未悬挂或者喷涂警示标志，或者悬挂或者喷涂的警示标志不符合国家标准要求的；

（二）通过道路运输危险化学品，不配备押运人员的；

（三）运输剧毒化学品或者易制爆危险化学品途中需要较长时间停车，驾驶人员、押运人员不向当地公安机关报告的；

（四）剧毒化学品、易制爆危险化学品在道路运输途中丢失、被盗、被抢或者发生流散、泄露等情况，驾驶人员、押运人员不采取必要的警示措施和安全措施，或者不向当地公安机关报告的。

第九十条 对发生交通事故负有全部责任或者主要责任的危险化学品道路运输企业，由公安机关责令消除安全隐患，未消除安全隐患的危险化学品运输车辆，禁止上道路行驶。

第九十一条 有下列情形之一的，由交通运输主管部门责令改正，可以处1万元以下的罚款；拒不改正的，处1万元以上5万元以下的罚款：

（一）危险化学品道路运输企业、水路运输企业未配备专职安全管理人员的；

（二）用于危险化学品运输作业的内河码头、泊位的管理单位未制定码头、泊位危险化学品事故应急救援预案，或者未为码头、泊位配备充足、有效的应急救援器材和设备的。

第九十二条 有下列情形之一的，依照《中华人民共和国内河交通安全管理条例》的规定处罚：

（一）通过内河运输危险化学品的水路运输企业未制定运输船舶危险化学品事故应急救援预案，或者未为运输船舶配备充足、有效的应急救援器材和设备的；

（二）通过内河运输危险化学品的船舶的所有人或者经营人未取得船舶污染损害责任保险证书或者财务担保证明的；

（三）船舶载运危险化学品进出内河港口，未将有关事项事先报告海事管理机构并经其同意的；

（四）载运危险化学品的船舶在内河航行、装卸或者停泊，未悬挂专用的警示标志，或者未按照规定显示专用信号，或者未按照规定申请引航的。

未向港口行政管理部门报告并经其同意，在港口内进行危险化学品的装卸、过驳作业的，依照《中华人民共和国港口法》的规定处罚。

第九十三条 伪造、变造或者出租、出借、转让危险化学品安全生产许可证、工业产品生产许可证，或者使用伪造、变造的危险化学品安全生产许可证、工业产品生产许可证的，分别依照《安全生产许可证条例》、《中华人民共和国工业产品生产许可证管理条例》的规定处罚。

伪造、变造或者出租、出借、转让本条例规定的其他许可证，或者使用伪造、变造的本条例规定的其他许可证的，分别由相关许可证的颁发管理机关处10万元以上20万元以下的罚款，有违法所得的，没收违法所得；构成违反治安管理行为的，依法给予治安管理处罚；构成犯罪的，依法追究刑事责任。

第九十四条 危险化学品单位发生危险化学品事故，其主要负责人不立即组织救援或者不立即向有关部门报告的，依照《生产安全事故报告和调查处理条例》的规定处罚。

危险化学品单位发生危险化学品事故，造成他人人身伤害或者财产损失的，依法承担赔偿责任。

第九十五条　发生危险化学品事故，有关地方人民政府及其有关部门不立即组织实施救援，或者不采取必要的应急处置措施减少事故损失，防止事故蔓延、扩大的，对直接负责的主管人员和其他直接责任人员依法给予处分；构成犯罪的，依法追究刑事责任。

第九十六条　负有危险化学品安全监督管理职责的部门的工作人员，在危险化学品安全监督管理工作中滥用职权、玩忽职守、徇私舞弊，构成犯罪的，依法追究刑事责任；尚不构成犯罪的，依法给予处分。

第八章　附　则

第九十七条　监控化学品、属于危险化学品的药品和农药的安全管理，依照本条例的规定执行；法律、行政法规另有规定的，依照其规定。

民用爆炸物品、烟花爆竹、放射性物品、核能物质以及用于国防科研生产的危险化学品的安全管理，不适用本条例。

法律、行政法规对燃气的安全管理另有规定的，依照其规定。

危险化学品容器属于特种设备的，其安全管理依照有关特种设备安全的法律、行政法规的规定执行。

第九十八条　危险化学品的进出口管理，依照有关对外贸易的法律、行政法规、规章的规定执行；进口的危险化学品的储存、使用、经营、运输的安全管理，依照本条例的规定执行。

危险化学品环境管理登记和新化学物质环境管理登记，依照有关环境保护的法律、行政法规、规章的规定执行。危险化学品环境管理登记，按照国家有关规定收取费用。

第九十九条　公众发现、捡拾的无主危险化学品，由公安机关接收。公安机关接收或者有关部门依法没收的危险化学品，需要进行无害化处理的，交由环境保护主管部门组织其认定的专业单位进行处理，或者交由有关危险化学品生产企业进行处理。处理所需费用由国家财政负担。

第一百条　化学品的危险特性尚未确定的，由国务院安全生产监督管理部门、国务院环境保护主管部门、国务院卫生主管部门分别负责组织对该化学品的物理危险性、环境危害性、毒理特性进行鉴定。根据鉴定结果，需要调整危险化学品目录的，依照本条例第三条第二款的规定办理。

第一百零一条　本条例施行前已经使用危险化学品从事生产的化工企业，依照本条例规定需要取得危险化学品安全使用许可证的，应当在国务院安全生产监督管理部门规定的期限内，申请取得危险化学品安全使用许可证。

第一百零二条　本条例自2011年12月1日起施行。

危险化学品环境管理登记办法（试行）

部令　第22号

《危险化学品环境管理登记办法（试行）》已于2012年7月4日环境保护部部务会议审议通过，现予公布，自2013年3月1日起施行。

环境保护部部长

2012年10月10日

附件：

危险化学品环境管理登记办法（试行）

第一章　总则

第一条　为加强危险化学品环境管理，预防和减少危险化学品对环境和人体健康的危害，防范环境风险，履行国际公约，根据《中华人民共和国环境保护法》、《危险化学品安全管理条例》等法律法规，制定本办法。

第二条　本办法适用于在中华人民共和国境内生产危险化学品和使用危险化学品从事生产（以下简称“危险化学品生产使用”）以及进出口危险化学品的活动。

本办法所称危险化学品，是指《危险化学品安全管理条例》规定的列入《危险化学品目录》的剧毒化学品和其他化学品。

第三条　国务院环境保护主管部门根据危险化学品的危害特性和环境风险程度等，确定实施重点环境管理的危险化学品，制定、公布《重点环境管理危险化学品目录》，并适时调整。

第四条　国务院环境保护主管部门负责组织开展全国危险化学品环境管理登记并实施监督管理。

县级以上地方环境保护主管部门负责本行政区域内危险化学品环境管理登记工作。

县级以上环境保护主管部门可以委托其所属的从事化学品环境管理的机构，具体承担危险化学品环境管理登记工作。

第五条　任何单位和个人有权对违反本办法规定的行为进行举报。环境保护主管部门接到举报后，应当及时依法处理；对不属于本部门职责范围内的举报事项，应当及时依法移送有关部门处理。

第二章　生产使用环境管理登记

第六条　危险化学品生产使用企业，应当依照本办法的规定，申请办理危险化学品环境管理登记，领取危险化学品生产使用环境管理登记证（以下简称“生产使用登记证”）。

新建、改建、扩建危险化学品生产使用项目，应当在项目竣工验收前办理危险化学品生产使用环境管理登记。

第七条　重点环境管理危险化学品生产使用登记证，由省级环境保护主管部门核发；其他危险化学品生产使用登记证，由设区的市级环境保护主管部门核发。

第八条　危险化学品生产使用环境管理登记按照以下程序办理：

（一）危险化学品生产使用企业向所在地县级环境保护主管部门提交危险化学品生产使用环境管理登记申请材料；

（二）县级环境保护主管部门收到生产使用企业提交的申请材料后，在五个工作日内进行审核；符合要求的，将申请材料报设区的市级环境保护主管部门；

（三）设区的市级环境保护主管部门收到县级环境保护主管部门的材料后，在十五个工作日内进行审核，符合条件的，核发生产使用登记证。对申请重点环境管理危险化学品生产使用登记证的，设区的市级环境保护主管部门应当自收到申请材料后组织现场核查，并在五个工作日内签署预审意见，报省级环境保护主管部门。现场核查的时间不计算在预审期限内；

（四）省级环境保护主管部门收到设区的市级环境保护主管部门的材料和预审意见后，组织专家进行技术审查；符合条件的，在十个工作日内核发生产使用登记证。技术审查的时间不计算在审批期限内。

设区的市级环境保护主管部门或者省级环境保护主管部门核发的生产使用登记证，应当及时交由县级环境保护主管部门向企业发放。

企业同时生产使用重点环境管理危险化学品和其他危险化学品的，应当按照申请重点环境管理危险化学品生产使用登记的程序办理。

第九条　危险化学品生产使用企业申请办理危险化学品生产使用环境管理登记时，应当提交以下材料，并对材料的真实性、准确性、完整性负责：

（一）危险化学品生产使用环境管理登记申请表，主要包括企业基本情况，周边环境敏感区域，生产使用的危险化学品品种、数量、标签、危险特性分类、用途、使用方式，化学品安全技术说明书，环境风险防范和控制措施，特征化学污染物排放情况，废弃危险化学品处置情况等；

（二）环境影响评价文件批复；

（三）突发环境事件应急预案；

（四）企业自行监测的，或者委托环境保护主管部门所属的环境监测机构或者经省级环境保护主管部门认定的环境监测机构提供的环境监测报告。

本办法施行前已建的危险化学品生产使用企业申请办理危险化学品生产使用环境管理登记的，还应当提交环境保护设施竣工验收决定、排污许可证、企业开展清洁生产情况等相关材料。

第十条　重点环境管理危险化学品生产使用企业，应当开展重点环境管理危险化学品环境风险评估，委托有能力的机构编制环境风险评估报告，并在申请办理危险化学品生产使用环境管理登记时提交。

第十一条　编制重点环境管理危险化学品环境风险评估报告的，应当按照国务院环境保护主管部门的规定，对重点环境管理危险化学品的环境风险及其防范和控制措施进行评估，作出评估结论，明确企业环境风险监管等级。编制机构对评估结论负责。

国务院环境保护主管部门可以择优推荐从事重点环境管理危险化学品环境风险评估报告编制的机构名单，并向社会公布。

从事重点环境管理危险化学品环境风险评估报告编制的人员，应当接受省级以上环境保护主管部门组织的专门培训，并通过考核。

第十二条　生产使用登记证应当载明企业的基本信息、危险化学品品种、生产使用情况及环境管理要求等内容。

生产使用登记证分为正本和副本，正本和副本具有同等法律效力。

危险化学品生产使用企业应当按照生产使用登记证的要求，从事危险化学品的生产使用。禁止伪造、变造、转让生产使用登记证。

第十三条 生产使用登记证有效期为三年。

生产使用登记证有效期内，生产使用登记证上载明的事项发生变更的，持有生产使用登记证的危险化学品生产使用企业应当自变更之日起三十日内按照本办法第八条的规定提交变更证明材料，申请办理变更登记。

第十四条 生产使用登记证有效期届满，继续从事危险化学品生产使用活动的，应当于有效期届满三个月前按照本办法第二章关于申请办理危险化学品生产使用环境管理登记的规定申请换证。

第十五条 危险化学品生产使用企业发现危险化学品有新的危害特性时，应当及时向环境保护主管部门报告。

第三章 进出口环境管理登记

第十六条 进出口列入中国严格限制进出口的危险化学品目录的危险化学品的，企业应当事先向国务院环境保护主管部门办理危险化学品进出口环境管理登记，凭相关证件到海关办理验放手续。

第十七条 企业申请办理危险化学品进出口环境管理登记时，应当提交以下材料，并对材料的真实性、准确性、完整性负责：

（一）危险化学品进出口环境管理登记申请表；

（二）企业营业执照复印件；

（三）企业进出口资质证明文件；

（四）进出口合同；

（五）拟进出口危险化学品国内生产使用企业的生产使用登记证；

（六）拟进出口危险化学品国内购销合同；

（七）国务院环境保护主管部门规定的其他材料。

第十八条 国务院环境保护主管部门委托其所属的从事化学品环境管理的机构承办危险化学品进出口环境管理登记的具体工作。

申请办理危险化学品进出口环境管理登记的企业，应当向国务院环境保护主管部门所属的从事化学品环境管理的机构提交登记申请。

国务院环境保护主管部门所属的从事化学品环境管理的机构自受理登记申请之日起五个工作日内提出初审意见，连同企业提交的申请材料一并报国务院环境保护主管部门。

国务院环境保护主管部门在十五个工作日内作出是否准予登记的决定。不予批准的，应当说明理由。

第十九条 国务院环境保护主管部门在办理危险化学品进出口环境管理登记时，应当依照《关于在国际贸易中对某些危险化学品和农药采用事先知情同意程序的鹿特丹公约》、《关于持久性有机污染物的斯德哥尔摩公约》等国际公约的要求，履行事先知情同意等公约义务。

第四章 监督管理

第二十条 已经取得生产使用登记证的重点环境管理危险化学品生产使用企业，应当于每年的1月31日前，向县级环境保护主管部门填报重点环境管理危险化学品释放与转移报告表、环境风险防控管理计划。

重点环境管理危险化学品释放与转移报告表应当包括重点环境管理危险化学品及其特征污染物向环境排放、处置和回收利用的情况，以及相关的核算数据等内容。

环境风险防控管理计划应当包括减少重点环境管理危险化学品及其特征污染物排放的重大工艺调整措施、污染防治计划、环境风险防控措施、能力建设方案等内容。

第二十一条 重点环境管理危险化学品生产使用企业，应当按照环境保护主管部门的要求和国家环境监测技术规范及相关标准，对生产使用过程中产生的重点环境管理危险化学品及其特征污染物的排放情况进行监测；不具备自行监测能力的，可以委托环境保护主管部门所属的环境监测机构或者经省级环境保护主管部门认定的环境监测机构实施监测。

第二十二条 危险化学品生产使用企业应当于每年 1 月发布危险化学品环境管理年度报告，向公众公布上一年度生产使用的危险化学品品种、危害特性、相关污染物排放及事故信息、污染防控措施等情况；重点环境管理危险化学品生产使用企业还应当公布重点环境管理危险化学品及其特征污染物的释放与转移信息和监测结果。

第二十三条 危险化学品生产使用企业应当建立危险化学品台账，记录危险化学品的品种、生产使用量、销售去向、供货来源等信息，以及污染物排放、环境监测等环境管理信息档案，并长期保存。

重点环境管理危险化学品生产使用企业，应当按照环境风险评估报告的要求，定期对企业的环境风险进行自查；发现问题的，及时纠正，并保存自查记录。

第二十四条 县级以上环境保护主管部门应当对危险化学品生产使用企业的环境管理情况进行监督检查和监督性监测。

对危险化学品生产使用企业进行的监督检查，应当包括生产使用登记证载明的环境管理要求落实情况、环境风险评估报告提出的防范措施落实情况、重点环境管理危险化学品释放与转移情况、环境风险防控管理计划执行情况、环境监测情况等。

第二十五条 环境保护主管部门进行监督检查时，可以依照《危险化学品安全管理条例》第七条的规定，采取以下措施：

（一）进入危险化学品作业场所实施现场检查，向有关单位和人员了解情况，查阅、复制有关文件、资料；

（二）发现危险化学品环境事故隐患，责令立即消除或者限期消除；

（三）对不符合环境保护法律、行政法规、规章规定或者标准要求的设施、设备、装置、器材、运输工具，责令立即停止使用；

（四）经本部门主要负责人批准，查封违反环境保护法律、法规生产、使用危险化学品的场所，扣押违反环境保护法律、法规生产、使用的危险化学品以及用于违反环境保护法律、法规生产、使用危险化学品的原材料、设备；

（五）发现影响危险化学品环境安全的违法行为，当场予以纠正或者责令限期改正。

环境保护主管部门依法进行监督检查，监督检查人员不得少于两人，并应当出示执法证件；有关单位和个人对依法进行的监督检查应当予以配合，不得拒绝、阻碍。

第二十六条 县级环境保护主管部门应当于每年 2 月底前汇总本行政区域生产使用登记证颁发情况和重点环境管理危险化学品释放与转移数据，并逐级上报至省级环境保护主管部门。

省级环境保护主管部门应当于每年 3 月 31 日前将汇总情况上报至国务院环境保护主管部门，并公布上一年度本行政区域内已经取得生产使用登记证的危险化学品生产使用企业名单。

国务院环境保护主管部门应当向社会公布危险化学品进出口环境管理登记情况，并定期通报省级环境保护主管部门。

第二十七条 国务院环境保护主管部门建立全国危险化学品环境管理信息系统，并可以委托其所属的从事化学品环境管理的机构，汇总和分析全国危险化学品环境管理登记和重点环境管理危险化学品释放与转移的相关信息。

第二十八条 上级环境保护主管部门应当对下级环境保护主管部门危险化学品环境管理登记情况进行监督检查；发现问题的，及时依法进行调查、核实与处理。

第二十九条 县级以上环境保护主管部门应当及时向社会公布对危险化学品生产使用、进出口企业予以处罚的情况。

对违法情节严重的危险化学品生产使用、进出口企业，环境保护主管部门可以不予核发排污许可证，不予通过上市公司环境保护核查，并向有关金融、证券监督管理机构通报。

第五章 法律责任

第三十条 危险化学品生产使用企业，未按照本办法的规定办理危险化学品生产使用环境管理登记而从事危险化学品生产使用活动的，由县级以上环境保护主管部门责令改正，处一万元以下罚款；拒不改正的，处一万元以上三万元以下罚款。

重点环境管理危险化学品生产使用企业，未按照本办法的规定办理危险化学品生产使用环境管理登记而从事危险化学品生产使用活动，或者未按照本办法的规定报告释放与转移信息或者环境风险防控管理计划的，由县级以上环境保护主管部门依照《危险化学品安全管理条例》第八十一条的规定处罚。

危险化学品进出口企业，未按照本办法规定办理危险化学品进出口环境管理登记而从事危险化学品进出口活动的，由县级以上环境保护主管部门责令改正，处一万元以下罚款；拒不改正的，处一万元以上三万元以下罚款；情节严重的，国务院环境保护主管部门三年内不再受理其危险化学品进出口环境管理登记申请。

对本条第三款规定的违法行为，可以由海关按照有关规定予以处罚。

第三十一条 危险化学品生产使用、进出口企业，在办理危险化学品环境管理登记过程中未如实申报有关情况，提供虚假材料，或者以欺骗、贿赂等不正当手段办理危险化学品环境管理登记的，由县级以上环境保护主管部门责令改正，处两万元以上三万元以下罚款；已经取得生产使用登记证或者获得进出口环境管理登记的，撤销其生产使用登记证或者进出口环境管理登记；构成犯罪的，依法移送司法机关追究刑事责任。

危险化学品生产使用企业未按照生产使用登记证的规定从事危险化学品生产使用活动，或者伪造、变造、转让生产使用登记证的，由县级以上环境保护主管部门责令改正，处一万元以上三万元以下罚款；构成犯罪的，依法移送司法机关追究刑事责任。

第三十二条 重点环境管理危险化学品生产使用企业，未按照本办法的规定开展监测的，由县级以上环境保护主管部门责令改正，处三万元以下罚款；未对其所排放的工业废水进行监测并保存原始记录的，依照《中华人民共和国水污染防治法》第七十二条第（三）项的规定处罚。

第三十三条 危险化学品生产使用企业，未按照本办法的规定公开有关信息的，由县级以上环境保护主管部门责令改正，处三万元以下罚款。

第三十四条 危险化学品生产使用企业，未按照本办法的规定建立危险化学品台账或者环境管理信息档案的，由县级以上环境保护主管部门责令改正，处一万元以下罚款。

重点环境管理危险化学品生产使用企业，未按照环境风险评估报告的要求，定期对企业的环境风险进行自查并保存自查记录的，由县级以上环境保护主管部门责令改正，处一万元以下罚款。

第三十五条 危险化学品环境风险评估报告编制机构不负责任或者弄虚作假，致使报告失实的，由省级以上环境保护主管部门责令改正，处三万元以下罚款，并向社会公告；情节严重的，将其从推荐名单中除名。

第三十六条 从事危险化学品环境管理的工作人员违反本办法规定，玩忽职守、滥用职权或者徇私舞弊的，依法给予处分；涉嫌犯罪的，依法移送司法机关追究刑事责任。

第六章 附 则

第三十七条 危险化学品环境管理登记申请表、危险化学品环境管理登记证、重点环境管理危险化学品释放与转移报告表、环境风险防控管理计划等文件的样式、填写要求和相关技术指南等，由国务院环境保护主管部门统一制定。

第三十八条 国务院环境保护主管部门可以根据危险化学品危害特性和环境风险程度等因素，确定不需要办理环境管理登记的危险化学品名单，并向社会公布。

第三十九条 本办法施行前已建的危险化学品生产使用企业，应当在本办法施行后三年内完成危险化学品生产使用环境管理登记。

第四十条 危险化学品环境管理登记，按照国家有关规定收取费用。

第四十一条 本办法由国务院环境保护主管部门负责解释。

第四十二条 本办法自 2013 年 3 月 1 日起施行。

关于继续开展燃煤电厂大气汞排放监测试点工作的通知

环办[2012]28 号

北京、天津、上海、重庆、云南、贵州、福建、浙江、河北、山西、河南、内蒙古环境保护厅（局），华能、大唐、华电、国电、中电投、神华集团：

为进一步做好燃煤电厂大气汞污染控制试点工作，为我国汞污染防治提供基础数据，我部将于2012 年继续组织开展燃煤电厂大气汞排放监测试点工作。请参与试点工作的各环境保护厅（局）和各电力集团继续做好相关工作，具体事项通知如下：

一、参与试点工作的各环境保护厅（局）继续按照《燃煤电厂大气汞排放监测试点工作监测方案》（环办函[2011]442 号）的要求，组织省级环境监测中心（站）于 2012 年 2—6 月每月对辖区内的燃煤电厂开展手工全口径监测，并于 2—12 月对已完成安装调试和验收的烟气汞排放连续监测系统（汞 CEMS）开展比对监测。

二、各电力集团应尽快完成汞 CEMS 的安装、调试和验收，并保证汞 CEMS 正常稳定运行；同时，积极配合省级环境监测站的手工监测和汞 CEMS 比对监测工作，保证断面开孔、监测平台符合监测技术规范要求。

三、各电力集团应组织参与试点的燃煤电厂，于 2012 年 2—12 月每月结束后的 5 日内，向燃煤电厂所在的省级环境监测站报送烟气汞 CEMS 小时均值数据、质控数据和生产工况数据。

各环境保护厅（局）应于每月结束后的 10 日内向我部报送辖区内试点监测报告，同时报送全口径手工监测数据、烟气汞 CEMS 比对监测数据（手工监测在完成 5 次监测后不再报送），以及燃煤电厂报送的烟气汞 CEMS 小时均值数据和生产工况数据，并抄送中国环境监测总站，电子版发送至电子邮箱 wry@cnemc.cn。具体数据内容及格式请见附件，请严格按照各数据表格式填写相关信息和监测数据，不得随意改变数据表格式或删减数据列。

中国环境监测总站于2012 年的2—6 月每月结束后的20 日内向我部报送燃煤电厂大气汞监测试点月报，我部适时对各地监测试点开展情况进行通报。

四、各参与试点的环境保护厅（局）和电力集团于 2012 年 7 月，总结监测试点工作，编制所辖燃煤电厂监测试点工作总结，并向我部监测司报送，同时抄送中国环境监测总站。

五、各参与试点的环境保护厅（局）要切实加强试点监测能力建设，协调当地财政部门，从重金属污染防治专项资金或其他资金渠道中安排经费，加强省级环境监测中心（站）大气汞排放手工试点监测的能力建设，尽早满足大气汞手工监测的工作要求。该项工作将纳入 2012 年减排监测体系能力建设考核。

环境保护部监测司　佟彦超（010）66556824

中国环境监测总站　王修智（010）84943218

电子邮箱：wry@cnemc.cn

附件：燃煤电厂大气汞排放监测数据报送内容及格式要求（略）

二〇一二年二月十五日

关于开展环境污染强制责任保险试点工作的指导意见

各省、自治区、直辖市环境保护厅（局），新疆生产建设兵团环境保护局，辽河保护区管理局，各保监局：

为贯彻落实《国务院关于加强环境保护重点工作的意见》（国发[2011]35 号）和《国家环境保护“十二五”规划》（国发[2011]42 号）有关精神，进一步健全环境污染责任保险制度，做好环境污染强制责任保险试点工作，现提出以下意见：

一、充分认识环境污染强制责任保险工作的重要意义

环境污染责任保险是以企业发生污染事故对第三者造成的损害依法应承担的赔偿责任为标的的保险。原国家环境保护总局和中国保险监督管理委员会于 2007 年联合印发《关于环境污染责任保险工作的指导意见》（环发[2007]189 号），启动了环境污染责任保险政策试点。各地环保部门和保险监管部门联合推动地方人大和人民政府，制定发布了一系列推进环境污染责任保险的法规、规章和规范性文件，引导保险公司开发相关保险产品，鼓励和督促高环境风险企业投保，取得积极进展。

根据环境风险管理的新形势新要求，开展环境污染强制责任保险试点工作，建立环境风险管理的长效机制，是应对环境风险严峻形势的迫切需要，是实现环境管理转型的必然要求，也是发挥保险机制社会管理功能的重要任务。运用保险工具，以社会化、市场化途径解决环境污染损害，有利于促使企业加强环境风险管理，减少污染事故发生；有利于迅速应对污染事故，及时补偿、有效保护污染受害者权益；有利于借助保险“大数法则”，分散企业对污染事故的赔付压力。

二、明确环境污染强制责任保险的试点企业范围

（一）涉重金属企业

按照国务院有关规定，重点防控的重金属污染物是：铅、汞、镉、铬和类金属砷等，兼顾镍、铜、锌、银、钒、锰、钴、铊、锑等其他重金属污染物。

重金属污染防控的重点行业是：

1．重有色金属矿（含伴生矿）采选业：铜矿采选、铅锌矿采选、镍钴矿采选、锡矿采选、锑矿采选和汞矿采选业等。

2．重有色金属冶炼业：铜冶炼、铅锌冶炼、镍钴冶炼、锡冶炼、锑冶炼和汞冶炼等。

3．铅蓄电池制造业。

4．皮革及其制品业：皮革鞣制加工等。

5．化学原料及化学制品制造业：基础化学原料制造和涂料、油墨、颜料及类似产品制造等。

上述行业内涉及重金属污染物产生和排放的企业，应当按照国务院有关规定，投保环境污染责任保险。

（二）按地方有关规定已被纳入投保范围的企业

地方性法规、地方人民政府制定的规章或者规范性文件规定应当投保环境污染责任保险的企业，应当按照地方有关规定，投保环境污染责任保险。

（三）其他高环境风险企业

鼓励下列高环境风险企业投保环境污染责任保险：

1．石油天然气开采、石化、化工等行业企业。

2．生产、储存、使用、经营和运输危险化学品的企业。

3．产生、收集、贮存、运输、利用和处置危险废物的企业，以及存在较大环境风险的二噁英排放企业。

4．环保部门确定的其他高环境风险企业。

三、合理设计环境污染强制责任保险条款和保险费率

保险监管部门应当引导保险公司把开展环境污染责任保险业务作为履行社会责任的重要举措，合理设计保险条款，科学厘定保险费率。

（一）责任范围

保险条款载明的保险责任赔偿范围应当包括：

1．第三方因污染损害遭受的人身伤亡或者财产损失。

2．投保企业（又称被保险人）为了救治第三方的生命，避免或者减少第三方财产损失所发生的必要而且合理的施救费用。

3．投保企业根据环保法律法规规定，为控制污染物扩散，或者清理污染物而支出的必要而且合理的清污费用。

4．由投保企业和保险公司约定的其他赔偿责任。

（二）责任限额

投保企业应当根据本企业环境风险水平、发生污染事故可能造成的损害范围等因素，确定足以赔付环境污染损失的责任限额，并据此投保。

（三）保险费率

保险公司应当综合考虑投保企业的环境风险、历史发生的污染事故及其造成的损失等方面的总体情况，兼顾投保企业的经济承受能力，科学合理设定环境污染责任保险的基准费率。

保险公司根据企业环境风险评估结果，综合考虑投保企业的环境守法状况（包括环境影响评价文件审批、建设项目竣工环保验收、排污许可证核发、环保设施运行、清洁生产审核、事故应急管理等环境法律制度执行情况），结合投保企业的行业特点、工艺、规模、所处区域环境敏感性等方面情况，在基准费率的基础上，合理确定适用于投保企业的具体费率。

四、健全环境风险评估和投保程序

企业投保或者续签保险合同前，保险公司可以委托或者自行对投保企业开展环境风险评估。

鼓励保险经纪机构提供环境风险评估和其他有关保险的技术支持和服务。

投保企业环境风险评估可以按照下列规定开展：

（一）对已有环境风险评估技术指南的氯碱、硫酸等行业，按照技术指南开展评估。

（二）对尚未颁布环境风险评估技术指南的行业，可以参照氯碱、硫酸等行业环境风险评估技术指南规定的基本评估方法，综合考虑生产因素、厂址环境敏感性、环境风险防控、事故应急管理等指标开展评估。

本意见规定的涉重金属企业、按地方有关规定已被纳入投保范围的企业，以及其他高环境风险企业，经过环境风险评估后，应当及时与保险公司签订保险合同，并将投保信息报告当地环保部门和保险监管部门。

保险监管部门应当引导和监督保险公司做好承保相关服务。

五、建立健全环境风险防范和污染事故理赔机制

（一）风险防范

在对企业日常环境监管中，环保部门应当监督企业严格落实环境污染事故预防和事故处理等责任，积极改进环境风险管理。

保险监管部门应当督促保险公司加强对投保企业环境风险管理的技术性检查和服务，充分发挥保险的事前风险防范作用。

保险公司应当按照保险合同的规定，做好对投保企业环境风险管理的指导和服务工作，定期对投保企业环境风险管理的总体状况和重要环节开展梳理和检查，查找环境风险和事故隐患，及时向投保企业提出消除不安全因素或者事故隐患的整改意见，并可视情况通报当地环保部门。

投保企业是环境风险防范的第一责任人，应当加强对重大环境风险环节的管理，对存在的环境风险隐患积极整改，并做好突发环境污染事故的应急预案、定期演练和相关准备。

（二）事故报告

发生环境污染事故后，投保企业应当及时采取必要、合理的措施，有效防止或减少损失，并按照法律法规要求，向有关政府部门报告；应当及时通知保险公司，书面说明事故发生的原因、经过和损失情况；应当保护事故现场，保存事故证据资料，协助保险公司开展事故勘查和定损。

保险公司在事故调查、理赔中，可以参考当地环保部门掌握并依法可以公开的事故调查结论。

（三）出险理赔

投保企业发生环境污染事故后，保险公司应当及时组织事故勘查、定损和责任认定，并按照保险合同的约定，规范、高效、优质地提供出险理赔服务，及时履行保险赔偿责任。

对损害责任认定较为清晰的第三方人身伤亡或者财产损失，以及投保企业为了救治第三方的生命所发生的必要而且合理的施救等费用，保险公司应当积极预付赔款，加快理赔进度。

保险监管部门应当引导保险公司简化理赔手续，优化理赔流程，提升服务能力和水平。

（四）损害计算

环境污染事故造成的对第三方的人身损害、财产损失，投保企业为防止污染扩大、降低事故损失而采取相应措施所发生的应急处置费用，可以按照环境保护部印发的《环境污染损害数额计算推荐方法》（环发[2011]60 号文件附件）规定的方法进行鉴定评估和核算。

在开展环境污染损害鉴定评估试点的地区，保险公司可以委托环境污染损害鉴定评估专业机构对污染事故的损害情况进行测算。

（五）争议案件的处理

投保企业与保险公司发生争议时，按照双方合同约定处理。保险经纪机构可以代表投保企业就有争议的案件与保险公司进行协商谈判，最大程度保障投保企业的合法权益，减少投保企业的损失和索赔成本。

六、强化信息公开

（一）环境信息

环保部门应当根据《环境信息公开办法》的有关规定，公布投保企业的下列环境信息：

1．建设项目环境影响评价文件受理情况、审批结果和建设项目竣工环保验收结果。

2．排污许可证发放情况。

3．污染物排放超过国家或者地方排放标准，或者污染物排放总量超过地方人民政府依法核定的排放总量控制指标的污染严重的企业名单。

4．发生过污染事故或者事件的企业名单，以及拒不执行已生效的环境行政处罚决定的企业名单。

5．环保部门掌握的依法可以公开的有利于判断投保企业环境风险的其他相关信息。

投保企业应当按照国家有关规定，建立重金属产生、排放台账，以及危险化学品生产过程中的特征化学污染物产生、排放台账，建立企业环境信息披露制度，公布重金属和特征化学污染物排放、转移和环境管理情况信息。

（二）保险信息

保险监管部门应当依照《中国保险监督管理委员会政府信息公开办法》有关规定，公开与环境污染强制责任保险试点相关的信息。

保险公司应当依照《保险企业信息披露管理办法》等有关规定，全面准确地公开与环境污染强制责任保险有关的保险产品经营等相关信息。

七、完善促进企业投保的保障措施

（一）强化约束手段

对应当投保而未及时投保的企业，环保部门可以采取下列措施：

1．将企业是否投保与建设项目环境影响评价文件审批、建设项目竣工环保验收、排污许可证核发、清洁生产审核，以及上市环保核查等制度的执行，紧密结合。

2．暂停受理企业的环境保护专项资金、重金属污染防治专项资金等相关专项资金的申请。

3．将该企业未按规定投保的信息及时提供银行业金融机构，为其客户评级、信贷准入退出和管理提供重要依据。

（二）完善激励措施

对按规定投保的企业，环保部门可以采取下列鼓励和引导措施：

1．积极会同当地财政部门，在安排环境保护专项资金或者重金属污染防治专项资金时，对投保企业污染防治项目予以倾斜。

2．将投保企业投保信息及时通报银行业金融机构，推动金融机构综合考虑投保企业的信贷风险评估、成本补偿和政府扶持政策等因素，按照风险可控、商业可持续原则优先给予信贷支持。

（三）健全政策法规

地方环保部门、保险监管部门应当积极争取将环境污染强制责任保险政策纳入地方性法规、规章，或者推动地方人民政府出台规范性文件，并配合有关部门制定有利于环境污染强制责任保险的经济政策和措施。

环保部门应当推动健全环境损害赔偿制度，加快建立和完善环境污染损害鉴定评估机制，支持、规范环境污染事故的责任认定和损害鉴定工作。

企业发生污染事故后，地方环保部门应当通过提供有关监测数据和相关监管信息，依法支持污染受害人和有关社会团体对污染企业提起环境污染损害赔偿诉讼，推动企业承担全面的污染损害赔偿责任，增强企业环境风险意识和环境责任意识。

涉重金属企业的环境污染强制责任保险试点工作方案，由环境保护部另行组织制定。

地方环保部门和保险监管部门应当充分认识开展环境污染强制责任保险试点工作的重要性，结合本地区实际，建立工作机制，制定实施方案，切实加大工作力度，推动试点工作取得实际成效。

环境保护部　保监会

2013 年 1 月 21 日

矿山环境监察指南（试行）

前 言

本指南介绍了矿山企业开发利用矿产资源主要方式、产生环境污染和生态破坏的环节，以及探矿、采矿和选矿生产过程中污染防治与生态保护措施，分析了现场环境监察的要点，供环境监察人员现场执法参考使用，不具有强制性。

本指南所列矿山企业的相关管理信息和矿山开发活动，只考虑了一般矿山企业情形，个别矿种资源的特殊情形可能没有涉及或略有出入。指南中“2.监察工作依据”所列法律、法规、规章、政策、标准更新后，以其最新版本为准。

本指南适用于全国各级环境监察机构对矿山企业（包括探矿、采矿、选矿企业和探、采、选一体化的矿山企业）实施的现场环境监察工作。

本指南为首次发布。

本指南起草单位为湖南省环境监察总队、长沙环境保护职业技术学院。

本指南由环境保护部环境监察局组织制订。

本指南由环境保护部负责解释。

1 适用范围

本指南适用于全国各级环境保护主管部门的环境监察机构，对辖区内矿山企业执行环境保护法律、法规、规章、政策和标准的情况进行现场监督、检查和处理。

2 监察依据

2.1 法律

2.1.1《中华人民共和国环境保护法》

2.1.2《中华人民共和国固体废物污染环境防治法》

2.1.3《中华人民共和国水污染防治法》

2.1.4《中华人民共和国大气污染防治法》

2.1.5《中华人民共和国环境噪声污染防治法》

2.1.6《中华人民共和国环境影响评价法》

2.1.7《中华人民共和国矿产资源法》

2.1.8《中华人民共和国煤炭法》

2.1.9《中华人民共和国土地管理法》

2.1.10《中华人民共和国水土保持法》

2.1.11《中华人民共和国防沙治沙法》

2.1.12《中华人民共和国安全生产法》

2.1.13《中华人民共和国矿山安全法》

2.2 法规

2.2.1《建设项目环境保护管理条例》（国务院令第253号，1998年）

2.2.2《排污费征收使用管理条例》（国务院令第369号，2003年）

2.2.3《中华人民共和国矿产资源法实施细则》（国务院令第 152 号，1994 年）

2.2.4《中华人民共和国矿山安全法实施条例》（国务院批准 1996 年 10 月 30 日劳动部令第 4 号发布）

2.2.5《土地复垦条例》（国务院令第 592 号，2011 年）

2.2.6《国家突发环境事件应急预案》（国务院，2010 年修订）

2.3 规章

2.3.1《产业结构调整指导目录（2011 年本）》（发展改革委令第 9 号，2011 年）

2.3.2《建设项目竣工环境保护验收管理办法》（国家环境保护总局令第 13 号，2001 年）

2.3.3《建设项目环境影响评价分类管理名录》（环境保护部令第 2 号，2008 年）

2.3.4《建设项目环境影响评价文件分级审批规定》（环境保护部令第 5 号，2009 年）

2.3.5《废弃危险化学品污染环境防治办法》（国家环境保护总局令第 27 号，2005 年）

2.3.6《国家危险废物名录》（环境保护部令第 1 号，2008 年）

2.3.7《防治尾矿污染环境管理规定》（国家环境保护总局令第 6 号，1999 年）

2.3.8《非煤矿矿山建设项目安全设施设计审查与竣工验收办法》（国家煤矿安全监察局令第 18 号，2004 年）

2.3.9《尾矿库安全监督管理规定》（国家安全生产监督管理总局令第 38 号，2011 年）

2.3.10《矿山地质环境保护规定》（国土资源部令第 44 号，2009 年）

2.4 政策性文件

2.4.1《国务院关于全面整顿和规范矿产资源开发秩序的通知》（国发[2005]28 号）

2.4.2《矿山生态环境保护与污染防治技术政策》（环发[2005]109 号）

2.4.3《财政部、国土资源部、国家环境保护总局关于逐步建立矿山环境治理和生态恢复责任机制的指导意见》（财建[2006]215 号）

2.4.4《煤炭产业政策》（国家发展和改革委员会公告 2007 年第 80 号）

2.4.5《尾矿库环境应急管理工作指南（试行）》（环办[2010]138 号）

2.4.6《关于加强资源开发生态环境保护监管工作的意见》（环发[2004]24 号）

2.4.7《对矿产资源开发进行整合意见的通知》（国办发[2006]108 号）

2.4.8《突发环境事件应急预案管理暂行办法》（环发[2010]113 号）

2.4.9《关于印发〈矿山生态环境保护与恢复治理方案编制导则〉的通知》（环办[2012]154 号）

2.5 标准规范

2.5.1《污水综合排放标准》（GB 8978—1996）

2.5.2《大气污染物综合排放标准》（GB 16297—1996）

2.5.3《工业企业厂界环境噪声排放标准》（GB 12348—2008）

2.5.4《土壤环境质量标准》（GB 15618—1995）

2.5.5《一般工业固体废物贮存、处置场污染控制标准》（GB 18599—2001）

2.5.6《危险废物贮存污染控制标准》（GB 18597—2001）

2.5.7《煤炭工业污染物排放标准》（GB 20426—2006）

2.5.8《尾矿库安全技术规程》（AQ2006—2005）

3 术语和定义

3.1 矿山

本指南所指矿山是指在获得批准的矿区范围内从事矿产资源开采活动的场所及其附属设施，包括煤矿及非煤矿矿山（含金属与非金属等固体矿产资源矿山）。

3.2 矿山开发

“矿山开发”是指在获得批准的矿区范围内从事矿产资源勘探和矿山建设、生产（含采矿、选矿）、闭坑（闭矿）及有关活动。

3.3 矿山环境监察

矿山环境监察是指各级环境监察机构依照国家有关规定对辖区内矿山企业履行环境保护法律、法规、规章、政策和标准的情况进行现场监督、检查和处理的活动。

3.4 选矿作业

根据矿石的矿物性质（主要是不同矿物的物理、化学或物理化学性质），采用不同的方法，将有用矿物与脉石矿物分开，并使各种共生的有用矿物尽可能相互分离，除去或降低有害杂质，以获得冶炼或其他工业所需原料的分选过程。

3.5 尾矿

尾矿是指选矿和湿法冶炼过程中产生的废物。其有用成分含量很低，在当前的技术经济条件下，不宜或不能再进一步分选。

4 监察程序

4.1 监察准备

4.1.1 收集资料

需要收集的资料包括：相关法律法规、规范性文件及各类环保标准；矿山所在区域功能区划、相关规划；矿山企业的基本信息，包括矿山名称、法定代表人、组织性质、机构代码、矿山类型、开发方式、地理位置、基本工艺、矿山规模、群众投诉等；矿山企业环境影响评价文件和环评审批文件、项目竣工环境保护验收报告及验收批复文件、排污申报登记表、排污费核定及缴纳通知书、各级环境保护部门的现场检查历史记录、环境违法问题处理历史记录和整改情况等。

有条件的地区可探索利用卫星与航空遥感监测等先进技术，提高矿山环境监察执法效率。

4.1.2 设备准备

准备现场执法需要的交通工具、调查取证设备。

4.1.3 学习矿山安全防护知识

4.2 制定方案

方案内容包括监察目的、时间、路线、对象、重点内容和步骤等。需其他部门配合实施联合监察的，联系有关部门召开联席会议，明确各部门具体工作任务。

4.3 现场检查

现场检查应由两名以上环境监察执法人员实施，并出示国家环境保护主管部门或地方人民政府配发的有效执法证件。检查应依照事先制定的监察方案进行，其中，“5.6.5.1 废水污染防治设施”、“5.6.5.4 固体废物处置设施”为重点检查内容。

4.4 调查取证

发现有环境违法、违规行为的，应当立即制止，并根据《环境行政处罚办法》，对违法事实、违法情节和危害后果等进行全面、客观、及时的调查，依法收集与案件有关的证据，制作现场检查（勘察）笔录，采取录音、拍照、录像或者其他方式如实记录现场情况。

4.5 周边居民调查走访

走访矿山企业周边居民，核实企业提供信息的真实性，了解企业长期运行过程中是否对附近居民带来废水、废气、噪声、固废等方面的污染。

4.6 依法处理

对检查中发现环境违法行为，依据相关法律、法规，按照《中华人民共和国行政处罚法》、《环境行政处罚办法》规定的程序，视情进行现场处理或提出处理处罚建议。

不属于本级管辖的案件，应当移送有管辖权的环境保护主管部门处理。

不属于环境保护主管部门主管的案件，应当按照有关要求移送或通报有管辖权的主管部门或转请有关地方人民政府处理。

4.7 监督执行

对处理决定按规定期限进行复查和后督察，监督检查企业对处理决定的落实情况，督促纠正违法违规行为。

4.8 总结归档

编写执法总结报告，对现场监察过程中形成的文字材料及视听资料，及时分类归档。

5 监察内容

对矿山建设项目（包括新建、改建、扩建和技术改造项目），按照“预防为主”的方针，重点对项目规划选址、环境影响评价及“三同时”制度执行情况、试生产（运行）情况、竣工验收情况进行监督检查。

对处于运行生产阶段的矿山企业，按照“防治结合”的原则，重点对污染防治和生态保护情况等进行监督检查。

对处于闭矿期前期阶段的矿山，按照“综合整治”的原则，重点对生态环境保护与恢复治理等环保措施的落实情况进行监督检查。

5.1 产业政策

5.1.1 生产规模

（1）煤矿单井井型规模：2007 年 11 月 23 日以后，山西、内蒙古、陕西等省（区）新建、改扩建矿井规模≥120 万吨/年。重庆、四川、贵州、云南等省（市）新建、改扩建矿井规模≥15 万吨/年。福建、江西、湖北、湖南、广西等省（区）新建、改扩建矿井规模≥9 万吨/年。其他地区新建、改扩建矿井规模≥30 万吨/年。

（2）有色金属：2011 年 6 月 1 日以后，禁止新建、扩建钨、钼、锡、锑开采、稀土开采、选矿项目。到 2013 年 12 月 31 日前，淘汰矿石处理量 50 万吨/年以下的轻稀土矿山开发项目；淘汰 1500 吨（REO）/年以下的离子型稀土矿山开发项目。

新建铅锌矿山最低生产建设规模≥单体矿 3 万吨/年（100 吨/日），服务年限必须在 15 年以上，中型矿山单体矿生产建设规模应＞30 万吨/年（1000 吨/日）。铅锌矿选矿须采用浮选工艺。

（3）黄金：2011 年 6 月 1 日以后，禁止投资日处理矿石 200 吨以下，无配套采矿系统的独立黄金选矿厂项目；禁止投资日处理岩金矿石 100 吨以下的采选项目；禁止投资年处理砂金矿砂 30 万立方米以下的砂金开采项目。淘汰日处理能力 50 吨以下采选项目。

5.1.2 生产工艺和设备

（1）煤炭：2007 年 11 月 23 日以后，禁止投资采用非机械化开采工艺的煤矿项目，禁止投资设计的煤炭资源回收率达不到国家规定要求（厚煤层 75%，中厚煤层 80%，薄煤层 85%）的煤矿项目，禁止投资未按国家规定程序报批矿区总体规划的煤矿项目，禁止投资井下回采工作面超过 2 个的新建煤矿项目。

淘汰不能实现洗煤废水闭路循环的选煤工艺、不能实现粉尘达标排放的干法选煤设备；淘汰国有煤矿矿区范围（国有煤矿采矿登记确认的范围）内的各类小煤矿；淘汰单井井型低于 3 万吨/年规模的矿井；淘汰高硫煤炭（含硫高于 3%）生产矿井；淘汰不能就地使用的高灰煤炭（灰分高于 40%）生产矿井；淘汰 6AM、ϕM-2.5、PA-3 型煤用浮选机；淘汰 PB2、PB3、PB4 型矿用隔爆高压开关；淘汰 PG-27 型真空过滤机；淘汰 X-1 型箱式压滤机；淘汰 ZYZ、ZY3 型液压支架；淘汰木支架。

（2）铅锌：铅锌坑采矿综合能耗要<7.1 千克标准煤/吨矿、露采矿山铅锌矿综合能耗要<1.3 千克标准煤/吨矿。铅锌选矿综合能耗要<14 千克标准煤/吨矿。矿石耗用电量<45 千瓦时/吨。

5.2 选址

5.2.1 禁采区

（1）禁止在自然保护区、风景名胜区、森林公园、地质遗迹保护区、国家重点保护的不能移动的历史文物和名胜古迹所在地采矿。

（2）禁止在崩塌滑坡危险区、泥石流易发区和易导致自然景观破坏等地质灾害危险区开采矿产资源。

（3）禁止在基本农田保护区内采矿。

（4）禁止在饮用水水源保护区内采矿。

（5）禁止在港口、机场、国防工程设施圈定地区以内采矿。

（6）禁止在重要工业区、大型水利工程设施、城镇市政工程设施附近一定距离以内采矿。

（7）禁止在铁路、重要公路两侧一定距离以内采矿。禁止在铁路、国道、省道等其他重要道路两侧的直观可视范围内进行对景观破坏明显的露天开采。

（8）禁止在重要湖泊、河流、堤坝两侧一定距离以内采矿。

（9）禁止在风景名胜区、自然保护区和其他需要特殊保护的区域内建设产生尾矿的企业。

（10）禁止在林区、基本农田、河道中开采砂金项目。

5.2.2 重点生态功能区

重点生态功能区内的矿产资源开发，必须进行生态环境影响评估，按评估结果及相关规定进行控制性开采，开采活动不得影响生态功能区的主导生态功能。

5.2.3 卫生防护距离

检查卫生防护距离是否符合环评批复要求。

5.3 环境影响评价制度执行

5.3.1 环评审批手续办理

检查新建、改建和扩建矿山项目是否进行环境影响评价；环境影响评价文件是否经由有审批权的环境保护主管部门批准。

5.3.2 环评审批手续变更

项目的性质、规模、地点、采用的生产工艺或者防治污染、防止生态破坏的措施发生重大变动的，是否重新报批项目的环境影响评价文件。环境影响评价文件自批准之日起超过五年项目才开工建设的，其环境影响评价文件是否报原审批部门重新审核。

5.3.3 环境影响评价文件类别

根据《建设项目环境影响评价分类管理名录》（环境保护部令第 2 号）规定，自 2008 年 10 月 1 日起，所有煤炭开采项目、黑色金属采选项目、有色金属采选项目、化学矿采选项目、石棉及其他非金属矿采选项目均应编制环境影响报告书。新建选煤、配煤项目应编制环境影响报告书，改、扩建选煤、配煤项目应编制环境影响报告表。年采 10 万立方米以上或涉及环境敏感区的土砂石开采项目应编制环境影响报告书，其他土砂石开采项目应编制环境影响报告表。

2008 年 10 月 1 日以前审批的建设项目，其环境影响评价文件按照当时生效的《建设项目环境保护分类管理名录》（原国家环境保护总局令第 14 号）规定进行分类。

5.3.4 环境影响评价文件审批

依据《建设项目环境影响评价文件分级审批规定》（环境保护部令第 5 号），自 2009 年 3 月 1 日起，矿山开发项目环境影响评价文件应由省级及以上环境保护主管部门审批。

2009 年 3 月 1 日以前审批的建设项目，按照当时生效的《建设项目环境影响评价文件分级审批规定》（原国家环境保护总局令第 15 号）执行。

5.4“三同时”制度执行

5.4.1 设施核对

检查污染防治设施和生态保护措施是否符合环境影响评价审批文件和相关要求，是否与主体工程同时设计、同时施工、同时投产使用（可根据建设项目环保设施设计施工图、施工监理意见、单项安装质量验收结果以及“三同时”验收一览表等逐一核对）。

5.4.2 验收时限

是否在环保部门批准试生产申请之日起 3 个月内验收；需延长试生产时间的，是否经有审批权的环境保护主管部门批准且在试生产之日起一年内验收。

5.4.3 验收手续及验收意见

检查建设项目竣工环境保护验收手续是否齐全，验收意见是否落实到位。

5.5 矿山生态环境保护与恢复治理

建立了矿山生态环境保护与恢复治理机制的地区，检查矿山企业是否按规定编制并执行矿山生态环境保护与恢复治理方案，提交矿山环境恢复治理保证金。

5.6 生产现场

监察内容包括探矿、采矿、选矿、污染防治设施及生态保护等有关情况的现场检查。

5.6.1 探矿

（1）探矿类型：探矿作业方式一般有钻探、槽探和坑探、爆破式和其他物理探矿等。

（2）检查内容：

①检查钻探和槽探作业点数量、密度与勘探范围与设计要求的符合性。钻探方式探矿的，检查钻探冲击性噪声污染情况，泥浆水外泄情况。坑探方式探矿的，检查坑下废石（含矸石）堆存处置情况；检查坑下废水各因子（含放射性）达标排放情况。

②了解探矿作业便道建设对地表植被的影响和损毁情况。钻探方式探矿的，了解局部地表破坏情况。槽探方式探矿的，了解表层土的回填情况、回填不及时造成的水土流失情况。坑探方式探矿的，了解采空区地表塌陷、开裂，损毁或影响地表相关建、构筑物及田土、植被等情况；了解地下水疏干漏斗疏排相关地域（含河流、水库、湖泊、溪流、井泉、农田等）地表水的情况。

（3）识别方法：查看环境影响评价文件中有关设计和规范要求。现场查看，验证与环评文件的一致性。

5.6.2 采矿

（1）类型：采矿一般分为露天开采和井下开采两种方式。

（2）露天开采的检查内容：

①检查矿石与废石堆场的规范化建设情况、物料输送管路建设情况、运输粉尘（含煤尘）对大气环境的污染情况及治理措施；露天水力开采矿山的，检查沉淀池建设情况；检查爆破作业环境噪音、震动污染情况。

②了解露采封闭圈范围内对生态环境的影响和破坏情况（含对地表植被破坏、表土剥离和水土流失、难以恢复的裸露采坑）；了解废石堆场（排土场）对地表的占压（含对地表植被、田土的占压）情况；了解废石堆失衡垮塌，引起泥石流等灾害对下游环境（含人居环境）的冲击与覆盖的环境风险；了解采掘区疏干水排出后整个矿区地下水水位的下降情况和周边植被的变化情况。

（3）井下开采的检查内容：

①检查矿石与废石堆场及运输粉尘（含煤尘）对大气环境的污染及治理措施。

②了解井下废石（含矸石）堆场占压地表情况及回填情况；了解地下水疏干漏斗疏排相关地域（含河流、水库、湖泊、溪流、井泉、农田等）的地表水的情况；了解采空区地表塌陷、开裂，损毁

对地表相关建、构筑物及田土、植被影响。

（4）识别方法：查看环境影响评价文件中有关设计和规范要求。现场查看，验证与环评文件的一致性。

5.6.3 选矿

选矿工艺一般分为重选、磁选和浮选。除手选和个别磁选外，基本都是湿式作业。

（1）选矿类型：一般分为破碎磨矿作业和选别作业两个工序。

（2）破碎磨矿作业的检查内容：①检查破碎磨矿时产生的粉尘污染环境情况及治理措施；②检查环境噪声污染情况及所采取的降噪措施。

（3）选别作业的检查内容：①检查一类污染物产生情况；②如果有一类污染物产生，检查是否在适当的位置（如车间、生产装置排放口或进入常规污水处理设施前）进行处理及监控并达标排放；③如果没有一类污染物产生，确定废水产生源及主要污染因子，检查是否达标排放；④检查尾矿库及其配套污染治理设施建设情况。

（4）识别方法：现场查看，验证与环评报告的一致性。查看污染防治措施是否落实到位，污染防治设施是否正常运行。

5.6.4 场区环境综合管理

（1）检查内容：①场区（特别是选矿废水处理装置区、尾矿库等特殊位置）是否采取防渗措施，并满足设计方案要求；②生产、运输过程中是否存在跑、冒、滴、漏现象。

（2）识别方法：现场查看。询问相关人员。

5.6.5 污染防治设施

5.6.5.1 废水污染防治设施

（1）废水来源

①检查内容：了解废水来源，确定矿山企业废水主要污染因子。

②辨别方法：矿山企业的废水主要包括矿井废水、选矿废水、尾矿库溢流水等。选矿废水中的一类污染物要经过车间处理设施处理达标后才能进入常规污水处理设施。

（2）进水水量和水质

①检查内容：各废水产生源水量（直接回用的除外）与污水处理设施进水量是否一致，同时检查污水处理站进水水质。

②辨别方法：通过矿山生产工艺流程、生产用水量、污水收集管网布设情况，了解各产生源废水如何收集和输送进入污水处理装置，估算废水产生量；根据污水处理装置进口泵功率，检查装置进口水量，分析矿山企业主要生产废水是否全部收集，是否有偷排可能；根据企业自行监测记录，检查进口主要污染因子浓度。

（3）处理工艺

①检查内容：根据处理工艺类型，判定处理工艺与污染物处理需求的匹配性。

②辨别方法：根据主要建构筑物布置情况，判断其采用哪一种处理工艺，验证与环评报告书的一致性；结合企业自行监测记录和环保部门监测数据，判断污水处理装置是否满足水质处理要求。

（4）运行状态

①检查内容：检查来水颜色等表征特性，判断来水是否为矿山原水；废水污染防治设施是否正常运行；污泥处置方式是否符合要求。

②辨别方法：检查运行记录、购药和用料情况、用电情况、设施完好情况和出水水质情况等，判断废水污染防治设施运行情况。检查水泵、风机、刮泥机等关键设备的额定功率，根据企业台账，计算其耗电量，判断是否与缴纳电费一致。对比耗电量波动情况与废水负荷波动情况，若有较大出入，则存在污水处理设施不正常运行的可能。

（5）出水水量及水质

①检查内容：检查污水处理站出水量及水质的达标排放情况。

②辨别方法：根据已有监测数据分析达标排放情况。分析水量是否符合“污水处理站进水量=总排口出口水量+循环用水量”的逻辑关系。

（6）循环水系统排水处理利用

检查矿井废水、选矿废水（含尾矿库溢流水）是否循环利用并实现闭路循环。未循环利用的部分是否进行收集并经处理达标后排放。

（7）排放口和自动监控

①检查内容：检查污染物排放口的数量和位置、污染物排放方式和排污去向，与企业排污申报登记、环评批复文件的一致性。检查是否设置符合国家标准《环境保护图形标志》（GB 15562.1—1995）规定的排放口标志牌，是否有偷排、漏排或采取其他规避监管的方式排放废水的现象。检查自动监控设施安装、运行、联网验收情况，自动监控设施的定期比对监测及数据有效性审核情况；检查自动监控设施显示的数据，是否能查阅历史数据；根据历史数据显示的浓度曲线，检查日常超标情况和频次；检查是否存在闲置、私改电路、违规设定参数等现象，探头位置是否规范，数据线是否有效连接探头及监控仪器。

②辨别方法：现场查看、资料检查。

5.6.5.2 大气污染防治设施

（1）大气污染源：主要包括矿石与废石堆场及运输粉尘（含煤尘）；破碎、磨矿产生的粉尘；干滩面积较大尾矿库在起风季节产生的扬尘。

（2）检查内容：①无组织排放的扬尘，检查堆场（尾矿干滩）的抑尘措施及其效果；②破碎机产尘口集尘罩是否密闭；③颗粒物是否达标排放。

（3）辨别方法：根据堆场四周矿石（废石）散落情况，以及堆场（尾矿干滩）无组织扬尘监测数据，检查煤场抑尘效果。检查矿石与废石堆场及运输粉尘（含煤尘）抑尘设施是否满足防风抑尘需求。根据已有监测数据，检查出口浓度是否做到达标排放。

5.6.5.3 环境噪声污染防治设施

（1）噪声来源：矿山环境噪声主要包括以钻探方式探矿产生的冲击性噪声；采矿场地面高噪装备与爆破噪音；破碎、磨矿产生环境噪声。

（2）检查内容：逐一检查主要噪声源位置、个数，以及所采取的隔声降噪措施。

（3）辨别方法：现场查看，验证与环评文件的一致性。了解矿山周边群众有无噪声扰民的投诉等。

5.6.5.4 固体废物处置设施

矿山固体废物来源，包括坑探方式探矿的坑下废石（含矸石）、井下开采产生的井下废石（含矸石）；矿井废水处理设施产生的污泥，破碎机产尘口集尘罩收集的灰渣，选别作业产生的尾矿等。

（1）产生量和处置方式

①检查内容：是否产生危险废物，各类固体废物产生量和处置方式；检查危险废物转移联单，是否擅自将危险废物运出场（厂）外。

②辨别方法：查看环境影响评价文件中工程概况部分，识别是否有危险废物产生；逐一检查各工序固体废物每班、每日或每月的产生情况，所采取的清理方式、清理周期，了解产生量及处置方式，结合企业台账，判别是否得到综合利用。查看各类危废处理处置方案、外销协议、协议方危废处理资质、危险废物转移联单。

（2）贮存

①检查内容：检查危险废物贮存设施和贮存时间，是否按照危险废物贮存污染控制标准

（GB 18597—2001）设置专用贮存设施；贮存时间是否超过 1 年，超过 1 年的是否由环保部门指定单位按照国家有关规定代为处置（处置费用由矿山企业承担）。危险废物是否按照危险特性进行分类贮存，是否混入非危险废物中贮存，是否设置危险废物识别标志。

检查露天贮存的废渣、废矿等一般固体废物，是否按照一般固体废物贮存、处置场污染控制标准（GB 18599—2001）设置专用的贮存设施、场所。

②辨别方法：查看竣工环境保护验收报告。现场查看，验证与环评文件的一致性。每班、每日或每月的进场记录，判断储存时间。现场勘查危险废物贮存情况。

（3）尾矿库

①检查内容：检查尾矿库中的物质是否存在危险废物；检查尾矿库选址及尾矿设施防流失、防扬散、防渗漏等措施；检查尾矿库是否存在违法排污现象；检查尾矿库下游拦截坝或拦截沟的建设是否满足实际需求；检查尾矿产生企业是否制定尾矿污染防治计划，是否建立环境保护制度。了解尾矿库是否具有安全生产许可证，尾矿库回水系统、防控系统以及设计储存容量和服务期，是否存在可能导致垮坝、引发突发环境事件发生的风险。

②辨别方法：现场查看，验证与环评文件的一致性。

5.6.6 其他生态保护措施

5.6.6.1 防止地表占压破坏

矿山开发过程中，占压和破坏地表的情形主要包括：探矿作业便道建设，对地表植被的影响和损毁；钻探方式探矿会造成局部地表破坏；坑探和井下采矿出现地下水疏干漏斗，疏排相关地域（含河流、水库、湖泊、溪流、井泉、农田等）的地表水；坑探和井下开采，导致采空区地表塌陷、开裂，损毁或影响地表相关建（构）筑物及田土、植被；露采封闭圈范围内将原生态破坏成难以恢复的裸露采坑；露天开采废石堆场（排土场）和井下废石（含矸石）对地表植被和田土的占压。

5.6.6.2 水土保持

矿山开发过程中，造成水土流失的情形主要包括：槽探作业表土剥离倒置在槽坑旁未及时回填，造成水土流失；露天坑、废石场、尾矿库、矸石山等永久性坡面未进行稳定化处理，引起水土流失和滑坡。

5.6.6.3 土地复垦

矿山开发过程中，废石场、废尾矿库、废矸石山等固体废物堆场服务期满后，应及时封场和复垦，防止水土流失及风蚀扬尘等。复垦时应对土质进行监测并充分考虑对地下水的影响。对受污染的土地应进行风险评估和治理修复，禁止直接复垦开发。

5.6.6.4 地质环境保护与治理恢复

矿山开发过程中，以槽探、坑探方式勘查矿产资源，探矿权人在矿产资源勘查活动结束后未申请采矿权的，应采取相应的治理恢复措施，对其勘查矿产资源遗留的钻孔、探井、探槽、巷道进行回填、封闭，对形成的危岩、危坡等应进行治理恢复，消除安全隐患。采选固体废物专用贮存场所，应采取有效措施防止次生地质灾害发生。矿山关闭前，采矿权人应履行矿山地质环境治理恢复责任。

5.7 环境应急管理

5.7.1 环境应急预案

（1）检查内容

①企业是否编制《突发环境事件应急预案》，预案是否具备可操作性并按照《突发环境事件应急预案管理暂行办法》的规定及时修订。

②企业是否组织对《突发环境事件应急预案》进行评估，并按《突发环境事件应急预案管理暂行办法》规定，报有关环保部门备案。

③企业是否按预案要求定期进行应急演练。

（2）辨别方法：查阅《突发环境事件应急预案》、《突发环境事件应急预案备案登记表》和环境应急演练计划、方案、评估报告、总结报告等资料。

5.7.2 环境应急设施

（1）检查内容：是否完善应急设施和措施，配备应急物资与设备。

（2）辨别方法：根据环评报告中关于环境风险评价内容及《突发环境事件应急预案》相关内容逐一核对以上设施、措施、物资及设备。

5.8 综合性环境管理制度

5.8.1 排污许可证制度执行

在依法实施排污许可证管理的区域内，企业是否依法取得《排污许可证》，并按照《排污许可证》的规定排放污染物。

5.8.2 排污申报登记制度执行

企业是否按规定向所在地的环境保护部门依法进行排污申报登记。排放污染物需作重大改变或者发生紧急重大改变的，排污者是否按规定履行变更申报手续。

5.8.3 排污收费制度执行

企业是否依法及时、足额缴纳排污费。

5.8.4 企业内部环境管理制度建设

企业是否制定环保设施操作规程及维护制度、环境监测制度等各项环境管理制度。是否配置专业环保管理人员。

6 视情处理

6.1 现场处理

矿山企业违法行为，属环境行政处罚简易程序范围的，按照《环境行政处罚办法》可当场作出行政处罚决定；属于环境处罚一般程序范围的，按照《环境行政处罚办法》一般程序的规定和要求进行处理。

6.2 提出处理处罚建议

属于环境保护主管部门职责内的、依法应给予行政处理处罚的，根据《矿山环境违法认定和处理处罚条款》（附 2），提出处理处罚建议，按照环境行政处罚程序进行处理。

6.3 环保系统内部移交移送

由上级环保部门管辖的建设项目，应形成书面材料报送有管辖权的上级环境保护主管部门处理。

6.4 部门间移送（通报）或向政府报告

（1）发现因采矿涉及毁林的，向林业行政部门移送（通报）；

（2）涉及河道采砂或违反水土保持相关规定的向水行政主管部门移送（通报）；

（3）发现尾矿库（坝）或其他生产环节存在安全隐患的，向安全生产监督管理部门移送（通报）；

（4）因环境违法需吊销采矿许可证的向国土资源行政主管部门移送（通报）；发现在未获得批准的矿区范围内从事矿产资源开采活动的，报请当地人民政府依法查处；

（5）需吊销营业执照的向工商部门移送；

（6）需断电的向电力部门移送；

（7）需追究行政责任的向监察部门移送、需追究刑事责任的向司法部门移送；

（8）需对企业关闭、搬迁或涉及重大案件及特殊案件的向当地人民政府报告。

本指南由县级以上人民政府环境保护主管部门组织实施，各级环境监察机构具体负责辖区内矿山环境监察工作。环保部门内部协调机制由各省级环保部门自行制定。

附 1

矿 山 环 境 监 察 单

1．矿山建设项目环境监察单

监察机构（盖章）：　　　　执法人员和执法证号：　　　　监察时间：　年　月　日

基 本 信 息			
矿山/矿区名称			
详细地址		邮政编码	
矿产类型		采矿规模	
法定代表人		组织机构代码	
联系人及职务		联系电话	
矿山开发阶段	探矿□　基建□　建成□		
矿山性质	国有□　集体□　个人□　合资□　外商独资□		
矿山开发方式	露天□　井下□		
选矿工艺	重选□　磁选□　浮选□　其他□		
是否产生尾矿	是□　否□		
在建项目进度	设计□　施工□　竣工验收□		

现 场 监 察 信 息

类别	内容及判断依据	是否合格	备注	处理处罚
5.1 产业政策	是否符合相关产业政策规定	是□　否□		移交经济综合主管部门
5.2 选址	5.2.1 禁采区判断：是否在禁采区范围内采矿。	是□　否□		移交有管辖权的部门
	5.2.2 重点生态功能区内的矿产资源开发，是否进行生态环境影响评估并按要求进行控制性开采。	是□　否□		
	5.2.3 卫生防护距离：卫生防护距离是否符合环评批复要求。	是□　否□		

5.3 环境影响评价制度执行	5.3.1 新建、改建和扩建矿山项目是否进行环境影响评价；环境影响评价文件是否经由有审批权的环境保护主管部门批准。	是□ 否□		依《环境影响评价法》第31条、32条处理
	5.3.2 环评审批手续变更：项目的性质、规模、地点、采用的生产工艺或者防治污染、防止生态破坏的措施发生重大变动的，是否重新报批项目的环境影响评价文件。环境影响评价文件自批准之日起超过五年方决定项目开工建设的，其环境影响评价文件是否报原审批部门重新审核。	是□ 否□		
	5.3.3 环境影响评价文件类别是否合规：自2008年10月1日起，所有煤炭开采项目、黑色金属采选项目、有色金属采选项目、化学矿采选项目、石棉及其他非金属矿采选项目均应编制环境影响报告书。新建选煤、配煤项目应编制环境影响报告书，改、扩建选煤、配煤项目应编制环境影响报告表。年采10万立方米以上或涉及环境敏感区的土砂石开采项目应编制环境影响报告书，其他土砂石开采项目应编制环境影响报告表。 2008年10月1日以前审批的建设项目，其环境影响评价文件按照当时生效的《建设项目环境保护分类管理名录》（原国家环境保护总局令第14号）规定进行分类。	是□ 否□		移送有管辖权的环境保护主管部门
	5.3.4 环境影响评价文件等级是否合规：自2009年3月1日起，矿山开发项目环境影响评价文件应由省级及以上环境保护主管部门审批。 2009年3月1日以前审批的建设项目，按照当时生效的《建设项目环境影响评价文件分级审批规定》（原国家环境保护总局令第15号）执行。	是□ 否□		
5.4“三同时”制度执行	5.4.1 设施核对：污染防治设施和生态保护措施是否按照环境影响评价审批文件和相关要求，与主体工程同时设计、同时施工、同时投产使用。	是□ 否□		依据《环境保护法》第36条；《建设项目环境保护管理条例》第26条、27条、28条处理
	5.4.2 验收时限：是否在环保部门批准试生产申请之日起3个月内验收；需延长试生产时间的，是否经有审批权的环境保护主管部门批准且在试生产之日起一年内验收。	是□ 否□		
	5.4.3 验收手续及验收意见：建设项目竣工环境保护验收手续是否齐全，验收意见是否落实到位。	是□ 否□		
5.5 生态环境保护与恢复治理机制	建立了矿山生态环境保护与恢复治理机制的地区，是否按规定编制矿山生态环境保护与恢复治理方案，提交矿山环境恢复治理保证金。	是□ 否□		
其他监察情况				

备注：1. 监察情况一栏应对照判断依据填写，如果符合判断依据则选择“是”；如果不符合判断依据选择“否”，并在备注一栏据实填写违规情况。

2. 此监察单首次填写后存档。若无变化，可不重复填写。

2．矿山企业现场环境监察单

监察机构（盖章）：　　　　执法人员和执法证号：　　　　监察时间：　年　月　日

基　本　信　息

矿山/矿区名称	
矿山性质	国有□　集体□　个人□　合资□　外商独资□
矿山开发阶段	探矿□　基建□　采矿□　选矿□　闭矿□
矿山开发方式	露天□　井下□
选矿工艺	重选□　磁选□　浮选□　其他□
是否产生尾矿	是□　否□

现　场　监　察　信　息

类别	内　容	判断依据	是否合规	备注	处理处罚
5.6 生产现场	5.6.1 探矿	产生的废水、废渣、噪声等是否按要求得到处置。	是□否□		见 5.6.5 污染防治设施栏，对应环境因素相关污染防治法律法规进行处理
	5.6.2 采矿	矿石与废石堆场及运输粉尘（含煤尘）是否有抑尘措施；如果是露天水力开矿，是否建有沉淀池。	是□否□		
	5.6.3 选矿	（1）破碎磨矿作业：是否有抑尘、降噪措施。	是□否□		
		（2）选别作业：如果有一类污染物，是否按要求处理并达标。	是□否□		
		是否建有符合要求的尾矿库。	是□否□		

5.6 生产现场	5.6.4 场区环境综合管理		场区（特别是选矿废水处理装置区、尾矿库等特殊位置）是否按要求采取防渗措施。	是□否□		见 5.6.5 污染防治设施栏，对应环境因素相关污染防治法律法规进行处理
			生产、运输过程中是否杜绝了跑、冒、滴、漏现象。	是□否□		
	5.6.5 污染防治设施	5.6.5.1 废水污染防治设施	是否建有符合要求的污水处理设施。	是□否□		依《水污染防治法》第 71 条、72 条、73 条、74 条、75 条、76 条；《环境保护法》第 37 条处理
			污水处理设施是否正常运行。	是□否□		
			污泥处置方式是否符合要求。	是□否□		
			污染物排放口是否符合规范化建设要求。	是□否□		
			自动监控设施建设、运行、管理是否符合要求。	是□否□		
		5.6.5.2 大气污染防治设施	矿石与废石堆场及运输粉尘（含煤尘）抑尘设施是否正常运行。	是□否□		依《大气污染防治法》第 46 条、48 条、60 条处理
			破碎机产尘口集尘罩是否密闭。	是□否□		
			颗粒物是否达标排放。	是□否□		
		5.6.5.3 环境噪声污染防治设施：各产噪设备是否采取了隔振、减振、消声、吸声等措施。		是□否□		依《环境噪声污染防治法》第 48 条、50 条、52 条处理
		5.6.5.4 固体废物处置设施	危险废物的储存和转移是否符合要求。	是□否□		依《固体废物污染环境防治法》第 68 条、69 条；《环境保护法》第 37 条处理
			一般固体废物的储存和处理是否符合要求。	是□否□		
			尾矿设施防流失、防扬散、防渗漏等措施是否落实。	是□否□		
			尾矿库环境安全风险预防措施是否到位。	是□否□		
	5.6.6 其他生态保护措施		防止地表占压破坏、水土保持、土地复垦、地质环境保护与治理恢复等措施是否到位。	是□否□		必要时视情移交有处罚权的部门处理

5.7 环境应急管理	5.7.1 环境应急预案	是否编制具可操作性的《突发环境事件应急预案》并报环保部门备案。	是□否□		依《国家突发环境事件应急预案》第 7.4.2（2）款、《突发环境事件应急预案管理暂行办法》第 25、26 条处理
		是否按预案要求定期进行应急演练。	是□否□		
	5.7.2 环境应急设施	应急设施和措施是否完善。	是□否□		
		应急物质与设备是否配备。	是□否□		
5.8 综合性环境管理制度	5.8.1 排污许可证制度执行：在依法实施排污许可证管理的区域内，企业是否依法办理排污许可证并按其规定排放污染物。		是□否□		依《水污染防治法》第 74 条、《大气污染防治法》第 48 条处理
	5.8.2 排污申报登记制度执行：是否依法进行排污申报登记。		是□否□		依《水污染防治法》第 72 条；《固体废物污染环境防治法》第 68 条；《大气污染防治法》第 46 条处理
	5.8.3 排污收费制度执行：是否依法及时、足额缴纳排污费。		是□否□		依《排污费征收使用管理条例》第 21 条处理
	5.8.4 是否设置环保机构，制定环保设施操作规范、台账、内部监测等环境管理制度。		是□否□		

备注：1. 监察情况一栏应对照判断依据填写，如果符合判断依据则选择“是”；如果不符合判断依据选择“否”，并在备注一栏据实填写违规情况。

2. 此监察单每次监察时均应填写。

附2

矿山环境违法认定和处理处罚条款

违法行为		违反的法律法规条款	处理、处罚条款
1. 违反环评制度	项目未报批环评或已报批但未予批准就擅自开工建设	《环境影响评价法》第25条：建设项目的环境影响评价文件未经法律规定的审批部门审查或者审查后未予批准的，该项目审批部门不得批准其建设，建设单位不得开工建设。	《环境影响评价法》第31条：建设单位未依法报批建设项目环境影响评价文件，擅自开工建设的，由有权审批该项目环境影响评价文件的环境保护行政主管部门责令停止建设，限期补办手续；逾期不补办手续的，可以处五万元以上二十万元以下的罚款，对建设单位直接负责的主管人员和其他直接责任人员，依法给予行政处分。建设项目环境影响评价文件未经批准，建设单位擅自开工建设的，由有权审批该项目环境影响评价文件的环境保护行政主管部门责令停止建设，可以处五万元以上二十万元以下的罚款，对建设单位直接负责的主管人员和其他直接责任人员，依法给予行政处分。
	重新报批或者报请重新审核环境影响评价文件，未经原审批部门重新审核同意，擅自开工建设	《环境影响评价法》第24条：建设项目的环境影响评价文件经批准后，建设项目的性质、规模、地点、采用的生产工艺或者防治污染、防止生态破坏的措施发生重大变动的，建设单位应当重新报批建设项目的环境影响评价文件。 建设项目的环境影响评价文件自批准之日起超过五年，方决定该项目开工建设的，其环境影响评价文件应当报原审批部门重新审核。	《环境影响评价法》第31条：建设单位未依照本法第24条的规定重新报批或者报请重新审核环境影响评价文件，擅自开工建设的，由有权审批该项目环境影响评价文件的环境保护行政主管部门责令停止建设，限期补办手续；逾期不补办手续的，可以处五万元以上二十万元以下的罚款，对建设单位直接负责的主管人员和其他直接责任人员，依法给予行政处分。 建设项目环境影响评价文件未经原审批部门重新审核同意，建设单位擅自开工建设的，由有权审批该项目环境影响评价文件的环境保护行政主管部门责令停止建设，可以处五万元以上二十万元以下的罚款，对建设单位直接负责的主管人员和其他直接责任人员，依法给予行政处分。
	建设中有违反环评审批意见的行为	《环境影响评价法》第26条：建设项目建设过程中，建设单位应当同时实施环境影响报告书、环境影响报告表以及环境影响评价文件审批部门审批意见中提出的环境保护对策措施。	《环境影响评价法》第27条：在项目建设、运行过程中产生不符合经审批的环境影响评价文件的情形的，建设单位应当组织环境影响的后评价，采取改进措施，并报原环境影响评价文件审批部门和建设项目审批部门备案；原环境影响评价文件审批部门也可以责成建设单位进行环境影响的后评价，采取改进措施。

违法行为		违反的法律法规条款	处理、处罚条款
2.违反“三同时”制度	未向环保部门提出试生产申请	《建设项目竣工环境保护验收管理办法》第 7 条：建设项目试生产前，建设单位应向有审批权的环境保护行政主管部门提出试生产申请。第 8 条：环境保护行政主管部门应自接到试生产申请之日起 30 日内，组织或委托下一级环境保护行政主管部门对申请试生产的建设项目环境保护设施及其他环境保护措施的落实情况进行现场检查，并做出审查决定。试生产申请经环境保护行政主管部门同意后，建设单位方可进行试生产。	
	试生产中环保设施未与主体工程同时投入（试）生产运行	《环境保护法》第 26 条：建设项目中防治污染的措施，必须与主体工程同时设计、同时施工、同时投产使用。防治污染的设施必须经原审批环境影响报告书的环境保护行政主管部门验收合格后，该建设项目方可投入生产或者使用。	《环境保护法》第 36 条：建设项目的防治污染设施没有建成或者没有达到国家规定的要求，投入生产或者使用的，由批准该建设项目的环境影响报告书的环境保护行政主管部门责令停止生产或者使用，可以并处罚款。
		《建设项目环境保护管理条例》第 18 条：建设项目的主体工程完工后，需要进行试生产的，其配套建设的环境保护设施必须与主体工程同时投入试运行。第 19 条：建设项目试生产期间，建设单位应当对环境保护设施运行情况和建设项目对环境的影响进行监测。	《建设项目环境保护管理条例》第 26 条：试生产建设项目配套建设的环境保护设施未与主体工程同时投入试运行的，由审批该建设项目环境影响报告书、环境影响报告表或者环境影响登记表的环境保护行政主管部门责令限期改正；逾期不改正的，责令停止试生产，可以处 5 万元以下的罚款。
	建设项目竣工后不同时申请配套建设的环境保护设施竣工验收，或验收不合格就生产或使用	《建设项目环境保护管理条例》第 20 条：建设项目竣工后，建设单位应当向审批该建设项目环境影响报告书、环境影响报告表或者环境影响登记表的环境保护行政主管部门，申请该建设项目需要配套建设的环境保护设施竣工验收。环境保护设施竣工验收，应当与主体工程竣工验收同时进行。第 23 条：建设项目需要配套建设的环保设施经验收合格，该建设项目方可正式投入生产或使用。《建设项目竣工环境保护验收管理办法》第 9 条：建设项目竣工后，建设单位应当向有审批权的环境保护行政主管部门，申请该建设项目竣工环境保护验收。	《建设项目环境保护管理条例》第 28 条：建设项目需要配套建设的环境保护设施未建成、未经验收或者经验收不合格，主体工程正式投入生产或者使用的，由审批该建设项目环境影响报告书、环境影响报告表或者环境影响登记表的环境保护行政主管部门责令停止生产或者使用，可以处 10 万元以下的罚款。
	试生产超过 3 个月仍不申请配套建设的环境保护设施竣工验收	《建设项目环境保护管理条例》第 20 条：需要进行试生产的建设项目，建设单位应当自建设项目投入试生产之日起 3 个月内，向审批该建设项目环境影响报告书、环境影响报告表或者环境影响登记表的环境保护行政主管部门，申请该建设项目需要配套建设的环境保护设施竣工验收。	《建设项目环境保护管理条例》第 27 条：建设项目投入试生产超过 3 个月，建设单位未申请环境保护设施竣工验收的，由审批该建设项目环境影响报告书、环境影响报告表或者环境影响登记表的环境保护行政主管部门责令限期办理环境保护设施竣工验收手续；逾期未办理的，责令停止试生产，可以处 5 万元以下的罚款。
	未经批准，擅自拆除或者闲置防治污染的设施	《环境保护法》第 26 条：防治污染的设施不得擅自拆除或者闲置，确有必要拆除或者闲置的，必须征得所在地的环境保护行政主管部门的同意。	《环境保护法》第 37 条：未经环境保护行政主管部门同意，擅自拆除或者闲置防治污染的设施，污染物排放超过规定的排放标准的，由环境保护行政主管部门责令重新安装使用，并处罚款。

违法行为		违反的法律法规条款	处理、处罚条款
3. 污染水环境	向水体直接排放污染物	《水污染防治法》第29条：禁止向水体排放油类、酸液、碱液或者剧毒废液。 禁止在水体清洗装贮过油类或者有毒污染物的车辆和容器。 第30条：禁止向水体排放、倾倒放射性固体废物或者含有高放射性和中放射性物质的废水。 向水体排放含低放射性物质的废水，应当符合国家有关放射性污染防治的规定和标准。 第31条：向水体排放含热废水，应当采取措施，保证水体的水温符合水环境质量标准。 禁止向水体排放、倾倒工业废渣、城镇垃圾和其他废弃物。禁止将含有汞、镉、砷、铬、铅、氰化物、黄磷等的可溶性剧毒废渣向水体排放、倾倒或者直接埋入地下。存放可溶性剧毒废渣的场所，应当采取防水、防渗漏、防流失的措施。 第34条：禁止在江河、湖泊、运河、渠道、水库最高水位线以下的滩地和岸坡堆放、存贮固体废弃物和其他污染物。 第35条：禁止利用渗井、渗坑、裂隙和溶洞排放、倾倒含有毒污染物的废水、含病原体的污水和其他废弃物。 第36条：禁止利用无防渗漏措施的沟渠、坑塘等输送或者存贮含有毒污染物的废水、含病原体的污水和其他废弃物。 第37条：多层地下水的含水层水质差异大的，应当分层开采；对已受污染的潜水和承压水，不得混合开采。 第38条：兴建地下工程设施或者进行地下勘探、采矿等活动，应当采取防护性措施，防止地下水污染。	《水污染防治法》第76条：有下列行为之一的，由县级以上地方人民政府环境保护主管部门责令停止违法行为，限期采取治理措施，消除污染，处以罚款；逾期不采取治理措施的，环境保护主管部门可以指定有治理能力的单位代为治理，所需费用由违法者承担： （一）向水体排放油类、酸液、碱液的； （二）向水体排放剧毒废液，或者将含有汞、镉、砷、铬、铅、氰化物、黄磷等的可溶性剧毒废渣向水体排放、倾倒或者直接埋入地下的； （三）在水体清洗装贮过油类、有毒污染物的车辆或者容器的； （四）向水体排放、倾倒工业废渣、城镇垃圾或者其他废弃物，或者在江河、湖泊、运河、渠道、水库最高水位线以下的滩地、岸坡堆放、存贮固体废弃物或者其他污染物的； （五）向水体排放、倾倒放射性固体废物或者含有高放射性、中放射性物质的废水的； （六）违反国家有关规定或者标准，向水体排放含低放射性物质的废水、热废水或者含病原体的污水的； （七）利用渗井、渗坑、裂隙或者溶洞排放、倾倒含有毒污染物的废水、含病原体的污水或者其他废弃物的； （八）利用无防渗漏措施的沟渠、坑塘等输送或者存贮含有毒污染物的废水、含病原体的污水或者其他废弃物的。 有前款第三项、第六项行为之一的，处一万元以上十万元以下的罚款；有前款第一项、第四项、第八项行为之一的，处二万元以上二十万元以下的罚款；有前款第二项、第五项、第七项行为之一的，处五万元以上五十万元以下的罚款。

违法行为		违反的法律法规条款	处理、处罚条款
3. 污染水环境		《环境保护法》第26条：防治污染的设施不得擅自拆除或者闲置，确有必要拆除或者闲置的，必须征得所在地环境保护行政主管部门同意。	《环境保护法》第37条：未经环境保护行政主管部门同意，擅自拆除或者限制防治污染的设施，污染物排放超过规定排放标准的，由环境保护行政主管部门责令重新安装使用，并处罚款。
	环保设施不正常使用，超标排放污水	《水污染防治法》第9条：排放水污染物，不得超过国家或者地方规定的水污染物排放标准和重点水污染物排放总量控制指标。第21条：水污染物处理设施应当保持正常使用；拆除或者闲置水污染物处理设施的，应当事先报县级以上地方人民政府环境保护主管部门批准。第23条：重点排污单位应当安装水污染物排放自动监测设备，与环境保护主管部门的监控设备联网，并保证监测设备正常运行。排放工业废水的企业，应当对其所排放的工业废水进行监测，并保存原始监测记录。具体办法由国务院环境保护主管部门规定。应当安装水污染物排放自动监测设备的重点排污单位名录，由设区的市级以上地方人民政府环境保护主管部门根据本行政区域的环境容量、重点水污染物排放总量控制指标的要求以及排污单位排放水污染物的种类、数量和浓度等因素，商同级有关部门确定。	《水污染防治法》第71条：违反本法规定，建设项目的水污染防治设施未建成、未经验收或者验收不合格，主体工程即投入生产或者使用的，由县级以上人民政府环境保护主管部门责令停止生产或者使用，直至验收合格，处五万元以上五十万元以下的罚款。第72条：违反本法规定，未按照规定安装水污染物排放自动监测设备或者未按照规定与环境保护主管部门的监控设备联网，并保证监测设备正常运行的，由县级以上人民政府环境保护主管部门责令限期改正；逾期不改正的，处一万元以上十万元以下的罚款。第73条：不正常使用水污染物处理设施，或者未经环境保护主管部门批准拆除、闲置水污染物处理设施的，由县级以上人民政府环境保护主管部门责令限期改正，处应缴纳排污费数额一倍以上三倍以下的罚款。第74条：违反本法规定，排放水污染物超过国家或者地方规定的水污染物排放标准，或者超过重点水污染物排放总量控制指标的，由县级以上人民政府环境保护主管部门按照权限责令限期治理，处应缴纳排污费数额二倍以上五倍以下的罚款。限期治理期间，由环境保护主管部门责令限制生产、限制排放或者停产整治。限期治理的期限最长不超过一年；逾期未完成治理任务的，报经有批准权的人民政府批准，责令关闭。
	排污口不规范或私设暗管	《水污染防治法》第22条：向水体排放污染物的企业事业单位和个体工商户，应当按照法律、行政法规和国务院环境保护主管部门的规定设置排污口；在江河、湖泊设置排污口的，还应当遵守国务院水行政主管部门的规定。禁止私设暗管或者采取其他规避监管的方式排放水污染物。	《水污染防治法》第75条：违反法律、行政法规和国务院环境保护主管部门的规定设置排污口或者私设暗管的，由县级以上地方人民政府环境保护主管部门责令限期拆除，处二万元以上十万元以下的罚款；逾期不拆除的，强制拆除，所需费用由违法者承担，处十万元以上五十万元以下的罚款；私设暗管或者有其他严重情节的，县级以上地方人民政府环境保护主管部门可以提请县级以上地方人民政府责令停产整顿。

违法行为		违反的法律法规条款	处理、处罚条款
4.固体废物未按要求贮存、处置	未建专用固体废物贮存、处置的场所和设施	《固体废物污染环境防治法》第16条：产生固体废物的单位和个人，应当采取措施，防止或者减少固体废物对环境的污染。第33条：企业事业单位对暂时不利用或者不能利用的工业固体废物，必须按照国务院环境保护行政主管部门的规定建设贮存设施、场所，安全分类存放，或者采取无害化处置措施。	《固体废物污染环境防治法》第68条：对暂时不利用或者不能利用的工业固体废物未建设贮存设施、场所安全分类存放，或者未采取无害化处置措施，由县级以上人民政府环保行政主管部门责令停止违法行为，限期改正，并处一万元以上十万元以下罚款。第69条：建设项目中需要配套建设的固体废物污染环境防治设施未建成、未经验收或者验收不合格，主体工程即投入生产或者使用的，由审批该建设项目环境影响评价文件的环境保护行政主管部门责令停止生产或者使用，可以并处十万元以下的罚款。
	未使用固体废物污染环境防治设施、场所	《环境保护法》第26条：防治污染的设施不得擅自拆除或者闲置，确有必要拆除或者闲置的，必须征得所在地环境保护行政主管部门同意。	《环境保护法》第37条：未经环境保护行政主管部门同意，擅自拆除或者限制防治污染的设施，污染物排放超过规定排放标准的，由环境保护行政主管部门责令重新安装使用，并处罚款。
		《固体废物污染环境防治法》第14条：建设项目的环境影响评价文件确定需要配套建设的固体废物污染环境防治设施，必须与主体工程同时设计、同时施工、同时投入使用。固体废物污染环境防治设施必须经原审批环境影响评价文件的环境保护行政主管部门验收合格后，该建设项目方可投入生产或者使用。对固体废物污染环境防治设施的验收应当与对主体工程的验收同时进行。 第34条：禁止擅自关闭、闲置或者拆除工业固体废物污染环境防治设施、场所；确有必要关闭、闲置或者拆除的，必须经所在地县级以上地方人民政府环境保护行政主管部门核准，并采取措施，防止污染环境。	《固体废物污染环境防治法》第69条：违反本法规定，建设项目需要配套建设的固体废物污染环境防治设施未建成、未经验收或者验收不合格，主体工程即投入生产或者使用的，由审批该建设项目环境影响评价文件的环境保护行政主管部门责令停止生产或者使用，可以并处十万元以下的罚款。第68条：擅自关闭、闲置或者拆除工业固体废物污染环境防治设施、场所的，由县级以上人民政府环保行政主管部门责令停止违法行为，限期改正，并处一万元以上十万元以下罚款。
	矿业固废贮存设施停止使用后未进行封场	《固体废物污染环境防治法》第36条：矿山企业应当采取科学的开采方法和选矿工艺，减少尾矿、矸石、废石等矿业固体废物的产生量和贮存量。尾矿、矸石、废石等矿业固体废物贮存设施停止使用后，矿山企业应当按照国家有关环保规定进行封场，防止造成污染环境和生态破坏。	《固体废物污染环境防治法》第73条：尾矿、矸石、废石等矿业固体废物贮存设施停止使用后，未按照国家有关环保规定进行封场的，由县级以上地方人民政府环保行政主管部门责令限期改正，可以处五万元以上二十万元以下罚款。

违法行为		违反的法律法规条款	处理、处罚条款
4. 固体废物未按要求贮存、处置	尾矿未按要求排入尾矿设施	《防治尾矿污染环境管理规定》第 10 条：企业产生的尾矿必须排入尾矿设施，不得随意排放。无尾矿设施，或尾矿设施不完善并严重污染环境的企业，由环境保护行政主管部门依照法律规定报同级人民政府批准，限期建成或完善。 第 11 条：贮存含属于有害废物的尾矿，其尾矿库必须采取防渗漏措施。 第 12 条：在风景名胜区、自然保护区和其他需要特殊保护的区域内不得建设产生尾矿的企业；已建的企业所排放的尾矿水必须符合国家或地方规定的污染排放标准。向上述区域内排放尾矿水超过国家或地方规定的污染物排放标准的，限期治理。	《固体废物污染环境防治法》第 68 条：在自然保护区、风景名胜区、饮用水水源保护区、基本农田保护区和其他需要特别保护的区域内，建设工业固体废物集中贮存、处置的设施、场所的，或未采取相应防范措施，造成工业固体废物扬散、流失、渗漏或者造成其他环境污染的，由县级以上人民政府环保行政主管部门责令停止违法行为，限期改正，处一万元以上十万元以下的罚款。
	尾矿设施不完善或停止使用后未合理处置	《防治尾矿污染环境管理规定》第 13 条：尾矿贮存设施必须有防治尾矿流失和尾矿尘飞扬的措施。第 17 条：尾矿贮存设施停止使用后必须进行处置，保证坝体安全，不污染环境，消除污染事故隐患。关闭尾矿设施必须经企业主管部门报当地省环境保护行政主管部门验收，批准。	
5. 污染大气环境	未采取措施防尘	《大气污染防治法》第 31 条：在人口集中地区存放煤炭、煤矸石、煤渣、煤灰、砂石、灰土等物料，必须采取防燃、防尘措施，防止污染大气。	《大气污染防治法》第 46 条：对未采取防燃、防尘措施，在人口集中地区存放煤炭、煤矸石、煤渣、煤灰、砂石、灰土等物料的，环境保护行政主管部门可以根据不同情节，责令停止违法行为，限期改正，给予警告或者处以五万元以下罚款。
	不正常使用大气污染物处理设施	《大气污染防治法》第 12 条：大气污染物处理设施必须保持正常使用，拆除或者闲置大气污染物处理设施的，必须事先报经所在地的县级以上人民政府环保行政主管部门批准。	《大气污染防治法》第 46 条：排污单位不正常使用大气污染物处理设施，或者未经环境保护行政主管部门批准，擅自拆除、闲置大气污染物处理设施的，环境保护行政主管部门可以根据不同情节，责令停止违法行为，限期改正，给予警告或者处以五万元以下罚款。
	未按照规定建设配套的煤炭洗选设施	《大气污染防治法》第 24 条：国家推行煤炭洗选加工，降低煤的硫份和灰份，限制高硫份、高灰份煤炭的开采。新建的所采煤炭属于高硫份、高灰份的煤矿，必须建设配套的煤炭洗选设施；对已建成的所采煤炭属于高硫份、高灰份的煤矿，应当按照国务院批准的规划，限期建成配套的煤炭洗选设施。	《大气污染防治法》第 60 条：对新建的所采煤炭属于高硫份、高灰份的煤矿，不按照国家有关规定建设配套的煤炭洗选设施的，由环境保护行政主管部门责令限期建设配套设施，可以处二万元以上二十万元以下罚款。

违法行为		违反的法律法规条款	处理、处罚条款
6. 闭矿后不履行相应职责	土地复垦时的环境污染	《土地复垦条例》第 10 条：下列损毁土地由土地复垦义务人负责复垦：露天采矿、烧制砖瓦、挖沙取土等地表挖掘所损毁的土地；地下采矿等造成地表塌陷的土地；堆放采矿剥离物、废石、矿渣、粉煤灰等固体废弃物占压的土地。 第 16 条：土地复垦义务人应当建立土地复垦质量控制制度，遵守土地复垦标准和环境保护标准，保护土壤质量与生态环境，避免污染土壤和地下水。 禁止将重金属污染物或者其他有毒有害物质用作回填或者充填材料。受重金属污染物或者其他有毒有害物质污染的土地复垦后，达不到国家有关标准的，不得用于种植食用农作物。	《土地复垦条例》第 40 条：土地复垦义务人将重金属污染物或者其他有毒有害物质用作回填或者充填材料的，由县级以上地方人民政府环境保护主管部门责令停止违法行为，限期采取治理措施，消除污染，处 10 万元以上 50 万元以下的罚款；逾期不采取治理措施的，环境保护主管部门可以指定有治理能力的单位代为治理，所需费用由违法者承担。
7. 违反排污申报、收费制度	不申报登记	《水污染防治法》第 21 条：直接或者间接向水体排放污染物的企业事业单位和个体工商户，应当按照国务院环境保护主管部门的规定，向县级以上地方人民政府环境保护主管部门申报登记拥有的水污染物排放设施、处理设施和在正常作业条件下排放水污染物的种类、数量和浓度，并提供防治水污染方面的有关技术资料。企业事业单位和个体工商户排放水污染物的种类、数量和浓度有重大改变的，应当及时申报登记；其水污染物处理设施应当保持正常使用；拆除或者闲置水污染物处理设施的，应当事先报县级以上地方人民政府环境保护主管部门批准。	《水污染防治法》第 72 条：违反本法规定，拒报或者谎报国务院环境保护主管部门规定的有关水污染物排放申报登记事项的，由县级以上人民政府环境保护主管部门责令限期改正；逾期不改正的，处一万元以上十万元以下的罚款。
		《固体废物污染环境防治法》第 32 条：国家实行工业固体废物申报登记制度。产生工业固体废物的单位必须按照环保行政主管部门的规定，向所在地县级以上地方人民政府环保行政主管部门提供工业固体废物的种类、产生量、流向、贮存、处置等有关资料。申报事项有重大改变的，应当及时申报。	《固体废物污染环境防治法》第 68 条：不按照国家规定申报登记工业固体废物，或者在申报登记时弄虚作假的，由县级以上人民政府环保行政主管部门责令停止违法行为，限期改正，并处 5 000 元以上 5 万元以下罚款。 第 75 条：违反本法有关危险废物污染环境防治的规定，有下列行为之一的，由县级以上人民政府环境保护行政主管部门责令停止违法行为，限期改正，处以罚款：不按照国家规定申报登记危险废物，或者在申报登记时弄虚作假的；处一万元以上十万元以下的罚款。
		《大气污染防治法》第 12 条：向大气排放污染物的单位，必须按照国务院环境保护行政主管部门的规定，向所在地的环境保护部门申报拥有的污染物排放设施、处理设施和在正常作业条件下排放污染物的种类、数量和浓度，并提供防治大气污染方面的有关技术资料。	《大气污染防治法》第 46 条：拒报或者谎报国务院环境保护部门规定的有关污染物排放申报事项的，环境保护部门可以根据不同情节，责令停止违法行为，限期改正，给予警告或者处以五万元以下罚款。

违法行为		违反的法律法规条款	处理、处罚条款
7．违反排污申报、收费制度	不申报登记	《关于排污费征收核定有关工作的通知》：新建、扩建、改建项目，应当在项目试生产前 3 个月内办理排污申报手续。	
	不按照排污许可证规定排放污染物	《水污染防治法》第 20 条：国家实行排污许可制度。直接或者间接向水体排放工业废水和医疗污水以及其他按照规定应当取得排污许可证方可排放的废水、污水的企业事业单位，应当取得排污许可证；城镇污水集中处理设施的运营单位，也应当取得排污许可证。排污许可的具体办法和实施步骤由国务院规定。禁止企业事业单位无排污许可证或者违反排污许可证的规定向水体排放前款规定的废水、污水。	
		《大气污染防治法》第 15 条：有大气污染物总量控制任务的企业事业单位，必须按照核定的主要大气污染物排放总量和许可证规定的排放条件排放污染物。	
	不缴纳排污费	《排污费征收使用管理条例》第 2 条：直接向环境排放污染物的单位和个体工商户，应当依照本条例的规定缴纳排污费。	《排污费征收使用管理条例》第 21 条：排污者未按照规定缴纳排污费的，由县级以上地方人民政府环保行政主管部门依据职权责令限期缴纳；逾期拒不缴纳的，处应缴纳排污费数额 1 倍以上 3 倍以下罚款，并报经有批准权的人民政府批准，责令停产停业整顿。
		《水污染防治法》第 24 条：直接向水体排放污染物的企业事业单位和个体工商户，应当按照排放水污染物的种类、数量和排污费征收标准缴纳排污费。	
		《大气污染防治法》第 14 条：国家实行按照向大气排放污染物的种类和数量征收排污费的制度，根据加强大气污染防治的要求和国家的经济、技术条件合理制定排污费的征收标准。	
		《固体废物污染环境防治法》第 56 条：以填埋方式处置危险废物不符合国务院环境保护行政主管部门规定的，应当缴纳危险废物排污费。危险废物排污费征收的具体办法由国务院规定。危险废物排污费用于污染环境的防治，不得挪作他用。	《固体废物污染环境防治法》第 75 条：违反本法有关危险废物污染环境防治的规定，有下列行为之一的，由县级以上人民政府环境保护行政主管部门责令停止违法行为，限期改正，处以罚款：不按照国家规定缴纳危险废物排污费的，限期缴纳，逾期不缴纳的，处应缴纳危险废物排污费金额一倍以上三倍以下的罚款。
文物保护单位的保护范围区内的污染行为		《文物保护法》第 19 条，第 67 条	在文物保护单位的保护范围内或者建设控制地带内建设污染文物保护单位及其环境的设施的，或者对已有的污染文物保护单位及其环境的设施未在规定的期限内完成治理的，由环境保护行政部门依照有关法律、法规的规定给予处罚。

附 3

涉及其他部门的矿山生态环境违法行为及处理处罚条款

违法行为		主管部门	依据	处理、处罚条款
产业政策		经济综合主管部门	《产业结构调整指导目录（2011 年本）》《矿山生态环境保护与污染防治技术政策》；《煤炭产业政策》第 49 条	对不符合规划和产业发展方向的建设项目，国土资源部门不予办理矿业权登记和土地使用手续，环保部门不予审批环境影响评价文件和发放排污许可证，水利部门不予审批水土保持方案文件，工商管理部门不予办理工商登记，金融机构不予提供贷款和其他形式的授信支持，投资主管部门不予办理核准手续。
禁采区或环境敏感区（超越规划批准区）	超越批准的矿区范围采矿	地质矿产主管部门	《矿产资源法》第 20 条，第 40 条	超越批准的矿区范围采矿的，责令退回本矿区范围内开采、赔偿损失，没收越界开采的矿产品和违法所得，可以并处罚款；拒不退回本矿区范围内开采，造成矿产资源破坏的，吊销采矿许可证，依照《刑法》第一百五十六条的规定对直接责任人员追究刑事责任。
	在风景名胜区内开矿破坏景观、植被和地形地貌	建设主管部门、风景名胜区主管部门	《风景名胜区条例》第 26 条，第 40 条	在风景名胜区内进行开山、采石、开矿等破坏景观、植被、地形地貌的活动的，由风景名胜区管理机构责令停止违法行为、恢复原状或者限期拆除，没收违法所得，并处 50 万元以上 100 万元以下的罚款；县级以上地方人民政府及其有关主管部门批准实施上述破坏景观、植被、地形地貌的活动行为的，对直接负责的主管人员和其他直接责任人员依法给予降级或者撤职的处分；构成犯罪的，依法追究刑事责任。
	占用耕地采矿、取土；在基本农田保护区内采矿、取土、堆放固体废弃物或者进行其他破坏基本农田的活动	土地行政主管部门	《土地管理法》第 36 条，第 74 条；《基本农田保护条例》第 17 条，第 33 条	占用耕地建窑、建坟或者擅自在耕地上建房、挖砂、采石、采矿、取土等，破坏种植条件的，或者因开发土地造成土地荒漠化、盐渍化的，由县级以上人民政府土地行政主管部门责令限期改正或者治理，可以并处罚款；构成犯罪的，依法追究刑事责任；占用基本农田挖砂、采石、采矿、取土、堆放固体废弃物或者从事其他活动破坏基本农田，毁坏种植条件的，由县级以上人民政府土地行政主管部门责令改正或者制止，恢复原种植条件，处占用基本农田的耕地开垦费 1 倍以上 2 倍以下的罚款；构成犯罪的，依法追究刑事责任。

违法行为		主管部门	依据	处理、处罚条款
禁采区或环境敏感区（超越规划批准区）	在山区河道有山体滑坡、崩岸、泥石流等自然灾害的河段，从事开山采石、采矿、开荒等危及山体稳定的活动	河道主管机关	《河道管理条例》第32条	
	采矿活动破坏草原植被	草原行政主管部门	《草原法》第38条、第50条、第55条	破坏草原植被的，由县级人民政府草原行政主管部门责令停止违法行为，限期恢复植被，可以并处草原被破坏前三年平均产值三倍以上九倍以下的罚款；给草原所有者或者使用者造成损失的，依法承担赔偿责任。
	在文物保护单位的保护范围区内采矿	文物主管部门	《文物保护法》第17条、第66条	尚不构成犯罪的，由县级以上人民政府文物主管部门责令改正，造成严重后果的，处五万元以上五十万元以下的罚款；情节严重的，由原发证机关吊销资质证书，损毁设立的文物保护单位标志的，由公安机关或者文物所在单位给予警告，可以并处罚款。
	自然保护区内采矿	自然保护区行政主管部门	《自然保护区条例》第26条、第35条、第40条	在自然保护区进行砍伐、放牧、狩猎、捕捞、采药、开垦、烧荒、开矿、采石、挖沙等活动的单位和个人，除可以依照有关法律、行政法规规定给予处罚的以外，由县级以上人民政府有关自然保护区行政主管部门或者其授权的自然保护区管理机构没收违法所得，责令停止违法行为，限期恢复原状或者采取其他补救措施；对自然保护区造成破坏的，可以处以300元以上10 000元以下的罚款。 违反规定，造成自然保护区重大污染或者破坏事故，导致公私财产重大损失或者人身伤亡的严重后果，构成犯罪的，对直接负责的主管人员和其他直接责任人员依法追究刑事责任。
水土保持	生产建设项目选址、选线未避让水土流失重点预防区和重点治理区	水行政主管部门	《水土保持法》第24条	
	水土保持方案有瑕疵的	水行政主管部门	《水土保持法》第25条、第26条、第53条	有下列行为之一的，由县级以上人民政府水行政主管部门责令停止违法行为，限期补办手续；逾期不补办手续的，处五万元以上五十万元以下的罚款；对生产建设单位直接负责的主管人员和其他直接责任人员依法给予处分： （一）依法应当编制水土保持方案的生产建设项目，未编制水土保持方案或者编制的水土保持方案未经批准而开工建设的； （二）生产建设项目的地点、规模发生重大变化，未补充、修改水土保持方案或者补充、修改的水土保持方案未经原审批机关批准的； （三）水土保持方案实施过程中，未经原审批机关批准，对水土保持措施作出重大变更的。

违法行为		主管部门	依据	处理、处罚条款
水土保持	水土保持方案措施未落实的	水行政主管部门；流域管理机构	《水土保持法》第27条、第29条、第54条	水土保持设施未经验收或者验收不合格将生产建设项目投产使用的，由县级以上人民政府水行政主管部门责令停止生产或者使用，直至验收合格，并处五万元以上五十万元以下的罚款。
土地复垦	拒不履行土地复垦义务	土地行政主管部门	《土地管理法》第75条；《土地复垦条例》第18条、第20条	拒不履行土地复垦义务的，由县级以上人民政府土地行政主管部门责令限期改正；逾期不改正的，责令缴纳复垦费，专项用于土地复垦，可以处以罚款。 土地复垦义务人不复垦，或者复垦验收中经整改仍不合格的，应当缴纳土地复垦费，由有关国土资源主管部门代为组织复垦。 土地复垦义务人不依法履行土地复垦义务的，在申请新的建设用地时，有批准权的人民政府不得批准；在申请新的采矿许可证或者申请采矿许可证延续、变更、注销时，有批准权的国土资源主管部门不得批准。
	未按照规定对拟损毁的耕地、林地、牧草地进行表土剥离	国土资源主管部门	《水土保持法》第38条；《土地复垦条例》第16条、第39条	土地复垦义务人未按照规定对拟损毁的耕地、林地、牧草地进行表土剥离，由县级以上地方人民政府国土资源主管部门责令限期改正；逾期不改正的，按照应当进行表土剥离的土地面积处每公顷1万元的罚款。
	未对土地损毁情况进行动态监测和评价	国土资源主管部门	《土地复垦条例》第14条	
	未建立土地复垦质量控制制度	国土资源主管部门	《土地复垦条例》第16条	
	未建立排土场、尾矿库等检查和维护制度，未及时在取土场、开挖面和存放地的裸露土地上植树种草、恢复植被，对闭库的尾矿库进行复垦	水行政主管部门	《水土保持法》第38条；《矿山安全法实施条例》第10条、第26条	
地质环境保护与治理	矿山地质环境保护与治理恢复方案有瑕疵	国土资源行政主管部门	《矿山地质环境保护规定》第16条、第23条、第30条	应当编制矿山地质环境保护与治理恢复方案而未编制的，或者扩大开采规模、变更矿区范围或者开采方式，未重新编制矿山地质环境保护与治理恢复方案并经原审批机关批准的，由县级以上国土资源行政主管部门责令限期改正；逾期不改正的，处3万元以下的罚款，颁发采矿许可证的国土资源行政主管部门不得通过其采矿许可证年检。
	矿山地质环境保护与治理恢复方案未落实	国土资源行政主管部门	《矿山地质环境保护规定》第28条	未按照批准的矿山地质环境保护与治理恢复方案治理的，由县级以上国土资源行政主管部门责令限期改正；逾期拒不改正的，处3万元以下的罚款，5年内不受理其新的采矿权申请。

违法行为		主管部门	依据	处理、处罚条款
地质环境保护与治理	矿产资源遗留的钻孔、探井、探槽、巷道未进行回填、封闭，对形成的危岩、危坡等未进行治理恢复，消除安全隐患	国土资源行政主管部门	《矿山地质环境保护规定》第25条、第33条	探矿权人未采取治理恢复措施的，由县级以上国土资源行政主管部门责令限期改正；逾期拒不改正的，处3万元以下的罚款，5年内不受理其新的探矿权、采矿权申请。
	矿山关闭前，采矿权人未完成矿山地质环境治理恢复义务	国土资源行政主管部门	《矿山地质环境保护规定》第16条、第23条、第31条	在矿山被批准关闭、闭坑前未完成治理恢复的，由县级以上国土资源行政主管部门责令限期改正；逾期拒不改正的，处3万元以下的罚款，5年内不受理其新的采矿权申请。
植被破坏	违反防沙治沙规定	林业主管部门	《防沙治沙法》	
	毁林行为	林业主管部门	《森林法》第23条、第44条	进行开垦、采石、采砂、采土、采种、采脂和其他活动，致使森林、林木受到毁坏的，依法赔偿损失；由林业主管部门责令停止违法行为，补种毁坏株数一倍以上三倍以下的树木，可以处毁坏林木价值一倍以上五倍以下的罚款。
企业环境（安全）管理制度建设情况	违反矿山安全生产管理机构设置、专职安全生产管理人员考核任职规定	矿山企业的主管部门	《安全生产法》第19条、第20条、第82条	有下列行为之一的，责令限期改正；逾期未改正的，责令停产停业整顿，可以并处二万元以下的罚款： （一）未按照规定设立安全生产管理机构或者配备安全生产管理人员的； （二）主要负责人和安全生产管理人员未按照规定经考核合格的； （三）未按照规定对从业人员进行安全生产教育和培训，或者规定如实告知从业人员有关的安全生产事项的； （四）特种作业人员未按照规定经专门的安全作业培训并取得特种作业操作资格证书，上岗作业的。
	违反安全设施建设规定	矿山企业的主管部门、劳动行政主管部门	《矿山安全法》第7条、第42条、第43条	矿山建设工程安全设施的设计未经批准擅自施工的，由管理矿山企业的主管部门责令停止施工；拒不执行的，由管理矿山企业的主管部门提请县级以上人民政府决定由有关主管部门吊销其采矿许可证和营业执照。矿山建设工程的安全设施未经验收或者验收不合格擅自投入生产的，由劳动行政主管部门会同管理矿山企业的主管部门责令停止生产，并由劳动行政主管部门处以罚款；拒不停止生产的，由劳动行政主管部门提请县级以上人民政府决定由有关主管部门吊销其采矿许可证和营业执照。
	安全措施未落实	劳动行政主管部门	《安全生产法》第24条、第83条；《矿山安全法实施条例》第10条	责令限期改正；逾期未改正的，责令停止建设或者停产停业整顿，可以并处五万元以下的罚款；造成严重后果，构成犯罪的，依照《刑法》有关规定追究刑事责任

违法行为		主管部门	依据	处理、处罚条款
企业工况监察	采取破坏性的开采方法开采矿产资源	地质矿产主管部门	《矿产资源法》第30条、第37条、第44条	采取破坏性的开采方法开采矿产资源的，处以罚款，可以吊销采矿许可证；造成矿产资源严重破坏的，依照刑法第一百五十六条的规定对直接责任人员追究刑事责任。 行政处罚，由省、自治区、直辖市人民政府地质矿产主管部门决定。给予吊销勘查许可证或者采矿许可证处罚的，须由原发证机关决定。
	煤炭资源回采率不达标	煤炭管理部门	《煤炭法》第29条、第69条	开采煤炭资源未达到国务院煤炭管理部门规定的煤炭资源回采率的，由煤炭管理部门责令限期改正；逾期仍达不到规定的回采率的，吊销其煤炭生产许可证。
	使用危险方法采矿	劳动行政主管部门、煤炭管理部门责令	《煤炭法》第31条、第70条	擅自开采保安煤柱或者采用危及相邻煤矿生产安全的危险方法进行采矿作业的，由劳动行政主管部门会同煤炭管理部门责令停止作业；由煤炭管理部门没收违法所得，并处违法所得一倍以上五倍以下的罚款，吊销其煤炭生产许可证；构成犯罪的，由司法机关依法追究刑事责任；造成损失的，依法承担赔偿责任。
	不具备安全生产条件强行开采	劳动行政主管部门	《矿山安全法》第18条、第44条	已经投入生产的矿山企业，不具备安全生产条件而强行开采的，由劳动行政主管部门会同管理矿山企业的主管部门责令限期改进；逾期仍不具备安全生产条件的，由劳动行政主管部门提请县级以上人民政府决定责令停产整顿或者由有关主管部门吊销其采矿许可证和营业执照。
水环境保护措施及效果	节水设施没有建成或者没有达到国家规定的要求	水行政主管部门	《水法》第53条、第71条	建设项目的节水设施没有建成或者没有达到国家规定的要求，擅自投入使用的，由县级以上人民政府有关部门或者流域管理机构依据职权，责令停止使用，限期改正，处五万元以上十万元以下的罚款。
	使用国家明令淘汰的落后的、耗水量高的工艺、设备和产品的	经济综合主管部门	《水法》第68条	使用国家明令淘汰的落后的、耗水量高的工艺、设备和产品的，由县级以上地方人民政府经济综合主管部门责令停止生产、销售或者使用，处二万元以上十万元以下的罚款。
	未采取措施防止或减少各种水源进入露天采场和地下井巷	劳动行政主管部门	《矿山安全法实施条例》第10条	
	未采取措施避免和减少采矿活动破坏地下水均衡系统	劳动行政主管部门	《矿山安全法实施条例》第21条、第54条	由劳动行政主管部门责令改正，可以处2万元以下的罚款。
固体废物控制措施	违反尾矿库建设、运行安全规定	安全生产监督管理部门	《尾矿库安全监督管理规定》第8条、第19条、第20条、第21条、第22条、第23条、第24条、第26条、第29条、第39条	生产经营单位或者尾矿库管理单位违反本规定的，给予警告，并处1万元以上3万元以下的罚款；对主管人员和直接责任人员由其所在单位或者上级主管单位给予行政处分；构成犯罪的，依法追究刑事责任。

违法行为		主管部门	依据	处理、处罚条款
固体废物控制措施	尾矿库未实施闭库	安全生产监督管理部门；环境保护行政主管部门	《尾矿库安全监督管理规定》第28条、第41条；《防治尾矿污染环境管理规定》第17条	生产经营单位不主动实施闭库的，给予警告，并处3万元的罚款。
	在水土保持方案确定的专门存放地以外的区域倾倒砂、石、土、矸石、尾矿、废渣等	水行政主管部门	《水土保持法》第28条、第55条	在水土保持方案确定的专门存放地以外的区域倾倒砂、石、土、矸石、尾矿、废渣等的，由县级以上地方人民政府水行政主管部门责令停止违法行为，限期清理，按照倾倒数量处每立方米十元以上二十元以下的罚款；逾期仍不清理的，县级以上地方人民政府水行政主管部门可以指定有清理能力的单位代为清理，所需费用由违法行为人承担。
	对废弃的砂、石、土、矸石、尾矿、废渣等存放地，未采取拦挡、坡面防护、防洪排导等措施	水行政主管部门	《水土保持法》第38条；《矿山安全法》第19条；《矿山安全法实施条例》第10条；《防洪法》第13条	
	在河道管理范围内，弃置矿渣、石渣、煤灰、泥土、垃圾等	河道主管机关	《河道管理条例》第24条、第44条	县级以上地方人民政府河道主管机关除责令其纠正违法行为、采取补救措施外，可以并处警告、罚款、没收非法所得；对有关责任人员，由其所在单位或者上级主管机关给予行政处分；构成犯罪的，依法追究刑事责任。
大气环境控制	地面和井下所有产生粉尘的作业地点未采取综合防尘措施	劳动行政主管部门	《矿山安全法实施条例》第10条、第25条、第54条	由劳动行政主管部门责令改正，可以处2万元以下的罚款。
	矿山作业场所空气中的有毒有害物质的浓度超过国家标准或者行业标准	劳动行政主管部门	《矿山安全法实施条例》第16条、第54条	由劳动行政主管部门责令改正，可以处2万元以下的罚款。
闭矿手续	关闭矿山未提出矿山闭坑报告及有关采掘工程、不安全隐患、土地复垦利用、环境保护的资料	原批准开办矿山的主管部门	《矿资源法》第21条；《矿资源法实施细则》第33条	不予办理闭矿审批手续。
	未采取闭矿危害预防措施	劳动行政主管部门	《矿山安全法》第19条	

第六章　涉汞国家标准

第一节　质量标准

中华人民共和国国家标准

GB 3095—2012 代替 GB 3095—1996　GB 9137—88

环境空气质量标准

前　言

为贯彻《中华人民共和国环境保护法》和《中华人民共和国大气污染防治法》，保护和改善生活环境、生态环境，保障人体健康，制定本标准。

本标准规定了环境空气功能区分类、标准分级、污染物项目、平均时间及浓度限值、监测方法、数据统计的有效性规定及实施与监督等内容。各省、自治区、直辖市人民政府对本标准中未作规定的污染物项目，可以制定地方环境空气质量标准。

本标准中的污染物浓度为质量浓度。

本标准首次发布于 1982 年。1996 年第一次修订，2000 年第二次修订，本次为第三次修订。本标准将根据国家经济社会发展状况和环境保护要求适时修订。

本次修订的主要内容：

——调整了环境空气功能区分类，将三类区并入二类区；

——增设了颗粒物（粒径小于等于 2.5 μm）浓度限值和臭氧 8 h 平均浓度限值；

——调整了颗粒物（粒径小于等于 10 μm）、二氧化氮、铅和苯并[*a*]芘等的浓度限值；

——调整了数据统计的有效性规定。

自本标准实施之日起，《环境空气质量标准》（GB 3095—1996）、《〈环境空气质量标准〉（GB 3095—1996）修改单》（环发[2000] 1 号）和《保护农作物的大气污染物最高允许浓度》（GB 9137—88）废止。

本标准附录 A 为资料性附录，为各省级人民政府制定地方环境空气质量标准提供参考。

本标准由环境保护部科技标准司组织制订。

本标准主要起草单位：中国环境科学研究院、中国环境监测总站。

本标准环境保护部2012年2月29日批准。

本标准由环境保护部解释。

1 适用范围

本标准规定了环境空气功能区分类、标准分级、污染物项目、平均时间及浓度限值、监测方法、数据统计的有效性规定及实施与监督等内容。

本标准适用于环境空气质量评价与管理。

2 规范性引用文件

本标准引用下列文件或其中的条款。凡是未注明日期的引用文件，其最新版本适用于本标准。

GB 8971　空气质量　飘尘中苯并[*a*]芘的测定　乙酰化滤纸层析荧光分光光度法

GB 9801　空气质量　一氧化碳的测定　非分散红外法

GB/T 15264　环境空气　铅的测定　火焰原子吸收分光光度法

GB/T 15432　环境空气　总悬浮颗粒物的测定　重量法

GB/T 15439　环境空气　苯并[*a*]芘的测定　高效液相色谱法

HJ 479　环境空气　氮氧化物（一氧化氮和二氧化氮）的测定　盐酸萘乙二胺分光光度法

HJ 482　环境空气　二氧化硫的测定　甲醛吸收-副玫瑰苯胺分光光度法

HJ 483　环境空气　二氧化硫的测定　四氯汞盐吸收-副玫瑰苯胺分光光度法

HJ 504　环境空气　臭氧的测定　靛蓝二磺酸钠分光光度法

HJ 539　环境空气　铅的测定　石墨炉原子吸收分光光度法（暂行）

HJ 590　环境空气　臭氧的测定　紫外光度法

HJ 618　环境空气　PM_{10}和$PM_{2.5}$的测定　重量法

HJ 630　环境监测质量管理技术导则

HJ/T 193　环境空气质量自动监测技术规范

HJ/T 194　环境空气质量手工监测技术规范

《环境空气质量监测规范（试行）》（国家环境保护总局公告　2007年第4号）

《关于推进大气污染联防联控工作改善区域空气质量的指导意见》（国办发[2010] 33号）

3 术语和定义

下列术语和定义适用于本标准。

3.1

环境空气　ambient air

指人群、植物、动物和建筑物所暴露的室外空气。

3.2

总悬浮颗粒物　total suspended particle（TSP）

指环境空气中空气动力学当量直径小于等于100 μm的颗粒物。

3.3

颗粒物（粒径小于等于10 μm）　particulate matter（PM_{10}）

指环境空气中空气动力学当量直径小于等于10 μm的颗粒物，也称可吸入颗粒物。

3.4

颗粒物（粒径小于等于2.5 μm）　particulate matter（$PM_{2.5}$）

指环境空气中空气动力学当量直径小于等于2.5 μm的颗粒物，也称细颗粒物。

3.5

铅 lead

指存在于总悬浮颗粒物中的铅及其化合物。

3.6

苯并[*a*]芘 benzo[a]pyrene（BaP）

指存在于颗粒物（粒径小于等于 10 μm）中的苯并[*a*]芘。

3.7

氟化物 fluoride

指以气态和颗粒态形式存在的无机氟化物。

3.8

1 h 平均 1-hour average

指任何 1 h 污染物浓度的算术平均值。

3.9

8 h 平均 8-hour average

指连续 8 h 平均浓度的算术平均值，也称 8 h 滑动平均。

3.10

24 h 平均 24-hour average

指一个自然日 24 h 平均浓度的算术平均值，也称为日平均。

3.11

月平均 monthly average

指一个日历月内各日平均浓度的算术平均值。

3.12

季平均 quarterly average

指一个日历季内各日平均浓度的算术平均值。

3.13

年平均 annual mean

指一个日历年内各日平均浓度的算术平均值。

3.14

标准状态 standard state

指温度为 273 K，压力为 101.325 kPa 时的状态。本标准中的污染物浓度均为标准状态下的浓度。

4 环境空气功能区分类和质量要求

4.1 环境空气功能区分类

环境空气功能区分为两类：一类区为自然保护区、风景名胜区和其他需要特殊保护的区域；二类区为居住区、商业交通居民混合区、文化区、工业区和农村地区。

4.2 环境空气功能区质量要求

一类区适用一级浓度限值，二类区适用二级浓度限值。一、二类环境空气功能区质量要求见表 1 和表 2。

4.3 本标准自 2016 年 1 月 1 日起在全国实施。基本项目（表 1）在全国范围内实施；其他项目（表 2）由国务院环境保护行政主管部门或者省级人民政府根据实际情况，确定具体实施方式。

4.4 在全国实施本标准之前，国务院环境保护行政主管部门可根据《关于推进大气污染联防联控工作改善区域空气质量的指导意见》等文件要求指定部分地区提前实施本标准，具体实施方案（包括地域范围、时间等）另行公告，各省级人民政府也可根据实际情况和当地环境保护的需要提前实施本标准。

表 1　环境空气污染物基本项目浓度限值

序号	污染物项目	平均时间	浓度限值		单位
			一级	二级	
1	二氧化硫（SO_2）	年平均	20	60	μg/m^3
		24 h 平均	50	150	
		1 h 平均	150	500	
2	二氧化氮（NO_2）	年平均	40	40	
		24 h 平均	80	80	
		1 h 平均	200	200	
3	一氧化碳（CO）	24 h 平均	4	4	mg/m^3
		1 h 平均	10	10	
4	臭氧（O_3）	日最大 8 h 平均	100	160	μg/m^3
		1 h 平均	160	200	
5	颗粒物（粒径小于等于 10 μm）	年平均	40	70	
		24 h 平均	50	150	
6	颗粒物（粒径小于等于 2.5 μm）	年平均	15	35	
		24 h 平均	35	75	

表 2　环境空气污染物其他项目浓度限值

序号	污染物项目	平均时间	浓度限值		单位
			一级	二级	
1	总悬浮颗粒物（TSP）	年平均	80	200	μg/m^3
		24 h 平均	120	300	
2	氮氧化物（NO_x）（以 NO_2 计）	年平均	50	50	
		24 h 平均	100	100	
		1 h 平均	250	250	
3	铅（Pb）	年平均	0.5	0.5	
		季平均	1.0	1.0	
4	苯并[*a*]芘（BaP）	年平均	0.001	0.001	
		24 h 平均	0.002 5	0.002 5	

5　监测

环境空气质量监测工作应按照《环境空气质量监测规范（试行）》等规范性文件的要求进行。

5.1　监测点位布设

表 1 和表 2 中环境空气污染物监测点位的设置，应按照《环境空气质量监测规范（试行）》中的要求执行。

5.2　样品采集

环境空气质量监测中的采样环境、采样高度及采样频率等要求，按 HJ/T 193 或 HJ/T 194 的要求执行。

5.3 污染物分析

应按表 3 的要求，采用相应的方法分析各项污染物的浓度。

表 3 各项污染物分析方法

序号	污染物项目	手工分析方法		自动分析方法
		分析方法	标准编号	
1	二氧化硫（SO_2）	环境空气 二氧化硫的测定 甲醛吸收-副玫瑰苯胺分光光度法	HJ 482	紫外荧光法、差分吸收光谱分析法
		环境空气 二氧化硫的测定 四氯汞盐吸收-副玫瑰苯胺分光光度法	HJ 483	
2	二氧化氮（NO_2）	环境空气 氮氧化物（一氧化氮和二氧化氮）的测定 盐酸萘乙二胺分光光度法	HJ 479	化学发光法、差分吸收光谱分析法
3	一氧化碳（CO）	空气质量 一氧化碳的测定 非分散红外法	GB 9801	气体滤波相关红外吸收法、非分散红外吸收法
4	臭氧（O_3）	环境空气 臭氧的测定 靛蓝二磺酸钠分光光度法	HJ 504	紫外荧光法、差分吸收光谱分析法
		环境空气 臭氧的测定 紫外光度法	HJ 590	
5	颗粒物（粒径小于等于 10 μm）	环境空气 PM_{10} 和 $PM_{2.5}$ 的测定 重量法	HJ 618	微量振荡天平法、β射线法
6	颗粒物（粒径小于等于 2.5 μm）	环境空气 PM_{10} 和 $PM_{2.5}$ 的测定 重量法	HJ 618	微量振荡天平法、β射线法
7	总悬浮颗粒物（TSP）	环境空气 总悬浮颗粒物的测定 重量法	GB/T 15432	—
8	氮氧化物（NO_x）	环境空气 氮氧化物（一氧化氮和二氧化氮）的测定 盐酸萘乙二胺分光光度法	HJ 479	化学发光法、差分吸收光谱分析法
9	铅（Pb）	环境空气 铅的测定 石墨炉原子吸收分光光度法（暂行）	HJ 539	—
		环境空气 铅的测定 火焰原子吸收分光光度法	GB/T 15264	—
10	苯并[*a*]芘（BaP）	空气质量 飘尘中苯并[*a*]芘的测定 乙酰化滤纸层析荧光分光光度法	GB 8971	—
		环境空气 苯并[*a*]芘的测定 高效液相色谱法	GB/T 15439	—

6 数据统计的有效性规定

6.1 应采取措施保证监测数据的准确性、连续性和完整性，确保全面、客观地反映监测结果。所有有效数据均应参加统计和评价，不得选择性地舍弃不利数据以及人为干预监测和评价结果。

6.2 采用自动监测设备监测时，监测仪器应全年 365 天（闰年 366 天）连续运行。在监测仪器校准、停电和设备故障，以及其他不可抗拒的因素导致不能获得连续监测数据时，应采取有效措施及时恢复。

6.3 异常值的判断和处理应符合 HJ 630 的规定。对于监测过程中缺失和删除的数据均应说明原因，并保留详细的原始数据记录，以备数据审核。

6.4 任何情况下，有效的污染物浓度数据均应符合表 4 中的最低要求，否则应视为无效数据。

表 4 污染物浓度数据有效性的最低要求

污染物项目	平均时间	数据有效性规定
二氧化硫（SO_2）、二氧化氮（NO_2）、颗粒物（粒径小于等于 10 μm）、颗粒物（粒径小于等于 2.5 μm）、氮氧化物（NO_x）	年平均	每年至少有 324 个日平均浓度值；每月至少有 27 个日平均浓度值（二月至少有 25 个日平均浓度值）
二氧化硫（SO_2）、二氧化氮（NO_2）、一氧化碳（CO）、颗粒物（粒径小于等于 10 μm）、颗粒物（粒径小于等于 2.5 μm）、氮氧化物（NO_x）	24 h 平均	每日至少有 20 h 平均浓度值或采样时间
臭氧（O_3）	8 h 平均	每 8h 至少有 6 h 平均浓度值
二氧化硫（SO_2）、二氧化氮（NO_2）、一氧化碳（CO）、臭氧（O_3）、氮氧化物（NO_x）	1 h 平均	每小时至少有 45 min 的采样时间
总悬浮颗粒物（TSP）、苯并[*a*]芘（BaP）、铅（Pb）	年平均	每年至少有分布均匀的 60 个日平均浓度值；每月至少有分布均匀的 5 个日平均浓度值
铅（Pb）	季平均	每季至少有分布均匀的 15 个日平均浓度值；每月至少有分布均匀的 5 个日平均浓度值
总悬浮颗粒物（TSP）、苯并[*a*]芘（BaP）、铅（Pb）	24 h 平均	每日应有 24 h 的采样时间

7 实施与监督

7.1 本标准由各级环境保护行政主管部门负责监督实施。

7.2 各类环境空气功能区的范围由县级以上（含县级）人民政府环境保护行政主管部门划分，报本级人民政府批准实施。

7.3 按照《中华人民共和国大气污染防治法》的规定，未达到本标准的大气污染防治重点城市，应当按照国务院或者国务院环境保护行政主管部门规定的期限，达到本标准。该城市人民政府应当制定限期达标规划，并可以根据国务院的授权或者规定，采取更严格的措施，按期实现达标规划。

附 录 A
（资料性附录）
环境空气中镉、汞、砷、六价铬和氟化物参考浓度限值

各省级人民政府可根据当地环境保护的需要，针对环境污染的特点，对本标准中未规定的污染物项目制定并实施地方环境空气质量标准。以下为环境空气中部分污染物参考浓度限值。

表 A.1 环境空气中镉、汞、砷、六价铬和氟化物参考浓度限值

序号	污染物项目	平均时间	浓度（通量）限值		单位
			一级	二级	
1	镉（Cd）	年平均	0.005	0.005	μg/m³
2	汞（Hg）	年平均	0.05	0.05	
3	砷（As）	年平均	0.006	0.006	
4	六价铬[Cr（Ⅵ）]	年平均	0.000 025	0.000 025	
5	氟化物（F）	1 h 平均	20①	20①	
		24 h 平均	7①	7①	
		月平均	1.8②	3.0③	μg/（dm²·d）
		植物生长季平均	1.2②	2.0③	

注：①适用于城市地区；②适用于牧业区和以牧业为主的半农半牧区，蚕桑区；③适用于农业和林业区。

中华人民共和国国家标准

GB 14848—93

地下水质量标准

1 引言

为保护和合理开发地下水资源，防止和控制地下水污染，保障人民身体健康，促进经济建设，特制订本标准。

本标准是地下水勘查评价、开发利用和监督管理的依据。

2 主题内容与适用范围

2.1 本标准规定了地下水的质量分类，地下水质量监测、评价方法和地下水质量保护。

2.2 本标准适用于一般地下水，不适用于地下热水、矿水、盐卤水。

3 引用标准

GB 5750　生活饮用水标准检验方法

4 地下水质量分类及质量分类指标

4.1 地下水质量分类

依据我国地下水水质现状、人体健康基准值及地下水质量保护目标，并参照了生活饮用水、工业、农业用水水质最高要求，将地下水质量划分为五类。

Ⅰ类　主要反映地下水化学组分的天然低背景含量。适用于各种用途。

Ⅱ类　主要反映地下水化学组分的天然背景含量。适用于各种用途。

Ⅲ类　以人体健康基准值为依据。主要适用于集中式生活饮用水水源及工、农业用水。

Ⅳ类　以农业和工业用水要求为依据。除适用于农业和部分工业用水外，适当处理后可作生活饮用水。

Ⅴ类　不宜饮用，其他用水可根据使用目的选用。

4.2 地下水质量分类指标（见表1）

表1　地下水质量分类指标

项目序号	类别 标准值 项目	Ⅰ类	Ⅱ类	Ⅲ类	Ⅳ类	Ⅴ类
1	色（度）	≤5	≤5	≤15	≤25	＞25
2	嗅和味	无	无	无	无	有
3	浑浊度（度）	≤3	≤3	≤3	≤10	＞10
4	肉眼可见物	无	无	无	无	有
5	pH		6.5～8.5		5.5～6.5 8.5～9	＜5.5，＞9
6	总硬度（以 $CaCO_3$ 计）（mg/L）	≤150	≤300	≤450	≤550	＞550

项目序号	类别/标准值/项目	Ⅰ类	Ⅱ类	Ⅲ类	Ⅳ类	Ⅴ类
7	溶解性总固体（mg/L）	≤300	≤500	≤1 000	≤2 000	>2 000
8	硫酸盐（mg/L）	≤50	≤150	≤250	≤350	>350
9	氯化物（mg/L）	≤50	≤150	≤250	≤350	>350
10	铁（Fe）（mg/L）	≤0.1	≤0.2	≤0.3	≤1.5	>1.5
11	锰（Mn）（mg/L）	≤0.05	≤0.05	≤0.1	≤1.0	>1.0
12	铜（Cu）（mg/L）	≤0.01	≤0.05	≤1.0	≤1.5	>1.5
13	锌（Zn）（mg/L）	≤0.05	≤0.5	≤1.0	≤5.0	>5.0
14	钼（Mo）（mg/L）	≤0.001	≤0.01	≤0.1	≤0.5	>0.5
15	钴（Co）（mg/L）	≤0.005	≤0.05	≤0.05	≤1.0	>1.0
16	挥发性酚类（以苯酚计）（mg/L）	≤0.001	≤0.001	≤0.002	≤0.01	>0.01
17	阴离子合成洗涤剂（mg/L）	不得检出	≤0.1	≤0.3	≤0.3	>0.3
18	高锰酸盐指数（mg/L）	≤1.0	≤2.0	≤3.0	≤10	>10
19	硝酸盐（以N计）（mg/L）	≤2.0	≤5.0	≤20	≤30	>30
20	亚硝酸盐（以N计）（mg/L）	≤0.001	≤0.01	≤0.02	≤0.1	>0.1
21	氨氮（NH_4）（mg/L）	≤0.02	≤0.02	≤0.2	≤0.5	>0.5
22	氟化物（mg/L）	≤1.0	≤1.0	≤1.0	≤2.0	>2.0
23	碘化物（mg/L）	≤0.1	≤0.1	≤0.2	≤1.0	>1.0
24	氰化物（mg/L）	≤0.001	≤0.01	≤0.05	≤0.1	>0.1
25	汞（Hg）（mg/L）	≤0.000 05	≤0.000 5	≤0.001	≤0.001	>0.001
26	砷（As）（mg/L）	≤0.005	≤0.01	≤0.05	≤0.05	>0.05
27	硒（Se）（mg/L）	≤0.01	≤0.01	≤0.01	≤0.1	>0.1
28	镉（Cd）（mg/L）	≤0.000 1	≤0.001	≤0.01	≤0.01	>0.01
29	铬（六价）（Cr^{6+}）（mg/L）	≤0.005	≤0.01	≤0.05	≤0.1	>0.1
30	铅（Pb）（mg/L）	≤0.005	≤0.01	≤0.05	≤0.1	>0.1
31	铍（Be）（mg/L）	≤0.000 02	≤0.000 1	≤0.000 2	≤0.001	>0.001
32	钡（Ba）（mg/L）	≤0.01	≤0.1	≤1.0	≤4.0	>4.0
33	镍（Ni）（mg/L）	≤0.005	≤0.05	≤0.05	≤0.1	>0.1
34	滴滴滴（μg/L）	不得检出	≤0.005	≤1.0	≤1.0	>1.0
35	六六六（μg/L）	≤0.005	≤0.05	≤5.0	≤5.0	>5.0
36	总大肠菌群（个/L）	≤3.0	≤3.0	≤3.0	≤100	>100
37	细菌总数（个/L）	≤100	≤100	≤100	≤1 000	>1 000
38	总α放射性（Bq/L）	≤0.1	≤0.1	≤0.1	>0.1	>0.1
39	总β放射性（Bq/L）	≤0.1	≤1.0	≤1.0	>1.0	>1.0

根据地下水各指标含量特征，分为五类，它是地下水质量评价的基础。以地下水为水源的各类专门用水，在地下水质量分类管理基础上，可按有关专门用水标准进行管理。

5 地下水水质监测

5.1 各地区应对地下水水质进行定期检测。检验方法，按国家标准《生活饮用水标准检验方法》（GB 5750）执行。

5.2 各地地下水监测部门，应在不同质量类别的地下水域设立监测点进行水质监测，监测频率不得少于每年二次（丰、枯水期）。

5.3 监测项目为：pH、氨氮、硝酸盐、亚硝酸盐、挥发性酚类、氰化物、砷、汞、铬（六价）、总硬度、铅、氟、镉、铁、锰、溶解性总固体、高锰酸盐指数、硫酸盐、氯化物、大肠菌群，以及反映本地区主要水质问题的其它项目。

6 地下水质量评价

6.1 地下水质量评价以地下水水质调查分析资料或水质监测资料为基础，可分为单项组分评价和综合评价两种。

6.2 地下水质量单项组分评价，按本标准所列分类指标，划分为五类，代号与类别代号相同，不同类别标准值相同时，从优不从劣。

例：挥发性酚类Ⅰ、Ⅱ类标准值均为 0.001 mg/L，若水质分析结果为 0.001 mg/L 时，应定为Ⅰ类，不定为Ⅱ类。

6.3 地下水质量综合评价，采用加附注的评分法。具体要求与步骤如下：

6.3.1 参加评分的项目，应不少于本标准规定的监测项目，但不包括细菌学指标。

6.3.2 首先进行各单项组分评价，划分组分所属质量类别。

6.3.3 对各类别按下列规定（表 2）分别确定单项组分评价分值 Fi。

表 2

类别	Ⅰ	Ⅱ	Ⅲ	Ⅳ	Ⅴ
Fi	0	1	3	6	10

6.3.4 根据 F 值，按以下规定（表 3）划分地下水质量级别，再将细菌学指标评价类别注在级别定名之后。如“优良（Ⅱ类）”、“较好（Ⅲ类）”。

表 3

级别	优良	良好	较好	较差	极差
F	＜0.80	0.80～＜2.50	2.50～＜4.25	4.25～＜7.20	＞7.20

6.4 使用两次以上的水质分析资料进行评价时，可分别进行地下水质量评价，也可根据具体情况，使用全年平均值和多年平均值或分别使用多年的枯水期、丰水期平均值进行评价。

6.5 在进行地下水质量评价时，除采用本方法外，也可采用其他评价方法进行对比。

7 地下水质量保护

7.1 为防止地下水污染和过量开采、人工回灌等引起的地下水质量恶化，保护地下水水源，必须按《中华人民共和国水污染防治法》和《中华人民共和国水法》有关规定执行。

7.2 利用污水灌溉、污水排放、有害废弃物（城市垃圾、工业废渣、核废料等）的堆放和地下处置，必须经过环境地质可行性论证及环境影响评价，征得环境保护部门批准后方能施行。

附加说明：

本标准由中华人民共和国地质矿产部提出。

本标准由地质矿产部地质环境管理司、地质矿产部水文地质工程地质研究所归口。

本标准由地质矿产部地质环境管理司、地质矿产部水文地质工程地质研究所、全国环境水文地质总站、吉林省环境水文地质总站、河南省水文地质总站、陕西省环境水文地质总站、广西壮族自治区环境水文地质总站、江西省环境地质大队负责起草。

本标准主要起草人李梅玲、张锡根、阎葆瑞、李京森、苗长青、吕水明、沈小珍、席文跃、多超美、雷觐韵。

中华人民共和国国家标准
GB 3097—1997

海水水质标准

前　言

为贯彻《中华人民共和国环境保护法》和《中华人民共和国海洋环境保护法》，防止和控制海水污染，保护海洋生物资源和其他海洋资源，有利于海洋资源的可持续利用，维护海洋生态平衡，保障人体健康，制订本标准。

本标准从 1998 年 7 月 1 日起实施，同时代替 GB 3097—82。

本标准在下列内容和章节有所改变：

— 3.1（海水水质分类，由三类改四类）；

— 3.2（补充和调整了污染物项目）；

— 4.1（增加了海水水质监测样品的采集、贮存、运输和预处理的规定）；

— 4.2（增加了海水水质分析方法）。

本标准由国家环境保护局和国家海洋局共同提出。

本标准由国家环境保护局负责解释。

1 主题内容与标准适用范围

本标准规定了海域各类使用功能的水质要求。

本标准适用于中华人民共和国管辖的海域。

2 引用标准

下列标准所含条文，在本标准中被引用即构成本标准的条文，与本标准同效。

GB 12763.4—91　海洋调查规范　海水化学要素观测

HY003—91　海洋监测规范

GB 12763.2—91　海洋调查规范　海洋水文观测

GB 7467—87　水质　六价铬的测定　二苯碳酰二肼分光光度法

GB 7485—87　水质　总砷的测定　二乙基二硫代氨基甲酸银分光光度法

GB 11910—89　水质　镍的测定　丁二酮肟分光光度法

GB 11912—89　水质　镍的测定　火焰原子吸收分光光度法

GB 13192—91　水质　有机磷农药的测定　气相色谱法

GB 11895—89　水质　苯并[a]芘的测定　乙酰化滤纸层析荧光分光光度法

当上述标准被修订时，应使用其最新版本。

3 海水水质分类与标准

3.1 海水水质分类

按照海域的不同使用功能和保护目标，海水水质分为四类：

第一类　适用于海洋渔业水域，海上自然保护区和珍稀濒危海洋生物保护区。

第二类　适用于水产养殖区，海水浴场，人体直接接触海水的海上运动或娱乐区，以及与人类食用直接有关的工业用水区。

第三类　适用于一般工业用水区，滨海风景旅游区。

第四类　适用于海洋港口水域，海洋开发作业区。

3.2 海水水质标准

各类海水水质标准列于表1。

表1　海水水质标准

单位：mg/L

序号	项目	第一类	第二类	第三类	第四类
1	漂浮物质	海面不得出现油膜、浮沫和其他漂浮物质			海面无明显油膜、浮沫和其他漂浮物质
2	色、臭、味	海水不得有异色、异臭、异味			海水不得有令人厌恶和感到不快的色、臭、味
3	悬浮物质	人为增加的量≤10		人为增加的量≤100	人为增加的量≤150
4	大肠菌群≤（个/L）	10 000 供人生食的贝类增养殖水质≤700			—
5	粪大肠菌群≤（个/L）	2 000 供人生食的贝类增养殖水质≤140			—
6	病原体	供人生食的贝类养殖水质不得含有病原体			
7	水温（℃）	人为造成的海水温升夏季不超过当时当地1℃，其它季节不超过2℃		人为造成的海水温升不超过当时当地4℃	
8	pH	7.8～8.5 同时不超出该海域正常变动范围的pH 0.2单位		6.8～8.8 同时不超出该海域正常变动范围的pH 0.5单位	
9	溶解氧＞	6	5	4	3
10	化学需氧量≤（COD）	2	3	4	5
11	生化需氧量≤（BOD_5）	1	3	4	5
12	无机氮≤（以N计）	0.20	0.30	0.40	0.50
13	非离子氨≤（以N计）	0.020			
14	活性磷酸盐≤（以P计）	0.015	0.030		0.045
15	汞≤	0.000 05	0.000 2		0.000 5
16	镉≤	0.001	0.005	0.010	
17	铅≤	0.001	0.005	0.010	0.050
18	六价铬≤	0.005	0.010	0.020	0.050
19	总铬≤	0.05	0.10	0.20	0.50
20	砷≤	0.020	0.030	0.050	
21	铜≤	0.005	0.010	0.050	
22	锌≤	0.020	0.050	0.10	0.50
23	硒≤	0.010	0.020		0.050
24	镍≤	0.005	0.010	0.020	0.050
25	氰化物≤	0.005		0.10	0.20
26	硫化物≤（以S计）	0.02	0.05	0.10	0.25

序号	项目		第一类	第二类	第三类	第四类
27	挥发性酚≤		0.005		0.010	0.050
28	石油类≤		0.05		0.30	0.50
29	六六六≤		0.001	0.002	0.003	0.005
30	滴滴涕≤		0.0000 5	0.000 1		
31	马拉硫磷≤		0.000 5	0.001		
32	甲基对硫磷≤		0.000 5	0.001		
33	苯并[a]芘≤（$\sqrt{n}$ /L）		0.002 5			
34	阴离子表面活性剂（以 LAS 计）		0.03		0.10	
35	*放射性核素（Bq/L）	^{60}Co	0.03			
		^{90}Sr	4			
		^{106}Rn	0.2			
		^{134}Cs	0.6			
		^{137}Cs	0.7			

4 海水水质监测

4.1 海水水质监测样品的采集、贮存、运输和预处理按 GB 12763.4—91 和 HY003—91 的有关规定执行。

4.2 本标准各项目的监测，按表 2 的分析方法进行。

表 2　海水水质分析方法

序号	项目	分析方法	检出限/（mg/L）	引用标准
1	漂浮物质	目测法		
2	色、臭、味	比色法 感官法		GB 12763.2—91 HY003.4—91
3	悬浮物质	重量法	2	HY003.4—91
4	大肠菌群	（1）发酵法 （2）滤膜法		HY003.9—91
5	粪大肠菌群	（1）发酵法 （2）滤膜法		HY003.9—91
6	病　原　体	（1）微孔滤膜吸附法 [1.a] （2）沉淀病毒浓聚法 [1.a] （3）透析法 [1.a]		
7	水　温	（1）水温的铅直连续观测 （2）标准层水温观测		GB 12763.2—91 GB 12763.2—91
8	pH	（1）pH 计电测法 （2）pH 比色法		GB 12763.4—91 HY003.4—91
9	溶解氧	碘量滴定法	0.042	GB 12763.4—91
10	化学需氧量（COD）	碱性高锰酸钾法	0.15	HY003.4—91
11	生化需氧量（BOD_5）	五日培养法		HY003.4—91

序号	项目	分析方法	检出限/（mg/L）	引用标准
12	无机氮[2] （以N计）	氮：（1）靛酚蓝法 （2）次溴酸钠氧化法 亚硝酸盐：重氮-偶氮法 硝酸盐：（1）锌-镉还原法 （2）铜镉柱还原法	0.7×10^{-3} 0.4×10^{-3} 0.3×10^{-3} 0.7×10^{-3} 0.6×10^{-3}	GB 12763.4—91 GB 12763.4—91 GB 12763.4—91 GB 12763.4—91 GB 12763.4—91
13	非离子氨[3] （以N计）	按附录B进行换算		
14	活性磷酸盐 （以P计）	（1）抗坏血酸还原的磷钼蓝法 （2）磷钼蓝萃取分光光度法	0.62×10^{-3} 1.4×10^{-3}	GB 12763.4—91 HY003.4—91
15	汞	（1）冷原子吸收分光光度法 （2）金捕集冷原子吸收光度法	$0.008\ 6\times10^{-3}$ 0.002×10^{-3}	HY003.4—91 HY003.4—91
16	镉	（1）无火焰原子吸收分光光度法 （2）火焰原子吸收分光光度法 （3）阳极溶出伏安法 （4）双硫腙分光光度法	0.014×10^{-3} 0.34×10^{-3} 0.7×10^{-3} 1.1×10^{-3}	HY003.4—91 HY003.4—91 HY003.4—91 HY003.4—91
17	铅	（1）无火焰原子吸收分光光度法 （2）阳极溶出伏安法 （3）双硫腙分光光度法	0.19×10^{-3} 4.0×10^{-3} 2.6×10^{-3}	HY003.4—91 HY003.4—91 HY003.4—91
18	六价铬	二苯碳酰二肼分光光度法	4.0×10^{-3}	GB 7467—87
19	总铬	（1）二苯碳酰二肼分光光度法 （2）无火焰原子吸收分光光度法	1.2×10^{-3} 0.91×10^{-3}	HY003.4—91 HY003.4—91
20	砷	（1）砷化氢-硝酸银分光光度法 （2）氢化物发生原子吸收分光光度法 （3）二乙基二硫代氨基甲酸银分光光度法	1.3×10^{-3} 1.2×10^{-3} 7.0×10^{-3}	HY003.4—91 HY003.4—91 GB 7485—87
21	铜	（1）无火焰原子吸收分光光度法 （2）二乙氨基二硫代甲酸钠分光光度法 （3）阳极溶出伏安法	1.4×10^{-3} 4.9×10^{-3} 3.7×10^{-3}	HY003.4—91 HY003.4—91 HY003.4—91
22	锌	（1）火焰原子吸收分光光度法 （2）阳极溶出伏安法 （3）双硫腙分光光度法	16×10^{-3} 6.4×10^{-3} 9.2×10^{-3}	HY003.4—91 HY003.4—91 HY003.4—91
23	硒	（1）荧光分光光度法 （2）二氨基联苯胺分光光度法 （3）催化极谱法	0.73×10^{-3} 1.5×10^{-3} 0.14×10^{-3}	HY003.4—91 HY003.4—91 HY003.4—91
24	镍	（1）丁二酮肟分光光度法 （2）无火焰原子吸收分光光度法[1,b] （3）火焰原子吸收分光光度法	0.25 0.03×10^{-3} 0.05	GB 11910—89 GB 11912—89
25	氰化物	（1）异烟酸-吡唑啉酮分光光度法 （2）吡啶-巴比土酸分光光度法	2.1×10^{-3} 1.0×10^{-3}	HY003.4—91 HY003.4—91
26	硫化物 （以S计）	（1）亚甲基蓝分光光度法 （2）离子选择电极法	1.7×10^{-3} 8.1×10^{-3}	HY003.4—91 HY003.4—91
27	挥发性酚	4-氨基安替比林分光光度法	4.8×10^{-3}	HY003.4—91
28	石油类	（1）环己烷萃取荧光分光光度法 （2）紫外分光光度法 （3）重量法	9.2×10^{-3} 60.5×10^{-3} 0.2	HY003.4—91 HY003.4—91 HY003.4—91
29	六六六[4]	气相色谱法	1.1×10^{-3}	HY003.4—91
30	滴滴涕[4]	气相色谱法	3.8×10^{-3}	HY003.4—91

序号	项目		分析方法	检出限/（mg/L）	引用标准
31	马拉硫磷		气相色谱法	0.64×10^{-3}	GB 13192—91
32	甲基对硫磷		气相色谱法	0.42×10^{-3}	GB 13192—91
33	苯并[a]芘		乙酰化滤纸层析-荧光分光光度法	2.5×10^{-3}	GB 11895—89
34	阴离子表面活性剂（以 LAS 计）		亚甲基蓝分光光度法	0.023	HY003.4—91
35	放射性核素 Bq/L	^{60}Co	离子交换-萃取-电沉积法	2.2×10^{-3}	HY/T003.8—91
		^{90}Sr	（1）HDEHP 萃取 $C_{烟尘}=C'_{烟尘}\dfrac{a'}{a}$ 计数法 （2）离子交换 $C_{烟尘}=C'_{烟尘}\dfrac{a'}{a}$ 计数法	1.8×10^{-3} 2.2×10^{-3}	HY/T003.8—91 HY/T003.8—91
		^{106}Ru	（1）四氯化碳萃取-镁粉还原 $C_{烟尘}=C'_{烟尘}\dfrac{a'}{a}$ 计数法 （2）$Q_{oo_2}=P\bar{U}H_g^m\times10^{-6}$ 能谱法[1.c]	3.0×10^{-3} 4.4×10^{-3}	HY/T003.8—91
		^{134}Cs	$Q_{oo_2}=P\bar{U}H_g^m\times10^{-6}$ 能谱法，参见 ^{137}Cs 分析法		
		^{137}Cs	（1）亚铁氰化铜-硅胶现场富集 $Q_{oo_2}=P\bar{U}H_g^m\times10^{-6}$ 能谱法 （2）磷钼酸铵-碘铋酸铯 $C_{烟尘}=C'_{烟尘}\dfrac{a'}{a}$ 计数法	1.0×10^{-3} 3.7×10^{-3}	HY/T003.8—91 HY/T003.8—91

注：1. 暂时采用下列分析方法，待国家标准发布后执行国家标准。

a. 《水和废水标准检验法》，第 15 版，中国建筑工业出版社，1985：805-827。

b. 环境科学，1986，7（6）：75-79。

c. 《辐射防护手册》，原子能出版社，1988，2：259。

2. 见附录 A。

3. 见附录 B。

4. 六六六和 DDT 的检出限系指其四种异物体检出限之和。

5 混合区的规定

污水集中排放形成的混合区，不得影响邻近功能区的水质和鱼类洄游通道。

附录 A（标准的附录）

无机氮的计算

无机氮是硝酸盐氮、亚硝酸盐氮和氨氮的总和，无机氮也称“活性氮”，或简称“三氮”。

在现行监测中，水样中的硝酸盐、亚硝酸盐和氨的浓度是以μmol/L 表示总和。而本标准规定无机氮是以氮（N）计，单位采用 mg/L，因此，按下式计算无机氮：

$$c(\mathrm{N})=14\times10^{-3}[c(\mathrm{NO_3\text{-}N})+c(\mathrm{NO_2\text{-}N})+c(\mathrm{NH_3\text{-}N})]$$

式中：c（N）——无机氮浓度，以 N 计，mg/L；

c（NO_3-N）——用监测方法测出的水样中硝酸盐的浓度，μmol/L；

c（NO_2-N）——用监测方法测出的水样中亚硝酸盐的浓度，μmol/L；

c（NH_3-N）——用监测方法测出的水样中氨的浓度，μmol/L。

附录 B（标准的附录）

非离子氨换算方法

按靛酚蓝法，次溴酸钠氧化法（GB 12763.4—91）测定得到的氨浓度（NH_3-N）看作是非离子氨与离子氨浓度的总和，非离子氨在氨的水溶液中的比例与水温、pH 值以及盐度有关。可按下述公式换算出非离子氨的浓度：

$$c(NH_3)=14\times10^{-3}c(NH_3\text{-}N)\cdot f$$

$$f=100/(10^{pKa^{S\cdot T}-pH}+1)$$

$$pKa^{S\cdot T}=9.245+0.002\,949S+0.0324(298-T)$$

式中：f——氨的水溶液中非离子氨的摩尔百分比；

c（NH_3）——现场温度、pH、盐度下，水样中非离子氨的浓度（以 N 计），mg/L；

c（NH_3-N）——用监测方法测得的水样中氨的浓度，μmol/L；

T——海水温度，^{o}K；

S——海水盐度；

pH——海水的 pH；

$pKa^{S\cdot T}$——温度为 T（T=273+t），盐度为 S 的海水中的 NH_4^+的解离平衡常数 $Ka^{S\cdot T}$ 的负对数。

附加说明：

本标准由国家海洋局第三海洋研究所和青岛海洋大学负责起草。

本标准主要起草人：黄自强、张克、许昆灿、隋永年、孙淑媛、陆贤昆、林庆礼。

中华人民共和国国家标准

GB 3838—2002

地表水环境质量标准

前　言

为贯彻《中华人民共和国环境保护法》和《中华人民共和国水污染防治法》，防治水污染，保护地表水水质，保障人体健康，维护良好的生态系统，制定本标准。

本标准将标准项目分为：地表水环境质量标准基本项目、集中式生活饮用水地表水源地补充项目和集中式生活饮用水地表水源地特定项目。地表水环境质量标准基本项目适用于全国江河、湖泊、运河、渠道、水库等具有使用功能的地表水水域；集中式生活饮用水地表水源地补充项目和特定项目适用于集中式生活饮用水地表水源地一级保护区和二级保护区。集中式生活饮用水地表水源地特定项目由县级以上人民政府环境保护行政主管部门根据本地区地表水水质特点和环境管理的需要进行选择，集中式生活饮用水地表水源地补充项目和选择确定的特定项目作为基本项目的补充指标。

本标准项目共计109项，其中地表水环境质量标准基本项目24项，集中式生活饮用水地表水源地补充项目5项，集中式生活饮用水地表水源地特定项目80项。

与GHZB 1—1999相比，本标准在地表水环境质量标准基本项目中增加了总氮一项指标，删除了基本要求和亚硝酸盐、非离子氨及凯氏氮三项指标，将硫酸盐、氯化物、硝酸盐、铁、锰调整为集中式生活饮用水地表水源地补充项目，修订了pH、溶解氧、氨氮、总磷、高锰酸盐指数、铝、粪大肠菌群7个项目的标准值，增加了集中式生活饮用水地表水源地特定项目40项。本标准删除了湖泊水库特定项目标准值。

县级以上人民政府环境保护行政主管部门及相关部门根据职责分工，按本标准对地表水各类水域进行监督管理。

与近海水域相连的地表水河口水域根据水环境功能按本标准相应类别标准值进行管理，近海水功能区水域根据使用功能按《海水水质标准》相应类别标准值进行管理。批准划定的单一渔业水域按《渔业水质标准》进行管理；处理后的城市污水及与城市污水水质相近的工业废水用于农田灌溉用水的水质按《农田灌溉水质标准》进行管理。

《地面水环境质量标准》（GB 3838—83）为首次发布，1988年为第一次修订，1999年为第二次修订，本次为第三次修订。本标准自2002年6月1日起实施，《地面水环境质量标准》（GB 3838—88）和《地表水环境质量标准》（GHZB 1—1999）同时废止。

本标准由国家环境保护总局科技标准司提出并归口。本标准由中国环境科学研究院负责修订。本标准由国家环境保护总局2002年4月26日批准。本标准由国家环境保护总局负责解释。

1 范围

1.1 本标准按照地表水环境功能分类和保护目标，规定了水环境质量应控制的项目及限值，以及水质评价、水质项目的分析方法和标准的实施与监督。

1.2 本标准适用于中华人民共和国领域内江河、湖泊、运河、渠道、水库等具有使用功能的地表水水域。具有特定功能的水域，执行相应的专业用水水质标准。

2 引用标准

《生活饮用水卫生规范》（卫生部，2001 年）和本标准表 4～表 6 所列分析方法标准及规范中所含条文在本标准中被引用即构成为本标准条文，与本标准同效。当上述标准和规范被修订时，应使用其最新版本。

3 水域功能和标准分类

依据地表水水域环境功能和保护目标，按功能高低依次划分为五类：

Ⅰ类　主要适用于源头水、国家自然保护区；

Ⅱ类　主要适用于集中式生活饮用水地表水源地一级保护区、珍稀水生生物栖息地、鱼虾类产卵场、仔稚幼鱼的索饵场等；

Ⅲ类　主要适用于集中式生活饮用水地表水源地二级保护区、鱼虾类越冬场、洄游通道、水产养殖区等渔业水域及游泳区；

Ⅳ类　主要适用于一般工业用水区及人体非直接接触的娱乐用水区；

Ⅴ类　主要适用于农业用水区及一般景观要求水域。

对应地表水上述五类水域功能，将地表水环境质量标准基本项目标准值分为五类，不同功能类别分别执行相应类别的标准值。水域功能类别高的标准值严于水域功能类别低的标准值。同一水域兼有多类使用功能的，执行最高功能类别对应的标准值。实现水域功能与达功能类别标准为同一含义。

4 标准值

4.1 地表水环境质量标准基本项目标准限值见表 1。

4.2 集中式生活饮用水地表水源地补充项目标准限值见表 2。

4.3 集中式生活饮用水地表水源地特定项目标准限值见表 3。

5 水质评价

5.1 地表水环境质量评价应根据应实现的水域功能类别，选取相应类别标准，进行单因子评价，评价结果应说明水质达标情况，超标的应说明超标项目和超标倍数。

5.2 丰、平、枯水期特征明显的水域，应分水期进行水质评价。

5.3 集中式生活饮用水地表水源地水质评价的项目应包括表 1 中的基本项目、表 2 中的补充项目以及由县级以上人民政府环境保护行政主管部门从表中选择确定的特定项目。

6 水质监测

6.1 本标准规定的项目标准值，要求水样采集后自然沉降 30 分钟，取上层非沉降部分按规定方法进行分析。

6.2 地表水水质监测的采样布点、监测频率应符合国家地表水环境监测技术规范的要求。

6.3 本标准水质项目的分析方法应优先选用表 4～表 6 规定的方法，也可采用 ISO 方法体系等其他等效分析方法，但须进行适用性检验。

7 标准的实施与监督

7.1 本标准由县级以上人民政府环境保护行政主管部门及相关部门按职责分工监督实施。

7.2 集中式生活饮用水地表水源地水质超标项目经自来水厂净化处理后，必须达到《生活饮用水卫生规范》的要求。

7.3 省、自治区、直辖市人民政府可以对本标准中未作规定的项目，制定地方补充标准，并报国务院环境保护行政主管部门备案。

表 1　地表水环境质量标准基本项目标准限值　　单位：mg/L（节选）

序　号		I 类	II 类	III类	IV类	V类
15	汞≤	0.000 05	0.000 05	0.000 1	0.001	0.001

中华人民共和国国家标准
GB 5084—2005

农田灌溉水质标准

前　言

为贯彻执行《中华人民共和国环境保护法》，防止土壤、地下水和农产品污染，保障人体健康，维护生态平衡，促进经济发展，特制定本标准。本标准的全部技术内容为强制性。

本标准将控制项目分为基本控制项目和选择性控制项目。基本控制项目适用于全国以地表水、地下水和处理后的养殖业废水及以农产品为原料加工的工业废水为水源的农田灌溉用水；选择性控制项目由县级以上人民政府环境保护和农业行政主管部门，根据本地区农业水源水质特点和环境、农产品管理的需要进行选择控制，所选择的控制项目作为基本控制项目的补充指标。

本标准控制项目共计 27 项，其中农田灌溉用水水质基本控制项目 16 项，选择性控制项目 11 项。

本标准与 GB 5084—1992 相比，删除了凯氏氮、总磷两项指标。修订了五日生化需氧量、化学需氧量、悬浮物、氯化物、总镉、总铅、总铜、粪大肠菌群数和蛔虫卵数等 9 项指标。

本标准由中华人民共和国农业部提出。

本标准由中华人民共和国农业部归口并解释。

本标准由农业部环境保护科研监测所负责起草。

本标准主要起草人：王德荣、张泽、徐应明、宁安荣、沈跃。

本标准于 1985 年首次发布，1992 年第一次修订，本次为第二次修订。

1 范围

本标准规定了农田灌溉水质要求、监测和分析方法。

本标准适用于全国以地表水、地下水和处理后的养殖业废水及以农产品为原料加工的工业废水作为水源的农田灌溉用水。

2 规范性引用文件

下列文件中的条款通过本标准的引用而成为本标准的条款。凡是注日期的引用文件，其随后所有的修改单（不包括勘误的内容）和修订版均不适用于本标准。然而，鼓励根据本标准达成协议的各方研究是否可使用这些文件的最新版本。凡是不注日期的引用文件，其最新版本适用于本标准。

GB/T 5750—1985　生活饮用水标准检验法

GB/T 6920 水质　pH 值的测定　玻璃电极法

GB/T 7467 水质　六价铬的测定　二苯碳酰二肼分光光度法

GB/T 7468 水质　总汞的测定　冷原子吸收分光光度法

GB/T 7479 水质　铜、锌、铅、镉的测定　原子吸收分光光度法

GB/T 7484 水质　氟化物的测定　离子选择电极法

GB/T 7485 水质　总砷的测定　二乙基二硫代氨基甲酸银分光光度法

GB/T 7486 水质　氰化物的测定　第一部分　总氰化物的测定

GB/T 7488 水质　五日生化需氧量（BOD_5）的测定　稀释与接种法

GB/T 7490　水质　挥发酚的测定　蒸馏后 4-氨基安替比林分光光度法
GB/T 7494　水质　阴离子表面活性剂的测定　亚甲蓝分光光度法
GB/T 11896　水质　氯化物的测定　硝酸银滴定法
GB/T 11901　水质　悬浮物的测定　重量法
GB/T 11902　水质　硒的测定　2,3-二氨基萘荧光法
GB/T 11914　水质　化学需氧量的测定　重铬酸盐法
GB/T 11934　水源水中乙醛、丙烯醛卫生检验标准方法　气相色谱法
GB/T 11937　水源水中苯系物卫生检验标准方法　气相色谱法
GB/T 13195　水质　水温的测定　温度计或颠倒温度计测定法
GB/T 16488　水质　石油类和动植物油的测定　红外光度法
GB/T 16489　水质　硫化物的测定　亚甲基蓝分光光度法
HJ/T 49　水质　硼的测定　姜黄素分光光度法
HJ/T 50　水质　三氯乙醛的测定　吡唑啉酮分光光度法
HJ/T 51　水质　全盐量的测定　重量法
NY/T 396　农用水源环境质量检测技术规范

3 技术内容

3.1 农田灌溉用水水质应符合表 1、表 2 的规定。

表 1　农田灌溉用水水质基本控制项目标准值

序号	项目类别		作物种类		
			水作	旱作	蔬菜
1	五日生化需氧量/（mg/L）	≤	60	100	40a，15b
2	化学需氧量/（mg/L）	≤	150	200	100a，60b
3	悬浮物/（mg/L）	≤	80	100	60a，15b
4	阴离子表面活性剂/（mg/L）	≤	5	8	5
5	水温/℃	≤	25		
6	pH		5.5～8.5		
7	全盐量/（mg/L）	≤	1 000c（非盐碱土地区），2 000c（盐碱土地区）		
8	氯化物/（mg/L）	≤	350		
9	硫化物/（mg/L）	≤	1		
10	总汞/（mg/L）	≤	0.001		
11	镉/（mg/L）	≤	0.01		
12	总砷/（mg/L）	≤	0.05	0.1	0.05
13	铬（六价）/（mg/L）	≤	0.1		
14	铅/（mg/L）	≤	0.2		
15	粪大肠菌群数/（个/100 ml）	≤	4 000	4 000	2 000a，1 000b
16	蛔虫卵数/（个/L）	≤	2		2a，1b

a. 加工、烹调及去皮蔬菜。
b. 生食类蔬菜、瓜类和草本水果。
c. 具有一定的水利灌排设施，能保证一定的排水和地下水径流条件的地区，或有一定淡水资源能满足冲洗土体中盐分的地区，农田灌溉水质全盐量指标可以适当放宽。

表 2　农田灌溉用水水质选择性控制项目标准值

序　号	项　目　类　别	作　物　种　类		
		水　作	旱　作	蔬　菜
1	铜/（mg/L）　≤	0.5	1	
2	锌/（mg/L）　≤	2		
3	硒/（mg/L）　≤	0.02		
4	氟化物/（mg/L）　≤	2（一般地区），3（高氟区）		
5	氰化物/（mg/L）　≤	0.5		
6	石油类/（mg/L）　≤	5	10	1
7	挥发酚/（mg/L）　≤	1		
8	苯/（mg/L）　≤	2.5		
9	三氯乙醛/（mg/L）　≤	1	0.5	0.5
10	丙烯醛/（mg/L）　≤	0.5		
11	硼/（mg/L）　≤	1a（对硼敏感作物），2b（对硼耐受性较强的作物），3c（对硼耐受性强的作物）		

a. 对硼敏感作物，如黄瓜、豆类、马铃薯、笋瓜、韭菜、洋葱、柑橘等。
b. 对硼耐受性较强的作物，如小麦、玉米、青椒、小白菜、葱等。
c. 对硼耐受性强的作物，如水稻、萝卜、油菜、甘蓝等。

3.2 向农田灌溉渠道排放处理后的养殖业废水及以农产品为原料加工的工业废水，应保证其下游最近灌溉取水点的水质符合本标准。

3.3 当本标准不能满足当地环境保护需要或农业生产需要时，省、自治区、直辖市人民政府可以补充本标准中未规定的项目或制定严于本标准的相关项目，作为地方补充标准，并报国务院环境保护行政主管部门和农业行政主管部门备案。

4 监测与分析方法

4.1 监测

4.1.1 农田灌溉用水水质基本控制项目，监测项目的布点监测频率应符合 NY/T 396 的要求。

4.1.2 农田灌溉用水水质选择性控制项目，由地方主管部门根据当地农业水源的来源和可能的污染物种类选择相应的控制项目，所选择的控制项目监测布点和频率应符合 NY/T 396 的要求。

4.2 分析方法

本标准控制项目分析方法按表 3 执行。

表 3　农田灌溉水质控制项目分析方法

序号	分析项目	测定方法	方法来源
1	生化需氧量（BOD_5）	稀释与接种法	GB/T 7488
2	化学需氧量	重铬酸盐法	GB/T 11914
3	悬浮物	重量法	GB/T 11901
4	阴离子表面活性剂	亚甲蓝分光光度法	GB/T 7494
5	水温	温度计或颠倒温度计测定法	GB/T 13195
6	pH	玻璃电极法	GB/T 6920
7	全盐量	重量法	HJ/T 51
8	氯化物	硝酸银滴定法	GB/T 11896
9	硫化物	亚甲基蓝分光光度法	GB/T 16489
10	总汞	冷原子吸收分光光度法	GB/T 7468

序号	分析项目	测定方法	方法来源
11	镉	原子吸收分光光度法	GB/T 7475
12	总砷	二乙基二硫代氨基甲酸银分光光度法	GB/T 7485
13	铬（六价）	二苯碳酰二肼分光光度法	GB/T 7467
14	铅	原子吸收分光光度法	GB/T 7475
15	铜	原子吸收分光光度法	GB/T 7475
16	锌	原子吸收分光光度法	GB/T 7475
17	硒	2,3-二氨基萘荧光法	GB/T 11902
18	氟化物	离子选择电极法	GB/T 7484
19	氰化物	硝酸银滴定法	GB/T 7486
20	石油类	红外光度法	GB/T 16488
21	挥发酚	蒸馏后 4-氨基安替吡啉分光光度法	GB/T 7490
22	苯	气相色谱法	GB/T 11937
23	三氯乙醛	吡唑啉酮分光光度法	HJ/T 50
24	丙烯醛	气相色谱法	GB/T 11934
25	硼	姜黄素分光光度法	HJ/T 49
26	粪大肠菌群数	多管发酵法	GB/T 5750—1985
27	蛔虫卵数	沉淀集卵法[a]	《农业环境监测实用手册》第三章中“水质　污水蛔虫卵的测定　沉淀集卵法”

a. 暂采用此方法，待国家方法标准颁布后，执行国家标准。

中华人民共和国国家标准
GB 5749—2006

生活饮用水卫生标准

前　言

本标准全文强制。

本标准自实施之日起代替 GB 5749—85《生活饮用水卫生标准》。

本标准与 GB 5749—85 相比主要变化如下：

—— 水质指标由 GB 5749—85 的 35 项增加至 106 项，增加了 71 项；修订了 8 项；其中：

—— 微生物指标由 2 项增至 6 项，增加了大肠埃希氏菌、耐热大肠菌群、贾第鞭毛虫和隐孢子虫；修订了总大肠菌群；

—— 饮用水消毒剂由 1 项增至 4 项，增加了一氯胺、臭氧、二氧化氯；

—— 毒理指标中无机化合物由 10 项增至 21 项，增加了溴酸盐、亚氯酸盐、氯酸盐、锑、钡、铍、硼、钼、镍、铊、氯化氰；并修订了砷、镉、铅、硝酸盐；毒理指标中有机化合物由 5 项增至 53 项，增加了甲醛、三卤甲烷、二氯甲烷、1,2-二氯乙烷、1,1,1-三氯乙烷、三溴甲烷、一氯二溴甲烷、二氯一溴甲烷、环氧氯丙烷、氯乙烯、1,1-二氯乙烯、1,2-二氯乙烯、三氯乙烯、四氯乙烯、六氯丁二烯、二氯乙酸、三氯乙酸、三氯乙醛、苯、甲苯、二甲苯、乙苯、苯乙烯、2,4,6-三氯酚、氯苯、1,2-二氯苯、1,4-二氯苯、三氯苯、邻苯二甲酸二（2-乙基己基）酯、丙烯酰胺、微囊藻毒素-LR、灭草松、百菌清、溴氰菊酯、乐果、2,4-滴、七氯、六氯苯、林丹、马拉硫磷、对硫磷、甲基对硫磷、五氯酚、莠去津、呋喃丹、毒死蜱、敌敌畏、草甘膦；修订了四氯化碳；

—— 感官性状和一般理化指标由 15 项增至 20 项，增加了耗氧量、氨氮、硫化物、钠、铝；修订了浑浊度；

—— 放射性指标中修订了总α放射性。

—— 删除了水源选择和水源卫生防护两部分内容。

—— 简化了供水部门的水质检测规定，部分内容列入《生活饮用水集中式供水单位卫生规范》。

—— 增加了附录 A。

—— 增加了参考文献。

本标准的附录 A 为资料性附录。

为准备水质净化和水质检验条件，贾第鞭毛虫、隐孢子虫、三卤甲烷、微囊藻毒素-LR 等 4 项指标延至 2008 年 7 月 1 日起执行。

本标准由中华人民共和国卫生部提出并归口。

本标准负责起草单位：中国疾病预防控制中心环境与健康相关产品安全所。

本标准参加起草单位：广东省卫生监督所、浙江省卫生监督所、江苏省疾病预防控制中心、北京市疾病预防控制中心、上海市疾病预防控制中心、中国城镇供水排水协会、中国水利水电科学研究院、国家环境保护总局环境标准研究所。

本标准主要起草人：金银龙、鄂学礼、陈昌杰、陈西平、张岚、陈亚妍、蔡祖根、甘日华、申屠杭、郭常义、魏建荣、宁瑞珠、刘文朝、胡林林。

本标准参加起草人：蔡诗文、林少彬、刘凡、姚孝元、陆坤明、陈国光、周怀东、李延平。

本标准于 1985 年 8 月首次发布，本次为第一次修订。

1 范围

本标准规定了生活饮用水水质卫生要求、生活饮用水水源水质卫生要求、集中式供水单位卫生要求、二次供水卫生要求、涉及生活饮用水卫生安全产品卫生要求、水质监测和水质检验方法。

本标准适用于城乡各类集中式供水的生活饮用水，也适用于分散式供水的生活饮用水。

2 规范性引用文件

下列文件中的条款通过本标准的引用而成为本标准的条款。凡是标注日期的引用文件，其随后所有的修改（不包括勘误内容）或修订版均不适用于本标准，然而，鼓励根据本标准达成协议的各方研究是否可使用这些文件的最新版本。凡是不注明日期的引用文件，其最新版本适用于本标准。

GB 3838　地表水环境质量标准

GB/T 5750　生活饮用水标准检验方法

GB/T 14848　地下水质量标准

GB 17051　二次供水设施卫生规范

GB/T 17218　饮用水化学处理剂卫生安全性评价

GB/T 17219　生活饮用水输配水设备及防护材料的安全性评价标准

CJ/T 206　城市供水水质标准

SL 308　村镇供水单位资质标准

卫生部　生活饮用水集中式供水单位卫生规范

3 术语和定义

下列术语和定义适用于本标准。

3.1 生活饮用水　drinking water

供人生活的饮水和生活用水。

3.2 供水方式　type of water supply

3.2.1 集中式供水　central water supply

自水源集中取水，通过输配水管网送到用户或者公共取水点的供水方式，包括自建设施供水。为用户提供日常饮用水的供水站和为公共场所、居民社区提供的分质供水也属于集中式供水。

3.2.2 二次供水　secondary water supply

集中式供水在入户之前经再度储存、加压和消毒或深度处理，通过管道或容器输送给用户的供水方式。

3.2.3 农村小型集中式供水　small central water supply for rural areas

日供水在 1000 m^3 以下（或供水人口在 1 万人以下）的农村集中式供水。

3.2.4 分散式供水　non-central water supply

用户直接从水源取水，未经任何设施或仅有简易设施的供水方式。

3.3 常规指标　regular indices

能反映生活饮用水水质基本状况的水质指标。

3.4 非常规指标　non-regular indices

根据地区、时间或特殊情况需要的生活饮用水水质指标。

4 生活饮用水水质卫生要求

4.1 生活饮用水水质应符合下列基本要求，保证用户饮用安全。

4.1.1 生活饮用水中不得含有病原微生物。

4.1.2 生活饮用水中化学物质不得危害人体健康。

4.1.3 生活饮用水中放射性物质不得危害人体健康。

4.1.4 生活饮用水的感官性状良好。

4.1.5 生活饮用水应经消毒处理。

4.1.6 生活饮用水水质应符合表 1 和表 3 卫生要求。集中式供水出厂水中消毒剂限值、出厂水和管网末梢水中消毒剂余量均应符合表 2 要求。

4.1.7 农村小型集中式供水和分散式供水的水质因条件限制，部分指标可暂按照表 4 执行，其余指标仍按表 1、表 2 和表 3 执行。

4.1.8 当发生影响水质的突发性公共事件时，经市级以上人民政府批准，感官性状和一般化学指标可适当放宽。

4.1.9 当饮用水中含有附录 A 表 A.1 所列指标时，可参考此表限值评价。

表 1 水质常规指标及限值

指　标	限　值
1. 微生物指标[①]	
总大肠菌群（MPN/100 ml 或 cfu/100 ml）	不得检出
耐热大肠菌群（MPN/100 ml 或 cfu/100 ml）	不得检出
大肠埃希氏菌（MPN/100 ml 或 cfu/100 ml）	不得检出
菌落总数（cfu/ml）	100
2. 毒理指标	
砷（mg/L）	0.01
镉（mg/L）	0.005
铬（六价，mg/L）	0.05
铅（mg/L）	0.01
汞（mg/L）	0.001
硒（mg/L）	0.01
氰化物（mg/L）	0.05
氟化物（mg/L）	1.0
硝酸盐（以 N 计，mg/L）	10 地下水源限制时为 20
三氯甲烷（mg/L）	0.06
四氯化碳（mg/L）	0.002
溴酸盐（使用臭氧时，mg/L）	0.01
甲醛（使用臭氧时，mg/L）	0.9
亚氯酸盐（使用二氧化氯消毒时，mg/L）	0.7
氯酸盐（使用复合二氧化氯消毒时，mg/L）	0.7
3. 感官性状和一般化学指标	
色度（铂钴色度单位）	15
浑浊度（NTU-散射浊度单位）	1 水源与净水技术条件限制时为 3
臭和味	无异臭、异味

指　　标	限　　值
肉眼可见物	无
pH（pH 单位）	不小于 6.5 且不大于 8.5
铝（mg/L）	0.2
铁（mg/L）	0.3
锰（mg/L）	0.1
铜（mg/L）	1.0
锌（mg/L）	1.0
氯化物（mg/L）	250
硫酸盐（mg/L）	250
溶解性总固体（mg/L）	1 000
总硬度（以 $CaCO_3$ 计，mg/L）	450
耗氧量（COD_{Mn} 法，以 O_2 计，mg/L）	3 水源限制，原水耗氧量＞6 mg/L 时为 5
挥发酚类（以苯酚计，mg/L）	0.002
阴离子合成洗涤剂（mg/L）	0.3
4．放射性指标[②]	指导值
总α放射性（Bq/L）	0.5
总β放射性（Bq/L）	1

① MPN 表示最可能数；cfu 表示菌落形成单位。当水样检出总大肠菌群时，应进一步检验大肠埃希氏菌或耐热大肠菌群；水样未检出总大肠菌群，不必检验大肠埃希氏菌或耐热大肠菌群。

② 放射性指标超过指导值，应进行核素分析和评价，判定能否饮用。

表 2　饮用水中消毒剂常规指标及要求

消毒剂名称	与水接触时间	出厂水中限值	出厂水中余量	管网末梢水中余量
氯气及游离氯制剂（游离氯，mg/L）	至少 30 min	4	≥0.3	≥0.05
一氯胺（总氯，mg/L）	至少 120 min	3	≥0.5	≥0.05
臭氧（O_3，mg/L）	至少 12 min	0.3		0.02 如加氯， 总氯≥0.05
二氧化氯（ClO_2，mg/L）	至少 30 min	0.8	≥0.1	≥0.02

表 3　水质非常规指标及限值

指　　标	限　　值
1．微生物指标	
贾第鞭毛虫（个/10L）	＜1
隐孢子虫（个/10L）	＜1
2．毒理指标	
锑（mg/L）	0.005
钡（mg/L）	0.7
铍（mg/L）	0.002
硼（mg/L）	0.5
钼（mg/L）	0.07
镍（mg/L）	0.02
银（mg/L）	0.05
铊（mg/L）	0.000 1

指　　标	限　　值
氯化氰（以 CN^-计，mg/L）	0.07
一氯二溴甲烷（mg/L）	0.1
二氯一溴甲烷（mg/L）	0.06
二氯乙酸（mg/L）	0.05
1,2-二氯乙烷（mg/L）	0.03
二氯甲烷（mg/L）	0.02
三卤甲烷（三氯甲烷、一氯二溴甲烷、二氯一溴甲烷、三溴甲烷的总和）	该类化合物中各种化合物的实测浓度与其各自限值的比值之和不超过 1
1,1,1-三氯乙烷（mg/L）	2
三氯乙酸（mg/L）	0.1
三氯乙醛（mg/L）	0.01
2,4,6-三氯酚（mg/L）	0.2
三溴甲烷（mg/L）	0.1
七氯（mg/L）	0.000 4
马拉硫磷（mg/L）	0.25
五氯酚（mg/L）	0.009
六六六（总量，mg/L）	0.005
六氯苯（mg/L）	0.001
乐果（mg/L）	0.08
对硫磷（mg/L）	0.003
灭草松（mg/L）	0.3
甲基对硫磷（mg/L）	0.02
百菌清（mg/L）	0.01
呋喃丹（mg/L）	0.007
林丹（mg/L）	0.002
毒死蜱（mg/L）	0.03
草甘膦（mg/L）	0.7
敌敌畏（mg/L）	0.001
莠去津（mg/L）	0.002
溴氰菊酯（mg/L）	0.02
2,4-滴（mg/L）	0.03
滴滴涕（mg/L）	0.001
乙苯（mg/L）	0.3
二甲苯（mg/L）	0.5
1,1-二氯乙烯（mg/L）	0.03
1,2-二氯乙烯（mg/L）	0.05
1,2-二氯苯（mg/L）	1
1,4-二氯苯（mg/L）	0.3
三氯乙烯（mg/L）	0.07
三氯苯（总量，mg/L）	0.02
六氯丁二烯（mg/L）	0.000 6
丙烯酰胺（mg/L）	0.000 5
四氯乙烯（mg/L）	0.04
甲苯（mg/L）	0.7
邻苯二甲酸二（2-乙基己基）酯（mg/L）	0.008
环氧氯丙烷（mg/L）	0.000 4
苯（mg/L）	0.01

指　　标	限　　值
苯乙烯（mg/L）	0.02
苯并[a]芘（mg/L）	0.000 01
氯乙烯（mg/L）	0.005
氯苯（mg/L）	0.3
微囊藻毒素-LR（mg/L）	0.001
3．感官性状和一般化学指标	
氨氮（以N计，mg/L）	0.5
硫化物（mg/L）	0.02
钠（mg/L）	200

表4　农村小型集中式供水和分散式供水部分水质指标及限值

指　　标	限　　值
1．微生物指标	
菌落总数（cfu/ml）	500
2．毒理指标	
砷（mg/L）	0.05
氟化物（mg/L）	1.2
硝酸盐（以N计，mg/L）	20
3．感官性状和一般化学指标	
色度（铂钴色度单位）	20
浑浊度（NTU-散射浊度单位）	3 水源与净水技术条件限制时为5
pH（pH单位）	不小于6.5且不大于9.5
溶解性总固体（mg/L）	1 500
总硬度（以$CaCO_3$计，mg/L）	550
耗氧量（COD_{Mn}法，以O_2计，mg/L）	5
铁（mg/L）	0.5
锰（mg/L）	0.3
氯化物（mg/L）	300
硫酸盐（mg/L）	300

5 生活饮用水水源水质卫生要求

5.1 采用地表水为生活饮用水水源时应符合GB 3838要求。
5.2 采用地下水为生活饮用水水源时应符合GB/T 14848要求。

6 集中式供水单位卫生要求

6.1 集中式供水单位的卫生要求应按照卫生部《生活饮用水集中式供水单位卫生规范》执行。

7 二次供水卫生要求

二次供水的设施和处理要求应按照GB 17051执行。

8 涉及生活饮用水卫生安全产品卫生要求

8.1 处理生活饮用水采用的絮凝、助凝、消毒、氧化、吸附、pH调节、防锈、阻垢等化学处理剂不应污染生活饮用水，应符合 GB/T 17218 要求。

8.2 生活饮用水的输配水设备、防护材料和水处理材料不应污染生活饮用水，应符合 GB/T 17219 要求。

9 水质监测

9.1 供水单位的水质检测

供水单位的水质检测应符合以下要求。

9.1.1 供水单位的水质非常规指标选择由当地县级以上供水行政主管部门和卫生行政部门协商确定。

9.1.2 城市集中式供水单位水质检测的采样点选择、检验项目和频率、合格率计算按照 CJ/T 206 执行。

9.1.3 村镇集中式供水单位水质检测的采样点选择、检验项目和频率、合格率计算按照 SL308 执行。

9.1.4 供水单位水质检测结果应定期报送当地卫生行政部门，报送水质检测结果的内容和办法由当地供水行政主管部门和卫生行政部门商定。

9.1.5 当饮用水水质发生异常时应及时报告当地供水行政主管部门和卫生行政部门。

9.2 卫生监督的水质监测

卫生监督的水质监测应符合以下要求。

9.2.1 各级卫生行政部门应根据实际需要定期对各类供水单位的供水水质进行卫生监督、监测。

9.2.2 当发生影响水质的突发性公共事件时，由县级以上卫生行政部门根据需要确定饮用水监督、监测方案。

9.2.3 卫生监督的水质监测范围、项目、频率由当地市级以上卫生行政部门确定。

10 水质检验方法

生活饮用水水质检验应按照 GB/T 5750 执行。

附 录 A
（资料性附录）

表 A.1 生活饮用水水质参考指标及限值

指 标	限 值
肠球菌（cfu/100 ml）	0
产气荚膜梭状芽孢杆菌（cfu/100 ml）	0
二（2-乙基己基）己二酸酯（mg/L）	0.4
二溴乙烯（mg/L）	0.000 05
二噁英（2,3,7,8-TCDD，mg/L）	0.000 000 03
土臭素（二甲基萘烷醇，mg /L）	0.000 01
五氯丙烷（mg/L）	0.03
双酚 A（mg/L）	0.01
丙烯腈（mg/L）	0.1
丙烯酸（mg/L）	0.5
丙烯醛（mg/L）	0.1
四乙基铅（mg /L）	0.000 1

指　　　标	限　　值
戊二醛（mg/L）	0.07
甲基异莰醇-2（mg /L）	0.000 01
石油类（总量，mg/L）	0.3
石棉（>10μm，万/L）	700
亚硝酸盐（mg/L）	1
多环芳烃（总量，mg /L）	0.002
多氯联苯（总量，mg /L）	0.000 5
邻苯二甲酸二乙酯（mg/L）	0.3
邻苯二甲酸二丁酯（mg/L）	0.003
环烷酸（mg/L）	1.0
苯甲醚（mg/L）	0.05
总有机碳（TOC，mg/L）	5
萘酚-β（mg/L）	0.4
黄原酸丁酯（mg /L）	0.001
氯化乙基汞（mg /L）	0.000 1
硝基苯（mg/L）	0.017
镭 ^{226} 和镭 ^{228}（pCi/L）	5
氡（pCi/L）	300

参考文献

[1] World Health Organization. Guidelines for Drinking-water Quality，third edition. Vol.1，2004，Geneva.

[2] EU's Drinking Water Standards. Council Directive 98/83/EC on the quality of water intended for human consumption. Adopted by the Council，on 3 November 1998.

[3] USEPA．Drinking Water Standards and Health Advisories，Winter 2004.

[4] 俄罗斯国家饮用水卫生标准，2002 年 1 月实施.

[5] 日本饮用水水质基准（水道法に基づく水质基准に关する省令），自 2004 年 4 月起实施.

中华人民共和国国家标准

GB 15618—1995

土壤环境质量标准

为贯彻《中华人民共和国环境保护法》，防止土壤污染，保护生态环境，保障农林生产，维护人体健康，制定本标准。

1 主题内容与适用范围

1.1 主题内容

本标准按土壤应用功能、保护目标和土壤主要性质，规定了土壤中污染物的最高允许浓度指标值及相应的监测方法。

1.2 适用范围

本标准适用于农田、蔬菜地、茶园、果园、牧场、林地、自然保护区等地的土壤。

2 术语

2.1 土壤：指地球陆地表面能够生长绿色植物的疏松层。

2.2 土壤阳离子交换量：指带负电荷的土壤胶体，借静电引力而对溶液中的阳离子所吸附的数量，以每千克干土所含全部代换性阳离子的厘摩尔（cmol）（按一价离子计）数表示。

3 土壤环境质量分类和标准分级

3.1 土壤环境质量分类

根据土壤应用功能和保护目标，划分为三类：

Ⅰ类主要适用于国家规定的自然保护区（原有背景重金属含量高的除外）、集中式生活饮用水源地、茶园、牧场和其他保护地区的土壤，土壤质量基本保持自然背景水平。

Ⅱ类主要适用于一般农田、蔬菜地、茶园、果园、牧场等土壤，土壤质量基本上对植物和环境不造成危害和污染。

Ⅲ类主要适用于林地土壤及污染物容量较大的高背景值土壤和矿产附近等地的农田土壤（蔬菜地除外）。土壤质量基本上对植物和环境不造成危害和污染。

3.2 标准分级

一级标准　为保护区域自然生态，维持自然背景的土壤环境质量的限制值。

二级标准　为保障农业生产，维护人体健康的土壤限制值。

三级标准　为保障农林业生产和植物正常生长的土壤临界值。

3.3 各类土壤环境质量执行标准的级别规定如下：

Ⅰ类土壤环境质量执行一级标准；

Ⅱ类土壤环境质量执行二级标准；

Ⅲ类土壤环境质量执行三级标准。

4 标准值

本标准规定的三级标准值，见表 1。

表 1　土壤环境质量标准值　　单位：mg/kg

级别	一级	二级			三级
土壤 pH 值 项目	自然背景	＜6.5	6.5～7.5	＞7.5	＞6.5
镉≤	0.20	0.30	0.60	1.0	
汞≤	0.15	0.30	0.50	1.0	1.5
砷　水田≤	15	30	25	20	30
旱地≤	15	40	30	25	40
铜　农田等	35	50	100	100	400
果园≤	—	150	200	200	400
铅≤	35	250	300	350	500
铬　水田≤	90	250	300	350	400
旱地≤	90	150	200	250	300
锌≤	100	200	250	300	500
镍≤	40	40	50	60	200
六六六≤	0.05	0.50	1.0		
滴滴涕≤	0.05	0.50	1.0		

注：①重金属（铬主要是三价）和砷均按元素量计，适用于阳离子交换量＞5cmol（+）/kg 的土壤，若≤5cmol（+）/kg，其标准值为表内数值的半数。

②六六六为四种异构体总量，滴滴涕为四种衍生物总量。

③水旱轮作地的土壤环境质量标准，砷采用水田值，铬采用旱地值。

5 监测

5.1 采样方法：土壤监测方法参照国家环保局的《环境监测分析方法》、《土壤元素的近代分析方法》（中国环境监测总站编）的有关章节进行。国家有关方法标准颁布后，按国家标准执行。

5.2 分析方法按表 2 执行。

表 2　土壤环境质量标准选配分析方法

序号	项目	测定方法	检测范围/（mg/kg）	注释	分析方法　来源
1	镉	土样经盐酸-硝酸-高氯酸（或盐酸-硝酸-氢氟酸-高氯酸）消解后 （1）萃取-火焰原子吸收法测定 （2）石墨炉原子吸收分光光度法测定	0.025 以上 0.005 以上	土壤总镉	①、②
2	汞	土样经硝酸-硫酸-五氧化二钒或硫、硝酸锰酸钾消解后，冷原子吸收法测定	0.004 以上	土壤总汞	①、②
3	砷	（1）土样经硫酸-硝酸-高氯酸消解后，二乙基二硫代氨基甲酸银分光光度法测定 （2）土样经硝酸-盐酸-高氯酸消解后，硼氢化钾-硝酸银分光光度法测定	0.5 以上 0.1 以上	土壤总砷	①、②
4	铜	土样经盐酸-硝酸-高氯酸（或盐酸-硝酸-氢氟酸-高氯酸）消解后，火焰原子吸收分光光度法测定	1.0 以上	土壤总铜	①、②
5	铅	土样经盐酸-硝酸-氢氟酸-高氯酸消解后 （1）萃取-火焰原子吸收法测定 （2）石墨炉原子吸收分光光度法测定	0.4 以上 0.06 以上	土壤总铅	②

序号	项目	测定方法	检测范围/（mg/kg）	注释	分析方法　来源
6	铬	土样经硫酸-硝酸-氢氟酸消解后， （1）高锰酸钾氧，二苯碳酰二肼光度法测定 （2）加氯化铵液，火焰原子吸收分光光度法测定	1.0 以上 2.5 以上	土壤总铬	①
7	锌	土样经盐酸-硝酸-高氯酸（或盐酸-硝酸-氢氟酸-高氯酸）消解后，火焰原子吸收分光光度法测定	0.5 以上	土壤总锌	①、②
8	镍	土样经盐酸-硝酸-高氯酸（或盐酸-硝酸-氢氟酸-高氯酸）消解后，火焰原子吸收分光光度法测定	2.5 以上	土壤总镍	②
9	六六六和滴滴涕	丙酮-石油醚提取，浓硫酸净化，用带电子捕获检测器的气相色谱仪测定	0.005 以上		GB/T 14550—93
10	pH	玻璃电极法（土：水=1.0：2.5）	—		②
11	阳离子交换量	乙酸铵法等	—		③

注：分析方法除土壤六六六和滴滴涕有国标外，其他项目待国家方法标准发布后执行，现暂采用下列方法：

①《环境监测分析方法》，1983，城乡建设环境保护部环境保护局；

②《土壤元素的近代分析方法》，1992，中国环境监测总站编，中国环境科学出版社；

③《土壤理化分析》，1978，中国科学院南京土壤研究所编，上海科技出版社。

6 标准的实施

6.1 本标准由各级人民政府环境保护行政主管部门负责监督实施，各级人民政府的有关行政主管部门依照有关法律和规定实施。

6.2 各级人民政府环境保护行政主管部门根据土壤应用功能和保护目标会同有关部门划分本辖区土壤环境质量类别，报同级人民政府批准。

附加说明：

本标准由国家环境保护局科技标准司提出。

本标准由国家环境保护局南京环境科学研究所负责起草，中国科学院地理研究所、中国农业大学、中国科学院南京土壤研究所等单位参加。

本标准主要起草人夏家淇、蔡道基、夏增禄、王宏康、武玫玲、梁伟等。

本标准由国家环境保护局负责解释。

中华人民共和国环境保护行业标准
HJ/T 25—1999

工业企业土壤环境质量风险评价基准

前　言

为保护在工业企业中工作或在工业企业附近生活的人群以及工业企业界区内的土壤和地下水，对工业企业生产活动造成的土壤污染危害进行风险评价，特制定本基准。

本基准用风险评价的方法确定基准值。

本基准制定了两套基准数据：土壤基准直接接触和土壤基准迁移至地下水。土壤基准直接接触是用于保护在工业企业生产活动中因不当摄入或皮肤接触土壤的工作人员。土壤基准迁移至地下水是用于保证化学物质不因土壤的沥滤导致工业企业界区内土壤下方（简称工业企业下方）饮用水源造成危害。如果工业企业下方的地下水现在或将来作为饮用水源，应执行土壤基准迁移至地下水。如果工业企业下方的地下水现在或将来均不用作饮用水源，应执行土壤基准直接接触。

1 范围

本基准按照一般风险评价方法规定了工业企业土壤环境质量基准（以下简称土壤基准）限值计算方法及通用土壤基准限值。本基准适用于工业企业选址阶段及工业企业生产活动发生后界区内土壤的环境质量风险评价，不适用于采矿、农田和居住用地。

2 引用标准

HJ/T 20—1998　工业固体废物采样制样技术规范

3 基准的分类

本基准分为两类：土壤基准直接接触和土壤基准迁移至地下水。

3.1 土壤基准直接接触：是用于保护在工业企业生产活动中因不当摄入或皮肤接触土壤的工作人员。

该基准适用于地表至地表以下 0.6 m 之间的土壤。

3.2 土壤基准迁移至地下水：是用于保证化学物质不因土壤的沥滤导致工业企业下方饮用水源造成危害。

该基准仅适用于现在或将来工业企业下方的地下水用作饮用水源时，其地下位以上的土壤。

工业企业下方的地下水现在或将来不用作饮用水源的，按照土壤基准直接接触执行。

4 基准值计算公式

工业企业土壤基准值由以下公式计算获得。

4.1 土壤基准直接接触计算公式：

$$\text{土壤基准直接接触（mg/kg）} = \frac{TD_0 \cdot BW \cdot AT \cdot CF}{Efs \cdot ED \cdot FC \cdot [(IR \cdot AEi) + (SA \cdot AF \cdot AEd)]}$$

式中：

TD_0——目标剂量[mg/（kg・d）]，指被暴露的工作人员在不同风险条件下，经口每天直接接触土壤的量（按单位体重计）。

其中，致癌风险的 TD_0＝10—5/SF 经口

非致癌风险的 TD_0＝1・RfD 经口

SF 经口 —— 经口斜率率数[mg/（kg・d）]—1*

RfD 经口 —— 慢性经口参考剂量[mg/（kg・d）]*

BW —— 体重（kg）

AT —— 平均时间（d）

CF —— 转换系数（10^6 mg/kg）

Efs —— 暴露频率（d/a）

ED —— 暴露时间（a）

FC —— 被污染土壤份额（无单位）

IR —— 土壤摄入量（mg/d）

SA —— 暴露的皮肤表面积（cm^2/d）

AF —— 土壤粘附系数（mg/cm^2）

AEi —— 经摄入的吸收系数

AEd —— 经皮肤接触的吸收系数

* SF 经口和 RfD 经口毒性值见附录 A。

4.2 土壤基准迁移至地下水计算公式：

$$土壤基准迁移至地下水（mg/kg）＝Cdw・DAF・20$$

式中：

Cdw —— 以风险为依据的地下水基准*（mg/L）

DAF —— 稀释衰减系数（L/kg）

* 地下水基准值见附录 B。

5 通用土壤基准值

通用土壤基准值是指在一般暴露条件下计算得出的限值（通用土壤基准采用的暴露系数见附录 C），具体指标见表 1。

表 1 工业企业通用土壤环境质量风险评价基准值

序号	化学物质名称	土壤基准直接接触（1）（mg/kg）		土壤基准迁移至地下水（2）（mg/kg）
1	氯甲烷	10 900	nc	1 170
2	氯乙烷	1 000 000	nc	117 000
3	二氯甲烷	6 340	c	684
4	1,1-二氯乙烷	272 000	nc	29 300
5	1,2-二氯乙烷	522	c	56
6	1,1,1-三氯乙烷	95 100	nc	10 300
7	1,1,2-三氯乙烷	834	c	90
8	四氯化碳	366	c	40
9	1,2-二溴乙烷	0.6	c	0.1
10	二溴氯甲烷	566	c	61

序号	化学物质名称	土壤基准直接接触（1）（mg/kg）		土壤基准迁移至地下水（2）（mg/kg）
11	正己烷	16 300	nc	17 600
12	1,4-二噁烷	4 320	c	466
13	氯乙烯	25	c	2.7
14	1,1-二氯乙烯	79	c	8.6
15	顺式-1,2-二氯乙烯	27 200	nc	2 930
16	顺式-1,2-二氯乙烯	54 300	nc	5 860
17	三氯乙烯	4 320	c	466
18	四氯乙烯	914	c	99
19	六氯环戊二烯	26 500	nc	NA
20	苯乙烯	543 000	nc	NA
21	苯	1 640	nc	177
22	甲苯	54 300	nc	NA
23	乙苯	272 000	nc	NA
24	二甲苯	1 000 000	nc	586 000
25	1,2,4-三甲苯	136 000	nc	14 700
26	1,3,5-三甲苯	136 000	nc	14 700
27	硝基苯	1 890	nc	147
28	2,4-二硝基甲苯	98	c	7.5
29	氯苯	54 300	nc	5 860
30	1,2-二氯苯	341 000	nc	NA

注：（1）nc 表示以非致癌作用为依据的基准；
c 表示以致癌风险为依据的基准。
（2）NA 表示该项目无基准值。
（3）对于无基准值的化学物质的土壤环境质量风险评价应执行土壤基准直接接触。

6 土壤采样、制样与测试方法

6.1 采样方法：按 HJ/T 20 标准中采样部分执行。

6.2 制样方法：土壤样品（约 500 g）在不超过 40℃空气或恒温箱中干燥或冷冻干燥。剔除石子、植物根系、玻璃碎片等异物，用木棒（或玛瑙棒）研压土团，过 2 mm 筛，大于 2 mm 的部分再研压过筛。混匀通过 2 mm 筛的土样用四分法缩分至约 100 g，用玛瑙研钵或研磨设备将通过 2 mm 筛的土样研磨至全部通过 100 目（孔径 0.149 mm）筛，混匀后备用。

6.3 测试方法：执行《固体废弃物试验分析评价手册》（中国环境科学出版社，1992 年出版）规定的测试方法。

7 实施

7.1 工业企业厂界内的土壤需要处置时，应执行有关固体废物处置的标准。

7.2 当某一化学物质的土壤背景值高于其相应的土壤环境质量风险评价基准值时，应以土壤背景值作为土壤环境质量风险评价基准值。

7.3 表 1 所列的基准值为通用的风险评价基准值。如评价场所的暴露情况与通用土壤暴露情况差别较大时，可通过对具体场所的风险评价，按照 4.1 和 4.2 给出的公式计算，用其替代通用土壤基准。

附录 A（提示的附录）化学物质毒性值（略）

附录 B（提示的附录）地下水基准值（略）

附录 C（提示的附录）通用土壤基准采用的暴露系数及计算实例（略）

中华人民共和国环境保护行业标准

HJ 332—2006

食用农产品产地环境质量评价标准

前　言

为贯彻《中华人民共和国环境保护法》，落实国务院关于保护农产品质量安全的精神，保护生态环境，防治环境污染，保障人体健康，建立和完善食用农产品产地环境质量标准，制定本标准。

本标准作为评价标准，主要依据了《土壤环境质量标准》、《农田灌溉水质标准》、《保护农作物的大气污染物最高允许浓度》和《环境空气质量标准》等环境质量标准，并针对食用农产品产地环境质量的要求作了适当的修订；同时，补充了监测和评价方法。

本标准为指导性标准。

本标准由国家环境保护总局科技标准司提出。

本标准主要起草单位：国家环境保护总局南京环境科学研究所、中国环境科学研究院。

本标准国家环境保护总局于 2006 年 11 月 17 日批准。

本标准自 2007 年 2 月 1 日起实施。

本标准由国家环境保护总局解释。

1 适用范围

本标准规定了食用农产品产地土壤环境质量、灌溉水质量和环境空气质量的各个项目及其浓度（含量）限值和监测、评价方法。

本标准适用于食用农产品产地，不适用于温室蔬菜生产用地。

2 规范性引用文件

本标准引用了下列文件中的条款。凡是不注日期的引用文件，其有效版本适用于本标准。

HJ/T 166—2004　土壤环境监测技术规范

NY/T 396—2000　农用水源环境质量监测技术规范

NY/T 397—2000　农区环境空气质量监测技术规范

3 术语和定义

食用农产品产地环境质量评价标准（Farmland environmental quality evaluation standards for edible agricultural products）。

符合农作物生长和农产品卫生质量要求的农地土壤、灌溉水和空气等环境质量的评价标准。

4 评价指标限值

对土壤环境、灌溉水和空气环境中的污染物（或有害因素）项目，划分：基本控制项目（必测项目）和选择控制项目两类。

4.1 土壤环境质量评价指标限值

食用农产品产地土壤环境质量应符合表 1 的规定。

表 1　土壤环境质量评价指标限值①

单位：mg/kg

项目②			pH 值<6.5	pH 值③ 6.5～7.5	pH 值>7.5
土壤环境质量基本控制项目：					
总镉	水作、旱作、果树等	≤	0.30	0.30	0.60
	蔬菜	≤	0.30	0.30	0.40
总汞	水作、旱作、果树等	≤	0.30	0.50	1.0
	蔬菜	≤	0.25	0.30	0.35
总砷	旱作、果树等	≤	40	30	25
	水作、蔬菜	≤	30	25	20
总铅	水作、旱作、果树等	≤	80	80	80
	蔬菜	≤	50	50	50
总铬	旱作、蔬菜、果树等	≤	150	200	250
	水作	≤	250	300	350
总铜	水作、旱作、蔬菜、柑橘等	≤	50	100	100
	果树	≤	150	200	200
六六六④		≤	0.10		
滴滴涕④		≤	0.10		
土壤环境质量选择控制项目：					
总锌		≤	200	250	300
总镍		≤	40	50	60
稀土总量（氧化稀土）		≤	背景值⑤+10	背景值⑤+15	背景值⑤+20
全盐量		≤	1 000　2 000⑥		

注：① 对实行水旱轮作、菜粮套种或果粮套种等种植方式的农地，执行其中较低标准值的一项作物的标准值。

② 重金属（铬主要是三价）和砷均按元素量计，适用于阳离子交换量>5cmol（+）/kg 的土壤，若≤5cmol（+）/kg，其标准值为表内数值的半数。

③ 若当地某些类型土壤 pH 值变异在 6.0～7.5 范围，鉴于土壤对重金属的吸附率，在 pH6.0 时接近 pH6.5，pH 6.5～7.5 组可考虑在该地扩展为 pH 6.0～7.5 范围。

④ 六六六为四种异构体总量，滴滴涕为四种衍生物总量。

⑤ 背景值：采用当地土壤母质相同、土壤类型和性质相似的土壤背景值。

⑥ 适用于半漠境及漠境区。

4.2 灌溉水质量评价指标限值

食用农产品产地灌溉水质量应符合表 2 的规定。

表 2　灌溉水质量评价指标限值

项目		作物种类①		
		水作	旱作	蔬菜
灌溉水质量基本控制项目：				
pH 值		5.5～8.5		
总汞，mg/L	≤	0.001		
总镉，mg/L	≤	0.005	0.01	0.005
总砷，mg/L	≤	0.05	0.1	0.05
六价铬，mg/L	≤	0.1		

项目	作物种类①		
	水作	旱作	蔬菜
总铅，mg/L ≤	0.1	0.2	0.1
灌溉水质量选择控制项目：			
三氯乙醛，mg/L ≤	1.0	0.5	0.5
五日生化需氧量，mg/L ≤	50	80	30② 10③
水温，℃ ≤	35		
粪大肠菌群数，个/L ≤	40 000	40 000	20 000② 10 000③
蛔虫卵数，个/L ≤	2		2② 1③
全盐量，mg/L ≤	1 000 2 000④		
氯化物，mg/L ≤	350		
总铜，mg/L ≤	0.5	1.0	
总锌，mg/L ≤	2.0		
总硒，mg/L ≤	0.02		
氟化物，mg/L ≤	2.0		
硫化物，mg/L ≤	1.0		
氰化物，mg/L ≤	0.5		
石油类，mg/L ≤	5.0	10.0	1.0
挥发酚，mg/L ≤	1.0		
苯，mg/L ≤	2.5		
丙烯醛，mg/L ≤	0.5		
总硼，mg/L ≤	1.0		

注：① 对实行菜粮套种种植方式的农地，执行蔬菜的标准值。
② 加工、烹调及去皮蔬菜。
③ 生食类蔬菜、瓜类及草本水果。
④ 盐碱土地区：具有一定的淡水资源和水利灌排设施，能保证排水和地下水径流条件而能满足冲洗土体中盐分的地区，依据当地试验结果，农田灌溉水质全盐量指标可以适当放宽。

4.3 环境空气质量

食用农产品产地环境空气质量应符合表 3 的规定。

表 3 环境空气质量评价指标限值

项目	浓度限值①	
	日平均②	植物生长季平均③
环境空气质量基本控制项目⑤：		
二氧化硫⑥，mg/m^3 ≤	0.15[a] 0.25[b] 0.30[c]	0.05[a] 0.08[b] 0.12[c]
氟化物⑦，$\mu g/(dm^2 \cdot d)$ ≤	5.0[d] 10.0[e] 15.0[f]	1.0[d] 2.0[e] 4.5[f]
铅，$\mu g/m^3$ ≤	—	1.5
环境空气质量选择控制项目：		

项目		浓度限值[①]	
		日平均[②]	植物生长季平均[③]
总悬浮颗粒物，mg/m^3	≤	0.30	—
二氧化氮，mg/m^3	≤	0.12	—
苯并[a]芘，$\mu g/m^3$	≤	0.01	—
臭氧，mg/m^3	≤	一小时平均[④]：0.16	

注：① 各项污染物数据统计的有效性按 GB 3095 中的第 7 条规定执行。

② 日平均浓度指任何一日的平均浓度。

③ 植物生长季平均浓度指任何一个植物生长季月平均浓度的算术平均值。月平均浓度指任何一月的日平均浓度的算术平均值。

④ 一小时平均浓度指任何一小时的平均浓度。

⑤ 均为标准状态：指温度为 273K，压力为 101.325 kPa 时的状态。

⑥ 二氧化硫：a. 适于敏感作物：如：冬小麦、春小麦、大麦、荞麦、大豆、甜菜、芝麻、菠菜、青菜、白菜、莴苣、黄瓜、南瓜、西葫芦、马铃薯、苹果、梨、葡萄；b. 适于中等敏感作物：如：水稻、玉米、燕麦、高粱、番茄、茄子、胡萝卜、桃、杏、李、柑橘、樱桃；c. 适于抗性作物：如：蚕豆、油菜、向日葵、甘蓝、芋头、草莓。

⑦ 氟化物：d. 适于敏感作物：如：冬小麦、花生、甘蓝、菜豆、苹果、梨、桃、杏、李、葡萄、草莓、樱桃；e. 适于中等敏感作物：如：大麦、水稻、玉米、高粱、大豆、白菜、芥菜、花椰菜、柑橘；f. 适于抗性作物：如：向日葵、棉花、茶、茴香、番茄、茄子、辣椒、马铃薯。

5 监测

5.1 监测采样

土壤、灌溉水和环境空气监测采样分别参照《土壤环境监测技术规范》（HJ/T 166—2004）中的第 4、5、6 条规定、《农用水源环境质量监测技术规范》（NY/T 396—2000）中的第 4 条规定和《农区环境空气质量监测技术规范》（NY/T 397—2000）中的第 4 条规定进行。

5.2 分析测定

各项分析方法按表 4 测定方法进行。

表 4　食用农产品产地环境质量评价标准选配分析方法

项目	分析方法	方法来源	等效方法
土壤环境质量监测：			
总镉	石墨炉原子吸收分光光度法	GB/T 17141—1997	②③ICP-MS
总汞	冷原子吸收分光光度法	GB/T 17136—1997	①②③④AFS
总砷	二乙基二硫代氨基甲酸银分光光度法	GB/T 17134—1997	①②③④HG-AFS
总铅	石墨炉原子吸收分光光度法	GB/T 17141—1997	②③ICP-MS
总铬	火焰原子吸收分光光度法	GB/T 17137—1997	②③ICP-MS
六六六	气相色谱法	GB/T 14550—2003	
滴滴涕	气相色谱法	GB/T 14550—2003	
总铜	火焰原子吸收分光光度法	GB/T 17138—1997	②③ICP-AES，ICP-MS
总锌	火焰原子吸收分光光度法	GB/T 17138—1997	②③ICP-AES
总镍	火焰原子吸收分光光度法	GB/T 17139—1997	②③ICP-AES，ICP-MS
氧化稀土总量	对马尿酸偶氮氯膦分光光度法	NY/T 30—1986	
全盐量	重量法	①	
pH 值	电位法	GB 7859—1987	
阳离子交换量	乙酸铵法、氯化铵-乙酸铵法	GB 7863—1987	

项目	分析方法	方法来源	等效方法
灌溉水质量监测：			
五日生化需氧量	稀释与接种法	GB/T 7488—1987	
化学需氧量	重铬酸盐法	GB/T 11914—1989	
悬浮物	重量法	GB/T 11901—1989	
阴离子表面活性剂	亚甲基蓝分光光度法	GB/T 7494—1987	
pH 值	玻璃电极法	GB/T 6920—1986	
水温	温度计或颠倒温度计测定法	GB/T 13195—1991	
全盐量	重量法	HJ/T 51—1999	
氯化物	硝酸银滴定法	GB/T 11896—1989	
硫化物	亚甲基蓝分光光度法	GB/T 16489—1996	
总汞	冷原子吸收分光光度法	GB/T 7468—1987	①AFS
镉	原子吸收分光光度法	GB/T 7475—1987	
总砷	二乙基二硫代氨基甲酸银分光光度法 硼氢化钾-硝酸银分光光度法	GB/T 7485—1987 GB/T 11900—1989	①HG-AFS
六价铬	二苯碳酰二肼分光光度法	GB/T 7467—1987	
铅	原子吸收分光光度法	GB/T 7475—1987	
粪大肠菌群数	生活饮用水标准检验法　多管发酵法	GB/T 5750—1985	
蛔虫卵数	沉淀集卵法	①	
铜	原子吸收分光光度法	GB/T 7475—1987	
锌	原子吸收分光光度法	GB/T 7475—1987	
总硒	2,3-二氨基萘荧光光度法	GB/T 11902—1989	
氟化物	离子选择电极法	GB/T 7484—1987	
氰化物	硝酸银滴定法	GB/T 7486—1987 GB/T 7487—1987	
石油类	红外分光光度法	GB/T 16488—1996	
挥发酚	蒸馏后 4-氨基安替吡啉分光光度法	GB/T 7490—1987	
苯	气相色谱法	GB/T 11890—1989	
三氯乙醛	吡唑啉酮分光光度法	HJ/T 50—1999	
丙烯醛	气相色谱法	GB/T 11934—1989	
硼	姜黄素分光光度法	HJ/T 49—1999	
环境空气质量监测：			
总悬浮颗粒物	重量法	GB/T 15432—1995	
二氧化硫	甲醛吸收-副玫瑰苯胺分光光度法	GB/T 15262—1994	
二氧化氮	Saltzman 法	GB/T 15435—1995	
氟化物	石灰滤纸·氟离子选择电极法	GB/T 15433—1995	
铅	火焰原子吸收分光光度法 石墨炉原子吸收分光光度法	GB/T 15264—1994 GB/T 17141—1997	
苯并[a]芘	乙酰化滤纸层析荧光分光光度法 高效液相色谱法	GB/T 8971—1988 GB/T 15439—1995	
臭氧	靛蓝二磺酸钠分光光度法 紫外光度法	GB/T 15437—1995 GB/T 15438—1995	

注：ICP-AES：等离子体发射光谱法，ICP-MS：等离子体质谱联用法，AFS：原子荧光光谱法，HG-AFS：氢化物发生-原子荧光光谱法；①：《农业环境监测实用手册》（中国标准出版社，2001 年），②：《区域地球化学勘查样品分析方法》（地质出版社，2004 年），③：USEPA 规定方法，④：《土壤元素的近代分析方法》（中国标准出版社，1992 年）。

6 评价

6.1 评价指标分类

评价指标分为严格控制指标和一般控制指标（表 5）。

表 5 农产品产地环境质量评价指标分类

环境要素	严格控制指标	一般控制指标
土壤	镉、汞、砷、铅、铬、铜、六六六、滴滴涕	锌、镍、稀土总量、全盐量
灌溉水	pH、总汞、总镉、总砷、六价铬、总铅、三氯乙醛	五日生化需氧量、化学需氧量、悬浮物、阴离子表面活性剂、水温、粪大肠菌群数、蛔虫卵、全盐量、氯化物、总铜、总锌、总硒、氟化物、硫化物、氰化物、石油类、挥发酚、苯、丙烯醛、总硼
环境空气	二氧化硫、氟化物、铅、苯并[a]芘	总悬浮颗粒物、二氧化氮、臭氧

6.2 评价方法

6.2.1 各类参数计算方法

单项质量指数＝单项实测值/单项标准值

单项积累指数＝单项实测值/当地单项背景值上限值

某单项分担率（%）＝（某单项质量指数/各项质量指数之和）×100%

某单项超标倍数＝（单项实测值－单项标准值）/单项标准值

超标面积率（%）＝（超标样本面积之和/监测总面积）×100

$$\text{各环境要素综合质量指数}=\sqrt{\frac{(\text{平均单项质量指数})^2+(\text{最大单项质量指数})^2}{2}}$$

6.2.2 环境质量的评定

食用农产品产地环境质量的评价，严格控制项目依据各单项质量指数进行评定，一般控制项目参与环境要素综合质量指数评定。

食用农产品产地环境质量等级划定见表 6。

表 6 农产品产地环境质量分级划定

环境质量等级	土壤各单项或综合质量指数	灌溉水各单项或综合质量指数	环境空气各单项或综合质量指数	等级名称
1	≤0.7	≤0.5	≤0.6	清洁
2	0.7～1.0	0.5～1.0	0.6～1.0	尚清洁
3	＞1.0	＞1.0	＞1.0	超标

本标准土壤环境质量指标主要依据已有的全国范围的各项环境质量基准值的最低值资料制定的。各地监测结果，低于本值，一般无污染问题；高于本值，是否污染应视其对植物、动物、水体、空气和/或人体健康有无危害而定。

所定的超标等级，灌溉水、环境空气可认为污染，而土壤是否污染，应作进一步调研，若确对其所影响的植物（生长发育、可食部分超标或作饲料部分超标）、周围环境（地下水、地表水、大气等）和/或人体健康有危害，方能确定为污染。

6.4 评价结果表征

按各环境要素（土壤、灌溉水和环境空气）分别表征：

（1）质量指数

①各个环境要素的严格控制项目的各个项目单项质量指数（按数值由高至低排列）。

②各个环境要素的一般控制项目的各个项目单项质量指数（按数值由高至低排列）。

③各个环境要素综合质量指数。

（2）超标情况

①超标项目的超标率、超标面积数和超标面积率。

②超标项目的质量指数：最低值、最高值和平均值。

（3）积累指数

若有当地土壤背景值资料，可将背景值上限值作为评价指标，计算土壤积累指数。计算内容同上。

7 标准的实施与监督

本标准由县级以上人民政府的行政主管部门及相关部门按职责分工监督实施。

土壤环境质量、灌溉水质量和环境空气质量选择控制项目，由地方主管部门根据当地存在可能的污染物种类选择相应的控制项目，或选择不在本规定的其他污染物项目，以确定评价项目。

中华人民共和国环境保护行业标准

HJ 350—2007

展览会用地土壤环境质量评价标准（节选）

前　言

为贯彻《中华人民共和国环境保护法》，防治土壤污染，保护土壤资源和土壤环境，保障人体健康，维护良好的生态系统，确保展览会建设用地的环境安全性，制定本标准。

本标准规定了不同土地利用类型中土壤污染物的评价标准限值。

本标准选择的污染物共 92 项，其中无机污染物 14 项，挥发性有机物 24 项，半挥发性有机物 47 项，其他污染物 7 项。

本标准为暂行标准，待国家有关土壤环境保护标准实施后，按有关标准的规定执行。

本标准由上海市环境保护局和国家环保总局科技司提出。

本标准起草单位：上海市环境科学研究院。

本标准国家环境保护总局 2007 年 6 月 15 日批准。

本标准自 2007 年 8 月 1 日起实施。

本标准由国家环境保护总局解释。

1 适用范围

1.1 本标准按照不同的土地利用类型，规定了展览会用地土壤环境质量评价的项目、限值、监测方法和实施监督。

1.2 本标准适用于展览会用地土壤环境质量评价。

2 规范性引用文件

下列文件中的条款通过本标准的引用而成为本标准的条款。其最新版本适用于本标准。

HJ/T 166　土壤环境监测技术规范

3 术语和定义

3.1 土地利用类型

指土地资源不同的开发利用方式，如住宅用地、场馆用地、商业用地、娱乐用地、学校用地、绿化用地、公共市政用地及其他用地等。

3.2 土壤污染

指由于人类活动产生的有害、有毒物质进入土壤，积累到一定程度，超过土壤本身的自净能力，导致土壤性状和质量变化，构成对人体和生态环境的影响和危害。

3.3 土壤修复

指利用物理、化学和生物的方法转移、吸收、降解和转化土壤中的污染物，使其浓度降低到可接受水平，满足相应土地利用类型的要求。

4 土地利用类型

根据不同的土地开发用途对土壤中污染物的含量控制要求，将土地利用类型分为两类：

Ⅰ类主要为土壤直接暴露于人体，可能对人体健康存在潜在威胁的土地利用类型。

Ⅱ类主要为除Ⅰ类以外的其他土地利用类型，如场馆用地、绿化用地、商业用地、公共市政用地等。

5 标准分级

5.1 土壤环境质量评价标准分为 A、B 两级。

5.2 A 级标准为土壤环境质量目标值，代表了土壤未受污染的环境水平，符合 A 级标准的土壤可适用于各类土地利用类型。

5.3 B 级标准为土壤修复行动值，当某场地土壤污染物监测值超过 B 级标准限值时，该场地必须实施土壤修复工程，使之符合 A 级标准。

5.4 符合 B 级标准但超过 A 级标准的土壤可适用于Ⅱ类土地利用类型。

6 标准值

本标准规定的土壤环境质量评价标准限值见表 1。

表 1 土壤环境质量评价标准限值 单位：mg/kg

序号	项目 级别	A 级	B 级
无机污染物			
1	锑	12	82
2	砷	20	80
3	铍	16	410
4	镉	1	22
5	铬	190	610
6	铜	63	600
7	铅	140	600
8	镍	50	2 400
9	硒	39	1 000
10	银	39	1 000
11	铊	2	14
12	锌	200	1 500
13	汞	1.5	50
14	总氰化物	0.9	8
挥发性有机物			
15	1,1-二氯乙烯	0.1	8
16	二氯甲烷	2	210
17	1,2-二氯乙烯	0.2	1 000
18	1,1-二氯乙烷	3	1 000
19	氯仿	2	28
20	1,2-二氯乙烷	0.8	24
21	1,1,1-三氯乙烷	3	1 000
22	四氯化碳	0.2	4

序号	项目 级别	A 级	B 级
23	苯	0.2	13
24	1,2-二氯丙烷	6.4	43
25	三氯乙烯	12	54
26	溴二氯甲烷	10	92
27	1,1,2-三氯乙烷	2	100
28	甲苯	26	520
29	二溴氯甲烷	7.6	68
30	四氯乙烯	4	6
31	1,1,1,2-四氯乙烷	95	310
32	氯苯	6	680
33	乙苯	10	230
34	二甲苯	5	160
35	溴仿	81	370
36	苯乙烯	20	97
37	1,1,2,2-四氯乙烷	3.2	29
38	1,2,3-三氯丙烷	1.5	29
	半挥发性有机物		
39	1,3,5-三甲苯	19	180
40	1,2,4-三甲苯	22	210
41	1,3-二氯苯	68	240
42	1,4-二氯苯	27	240
43	1,2-二氯苯	150	370
44	1,2,4-三氯苯	68	1 200
45	萘	54	530
46	六氯丁二烯	1	21
47	苯胺	5.8	56
48	2-氯酚	39	1 000
49	双（2-氯异丙基）醚	2 300	10 000
50	N-亚硝基二正丙胺	0.33	0.66
51	六氯乙烷	6	100
52	4-甲基酚	39	1 000
53	硝基苯	3.9	100
54	2-硝基酚	63	1 600
55	2,4-二甲基酚	160	4 100
56	2,4-二氯酚	23	610
57	N-亚硝基二苯胺	130	600
58	六氯苯	0.66	2
59	联苯胺	0.1	0.9
60	菲	2 300	61 000
61	蒽	2 300	10 000
62	咔唑	32	290
63	二正丁基酞酸酯	100	100
64	荧蒽	310	8 200
65	芘	230	6 100
66	苯并[*a*]蒽	0.9	4
67	3,3-二氯联苯胺	1.4	6

序号	项目 级别	A 级	B 级
68	䓛	9	40
69	双（2-乙基己基）酞酸酯	46	210
70	4-氯苯胺	31	820
71	六氯丁二烯	1	21
72	2-甲基萘	160	4 100
73	2,4,6-三氯酚	62	270
74	2,4,5-三氯酚	58	520
75	2,4-二硝基甲苯	1	4
76	2-氯萘	630	16 000
77	2,4-二硝基酚	16	410
78	芴	210	8 200
79	4,6-二硝基-2-甲酚	0.8	20
80	苯并[*b*]荧蒽	0.9	4
81	苯并[*k*]荧蒽	0.9	4
82	苯并[*a*]芘	0.3	0.66
83	茚并[1,2,3-*c*,*d*]芘	0.9	4
84	二苯并[*a*,*h*]蒽	0.33	0.66
85	苯并[*g*,*h*,*i*]芘	230	6 100
农药/多氯联苯及其他			
86	总石油烃	1 000	—
87	多氯联苯	0.2	1
88	六六六	1	—
89	滴滴涕	1	—
90	艾氏剂	0.04	0.17
91	狄氏剂	0.04	0.18
92	异狄氏剂	2.3	61

7 监测

7.1 监测采样方法按国家环保总局的《土壤环境监测技术规范》（HJ/T 166）执行。

7.2 监测分析方法按表 2 执行。

表 2　土壤污染物分析方法

序号	项目	分析方法	最低检出限	方法来源
1	锑	等离子体发射光谱法	0.600 mg/kg	附录 A
2	砷	等离子体发射光谱法	2.00 mg/kg	附录 A
3	铍	等离子体发射光谱法	0.02 mg/kg	附录 A
4	镉	等离子体发射光谱法	0.100 mg/kg	附录 A
		火焰原子吸收分光光度法	0.3 mg/kg	GB/T 17140—1997
5	铬	等离子体发射光谱法	0.400 mg/kg	附录 A
6	铜	等离子体发射光谱仪	0.100 mg/kg	附录 A
		火焰原子吸收分光光度法	2.5 mg/kg	GB/T 17138—1997
7	铅	等离子体发射光谱法	1.00 mg/kg	附录 A
		火焰原子吸收分光光度法	5.00 mg/kg	GB/T 17140—1997
8	镍	等离子体发射光谱法	1.00 mg/kg	附录 A
		火焰原子吸收分光光度法	2.0 mg/kg	GB/T 17139—1997

序号	项目	分析方法	最低检出限	方法来源
9	硒	等离子体发射光谱仪	2.00 mg/kg	附录 A
10	银	等离子体发射光谱仪	0.100 mg/kg	附录 A
11	铊	等离子体发射光谱仪	0.800 mg/kg	附录 A
12	锌	等离子体发射光谱仪	0.100 mg/kg	附录 A
		火焰原子吸收分光光度法	0.50 mg/kg	GB/T 17138—1997
13	汞	冷原子吸收分光光度法	0.000 5 mg/kg	GB/T 17136—1997
14	总氰化物	异烟酸-吡唑啉酮比色法	0.5 mg/kg	附录 B
15	1,1-二氯乙烯	气相色谱/质谱联用仪	5.0μg/kg	附录 C
16	二氯甲烷	气相色谱/质谱联用仪	5.0μg/kg	附录 C
17	1,2-二氯乙烯	气相色谱/质谱联用仪	5.0μg/kg	附录 C
18	1,1-二氯乙烷	气相色谱/质谱联用仪	5.0μg/kg	附录 C
19	氯仿	气相色谱/质谱联用仪	5.0μg/kg	附录 C
20	1,2-二氯乙烷	气相色谱/质谱联用仪	5.0μg/kg	附录 C
21	1,1,1-三氯乙烷	气相色谱/质谱联用仪	5.0μg/kg	附录 C
22	四氯化碳	气相色谱/质谱联用仪	5.0μg/kg	附录 C
23	苯	气相色谱/质谱联用仪	5.0μg/kg	附录 C
24	1,2-二氯丙烷	气相色谱/质谱联用仪	5.0μg/kg	附录 C
25	三氯乙烯	气相色谱/质谱联用仪	5.0μg/kg	附录 C
26	溴二氯甲烷	气相色谱/质谱联用仪	5.0μg/kg	附录 C
27	1,1,2-三氯乙烷	气相色谱/质谱联用仪	5.0μg/kg	附录 C
28	甲苯	气相色谱/质谱联用仪	5.0μg/kg	附录 C
29	二溴氯甲烷	气相色谱/质谱联用仪	5.0μg/kg	附录 C
30	四氯乙烯	气相色谱/质谱联用仪	5.0μg/kg	附录 C
31	1,1,1,2-四氯乙烷	气相色谱/质谱联用仪	5.0μg/kg	附录 C
32	氯苯	气相色谱/质谱联用仪	5.0μg/kg	附录 C
33	乙苯	气相色谱/质谱联用仪	5.0μg/kg	附录 C
34	二甲苯	气相色谱/质谱联用仪	5.0μg/kg	附录 C
35	溴仿	气相色谱/质谱联用仪	5.0μg/kg	附录 C
36	苯乙烯	气相色谱/质谱联用仪	5.0μg/kg	附录 C
37	1,1,2,2-四氯乙烷	气相色谱/质谱联用仪	5.0μg/kg	附录 C
38	1,2,3-三氯丙烷	气相色谱/质谱联用仪	5.0μg/kg	附录 C
39	1,3,5-三甲苯	气相色谱/质谱联用仪	0.2 mg/kg	附录 D
40	1,2,4-三甲苯	气相色谱/质谱联用仪	0.2 mg/kg	附录 D
41	1,3-二氯苯	气相色谱/质谱联用仪	0.2 mg/kg	附录 D
42	1,4-二氯苯	气相色谱/质谱联用仪	0.1 mg/kg	附录 D
43	1,2-二氯苯	气相色谱/质谱联用仪	0.1 mg/kg	附录 D
44	1,2,4-三氯苯	气相色谱/质谱联用仪	0.2 mg/kg	附录 D
45	萘	气相色谱/质谱联用仪	0.1 mg/kg	附录 D
46	六氯丁二烯	气相色谱/质谱联用仪	0.1 mg/kg	附录 D
47	苯胺	气相色谱/质谱联用仪	0.5 mg/kg	附录 D
48	2-氯酚	气相色谱/质谱联用仪	0.2 mg/kg	附录 D
49	双（2-氯异丙基）醚	气相色谱/质谱联用仪	0.1 mg/kg	附录 D
50	N-亚硝基二正丙胺	气相色谱/质谱联用仪	0.1 mg/kg	附录 D
51	六氯乙烷	气相色谱/质谱联用仪	0.2 mg/kg	附录 D
52	4-甲基酚	气相色谱/质谱联用仪	0.5 mg/kg	附录 D
53	硝基苯	气相色谱/质谱联用仪	0.1 mg/kg	附录 D
54	2-硝基酚	气相色谱/质谱联用仪	0.2 mg/kg	附录 D

序号	项目	分析方法	最低检出限	方法来源
55	2,4-二甲基酚	气相色谱/质谱联用仪	0.2 mg/kg	附录 D
56	2,4-二氯酚	气相色谱/质谱联用仪	1.0 mg/kg	附录 D
57	N-亚硝基二苯胺	气相色谱/质谱联用仪	0.2 mg/kg	附录 D
58	六氯苯	气相色谱/质谱联用仪	0.1 mg/kg	附录 D
59	联苯胺	气相色谱/质谱联用仪	0.1 mg/kg	附录 D
60	菲	气相色谱/质谱联用仪	0.1 mg/kg	附录 D
61	蒽	气相色谱/质谱联用仪	0.1 mg/kg	附录 D
62	咔唑	气相色谱/质谱联用仪	0.2 mg/kg	附录 D
63	二正丁基酞酸酯	气相色谱/质谱联用仪	0.1 mg/kg	附录 D
64	荧蒽	气相色谱/质谱联用仪	0.1 mg/kg	附录 D
65	芘	气相色谱/质谱联用仪	0.2 mg/kg	附录 D
66	苯并[*a*]蒽	气相色谱/质谱联用仪	0.2 mg/kg	附录 D
67	3,3-二氯联苯胺	气相色谱/质谱联用仪	0.5 mg/kg	附录 D
68	䓛	气相色谱/质谱联用仪	0.2 mg/kg	附录 D
69	双（2-乙基己基）酞酸酯	气相色谱/质谱联用仪	0.1 mg/kg	附录 D
70	4-氯苯胺	气相色谱/质谱联用仪	0.5 mg/kg	附录 D
71	六氯丁二烯	气相色谱/质谱联用仪	0.1 mg/kg	附录 D
72	2-甲基萘	气相色谱/质谱联用仪	0.1 mg/kg	附录 D
73	2,4,6-三氯酚	气相色谱/质谱联用仪	0.2 mg/kg	附录 D
74	2,4,5-三氯酚	气相色谱/质谱联用仪	0.2 mg/kg	附录 D
75	2,4-二硝基甲苯	气相色谱/质谱联用仪	0.2 mg/kg	附录 D
76	2-氯萘	气相色谱/质谱联用仪	0.1 mg/kg	附录 D
77	2,4-二硝基酚	气相色谱/质谱联用仪	0.2 mg/kg	附录 D
78	芴	气相色谱/质谱联用仪	0.1 mg/kg	附录 D
79	4,6-二硝基-2-甲酚	气相色谱/质谱联用仪	0.5 mg/kg	附录 D
80	苯并[*b*]荧蒽	气相色谱/质谱联用仪	0.2 mg/kg	附录 D
81	苯并[*k*]荧蒽	气相色谱/质谱联用仪	0.2 mg/kg	附录 D
82	苯并[*a*]芘	气相色谱/质谱联用仪	0.2 mg/kg	附录 D
83	茚并[1,2,3-*c*,*d*]芘	气相色谱/质谱联用仪	0.2 mg/kg	附录 D
84	二苯并[*a*,*h*]蒽	气相色谱/质谱联用仪	0.2 mg/kg	附录 D
85	苯并[*g*,*h*,*i*]芘	气相色谱/质谱联用仪	0.2 mg/kg	附录 D
86	总石油烃	气相色谱法	5 mg/kg	附录 E
87	多氯联苯	气相色谱法	2.5 μg/kg	附录 F
88	六六六	气相色谱法	1.00 μg/kg	附录 G
89	滴滴涕	气相色谱法	1.00 μg/kg	附录 G
90	艾氏剂	气相色谱法	1.00 μg/kg	附录 G
91	狄氏剂	气相色谱法	1.00 μg/kg	附录 G
92	异狄氏剂	气相色谱法	1.00 μg/kg	附录 G

注：暂采用附录中的分析方法，待国家方法标准发布后，执行国家标准。

8 标准的实施与监督

本标准由县级以上人民政府环境保护行政主管部门负责实施和监督。

第二节　污染排放控制标准

中华人民共和国国家标准
GB 16297—1996

大气污染物综合排放标准

前　言

根据《中华人民共和国大气污染防治法》第七条的规定，制定本标准。

本标准在原有《工业“三废”排放试行标准》（GBJ 4—73）废气部分和有关其它行业性国家大气污染物排放标准的基础上制定。本标准在技术内容上与原有各标准有一定的继承关系，亦有相当大的修改和变化。

本标准规定了 33 种大气污染物的排放限值，其指标体系为最高允许排放浓度、最高允许排放速率和无组织排放监控浓度限值。

国家在控制大气污染物排放方面，除本标准为综合性排放标准外，还有若干行业性排放标准共同存在，即除若干行业执行各自的行业性国家大气污染物排放标准外，其余均执行本标准。

本标准从 1997 年 1 月 1 日起实施。

下列各标准的废气部分由本标准取代，自本标准实施之日起，下列各标准的废气部分即行废除。

GBJ 4—73　工业“三废”排放试行标准
GB 3548—83　合成洗涤剂工业污染物排放标准
GB 4276—84　火炸药工业硫酸浓缩污染物排放标准
GB 4277—84　雷汞工业污染物排放标准
GB 4282—84　硫酸工业污染物排放标准
GB 4286—84　船舶工业污染物排放标准
GB 4911—85　钢铁工业污染物排放标准
GB 4912—85　轻金属工业污染物排放标准
GB 4913—85　重有色金属工业污染物排放标准
GB 4916—85　沥青工业污染物排放标准
GB 4917—85　普钙工业污染物排放标准

本标准的附录 A、附录 B、附录 C 都是标准的附录。

本标准由国家环境保护局科技标准司提出。

本标准由国家环境保护局负责解释。

1 主题内容与适用范围

1.1 主题内容

本标准规定了 33 种大气污染物的排放限值，同时规定了标准执行中的各种要求。

1.2 适用范围

1.2.1 在我国现有的国家大气污染物排放标准体系中，按照综合性排放标准与行业性排放标准不交叉执行的原则，锅炉执行《锅炉大气污染物排放标准》（GB 13271—91）、工业炉窑执行《工业炉窑大气污染物排放标准》（GB 9078—1996）、火电厂执行《火电厂大气污染物排放标准》（GB 13223—1996）、炼焦炉执行《炼焦炉大气污染物排放标准》（GB 16171—1996）、水泥厂执行《水泥厂大气污染物排放标准》（GB 4915—1996）、恶臭物质排放执行《恶臭污染物排放标准》（GB 14554—93）、汽车排放执行《汽车大气污染物排放标准》（GB 14761.1～14761.7—93）、摩托车排气执行《摩托车排气污染物排放标准》（GB 14621—93），其它大气污染物排放均执行本标准。

1.2.2 本标准实施后再行发布的行业性国家大气污染物排放标准，按其适用范围规定的污染源不再执行本标准。

1.2.3 本标准适用于现有污染源大气污染物排放管理，以及建设项目的环境影响评价、设计、环境保护设施竣工验收及其投产后的大气污染物排放管理。

2 引用标准

下列标准所包含的条文，通过在本标准中引用而构成为本标准的条文。

GB 3095—1996　环境空气质量标准

GB/T 16157—1996　固定污染源排气中颗粒物测定与气态污染物采样方法。

3 定义

本标准采用下列定义：

3.1 标准状态

指温度为 273K，压力为 101325Pa 时的状态。本标准规定的各项标准值，均以标准状态下的干空气为基准。

3.2 最高允许排放浓度

指处理设施后排气筒中污染物任何 1 小时浓度平均值不得超过的限值；或指无处理设施排气筒中污染物任何 1 小时浓度平均值不得超过的限值。

3.3 最高允许排放速率

指一定高度的排气筒任何 1 小时排放污染物的质量不得超过的限值。

3.4 无组织排放

指大气污染物不经过排气筒的无规则排放。低矮排气筒的排放属有组织排放，但在一定条件下也可造成与无组织排放相同的后果。因此，在执行“无组织排放监控浓度限值”指标时，由低矮排气筒造成的监控点污染物浓度增加不予扣除。

3.5 无组织排放监控点

依照本标准附录 C 的规定，为判别无组织排放是否超过标准而设立的监测点。

3.6 无组织排放监控浓度限值

指监控点的污染物浓度在任何 1 小时的平均值不得超过的限值。

3.7 污染源

指排放大气污染物的设施或指排放大气污染物的建筑构造（如车间等）。

3.8 单位周界

指单位与外界环境接界的边界。通常应依据法定手续确定边界；若无法定手续，则按目前的实际边界确定。

3.9 无组织排放源

指设置于露天环境中具有无组织排放的设施，或指具有无组织排放的建筑构造（如车间、工棚等）。

3.10 排气筒高度

指自排气筒（或其主体建筑构造）所在的地平面至排气筒出口计的高度。

4 指标体系

本标准设置下列三项指标：

4.1 通过排气筒排放废气的最高允许排放浓度。

4.2 通过排气筒排放的废气，按排气筒高度规定的最高允许排放速率。

任何一个排气筒必须同时遵守上述两项指标，超过其中任何一项均为超标排放。

4.3 以无组织方式排放的废气，规定无组织排放的监控点及相应的监控浓度限值。该指标按照本标准第 9.2 条的规定执行。

5 排放速率标准分级

本标准规定的最高允许排放速率，现有污染源分一、二、三级，新污染源分为二、三级。按污染源所在的环境空气质量功能区类别，执行相应级别的排放速率标准，即：

位于一类区的污染源执行一级标准（一类区禁止新、扩建污染源，一类区现有污染源改建执行现有污染源的一级标准）；

位于二类区的污染源执行二级标准；

位于三类区的污染源执行三级标准。

6 标准值

6.1 1997 年 1 月 1 日前设立的污染源（以下简称现有污染源）执行表 1 所列标准值。

6.2 1997 年 1 月 1 日起设立（包括新建、扩建、改建）的污染源（以下简称新污染源）执行表 2 所列标准值。

6.3 按下列规定判断污染源的设立日期：

6.3.1 一般情况下应以建设项目环境影响报告书（表）批准日期作为其设立日期。

6.3.2 未经环境保护行政主管部门审批设立的污染源，应按补做的环境影响报告书（表）批准日期作为其设立日期。

7 其它规定

7.1 排气筒高度除须遵守表列排放速率标准值外，还应高出周围 200 米半径范围的建筑 5 米以上，不能达到该要求的排气筒，应按其高度对应的表列排放速率标准值严格 50%执行。

7.2 两个排放相同污染物（不论其是否由同一生产工艺过程产生）的排气筒，若其距离小于其几何高度之和，应合并视为一根等效排气筒。若有三根以上的近距排气筒，且排放同一种污染物时，应以前两根的等效排气筒，依次与第三、四根排气筒取等效值。等效排气筒的有关参数计算方法见附录 A。

7.3 若某排气筒的高度处于本标准列出的两个值之间，其执行的最高允许排放速率以内插法计算，内插法的计算式见本标准附录 B；当某排气筒的高度大于或小于本标准列出的最大或最小值时，以外推法计算其最高允许排放速率，外推法计算式见本标准附录 B。

7.4 新污染源的排气筒一般不应低于 15 米。若新污染源的排气筒必须低于 15 米时，其排放速率标准值按 7.3 的外推计算结果再严格 50%执行。

7.5 新污染源的无组织排放应从严控制，一般情况下不应有无组织排放存在，无法避免的无组织排放应达到表 2 规定的标准值。

7.6 工业生产尾气确需燃烧排放的，其烟气黑度不得超过林格曼 1 级。

8 监测

8.1 布点

8.1.1 排气筒中颗粒物或气态污染物监测的采样点数目及采样点位置的设置，按 GB/T 16157—1996 执行。

8.1.2 无组织排放监测的采样点（即监控点）数目和采样点位置的设置方法，详见本标准附录 C。

8.2 采样时间和频次

本标准规定的三项指标，均指任何 1 小时平均值不得超过的限值，故在采样时应做到：

8.2.1 排气筒中废气的采样

以连续 1 小时的采样获取平均值；

或在 1 小时内，以等时间间隔采集 4 个样品，并计平均值。

8.2.2 无组织排放监控点的采样

无组织排放监控点和参照点监测的采样，一般采用连续 1 小时采样计平均值；

若浓度偏低，需要时可适当延长采样时间；

若分析方法灵敏度高，仅需用短时间采集样品时，应实行等时间间隔采样，采集四个样品计平均值。

8.2.3 特殊情况下的采样时间和频次

若某排气筒的排放为间断性排放，排放时间小于 1 小时，应在排放时段内实行连续采样，或在排放时段内以等时间间隔采集 2～4 个样品，并计平均值；

若某排气筒的排放为间断性排放，排放时间大于 1 小时，则应在排放时段内按 8.2.1 的要求采样；

当进行污染事故排放监测时，应按需要设置采样时间和采样频次，不受上述要求的限制；

建设项目环境保护设施竣工验收监测的采样时间和频次，按国家环境保护局制定的建设项目环境保护设施竣工验收监测办法执行。

8.3 监测工况要求

8.3.1 在对污染源的日常监督性监测中，采样期间的工况应与当时的运行工况相同，排污单位的人员和实施监测的人员都不应任意改变当时的运行工况。

8.3.2 建设项目环境保护设施竣工验收监测的工况要求按国家环境保护局制定的建设项目环境保护设施竣工验收监测办法执行。

8.4 采样方法和分析方法

8.4.1 污染物的分析方法按国家环境保护局规定执行。

8.4.2 污染物的采样方法按 GB/T 16157—1996 和国家环境保护局规定的分析方法有关部分执行。

8.5 排气量的测定

排气量的测定应与排放浓度的采样监测同步进行，排气量的测定方法按 GB/T 16157—1996 执行。

9 标准实施

9.1 位于国务院批准划定的酸雨控制区和二氧化硫污染控制区的污染源，其二氧化硫排放除执行本标准外，还应执行总量控制标准。

9.2 本标准中无组织排放监控浓度限值，由省、自治区、直辖市人民政府环境保护行政主管部门决定是否在本地区实施，并报国务院环境保护行政主管部门备案。

9.3 本标准由县级以上人民政府环境保护行政主管部门负责监督实施。

表 1　现有污染源大气污染物排放限值（节选）

序号	污染物	最高允许排放浓度/（mg/m^3）	最高允许排放速率/（kg/h）				无组织排放监控浓度限值	
			排气筒/m	一级	二级	三级	监控点	浓度/（mg/m^3）
10	汞及其化合物	0.015	15	禁排	1.8×10^{-3}	2.8×10^{-3}	周界外浓度最高点	0.001 5
			20		3.1×10^{-3}	4.6×10^{-3}		
			30		10×10^{-3}	16×10^{-3}		
			40		18×10^{-3}	27×10^{-3}		
			50		27×10^{-3}	41×10^{-3}		
			60		39×10^{-3}	59×10^{-3}		

表 2　新污染源大气污染物排放限值

序号	污染物	最高允许排放浓度/（mg/m^3）	最高允许排放速率/（kg/h）			无组织排放监控浓度限值	
			排气筒/m	二级	三级	监控点	浓度/（mg/m^3）
10	汞及其化合物	0.012	15	1.5×10^{-3}	2.4×10^{-3}	周界外浓度最高点	0.001 2
			20	2.6×10^{-3}	3.9×10^{-3}		
			30	7.8×10^{-3}	13×10^{-3}		
			40	15×10^{-3}	23×10^{-3}		
			50	23×10^{-3}	35×10^{-3}		
			60	33×10^{-3}	50×10^{-3}		

中华人民共和国国家标准

GB 13223—2011 代替 GB 13223—2003

火电厂大气污染物排放标准

前　言

为贯彻《中华人民共和国环境保护法》、《中华人民共和国大气污染防治法》、《国务院关于落实科学发展观　加强环境保护的决定》等法律、法规，保护环境，改善环境质量，防治火电厂大气污染物排放造成的污染，促进火力发电行业的技术进步和可持续发展，制定本标准。

本标准规定了火电厂大气污染物排放浓度限值、监测和监控要求。

本标准中的污染物排放浓度均为质量浓度。

本标准首次发布于 1991 年，1996 年第一次修订，2003 年第二次修订。

本次修订的主要内容：

——调整了大气污染物排放浓度限值；

——规定了现有火电锅炉达到更加严格的排放浓度限值的时限；

——取消了全厂二氧化硫最高允许排放速率的规定；

——增设了燃气锅炉大气污染物排放浓度限值；

——增设了大气污染物特别排放限值。

火电厂排放的水污染物、恶臭污染物和环境噪声适用相应的国家污染物排放标准，产生固体废物的鉴别、处理和处置适用国家固体废物污染控制标准。

自本标准实施之日起，火电厂大气污染物排放控制按本标准的规定执行，不再执行国家污染物排放标准《火电厂大气污染物排放标准》（GB 13223—2003）中的相关规定。

地方省级人民政府对本标准未作规定的大气污染物项目，可以制定地方污染物排放标准；对本标准已作规定的大气污染物项目，可以制定严于本标准的地方污染物排放标准。

本标准由环境保护部科技标准司组织制订。

本标准起草单位：中国环境科学研究院、国电环境保护研究院。

本标准环境保护部 2011 年 7 月 18 日批准。

本标准自 2012 年 1 月 1 日起实施。

本标准由环境保护部解释。

1　适用范围

本标准规定了火电厂大气污染物排放浓度限值、监测和监控要求，以及标准的实施与监督等相关规定。

本标准适用于现有火电厂的大气污染物排放管理以及火电厂建设项目的环境影响评价、环境保护工程设计、竣工环境保护验收及其投产后的大气污染物排放管理。

本标准适用于使用单台出力 65 t/h 以上除层燃炉、抛煤机炉外的燃煤发电锅炉；各种容量的煤粉发电锅炉；单台出力 65 t/h 以上燃油、燃气发电锅炉；各种容量的燃气轮机组的火电厂；单台出力 65 t/h 以上采用煤矸石、生物质、油页岩、石油焦等燃料的发电锅炉，参照本标准中循环流化床火力发电锅炉的污染物排放控制要求执行。整体煤气化联合循环发电的燃气轮机组执行本标准中燃用天然气的燃气轮机组排放限值。

本标准不适用于各种容量的以生活垃圾、危险废物为燃料的火电厂。

本标准适用于法律允许的污染物排放行为。新设立污染源的选址和特殊保护区域内现有污染源的管理，按照《中华人民共和国大气污染防治法》、《中华人民共和国水污染防治法》、《中华人民共和国海洋环境保护法》、《中华人民共和国固体废物污染环境防治法》、《中华人民共和国环境影响评价法》等法律、法规和规章的相关规定执行。

2　规范性引用文件

本标准引用下列文件或其中的条款。凡是不注日期的引用文件，其最新版本适用于本标准。

GB/T 16157　固定污染源排气中颗粒物测定与气态污染物采样方法

HJ/T 42　固定污染源排气中氮氧化物的测定　紫外分光光度法

HJ/T 43　固定污染源排气中氮氧化物的测定　盐酸萘乙二胺分光光度法

HJ/T 56　固定污染源排气中二氧化硫的测定　碘量法

HJ/T 57　固定污染源排气中二氧化硫的测定　定电位电解法

HJ/T 75　固定污染源烟气排放连续监测技术规范（试行）

HJ/T 76　固定污染源烟气排放连续监测系统技术要求及检测方法（试行）

HJ/T 373　固定污染源监测质量保证与质量控制技术规范（试行）

HJ/T 397　固定源废气监测技术规范

HJ/T 398　固定污染源排放烟气黑度的测定　林格曼烟气黑度图法

HJ 543　固定污染源废气　汞的测定　冷原子吸收分光光度法（暂行）

HJ 629　固定污染源废气　二氧化硫的测定　非分散红外吸收法

《污染源自动监控管理办法》（国家环境保护总局令　第28号）

《环境监测管理办法》（国家环境保护总局令　第39号）

3　术语和定义

下列术语和定义适用于本标准。

3.1

火电厂　thermal power plant

燃烧固体、液体、气体燃料的发电厂。

3.2

标准状态　standard condition

烟气在温度为273K，压力为101325Pa时的状态，简称“标态”。本标准中所规定的大气污染物浓度均指标准状态下干烟气的数值。

3.3

氧含量　oxygen content

燃料燃烧时，烟气中含有的多余的自由氧，通常以干基容积百分数表示。

3.4

现有火力发电锅炉及燃气轮机组　existing plant

指本标准实施之日前，建成投产或环境影响评价文件已通过审批的火力发电锅炉及燃气轮机组。

3.5

新建火力发电锅炉及燃气轮机组　new plant

指本标准实施之日起，环境影响评价文件通过审批的新建、扩建和改建的火力发电锅炉及燃气轮机组。

3.6

W 形火焰炉膛 arch fired furnace

燃烧器置于炉膛前后墙拱顶，燃料和空气向下喷射，燃烧产物转折 180°后从前后拱中间向上排出而形成 W 形火焰的燃烧空间。

3.7

重点地区 key region

指根据环境保护工作的要求，在国土开发密度较高，环境承载能力开始减弱，或大气环境容量较小、生态环境脆弱，容易发生严重大气环境污染问题而需要严格控制大气污染物排放的地区。

3.8

大气污染物特别排放限值 special limitation for air pollutants

指为防治区域性大气污染、改善环境质量、进一步降低大气污染源的排放强度、更加严格地控制排污行为而制定并实施的大气污染物排放限值，该限值的排放控制水平达到国际先进或领先程度，适用于重点地区。

4 污染物排放控制要求

4.1 自 2014 年 7 月 1 日起，现有火力发电锅炉及燃气轮机组执行表 1 规定的烟尘、二氧化硫、氮氧化物和烟气黑度排放限值。

4.2 自 2012 年 1 月 1 日起，新建火力发电锅炉及燃气轮机组执行表 1 规定的烟尘、二氧化硫、氮氧化物和烟气黑度排放限值。

4.3 自 2015 年 1 月 1 日起，燃煤锅炉执行表 1 规定的汞及其化合物污染物排放限值。

表 1 火力发电锅炉及燃气轮机组大气污染物排放浓度限值

单位：mg/m^3（烟气黑度除外）

序号	燃料和热能转化设施类型	污染物项目	适用条件	限值	污染物排放监控位置
1	燃煤锅炉	烟尘	全部	30	烟囱或烟道
		二氧化硫	新建锅炉	100 200 (1)	
			现有锅炉	200 400 (1)	
		氮氧化物（以 NO_2 计）	全部	100 200 (2)	
		汞及其化合物	全部	0.03	
2	以油为燃料的锅炉或燃气轮机组	烟尘	全部	30	
		二氧化硫	新建锅炉及燃气轮机组	100	
			现有锅炉及燃气轮机组	200	
		氮氧化物（以 NO_2 计）	新建锅炉	100	
			现有锅炉	200	
			燃气轮机组	120	
3	以气体为燃料的锅炉或燃气轮机组	烟尘	天然气锅炉及燃气轮机组	5	
			其他气体燃料锅炉及燃气轮机组	10	
		二氧化硫	天然气锅炉及燃气轮机组	35	
			其他气体燃料锅炉及燃气轮机组	100	

序号	燃料和热能转化设施类型	污染物项目	适用条件	限值	污染物排放监控位置
3	以气体为燃料的锅炉或燃气轮机组	氮氧化物（以 NO_2 计）	天然气锅炉	100	
			其他气体燃料锅炉	200	
			天然气燃气轮机组	50	
			其他气体燃料燃气轮机组	120	
4	燃煤锅炉，以油、气体为燃料的锅炉或燃气轮机组	烟气黑度（林格曼黑度）/级	全部	1	烟囱排放口
注：（1）位于广西壮族自治区、重庆市、四川省和贵州省的火力发电锅炉执行该限值。 （2）采用 W 形火焰炉膛的火力发电锅炉，现有循环流化床火力发电锅炉，以及 2003 年 12 月 31 日前建成投产或通过建设项目环境影响报告书审批的火力发电锅炉执行该限值。					

4.4　重点地区的火力发电锅炉及燃气轮机组执行表 2 规定的大气污染物特别排放限值。

执行大气污染物特别排放限值的具体地域范围、实施时间，由国务院环境保护行政主管部门规定。

表 2　大气污染物特别排放限值

单位：mg/m^3（烟气黑度除外）

序号	燃料和热能转化设施类型	污染物项目	适用条件	限值	污染物排放监控位置
1	燃煤锅炉	烟尘	全部	20	烟囱或烟道
		二氧化硫	全部	50	
		氮氧化物（以 NO_2 计）	全部	100	
		汞及其化合物	全部	0.03	
2	以油为燃料的锅炉或燃气轮机组	烟尘	全部	20	
		二氧化硫	全部	50	
		氮氧化物（以 NO_2 计）	燃油锅炉	100	
			燃气轮机组	120	
3	以气体为燃料的锅炉或燃气轮机组	烟尘	全部	5	烟囱或烟道
		二氧化硫	全部	35	
		氮氧化物（以 NO_2 计）	燃气锅炉	100	
			燃气轮机组	50	
4	燃煤锅炉，以油、气体为燃料的锅炉或燃气轮机组	烟气黑度（林格曼黑度）/级	全部	1	烟囱排放口

4.5　在现有火力发电锅炉及燃气轮机组运行、建设项目竣工环保验收及其后的运行过程中，负责监管的环境保护行政主管部门，应对周围居住、教学、医疗等用途的敏感区域环境质量进行监测。建设项目的具体监控范围为环境影响评价确定的周围敏感区域；未进行过环境影响评价的现有火力发电企业，监控范围由负责监管的环境保护行政主管部门，根据企业排污的特点和规律及当地的自然、气象条件等因素，参照相关环境影响评价技术导则确定。地方政府应对本辖区环境质量负责，采取措施确保环境状况符合环境质量标准要求。

4.6　不同时段建设的锅炉，若采用混合方式排放烟气，且选择的监控位置只能监测混合烟气中的大气污染物浓度，则应执行各时段限值中最严格的排放限值。

5 污染物监测要求

5.1 污染物采样与监测要求

5.1.1 对企业排放废气的采样，应根据监测污染物的种类，在规定的污染物排放监控位置进行，有废气处理设施的，应在该设施后监控。在污染物排放监控位置须设置规范的永久性测试孔、采样平台和排污口标志。

5.1.2 新建和现有火力发电锅炉及燃气轮机组安装污染物排放自动监控设备的要求，应按有关法律和《污染源自动监控管理办法》的规定执行。

5.1.3 污染物排放自动监控设备通过验收并正常运行的，应按照 HJ/T 75 和 HJ/T 76 的要求，定期对自动监控设备进行监督考核。

5.1.4 对企业污染物排放情况进行监测的采样方法、采样频次、采样时间和运行负荷等要求，按 GB/T 16157 和 HJ/T 397 的规定执行。

5.1.5 火电厂大气污染物监测的质量保证与质量控制，应按照 HJ/T 373 的要求进行。

5.1.6 企业应按照有关法律和《环境监测管理办法》的规定，对排污状况进行监测，并保存原始监测记录。

5.1.7 对火电厂大气污染物排放浓度的测定采用表 3 所列的方法标准。

表 3 火电厂大气污染物浓度测定方法标准

序号	污染物项目	方法标准名称	方法标准编号
1	烟 尘	固定污染源排气中颗粒物测定与气态污染物采样方法	GB/T 16157
2	烟气黑度	固定污染源排放烟气黑度的测定 林格曼烟气黑度图法	HJ/T 398
3	二氧化硫	固定污染源排气中二氧化硫的测定 碘量法	HJ/T 56
		固定污染源排气中二氧化硫的测定 定电位电解法	HJ/T 57
		固定污染源废气 二氧化硫的测定 非分散红外吸收法	HJ 629
4	氮氧化物	固定污染源排气中氮氧化物的测定 紫外分光光度法	HJ/T 42
		固定污染源排气中氮氧化物的测定 盐酸萘乙二胺分光光度法	HJ/T 43
5	汞及其化合物	固定污染源废气 汞的测定 冷原子吸收分光光度法（暂行）	HJ 543

5.2 大气污染物基准氧含量排放浓度折算方法

实测的火电厂烟尘、二氧化硫、氮氧化物和汞及其化合物排放浓度，必须执行 GB/T 16157 的规定，按式（1）折算为基准氧含量排放浓度。各类热能转化设施的基准氧含量按表 4 的规定执行。

表 4 基准氧含量

序号	热能转化设施类型	基准氧含量（O_2）/%
1	燃煤锅炉	6
2	燃油锅炉及燃气锅炉	3
3	燃气轮机组	15

$$\rho = \rho' \times \frac{21-\varphi(O_2)}{21-\varphi'(O_2)} \tag{1}$$

式中：ρ——大气污染物基准氧含量排放浓度，mg/m^3；

ρ'——实测的大气污染物排放浓度，mg/m^3；

$\varphi'(O_2)$——实测的氧含量，%；

$\varphi(O_2)$——基准氧含量，%。

6　实施与监督

6.1　本标准由县级以上人民政府环境保护行政主管部门负责监督实施。

6.2　在任何情况下，火力发电企业均应遵守本标准的大气污染物排放控制要求，采取必要措施保证污染防治设施正常运行。各级环保部门在对企业进行监督性检查时，可以现场即时采样或监测结果，作为判定排污行为是否符合排放标准以及实施相关环境保护管理措施的依据。

中华人民共和国国家标准
GB 9078—1996

工业炉窑大气污染物排放标准

前　言

根据《中华人民共和国大气污染防治法》第七条的规定，制定本标准。

本标准在原有《工业炉窑烟尘排放标准》（GB 9078—88）和其它行业性有关国家大气污染物排放标准（工业炉窑部分）的基础上修订。本标准在技术内容上与原有各标准有一定的继承关系，亦有相当大的修改和变化。

本标准规定了 10 类 19 种工业炉窑烟（粉）尘浓度、烟气黑度、6 种有害污染物的最高允许排放浓度（或排放限值）和无组织排放烟（粉）尘的最高允许浓度。

本标准从 1997 年 1 月 1 日起实施；

本标准从实施之日起，同时代替：

GB 4286—84《船舶工业污染物排放标准》（有关工业炉窑部分）；

GB 4911—85《钢铁工业污染物排放标准》（有关工业炉窑部分）；

GB 4912—85《轻金属工业污染物排放标准》（有关工业炉窑部分）；

GB 4913—85《重有色金属工业污染物排放标准》（有关工业炉窑部分）；

GB 4916—85《沥青工业污染物排放标准》（有关工业炉窑部分）；

GB 9078—88《工业炉窑烟尘排放标准》。

本标准从实施之日起，GB 9078—88 同时废止，其它上述各标准中的有关工业炉窑部分亦同时废止。

本标准由国家环境保护局科技标准司提出。

本标准由国家环境保护局负责解释。

1 范围

本标准按年限规定了工业炉窑烟尘、生产性粉尘、有害污染物的最高允许排放浓度、烟气黑度的排放限值。

本标准适用于除炼焦炉、焚烧炉、水泥工业以外使用固体、液体、气体燃料和电加热的工业炉窑的管理，以及工业炉窑建设项目的环境影响评价、设计、竣工验收及其建成后的排放管理。

2 引用标准

下列标准所包含的条文，通过在本标准中引用而构成为本标准的条文。

GB 3095—1996　环境空气质量标准

GB/T 16157—1996　固定污染源排气中颗粒物的测定与气态污染物采样方法

3 定义

本标准采用下列定义：

3.1 工业炉窑

工业炉窑是指在工业生产中用燃料燃烧或电能转换产生的热量，将物料或工件进行冶炼、焙烧、烧结、熔化、加热等工序的热工设备。

3.2 标准状态

指烟气在湿度为 273K，压力为 101 325Pa 时的状态，简称“标态”。本标准规定的排放浓度均指标准状态下的干烟气中的数值。

3.3 无组织排放

凡不通过烟囱或排气系统而泄漏烟尘、生产性粉尘和有害污染物，均称无组织排放。

3.4 过量空气系数

燃料燃烧时实际空气需要量与理论空气需要量之比值。

3.5 掺风系数

冲天炉掺风系数是指从加料口等处进入炉体的空气量与冲天炉工艺理论空气需要量之比值。

4 技术内容

4.1 排放标准的适用区域

4.1.1 本标准分为一级、二级、三级标准，分别与《环境空气质量标准》（GB 3095）中的环境空气质量功能区相对应：

一类区执行一级标准；

二类区执行二级标准；

三类区执行三级标准。

4.1.2 在一类区内，除市政、建筑施工临时用沥青加热炉外，禁止新建各种工业炉窑，原有的工业炉窑改建时不得增加污染负荷。

4.2 1997 年 1 月 1 日前安装[包括尚未安装，但环境影响报告书（表）已经批准]的各种工业炉窑，烟尘及生产性粉尘最高允许排放浓度、烟气黑度限值按表 1 规定执行。

表 1

序号	炉窑类别		标准级别	排放限值	
				烟（粉）尘浓度/（mg/m^3）	烟气黑度（林格曼级）
1	熔炼炉	高炉及高炉出铁场	一	100	/
			二	150	/
			三	200	/
		炼钢炉及混铁炉（车）	一	100	/
			二	150	/
			三	200	/
		铁合金熔炼炉	一	100	/
			二	150	/
			三	250	/
		有色金属熔炼炉	一	100	/
			二	200	/
			三	300	/

序号	炉窑类别		标准级别	排放限值	
				烟（粉）尘浓度/（mg/m^3）	烟气黑度（林格曼级）
2	熔化炉	冲天炉、化铁炉	一	100	I
			二	200	1
			三	300	1
		金属熔化炉	一	100	1
			二	200	1
			三	300	1
		非金属熔化、冶炼炉	一	100	1
			二	250	1
			三	400	1
3	铁矿烧结炉	烧结机（机头、机尾）	一	100	/
			二	150	/
			三	200	/
		球团竖炉带式球团	一	100	/
			二	150	/
			三	250	/
4	加热炉	金属压延、锻造加热炉	一	100	1
			二	300	1
			三	350	1
		非金属加热炉	一	100	1
			二	300	1
			三	350	1
5	热处理炉	金属热处理炉	一	100	1
			二	300	1
			三	350	1
		非金属热处理炉	一	100	1
			二	300	1
			三	350	1
6	干燥炉、窑		一	100	1
			二	250	1
			三	350	1
7	非金属焙（煅）烧炉窑、耐火材料窑		一	100	1
			二	300	1
			三	400	2
8	石灰窑		一	100	1
			二	250	1
			三	400	1
9	陶瓷搪瓷砖瓦窑	隧道窑	一	100	1
			二	250	1
			三	400	1
		其它窑	一	100	1
			二	300	1
			三	500	2
10	其它炉窑		一	150	1
			二	300	1
			三	400	1

注：栏中斜线系指不监测项目，不同。

4.3 1997年1月1日起通过环境影响报告书（表）批准的新建、改建、扩建的各种工业炉窑，其烟尘及生产性粉尘最高允许排放浓度、烟气黑度限值，按表2规定执行。

表2

序号	炉窑类别		标准级别	排放限值	
				烟（粉）尘浓度/（mg/m³）	烟气黑度（林格曼级）
1	熔炼炉	高炉及高炉出铁场	一	禁排	/
			二	100	/
			三	150	/
		炼钢炉及混铁炉（车）	一	禁排	/
			二	100	/
			三	150	/
		铁合金熔炼炉	一	禁排	/
			二	100	/
			三	200	/
		有色金属熔炼炉	一	禁排	/
			二	100	/
			三	200	/
2	熔化炉	冲天炉、化铁炉	一	禁排	0
			二	150	1
			三	200	1
		金属熔化炉	一	禁排	0
			二	150	1
			三	200	1
		非金属熔化、冶炼炉	一	禁排	0
			二	200	1
			三	300	1
3	铁矿烧结炉	烧结机（机头、机尾）	一	禁排	/
			二	100	/
			三	150	/
		球团竖炉带式球团	一	禁排	/
			二	100	/
			三	150	1
4	加热炉	金属压延、锻造加热炉	一	禁排	0
			二	200	1
			三	300	1
		非金属加热炉	一	50*	1
			二	200	1
			三	300	1
5	热处理炉	金属热处理炉	一	禁排	0
			二	200	1
			三	300	1
		非金属热处理炉	一	禁排	0
			二	200	1
			三	300	1

序号	炉窑类别		标准级别	排放限值	
				烟（粉）尘浓度/（mg/m^3）	烟气黑度（林格曼级）
6	干燥炉、窑		一	禁排	0
			二	200	1
			三	300	1
7	非金属焙（煅）烧炉窑、耐火材料窑		一	禁排	0
			二	200	1
			三	300	2
8	石灰窑		一	禁排	0
			二	200	1
			三	350	1
9	陶瓷搪瓷砖瓦窑	隧道窑	一	禁排	0
			二	200	1
			三	300	1
		其它窑	一	禁排	0
			二	200	1
			三	400	2
10	其它炉窑		一	禁排	0
			二	200	1
			三	300	1

注：* 仅限于市政、建筑施工临时用沥青加热炉。

4.4 各种工业炉窑（不分其安装时间），无组织排放烟（粉）尘最高允许浓度，按表 3 规定执行。

表 3

设置方式	炉窑类别	无组织排放烟（粉）尘最高允许浓度/（mg/m^3）
有车间厂房	熔炼炉、铁矿烧结炉	25
	其它炉窑	5
露天（或有顶无围墙）	各种工业炉窑	5

4.5 各种工业炉窑的有害污染物最高允许排放浓度按表 4 规定执行。

表 4

序号	有害污染物名称		标准级别	1997 年 1 月 1 日前安装的工业炉窑	1997 年 1 月 1 日起新、改、扩建的工业炉窑
				排放浓度/（mg/m^3）	排放浓度/（mg/m^3）
1	二氧化硫	有色金属冶炼	一	850	禁排
			二	1 430	850
			三	4 300	1 430
		钢铁烧结冶炼	一	1 430	禁排
			二	2 860	2 000
			三	4 300	2 860
		燃煤（油）炉窑	一	1 200	禁排
			二	1 430	850
			三	1 800	1 200

序号	有害污染物名称		标准级别	1997年1月1日前安装的工业炉窑 排放浓度/（mg/m³）	1997年1月1日起新、改、扩建的工业炉窑 排放浓度/（mg/m³）
2	氟及其化合物（以F计）		一	6	禁排
			二	15	6
			三	50	15
3	铅	金属熔炼	一	5	禁排
			二	30	10
			三	45	35
		其它	一	0.5	禁排
			二	0.10	0.10
			三	0.20	0.10
4	汞	金属熔炼	一	0.05	禁排
			二	3.0	1.0
			三	5.0	3.0
		其它	一	0.008	禁排
			二	0.010	0.010
			三	0.020	0.010
5	铍及其化合物（以Be计）		一	0.010	禁排
			二	0.015	0.010
			三	0.015	0.015
6	沥青油烟		一	10	5*
			二	80	50
			三	150	100

注：* 仅限于市政、建筑工临时用沥青加热炉。

4.6 烟囱高度

4.6.1 各种工业炉窑烟囱（或排气筒）最低允许高度为15 m。

4.6.2 1997年1月1日起新建、改建、扩建的排放烟（粉）尘和有害污染物的工业炉窑，其烟囱（或排气筒）最低允许高度除应执行4.6.1和4.6.3规定外，还应按批准的环境影响评价报告书要求确定。

4.6.3 各种工业炉窑烟囱（或排气筒）高度如果达不到4.6.1、4.6.2和4.6.3的任何一项规定时，其烟（粉）尘或有害污染物最高允许排放浓度，应按相应区域排放标准值的50%执行。

4.6.4 1997年1月1日起新建、改建、扩建的工业炉窑烟囱（或排气筒）应设置永久采样、监测孔和采样监测用平台。

5 监测

5.1 测试工况：测试在最大热负荷下进行，当炉窑达不到或超过设计能力时，也必须在最大生产能力的热负荷下测定，即在燃料耗量较大的稳定加温阶段进行。一般测试时间不得少于2小时。

5.2 实测的工业炉窑的烟（粉）尘、有害污染物排放浓度，应换算为规定的掺风系数或过量空气系数时的数值：

冲天炉（冷风炉，鼓风温度≤400℃）掺风系数规定为4.0；冲天炉（热风炉，鼓风温度>400℃）掺风系数规定为2.5。

其它工业炉窑过量空气系数规定为1.7。

熔炼炉、铁矿烧结炉按实测浓度计。

5.3 无组织排放烟尘及生产性粉尘监测点，设置在工业炉窑所在厂房门窗排放口处，并选浓度最大值。若工业炉窑露天设置（或有顶无围墙），监测点应选在距烟（粉）尘排放源 5 m，最低高度 1.5 m 处任意点，并选浓度最大值。

6 标准实施

6.1 本标准由县级以上人民政府环境保护主管部门负责监督实施。

6.2 位于国务院批准的酸雨控制区和二氧化硫污染控制内的各种工业炉窑，SO_2 的排放除执行本标准外，还应执行总量控制标准。

中华人民共和国国家标准
GB 4284—84

农用污泥中污染物控制标准

本标准为贯彻《中华人民共和国环境保护法（试行）》，防治农用污泥对土壤、农作物、地面水、地下水的污染，特制订本标准。

本标准适用于在农田中施用城市污水处理厂污泥、城市下水沉淀池的污泥、某些有机物实施得出下水污泥以及江、河、湖、库、塘、沟、渠的沉淀底泥。

1 标准值

1.1 农田施用污泥中污染物的最高容许含量应符合下表规定。

农用污泥中污染物控制标准值　　单位：mg/kg

项目	最高容许含量	
	在酸性土壤上（pH<6.5）	在中性和碱性土壤上（pH≥6.5）
镉及其化合物（以 Cd 计）	5	20
汞及其化合物（以 Hg 计）	5	15
铅及其化合物（以 Pb 计）	300	1 000
铬及其化合物（以 Cr 计）*	600	1 000
砷及其化合物（以 As 计）	75	75
硼及其化合物（以水溶性 B 计）	150	150
矿物油	3 000	3 000
苯并[*a*]芘	3	3
铜及其化合物（以 Cu 计）**	250	500
锌及其化合物（以 Zn 计）**	500	1 000
镍及其化合物（以 Ni 计）**	100	200

* 铬的控制标准使用于一般含六价铬极少的具有农用价值的各种污泥，不使用于含有大量六价铬的工业废渣或某些化工厂的沉积物。

** 暂作参考标准。

2 其他规定

2.1 施用符合本标准污泥时，一般每年每亩用量不超过 2 000 kg（以干污泥计）。污泥中任何一项无机化合物含量接近于本标准时，连续在同一块土壤上施用，不得超过 20 年。含无机化合物较少的石油化工污泥，连续施用可超过 20 年。在隔年施用时，矿物油和苯并[*a*]芘的标准可适当放宽。

2.2 为了防止对地下水的污染，在沙质土壤和地下水位较高农田上不宜施用污泥；在饮水水源保护地带不得施用污泥。

2.3 生污泥须经高温堆腐或消化处理后才能施用于农田。污泥可在大田、园林和花卉地上施用，在蔬菜地带和当年放牧的草地上不宜施用。

2.4 在酸性土壤上施用污泥除了必须遵循在酸性土壤上污泥的控制标准外，还应该同时年年施用石灰以中和土壤酸性。

2.5 对于同时含有多种有害物质而含量都接近本标准值的污泥，施用时应酌情减少用量。

2.6 发现因施污泥而影响农作物的生长、发育或农产品超过卫生标准时，应该停止施用污泥和立即向有关部门报告，并采取积极措施加以解决。例如施石灰、过磷酸钙、有机肥等物质控制农作物对有害物质的吸收，进行深翻或用客土法进行土壤改良等。

3 标准的监测

3.1 农业和环境保护部门必须对污泥和施用污泥的土壤作物进行长期定点监测。

3.2 制订本标准依据的监测发现方法是《农用污泥监测分析方法》。

附加说明：

本标准由原国务院环境保护小组提出。

本标准由农牧渔业部环境保护科研监测所、中国农业大学负责起草。

本标准委托农牧渔业部环境保护科研监测所负责解释。

中华人民共和国国家标准
GB 15581—95

烧碱、聚氯乙烯工业水污染物排放标准

为贯彻执行《中华人民共和国环境保护法》、《中华人民共和国水污染防治法》、《中华人民共和国海洋环境保护法》，促进烧碱、聚氯乙烯工业生产工艺和污染治理技术进步，防治水污染，特制订本标准。

1 主题内容与适用范围

1.1 主题内容

本标准按照生产工艺和废水排放去向，分年限规定了烧碱、聚氯乙烯工业水污染物最高允许排放浓度和吨产品最高允许排水量。

1.2 适用范围

本标准适用于烧碱、聚氯乙烯工业（包括以食盐为原料的水银电解法、隔膜电解法和离子交换膜电解法生产液碱、固碱和氯氢处理过程，以及以氢气、氯气、乙烯、电石为原料的聚氯乙烯等产品）企业的排放管理，以及建设项目环境影响评价、设计、竣工验收及其建成后的排放管理。本标准不适用于苛化法烧碱。

2 引用标准

GB 3097　海水水质标准
GB 3838　地面水环境质量标准
GB 6920　水质　pH 值的测定　玻璃电极法
GB 7468　水质　总汞的测定　冷原子吸收分光光度法
GB 7469　水质　总汞的测定　高锰酸钾-过硫酸钾消解法双硫腙分光光度法
GB 7488　水质　五日生化需氧量（BOD_5）的测定　稀释与接种法
GB 8978　污水综合排放标准
GB 11897　水质游离氯和总氯的测定　N,N-二乙基-1,4-苯二胺滴定法
GB 11898　水质游离氯和总氯的测定　N,N-二乙基-1,4-苯二胺分光光度法
GB 11901　水质悬浮物的测定　重量法
GB 11914　水质化学需氧量的测定　重铬酸盐法

3 术语

3.1 烧碱工业废水

指以食盐水为原料采用水银电解法、隔膜电解法、离子交换膜电解法生产液碱、固碱和氯氢处理过程所排放的废水。

3.1.1 水银电解法

指以食盐水为原料采用水银电解槽生产液碱、固碱和氯氢处理过程的生产工艺。

3.1.2 隔膜电解法

指以食盐为原料采用隔膜电解霜生产液碱、固碱和氯氢处理过程的生产工艺，废水包括打网水、

含氯废水和含碱废水。

3.1.2.1 打网水

本标准所指打网水是清洗隔膜电解槽生产液碱、固碱及氯氢处理过程的生产工艺。废水包括含氯废水和含碱废水。

3.2 聚氯乙烯工业废水

指以氯气、氢气、乙烯、电石为原料生产聚氯乙烯，生产工艺过程排放的废水。

3.2.1 电石法

指以电石、氯气和氢气为原料生产聚氯乙烯的生产工艺，废水包括电石废水和聚氯乙烯废水。

3.2.1.1 电石废水

指以电石为原料生产氯乙烯单体过程排放的电石渣浆（液）和废水。

3.2.2 乙烯氧氯化法

指以氯气、乙烯、氧气为原料采用乙烯氧氯化法生产聚氯乙烯的生产工艺。

4 技术内容

4.1 企业类型

按产品加工类别分为：烧碱企业、聚氯乙烯企业。

4.1.1 烧碱按生产工艺分为：水银电解法、隔膜电解法、离子交换膜电解法。

4.1.2 聚氯乙烯企业按生产工艺分为：电石法聚氯乙烯、乙烯氧氯化法聚氯乙烯。

4.2 标准分级

按排入水域的类别划分标准级别

4.2.1 排入 GB 3838 中Ⅲ类水域（水体保护区除外）、GB 3097 中淡域废水执行一级标准。

4.2.2 排放 GB 3838 中Ⅳ、Ⅴ类水域、GB 3097 中四类海域的废水，执行二级标准。

4.2.3 排放设置二级污水处理厂的城镇下水管网的废水，执行三级标准。

4.2.4 排入未设置二级污水处理厂的城镇下水管网的废水，必须根据下水道出水受纳水域的功能要求，分别执行 4.2.1 和 4.2.2 的规定。

4.2.5 GB 3838 中Ⅰ、Ⅱ类水域和Ⅲ水域中的水体保护区，GB 3097 中二类海域，根本上新建排污口，扩建改建项目不得增加排污量。

4.3 标准值

本标准按照不同年限分别规定了烧碱、聚氯乙烯工业水污染物最高允许排放浓度和吨产品最高允许排水量。

4.3.1 1989 年 1 月 1 日之前建设的烧碱企业按表 1 执行、聚氯乙烯企业按表 2 执行。

4.3.2 1989 年 1 月 1 日至 1996 年 6 月 30 日之间建设的烧碱企业按表 3 执行、聚氯乙烯企业按表 4 执行。

4.3.3 1996 年 7 月 1 日起建设的烧碱企业按表 5 执行、聚氯乙烯企业按表 6 执行。

4.3.4 应根据建设的企业环境影响评价执行书（表）的批准日期分别按第 4.3.1、4.3.2 和 4.3.3 条规定确定标准执行年限；未经环境保护行政主管部门审批建设的企业，应按补做的环境影响报告书（表）的批准日期确定标准的执行年限。

4.4 其他规定

4.4.1 烧碱废水中不允许排入盐泥水。

4.4.2 污染物最高允许排放浓度按日均值计算，吨产品最高允许排水量按均值计算。吨产品最高允许排水量不包括间接冷却水、厂区生活污水及厂内锅炉、电站排水。

4.4.3 若烧碱和聚氯乙烯企业为非单一产品废水排放，或烧碱、聚氯乙烯工业废水与其他废（如生活污水及其他排水）矿，则废水排放口污染物最高允许排放浓度按附录 A 计算。吨产品最高允许排水量则必须在各车间排放口测定。

4.4.4 污泥、固体废物及废液应合理处置。

表 1　烧碱企业水污染物最高允许排放限值

（1989 年 1 月 1 日前建设的企业）

生产方法	项目/级别	最高允许排放浓度/（mg/L）				吨产品排水量/（m^3/t）	pH 值
		汞	石棉	活性氯	悬浮物		
水银电解法	一级	0.05	—	10	100	2	6～9
	二级	0.05	—	10	150		
	三级	0.05	—	10	300		
隔膜电解法	一级	—	50	35	100	7	
	二级	—	70	35	200		
	三级	—	70	35	300		
离子交换膜电解法	一级	—	—	10	100	2	
	二级	—	—	10	200		
	三级	—	—	10	300		

表 2　聚氯乙烯企业水污染物最高允许排放限值

（1989 年 1 月 1 日前建设的企业）

生产方法		项目/级别	最高允许排放浓度/（mg/L）						吨产品排水量/（m^3/t）	pH 值
			总汞	氯乙烯	化学需氧量（COD_{Cr}）	生化需氧量（BOD_5）	悬浮物	硫化物		
电石法	电石废水	一级	—	—	—	—	100	1	8	6～9
		二级	—	—	—	—	250	2		
		三级	—	—	—	—	400	2		
	聚氯乙烯废水	一级	0.05	—	150	60	100	—	5	
		二级	0.05	—	200	80	250	—		
		三级	0.05	—	500	300	400	—		
乙烯氧氯化法	聚氯乙烯废水	一级	—	5	100	30	100	—	7	
		二级	—	10	150	60	200	—		
		三级	—	10	500	300	400	—		

表 3　烧碱企业水污染物最高允许排放限值

（1989 年 1 月 1 日至 1996 年 6 月 30 日建设的企业）

生产方法	项目/级别	最高允许排放浓度/（mg/L）				吨产品排水量/（m^3/t）	pH 值
		汞	石棉	活性氯	悬浮物		
水银电解法	一级	0.005	—	5	70	1.5	6～9
	二级	0.005	—	5	150		
	三级	0.005	—	5	300		
隔膜电解法	一级	—	50	35	70	7	
	二级	—	50	35	150		
	三级	—	70	35	300		
离子交换膜电解法	一级	—	—	5	70	1.5	
	二级	—	—	5	150		
	三级	—	—	5	300		

表 4　聚氯乙烯企业水污染物最高允许排放限值

（1989 年 1 月 1 日至 1996 年 6 月 30 日建设的企业）

生产方法		项目 / 级别	最高允许排放浓度/（mg/L）						吨产品排水量/（m^3/t）	pH 值
			总汞	氯乙烯	化学需氧量（COD_{Cr}）	生化需氧量（BOD_5）	悬浮物	硫化物		
电石法	电石废水	一级	—	—	—	—	70	1	8	6～9
		二级	—	—	—	—	200	1		
		三级	—	—	—	—	400	2		
	聚氯乙烯废水	一级	0.03	2	100	60	70	—	4	
		二级	0.03	5	150	80	200	—		
		三级	0.03	5	500	250	400	—		
乙烯氧氯化法	聚氯乙烯废水	一级	—	2	80	30	70	—	5	
		二级	—	2	100	60	150	—		
		三级	—	5	500	250	350	—		

表 5　烧碱企业水污染物最高允许排放限值

（1996 年 7 月 1 日起建设的企业）

生产方法	项目 / 级别	最高允许排放浓度/（mg/L）			吨产品排水量/（m^3/t）	pH 值
		石棉	活性氯	悬浮物		
隔膜电解法	一级	50	20	70	5	6～9
	二级	50	20	150		
	三级	70	20	300		
离子交换膜电解法	一级	—	2	70	1.5	
	二级	—	2	100		
	三级	—	2	300		

表 6　聚氯乙烯企业水污染物最高允许排放限值

（1996 年 7 月 1 日前建设的企业）

生产方法		项目 / 级别	最高允许排放浓度/（mg/L）						吨产品排水量/（m^3/t）	pH 值
			总汞	氯乙烯	化学需氧量（COD_{Cr}）	生化需氧量（BOD_5）	悬浮物	硫化物		
电石法	电石废水	一级	—	—	—	—	70	1	5	6～9
		二级	—	—	—	—	200	1		
		三级	—	—	—	—	400	2		
	聚氯乙烯废水	一级	0.005	2	100	30	70	—	4	
		二级	0.005	2	150	60	150	—		
		三级	0.005	2	500	250	250	—		
乙烯氧氯化法	聚氯乙烯废水	一级	—	2	80	30	70	—	5	
		二级	—	2	100	60	150	—		
		三级	—	2	500	250	250	—		

5 监测

5.1 采样点

汞、石棉、活性氯、氯乙烯应在车间废水处理设施排放口采样，其他污染物在厂排放口采样，所有排放口应设置废水计量装置和排放口标志。

5.2 采样频率

按生产周期确定采样频率，生产周期在 8 h 以内，每 2 h 采样一次，生产周期大于 8 h 的，每 4 h 采样一次。

5.3 产量的统计

企业的产品产量、原材料使用量等，以法定月报表或年报表为准。

5.4 测定方法

本标准采用的测定方法见表 7。

表 7　测定方法

序号	项目	方法	方法来源
1	pH 值	玻璃电极法	GB 6920
2	悬浮物	重量法	GB 11901
3	化学需氧量（COD_{Cr}）	重铬酸盐法	GB 11914
4	硫化物	对氨基二四基苯胺比色法[1]	
5	汞	冷原子吸收分光光度法 高锰酸钾-过硫酸钾消解法 双硫腙分光光度法	GB 7468 GB 7469
6	生化需氧量（BOD_5）	稀释与接种法	GB 7488
7	活性氯	N,N-二乙基-1,4-苯二胺滴定法 N,N-二乙基-1,4-苯二胺光度法	GB 11897 GB 11898
8	氯乙烯	气相色谱法[2]	
9	石棉	重量法[3]	GB 11901

注：1）暂采用《水和废监测分析方法》，国家有关方法标准颁布后，执行国家标准。

2）暂采用附录 B 规定的顶空气相色谱法，国家方法标准颁布后，执行国家标准。

3）暂采用重量法，国家方法标准颁布后，执行国家标准。

6 标准实施监督

本标准由各级人民政府环境保护行政主管部门负责监督实施。

中华人民共和国国家标准

GB 8978—1996

污水综合排放标准

为贯彻《中华人民共和国环境保护法》、《中华人民共和国水污染防治法》和《中华人民共和国海洋环境保护法》，控制水污染，保护江河、湖泊、运河、渠道、水库和海洋等地面水以及地下水水质的良好状态，保障人体健康，维护生态平衡，促进国民经济和城乡建设的发展，特制定本标准。

1 主题内容与适用范围

1.1 主题内容

本标准按照污水排放去向，分年限规定了 69 种水污染物最高允许排放浓度及部分行业最高允许排水量。

1.2 适用范围

本标准适用于现有单位水污染物的排放管理，以及建设项目的环境影响评价、建设项目环境保护设施设计、竣工验收及其投产后的排放管理。

按照国家综合排放标准与国家行业排放标准不交叉执行的原则，造纸工业执行《造纸工业水污染物排放标准》（GB 3544—92），船舶执行《船舶污染物排放标准》（GB 3552—83），船舶工业执行《船舶工业污染物排放标准》（GB 4286—84），海洋石油开发工业执行《海洋石油开发工业含油污水排放标准》（GB 4914—85），纺织染整工业执行《纺织染整工业水污染物排放标准》（GB 4287—92），肉类加工工业执行《肉类加工工业水污染物排放标准》（GB 13457—92），合成氨工业执行《合成氨工业水污染物排放标准》（GB 13458—92），钢铁工业执行《钢铁工业水污染物排放标准》（GB 13456—92），航天推进剂使用执行《航天推进剂水污染物排放标准》（GB 14374—93），兵器工业执行《兵器工业水污染物排放标准》（GB 14470.1～14470.3—93 和 GB 4274～4279—84），磷肥工业执行《磷肥工业水污染物排放标准》（GB 15580—95），烧碱、聚氯乙烯工业执行《烧碱、聚氯乙烯工业水污染物排放标准》（GB 15581—95），其他水污染物排放均执行本标准。

1.3 本标准颁布后，新增加国家行业水污染物排放标准的行业，按其适用范围执行相应的国家水污染物行业标准，不再执行本标准。

2 引用标准

下列标准所包含的条文，通过在本标准中引用而构成为本标准的条文。

GB 3097—82　海水水质标准

GB 3838—88　地面水环境质量标准

GB 8703—88　地面水环境质量标准

GB 8703—88　辐射防护规定

3 定义

3.1 污水：指在生产与生活活动中排放的水的总称。

3.2 排水量：指在生产过程中直接用于工艺生产的水的排放量。不包括间接冷却水、厂区锅炉、电站排水。

3.3 一切排污单位：指本标准适用范围所包括的一切排污单位。

3.4 其他排污单位：指在某一控制项目中，除所列行业外的一切排污单位。

4 技术内容

4.1 标准分级

4.1.1 排入 GB 3838Ⅲ类水域（划定的保护区和游泳区除外）和排入 GB 3097 中二类海域的污水，执行一级标准。

4.1.2 排入 GB 3838 中Ⅳ、Ⅴ类水域和排入 GB 3097 中三类海域的污水，执行二级标准。

4.1.3 排入设置二级污水处理厂的城镇排水系统的污水，执行三级标准。

4.1.4 排入未设置二级污水处理厂的城镇排水系统的污水，必须根据排水系统出水受纳水域的功能要求，分别执行 4.1.1 和 4.1.2 的规定。

4.1.5 GB 3838 中Ⅰ、Ⅱ类水域和Ⅲ类水域中划定的保护区，GB 3097 中一类海域，禁止新建排污口，现有排污口应按水体功能要求，实行污染物总量控制，以保证受纳水体水质符合规定用途的水质标准。

4.2 标准值

4.2.1 本标准将排放的污染物按其性质及控制方式分为二类。

4.2.1.1 第一类污染物，不分行业和污水排放方式，也不分受纳水体的功能类别，一律在车间或车间处理设施排放口采样，其最高允许排放浓度必须达到本标准要求（采矿行业的尾矿坝出水口不得视为车间排放口）。

4.2.1.2 第二类污染物，在排污单位排放口采样，其最高允许排放浓度必须达到本标准要求。

4.2.2 本标准按年限规定了第一类污染物和第二类污染物最高允许排放浓度及部分行业最高允许排水量，分别为：

4.2.2.1 1997 年 12 月 31 日之前建设（包括改、扩建）的单位，水污染物的排放必须同时执行表 1、表 2、表 3 的规定。

4.2.2.2 1998 年 1 月 1 日起建设（包括改、扩建）的单位，水污染物的排放必须同时执行表 1、表 4、表 5 的规定。

4.2.2.3 建设（包括改、扩建）单位的建设时间，以环境影响评价报告书（表）批准日期为准划分。

4.3 其他规定

4.3.1 同一排放口排放两种或两种以上不同类别的污水，且每种污水的排放标准又不同时，其混合污水的排放标准按附录 A 计算。

4.3.2 工业污水污染物的最高允许排放负荷量按附录 B 计算。

4.3.3 污染物最高允许年排放总量按附录 C 计算。

4.3.4 对于排放含有放射性物质的污水，除执行本标准外，还须符合《辐射防护规定》（GB 8703—88）。

表 1　第一类污染物最高允许排放浓度　　单位：mg/L

序号	污染物	最高允许排放浓度
1	总汞	0.05
2	烷基汞	不得检出
3	总镉	0.1
4	总铬	1.5

序号	污染物	最高允许排放浓度
5	六价铬	0.5
6	总砷	0.5
7	总铅	1.0
8	总镍	1.0
9	苯并[a]芘	0.000 03
10	总铍	0.005
11	总银	0.5
12	总α放射性	1Bq/L
13	总β放射性	10Bq/L

表 2　第二类污染物最高允许排放浓度

（1997 年 12 月 31 日之前建设的单位）

单位：mg/L

序号	污染物	适用范围	一级标准	二级标准	三级标准
1	pH	一切排污单位	6～9	6～9	6～9
2	色度（稀释倍数）	染料工业	50	180	—
		其他排污单位	50	80	—
		采矿、选矿、选煤工业	100	300	—
		脉金选矿	100	500	—
3	悬浮物（SS）	边远地区砂金选矿	100	800	—
		城镇二级污水处理厂	20	30	—
		其他排污单位	70	200	400
		甘蔗制糖、苎麻脱胶、湿法纤维板工业	30	100	600
4	五日生化需氧量（BOD_5）	甜菜制糖、酒精、味精、皮革、化纤浆粕工业	30	150	600
		城镇二级污水处理厂	20	30	—
		其他排污单位	30	60	300
		甜菜制糖、焦化、合成脂肪酸、湿法纤维板、染料、洗毛、有机磷农药工业	100	200	1 000
		味精、酒精、医药原料药、生物制药、苎麻脱胶、皮革、化纤浆粕工业	100	300	1 000
		石油化工工业（包括石油炼制）	100	150	500
5	化学需氧量（COD）	城镇二级污水处理厂	60	120	—
		其他排污单位	100	150	500
6	石油类	一切排污单位	10	10	30
7	动植物油	一切排污单位	20	20	100
8	挥发酚	一切排污单位	0.5	0.5	2.0
9	总氰化合物	电影洗片（铁氰化合物）	0.5	5.0	5.0
		其他排污单位	0.5	0.5	1.0
10	硫化物	一切排污单位	1.0	1.0	2.0
11	氨氮	医药原料药、染料、石油化工工业	15	50	—
		其他排污单位	15	25	—
		黄磷工业	10	20	20
12	氟化物	低氟地区（水体含氟量<0.5 mg/L）	10	20	30
		其他排污单位	10	10	20
13	磷酸盐（以 P 计）	一切排污单位	0.5	1.0	—
14	甲醛	一切排污单位	1.0	2.0	5.0

序号	污染物	适用范围	一级标准	二级标准	三级标准
15	苯胺类	一切排污单位	1.0	2.0	5.0
16	硝基苯类	一切排污单位	2.0	3.0	5.0
17	阴离子表面活性剂（LAS）	合成洗涤剂工业	5.0	15	20
		其他排污单位	5.0	10	20
18	总铜	一切排污单位	0.5	1.0	2.0
19	总锌	一切排污单位	2.0	5.0	5.0
20	总锰	合成脂肪酸工业	2.0	5.0	5.0
		其他排污单位	2.0	2.0	5.0
21	彩色显影剂	电影洗片	2.0	3.0	5.0
22	显影剂及氧化物总量	电影洗片	3.0	6.0	6.0
23	元素磷	一切排污单位	0.1	0.3	0.3
24	有机磷农药（以 P 计）	一切排污单位	不得检出	0.5	0.5
25	粪大肠菌群数	医院*、兽医院及医疗机构含病原体污水	500 个/L	1 000 个/L	5 000 个/L
		传染病、结核病医院污水	100 个/L	500 个/L	1 000 个/L
26	总余氯（采用氯化消毒的医院污水）	医院*、兽医院及医疗机构含病原体污水	＜0.5**	＞3（接触时间≥1 h）	＞2（接触时间≥1 h）
		传染病、结核病医院污水	＜0.5**	＞6.5（接触时间≥1.5 h）	＞5（接触时间≥1.5 h）

注：* 指 50 个床位以上的医院。
** 加氯消毒后须进行脱氯处理，达到本标准。

表 3 部分行业最高允许排水量

（1997 年 12 月 31 日之前建设的单位）

序号	行业类别			最高允许排水量或最低允许水重复利用率
1	有色金属系统选矿			水重复利用率 75%
	矿山工业	其他矿山工业采矿、选矿、选煤等		水重复利用率 90%（选煤）
		脉金选矿	重选	16.0 m^3/t（矿石）
			浮选	9.0 m^3/t（矿石）
			氰化	8.0 m^3/t（矿石）
			碳浆	8.0 m^3/t（矿石）
2	焦化企业（煤气厂）			1.2 m^3/t（焦炭）
3	有色金属冶炼及金属加工			水重复利用率 80%
4	石油炼制工业（不包括直排水炼油厂）加工深度分类：			
	A．燃料型炼油；			A＞500 万 t，1.0 m^3/t（原油） 250 万～500 万 t，1.2 m^3/t（原油） ＜250 万 t，1.5 m^3/t（原油）
	B．燃料+润滑油型炼油厂；			B＞500 万 t，1.5 m^3/t（原油） 250 万～500 万 t，2.0 m^3/t（原油） ＜250 万 t，2.0 m^3/t（原油）
	C．燃料+润滑油型+炼油化工型炼油厂； （包括加工高含硫原油页岩油和石油添加剂生产基地的炼油厂）			C＞500 万 t，2.0 m^3/t（原油） 250 万～500 万 t，2.5 m^3/t（原油） ＜250 万 t，2.5 m^3/t（原油）

序号	行业类别			最高允许排水量或最低允许水重复利用率
5	合成洗涤剂工业	氯化法生产烷基苯		200.0 m^3/t（烷基苯）
		裂解法生产烷基苯		70.0 m^3/t（烷基苯）
		烷基苯生产合成洗涤剂		10.0 m^3/t（产品）
6	合成脂肪酸工业			200.0 m^3/t（产品）
7	湿法生产纤维板工业			30.0 m^3/t（板）
8	制糖工业	甘蔗制糖		10.0 m^3/t（甘蔗）
		甜菜制糖		4.0 m^3/t（甜菜）
9	皮革工业	猪盐湿皮		60.0 m^3/t（原皮）
		牛干皮		100.0 m^3/t（原皮）
		羊干皮		150.0 m^3/t（原皮）
10	发酵酿造工业	酒精工业	以玉米为原料	150.0 m^3/t（酒精）
			以薯类为原料	100 m^3/t（酒精）
			以糖蜜为原料	80.0 m^3/t（酒精）
		味精工业		600.0 m^3/t（味精）
		啤酒工业（排水量不包括麦芽水部分）		16.0 m^3/t（啤酒）
11	铬盐工业			5.0 m^3/t（产品）
12	硫酸工业（水洗法）			15.0 m^3/t（硫酸）
13	苎麻脱胶工业			500 m^3/t（原麻）或 750 m^3/t（精干麻）
14	化纤浆粕			本色：150 m^3/t（浆） 漂白：240 m^3/t（浆）
15	粘胶纤维工业（单纯纤维）	短纤维（棉型中长纤维、毛型中长纤维）		300 m^3/t（纤维）
		长纤维		800 m^3/t（纤维）
16	铁路货车洗刷			5.0 m^3/辆
17	电影洗片			5 m^3/1 000 m（35 mm 的胶片）
18	石油沥青工业			冷却池的水循环利用率 95%

表 4　第二类污染物最高允许排放浓度

（1998 年 1 月 1 日后建设的单位）

单位：mg/L

序号	污染物	适用范围	一级标准	二级标准	三级标准
1	pH	一切排污单位	6～9	6～9	6～9
2	色度（稀释倍数）	一切排污单位	50	80	—
		采矿、选矿、选煤工业	70	300	—
		脉金选矿	70	400	—
3	悬浮物（SS）	边远地区砂金选矿	70	800	—
		城镇二级污水处理厂	20	30	—
		其他排污单位	70	150	400
		甘蔗制糖、苎麻脱胶、湿法纤维板、染料、洗毛工业	20	60	600
4	五日生化需氧量（BOD_5）	甜菜制糖、酒精、味精、皮革、化纤浆粕工业	20	100	600
		城镇二级污水处理厂	20	30	—
		其他排污单位	20	30	300
		甜菜制糖、合成脂肪酸、湿法纤维板、染料、洗毛、有机磷农药工业	100	200	1 000

序号	污染物	适用范围	一级标准	二级标准	三级标准
5	化学需氧量（COD）	味精、酒精、医药原料药、生物制药、苎麻脱胶、皮革、化纤浆粕工业	100	300	1 000
		石油化工工业（包括石油炼制）	60	120	—
		城镇二级污水处理厂	60	120	500
		其他排污单位	100	150	500
6	石油类	一切排污单位	5	10	20
7	动植物油	一切排污单位	10	15	100
8	挥发酚	一切排污单位	0.5	0.5	2.0
9	总氰化合物	一切排污单位	0.5	0.5	1.0
10	硫化物	一切排污单位	1.0	1.0	1.0
11	氨氮	医药原料药、染料、石油化工工业	15	50	—
		其他排污单位	15	25	—
		黄磷工业	10	15	20
12	氟化物	低氟地区（水体含氟量<0.5 mg/L）			
13	磷酸盐（以 P 计）	其它排污单位			
		一切排污单位			
14	甲醛	一切排污单位			
15	苯胺类	一切排污单位	1.0	2.0	5.0
16	硝基苯类	一切排污单位	2.0	3.0	5.0
17	阴离子表面活性剂（LAS）	一切排污单位	5.0	10	20
18	总铜	一切排污单位	0.5	1.0	2.0
19	总锌	一切排污单位	2.0	5.0	5.0
20	总锰	合成脂肪酸工业	2.0	5.0	5.0
		其他排污单位	2.0	2.0	5.0
21	彩色显影剂	电影洗片	1.0	2.0	3.0
22	显影剂及氧化物总量	电影洗片	3.0	3.0	6.0
23	元素磷	一切排污单位	0.1	0.1	0.3
24	有机磷农药（以 P 计）	一切排污单位	不得检出	0.5	0.5
25	乐果	一切排污单位	不得检出	1.0	2.0
26	对硫磷	一切排污单位	不得检出	1.0	2.0
27	甲基对硫磷	一切排污单位	不得检出	1.0	2.0
28	马拉硫磷	一切排污单位	不得检出	5.0	10
29	五氯酚及五氯酚钠（以五氯酚计）	一切排污单位	5.0	8.0	10
30	可吸附有机卤化物（AOX）（以 Cl 计）	一切排污单位	1.0	5.0	8.0
31	三氯甲烷	一切排污单位	0.3	0.6	1.0
32	四氯化碳	一切排污单位	0.03	0.06	0.5
33	三氯乙烯	一切排污单位	0.3	0.6	1.0
34	四氯乙烯	一切排污单位	0.1	0.2	0.5
35	苯	一切排污单位	0.1	0.2	0.5
36	甲苯	一切排污单位	0.1	0.2	0.5
37	乙苯	一切排污单位	0.4	0.6	1.0
38	邻-二甲苯	一切排污单位	0.4	0.6	1.0

序号	污染物	适用范围	一级标准	二级标准	三级标准
39	对-二甲苯	一切排污单位	0.4	0.6	1.0
40	间-二甲苯	一切排污单位	0.4	0.6	1.0
41	氯苯	一切排污单位	0.2	0.4	1.0
42	邻-二氯苯	一切排污单位	0.4	0.6	1.0
43	对-二氯苯	一切排污单位	0.4	0.6	1.0
44	对-硝基氯苯	一切排污单位	0.5	1.0	5.0
45	2,4-二硝基氯苯	一切排污单位	0.5	1.0	5.0
46	苯酚	一切排污单位	0.3	0.4	1.0
47	间-甲酚	一切排污单位	0.1	0.2	0.5
48	2,4-二氯酚	一切排污单位	0.6	0.8	1.0
49	2,4,6-三氯酚	一切排污单位	0.6	0.8	1.0
50	邻苯二甲酸二丁酯	一切排污单位	0.2	0.4	2.0
51	邻苯二甲酸二辛酯	一切排污单位	0.3	0.6	2.0
52	丙烯腈	一切排污单位	2.0	5.0	5.0
53	总硒	一切排污单位	0.1	0.2	0.5
54	粪大肠菌群数	医院*、兽医院及医疗机构含病原体污水	500 个/L	1 000 个/L	5 000 个/L
		传染病、结核病医院污水	100 个/L	500 个/L	1 000 个/L
		医院*、兽医院及医疗机构含病原体污水	<0.5**	>3（接触时间≥1 h）	>2（接触时间≥1 h）
55	总余氯（采用氯化消毒的医院污水）	传染病、结核病医院污水	<0.5**	>6.5（接触时间≥1.5 h）	>5（接触时间≥1.5 h）
		合成脂肪酸工业	20	40	—
56	总有机碳（TOC）	苎麻脱胶工业	20	60	—
		其他排污单位	20	30	—

注：其他排污单位：指除在该控制项目中所列行业以外的一切排污单位。

* 指 50 个床位以上的医院。

** 加氯消毒后须进行脱氯处理，达到本标准。

表 5 部分行业最高允许排水量

（1998 年 1 月 1 日后建设的单位）

序号	行业类别			最高允许排水量或最低允许排水重复利用率
1	矿山工业	有色金属系统选矿		水重复利用率 75%
		其他矿山工业采矿、选矿、选煤等		水重复利用率 90%（选煤）
		脉金选矿	重选	16.0 m^3/t（矿石）
			浮选	9.0 m^3/t（矿石）
			氰化	8.0 m^3/t（矿石）
			碳浆	8.0 m^3/t（矿石）
2	焦化企业（煤气厂）			1.2 m^3/t（焦炭）
3	有色金属冶炼及金属加工			水重复利用率 80%

序号	行业类别			最高允许排水量或最低允许排水重复利用率
4	石油炼制工业（不包括直排水炼油厂） 加工深度分类： A．燃料型炼油厂		A	＞500 万 t，1.0 m^3/t（原油） 250 万～500 万 t，1.2 m^3/t（原油） ＜250 万 t，1.5 m^3/t（原油）
	B．燃料＋润滑油型炼油厂		B	＞500 万 t，1.5 m^3/t（原油） 250 万～500 万 t，2.0 m^3/t（原油） ＜250 万 t，2.0 m^3/t（原油）
	C．燃料＋润滑油型＋炼油化工型炼油厂		C	＞500 万 t，2.0 m^3/t（原油） 250 万～500 万 t，2.5 m^3/t（原油） ＜250 万 t，2.5 m^3/t（原油）
	（包括加工高含硫原油页岩油和石油添加剂生产基地的炼油厂）			
5	合成洗涤剂工业	氯化法生产烷基苯		200.0 m^3/t（烷基苯）
		裂解法生产烷基苯		70.0 m^3/t（烷基苯）
		烷基苯生产合成洗涤剂		10.0 m^3/t（产品）
6	合成脂肪酸工业			200.0 m^3/t（产品）
7	湿法生产纤维板工业			30.0 m^3/t（板）
8	制糖工业	甘蔗制糖		10.0 m^3/t
		甜菜制糖		4.0 m^3/t
9	皮革工业	猪盐湿皮		60.0 m^3/t
		牛干皮		100.0 m^3/t
		羊干皮		150.0 m^3/t
10	发酵酿造工业	酒精工业	以玉米为原料	100.0 m^3/t
			以薯类为原料	80.0 m^3/t
			以糖蜜为原料	70.0 m^3/t
		味精工业		600.0 m^3/t
		啤酒行业（排水量不包括麦芽水部分）		16.0 m^3/t
11	铬盐工业			5.0 m^3/t（产品）
12	硫酸工业（水洗法）			15.0 m^3/t（硫酸）
13	苎麻脱胶工业			500 m^3/t（原麻） 750 m^3/t（精干麻）
14	粘胶纤维工业	短纤维（棉型中长纤维、毛型中长纤维）		300.0 m^3/t（纤维）
15	单纯纤维	长纤维		800.0 m^3/t（纤维）
		化纤浆粕		本色：150 m^3/t（浆）；漂白：240 m^3/t（浆）
16	制药工业医药原料药业	青霉素		4 700 m^3/t（青霉素）
		链霉素		1 450 m^3/t（链霉素）
		土霉素		1 300 m^3/t（土霉素）
		四环素		1 900 m^3/t（四环素）
		洁霉素		9 200 m^3/t（洁霉素）
		金霉素		3 000 m^3/t（金霉素）
		庆大霉素		20 400 m^3/t（庆大霉素）
		维生素 C		1 200 m^3/t（维生素 C）
		氯霉素		2 700 m^3/t（氯霉素）
		新诺明		2 000 m^3/t（新诺明）
		维生素 B_1		3 400 m^3/t（维生素 B_1）
		安乃近		180 m^3/t（安乃近）
		非那西汀		750 m^3/t（非那西汀）
		呋喃唑酮		2 400 m^3/t（呋喃唑酮）
		咖啡因		1 200 m^3/t（咖啡因）

序号	行业类别		最高允许排水量或 最低允许排水重复利用率
17	有机磷农药工业	乐果**	700 m^3/t（产品）
		甲基对硫磷（水相法）**	300 m^3/t（产品）
		对硫磷（P_2S_5 法）**	500 m^3/t（产品）
		对硫磷（$PSCl_3$ 法）**	550 m^3/t（产品）
		敌敌畏（敌百虫碱解法）	200 m^3/t（产品）
		敌百虫	40 m^3/t（产品） （不包括三氯乙醛生产废水）
		马拉硫磷	700 m^3/t（产品）
		除草醚	5 m^3/t（产品）
		五氯酚钠	2 m^3/t（产品）
18	除草剂工业	五氯酚	4 m^3/t（产品）
		二甲四氯	14 m^3/t（产品）
		2,4-D	4 m^3/t（产品）
		丁草胺	4.5 m^3/t（产品）
		绿麦隆（以 Fe 粉还原）	2 m^3/t（产品）
		绿麦隆（以 Na_2S 还原）	3 m^3/t（产品）
19	火力发电工业		3.5 m^3（MW·h）
20	铁路货车洗刷		5.0 m^3/辆
21	电影洗片		5 m^3/1 000 m（35 mm 胶片）
22	石油沥青工业		冷却池的水循环利用率 95%

注：* 产品按 100%浓度计。

** 不包括 P_2S_5、$PSCl_3$、PCl_3 原料生产废水。

中华人民共和国国家标准

GB 18486—2001

污水海洋处理工程污染控制标准

1 主题内容与适用范围

1.1 主题内容

本标准规定了污水海洋处置工程主要水污染物排放浓度限值、初始稀释度、混合区范围及其他一般规定。

1.2 适用范围

本标准适用于利用放流管和水下扩散器向海域或向排放点含盐度大于5%的年概率大于10%的河口水域排放污水（不包括温排水）的一切污水海洋处置工程。

2 引用标准

下列标准所含条文，在本标准中引用即构成本标准的条文。

GB 3097—1997　海水水质标准

GB 8978—1996　污水综合排放标准

GHZB 1—1999　地表水环境质量标准

当上述标准被修订时，应使用其最新版本。

3 定义

3.1 污水扩散器

沿着管道轴线设置多个出水口，使污水从水下分散排出的设施称为污水扩散器，其形状有直线型、L型和Y型等。

3.2 放流管

由陆上污水处理设施将污水送至扩散器的管道或隧道称为放流管。大型放流管一般在岸边设有竖井。

3.3 污水海洋处置

放流管加污水扩散器合称为污水放流系统；将污水由陆上处理设施经放流系统从水下排入海洋称为污水海洋处置。

3.4 初始稀释度

污水由扩散器排出后，在出口动量和浮力作用下与环境水体混合并被稀释，在出口动量和浮力作用基本完结时污水被稀释的倍数称为初始稀释度。

3.5 混合区

污水自扩散器连续排出，各个瞬时造成附近水域污染物浓度超过该水域水质目标限值的平面范围的叠加（亦即包络）称为混合区。

3.6 污染物日允许排放量

指本标准涉及的每种污染物通过污水海洋处置工程的日允许排放总量。

4 技术内容

4.1 标准值

4.1.1 进入放流管的水污染物浓度日均值必须满足表 1 的规定。

4.1.2 表 1 中未列出的项目可参照《污水综合排放标准》（GB 8978—1996）执行。

表 1　污水海洋处置工程主要水污染物排放浓度限值　　单位：mg/L

序　号	污染物项目		标准值
1	pH（单位）	≤	6.0～9.0
2	悬浮物（SS）	≤	200
3	总 α 放射性，Bq/L	≤	1
4	总 β 放射性，Bq/L	≤	10
5	大肠菌群，个/ml	≤	100
6	粪大肠菌群，个/ml	≤	20
7	生化需氧量（BOD_5）	≤	150
8	化学需氧量（COD_{Cr}）	≤	300
9	石油类	≤	12
10	动植物类	≤	70
11	挥发性酚	≤	1.0
12	总氰化物	≤	0.5
13	硫化物	≤	1.0
14	氟化物	≤	15
15	总氮	≤	40
16	无机氮	≤	30
17	氨氮	≤	25
18	总磷	≤	8.0
19	总铜	≤	1.0
20	总锌	≤	5.0
21	总汞	≤	0.05
22	总镉	≤	0.1
23	总铬	≤	1.5
24	六价铬	≤	0.5
25	总砷	≤	0.5
26	总铅	≤	1.0
27	总镍	≤	1.0
28	总铍	≤	0.005
29	总银	≤	0.5
30	总硒	≤	1.0
31	苯并[a]芘，μg/L	≤	0.03
32	有机磷农药（以 P 计）	≤	0.5
33	苯系物	≤	2.5
34	氯系物	≤	2.0
35	甲醛	≤	2.0
36	苯胺类	≤	3.0
37	硝基苯类	≤	4.0
38	丙烯腈	≤	4.0
39	阴离子表面活性剂（LAS）	≤	10
40	总有机碳（TCO）	≤	120

4.2 初始稀释度的规定

污水海洋处置排放点的选取和放流系统的设计应使其初始稀释度在一年 90%的时间保证率下满足表 2 规定的初始稀释度要求。

表 2　90%时间保证率下初始稀释度要求

排放水域	海　域		按地面水分类的河口水域		
水质类别	第三类	第四类	Ⅲ类	Ⅳ类	Ⅴ类
初始稀释度	45	35	50	40	30

注：对经特批在第二类海域划出一定范围设污水海洋处置排放点的情形，按 90%保证率下初始稀释度应≥55。

4.3 混合区规定

污水海洋处置工程污染物的混合区规定如下：

若污水排往开敞海域或面积 600 km^2（以理论深度基准面为准）的海湾及广阔河口，允许混合区范围：A_a3.0 km^2

若污水排往＜600 km^2 的海湾，混合区面积必须小于按以下两种方法计算所得允许值（A_a）中的小者：

（一）A_a=2 400（L+200）（m^2）

式中：L——扩散器长度（m）。

（二）A_a=（A_0/200）×10^6（m^2）

式中：A_0——计算至湾口位置的海湾面积（m^2）。

对于重点海域和敏感海域，划定污水海洋处置工程污染物的混合区时还需要考虑排放点所在海域的水流交换条件、海洋水生生态等。

4.4 一般规定

4.4.1 污水海洋处置的排放点必须选在有利于污染物向外海输移扩散的海域，并避开由角等特定地形引起的流及波浪破碎带。

4.4.2 污水海洋处置排放点的选址不得影响鱼类洄游通道，不得影响混合区外邻近功能区的使用功能。在河口区，混合区范围横向宽度不得超过河口宽度的 1/4。

4.4.3 扩散器必须铺设在全年任何时候水深至少达 7 m 的水底，其起点离低潮线至少 200 m。

4.4.4 必须综合考虑排放点所在海域的水质状况、功能区的要求和周边的其他排放源，计算表 1 中所列各类污染物的允许排放量。对实施污染物排放总量控制的重点海域，确定污水海洋处置工程污染物的允许排放量时，应考虑该海域的污染物排放总量控制指标。

4.4.5 污水通过放流系统排放前须至少经过一级处理。

4.4.6 污水海洋处置不得导致纳污水域混合区以外生物群落结构退化和改变。

4.4.7 污水海洋处置不得导致有毒物质在纳污水域沉积物或生物体中富集到有害的程度。

5 监测

5.1 污水监测

5.1.1 采样点：进入放流管的污水水质监测在陆上处理设施出水口或竖井中采样。

5.1.2 采样频率：实测的水污染物排放浓度按日均值计算，每次监测要 24 小时连续采样，每 4 小时采一个样。

5.1.3 污水水样监测按《污水综合排放标准》规定的方法进行。

5.2 初始稀释度与混合区监测

5.2.1 初始释释度：根据每个采样时刻的水流条件在出水口周围沿扩散器轴线适当布点采样监测，并取各点同一时刻监测值的平均计算该时刻的初始稀释度。每次监测时间必须覆盖至少一个潮周期，等时间间隔采样不少于 8 次。

5.2.2 混合区：根据排放点处的具体水文条件合理布点采样监测。每个点须采上、中、下混合样。每次监测采样时间必须覆盖至少一个潮周期，采样时刻应抓住高潮、低潮、涨急、落急等特定水流条件。

5.2.3 海水水样监测按《海水水质标准》规定的方法进行。

6 标准实施监督

6.1 本标准由县级以上人民政府环境保护行政主管部门负责监督实施。

6.2 沿海各省、自治区、直辖市人民政府可根据当地的实际情况需要，制定地方污水海洋处置工程污染控制标准，并报国家环境保护行政主管部门备案。

中华人民共和国国家标准
GB 18918—2002

城镇污水处理厂污染物排放标准

前 言

为贯彻《中华人民共和国环境保护法》、《中华人民共和国水污染防治法》、《中华人民共和国海洋环境保护法》、《中华人民共和国大气污染防治法》、《中华人民共和国固体废物污染环境防治法》，促进城镇污水处理厂的建设和管理，加强城镇污水处理厂污染物的排放控制和污水资源化利用，保障人体健康，维护良好的生态环境，结合我国《城市污水处理及污染防治技术政策》，制定本标准。

本标准分年限规定了城镇污水处理厂出水、废气和污泥中污染物的控制项目和标准值。

本标准自实施之日起，城镇污水处理厂水污染物、大气污染物的排放和污泥的控制一律执行本标准。

排入城镇污水处理厂的工业废水和医院污水，应达到《污水综合排放标准》（GB 8978）、相关行业的国家排放标准、地方排放标准的相应规定限值及地方总量控制的要求。

本标准为首次发布。

本标准由国家环境保护总局科技标准司提出并归口。

本标准由北京市环境保护科学研究院、中国环境科学研究院负责起草。

本标准由国家环境保护总局2002年12月2日批准。

本标准由国家环境保护总局负责解释。

1 范围

本标准规定了城镇污水处理厂出水、废气排放和污泥处置（控制）的污染物限值。

本标准适用于城镇污水处理厂出水、废气排放和污泥处置（控制）的管理。

居民小区和工业企业内独立的生活污水处理设施污染物的排放管理，也按本标准执行。

2 规范性引用文件

下列标准中的条文通过本标准的引用即成为本标准的条文，与本标准同效。

GB 3838　地表水环境质量标准

GB 3097　海水水质标准

GB 3095　环境空气质量标准

GB 4284　农用污泥中污染物控制标准

GB 8978　污水综合排放标准

GB 12348　工业企业厂界噪声标准

GB 16297　大气污染物综合排放标准

HJ/T 55　大气污染物无组织排放监测技术导则

当上述标准被修订时，应使用其最新版本。

3 术语和定义

3.1 城镇污水（municipal wastewater）

指城镇居民生活污水，机关、学校、医院、商业服务机构及各种公共设施排水，以及允许排入城镇污水收集系统的工业废水和初期雨水等。

3.2 城镇污水处理厂（municipal wastewater treatment plant）

指对进入城镇污水收集系统的污水进行净化处理的污水处理厂。

3.3 一级强化处理（enhanced primary treatment）

在常规一级处理（重力沉降）基础上，增加化学混凝处理、机械过滤或不完全生物处理等，以提高一级处理效果的处理工艺。

4 技术内容

4.1 水污染物排放标准

4.1.1 控制项目及分类

4.1.1.1 根据污染物的来源及性质，将污染物控制项目分为基本控制项目和选择控制项目两类。基本控制项目主要包括影响水环境和城镇污水处理厂一般处理工艺可以去除的常规污染物，以及部分一类污染物，共 19 项。选择控制项目包括对环境有较长期影响或毒性较大的污染物，共计 43 项。

4.1.1.2 基本控制项目必须执行。选择控制项目，由地方环境保护行政主管部门根据污水处理厂接纳的工业污染物的类别和水环境质量要求选择控制。

4.1.2 标准分级

根据城镇污水处理厂排入地表水域环境功能和保护目标，以及污水处理厂的处理工艺，将基本控制项目的常规污染物标准值分为一级标准、二级标准、三级标准。一级标准分为 A 标准和 B 标准。一类重金属污染物和选择控制项目不分级。

4.1.2.1 一级标准的 A 标准是城镇污水处理厂出水作为回用水的基本要求。当污水处理厂出水引入稀释能力较小的河湖作为城镇景观用水和一般回用水等用途时，执行一级标准的 A 标准。

4.1.2.2 城镇污水处理厂出水排入 GB 3838 地表水Ⅲ类功能水域（划定的饮用水水源保护区和游泳区除外）、GB 3097 海水二类功能水域和湖、库等封闭或半封闭水域时，执行一级标准的 B 标准。

4.1.2.3 城镇污水处理厂出水排入 GB 3838 地表水Ⅳ、Ⅴ类功能水域或 GB 3097 海水三、四类功能海域，执行二级标准。

4.1.2.4 非重点控制流域和非水源保护区的建制镇的污水处理厂，根据当地经济条件和水污染控制要求，采用一级强化处理工艺时，执行三级标准。但必须预留二级处理设施的位置，分期达到二级标准。

4.1.3 标准值

4.1.3.1 城镇污水处理厂水污染物排放基本控制项目，执行表 1 和表 2 的规定。

4.1.3.2 选择控制项目按表 3 的规定执行。

表 1 基本控制项目最高允许排放浓度（日均值） 单位：mg/L

序号	基本控制项目	一级标准		二级标准	三级标准
		A 标准	B 标准		
1	化学需氧量（COD_{Cr}）	50	60	100	120①
2	五日生化需氧量（BOD_5）	10	20	30	60②
3	悬浮物（SS）	10	20	30	50

序号	基本控制项目		一级标准		二级标准	三级标准
			A 标准	B 标准		
4	动植物油		1	3	5	20
5	石油类		1	3	5	15
6	阴离子表面活性剂		0.5	1	2	5
7	总氮（以 N 计）		15	20	—	—
8	氨氮（以 N 计）②		5（8）	8（15）	25（30）	—
9	总磷（以 P 计）	2005 年 12 月 31 日前建设的	1	1.5	3	5
		2006 年 1 月 1 日起建设的	0.5	1	3	5
10	色度（稀释倍数）		30	30	40	50
11	pH		6～9			
12	粪大肠菌群数（个/L）		1 000	10 000	10 000	—

注：①下列情况下按去除率指标执行：当进水 COD 大于 350 mg/L 时，去除率应大于 60%；BOD 大于 160 mg/L 时，去除率应大于 50%。

②括号外数值为水温＞12℃时的控制指标，括号内数值为水温≤12℃时的控制指标。

表 2 部分一类污染物最高允许排放浓度（日均值） 单位：mg/L

序号	项目	标准值
1	总汞	0.001
2	烷基汞	不得检出
3	总镉	0.01
4	总铬	0.1
5	六价铬	0.05
6	总砷	0.1
7	总铅	0.1

表 3 选择控制项目最高允许排放浓度（日均值） 单位：mg/L

序号	选择控制项目	标准值	序号	选择控制项目	标准值
1	总镍	0.05	19	甲基对硫磷	0.2
2	总铍	0.002	20	五氯酚	0.5
3	总银	0.1	21	三氯甲烷	0.3
4	总铜	0.5	22	四氯化碳	0.03
5	总锌	1.0	23	三氯乙烯	0.3
6	总锰	2.0	24	四氯乙烯	0.1
7	总硒	0.1	25	苯	0.1
8	苯并[a]芘	0.000 03	26	甲苯	0.1
9	挥发酚	0.5	27	邻-二甲苯	0.4
10	总氰化物	0.5	28	对-二甲苯	0.4
11	硫化物	1.0	29	间-二甲苯	0.4
12	甲醛	1.0	30	乙苯	0.4
13	苯胺类	0.5	31	氯苯	0.3
14	总硝基化合物	2.0	32	1,4-二氯苯	0.4
15	有机磷农药（以 P 计）	0.5	33	1,2-二氯苯	1.0
16	马拉硫磷	1.0	34	对硝基氯苯	0.5
17	乐果	0.5	35	2,4-二硝基氯苯	0.5
18	对硫磷	0.05	36	苯酚	0.3

序号	选择控制项目	标准值	序号	选择控制项目	标准值
37	间-甲酚	0.1	41	邻苯二甲酸二辛酯	0.1
38	2,4-二氯酚	0.6	42	丙烯腈	2.0
39	2,4,6-三氯酚	0.6	43	可吸附有机卤化物（AOX，以Cl计）	1.0
40	邻苯二甲酸二丁酯	0.1			

4.1.4 取样与监测

4.1.4.1 水质取样在污水处理厂处理工艺末端排放口。在排放口应设污水水量自动计量装置、自动比例采样装置，pH、水温、COD 等主要水质指标应安装在线监测装置。

4.1.4.2 取样频率为至少每 2 h 一次，取 24 h 混合样，以日均值计。

4.1.4.3 监测分析方法按表 7 或国家环境保护总局认定的替代方法、等效方法执行。

4.2 大气污染物排放标准

4.2.1 标准分级

根据城镇污水处理厂所在地区的大气环境质量要求和大气污染物治理技术和设施条件，将标准分为三级。

4.2.1.1 位于 GB 3095 一类区的所有（包括现有和新建、改建、扩建）城镇污水处理厂，自本标准实施之日起，执行一级标准。

4.2.1.2 位于 GB 3095 二类区和三类区的城镇污水处理厂，分别执行二级标准和三级标准。其中 2003 年 6 月 30 日之前建设（包括改、扩建）的城镇污水处理厂，实施标准的时间为 2006 年 1 月 1 日；2003 年 7 月 1 日起新建（包括改、扩建）的城镇污水处理厂，自本标准实施之日起开始执行。

4.2.1.3 新建（包括改、扩建）城镇污水处理厂周围应建设绿化带，并设有一定的防护距离，防护距离的大小由环境影响评价确定。

4.2.2 标准值

城镇污水处理厂废气的排放标准值按表 4 的规定执行。

表 4　厂界（防护带边缘）废气排放最高允许浓度　　单位：mg/m^3

序号	控制项目	一级标准	二级标准	三级标准
1	氨	1.0	1.5	4.0
2	硫化氢	0.03	0.06	0.32
3	臭气浓度（量纲为 1）	10	20	60
4	甲烷（厂区最高体积分数，%）	0.5	1	1

4.2.3 取样与监测

4.2.3.1 氨、硫化氢、臭气浓度监测点设于城镇污水处理厂厂界或防护带边缘的浓度最高点；甲烷监测点设于厂区内浓度最高点。

4.2.3.2 监测点的布置方法与采样方法按 GB 16297 中附录 C 和 HJ/T 55 的有关规定执行。

4.2.3.3 采样频率，每 2 h 采样一次，共采集 4 次，取其最大测定值。

4.2.3.4 监测分析方法按表 8 执行。

4.3 污泥控制标准

4.3.1 城镇污水处理厂的污泥应进行稳定化处理，稳定化处理后应达到表 5 的规定。

表 5 污泥稳定化控制指标

稳定化方法	控制项目	控制指标
厌氧消化	有机物降解率（%）	>40
好氧消化	有机物降解率（%）	>40
好氧堆肥	含水率（%）	<65
	有机物降解率（%）	>50
	蠕虫卵死亡率（%）	>95
	粪大肠菌群菌值	>0.01

4.3.2 城镇污水处理厂的污泥应进行污泥脱水处理，脱水后污泥含水率应小于 80%。

4.3.3 处理后的污泥进行填埋处理时，应达到安全填埋的相关环境保护要求。

4.3.4 处理后的污泥农用时，其污染物含量应满足表 6 的要求。其施用条件须符合 GB 4284 的有关规定。

表 6 污泥农用时污染物控制标准限值

序号	控制项目	最高允许含量（mg/kg 干污泥）	
		在酸性土壤上（pH<6.5）	在中性和碱性土壤上（pH≥6.5）
1	总镉	5	20
2	总汞	5	15
3	总铅	300	1 000
4	总铬	600	1 000
5	总砷	75	75
6	总镍	100	200
7	总锌	2 000	3 000
8	总铜	800	1 500
9	硼	150	150
10	石油类	3 000	3 000
11	苯并[a]芘	3	3
12	多氯代二苯并二噁英/多氯代二苯并呋喃（PCDD/PCDF 单位：ng 毒性单位/kg 干污泥）	100	100
13	可吸附有机卤化物（AOX）（以 Cl 计）	500	500
14	多氯联苯（PCB）	0.2	0.2

4.3.5 取样与监测

4.3.5.1 取样方法，采用多点取样，样品应有代表性，样品重量不小于 1 kg。

4.3.5.2 监测分析方法按表 9 执行。

4.4 城镇污水处理厂噪声控制按 GB 12348 执行。

4.5 城镇污水处理厂的建设（包括改、扩建）时间以环境影响评价报告书批准的时间为准。

5 其他规定

城镇污水处理厂出水作为水资源用于农业、工业、市政、地下水回灌等方面不同用途时，还应达到相应的用水水质要求，不得对人体健康和生态环境造成不利影响。

6 标准的实施与监督

6.1 本标准由县级以上人民政府环境保护行政主管部门负责监督实施。

6.2 省、自治区、直辖市人民政府对执行国家污染物排放标准不能达到本地区环境功能要求时，可以根据总量控制要求和环境影响评价结果制定严于本标准的地方污染物排放标准，并报国家环境保护行政主管部门备案。

中华人民共和国国家标准
GB 18466—2005

医疗机构水污染物排放标准

前　言

为贯彻《中华人民共和国环境保护法》、《中华人民共和国水污染防治法》、《中华人民共和国海洋环境保护法》、《中华人民共和国大气污染防治法》、《中华人民共和国传染病防治法》，加强对医疗机构污水、污水处理站废气、污泥排放的控制和管理，预防和控制传染病的发生和流行，保障人体健康，维护良好的生态环境，制定本标准。

本标准规定了医疗机构污水及污水处理站产生的废气和污泥的污染物控制项目及其排放限值、处理工艺与消毒要求、取样与监测和标准的实施与监督等。本标准自实施之日起，代替《污水综合排放标准》（GB 8978—1996）中有关医疗机构水污染物排放标准部分，并取代《医疗机构污水排放要求》（GB 18466—2001）。新、扩、改医疗机构自本标准实施之日起按本标准实施管理，现有医疗机构在 2007 年 12 月 31 日前达到本标准要求。

本标准的附录 A、附录 B、附录 C、附录 D、附录 E 和附录 F 为规范性附录。

本标准为首次发布。

本标准由国家环境保护总局科技标准司提出并归口。

本标准委托北京市环境保护科学研究院和中国疾病预防控制中心起草。

本标准由国家环境保护总局 2005 年 7 月 27 日批准。

本标准由国家环境保护总局负责解释。

1 范围

本标准规定了医疗机构污水、污水处理站产生的废气、污泥的污染物控制项目及其排放和控制限值、处理工艺和消毒要求、取样与监测和标准的实施与监督。

本标准适用于医疗机构污水、污水处理站产生污泥及废气排放的控制，医疗机构建设项目的环境影响评价、环境保护设施设计、竣工验收及验收后的排放管理。当医疗机构的办公区、非医疗生活区等污水与病区污水合流收集时，其综合污水排放均执行本标准。建有分流污水收集系统的医疗机构，其非病区生活区污水排放执行 GB 8978 的相关规定。

2 规范性引用文件

下列标准和本标准表 5、表 6 所列分析方法标准及规范所含条文在本标准中被引用即构成为本标准的条文，与本标准同效。当上述标准和规范被修订时，应使用其最新版本。

GB 8978　污水综合排放标准

GB 3838　地表水环境质量标准

GB 3097　海水水质标准

GB 16297　大气污染物综合排放标准

HJ/T 55　大气污染物无组织排放监测技术导则

HJ/T 91　地表水和污水检测技术规范

3 术语和定义

本标准采用下列定义。

3.1 医疗机构 medical organization

指从事疾病诊断、治疗活动的医院、卫生院、疗养院、门诊部、诊所、卫生急救站等。

3.2 医疗机构污水 medical organization wastewater

指医疗机构门诊、病房、手术室、各类检验室、病理解剖室、放射室、洗衣房、太平间等处排出的诊疗、生活及粪便污水。当医疗机构其他污水与上述污水混合排出时一律视为医疗机构污水。

3.3 污泥 sludge

指医疗机构污水处理过程中产生的栅渣、沉淀污泥和化粪池污泥。

3.4 废气 waste gas

指医疗机构污水处理过程中产生的有害气体。

4 技术内容

4.1 污水排放要求

4.1.1 传染病和结核病医疗机构污水排放执行表 1 的规定。

4.1.2 县级及县级以上或 20 张床位及以上的综合医疗机构和其他医疗机构污水排放执行表 2 的规定。直接或间接排入地表水体和海域的污水执行排放标准，排入终端已建有正常运行城镇二级污水处理厂的下水道的污水，执行预处理标准。

4.1.3 县级以下或 20 张床位以下的综合医疗机构和其他所有医疗机构污水经消毒处理后方可排放。

4.1.4 禁止向 GB 3838 Ⅰ、Ⅱ类水域和Ⅲ类水域的饮用水保护区和游泳区，GB 3097 一、二类海域直接排放医疗机构污水。

4.1.5 带传染病房的综合医疗机构，应将传染病房污水与非传染病房污水分开。传染病房的污水、粪便经过消毒后方可与其他污水合并处理。

4.1.6 采用含氯消毒剂进行消毒的医疗机构污水，若直接排入地表水体和海域，应进行脱氯处理，使总余氯小于 0.5 mg/L。

表 1 传染病、结核病医疗机构水污染物排放限值（日均值）

序号	控制项目	标准值
1	粪大肠菌群数（MPN/L）	100
2	肠道致病菌	不得检出
3	肠道病毒	不得检出
4	结核杆菌	不得检出
5	pH	6～9
6	化学需氧量（COD） 浓度（mg/L） 最高允许排放负荷（g/床位）	 60 60
7	生化需氧量（BOD） 浓度（mg/L） 最高允许排放负荷（g/床位）	 20 20
8	悬浮物（SS） 浓度（mg/L） 最高允许排放负荷（g/床位）	 20 20

序号	控制项目	标准值
9	氨氮（mg/L）	15
10	动植物油（mg/L）	5
11	石油类（mg/L）	5
12	阴离子表面活性剂（mg/L）	5
13	色度（稀释倍数）	30
14	挥发酚（mg/L）	0.5
15	总氰化物（mg/L）	0.5
16	总汞（mg/L）	0.05
17	总镉（mg/L）	0.1
18	总铬（mg/L）	1.5
19	六价铬（mg/L）	0.5
20	总砷（mg/L）	0.5
21	总铅（mg/L）	1.0
22	总银（mg/L）	0.5
23	总α（Bq/L）	1
24	总β（Bq/L）	10
25	总余氯 1) 2)（mg/L） （直接排入水体的要求）	0.5

注：1）采用含氯消毒剂消毒的工艺控制要求为：消毒接触池的接触时间≥1.5 h，接触池出口总余氯 6.5～10 mg/L。

2）采用其他消毒剂对总余氯不作要求。

表 2 综合医疗机构和其他医疗机构水污染物排放限值（日均值）

序号	控制项目	排放标准	预处理标准
1	粪大肠菌群数（MPN/L）	500	5 000
2	肠道致病菌	不得检出	—
3	肠道病毒	不得检出	—
4	pH	6～9	6～9
5	化学需氧量（COD） 浓度（mg/L） 最高允许排放负荷（g/床位）	 60 60	 250 250
6	生化需氧量（BOD） 浓度（mg/L） 最高允许排放负荷（g/床位）	 20 20	 100 100
7	悬浮物（SS） 浓度（mg/L） 最高允许排放负荷（g/床位）	 20 20	 60 60
8	氨氮（mg/L）	15	—
9	动植物油（mg/L）	5	20
10	石油类（mg/L）	5	20
11	阴离子表面活性剂（mg/L）	5	10
12	色度（稀释倍数）	30	—
13	挥发酚（mg/L）	0.5	1.0
14	总氰化物（mg/L）	0.5	0.5
15	总汞（mg/L）	0.05	0.05
16	总镉（mg/L）	0.1	0.1
17	总铬（mg/L）	1.5	1.5

序号	控制项目	排放标准	预处理标准
18	六价铬（mg/L）	0.5	0.5
19	总砷（mg/L）	0.5	0.5
20	总铅（mg/L）	1.0	1.0
21	总银（mg/L）	0.5	0.5
22	总α（Bq/L）	1	1
23	总β（Bq/L）	10	10
24	总余氯[1)2)]（mg/L）	0.5	—

注：1）采用含氯消毒剂消毒的工艺控制要求为：

一级标准：消毒接触池接触时间≥1 h，接触池出口总余氯 3～10 mg/L。

二级标准：消毒接触池接触时间≥1 h，接触池出口总余氯 2～8 mg/L。

2）采用其他消毒剂对总余氯不作要求。

4.2 废气排放要求

4.2.1 污水处理站排出的废气应进行除臭除味处理，保证污水处理站周边空气中污染物达到表 3 要求。

4.2.2 传染病和结核病医疗机构应对污水处理站排出的废气进行消毒处理。

表 3 污水处理站周边大气污染物最高允许浓度

序号	控制项目	标准值
1	氨（mg/m^3）	1.0
2	硫化氢（mg/m^3）	0.03
3	臭气浓度（无量纲）	10
4	氯气（mg/m^3）	0.1
5	甲烷（指处理站内最高体积百分数%）	1%

4.3 污泥控制与处置

4.3.1 栅渣、化粪池和污水处理站污泥属危险废物，应按危险废物进行处理和处置。

4.3.2 污泥清淘前应进行监测，达到表 4 要求。

表 4 医疗机构污泥控制标准

医疗机构类别	粪大肠菌群数（MPN/g）	肠道致病菌	肠道病毒	结核杆菌	蛔虫卵死亡率/%
传染病医疗机构	≤100	不得检出	不得检出	—	>95
结核病医疗机构	≤100	—	—	不得检出	>95
综合医疗机构和其它医疗机构	≤100	—	—	—	>95

5 处理工艺与消毒要求

5.1 医疗机构病区和非病区的污水，传染病区和非传染病区的污水应分流，不得将固体传染性废物、各种化学废液弃置和倾倒排入下水道。

5.2 传染病医疗机构和综合医疗机构的传染病房应设专用化粪池，收集经消毒处理后的粪便排泄物等传染性废物。

5.3 化粪池应按最高日排水量设计，停留时间为 24～36 h，清掏周期为 180～360 d。

5.4 医疗机构的各种特殊排水应单独收集并进行处理后，再排入医院污水处理系统。

5.4.1 低放射性废水应经衰变池处理。

5.4.2 洗相室废液应回收银，并对废液进行处理。

5.4.3 口腔科含汞废水应进行除汞处理。

5.4.4 检验室废水应根据使用化学品的性质单独收集、单独处理。

5.4.5 含油废水应设置隔油池处理。

5.5 传染病医疗机构和结核病医疗机构污水处理宜采用二级处理+消毒工艺或深度处理+消毒工艺。

5.6 综合医疗机构污水排放执行排放标准时，宜采用二级处理+消毒工艺或深度处理+消毒工艺；执行预处理标准时宜采用一级处理或一级强化处理+消毒工艺。

5.7 消毒剂应根据技术经济分析选用，通常使用的有：二氧化氯、次氯酸钠、液氯、紫外线和臭氧等。采用含氯消毒剂时按表 1、表 2 要求设计。

5.7.1 采用紫外线消毒，污水悬浮物浓度应小于 10 mg/L，照射剂量 30～40 mJ/cm^2，照射接触时间应大于 10s 或由试验确定。

5.7.2 采用臭氧消毒，污水悬浮物浓度应小于 20 mg/L，臭氧用量应大于 10 mg/L，接触时间应大于 12 min 或由试验确定。

6 取样与监测

6.1 污水取样与监测

6.1.1 应按规定设置科室处理设施排出口和单位污水外排口，并设置排放口标志。

6.1.2 表 1 第 16～22 项，表 2 第 15～21 项在科室处理设施排出口取样，总α、总β在衰变池出口取样监测。其它污染物的采样点一律设在排污单位的外排口。

6.1.2 医疗机构污水外排口处应设污水计量装置，并宜设污水比例采样器和在线监测设备。

6.1.3 监测频率

6.1.3.1 粪大肠菌群数每月监测不得少于 1 次。采用含氯消毒剂消毒时，接触池出口总余氯每日监测不得少于 2 次（采用间歇式消毒处理的，每次排放前监测）。

6.1.3.2 肠道致病菌主要监测沙门氏菌、志贺氏菌。沙门氏菌的监测，每季度不少于 1 次；志贺氏菌的监测，每年不少于 2 次。其他致病菌和肠道病毒按 6.1.3.3 规定进行监测。结核病医疗机构根据需要监测结核杆菌。

6.1.3.3 收治了传染病病人的医院应加强对肠道致病菌和肠道病毒的监测。同时收治的感染上同一种肠道致病菌或肠道病毒的甲类传染病病人数超过 5 人、或乙类传染病病人数超过 10 人、或丙类传染病病人数超过 20 人时，应及时监测该种传染病病原体。

6.1.3.4 理化指标监测频率：pH 每日监测不少于 2 次，COD 和 SS 每周监测 1 次，其他污染物每季度监测不少于 1 次。

6.1.3.5 采样频率：每 4 小时采样 1 次，一日至少采样 3 次，测定结果以日均值计。

6.1.4 监督性监测按 HJ/T 91 执行。

6.1.5 监测分析方法按表 5 和附录。

6.1.6 污染物单位排放负荷计算见附录 F。

表5　水污染物监测分析方法

序号	控制项目	测　定　方　法	测定下限/（mg/L）	方法来源
1	粪大肠菌群数	多管发酵法		附录 A
2	沙门氏菌			附录 B
3	志贺氏菌			附录 C
4	结核杆菌			附录 E
5	总余氯	N,N-二乙基-1,4-苯二胺分光光度法 N,N-二乙基-1,4-苯二胺滴定法		GB 11898 GB 11897
6	化学需氧量（COD_{Cr}）	重铬酸盐法	30	GB 11914
7	生化需氧量（BOD_5）	稀释与接种法	2	GB 7488
8	悬浮物（SS）	重量法		GB 11901
9	氨氮	蒸馏和滴定法 比色法	0.2 0.05	GB 7478 GB 7479
10	动植物油	红外光度法	0.1	GB/T 16488
11	石油类	红外光度法	0.1	GB/T 16488
12	阴离子表面活性剂	亚甲蓝分光光度法	0.05	GB 7494
13	色　度	稀释倍数法		GB 11903
14	pH 值	玻璃电极法		GB 6920
15	总　汞	冷吸收分光光度法 双硫腙分光光度法	0.000 1 0.002	GB 7468 GB 7469
16	挥发酚	蒸馏后 4-氨基安替比林分光光度法	0.002	GB 7490
17	总氰化物	硝酸银滴定法 异烟酸-吡唑啉酮比色法 吡啶-巴比妥酸比色法	0.25 0.004 0.002	GB 7486 GB 7486 GB 7486
18	总　镉	原子吸收分光光度法（螯合萃取法） 双硫腙分光光度法	0.001 0.001	GB 7475 GB 7471
19	总　铬	高锰酸钾氧化－二苯碳酰二肼分光光度法	0.004	GB 7466
20	六价铬	二苯碳酰二肼分光光度法	0.004	GB 7467
21	总　砷	二乙基二硫代氨基甲酸银分光光度法	0.007	GB 7485
22	总　铅	原子吸收分光光度法（螯合萃取法） 双硫腙分光光度法	0.01 0.01	GB 7475 GB 7470
23	总　银	火焰原子吸收分光光度法 镉试剂 2B 分光光度法	0.03 0.01	GB 119079　　GB 11908
24	总α	厚源法	0.05Bq/L	EJ/T 1075
25	总β	蒸发法		EJ/T 900

6.2 大气取样与监测

6.2.1 污水处理站大气监测点的布置方法与采样方法按 GB 16297 中附录 C 和 HJ/T55 的有关规定执行。

6.2.2 采样频率，每 2 h 采样一次，共采集 4 次，取其最大测定值。每季度监测一次。

6.2.3 监测分析方法按表 6。

表 6 大气污染物监测分析方法

序号	控制项目	测定方法	方法来源
1	氨	次氯酸钠-水杨酸分光光度法	GB/T 14679
2	硫化氢	气相色谱法	GB/T 14678
3	臭气浓度（无量纲）	三点比较式臭袋法	GB/T 14675
4	氯气	甲基橙分光光度法	HJ/T 30
5	甲烷	气相色谱法	CJ/3037

6.3 污泥取样与监测

6.3.1 取样方法，采用多点取样，样品应有代表性，样品重量不小于 1 kg。清掏前监测。

6.3.2 监测分析方法见附录 A、附录 B、附录 C、附录 D 和附录 E。

7 标准的实施与监督

7.1 本标准由县级以上人民政府环境保护行政主管部门负责监督实施。

7.2 省、自治区、直辖市人民政府对执行本标准不能达到本地区环境功能要求时，可以根据总量控制要求和环境影响评价结果制定严于本标准的地方污染物排放标准。

中华人民共和国国家标准
GB 21904—2008

化学合成类制药工业水污染物排放标准

前　言

为贯彻《中华人民共和国环境保护法》、《中华人民共和国水污染防治法》、《中华人民共和国海洋环境保护法》、《国务院关于落实科学发展观　加强环境保护的决定》等法律法规和《国务院关于编制全国主体功能区规划的意见》，保护环境，防治污染，促进制药工业生产工艺和污染治理技术的进步，制定本标准。

本标准根据化学合成类制药工业生产工艺及污染治理技术的特点，规定了化学合成类制药工业水污染物的排放限值、监测和监控要求，适用于化学合成类制药生产企业水污染的防治和管理。

为促进区域经济与环境协调发展，推动经济结构的调整和经济增长方式的转变，引导化学合成类制药工业生产工艺和污染治理技术的发展方向，本标准规定了水污染物特别排放限值。

化学合成类制药工业企业排放大气污染物（含恶臭污染物）、环境噪声适用相应的国家污染物排放标准，产生固体废物的鉴别、处理和处置适用国家固体废物污染控制标准。

自本标准实施之日起，化学合成类制药工业企业的水污染物排放控制按本标准的规定执行，不再执行《污水综合排放标准》（GB 8978—1996）中的相关规定。

本标准为首次发布。

本标准由环境保护部科技标准司组织制订。

本标准起草单位：哈尔滨工业大学、河北省环境科学研究院、环境保护部环境标准研究所本标准环境保护部 2008 年 4 月 29 日批准。

本标准自 2008 年 8 月 1 日起实施。

本标准由环境保护部解释。

1 适用范围

本标准规定了化学合成类制药工业水污染物的排放限值、监测和监控要求以及标准的实施与监督等相关规定。

本标准适用于化学合成类制药工业企业的水污染防治和管理，以及化学合成类制药工业建设项目环境影响评价、环境保护设施设计、竣工环境保护验收及其投产后的水污染防治和管理。本标准也适用于专供药物生产的医药中间体工厂（如精细化工厂）。与化学合成类药物结构相似的兽药生产企业的水污染防治与管理也适用于本标准。

本标准适用于法律允许的水污染物排放行为。新设立的化学合成类制药工业企业的选址和特殊保护区域内现有污染源的管理，按照《中华人民共和国水污染防治法》、《中华人民共和国海洋环境保护法》和《中华人民共和国环境影响评价法》等法律的相关规定执行。

本标准规定的水污染物排放控制要求适用于企业向环境水体的排放行为。

企业向设置污水处理厂的城镇排水系统排放废水时，有毒污染物总镉、烷基汞、六价铬、总砷、总铅、总镍、总汞在本标准规定的监控位置执行相应的排放限值；其他污染物的排放控制要求由企业与城镇污水处理厂根据其污水处理能力商定或执行相关标准，并报当地环境保护主管部门备案；

城镇污水处理厂应保证排放污染物达到相关排放标准要求。

建设项目拟向设置污水处理厂的城镇排水系统排放废水时，由建设单位和城镇污水处理厂按前款的规定执行。

2 规范性引用文件

本标准内容引用了下列文件或其中的条款。

GB 6920—1986　水质　pH 值的测定　玻璃电极法

GB 7467—1987　水质　六价铬的测定　二苯碳酰二肼分光光度法

GB 7468—1987　水质　总汞的测定　冷原子吸收分光光度法

GB 7472—1987　水质　锌的测定　双硫腙分光光度法

GB 7474—1987　水质　铜的测定　二乙基二硫代氨基甲酸钠分光光度法

GB 7475—1987　水质　铜、锌、铅、镉的测定　原子吸收分光光度法

GB 7478—1987　水质　铵的测定　蒸馏和滴定法

GB 7479—1987　水质　铵的测定　纳氏试剂比色法

GB 7481—1987　水质　铵的测定　水杨酸分光光度法

GB 7485—1987　水质　总砷的测定　二乙基二硫代氨基甲酸银分光光度法

GB 7486—1987　水质　氰化物的测定　第一部分　总氰化物的测定

GB 7488—1987　水质　五日生化需氧量（BOD_5）的测定　稀释与接种法

GB 7490—1987　水质　挥发酚的测定　蒸馏后 4-氨基安替比林分光光度法

GB 11889—1989　水质　苯胺类化合物的测定　N-（1-萘基）乙二胺偶氮分光光度法

GB 11893—1989　水质　总磷的测定　钼酸铵分光光度法

GB 11894—1989　水质　总氮的测定　碱性过硫酸钾消解紫外分光光度法

GB 11901—1989　水质　悬浮物的测定　重量法

GB 11903—1989　水质　色度的测定

GB 11910—1989　水质　镍的测定　丁二酮肟分光光度法

GB 11912—1989　水质　镍的测定　火焰原子吸收分光光度法

GB 11914—1989　水质　化学需氧量的测定　重铬酸盐法

GB 13193—1991　水质　总有机碳（TOC）的测定　非色散红外线吸收法

GB 13194—1991　水质　硝基苯、硝基甲苯、硝基氯苯、二硝基甲苯的测定　气相色谱法

GB 14204—1993　水质　烷基汞的测定　气相色谱法

GB/T 15441—1995　水质　急性毒性的测定　发光细菌法

GB/T 16489—1996　水质　硫化物的测定　亚甲基蓝分光光度法

GB/T 17130—1997　水质　挥发性卤代烃的测定　顶空气相色谱法

GB/T 17133—1997　水质　硫化物的测定　直接显色分光光度法

HJ/T 70—2001　高氯废水　化学需氧量的测定　氯气校正法

HJ/T 71—2001　水质　总有机碳的测定　燃烧氧化-非分散红外吸收法

HJ/T 132—2003　高氯废水　化学需氧量的测定　碘化钾碱性高锰酸钾法

HJ/T 195—2005　水质　氨氮的测定　气相分子吸收光谱法

HJ/T 199—2005　水质　总氮的测定　气相分子吸收光谱法

《污染源自动监控管理办法》（国家环境保护总局令第 28 号）

《环境监测管理办法》（国家环境保护总局令第 39 号）

3 术语和定义

下列术语和定义适用于本标准。

3.1 化学合成类制药采用一个化学反应或者一系列化学反应生产药物活性成分的过程。

3.2 现有企业本标准实施之日前建成投产或环境影响评价文件通过审批的化学合成类制药生产企业或生产设施。

3.3 新建企业本标准实施之日起环境影响评价文件通过审批的新、改、扩建化学合成类制药工业建设项目。

3.4 排水量指生产设施或企业排放到企业法定边界外的废水量。包括与生产有直接或间接关系的各种外排废水（含厂区生活污水、冷却废水、厂区锅炉和电站废水等）。

3.5 单位产品基准排水量指用于核定水污染物排放浓度而规定的生产单位产品的污水排放量上限值。

4 污染物排放控制要求

4.1 排放限值

4.1.1 现有企业自 2009 年 1 月 1 日起至 2010 年 6 月 30 日执行表 1 规定的水污染物排放限值。

4.1.2 现有企业自 2010 年 7 月 1 日起执行表 2 规定的水污染物排放限值。

4.1.3 新建企业自 2008 年 8 月 1 日起执行表 2 规定的水污染物排放限值。

表 1　现有企业水污染物排放限值

单位：mg/L（pH 值、色度除外）

序号	污染物项目	排放限值	污染物排放监控位置
1	pH 值	6～9	企业废水总排放口
2	色度（稀释倍数）	50	
3	悬浮物	70	
4	五日生化需氧量（BOD_5）	40（35）	
5	化学需氧量（COD_{Cr}）	200（180）	
6	氨氮（以 N 计）	40（30）	
7	总氮	50（40）	
8	总磷	2.0	
9	总有机碳	60（50）	
10	急性毒性（$HgCl_2$ 毒性当量计）	0.07	
11	总铜	0.5	
12	挥发酚	0.5	
13	硫化物	1.0	
14	硝基苯类	2.0	
15	苯胺类	2.0	
16	二氯甲烷	0.3	
17	总锌	0.5	
18	总氰化物	0.5	
19	总汞	0.05	

序号	污染物项目	排放限值	污染物排放监控位置
20	烷基汞	不得检出*	车间或生产设施废水排放口
21	总镉	0.1	
22	六价铬	0.5	
23	总砷	0.5	
24	总铅	1.0	
25	总镍	1.0	

*烷基汞检出限：10ng/L。

注：括号内排放限值适用于同时生产化学合成类原料药和混装制剂的生产企业。

表 2　新建企业水污染物排放限值

单位：mg/L（pH 值、色度除外）

序号	污染物项目	排放限值	污染物排放监控位置
1	pH 值	6～9	企业废水总排放口
2	色度	50	
3	悬浮物	50	
4	五日生化需氧量（BOD_5）	25（20）	
5	化学需氧量（COD_{Cr}）	120（100）	
6	氨氮（以 N 计）	25（20）	
7	总氮	35（30）	
8	总磷	1.0	
9	总有机碳	35（30）	
10	急性毒性（$HgCl_2$ 毒性当量）	0.07	
11	总铜	0.5	
12	挥发酚	0.5	
13	硫化物	1.0	
14	硝基苯类	2.0	
15	苯胺类	2.0	
16	二氯甲烷	0.3	
17	总锌	0.5	
18	总氰化物	0.5	
19	总汞	0.05	车间或生产设施废水排放口
20	烷基汞	不得检出*	
21	总镉	0.1	
22	六价铬	0.5	
23	总砷	0.5	
24	总铅	1.0	
25	总镍	1.0	

*烷基汞检出限：10ng/L。

注：括号内排放限值适用于同时生产化学合成类原料药和混装制剂的生产企业。

4.1.4 根据环境保护工作的要求，在国土开发密度较高、环境承载能力开始减弱，或水环境容量较小、生态环境脆弱，容易发生严重水环境污染问题而需要采取特别保护措施的地区，应严格控制企业的污染物排放行为，在上述地区的化学合成类制药工业现有和新建企业执行表 3 规定的水污染物特别排放限值。

执行水污染物特别排放限值的地域范围、时间，由国务院环境保护主管部门或省级人民政府规定。

表 3 水污染物特别排放限值

单位：mg/L（pH 值、色度除外）

序号	污染物项目	排放限值	污染物排放监控位置
1	pH 值	6～9	企业废水总排放口
2	色度	30	
3	悬浮物	10	
4	五日生化需氧量（BOD_5）	10	
5	化学需氧量（COD_{Cr}）	50	
6	氨氮（以 N 计）	5	
7	总氮（以 N 计）	15	
8	总磷（以 P 计）	0.5	
9	总有机碳	15	
10	急性毒性（$HgCl_2$ 毒性当量）	0.07	
11	总铜	0.5	
12	挥发酚	0.5	
13	硫化物	1.0	
14	硝基苯类	2.0	
15	苯胺类	1.0	
16	二氯甲烷	0.2	
17	总锌	0.5	
18	总氰化物	不得检出[1)]	
19	总汞	0.05	车间或生产设施废水排放口
20	烷基汞	不得检出[2)]	
21	总镉	0.1	
22	六价铬	0.3	
23	总砷	0.3	
24	总铅	1.0	
25	总镍	1.0	

1）总氰化物检出限：0.25 mg/L。2）烷基汞检出限：10 ng/L。

4.2 基准水量排放浓度换算

4.2.1 生产不同类别的化学合成类制药产品，其单位产品基准排水量见表 4。

4.2.2 水污染物排放浓度限值适用于单位产品实际排水量不高于单位产品基准排水量的情况。若单位产品实际排水量超过单位产品基准排水量，应按污染物单位产品基准排水量将实测水污染物浓度换算为水污染物基准水量排放浓度，并以水污染物基准水量排放浓度作为判定排放是否达标的依据。产品产量和排水量统计周期为一个工作日。

4.2.3 在企业的生产设施同时生产两种以上产品、可适用不同排放控制要求或不同行业国家污染物排放标准，且生产设施产生的污水混合处理排放的情况下，应执行排放标准中规定的最严格的浓度限值，并按（1）式换算水污染物基准水量排放浓度：

$$C_{基} = \frac{Q_{总}}{\sum (Y_i \cdot Q_{i基})} C_{实} \tag{1}$$

式中：$C_{基}$—— 水污染物基准水量排放浓度，单位为毫克每升（mg/L）；

$Q_{总}$—— 排水总量，单位为立方米（m^3）；

Y_i—— 某产品产量，单位为吨（t）；

$Q_{i基}$—— 某产品的单位产品基准排水量，单位为立方米每吨（m^3/t）；

$C_{实}$ —— 实测水污染物浓度，单位为毫克每升（mg/L）。

若 $Q_{总}$与Σ（$Y_i \cdot Q_{i基}$）的比值小于 1，则以水污染物实测浓度作为判定排放是否达标的依据。

表 4　化学合成类制药工业单位产品基准排水量

单位：m^3/t 产品

序号	药物种类	代表性药物	单位产品基准排水量
1	神经系统类	安乃近	88
		阿司匹林	30
		咖啡因	248
		布洛芬	120
2	抗微生物感染类	氯霉素	1 000
		磺胺嘧啶	280
		呋喃唑酮	2 400
		阿莫西林	240
		头孢拉定	1 200
3	呼吸系统类	愈创木酚甘油醚	45
4	心血管系统类	辛伐他汀	240
5	激素及影响内分泌类	氢化可的松	4 500
6	维生素类	维生素 E	45
		维生素 B_1	3 400
7	氨基酸类	甘氨酸	401
8	其他类	盐酸赛庚啶	1 894

注：排水量计量位置与污染物排放监控位置相同。

5 污染物监测要求

5.1 对企业排放废水采样应根据监测污染物的种类，在规定的污染物排放监控位置进行，有废水处理设施的，应在该设施后监控。在污染物排放监控位置须设置排污口标志。

5.2 新建企业应按照《污染源自动监控管理办法》的规定，安装污染物排放自动监控设备，并与环保部门监控设备联网，并保证设备正常运行。各地现有企业安装污染物排放自动监控设备的要求由省级环境保护行政主管部门规定。

5.3 对企业污染物排放情况进行监测的频次、采样时间等要求，按国家有关污染源监测技术规范的规定执行。

5.4 企业产品产量的核定，以法定报表为依据。

5.5 对企业排放水污染物浓度的测定采用表 5 所列的方法标准。

5.6 企业须按照有关法律和《环境监测管理办法》的规定，对排污状况进行监测，并保存原始监测记录。

表 5 水污染物项目分析方法

序号	污染物项目	分析方法标准名称	方法标准编号
1	pH 值	水质 pH 值的测定 玻璃电极法	GB 6920—1986
2	色度	水质 色度的测定	GB 11903—1989
3	悬浮物	水质 悬浮物的测定 重量法	GB 11901—1989
		水质 化学需氧量的测定 重铬酸盐法	GB 11914—1989
4	化学需氧量	高氯废水 化学需氧量的测定 氯气校正法	HJ/T70—2001
		高氯废水 化学需氧量的测定 碘化钾碱性高锰酸钾法	HJ/T132—2003
5	五日生化需氧量	水质 五日生化需氧量（BOD_5）的测定 稀释与接种法	GB 7488—1987
		水质 总氮的测定 碱性过硫酸钾消解紫外分光光度法	GB 11894—1989
6	总氮	水质 总氮的测定 气相分子吸收光谱法	HJ/T199—2005
7	总磷	水质 总磷的测定 钼酸铵分光光度法	GB 11893—1989
8	氨氮	水质 铵的测定 蒸馏和滴定法	GB 7479—1987
		水质 铵的测定 蒸馏和滴定法	GB 7481—1987
		水质 铵的测定 纳氏试剂比色法	GB 7478—1987
		水质 氨氮的测定 气相分子吸收光谱法	HJ/T 195—2005
9	总有机碳	水质 总有机碳（TOC）的测定非色散红外线吸收法	GB 13193—1991
		水质 总有机碳的测定 燃烧氧化-非分散红外吸收法	HJ/T 71—2001
10	急性毒性	水质 急性毒性的测定 发光细菌法	GB/T 15441—1995
11	总汞	水质 总汞的测定 冷原子吸收分光光度法	GB 7468—87
12	总镉	水质 铜、锌、铅、镉的测定 原子吸收分光光度法	GB 7475—87
13	烷基汞	水质 烷基汞的测定 气相色谱法	GB 14204—93
14	六价铬	水质 六价铬的测定 二苯碳酰二肼分光光度法	GB 7467—87
15	总砷	水质 总砷的测定 二乙基二硫代氨基甲酸银分光光度法	GB 7485—87
16	总铅	水质 铜、锌、铅、镉的测定 原子吸收分光光度法	GB 7475—87
17	总镍	水质 镍的测定 丁二酮肟分光光度法	GB 11910—89
		水质 镍的测定 火焰原子吸收分光光度法	GB 11912—89
18	总铜	水质 铜、锌、铅、镉的测定 原子吸收分光光度法	GB 7475—87
		水质 铜的测定 二乙基二硫代氨基甲酸钠分光光度法	GB 7474—87
19	总锌	水质 锌的测定 双硫腙分光光度法	GB 7472—87
		水质 铜、锌、铅、镉的测定 原子吸收分光光度法	GB 7475—87
20	总氰化物	水质 氰化物的测定 第一部分 总氰化物的测定	GB 7486—87
21	挥发酚	水质 挥发酚的测定 蒸馏后 4-氨基安替比林分光光度法	GB 7490—87
22	硫化物	水质 硫化物的测定 亚甲基蓝分光光度法	GB/T 16489—1996
		水质 硫化物的测定 直接显色分光光度法	GB/T 17133—1997
23	硝基苯类	水质 硝基苯、硝基甲苯、硝基氯苯、二硝基甲苯的测定 气相色谱法	GB 13194—91
24	苯胺类	水质 苯胺类化合物的测定 N-（1-萘基）乙二胺偶氮分光光度法	GB 11889—89
25	二氯甲烷	水质 挥发性卤代烃的测定 顶空气相色谱法	GB/T 17130—1997

6 实施与监督

6.1 本标准由县级以上人民政府环境保护主管部门负责监督实施。

6.2 在任何情况下，企业均应遵守本标准规定的水污染物排放控制要求，采取必要措施保证污染防治设施正常运行。各级环保部门在对企业进行监督性检查时，可以现场即时采样或监测的结果，作为判定排污行为是否符合排放标准以及实施相关环境保护管理措施的依据。在发现企业耗水或排水量有异常变化的情况下，应核定企业的实际产品产量和排水量，按本标准的规定，换算水污染物基准水量排放浓度。

中华人民共和国国家标准
GB 21906—2008

中药类制药工业水污染物排放标准

前　言

为贯彻《中华人民共和国环境保护法》、《中华人民共和国水污染防治法》、《中华人民共和国海洋环境保护法》、《国务院关于落实科学发展观　加强环境保护的决定》等法律法规和《国务院关于编制全国主体功能区规划的意见》，保护环境，防治污染，促进制药工业生产工艺和污染治理技术的进步，制定本标准。

本标准根据中药类制药工业生产工艺及污染治理技术的特点，规定了中药类制药工业企业水污染物的排放限值、监测和监控要求，适用于中药类制药工业企业水污染防治和管理。

为促进区域经济与环境协调发展，推动经济结构的调整和经济增长方式的转变，引导中药类制药工业生产工艺和污染治理技术的发展方向，本标准规定了水污染物特别排放限值。

中药类制药工业企业排放大气污染物（含恶臭污染物）、环境噪声适用相应的国家污染物排放标准，产生固体废物的鉴别、处理和处置适用国家固体废物污染控制标准。

自本标准实施之日起，中药类制药工业企业的水污染物排放控制按本标准的规定执行，不再执行《污水综合排放标准》（GB 8978—1996）中的相关规定。

本标准为首次发布。

本标准由环境保护部科技标准司组织制订。

本标准起草单位：中国环境科学研究院、中国中药协会、河北省环境科学研究院。

本标准环境保护部 2008 年 4 月 29 日批准。

本标准自 2008 年 8 月 1 日起实施。

本标准由环境保护部解释。

1 适用范围

本标准规定了中药类制药工业水污染物的排放限值、监测和监控要求以及标准的实施与监督等相关规定。

本标准适用于中药类制药工业企业的水污染防治和管理，以及中药类制药工业建设项目的环境影响评价、环境保护设施设计、竣工环境保护验收及其投产后的水污染防治和管理。

本标准适用于以药用植物和药用动物为主要原料，按照国家药典，生产中药饮片和中成药各种剂型产品的制药工业企业。藏药、蒙药等民族传统医药制药工业企业以及与中药类药物相似的兽药生产企业的水污染防治与管理也适用于本标准。

当中药类制药工业企业提取某种特定药物成分时，应执行提取类制药工业水污染物排放标准。

本标准适用于法律允许的水污染物排放行为。新设立的中药类制药工业企业的选址和特殊保护区域内现有污染源的管理，按照《中华人民共和国水污染防治法》、《中华人民共和国海洋环境保护法》和《中华人民共和国环境影响评价法》等法律的相关规定执行。

本标准规定的水污染物排放控制要求适用于企业向环境水体的排放行为。

企业向设置污水处理厂的城镇排水系统排放废水时，有毒污染物总汞、总砷在本标准规定的监控位置执行相应的排放限值；其他污染物的排放控制要求由企业与城镇污水处理厂根据其污水处理能力商定或执行相关标准，并报当地环境保护主管部门备案；城镇污水处理厂应保证排放污染物达到相关排放标准要求。

建设项目拟向设置污水处理厂的城镇排水系统排放废水时，由建设单位和城镇污水处理厂按前款的规定执行。

2 规范性引用文件

本标准内容引用了下列文件或其中的条款。

GB 6920—1986　水质　pH 值的测定　玻璃电极法

GB 7468—1987　水质　总汞的测定　冷原子吸收分光光度法

GB 7478—1987　水质　铵的测定　蒸馏和滴定法

GB 7479—1987　水质　铵的测定　纳氏试剂比色法

GB 7481—1987　水质　铵的测定　水杨酸分光光度法

GB 7485—1987　水质　总砷的测定　二乙基二硫代氨基甲酸银分光光度法

GB 7486—1987　水质　氰化物的测定　第一部分　总氰化物

GB 7488—1987　水质　五日生化需氧量（BOD_5）的测定　稀释与接种法

GB 11893—1989　水质　总磷的测定　钼酸铵分光光度法

GB 11894—1989　水质　总氮的测定　碱性过硫酸钾消解紫外分光光度法

GB 11901—1989　水质　悬浮物的测定　重量法

GB 11903—1989　水质　色度的测定

GB 11914—1989　水质　化学需氧量的测定　重铬酸盐法

GB 13193—1991　水质　总有机碳（TOC）的测定　非色散红外线吸收法

GB/T 15441—1995　水质　急性毒性的测定　发光细菌法

GB/T 16488—1996　水质　石油类和动植物油的测定　红外光度法

HJ/T 71—2001　水质　总有机碳的测定　燃烧氧化-非分散红外吸收法

HJ/T 195—2005　水质　氨氮的测定　气相分子吸收光谱法

HJ/T 199—2005　水质　总氮的测定　气相分子吸收光谱法

《污染源自动监控管理办法》（国家环境保护总局令第 28 号）

《环境监测管理办法》（国家环境保护总局令第 39 号）

3 术语和定义

下列术语和定义适用于本标准。

3.1 中药制药指以药用植物和药用动物为主要原料，根据国家药典，生产中药饮片和中成药各种剂型产品的过程。

3.2 现有企业本标准实施之日前建成投产或环境影响评价文件通过审批的中药类制药生产企业或生产设施。

3.3 新建企业

本标准实施之日起环境影响评价文件通过审批的新、改、扩建中药类制药工业建设项目。

3.4 排水量指生产设施或企业排放到企业法定边界外的废水量。包括与生产有直接或间接关系的各种外排废水（含厂区生活污水、冷却废水、厂区锅炉和电站废水等）。

3.5 单位产品基准排水量指用于核定水污染物排放浓度而规定的生产单位产品的污水排放量上限值。

4 污染物排放控制要求

4.1 排放限值

4.1.1 现有企业自 2009 年 1 月 1 日起至 2010 年 6 月 30 日执行表 1 规定的水污染物排放限值。

4.1.2 现有企业自 2010 年 7 月 1 日起执行表 2 规定的水污染物排放限值。

4.1.3 新建企业自 2008 年 8 月 1 日起执行表 2 规定的水污染物排放限值。

表 1　现有企业水污染物排放限值

单位：mg/L（pH 值、色度除外）

序号	项目	排放限值	污染物排放监控位置
1	pH 值	6～9	企业废水总排放口
2	色度（稀释倍数）	80	
3	悬浮物	70	
4	五日生化需氧量（BOD_5）	30	
5	化学需氧量（COD_{Cr}）	130	
6	动植物油	10	
7	氨氮（以 N 计）	10	
8	总氮（以 N 计）	30	企业废水总排放口
9	总磷（以 P 计）	1	
10	总有机碳	30	
11	总氰化物	0.5	
12	总汞	0.05	车间或生产设施废水排放口
13	总砷	0.5	
14	急性毒性（$HgCl_2$ 毒性当量）	0.07	企业废水总排放口
单位产品基准排水量 300 m^3/t 产品			排水量计量位置与污染物排放监控位置相同

表 2　新建企业水污染物排放限值

单位：mg/L（pH 值、色度除外）

序号	项目	排放限值	污染物排放监控位置
1	pH 值	6～9	企业废水总排放口
2	色度（稀释倍数）	50	
3	悬浮物	50	
4	五日生化需氧量（BOD_5）	20	
5	化学需氧量（COD_{Cr}）	100	
6	动植物油	5	
7	氨氮（以 N 计）	8	
8	总氮（以 N 计）	20	
9	总磷（以 P 计）	0.5	
10	总有机碳	25	
11	总氰化物	0.5	
12	总汞	0.05	车间或生产设施废水排放口
13	总砷	0.5	
14	急性毒性（$HgCl_2$ 毒性当量）	0.07	企业废水总排放口
单位产品基准排水量 300 m^3/t 产品			排水量计量位置与污染物排放监控位置相同

4.1.4 根据环境保护工作的要求，在国土开发密度较高、环境承载能力开始减弱，或水环境容量较小、生态环境脆弱，容易发生严重水环境污染问题而需要采取特别保护措施的地区，应严格控制企业的污染物排放行为，在上述地区的中药类制药工业现有和新建企业执行表 3 规定的水污染物特别排放限值。

执行水污染物特别排放限值的地域范围、时间，由国务院环境保护主管部门或省级人民政府规定。

表 3　水污染物特别排放限值

单位：mg/L（pH 值、色度除外）

序号	项目	排放限值	污染物排放监控位置
1	pH 值	6～9	企业废水总排放口
2	色度（稀释倍数）	30	
3	悬浮物	15	
4	五日生化需氧量（BOD_5）	15	
5	化学需氧量（COD_{Cr}）	50	
6	动植物油	5	
7	氨氮（以 N 计）	5	企业废水总排放口
8	总氮（以 N 计）	15	
9	总磷（以 P 计）	0.5	
10	总有机碳	20	
11	总氰化物	0.3	
12	总汞	0.01	车间或生产设施废水排放口
13	总砷	0.1	
14	急性毒性（$HgCl_2$ 毒性当量）	0.07	企业废水总排放口
单位产品基准排水量 300 m^3/t 产品			排水量计量位置与污染物排放监控位置相同

4.2 基准水量排放浓度换算

4.2.1 水污染物排放浓度限值适用于单位产品实际排水量不高于单位产品基准排水量的情况。若单位产品实际排水量超过单位产品基准排水量，应按污染物单位产品基准排水量将实测水污染物浓度换算为水污染物基准水量排放浓度，并以水污染物基准水量排放浓度作为判定排放是否达标的依据。产品产量和排水量统计周期为一个工作日。

4.2.2 在企业的生产设施同时生产两种以上类别的产品、可适用不同排放控制要求或不同行业国家污染物排放标准，且生产设施产生的污水混合处理排放的情况下，应执行排放标准中规定的最严格的浓度限值，并按（1）式换算水污染物基准水量排放浓度：

$$C_{基}=\frac{Q_{总}}{\sum(Y_i \cdot Q_{i基})}C_{实} \qquad (1)$$

式中：$C_{基}$ —— 水污染物基准水量排放浓度，单位为毫克每升（mg/L）；

$Q_{总}$—— 排水总量，单位为立方米（m^3）；

Y_i—— 某产品产量，单位为吨（t）；

$Q_{i基}$—— 某产品的单位产品基准排水量，单位为立方米每吨（m^3/t）；

$C_{实}$ —— 实测水污染物浓度，单位为毫克每升（mg/L）。

若 $Q_{总}$与 Σ（$Y_i \cdot Q_{i基}$）的比值小于 1，则以水污染物实测浓度作为判定排放是否达标的依据。

5 污染物监测要求

5.1 对企业排放废水采样应根据监测污染物的种类，在规定的污染物排放监控位置进行，有废水处理设施的，应在该设施后监控。在污染物排放监控位置须设置排污口标志。

5.2 新建企业应按照《污染源自动监控管理办法》的规定，安装污染物排放自动监控设备，并与环保部门的监控设备联网，并保证设备正常运行。各地现有企业安装污染物排放自动监控设备的要求由省级环境保护行政主管部门规定。

5.3 对企业污染物排放情况进行监测的频次、采样时间等要求，按国家有关污染源监测技术规范的规定执行。

5.4 企业产品产量的核定，以法定报表为依据。

5.5 对企业排放水污染物浓度的测定采用表 4 所列的方法标准。

5.6 企业须按照有关法律和《环境监测管理办法》的规定，对排污状况进行监测，并保存原始监测记录。

表 4　水污染物分析方法

序号	污染物项目	测定方法名称	标准编号
1	pH 值	水质　pH 值的测定　玻璃电极法	GB 6920—1986
2	色度	水质　色度的测定	GB 11903—1989
3	悬浮物	水质　悬浮物的测定　重量法	GB 11901—1989
4	五日生化需氧量	水质　五日生化需氧量（BOD_5）的测定　稀释与接种法	GB 7488—1987
5	化学需氧量	水质　化学需氧量的测定　重铬酸盐法	GB 11914—1989
6	动植物油	水质　石油类和动植物油的测定　红外光度法	GB/T 16488—1996
7	氨氮	水质　铵的测定　蒸馏和滴定法	GB 7478—1987
		水质　铵的测定　纳氏试剂比色法	GB 7479—1987
		水质　铵的测定　水杨酸分光光度法	GB 7481—1987
		水质　氨氮的测定　气相分子吸收光谱法	HJ/T 195—2005
8	总氮	水质　总氮的测定　碱性过硫酸钾消解紫外分光光度法	GB 11894—89
		水质　总氮的测定　气相分子吸收光谱法	HJ/T 199—2005
9	总磷	水质　总磷的测定　钼酸铵分光光度法	GB 11893—89
10	总有机碳	水质　总有机碳（TOC）的测定　非色散红外线吸收法	GB 13193—91
		水质　总有机碳的测定　燃烧氧化-非分散红外吸收法	HJ/T 71—2001
11	总氰化物	水质　氰化物的测定　第一部分　总氰化物	GB 7486—87
12	总汞	水质　总汞的测定　冷原子吸收分光光度法	GB 7468—87
13	总砷	水质　总砷的测定　二乙基二硫代氨基甲酸银分光光度法	GB 7485—87
14	急性毒性	水质　急性毒性的测定　发光细菌法	GB/T 15441—1995

6 实施与监督

6.1 本标准由县级以上人民政府环境保护主管部门负责监督实施。

6.2 在任何情况下，企业均应遵守本标准规定的水污染物排放控制要求，采取必要措施保证污染防治设施正常运行。各级环保部门在对企业进行监督检查时，可以现场即时采样或监测的结果，作为判定排污行为是否符合排放标准以及实施相关环境保护管理措施的依据。在发现企业耗水或排水量有异常变化的情况下，应核定企业的实际产品产量和排水量，按本标准的规定，换算水污染物基准水量排放浓度。

中华人民共和国国家标准

GB 25463—2010

油墨工业水污染物排放标准

前　言

为贯彻《中华人民共和国环境保护法》、《中华人民共和国水污染防治法》、《中华人民共和国海洋环境保护法》、《国务院关于落实科学发展观　加强环境保护的决定》等法律、法规和《国务院关于编制全国主体功能区规划的意见》，保护环境，防治污染，促进油墨工业生产工艺和污染治理技术的进步，制定本标准。

本标准规定了油墨工业企业水污染物排放限值、监测和监控要求，适用于油墨工业企业水污染防治和管理。为促进区域经济与环境协调发展，推动经济结构的调整和经济增长方式的转变，引导油墨工业生产工艺和污染治理技术的发展方向，本标准规定了水污染物特别排放限值。

本标准中的污染物排放浓度均为质量浓度。

油墨工业企业排放大气污染物（含恶臭污染物）、环境噪声适用相应的国家污染物排放标准，产生固体废物的鉴别、处理和处置适用国家固体废物污染控制标准。

本标准为首次发布。

自本标准实施之日起，油墨工业企业的水污染物排放控制按本标准的规定执行，不再执行《污水综合排放标准》（GB 8978—1996）中的相关规定。

地方省级人民政府对本标准未作规定的污染物项目，可以制定地方污染物排放标准；对本标准已作规定的污染物项目，可以制定严于本标准的地方污染物排放标准。

本标准由环境保护部科技标准司组织制订。

本标准主要起草单位：华东理工大学、环境保护部环境标准研究所、中国日用化工协会。

本标准环境保护部 2010 年 9 月 10 日批准。

本标准自 2010 年 10 月 1 日起实施。

本标准由环境保护部解释。

1 适用范围

本标准规定了油墨工业企业水污染物排放限值、监测和监控要求，以及标准的实施与监督等相关规定。

本标准适用于油墨工业企业的水污染物排放管理，以及油墨工业企业建设项目的环境影响评价、环境保护设施设计、竣工环境保护验收及其投产后的水污染物排放管理。

本标准适用于法律允许的污染物排放行为。新设立污染源的选址和特殊保护区域内现有污染源的管理，按照《中华人民共和国大气污染防治法》、《中华人民共和国水污染防治法》、《中华人民共和国海洋环境保护法》、《中华人民共和国固体废物污染环境防治法》、《中华人民共和国环境影响评价法》等法律、法规、规章的相关规定执行。

本标准规定的水污染物排放控制要求适用于企业直接或间接向其法定边界外排放水污染物的行为。

2 规范性引用文件

本标准内容引用了下列文件或其中的条款。

GB/T 6920—1986 水质 pH 值的测定 玻璃电极法

GB/T 7466—1987 水质 总铬的测定 高锰酸钾氧化-二苯碳酰二肼分光光度法

GB/T 7467—1987 水质 六价铬的测定 二苯碳酰二肼分光光度法

GB/T 7468—1987 水质 总汞的测定 冷原子吸收分光光度法

GB/T 7469—1987 水质 总汞的测定 高锰酸钾-过硫酸钾消解法 双硫腙分光光度法

GB/T 7470—1987 水质 铅的测定 双硫腙分光光度法

GB/T 7471—1987 水质 镉的测定 双硫腙分光光度法

GB/T 7475—1987 水质 铜、锌、铅、镉的测定 原子吸收分光光度法

GB/T 11889—1989 水质 苯胺类化合物的测定 N-（1-萘基）乙二胺偶氮分光光度法

GB/T 11890—1989 水质 苯系物的测定 气相色谱法

GB/T 11893—1989 水质 总磷的测定 钼酸铵分光光度法

GB/T 11894—1989 水质 总氮的测定 碱性过硫酸钾消解紫外分光光度法

GB/T 11901—1989 水质 悬浮物的测定 重量法

GB/T 11903—1989 水质 色度的测定 稀释倍数法

GB/T 11914—1989 水质 化学需氧量的测定 重铬酸盐法

GB/T 14204—1993 水质 烷基汞的测定 气相色谱法

GB/T 16488—1996 水质 石油类和动植物油的测定 红外光度法

HJ/T 195—2005 水质 氨氮的测定 气相分子吸收光谱法

HJ/T 199—2005 水质 总氮的测定 气相分子吸收光谱法

HJ/T 341—2007 水质 汞的测定 冷原子荧光法

HJ/T 399—2007 水质 化学需氧量的测定 快速消解分光光度法

HJ 501—2009 水质 总有机碳的测定 燃烧氧化-非分散红外吸收法

HJ 503—2009 水质 挥发酚的测定 4-氨基安替比林分光光度法

HJ 505—2009 水质 五日生化需氧量（BOD_5）的测定 稀释与接种法

HJ 535—2009 水质 氨氮的测定 纳氏试剂分光光度法

HJ 536—2009 水质 氨氮的测定 水杨酸分光光度法

HJ 537—2009 水质 氨氮的测定 蒸馏-中和滴定法

《污染源自动监控管理办法》（国家环境保护总局令 第 28 号）

《环境监测管理办法》（国家环境保护总局令 第 39 号）

3 术语和定义

下列术语和定义适用于本标准。

3.1 油墨工业 ink industry

指以颜料、填充料、连接料和辅助剂为原料制备印刷用油墨的工业，包括自制颜料、树脂的油墨生产。

3.2 综合油墨生产企业 comprehensive ink manufacturers

指含有颜料生产且颜料年产量在 1000 t 及以上的油墨工业企业。

3.3 其他油墨生产企业 other ink manufacturers

指不含颜料生产的油墨工业企业或含颜料生产且颜料年产量在 1000 t 以下的油墨工业企业。

3.4 平版油墨　planographic printing ink

指适用于各种平版印刷方式的油墨总称。

3.5 干法平版油墨　planographic printing ink by dry method

指采用颜料干粉与连接料等材料混合、研磨而成的平版油墨。

3.6 湿法平版油墨　planographic printing ink by wet method

指采用含水的颜料滤饼与连接料等材料混合、研磨而成的平版油墨。

3.7 凹版油墨　gravure printing ink

指用于凹版印刷的油墨的总称。

3.8 柔版油墨　flexible printing ink

指用于柔版印刷的油墨的总称。

3.9 基墨　primary ink

指将含水的颜料滤饼与油墨连接料混合均匀，并除去其中剩余水分而制成的油墨基料。

3.10 现有企业　existing facility

指本标准实施之日前已建成投产或环境影响评价文件已通过审批的油墨工业企业或生产设施。

3.11 新建企业　new facility

指本标准实施之日起环境影响评价文件通过审批的新建、改建和扩建油墨工业设施建设项目。

3.12 排水量　effluent volume

指生产设施或企业向企业法定边界以外排放的废水的量，包括与生产有直接或间接关系的各种外排废水（如厂区生活污水、冷却废水、厂区锅炉和电站排水等）。

3.13 单位产品基准排水量　benchmark effluent volume per unit product

指用于核定水污染物排放浓度而规定的生产单位产品的废水排放量上限值。

3.14 公共污水处理系统　public wastewater treatment system

指通过纳污管道等方式收集废水，为两家以上排污单位提供废水处理服务并且排水能够达到相关排放标准要求的企业或机构，包括各种规模和类型的城镇污水处理厂、区域（包括各类工业园区、开发区、工业聚集地等）废水处理厂等，其废水处理程度应达到二级或二级以上。

3.15 直接排放　direct discharge

指排污单位直接向环境水体排放污染物的行为。

3.16 间接排放　indirect discharge

指排污单位向公共污水处理系统排放污染物的行为。

4 水污染物排放控制要求

4.1 自 2011 年 1 月 1 日起至 2011 年 12 月 31 日止，现有企业执行表 1 规定的水污染物排放限值。

表 1　现有企业水污染物排放浓度限值

单位：mg/L（pH 值、色度除外）

序号	污染物项目	限值			污染物排放监控位置
		直接排放		间接排放	
		综合油墨生产企业	其他油墨生产企业		
1	pH 值	6～9	6～9	6～9	企业废水总排放口
2	色度（稀释倍数）	80	80	80	
3	悬浮物	70	70	100	
4	五日生化需氧量（BOD_5）	30	30	50	
5	化学需氧量（COD_{Cr}）	150	100	300	

序号	污染物项目	限值			污染物排放监控位置
		直接排放		间接排放	
		综合油墨生产企业	其他油墨生产企业		
6	石油类	10	10	10	企业废水总排放口
7	动植物油	15	15	15	
8	挥发酚	0.5	0.5	0.5	
9	氨氮	15	15	25	
10	总氮	50	30	50	
11	总磷	1.0	1.0	2.0	
12	苯胺类	2.0	—	2.0[1)]	
13	总铜	0.5	—	0.5[1)]	
14	苯	0.1	0.1	0.1	
15	甲苯	0.2	0.2	0.2	
16	乙苯	0.6	0.6	0.6	
17	二甲苯	0.6	0.6	0.6	
18	总有机碳（TOC）	30	30	60	
19	总汞	0.002			车间或生产设施废水排放口
20	烷基汞	不得检出			
21	总镉	0.1			
22	总铬	0.5			
23	六价铬	0.2			
24	总铅	0.1			

注：1）仅适用于综合油墨生产企业。

4.2 自 2012 年 1 月 1 日起，现有企业执行表 2 规定的水污染物排放限值。

4.3 自 2010 年 10 月 1 日起，新建企业执行表 2 规定的水污染物排放限值。

表 2 新建企业水污染物排放浓度限值

单位：mg/L（pH 值、色度除外）

序号	污染物项目	限值			污染物排放监控位置
		直接排放		间接排放	
		综合油墨生产企业	其他油墨生产企业		
1	pH 值	6～9	6～9	6～9	企业废水总排放口
2	色度（稀释倍数）	70	50	80	
3	悬浮物	40	40	100	
4	五日生化需氧量（BOD_5）	25	20	50	
5	化学需氧量（COD_{Cr}）	120	80	300	
6	石油类	8	8	8	
7	动植物油	10	10	10	
8	挥发酚	0.5	0.5	0.5	
9	氨氮	15	10	25	
10	总氮	30	20	50	
11	总磷	0.5	0.5	2.0	
12	苯胺类	1.0	—	1.0[1)]	
13	总铜	0.5	—	0.5[1)]	
14	苯	0.05	0.05	0.05	
15	甲苯	0.2	0.2	0.2	

序号	污染物项目	限值			污染物排放监控位置
		直接排放		间接排放	
		综合油墨生产企业	其他油墨生产企业		
16	乙苯	0.4	0.4	0.4	企业废水总排放口
17	二甲苯	0.4	0.4	0.4	
18	总有机碳（TOC）	30	20	60	
19	总汞	0.002			车间或生产设施废水排放口
20	烷基汞	不得检出			
21	总镉	0.1			
22	总铬	0.5			
23	六价铬	0.2			
24	总铅	0.1			

注：1）仅适用于综合油墨生产企业。

4.4 根据环境保护工作的要求，在国土开发密度较高、环境承载能力开始减弱，或水环境容量较小、生态环境脆弱，容易发生严重水环境污染问题而需要采取特别保护措施的地区，应严格控制企业的污染排放行为，在上述地区的企业执行表 3 规定的水污染物特别排放限值。

表 3　水污染物特别排放限值

单位：mg/L（pH 值、色度除外）

序号	污染物项目	限值			污染物排放监控位置
		直接排放		间接排放	
		综合油墨生产企业	其他油墨生产企业		
1	pH 值	6～9	6～9	6～9	企业废水总排放口
2	色度（稀释倍数）	30	30	70	
3	悬浮物	20	20	40	
4	五日生化需氧量（BOD_5）	10	10	25	
5	化学需氧量（COD_{Cr}）	50	50	120	
6	石油类	1.0	1.0	1.0	
7	动植物油	1.0	1.0	1.0	
8	挥发酚	0.2	0.2	0.2	
9	氨氮	5	5	15	
10	总氮	15	15	30	
11	总磷	0.5	0.5	0.5	
12	苯胺类	0.5	—	0.5[1)]	
13	总铜	0.2	—	0.2[1)]	
14	苯	0.05	0.05	0.05	
15	甲苯	0.1	0.1	0.1	
16	乙苯	0.4	0.4	0.4	
17	二甲苯	0.4	0.4	0.4	
18	总有机碳（TOC）	15	15	30	
19	总汞	0.001			车间或生产设施废水排放口
20	烷基汞	不得检出			
21	总镉	0.01			
22	总铬	0.1			
23	六价铬	0.05			
24	总铅	0.1			

注：1）仅适用于综合油墨生产企业。

执行水污染物特别排放限值的地域范围、时间，由国务院环境保护行政主管部门或省级人民政府规定。

4.5 基准水量排放浓度换算

4.5.1 生产不同类别油墨产品，其单位产品基准排水量见表4。

表4 油墨生产企业单位产品基准排水量

单位：m^3/t

<table>
<tr><th colspan="3">产品类型</th><th>单位产品基准排水量</th><th>排水量计量位置</th></tr>
<tr><td colspan="3">湿法平版油墨、基墨</td><td>4.0</td><td rowspan="8">排水量计量位置与污染物排放监控位置相同</td></tr>
<tr><td colspan="3">凹版油墨、柔版油墨、干法平版油墨以及其他类油墨</td><td>1.6</td></tr>
<tr><td rowspan="4">颜料</td><td colspan="2">偶氮类颜料
（颜料红、颜料黄）</td><td>100</td></tr>
<tr><td rowspan="2">酞菁类颜料
（颜料蓝）</td><td>盐析工艺</td><td>120</td></tr>
<tr><td>非盐析工艺</td><td>40</td></tr>
<tr><td colspan="2">其他颜料</td><td>120</td></tr>
<tr><td colspan="3">树脂类</td><td>1.6</td></tr>
</table>

4.5.2 水污染物排放浓度限值适用于单位产品实际排水量不高于单位产品基准排水量的情况。若单位产品实际排水量超过单位产品基准排水量，须按式（1）将实测水污染物浓度换算为水污染物基准水量排放浓度，并以水污染物基准水量排放浓度作为判定排放是否达标的依据。产品产量和排水量统计周期为一个工作日。

在企业的生产设施同时生产两种以上产品、可适用不同排放控制要求或不同行业国家污染物排放标准，且生产设施产生的污水混合处理排放的情况下，应执行排放标准中规定的最严格的浓度限值，并按式（1）换算水污染物基准水量排放浓度。

$$\rho_{基} = \frac{Q_{总}}{\sum Y_i \cdot Q_{i基}} \cdot \rho_{实} \tag{1}$$

式中：$\rho_{基}$——水污染物基准水量排放浓度，mg/L；

$Q_{总}$——排水总量，m^3；

Y_i——第 i 种产品产量，t；

$Q_{i基}$——第 i 种产品的单位产品基准排水量，m^3/t；

$\rho_{实}$——实测水污染物浓度，mg/L。

若 $Q_{总}$ 与 $\sum Y_i \cdot Q_{i基}$ 的比值小于1，则以水污染物实测浓度作为判定排放是否达标的依据。

5 水污染物监测要求

5.1 对企业排放废水的采样应根据监测污染物的种类，在规定的污染物排放监控位置进行，有废水处理设施的，应在该设施后监控。在污染物排放监控位置应设置永久性排污口标志。

5.2 新建企业和现有企业安装污染物排放自动监控设备的要求，按有关法律和《污染源自动监控管理办法》的规定执行。

5.3 对企业水污染物排放情况进行监测的频次、采样时间等要求，按国家有关污染源监测技术规范的规定执行。

5.4 企业产品产量的核定，以法定报表为依据。

5.5 企业须按照有关法律和《环境监测管理办法》的规定，对排污状况进行监测，并保存原始监测记录。

5.6 对企业排放水污染物浓度的测定采用表 5 所列的方法标准。

表 5 水污染物浓度测定方法标准

序号	污染物项目	方法标准名称	方法标准编号
1	pH 值	水质 pH 值的测定 玻璃电极法	GB/T 6920—1986
2	色度	水质 色度的测定 稀释倍数法	GB/T 11903—1989
3	悬浮物	水质 悬浮物的测定 重量法	GB/T 11901—1989
4	五日生化需氧量	水质 五日生化需氧量（BOD_5）的测定 稀释与接种法	HJ 505—2009
5	化学需氧量	水质 化学需氧量的测定 重铬酸盐法	GB/T 11914—1989
		水质 化学需氧量的测定 快速消解分光光度法	HJ/T 399—2007
6	石油类	水质 石油类和动植物油的测定 红外光度法	GB/T 16488—1996
7	动植物油	水质 石油类和动植物油的测定 红外光度法	GB/T 16488—1996
8	挥发酚	水质 挥发酚的测定 4-氨基安替比林分光光度法	HJ503—2009
9	氨氮	水质 氨氮的测定 纳氏试剂分光光度法	HJ535—2009
		水质 氨氮的测定 水杨酸分光光度法	HJ536—2009
		水质 氨氮的测定 蒸馏-中和滴定法	HJ537—2009
		水质 氨氮的测定 气相分子吸收光谱法	HJ/T195—2005
10	总氮	水质 总氮的测定 碱性过硫酸钾消解紫外分光光度法	GB/T 11894—1989
		水质 总氮的测定 气相分子吸收光谱法	HJ/T 199—2005
11	总磷	水质 总磷的测定 钼酸铵分光光度法	GB/T 11893—1989
12	苯胺类	水质 苯胺类化合物的测定 N-（1-萘基）乙二胺偶氮分光光度法	GB/T 11889—1989
13	总铜	水质 铜、锌、铅、镉的测定 原子吸收分光光度法	GB/T 7475—1987
14	苯	水质 苯系物的测定 气相色谱法	GB/T 11890—1989
15	甲苯	水质 苯系物的测定 气相色谱法	GB/T 11890—1989
16	乙苯	水质 苯系物的测定 气相色谱法	GB/T 11890—1989
17	二甲苯	水质 苯系物的测定 气相色谱法	GB/T 11890—1989
18	总有机碳	水质 总有机碳的测定 燃烧氧化-非分散红外吸收法	HJ 501—2009
19	总汞	水质 总汞的测定 冷原子吸收分光光度法	GB/T 7468—1987
		水质 总汞的测定 高锰酸钾-过硫酸钾消解法 双硫腙分光光度法	GB/T 7469—1987
		水质 汞的测定 冷原子荧光法	HJ/T341—2007
20	烷基汞	水质 烷基汞的测定 气相色谱法	GB/T 14204—1993
21	总镉	水质 铜、锌、铅、镉的测定 原子吸收分光光度法	GB/T 7475—1987
		水质 镉的测定 双硫腙分光光度法	GB/T 7471—1987
22	总铬	水质 总铬的测定 高锰酸钾氧化-二苯碳酰二肼分光光度法	GB/T 7466—1987
23	六价铬	水质 六价铬的测定 二苯碳酰二肼分光光度法	GB/T 7467—1987
24	总铅	水质 铜、锌、铅、镉的测定 原子吸收分光光度法	GB/T 7475—1987
		水质 铅的测定 双硫腙分光光度法	GB/T 7470—1987

6 实施与监督

6.1 本标准由县级以上人民政府环境保护行政主管部门负责监督实施。

6.2 在任何情况下，企业均应遵守本标准规定的水污染物排放控制要求，采取必要措施保证污染防治设施正常运行。各级环保部门在对企业进行监督性检查时，可以现场即时采样或监测的结果，作为判定排污行为是否符合排放标准以及实施相关环境保护管理措施的依据。在发现企业耗水或排水量有异常变化的情况下，应核定企业的实际产品产量和排水量，按本标准规定，换算水污染物基准水量排放浓度。

中华人民共和国国家标准

GB 18485—2001

生活垃圾焚烧污染控制标准

为贯彻《中华人民共和国固体废物污染环境防治法》，减少生活垃圾焚烧造成的二次污染，特制定本标准。

本标准内容（包括实施时间）等同于 2000 年 2 月 29 日国家环境保护总局发布的《生活垃圾焚烧污染控制标准》（GWKB3—2000），自本标准实施之日起，代替 GWKB3—2000。

本标准的附录 A 是标准的附录。

本标准由国家环境保护总局负责解释。

1 范围

本标准规定了生活垃圾焚烧厂选址原则、生活垃圾入厂要求、焚烧炉基本技术性能指标、焚烧厂污染排放限值等要求。

本标准适用于生活垃圾焚烧设施的设计、环境影响评价、竣工验收以及运行过程中污染控制及监督管理。

2 引用标准

以下标准所含条文，在本标准中被引用而构成本标准条文与本标准同效。

GB 14554—93　恶臭污染物排放标准

GB 8978—1996　污水综合排放标准

GB 12348—90　工业企业厂界噪声标准

GB 5085.3—1996　危险废物鉴别标准——浸出毒性鉴别

GB/T 5086.1～5086.2—1997　固体废物——浸出毒性浸出方法

GB/T 15555.1～15555.11—1995　固体废物浸出毒性测定方法

GB/T 16157—1996　固定污染源排气中颗粒物测定与气态污染物采样方法

GB 5468—91　锅炉烟尘测试方法

HJ/T 20—1998　工业固体废物采样制样技术规范

当上述标准被修订时，应使用其最新版本。

3 定义

3.1 危险废物

列入国家危险废物名录或者根据国家规定的危险废物鉴别标准和鉴别方法认定的具有危险性的废物。

3.2 焚烧炉

利用高温氧化作用处理生活垃圾的装置。

3.3 处理量

单位时间焚烧垃圾的质量。

3.4 烟气停留时间

燃烧气体从最后空气喷射口或燃烧器到换热面（如余热锅炉换热器等）或烟道冷风引射口之间的停留时间。

3.5 焚烧炉渣

生活垃圾焚烧后从炉床直接排出的残渣。

3.6 热灼减率

焚烧炉渣经灼热减少的质量占原焚烧炉渣质量的百分数，其计算方法如下：

$$P=\frac{A-B}{A}\times 100\%$$

式中：P——热灼减率，100%；

A——干燥后的原始焚烧炉渣在室温下的质量，g；

B——焚烧炉渣经 600℃±25℃ 3 h 灼热，然后冷却至室温后的质量，g。

3.7 二噁英类

多氯代二苯并-对-二噁英和多氯代二苯并呋喃的总称。

3.8 二噁英类毒性当量（TEQ）

二噁英类毒性当量因子（TEF）是二噁英类毒性同类物与 2,3,7,8-四氯化二苯并-对-二噁英对 Ah 受体的亲和性能之比。二噁英类毒性当量可以通过下式计算：

TEQ=∑（二噁英毒性同类物浓度×TEF）

3.9 标准状态

烟气温度为 273.16 K，压强为 101 325 Pa 时的状态。

4 生活垃圾焚烧厂选址原则

生活垃圾焚烧厂选址应符合当地城乡建设总体规划和环境保护规划的规定，并符合当地的大气污染防治、水资源保护、自然保护的要求。

5 生活垃圾入厂要求

危险废物不得进入生活垃圾焚烧厂处理。

6 生活垃圾贮存技术要求

进入生活垃圾焚烧厂的垃圾应贮存于垃圾贮存仓内。

垃圾贮存仓应具有良好的防渗性能。贮存仓内部应处于负压状态，焚烧炉所需的一次风应从垃圾贮存仓抽取。垃圾贮存仓还必须附设污水收集装置，收集沥滤液和其他污水。

7 焚烧炉技术要求

7.1 焚烧炉技术性能要求见表 1。

表 1　焚烧炉技术性能指标

项目	烟气出口温度/℃	烟气停留时间/s	焚烧炉渣热灼减率/%	焚烧炉出口烟气中氧含量/%
指标	≥850	≥2	≤5	6～12
	≥1 000	≥1		

7.2 焚烧炉烟囱技术要求

7.2.1 焚烧炉烟囱高度要求

焚烧烟囱高度应按环境影响评价要求确定，但不能低于表 2 规定的高度。

表 2 焚烧炉烟囱高度要求

处理量/（t/d）	烟囱最低允许高度/m
＜100	25
100～300	40
＞300	60

注：*在同一厂区内如同时有多台垃圾焚烧炉，则以各焚烧炉处理量总和作为评判依据。

7.2.2 焚烧炉烟囱周围半径 200 m 距离内有建筑物时，烟囱应高出最高建物 3 m 以上，不能达到该要求的烟囱，其大气污染物排放限值应按表 3 规定的限值严格 50%执行。

7.2.3 由多台焚烧炉组成的生活垃圾焚烧厂，烟气应集中到一个烟囱排放或采用多筒集合式排放。

7.2.4 焚烧炉的烟囱或烟道应按 GB/T 16157 的要求，设置永久采样孔，并安装采样监测用平台。

7.3 生活垃圾焚烧炉除尘装置必须采用袋式除尘器。

8 生活垃圾焚烧厂污染限值

8.1 焚烧炉大气污染物排放限值见表 3。

表 3 焚烧炉大气污染物排放限值 1)

序号	项 目	单 位	数值含义	限 值
1	烟尘	mg/m^3	测定均值	80
2	烟气黑度	林格曼黑度，级	测定值 2)	1
3	一氧化碳	mg/m^3	小时均值	150
4	氮氧化物	mg/m^3	小时均值	400
5	二氧化硫	mg/m^3	小时均值	260
6	氯化氢	mg/m^3	小时均值	75
7	汞	mg/m^3	测定均值	0.2
8	镉	mg/m^3	测定均值	0.1
9	铅	mg/m^3	测定均值	1.6
10	二噁英类	$ngTEQ/m^3$	测定均值	1.0

注：1）本表规定的各项标准限值，均以标准状态下含 11% O_2 的干烟气为参考值换算。

2）烟气最高黑度时间，在任何 1 h 内累计不得超过 5 min。

8.2 生活垃圾焚烧厂恶臭厂界排放限值

氨、硫化氢、甲硫醇和臭气浓度厂界排放限值根据生活垃圾焚烧厂所在区域，分别按照 GB 14554 表 1 相应级别的指标值执行。

8.3 生活垃圾焚烧厂工艺废水排放限值

生活垃圾焚烧厂工艺废水必须经废水处理系统处理，处理后的水应优先考虑循环再利用，必须排放时，废水中污染物最高允许排放浓度按 GB 8978 执行。

9 其他要求

9.1 焚烧残余物的处置要求。

9.1.1 焚烧炉渣与除尘设备收集的焚烧飞灰应分别收集、贮存和运输。

9.1.2 焚烧炉渣按一般固体废物处理，焚烧飞灰应按危险物处理。其他尾气净化装置排放的固体废物按 GB 5085.3 危险废物鉴别判断是否属于危险废物，如属于危险废物，则按危险废物处理。

9.2 生活垃圾焚烧厂噪声控制限值

生活垃圾焚烧厂噪声控制限值按 GB 12348 执行。

10 检测方法

10.1 监测工况要求在对焚烧炉进行日常监督性监测时，采样期间的工况应与正常运行工况相同，生活垃圾焚烧厂的人员和实施监测的人员都不应任意改变运行工况。

10.2 焚烧炉性能检验

10.2.1 烟气停留时间根据焚烧设计书检验。

10.2.2 出口温度用热电偶在燃烧室出口中心处测量。

10.2.3 焚烧炉渣灼减率的测定

按 HJ/T 20 采样制样技术规范采样，依据本标准 3.7 所列公式计算，取平均值作为判定值。

10.2.4 氧气浓度测定按 GB/T 16157 中的有关规定执行。

10.3 烟尘和烟气监测

10.3.1 烟尘和烟气的采样方法

103.1.1 烟尘和烟气的采样点和采样方法按 GB/T 16157 中的有关规定执行。

10.3.1.2 本标准规定的小时均值是以指以连续 1 h 的采样获取的平均值，或在 1 h 内，以等时间间隔至少采取 3 个样品计算的平均值。

本标准规定测定均值是指以等时间间隔至少采取 3 个样品计算的平均值。

10.3.2 监测方法

焚烧炉大气污染物监测方法见表 4。

表 4　焚烧炉大气污染物监测方法

序号	项目	监测方法	方法来源
1	烟尘	重量法	GB/T 16157—1996
2	烟气黑度	林格曼烟度法	GB 5468—91
3	一氧化碳	非色散红外吸收法	HJ/T 44—1999
4	氮氧化物	紫外分光光度法	HJ/T 42—1999
5	二氧化硫	甲醛吸收-副玫瑰苯胺分光光度法	1）
6	氯化氢	硫氰酸汞分光光度法	HJ/T 27—1999
7	汞	冷原子吸收法分光光度法	1）
8	镉	原子吸收分光光度法	1）
9	铅	原子吸收分光光度法	1）
10	二噁英类	色谱-质谱联用法	2）

注：1）暂时采用《空气和废气监测分析方法》（中国环境科学出版社，北京，1990 年），待国家环境保护总局发布相应标准后，按标准执行。

2）暂时采用《固体废弃物试验分析评价手册》（中国环境科学出版社，北京，1992 年），待国家环境保护总局发布相应标准后，按标准执行。

10.4 固体废物浸出毒性测定方法

其他尾气净化装置排放的固体废物按 GB 5086.1～5086.2 做浸出试验，按 GB/T 15555.1～15555.11 浸出毒性测定方法规定。

11 标准实施

11.1 自本标准实施之日起，二噁英类污染物排放限值在北京市、上海市、广州市、深圳市试行，2003 年 6 月 1 日起在全国执行。

11.2 本标准由县级以上人民政府环境保护行政主管部门负责监督实施。

附　录　A

（标准的附录）

二噁英同类物毒性当量因子表

PCDDs	TEF	PCDFs	TEF
2,3,7,8-TCDD	1.0	2,3,7,8-TCDF	0.1
1,2,3,7,8-P_5CDD	0.5	1,2,3,7,8-P_5CDF	0.05
		2,3,4,7,8-P_5CDF	0.5
2,3,7,8-取代 H_6CDD	0.1	2,3,7,8-取代 H_6CDF	0.1
1,2,3,4,6,7,8-H_7CDD	0.01	2,3,7,8-取代 H_7CDF	0.01
OCDD	0.001	OCDF	0.001

注：PCDDs：多氯化二苯并-对-二噁英（Polychlorinated dibenzo-p-dioxins）；

PCDFs：多氯代二苯并呋喃（Polychorinated dibenzofurans）。

中华人民共和国国家标准
GB 16889—2008

生活垃圾填埋场污染控制标准

前 言

为贯彻《中华人民共和国环境保护法》、《中华人民共和国固体废物污染环境防治法》、《中华人民共和国水污染防治法》、《国务院关于落实科学发展观加强环境保护的决定》等法律、法规和《国务院关于编制全国主体功能区规划的意见》，保护环境，防治生活垃圾填埋处置造成的污染，制定本标准。

本标准规定了生活垃圾填埋场选址要求，工程设计与施工要求，填埋废物的入场条件，填埋作业要求，封场及后期维护与管理要求，污染物排放限值及环境监测等要求。生活垃圾填埋场排放大气污染物（含恶臭污染物）、环境噪声适用相应的国家污染物排放标准。

为促进地区经济与环境协调发展，推动经济结构的调整和经济增长方式的转变，引导工业生产工艺和污染治理技术的发展方向，本标准规定了水污染物特别排放限值。

本标准首次发布于 1997 年。

此次修订的主要内容：

1．修改了标准的名称；

2．补充了生活垃圾填埋场选址要求；

3．细化了生活垃圾填埋场基本设施的设计与施工要求；

4. 增加了可以进入生活垃圾填埋场共处置的生活垃圾焚烧飞灰、医疗废物、一般工业固体废物、厌氧产沼等生物处理后的固志残余物、粪便经处理后的固态残余物和生活污水处理污泥的入场要求；

5．增加了生活垃圾填埋场运行、封场及后期维护与管理期间的污染控制要求；

6．增加了生活垃圾填埋场污染物控制项目数量。

自本标准实施之日起，《生活垃圾填埋污染控制标准》（GB 16889—1997）废止。

按照有关法律规定，本标准具有强制执行的效力。

本标准由环境保护部科技标准司组织制订。

本标准主要起草单位：中国环境科学研究院、同济大学、清华大学、城市建设研究院。

本标准环境保护部 2008 年 4 月 2 日批准。

本标准自 2008 年 7 月 1 日起实施。

本标准由环境保护部解释。

1 适用范围

本标准规定了生活垃圾填埋场选址、设计与施工、填埋废物的入场条件、运行、封场、后期维护与管理的污染控制和监测等方面的要求。

本标准适用于生活垃圾填埋场建设、运行和封场后的维护与管理过程中的污染控制和监督管理。本标准的部分规定也适用于与生活垃圾填埋场配套建设的生活垃圾转运站的建设、运行。

本标准只适用于法律允许的污染物排放行为；新设立污染源的选址和特殊保护区域内现有污染源的管理，按照《中华人民共和国大气污染防治法》、《中华人民共和国水污染防治法》、《中华人民共和国海洋环境保护法》、《中华人民共和国固体废物污染环境防治法》、《中华人民共和国放射性污染防治法》、《中华人民共和国环境影响评价法》等法律、法规、规章的相关规定执行。

2 规范性引用文件

本标准内容引用了下列文件中的条款。凡是不注日期的引用文件，其有效版本适用于本标准。

GB 5750—1985 生活饮用水标准检验法

GB 7466—1987 水质 总铬的测定

GB 7467—1987 水质 六价铬的测定 二苯碳酰二肼分光光度法

GB 7468—1987 水质 总汞的测定 冷原子吸收分光光度法

GB 7469—1987 水质 总汞的测定 高锰酸钾-过硫酸钾消解法 双硫腙分光光度法

GB 7470—1987 水质 铅的测定 双硫腙分光光度法

GB 7471—1987 水质 镉的测定 双硫腙分光光度法

GB 7485—1987 水质 总砷的测定 二乙基二硫代氨基甲酸银分光光度法

GB 7488—1987 水质 五日生化需氧量（BOD_5）的测定 稀释与接种法

GB 11893—1989 水质 总磷的测定 钼酸铵分光光度法

GB 11901—1989 水质 悬浮物的测定 重量法

GB 11903—1989 水质 色度的测定

GB 11914—1989 水质 化学需氧量的测定 重铬酸盐法

GB 13486 便携式热催化甲烷检测报警仪

GB 14554 恶臭污染物排放标准

GB/T 14675 空气质量恶臭的测定 三点式比较臭袋法

GB/T 14678 空气质量硫化氢、甲硫醇、甲硫醚和二甲二硫的测定 气相色谱法

GB/T 14848 地下水质量标准

GB/T 15562.1 环境保护图形标志——排放口（源）

GB/T 50123 土工试验方法标准

HJ/T 38—1999 固定污染源排气中非甲烷总烃的测定 气相色谱法

HJ/T 195—2005 水质氨氮的测定 气相分子吸收光谱法

HJ/T 199—2005 水质总氮的测定 气相分子吸收光谱法

HJ/T 228 医疗废物化学消毒集中处理工程技术规范（试行）

HJ/T 229 医疗废物微波消毒集中处理工程技术规范（试行）

HJ/T 276 医疗废物高温蒸汽集中处理工程技术规范（试行）

HJ/T 300 固体废物浸出毒性浸出方法 醋酸缓冲溶液法

HJ/T 341—2007 水质汞的测定 冷原子荧光法（试行）

HJ/T 347—2007 水质粪大肠菌群的测定 多管发酵法和滤膜法（试行）

CJ/T 234 垃圾填埋场用高密度聚乙烯土工膜

《医疗废物分类目录》（卫医发[2003]287 号）

《排污口规范化整治技术要求》（环监字[1996]470 号）

《污染源自动监控管理办法》（国家环境保护总局令第 28 号）

《环境监测管理办法》（国家环境保护总局令第 39 号）

3 术语和定义

下列术语和定义适用于本标准。

3.1 运行期

生活垃圾填埋场进行填埋作业的时期。

3.2 后期维护与管理期

生活垃圾填埋场终止填埋作业后，进行后续维护、污染控制和环境保护管理直至填埋场达到稳定化的时期。

3.3 防渗衬层

设置于生活垃圾填埋场底部及四周边坡的由天然材料和（或）人工合成材料组成的防止渗漏的垫层。

3.4 天然基础层

位于防渗衬层下部，由未经扰动的土壤等构成的基础层。

3.5 天然黏土防渗衬层

由经过处理的天然黏土机械压实形成的防渗衬层。

3.6 单层人工合成材料防渗衬层

由一层人工合成材料衬层与黏土（或具有同等以上隔水效力的其他材料）衬层组成的防渗衬层。

3.7 双层人工合成材料防渗衬层

由两层人工合成材料衬层与黏土（或具有同等以上隔水效力的其他材料）衬层组成的防渗衬层。

3.8 环境敏感点

指生活垃圾填埋场周围可能受污染物影响的住宅、学校、医院、行政办公区、商业区以及公共场所等地点。

3.9 场界

指法律文书（如土地使用证、房产证、租赁合同等）中确定的业主所拥有使用权（或所有权）的场地或建筑物边界。

3.10 现有生活垃圾填埋场

指本标准实施之日前，已建成投产或环境影响评价文件已通过审批的生活垃圾填埋场。

3.11 新建生活垃圾填埋场

指本标准实施之日起环境影响文件通过审批的新建、改建和扩建的生活垃圾填埋场。

4 选址要求

4.1 生活垃圾填埋场的选址应符合区域性环境规划、环境卫生设施建设规划和当地的城市规划。

4.2 生活垃圾填埋场场址不应选在城市工农业发展规划区、农业保护区、自然保护区、风景名胜区、文物（考古）保护区、生活饮用水水源保护区、供水远景规划区、矿产资源储备区、军事要地、国家保密地区和其他需要特别保护的区域内。

4.3 生活垃圾填埋场选址的标高应位于重现期不小于 50 年一遇的洪水位之上，并建设在长远规划中的水库等人工蓄水设施的淹没区和保护区之外。

拟建有可靠防洪设施的山谷型填埋场，并经过环境影响评价证明洪水对生活垃圾填埋场的环境风险在可接受范围内，前款规定的选址标准可以适当降低。

4.4 生活垃圾填埋场场址的选择应避开下列区域：破坏性地震及活动构造区；活动中的坍塌、滑坡和隆起地带；活动中的断裂带；石灰岩熔洞发育带；废弃矿区的活动塌陷区；活动沙丘区；海啸及涌浪影响区；湿地；尚未稳定的冲积扇及冲沟地区；泥炭以及其他可能危及填埋场安全的区域。

4.5 生活垃圾填埋场场址的位置及与周围人群的距离应依据环境影响评价结论确定，并经地方环境保护行政主管部门批准。

在对生活垃圾填埋场场址进行环境影响评价时，应考虑生活垃圾填埋场产生的渗滤液、大气污染物（含恶臭物质）、滋养动物（蚊、蝇、鸟类等）等因素，根据其所在地区的环境功能区类别，综合评价其对周围环境、居住人群的身体健康、日常生活和生产活动的影响，确定生活垃圾填埋场与常住居民居住场所、地表水域、高速公路、交通主干道（国道或省道）、铁路、飞机场、军事基地等敏感对象之间合理的位置关系以及合理的防护距离。环境影响评价的结论可作为规划控制的依据。

5 设计、施工与验收要求

5.1 生活垃圾填埋场应包括下列主要设施：防渗衬层系统、渗滤液导排系统、渗滤液处理设施、雨污分流系统、地下水导排系统、地下水监测设施、填埋气体导排系统、覆盖和封场系统。

5.2 生活垃圾填埋场应建设围墙或栅栏等隔离设施，并在填埋区边界周围设置防飞扬设施、安全防护设施及防火隔离带。

5.3 生活垃圾填埋场应根据填埋区天然基础层的地质情况以及环境影响评价的结论，并经当地地方环境保护行政主管部门批准，选择天然黏土防渗衬层、单层人工合成材料防渗衬层或双层人工合成材料防渗衬层作为生活垃圾填埋场填埋区和其他渗滤液流经或储留设施的防渗衬层。填埋场黏土防渗衬层饱和渗透系数按照 GB/T 50123 中 13.3 节“变水头渗透试验”的规定进行测定。

5.4 如果天然基础层饱和油透系数小于 1.0×10^{-7}cm/s，且厚度不小于 2 m，可采用天然黏土防渗衬层。采用天然黏土防渗衬层应满足以下基本条件：

（1）压实后的黏土防渗衬层饱和油透系数应小于 1.0×10^{-7}cm/s；

（2）黏土防渗衬层的厚度应不小于 2 m。

5.5 如果天然基础层饱和油透系数小于 1.0×10^{-7}cm/s，且厚度不小于 2 m，可采用单层人工合成材料防渗衬层。人工合成材料衬层下应具有厚度不小于 0.75 m，且其被压实后的饱和渗透系数小于 1.0×10^{-7}cm/s 的天然黏土防渗衬层，或具有同等以上隔水效力的其他材料防渗衬层。

人工合成材料防渗衬层应采用满足 CJ/T 234 中规定技术要求的高密度聚乙烯或者其他具有同等效力的人工合成材料。

5.6 如果天然基础层饱和油透系数不小于 1.0×10^{-5}cm/s，或者天然基础层厚度小于 2 m，应采用双层人工合成材料防渗衬层。下层人工合成材料防衬层下应具有厚度不小于 0.75 m，且其被压实后的饱和油透系数小于 1.0×10^{-7}cm/s 的天然黏土衬层，或具有同等以上隔水效力的其他材料衬层；两层人工合成材料衬层之间应布设导水层及渗漏检测层。

人工合成材料的性能要求同第 5.5 条。

5.7 生活垃圾填埋场应设置防渗衬层渗漏检测系统，以保证在防渗衬层发生渗滤液渗漏时能及时发现并采取必要的污染控制措施。

5.8 生活垃圾填埋场应建设渗滤液导排系统，该导排系统应确保在填埋场的运行期内防渗衬层上的渗滤液深度不大于 30 cm。

为检测渗滤液深度，生活垃圾填埋场内应设置渗滤液监测井。

5.9 生活垃圾填埋场应建设渗滤液处理设施，以在填埋场的运行期和后期维护与管理期内对渗滤液进行处理达标后排放。

5.10 生活垃圾填埋场渗滤液处理设施应设渗滤液调节池，并采取封闭等措施防止恶臭物质的排放。

5.11 生活垃圾填埋场应实行雨污分流并设置而水集排水系统，以收集、排出汇水区内可能流向填埋区的雨水、上游雨水以及未填埋区域内未与生活垃圾接触的雨水。雨水集排水系统收集的雨水不得与渗滤液混排。

5.12 生活垃圾填埋场各个系统在设计时应保障能及时、有效地导排雨、污水。

5.13 生活垃圾填埋场填埋区基础层底部应与地下水年最高水位保持 1 m 以上的距离。当生活垃圾填埋场填埋区基础层底部与地下水年最高水位距离不足 1 m 时，应建设地下水导排系统。地下水导排系统应确保填埋场的运行期和后期维护与管理期内地下水水位维持在距离填埋场填埋区基础层底部 1 m 以下。

5.14 生活垃圾填埋场应建设填埋气体导排系统，在填埋场的运行期和后期维护与管理期内将填埋层内的气体导出后利用、焚烧或达到 9.2.2 的要求后直接排放。

5.15 设计填埋量大于 250 万吨且垃圾填埋厚度超过 20 m 生活垃圾填埋场，应建设甲烷利用设施或火炬燃烧设施处理含甲烷填埋气体。小于上述规模的生活垃圾填埋场，应采用能够有效减少甲烷产生和排放的填埋工艺或采用火炬燃烧设施处理含甲烷填埋气体。

5.16 生活垃圾填埋场周围应设置绿化隔离带，其宽度不小于 10 m。

5.17 在生活垃圾填埋场施工前应编制施工质量保证书并作为环境监理和环境保护竣工验收的依据。施工过程中应严格按照施工质量保证书中的质量保证程序进行。

5.18 在进行天然黏土防渗衬层施工之前，应通过现场施工实验确定压实方法、压实设备、压实次数等因素，以确保可以达到设计要求。同时在施工过程中应进行现场施工检验，检验内容与频率应包括在施工设计书中。

5.19 在进行人工合成材料防渗衬层施工前，应对人工合成材料的各项性能指标进行质量测试；在需要进行焊接之前，应进行试验焊接。

5.20 在人工合成材料防渗衬层和渗滤液导排系统的铺设过程中与完成之后，应通过连续性和完整性检测检验施工效果，以确定人工合成材料防渗衬层没有破损、漏洞等。

5.21 填埋场人工合成材料防渗衬层铺设完成后，未填埋的部分应采取有效的工程措施防止人工合成材料防渗衬层在日光下直接暴露。

5.22 在生活垃圾填埋场的环境保护竣工验收中，应对已建成的防渗衬层系统的完整性、渗滤液导排系统、填埋气体导排系统和地下水导排系统等的有效性进行质量验收，同时验收场址选择、勘察、征地、设计、施工、运行管理制度、监测计划等全过程的技术和管理文件资料。

5.23 生活垃圾转运站应采取必要的封闭和负压措施防止恶臭污染的扩散。

5.24 生活垃圾转运站应设置具有恶臭污染控制功能及渗滤液收集、贮存设施。

6 填埋废物的入场要求

6.1 下列废物可以直接进入生活垃圾填埋场填埋处置：

（1）由环境卫生机构收集或者自行收集的混合生活垃圾，以及企事业单位产生的办公废物；

（2）生活垃圾焚烧炉渣（不包括焚烧飞灰）；

（3）生活垃圾堆肥处理产生的固态残余物；

（4）服装加工、食品加工以及其他城市生活服务行业产生的性质与生活垃圾相近的一般工业固体废物。

6.2《医疗废物分类目录》中的感染性废物经过下列方式处理后，可以进入生活垃圾填埋场填埋处置。

（1）按照 HJ/T 228 要求进行破碎毁形和化学消毒处理，并满足消毒效果检验指标；

（2）按照 HJ/T 229 要求进行破碎毁形和微波消毒处理，并满足消毒效果检验指标；

（3）按照 HJ/T 276 要求进行破碎毁形和高温蒸汽处理，并满足处理效果检验指标；

（4）医疗废物焚烧处置后的残渣的入场标准按照第 6.3 条执行。

6.3 生活垃圾焚烧飞灰和医疗废物焚烧残渣（包括飞灰、底渣）经处理后满足下列条件，可以进入生活垃圾填埋场填埋处置。

（1）含水率小于 30%；

（2）二噁英含量低于 3 μgTEQ/kg；

（3）按照工 HJ/T 300 制备的浸出液中危害成分浓度低于表 1 规定的限值。

表 1　浸出液污染物浓度限值

序号	污染物项目	浓度限值/（mg/L）
1	汞	0.05
2	铜	40
3	锌	100
4	铅	0.25
5	镉	0.15
6	铍	0.02
7	钡	25
8	镍	0.5
9	砷	0.3
10	总铬	4.5
11	六价铬	1.5
12	硒	0.1

6.4 一般工业固体废物经处理后，按照工 HJ/T 300 制备的浸出液中危害成分浓度低于表 1 规定的限值，可以进入生活垃圾填埋场填埋处置。

6.5 经处理后满足第 6.3 条要求的生活垃圾焚烧飞灰和医疗废物焚烧残渣（包括飞灰、底渣）和满足第 6.4 条要求的一般工业固体废物在生活垃圾填埋场中应单独分区填埋。

6.6 厌氧产沼等生物处理后的固态残余物、粪便经处理后的固态残余物和生活污水处理厂污泥经处理后含水率小于 60%，可以进入生活垃圾填埋场填埋处置。

6.7 处理后分别满足第 6.2、6.3、6.4 和 6.6 条要求的废物应由地方环境保护行政主管部门认可的监测部门检测、经地方环境保护行政主管部门批准后，方可进入生活垃圾填埋场。

6.8 下列废物不得在生活垃圾填埋场中填埋处置。

（1）除符合第 6.3 条规定的生活垃圾焚烧飞灰以外的危险废物；

（2）未经处理的餐饮废物；

（3）未经处理的粪便；

（4）禽畜养殖废物；

（5）电子废物及其处理处置残余物；

（6）除本填埋场产生的渗滤液之外的任何液态废物和废水。

国家环境保护标准另有规定的除外。

7 运行要求

7.1 填埋作业应分区、分单元进行，不运行作业面应及时覆盖。不得同时进行多作业面填埋作业或者不分区全场敞开式作业。中间覆盖应形成一定的坡度。每天填埋作业结束后，应对作业面进行覆盖；特殊气象条件下应加强对作业面的覆盖。

7.2 填埋作业应采取雨污分流措施，减少渗滤液的产生量。

7.3 生活垃圾填埋场运行期内，应控制堆体的坡度，确保填埋堆体的稳定性。

7.4 生活垃圾填埋场运行期内，应定期检测防渗衬层系统的完整性。当发现防渗衬层系统发生渗漏时，应及时采取补救措施。

7.5 生活垃圾填埋场运行期内，应定期检测渗滤液导排系统的有效性，保证正常运行。当衬层上的渗滤液深度大于30cm时，应及时采取有效疏导措施排除积存在填埋场内的渗滤液。

7.6 生活垃圾填埋场运行期内，应定期检测地下水水质。当发现地下水水质有被污染的迹象时，应及时查找原因，发现渗漏位置并采取补救措施，防止污染进一步扩散。

7.7 生活垃圾填埋场运行期内，应定期并根据场地和气象情况随时进行防蚊蝇、灭鼠和除臭工作。

7.8 生活垃圾填埋场运行期以及封场后期维护与管理期间，应建立运行情况记录制度，如实记载有关运行管理情况，主要包括生活垃圾处理、处置设备工艺控制参数，进入生活垃圾填埋场处置的非生活垃圾的来源、种类、数量、填埋位置，封场及后期维护与管理情况及环境监测数据等。运行情况记录簿应当按照国家有关档案管理等法律法规进行整理和保管。

8 封场及后期维护与管理要求

8.1 生活垃圾填埋场的封场系统应包括气体导排层、防渗层、而水导排层、最终覆土层、植被层。

8.2 气体导排层应与导气竖管相连。导气竖管高出最终覆土层上表面100cm以上。

8.3 封场系统应控制坡度，以保证填埋堆体稳定，防止雨水侵蚀。

8.4 封场系统的建设应与生态恢复相结合，并防止植物根系对封场土工膜的损害。

8.5 封场后进入后期维护与管理阶段的生活垃圾填埋场，应继续处理填埋场产生的渗滤液和填埋气，并定期进行监测，直到填埋场产生的渗滤液中水污染物浓度连续两年低于表2、表3中的限值。

9 污染物排放控制要求

9.1 水污染物排放控制要求

9.1.1 生活垃圾填埋场应设置污水处理装置，生活垃圾渗滤液（含调节池废水）等污水经处理并符合本标准规定的污染物排放控制要求后，可直接排放。

9.1.2 现有和新建生活垃圾填埋场自2008年7月1日起执行表2规定的水污染物排放浓度限值。

表2 现有和新建生活垃圾填埋场水污染物排放浓度限值

序号	控制污染物	排放浓度限值	污染物排放监控位置
1	色度（稀释倍数）	40	常规污水处理设施排放口
2	化学需氧量（COD_{Cr}）/（mg/L）	100	常规污水处理设施排放口
3	生化需氧量（BOD_5）/（mg/L）	30	常规污水处理设施排放口
4	悬浮物/（mg/L）	30	常规污水处理设施排放口
5	总氮/（mg/L）	40	常规污水处理设施排放口
6	氨氮/（mg/L）	25	常规污水处理设施排放口
7	总磷/（mg/L）	3	常规污水处理设施排放口
8	粪大肠菌群数/（个/L）	10 000	常规污水处理设施排放口
9	总汞/（mg/L）	0.001	常规污水处理设施排放口
10	总镉/（mg/L）	0.01	常规污水处理设施排放口
11	总铬/（mg/L）	0.1	常规污水处理设施排放口
12	六价铬/（mg/L）	0.05	常规污水处理设施排放口
13	总砷/（mg/L）	0.1	常规污水处理设施排放口
14	总铅/（mg/L）	0.1	常规污水处理设施排放口

9.1.3 2011 年 7 月 1 日前，现有生活垃圾填埋场无法满足表 2 规定的水污染物排放浓度限值要求的，满足以下条件时可将生活垃圾渗滤液送往城市二级污水处理厂进行处理：

（1）生活垃圾渗滤液在填埋场经过处理后，总汞、总镉、总铬、六价铬、总砷、总铅等污染物浓度达到表 2 规定浓度限值；

（2）城市二级污水处理厂每日处理生活垃圾渗液总量不超过污水处理量的 0.5%，并不超过城市二级污水处理厂额定的污水处理能力；

（3）生活垃圾渗滤液应均匀注入城市二级污水处理厂；

（4）不影响城市二级污水处理场的污水处理效果。

2011 年 7 月 1 日起，现有全部生活垃圾填埋场应自行处理生活垃圾渗滤液并执行表 2 规定的水污染排放浓度限值。

9.1.4 根据环境保护工作的要求，在国土开发密度已经较高、环境承载能力开始减弱，或环境容量较小、生态环境脆弱，容易发生严重环境污染问题而需要采取特别保护措施的地区，应严格控制生活垃圾填埋场的污染物排放行为，在上述地区的现有和新建生活垃圾填埋场自 2008 年 7 月 1 日起执行表 3 规定的水污染物特别排放限值。

表 3 现有和新建生活垃圾填埋场水污染物特别排放限值

序号	控制污染物	排放浓度限值	污染物排放监控位置
1	色度（稀释倍数）	30	常规污水处理设施排放口
2	化学需氧量（COD_{Cr}）/（mg/L）	60	常规污水处理设施排放口
3	生化需氧量（BOD_5）/（mg/L）	20	常规污水处理设施排放口
4	悬浮物/（mg/L）	30	常规污水处理设施排放口
5	总氮/（mg/L）	20	常规污水处理设施排放口
6	氨氮/（mg/L）	8	常规污水处理设施排放口
7	总磷/（mg/L）	1.5	常规污水处理设施排放口
8	粪大肠菌群数/（个/L）	1 000	常规污水处理设施排放口
9	总汞/（mg/L）	0.001	常规污水处理设施排放口
10	总镉/（mg/L）	0.01	常规污水处理设施排放口
11	总铬/（mg/L）	0.1	常规污水处理设施排放口
12	六价铬/（mg/L）	0.05	常规污水处理设施排放口
13	总砷/（mg/L）	0.1	常规污水处理设施排放口
14	总铅/（mg/L）	0.1	常规污水处理设施排放口

9.2 甲烷排放控制要求

9.2.1 填埋工作面上 2 m 以下高度范围内甲烷的体积百分比应不大于 0.1%。

9.2.2 生活垃圾填埋场应采取甲烷减排措施：当通过导气管道直接排放填埋气体时，导气管排放口的甲烷的体积百分比不大于 5%。

9.3 生活垃圾填埋场在运行中应采取必要的措施防止恶臭物质的扩散。在生活垃圾填埋场周围环境敏感点方位的场界的恶臭污染物浓度应符合 GB 14554 的规定。

9.4 生活垃圾转运站产生的渗滤液经收集后，可采用密闭法输送到城市污水处理厂处理、排入城市排水管道进入城市污水处理厂处理或者自行处理等方式。排入设置城市污水处理厂的排水管网的，应在转运站内对渗滤液进行处理，总汞、总镉、总铬、六价铬、总砷、总铅等污染物浓度限值达到表 2 规定浓度限值，其他水污染物排放控制要求由企业与城镇污水处理厂根据其污水处理能力商定或执行相关标准。排入环境水体或排入未设置污水处理厂的排水管网的，应在转运站内对渗滤液进行处理并达到表 2 规定的浓度限值。

10 环境和污染物监测要求

10.1 水污染物排放监测基本要求

10.1.1 生活垃圾填埋场的水污染物排放口须按照《排污口规范化整治技术要求（试行）》建设，设置符合 GB/T 15562.1 要求的污水排放口标志。

10.1.2 新建生活垃圾填埋场应按照《污染源自动监控管理办法》的规定，安装污染物排放自动监控设备，并与环保部门的监控中心联网，并保证设备正常运行。各地现有生活垃圾填埋场安装污染物排放自动监控设备的要求由省级环境保护行政主管部门规定。

10.1.3 对生活垃圾填埋场污染物排放情况进行监测的频次、采样时间等要求，按国家有关污染源监测技术规范的规定执行。

10.2 地下水水质监测基本要求

10.2.1 地下水水质监测井的布置

应根据场地水文地质条件，以及时反映地下水水质变化为原则，布设地下水监测系统。

（1）本底井，一眼，设在填埋场地下水流向上游 30～50 m 处；

（2）排水井，一眼，设在填埋场地下水主管出口处；

（3）污染扩散井，两眼，分别设在垂直填埋场地下水走向的两侧各 30～60 m 处；

（4）污染监视井，两眼，分别设在填埋场地下水流向下游 30 m、60 m 处。

大型填埋场可以在上述要求基础上适当增加监测井的数量。

10.2.2 在生活垃圾填埋场投入使用之前应监测地下水本底水平；在生活垃圾填埋场投入使用之时即对地下水进行持续监测，直至封场后填埋场产生的渗滤液中水污染物浓度连续两年低于表 2 中的限值时为止。

10.2.3 地下水监测指标为 pH、总硬度、溶解性总固体、高锰酸盐指数、氨氮、硝酸盐、亚硝酸盐、硫酸盐、氯化物、挥发性酚类、氰化物、砷、汞、六价铬、铅、氟、镉、铁、锰、铜、锌、粪大肠菌群，不同质量类型地下水的质量标准执行 GB/T 14848 中的规定。

10.2.4 生活垃圾填埋场管理机构对排水井的水质监测频率应不少于每周一次，对污染扩散井和污染监视井的水质监测频率应不少于每 2 周一次，对本底井的水质监测频率应不少于每个月一次。

10.2.5 地方环境保护行政主管部门应对地下水水质进行监督性监测，频率应不少于每 3 个月一次。

10.3 生活垃圾填埋场管理机构应每 6 个月进行一次防渗衬层完整性的监测。

10.4 甲烷监测基本要求

10.4.1 生活垃圾填埋场管理机构应每天进行一次填埋场区和填埋气体排放口的甲烷浓度监测。

10.4.2 地方环境保护行政主管部门应每 3 个月对填埋区和填埋气体排放口的甲烷浓度进行一次监督性监测。

10.4.3 对甲烷浓度的每日监测可采用符合 GB 13486 要求或者具有相同效果的便携式甲烷测定器进行测定。对甲烷浓度的监督性监测应按照 HJ/T 38 中甲烷的测定方法进行测定。

10.5 生活垃圾填埋场管理机构和地方环境保护行政主管部门均应对封场后的生活垃圾填埋场的污染物浓度进行测定。化学需氧量、生化需氧量、悬浮物、总氮、氨氮等指标每 3 个月测定一次，其他指标每年测定一次。

10.6 恶臭污染物监测基本要求

10.6.1 生活垃圾填埋场管理机构应根据具体情况适时进行场界恶臭污染物监测。

10.6.2 地方环境保护行政主管部门应每 3 个月对场界恶臭污染物进行一次监督性监测。

10.6.3 恶臭污染物监测应按照 GB/T 14675 和 GB/T 14678 规定的方法进行测定。

10.7 污染物浓度测定方法采用表 4 所列的方法标准，地下水质量检测方法采用 GB 5750 中的检测方法。

10.8 生活垃圾填埋场应按照有关法律和《环境监测管理办法》的规定，对排污状况进行监测，并保存原始监测记录。

表 4　污染物浓度测定方法标准

序号	污染物项目	方法标准名称	方法标准编号
1	色度（稀释倍数）	水质　色度的测定	GB 11903—1989
2	化学需氧量（COD_{Cr}）	水质　化学需氧量的测定　重铬酸盐法	GB 11914—1989
3	生化需氧量（BOD_5）	水质　五日生化需氧量（BOD_5）的测定　稀释与接种法	GB 7488—1987
4	悬浮物	水质　悬浮物的测定　重量法	GB 11901—1989
5	总氮	水质　总氮的测定　气相分子吸收光谱法	HJ/T 199—2005
6	氨氮	水质　氨氮的测定　气相分子吸收光谱法	HJ/T 195—2005
7	总磷	水质　总磷的测定　钼酸铵分光光度法	GB 11893—1989
8	粪大肠菌群数	水质　粪大肠菌群的测定　多管发酵法和滤膜法（试行）	HJ/T 347—2007
9	总汞	水质　总汞的测定　冷原子吸收分光光度法	GB 7468—1987
		水质　总汞的测定　高锰酸钾-过硫酸钾消解法　双硫腙分光光度法	GB 7469—1987
		水质　汞的测定　冷原子荧光法（试行）	HJ/T 341—2007
10	总镉	水质　镉的测定　双硫腙分光光度法	GB 7471—1987
11	总铬	水质　总铬的测定	GB 7466—1987
12	六价铬	水质　六价铬的测定　二苯碳酰二肼分光光度法	GB 7467—1987
13	总砷	水质　总砷的测定　二乙基二硫代氨基甲酸银分光光度法	GB 7485—1987
14	总铅	水质　铅的测定　双硫腙分光光度法	GB 7470—1987
15	甲烷	固定污染源排气中非甲烷总烃的测定　气相色谱法	HJ/T 38—1999
16	恶臭	空气质量　恶臭的测定　三点式比较臭袋法	GB/T 14675
17	硫化氢、甲硫醇、甲硫醚和二甲二硫	空气质量　硫化氢、甲硫醇、甲硫醚和二甲二硫的测定　气相色谱法	GB/T 14678

11 实施要求

11.1 本标准由县级以上人民政府环境保护行政主管部门负责监督实施。

11.2 在任何情况下，生活垃圾填埋场均应遵守本标准的污染物排放控制要求，采取必要措施保证污染防治设施正常运行。各级环保部门在对生活垃圾填埋场进行监督性检查时，可以现场即时采样，将监测的结果作为判定排污行为是否符合排放标准以及实施相关环境保护管理措施的依据。

11.3 对现有和新建生活垃圾填埋场执行水污染物特别排放限值的地域范围、时间，由国务院环境保护主管部门或省级人民政府规定。

中华人民共和国国家标准
GB 8172—87

城镇垃圾农用控制标准

根据《中华人民共和国环境保护法（试行)》，为防治城镇垃圾农用对土壤、农作物、水体的污染，保护农业生态环境，保证农作物正常生长，特制订本标准。

本标准适用于供农田施用的各种腐熟的城镇生活垃圾和城镇垃圾堆肥工厂的产品，不准混入工业垃圾及其他废物。

1 标准值

1.1 农田施用城镇垃圾要符合下表规定。

城镇垃圾农用控制标准值

编号	项　目	标准限值[1]
1	杂物[2]，%≤	3
2	粒度，mm，≤	12
3	蛔虫卵死亡率，%	95～100
4	大肠菌值	10^{-1}～10^{-2}
5	总镉（以 Cd 计），mg/kg，≤	3
6	总汞（以 Hg 计），mg/kg，≤	5
7	总铅（以 Pb 计），mg/kg，≤	100
8	总铬（以 Cr 计），mg/kg，≤	300
9	总砷（以 As 计），mg/kg，≤	30
10	有机质（以 C 计），%，≥	10
11	总氮（以 N 计），%，≥	0.5
12	总磷（以 P_2O_5 计），%，≥	0.3
13	总钾（以 K_2O 计），%，≥	1.0
14	pH	6.5～8.5
15	水分，%	25～35

注：1）表中除 2、3、4 项外，其余各项均以干基计算。
2）杂物指塑料、玻璃、金属、橡胶等。

2 其他规定

2.1 上表中 1～9 项全部合格者方能施用于农田；在 10～15 项中，如有一项不合格，其他五项合格者，可适当放宽。但不合格项目的数值，不得低于我国垃圾的平均数值。即有机质不少于 8%，总氮不少于 0.4%，总磷不少于 0.2%，总钾不少于 0.8%，pH 值最高不超过 9，最低不低于 6，水分含量最高不超过 40%。

2.2 施用符合本标准的垃圾，每年每亩农田用量，黏性土壤不超过 4t，砂性土壤不超过 3t，提倡在花卉、草地、园林和新菜地、黏土地上施用。大于 1mm 粒径的渣砾土壤、老菜地、水田不宜施用。

2.3 对于表中 1～9 项都接近本标准的垃圾，施用时其用量应减半。

3 标准的监督实施

3.1 农业、环卫和环保部门，必须对城镇垃圾农用的土壤、作物进行长期定点监测，农业部门建立监测电，环卫部门提供合乎标准化的城镇垃圾，环保部门进行有效的监督。

3.2 发现因施用垃圾导致土壤污染、水源污染或影响农作物的生长、发育和农产品中有害物质超过食品卫生标准时，要停止施用垃圾，并向有关部门报告。

3.3 在分析方法国家标准颁布之前，暂时参照《城镇垃圾农用监测分析方法》进行监测。

附加说明：本标准适用于供农田施用的各种腐熟的城镇生活垃圾和城镇垃圾堆肥工厂的产品，不准混入工业垃圾及其他废物，共规定了15项指标，如杂物、粒度、蛔虫卵死亡率、大肠菌值、总镉、总汞、总铅、总铬、总砷等。前9项全部合格方能用于农田，后6项（有机质、总氮、总磷、总钾、pH、水分）一项不合格（但不得低于我国垃圾的平均数值）者，可适当放宽。标准同时说明标准实施过程中的若干问题。

本标准由中华人民共和国农牧渔业部提出。

本标准由中国农业科学院土壤肥料研究所负责起草。

本标准由国家环保局负责解释。

中华人民共和国国家标准
GB 18484—2001

危险废物焚烧污染控制标准

前　言

为贯彻《中华人民共和国环境保护法》和《中华人民共和国固体废物污染环境防治法》，加强对危险废物的污染控制，保护环境，保障人体健康，特制定本标准。

本标准从我国的实际情况出发，以集中连续型焚烧设施为基础，涵盖了危险废物焚烧全过程的污染控制；对具备热能回收条件的焚烧设施要考虑热能的综合利用。

本标准由国家环保总局污染控制司提出。

本标准由国家环保总局科技标准司归口。

本标准由中国环境监测总站和中国科技大学负责起草。

本标准内容（包括实施时间）等同于 1999 年 12 月 3 日国家环境保护总局发布的《危险废物焚烧污染控制标准》（GWKB2—1999），自本标准实施之日起，代替 GWKB2—1999。

本标准由国家环境保护总局负责解释。

1 范围

本标准从危险废物处理过程中环境污染防治的需要出发，规定了危险废物焚烧设施场所的选址原则、焚烧基本技术性能指标、焚烧排放大气污染物的最高允许排放限值、焚烧残余物的处置原则和相应的环境监测等。

本标准适用于除易爆和具有放射性以外的危险废物焚烧设施的设计、环境影响评价、竣工验收以及运行过程中的污染控制管理。

2 引用标准

以下标准所含条文，在本标准中被引用即构成本标准的条文，与本标准同效。

GHZB1—1999　地表水环境质量标准

GB 3095—1996　环境空气质量标准

GB/T 16157—1996　固定污染源排气中颗粒物测定与气态污染物采样方法

GB 15562.2—1995　环境保护图形标志　固体废物贮存（处置）场

GB 8978—1996　污水综合排放标准

GB 12349—90　工业企业厂界噪声标准

HJ/T 20—1998　工业固体废物采样制样技术规范

当上述标准被修订时，应使用其最新版本。

3 术语

3.1 危险废物

是指列入国家危险废物名录或者根据国家规定的危险废物鉴别标准和鉴别方法判定的具有危险特性的废物。

3.2 焚烧

指焚化燃烧危险废物使之分解并无害化的过程。

3.3 焚烧炉

指焚烧危险废物的主体装置。

3.4 焚烧量

焚烧炉每小时焚烧危险废物的重量。

3.5 焚烧残余物

指焚烧危险废物后排出的燃烧残渣、飞灰和经尾气净化装置产生的固态物质。

3.6 热灼减率

指焚烧残渣经灼热减少的质量占原焚烧残渣质量的百分数。其计算方法如下：

$$P=(A-B)/A\times100\%$$

式中：P——热灼减率，%；

A——干燥后原始焚烧残渣在室温下的质量，g；

B——焚烧残渣经 600℃±25℃ 3 h 灼热后冷却至室温的质量，g。

3.7 烟气停留时间

指燃烧所产生的烟气从最后的空气喷射口或燃烧器出口到换热面（如余热锅炉换热器）或烟道冷风引射口之间的停留时间。

3.8 焚烧炉温度

指焚烧炉燃烧室出口中心的温度。

3.9 燃烧效率（CE）

指烟道排出气体中二氧化碳浓度与二氧化碳和一氧化碳浓度之和的百分比。用以下公式表示：

$$CE=[CO_2]/([CO_2]+[CO])\times100\%$$

式中：$[CO_2]$和$[CO]$——分别为燃烧后排气中 CO_2 和 CO 的浓度。

3.10 焚毁去除率（DRE）

指某有机物质经焚烧后所减少的百分比。用以下公式表示：

$$DRE=(W_i-W_o)/W_i\times100\%$$

式中：W_i——被焚烧物中某有机物质的重量；

W_o——烟道排放气和焚烧残余物中与 W_i 相应的有机物质的重量之和。

3.11 二噁英类

多氯代二苯并-对-二噁英和多氯代二苯并呋喃的总称。

3.12 二噁英毒性当量（TEQ）

二噁英毒性当量因子（TEF）是二噁英毒性同类物与 2,3,7,8-四氯代二苯并-对-二噁英对 Ah 受体的亲和性能之比。二噁英毒性当量可以通过下式计算：

$$TEQ=\Sigma(\text{二噁英毒性同类物浓度}\times TEF)$$

3.13 标准状态

指温度在 273.16 K，压力在 101.325 kPa 时的气体状态。本标准规定的各项污染物的排放限值，均指在标准状态下以 11% O_2（干空气）作为换算基准换算后的浓度。

4 技术要求

4.1 焚烧厂选址原则

4.1.1 各类焚烧厂不允许建设在 GHZB1 中规定的地表水环境质量Ⅰ类、Ⅱ类功能区和 GB 3095 中规定的环境空气质量一类功能区，即自然保护区、风景名胜区和其他需要特殊保护地区。集中式危险废物焚烧厂不允许建设在人口密集的居住区、商业区和文化区。

4.1.2 各类焚烧厂不允许建设在居民区主导风向的上风向地区。

4.2 焚烧物的要求

除易爆和具有放射性以外的危险废物均可进行焚烧。

4.3 焚烧炉排气筒高度

4.3.1 焚烧炉排气筒高度见表 1。

表 1　焚烧炉排气筒高度

焚烧量/（kg/h）	废物类型	排气筒最低允许高度/m
≤300	医院临床废物	20
	除医院临床废物以外的第 4.2 条规定的危险废物	25
300～2 000	第 4.2 条规定的危险废物	35
2 000～2 500	第 4.2 条规定的危险废物	45
≥2500	第 4.2 条规定的危险废物	50

4.3.2 新建集中式危险废物焚烧厂焚烧炉排气筒周围半径 200 m 内有建筑物时，排气筒高度必须高出最高建筑物 5 m 以上。

4.3.3 对有几个排气源的焚烧厂应集中到一个排气筒排放或采用多筒集合式排放。

4.3.4 焚烧炉排气筒应按 GB/T 16157 的要求，设置永久采样孔，并安装用于采样和测量的设施。

4.4 焚烧炉的技术指标

4.4.1 焚烧炉的技术性能要求见表 2。

表 2　焚烧炉的技术性能指标

指标 废物类型	焚烧炉温度/ ℃	烟气停留时间/ s	燃烧效率/ %	焚毁去除率/ %	焚烧残渣的热灼减率/ %
危险废物	≥1 100	≥2.0	≥99.9	≥99.99	＜5
多氯联苯	≥1 200	≥2.0	≥99.9	≥99.999 9	＜5
医院临床废物	≥850	≥1.0	≥99.9	≥99.99	＜5

4.4.2 焚烧炉出口烟气中的氧气含量应为 6%～10%（干气）。

4.4.3 焚烧炉运行过程中要保证系统处于负压状态，避免有害气体逸出。

4.4.4 焚烧炉必须有尾气净化系统、报警系统和应急处理装置。

4.5 危险废物的储存

4.5.1 危险废物的储存场所必须有符合 GB 15562.2 的专用标志。

4.5.2 废物的储存容器必须有明显标志，具有耐腐蚀、耐压、密封和不与所储存的废物发生反应等特性。

4.5.3 储存场所内禁止混放不相容危险废物。

4.5.4 储存场所要有集排水和防渗漏设施。

4.5.5 储存场所要远离焚烧设施并符合消防要求。

5 污染物（项目）控制限值

5.1 焚烧炉大气污染物排放限值

焚烧炉排气中任何一种有害物质浓度不得超过表3中所列的最高运行限值。

5.2 危险废物焚烧厂排放废水时，其水中污染物最高允许排放浓度按GB 9878执行。

5.3 焚烧残余物按危险废物进行安全处置。

5.4 危险废物焚烧厂的噪声执行GB 12349。

表3 危险废物焚烧炉大气污染物排放限值 1)

序号	污染物	不同焚烧容量时的最高允许排放浓度限值/（mg/m^3）		
		≤300 kg/h	300～2 500 kg/h	≥2 500 kg/h
1	烟气黑度	林格曼Ⅰ级		
2	烟尘	100	80	65
3	一氧化碳（CO）	100	80	80
4	二氧化硫（SO_2）	400	300	200
5	氟化氢（HF）	9.0	7.0	5.0
6	氯化氢（HCl）	100	70	60
7	氮氧化物（以NO_2计）	500		
8	汞及其化合物（以Hg计）	0.1		
9	镉及其化合物（以Cd计）	0.1		
10	砷、镍及其化合物（以As+Ni计）2)	1.0		
11	铅及其化合物（以Pb计）	1.0		
12	铬、锡、锑、铜、锰及其化合物（以Cr+Sn+Sb+Cu+Mn计）3)	4.0		
13	二噁英类	0.5 $TEQng/m^3$		

1）在测试计算过程中，以11% O_2（干气）作为换算基准。换算公式为：

$$C=\frac{10}{21-O_s}\times C_s$$

式中：C——标准状态下被测污染物经换算后的浓度，mg/m^3；

O_s——排气中氧气的浓度，%；

C_s——标准状态下被测污染物的浓度，mg/m^3。

2）指砷和镍的总量。

3）指铬、锡、锑、铜和锰的总量。

6 监督监测

6.1 废气监测

6.1.1 焚烧炉排气筒中烟气或气态污染物监测的采样数目及采样点位置的设置，执行GB/T 16157。

6.1.2 在焚烧设施于正常状态下运行1小时后，开始以1次/h的频率采集气样，每次采样时间不得低于45分钟，连续采集三次，分别测定。以平均值作为判断值。

6.1.3 焚烧设施排放气体按污染源监测分析方法执行（见表4）。

表 4 焚烧设施排放气体的分析方法

序号	污染物	分析方法	方法来源
1	烟气黑度	林格曼烟度法	GB/T 5468—91
2	烟尘	重量法	GB/T 16157—1996
3	一氧化碳（CO）	非分散红外吸收法	HJ/T 44—1999
4	二氧化硫（SO_2）	甲醛吸收副玫瑰苯胺分光光度法	1）
5	氟化氢（HF）	滤膜氟离子选择电极法	1）
6	氯化氢（HCl）	硫氰酸汞分光光度法	HJ/T 27—1999
		硝酸银容量法	
7	氮氧化物	盐酸萘乙二胺分光光度法	1）
8	汞	冷原子吸收分光光度法	HJ/T 43—1999
9	镉	原子吸收分光光度法	1）
10	铅	火焰原子吸收分光光度法	1）
11	砷	二乙基二硫代氨基甲酸银分光光度法	1）
12	铬	二苯碳酰二肼分光光度法	1）
13	锡	原子吸收分光光度法	1）
14	锑	5-Br-PADAP 分光光度法	1）
15	铜	原子吸收分光光度法	1）
16	锰	原子吸收分光光度法	1）
17	镍	原子吸收分光光度法	1）
18	二噁英类	色谱-质谱联用法	2）

1）《空气和废气监测分析方法》，中国环境科学出版社，北京，1990 年。

2）《固体废弃物试验分析评价手册》，中国环境科学出版社，北京，1992 年，332～359。

6.2 焚烧残渣热灼减率监测

6.2.1 样品的采集和制备方法执行 HJ/T 20。

6.2.2 焚烧残渣热灼减率的分析采用重量法。依据本标准“3.6”所列公式计算，取三次平均值作为判定值。

7 标准实施

（1）自 2000 年 3 月 1 日起，二噁英类污染物排放限值在北京、上海市、广州市执行。2003 年 1 月 1 日起在全国执行。

（2）本标准由县级以上人民政府环境保护行政主管部门负责监督与实施。

中华人民共和国国家标准

GB 18598—2001

危险废物填埋污染控制标准

前　言

为贯彻《中华人民共和国固体废物污染环境防治法》，防止危险废物填埋处置对环境造成的污染，制定本标准。

本标准对危险废物安全填埋场在建造和运行过程中涉及的环境保护要求，包括填埋物入场条件、填埋场选址、设计、施工、运行、封场及监测等方面作了规定。

本标准的附录 A 是标准的附录。

本标准为首次发布。

本标准由国家环境保护总局科技标准司提出。

本标准由中国环境科学研究院固体废物污染控制技术研究所负责起草。

本标准由国家环境保护总局负责解释。

1 主题内容与适用范围

1.1 主题内容

本标准规定了危险废物填埋的入场条件，填埋场的选址、设计、施工、运行、封场及监测的环境保护要求。

1.2 适用范围

本标准适用于危险废物填埋场的建设、运行及监督管理。

本标准不适用于放射性废物的处置。

2 引用标准

下列标准所含的条文，在本标准中被引用即构成本标准的条文，与本标准同效。

GB 5085.1　危险废物鉴别标准　腐蚀性鉴别

GB 5085.3　危险废物鉴别标准　浸出毒性鉴别

GB 5086.1～5086.2　固体废物浸出毒性浸出方法

GB/T 15555.1～15555.12　固体废物　浸出毒性测定方法

GB 16297　大气污染物综合排放标准

GB 12348　工业企业厂界噪声标准

GB 8978　污水综合排放标准

GB/T 4848　地下水水质标准

GB 15562.2　环境保护图形标志-固体废物贮存（处置）场

当上述标准被修订时，应使用最新版本。

3 定义

3.1 危险废物

列入国家危险废物名录或者根据国家规定的危险废物鉴别标准和鉴别方法认定具有危险特性的废物。

3.2 填埋场

处置废物的一种陆地处置设施，它由若干个处置单元和构筑物组成，处置场有界限规定，主要包括废物预处理设施、废物填埋设施和渗滤液收集处理设施。

3.3 相容性

某种危险废物同其他危险废物或填埋场中其他物质接触时不产生气体、热量、有害物质，不会燃烧或爆炸，不发生其他可能对填埋场产生不利影响的反应和变化。

3.4 天然基础层

填埋场防渗层的天然土层。

3.5 防渗层

人工构筑的防止渗滤液进入地下水的隔水层。

3.6 双人工衬层

包括两层人工合成材料衬层的防渗层，其构成见附录 A 图 1。

3.7 复合衬层

包括一层人工合成材料衬层和一层天然材料衬层的防渗层，其构成见附录 A 图 2。

4 填埋场场址选择要求

4.1 填埋场场址的选择应符合国家及地方城乡建设总体规划要求，场址应处于一个相对稳定的区域，不会因自然或人为的因素而受到破坏。

4.2 填埋场场址的选择应进行环境影响评价，并经环境保护行政主管部门批准。

4.3 填埋场场址不应选在城市工农业发展规划区、农业保护区、自然保护区、风景名胜区、文物（考古）保护区、生活饮用水水源保护区、供水远景规划区、矿产资源储备区和其他需要特别保护的区域内。

4.4 填埋场距飞机场、军事基地的距离应在 3 000 m 以上。

4.5 填埋场场界应位于居民区 800 m 以外，并保证在当地气象条件下对附近居民区大气环境不产生影响。

4.6 填埋场场址必须位于百年一遇的洪水标高线以上，并在长远规划中的水库等人工蓄水设施淹没区和保护区之外。

4.7 填埋场场址距地表水域的距离不应小于 150 m。

4.8 填埋场场址的地质条件应符合下列要求：

a．能充分满足填埋场基础层的要求；

b．现场或其附近有充足的黏土资源以满足构筑防渗层的需要；

c．位于地下水饮用水水源地主要补给区范围之外，且下游无集中供水井；

d．地下水位应在不透水层 3 m 以下，否则，必须提高防渗设计标准并进行环境影响评价，取得主管部门同意；

e．天然地层岩性相对均匀、渗透率低；

f．地质构结构相对简单、稳定，没有断层。

4.9 填埋场场址选择应避开下列区域：破坏性地震及活动构造区；海啸及涌浪影响区；湿地和低

洼汇水处；地应力高度集中、地面抬升或沉降速率快的地区；石灰熔洞发育带；废弃矿区或塌陷区；崩塌、岩堆、滑坡区；山洪、泥石流地区；活动沙丘区；尚未稳定的冲积扇及冲沟地区；高压缩性淤泥、泥炭及软土区以及其他可能危及填埋场安全的区域。

4.10 填埋场场址必须有足够大的可使用面积以保证填埋场建成后具有 10 年或更长的使用期，在使用期内能充分接纳所产生的危险废物。

4.11 填埋场场址应选在交通方便、运输距离较短、建造和运行费用低、能保证填埋场正常运行的地区。

5 填埋物入场要求

5.1 下列废物可以直接入场填埋：

a．根据 GB 5086 和 GB/T 15555.1-11 测得的废物浸出液中有一种或一种以上有害成分浓度超过 GB 5085.3 中的标准值并低于表 5-1 中的允许进入填埋区控制限值的废物；

b．根据 GB 5086 和 GB/T 15555.12 测得的废物浸出液 pH 值在 7.0～12.0 的废物。

5.2 下列废物需经预处理后方能入场填埋：

a．根据 GB 5086 和 GB/T 15555.1-11 测得废物浸出液中任何一种有害成分浓度超过表 5-1 中允许进入填埋区的控制限值的废物；

b．根据 GB 5086 和 GB/T 15555.12 测得的废物浸出液 pH 值小于 7.0 和大于 12.0 的废物；

c．本身具有反应性、易燃性的废物；

d．含水率高于 85%的废物；

e．液体废物。

5.3 下列废物禁止填埋：

a．医疗废物；

b．与衬层具有不相容性反应的废物。

表 5-1 危险废物允许进入填埋区的控制限值

序 号	项 目	稳定化控制限值/（mg/L）
1	有机汞	0.001
2	汞及其化合物（以总汞计）	0.25
3	铅（以总铅计）	5
4	镉（以总镉计）	0.50
5	总铬	12
6	六价铬	2.50
7	铜及其化合物（以总铜计）	75
8	锌及其化合物（以总锌计）	75
9	铍及其化合物（以总铍计）	0.20
10	钡及其化合物（以总钡计）	150
11	镍及其化合物（以总镍计）	15
12	砷及其化合物（以总砷计）	2.5
13	无机氟化物（不包括氟化钙）	100
14	氰化物（以 CN 计）	5

6 填埋场设计与施工的环境保护要求

6.1 填埋场应设预处理站，预处理站包括废物临时堆放、分拣破碎、减容减量处理、稳定化养护等设施。

6.2 填埋场应对不相容性废物设置不同的填埋区，每区之间应设有隔离设施。但对于面积过小，难以分区的填埋场，对不相容性废物可分类用容器盛放后填埋，容器材料应与所有可能接触的物质相容，且不被腐蚀。

6.3 填埋场所选用的材料应与所接触的废物相容，并考虑其抗腐蚀特性。

6.4 填埋场天然基础层的饱和渗透系数不应大于 1.0×10^{-5}cm/s，且其厚度不应小于 2 m。

6.5 填埋场应根据天然基础层的地质情况分别采用天然材料衬层、复合衬层或双人工衬层作为其防渗层。

6.5.1 如果天然基础层饱和渗透系数小于 1.0×10^{-7}cm/s，且厚度大于 5 m，可以选用天然材料衬层。天然材料衬层经机械压实后的饱和渗透系数不应大于 1.0×10^{-7}cm/s，厚度不应小于 1 m。

6.5.2 如果天然基础层饱和渗透系数小于 1.0×10^{-6}cm/s，可以选用复合衬层。复合衬层必须满足下列条件：

a. 天然材料衬层经机械压实后的饱和渗透系数不应大于 1.0×10^{-7}cm/s，厚度应满足表 6-1 所列指标，坡面天然材料衬层厚度应比表 6-1 所列指标大 10%；

表 6-1　复合衬层下衬层厚度设计要求

基础层条件	下衬层厚度
渗透系数≤1.0×10^{-7} cm/s，厚度≥3 m	厚度≥0.5 m
渗透系数≤1.0×10^{-6} cm/s，厚度≥6 m	厚度≥0.5 m
渗透系数≤1.0×10^{-6} cm/s，厚度≥3 m	厚度≥1.0 m

b. 人工合成材料衬层可以采用高密度聚乙烯（HDPE），其渗透系数不大于 10^{-12}cm/s，厚度不小于 1.5 mm。HDPE 材料必须是优质品，禁止使用再生产品。

6.5.3 如果天然基础层饱和渗透系数大于 1.0×10^{-6}cm/s，则必须选用双人工衬层。双人工衬层必须满足下列条件：

a. 天然材料衬层经机械压实后的渗透系数不大于 1.0×10^{-7}cm/s，厚度不小于 0.5 m；

b. 上人工合成衬层可以采用 HDPE 材料，厚度不小于 2.0 mm；

c. 下人工合成衬层可以采用 HDPE 材料，厚度不小于 1.0 mm。

衬层要求的其它指标同第 6.5.2 条。

6.6 填埋场必须设置渗滤液集排水系统、雨水集排水系统和集排气系统。各个系统在设计时采用的暴雨强度重现期不得低于 50 年。管网坡度不应小于 2%；填埋场底部应以不小于 2%的坡度坡向集排水管道。

6.7 采用天然材料衬层或复合衬层的填埋场应设渗滤液主集排水系统，它包括底部排水层、集排水管道和集水井；主集排水系统的集水井用于渗滤液的收集和排出。

6.8 采用双人工合成材料衬层的填埋场除设置渗滤液主集排水系统外，还应设置辅助集排水系统，它包括底部排水层、坡面排水层、集排水管道和集水井；辅助集排水系统的集水井主要用作上人工合成衬层的渗漏监测。

6.9 排水层的透水能力不应小于 0.1 cm/s。

6.10 填埋场应设置雨水集排水系统，以收集、排出汇水区内可能流向填埋区的雨水、上游雨水以及未填埋区域内未与废物接触的雨水。雨水集排水系统排出的雨水不得与渗滤液混排。

6.11 填埋场设置集排气系统以排出填埋废物中可能产生的气体。

6.12 填埋场必须设有渗滤液处理系统，以便处理集排水系统排出的渗滤液。

6.13 填埋场周围应设置绿化隔离带，其宽度不应小于 10 m。

6.14 填埋场施工前应编制施工质量保证书并获得环境保护主管部门的批准。施工中应严格按照施工质量保证书中的质量保证程序进行。

6.15 在进行天然材料衬层施工之前，要通过现场施工试验确定合适的施工机械，压实方法、压实控制参数及其它处理措施，以论证是否可以达到设计要求。同时在施工过程中要进行现场施工质量检验，检验内容与频率应包括在施工设计书中。

6.16 人工合成材料衬层在铺设时应满足下列条件：

a．对人工合成材料应检查指标合格后才可铺设，铺设时必须平坦，无皱褶；

b．在保证质量条件下，焊缝尽量少；

c．在坡面上铺设衬层，不得出现水平焊缝；

d．底部衬层应避免埋设垂直穿孔的管道或其它构筑物；

e．边坡必须锚固，锚固形式和设计必须满足人工合成材料的受力安全要求；

f．边坡与底面交界处不得设角焊缝，角焊缝不得跨过交界处。

6.17 在人工合成材料衬层在铺设、焊接过程中和完成之后，必须通过目视，非破坏性和破坏性测试检验施工效果，并通过测试结果控制施工质量。

7 填埋场运行管理要求

7.1 在填埋场投入运行之前，要制订一个运行计划。此计划不但要满足常规运行，而且要提出应急措施，以便保证填场的有效利用和环境安全。

7.2 填埋场的运行应满足下列基本要求：

a．入场的危险废物必须符合本标准对废物的入场要求；

b．散状废物入场后要进行分层碾压，每层厚度视填埋容量和场地情况而定。

c．填埋场运行中应进行每日覆盖，并视情况进行中间覆盖；

d．应保证在不同季节气候条件下，填埋场进出口道路通畅；

e．填埋工作面应尽可能小，使其得到及时覆盖；

f．废物堆填表面要维护最小坡度，一般为 1∶3（垂直∶水平）；

g．通向填埋场的道路应设栏杆和大门加以控制；

h．必须设有醒目的标志牌，指示正确的交通路线。标志牌应满足 GB 15562.2 的要求；

i．每个工作日都应有填埋场运行情况的记录，应记录设备工艺控制参数，入场废物来源、种类、数量，废物填埋位置及环境监测数据等；

j．运行机械的功能要适应废物压实的要求，为了防止发生机械故障等情况，必须有备用机械；

k．危险废物安全填埋场的运行不能暴露在露天进行，必须有遮雨设备，以防止雨水与未进行最终覆盖的废物接触；

l．填埋场运行管理人员，应参加环保管理部门的岗位培训，合格后上岗。

7.3 危险废物安全填埋场分区原则

7.3.1 可以使每个填埋区能在尽量短的时间内得到封闭。

7.3.2 使不相容的废物分区填埋。

7.3.3 分区的顺序应有利于废物运输和填埋。

7.4 填埋场管理单位应建立有关填埋场的全部档案，从废物特性、废物倾倒部位、场址选择、勘察、征地、设计、施工、运行管理、封场及封场管理、监测直至验收等全过程所形成的一切文件资料，必须按国家档案管理条例进行整理与保管，保证完整无缺。

8 填埋场污染控制要求

8.1 严禁将集排水系统收集的渗滤液直接排放，必须对其进行处理并达到 GB 8978《污水综合排放标准》中第一类污染物最高允许排放浓度的要求及第二类污染物最高允许排放浓度标准要求后方可排放。

8.2 危险废物填埋场废物渗滤液第二类污染物排放控制项目为：pH 值，悬浮物（SS），五日生化需氧量（BOD_5），化学需氧量（COD_{Cr}），氨氮（NH_3-N），磷酸盐（以 P 计）。

8.3 填埋场渗滤液不应对地下水造成污染。填埋场地下水污染评价指标及其限值按照 GB/T 14848 执行。

8.4 地下水监测因子应根据填埋废物特性由当地环境保护行政主管部门确定，必须具有代表性，能表示废物特性的参数。常规测定项目为：浊度，pH 值，可溶性固体，氯化物，硝酸盐（以 N 计），亚硝酸盐（以 N 计），氨氮，大肠杆菌总数。

8.5 填埋场排出的气体应按照 GB 16297 中无组织排放的规定执行。监测因子应根据填埋废物特性由当地环境保护行政主管部门确定，必须具有代表性，能表示废物特性的参数。

8.6 填埋场在作业期间，噪声控制应按照 GB 12348 的规定执行。

9 封场要求

9.1 当填埋场处置的废物数量达到填埋场设计容量时，应实行填埋封场。

9.2 填埋场的最终覆盖层应为多层结构，应包括下列部分：

a．底层（兼作导气层）：厚度不应小于 20 cm，倾斜度不小于 2%，由透气性好的颗粒物质组成；

b．防渗层：天然材料防渗层厚度不应小于 50 cm，渗透系数不大于 10^{-7}cm/s；若采用复合防渗层，人工合成材料层厚度不应小于 1.0 mm，天然材料层厚度不应小于 30 cm。其它设计要求同衬层相同；

c．排水层及排水管网：排水层和排水系统的要求同底部渗滤液集排水系统相同，设计时采用的暴雨强度不应小于 50 年；

d．保护层：保护层厚度不应小于 20 cm，由粗砥性坚硬鹅卵石组成；

e．植被恢复层：植被层厚度一般不应小于 60 cm，其土质应有利于植物生长和场地恢复；同时植被层的坡度不应超过 33%。在坡度超过 10%的地方，须建造水平台阶；坡度小于 20%时，标高每升高 3 m，建造一个台阶；坡度大于 20%时，标高每升高 2 m，建造一个台阶。台阶应有足够的宽度和坡度，要能经受暴雨的冲刷。

9.3 封场后应继续进行下列维护管理工作，并延续到封场后 30 年。

a．维护最终覆盖层的完整性和有效性；

b．维护和监测检漏系统；

c．继续进行渗滤液的收集和处理；

d．继续监测地下水水质的变化。

9.4 当发现场址或处置系统的设计有不可改正的错误，或发生严重事故及发生不可预见的自然灾害使得填埋场不能继续运行时，填埋场应实行非正常封场。非正常封场应预先作出相应补救计划，防止污染扩散。实施非正常封场必须得到环保部门的批准。

10 监测要求

10.1 对填埋场的监督性监测的项目和频率应按照有关环境监测技术规范进行，监测结果应定期报送当地环保部门，并接受当地环保部门的监督检查。

10.2 填埋场渗滤液

10.2.1 利用填埋场的每个集水井进行水位和水质监测。

10.2.2 采样频率应根据填埋物特性、覆盖层和降水等条件加以确定，应能充分反映填埋场渗滤液变化情况。渗滤液水质和水位监测频率至少为每月一次。

10.3 地下水

10.3.1 地下水监测井布设应满足下列要求：

a．在填埋场上游应设置一眼监测井，以取得背景水源数值。在下游至少设置三眼井，组成三维监测点，以适应于下游地下水的羽流几何型流向；

b．监测井应设在填埋场的实际最近距离上，并且位于地下水上下游相同水力坡度上；

c．监测井深度应足以采取具有代表性的样品。

10.3.2 取样频率

10.3.2.1 填埋场运行的第一年，应每月至少取样一次；在正常情况下，取样频率为每季度至少一次。

10.3.2.2 发现地下水质出现变坏现象时，应加大取样频率，并根据实际情况增加监测项目，查出原因以便进行补救。

10.4 大气

10.4.1 采样点布设及采样方法按照 GB 16297 的规定执行。

10.4.2 污染源下风方向应为主要监测范围。

10.4.3 超标地区、人口密度大和距工业区近的地区加大采样点密度。

10.4.4 采样频率。填埋场运行期间，应每月取样一次，如出现异常，取样频率应适当增加。

11 标准监督实施

本标准由县以上地方人民政府环境保护行政主管部门负责监督实施。

附录 A
（标准的附录）
衬层系统示意图
（参考件）

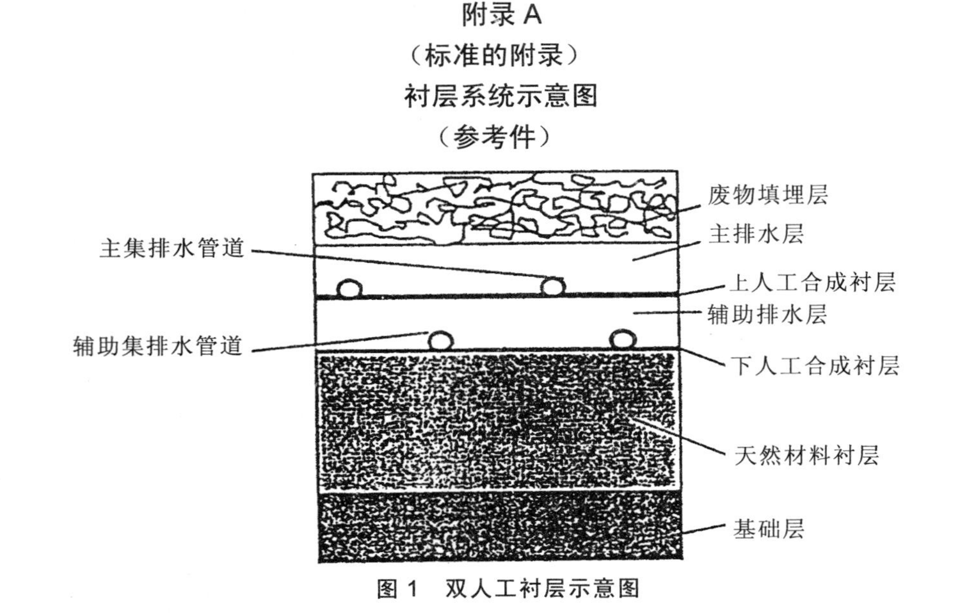

图 1　双人工衬层示意图

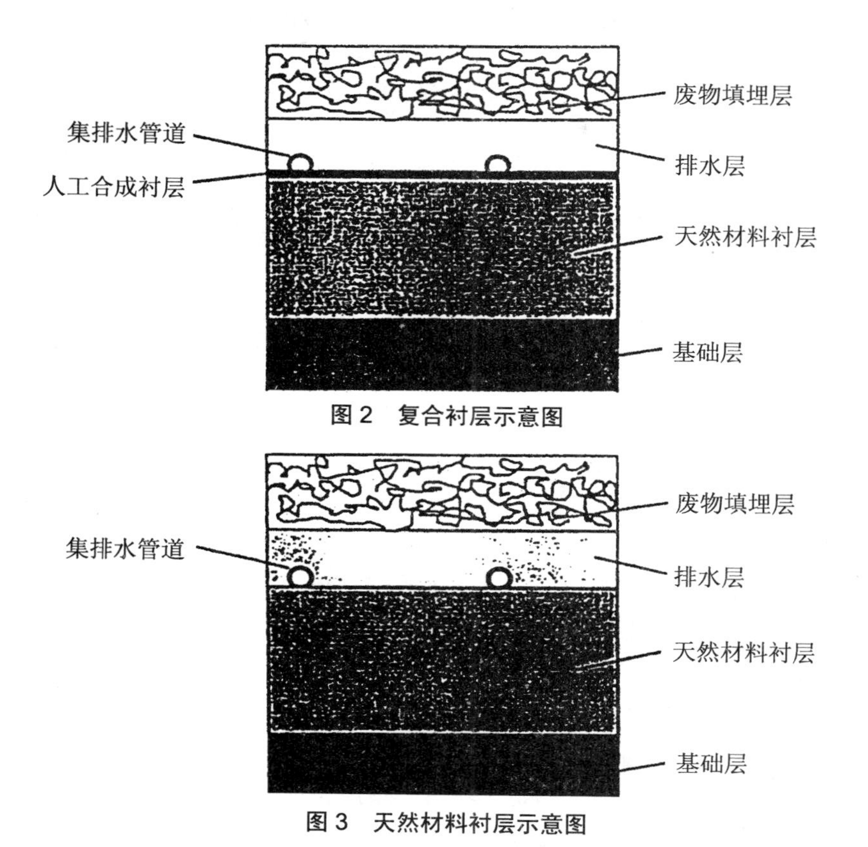

图 2　复合衬层示意图

图 3　天然材料料层示意图

中华人民共和国国家标准
GB 25467—2010

铜、镍、钴工业污染物排放标准

前　言

为贯彻《中华人民共和国环境保护法》、《中华人民共和国水污染防治法》、《中华人民共和国大气污染防治法》、《中华人民共和国海洋环境保护法》、《国务院关于落实科学发展观　加强环境保护的决定》等法律、法规和《国务院关于编制全国主体功能区规划的意见》，保护环境，防治污染，促进铜、镍、钴工业生产工艺和污染治理技术的进步，制定本标准。

本标准规定了铜、镍、钴工业企业生产过程中水污染物和大气污染物排放限值、监测和监控要求，适用于铜、镍、钴工业企业水污染和大气污染防治和管理。为促进区域经济与环境协调发展，推动经济结构的调整和经济增长方式的转变，引导铜、镍、钴工业生产工艺和污染治理技术的发展方向，本标准规定了水污染物特别排放限值。

本标准中的污染物排放浓度均为质量浓度。

铜、镍、钴工业企业排放恶臭污染物、环境噪声适用相应的国家污染物排放标准，产生固体废物的鉴别、处理和处置适用国家固体废物污染控制标准。

本标准为首次发布。

自本标准实施之日起，铜、镍、钴工业企业水和大气污染物排放执行本标准，不再执行《污水综合排放标准》（GB 8978—1996）、《大气污染物综合排放标准》（GB 16297—1996）和《工业炉窑大气污染物排放标准》（GB 9078—1996）中的相关规定。

地方省级人民政府对本标准未作规定的污染物项目，可以制定地方污染物排放标准；对本标准已作规定的污染物项目，可以制定严于本标准的地方污染物排放标准。

本标准由环境保护部科技标准司组织制订。

本标准主要起草单位：中国瑞林工程技术有限公司（原南昌有色冶金设计研究院）、环境保护部环境标准研究所。

本标准由环境保护部 2010 年 9 月 10 日批准。

本标准自 2010 年 10 月 1 日起实施。

本标准由环境保护部解释。

1 适用范围

本标准规定了铜、镍、钴工业企业水污染物和大气污染物排放限值、监测和监控要求，以及标准的实施与监督等相关规定。

本标准适用于铜、镍、钴工业企业的水污染物和大气污染物排放管理，以及铜、镍、钴工业企业建设项目的环境影响评价、环境保护设施设计、竣工环境保护验收及其投产后的水污染物和大气污染物排放管理。

本标准不适用于铜、镍、钴再生及压延加工等工业；也不适用于附属于铜、镍、钴工业的非特征生产工艺和装置。

本标准适用于法律允许的污染物排放行为；新设立污染源的选址和特殊保护区域内现有污染源

的管理，按照《中华人民共和国大气污染防治法》、《中华人民共和国水污染防治法》、《中华人民共和国海洋环境保护法》、《中华人民共和国固体废物污染环境防治法》、《中华人民共和国放射性污染防治法》、《中华人民共和国环境影响评价法》等法律、法规、规章的相关规定执行。

本标准规定的水污染物排放控制要求适用于企业直接或间接向其法定边界外排放水污染物的行为。

2 规范性引用文件

本标准内容引用了下列文件或其中的条款。

GB/T 6920—1986 水质 pH 值的测定 玻璃电极法
GB/T 7468—1987 水质 总汞的测定 冷原子吸收分光光度法
GB/T 7475—1987 水质 铜、锌、铅、镉的测定 原子吸收分光光度法
GB/T 7484—1987 水质 氟化物的测定 离子选择电极法
GB/T 7485—1987 水质 总砷的测定 二乙基二硫代氨基甲酸银分光光度法
GB/T 11893—1989 水质 总磷的测定 钼酸铵分光光度法
GB/T 11894—1989 水质 总氮的测定 碱性过硫酸钾消解紫外分光光度法
GB/T 11901—1989 水质 悬浮物的测定 重量法
GB/T 11912—1989 水质 镍的测定 火焰原子吸收分光光度法
GB/T 11914—1989 水质 化学需氧量的测定 重铬酸盐法
GB/T 15432—1995 环境空气 总悬浮颗粒物的测定 重量法
GB/T 16157—1996 固定污染源排气中颗粒物测定与气态污染物采样方法
GB/T 16488—1996 水质 石油类和动植物油的测定 红外光度法
GB/T 16489—1996 水质 硫化物的测定 亚甲基蓝分光光度法
HJ/T 27—1999 固定污染源排气中氯化氢的测定 硫氰酸汞分光光度法
HJ/T 30—1999 固定污染源排气中氯气的测定 甲基橙分光光度法
HJ/T 55—2000 大气污染物无组织排放监测技术导则
HJ/T 56—2000 固定污染源排气中二氧化硫的测定 碘量法
HJ/T 57—2000 固定污染源排气中二氧化硫的测定 定电位电解法
HJ/T 60—2000 水质 硫化物的测定 碘量法
HJ/T 63.1—2001 大气固定污染源 镍的测定 火焰原子吸收分光光度法
HJ/T 63.2—2001 大气固定污染源 镍的测定 石墨炉原子吸收分光光度法
HJ/T 67—2001 大气固定污染源 氟化物的测定 离子选择电极法
HJ/T 195—2005 水质 氨氮的测定 气相分子吸收光谱法
HJ/T 199—2005 水质 总氮的测定 气相分子吸收光谱法
HJ/T 399—2007 水质 化学需氧量的测定 快速消解分光光度法
HJ 480—2009 环境空气 氟化物的测定 滤膜采样氟离子选择电极法
HJ481—2009 环境空气 氟化物的测定 石灰滤纸采样氟离子选择电极法
HJ 482—2009 环境空气 二氧化硫的测定 甲醛吸收-副玫瑰苯胺分光光度法
HJ 483—2009 环境空气 二氧化硫的测定 四氯汞盐吸收-副玫瑰苯胺分光光度法
HJ 487—2009 水质 氟化物的测定 茜素磺酸锆目视比色法
HJ 488—2009 水质 氟化物的测定 氟试剂分光光度法
HJ 535—2009 水质 氨氮的测定 纳氏试剂分光光度法
HJ 536—2009 水质 氨氮的测定 水杨酸分光光度法

HJ 537—2009 水质 氨氮的测定 蒸馏-中和滴定法
HJ 538—2009 固定污染源废气 铅的测定 火焰原子吸收分光光度法（暂行）
HJ 539—2009 环境空气 铅的测定 石墨炉原子吸收分光光度法（暂行）
HJ 540—2009 空气和废气 砷的测定 二乙基二硫代氨基甲酸银分光光度法（暂行）
HJ 542—2009 环境空气 汞的测定 巯基棉富集-冷原子荧光分光光度法（暂行）
HJ 543—2009 固定污染源废气 汞的测定 冷原子吸收分光光度法（暂行）
HJ 544—2009 固定污染源废气 硫酸雾的测定 离子色谱法（暂行）
HJ 547—2009 固定污染源废气 氯气的测定 碘量法（暂行）
HJ 548—2009 固定污染源废气 氯化氢的测定 硝酸银容量法（暂行）
HJ 549—2009 空气和废气 氯化氢的测定 离子色谱法（暂行）
HJ 550—2009 水质 总钴的测定 5-氯-2-（吡啶偶氮）-1,3-二氨基苯分光光度法（暂行）
《污染源自动监控管理办法》（国家环境保护总局令 第 28 号）
《环境监测管理办法》（国家环境保护总局令 第 39 号）

3 术语和定义

下列术语和定义适用于本标准。

3.1 铜、镍、钴工业 copper，nickel and cobalt industry

指生产铜、镍、钴金属的采矿、选矿、冶炼工业企业，不包括以废旧铜、镍、钴物料为原料的再生冶炼工业。

3.2 特征生产工艺和装置 typical processing and facility

指铜、镍、钴金属的采矿、选矿、冶炼的生产工艺及与这些工艺相关的装置。

3.3 现有企业 existing facility

指在本标准实施之日前已建成投产或环境影响评价文件已通过审批的铜、镍、钴工业企业或生产设施。

3.4 新建企业 new facility

指本标准实施之日起环境影响评价文件通过审批的新建、改建和扩建的铜、镍、钴生产设施建设项目。

3.5 排水量 effluent volume

指生产设施或企业向企业法定边界以外排放的废水的量，包括与生产有直接或间接关系的各种外排废水（如厂区生活污水、冷却废水、厂区锅炉和电站排水等）。

3.6 单位产品基准排水量 benchmark effluent volume per unit product

指用于核定水污染物排放浓度而规定的生产单位铜、镍、钴产品的废水排放量上限值。

3.7 排气筒高度 stack height

指自排气筒（或其主体建筑构造）所在的地平面至排气筒出口计的高度。

3.8 标准状态 standard condition

指温度为 273.15 K、压力为 101 325 Pa 时的状态。本标准规定的大气污染物排放浓度限值均以标准状态下的干气体为基准。

3.9 过量空气系数 excess air coefficient

指工业炉窑运行时实际空气量与理论空气需要量的比值。

3.10 排气量 exhaust volume

指铜、镍、钴工业生产工艺和装置排入环境空气的废气量，包括与生产工艺和装置有直接或间接关系的各种外排废气（如环境集烟等）。

3.11 单位产品基准排气量 benchmark exhaust volume per unit product

指用于核定大气污染物排放浓度而规定的生产单位铜、镍、钴产品的排气量上限值。

3.12 企业边界 enterprise boundary

指铜、镍、钴工业企业的法定边界。若无法定边界，则指实际边界。

3.13 公共污水处理系统 public wastewater treatment system

指通过纳污管道等方式收集废水，为两家以上排污单位提供废水处理服务并且排水能够达到相关排放标准要求的企业或机构，包括各种规模和类型的城镇污水处理厂、区域（包括各类工业园区、开发区、工业聚集地等）废水处理厂等，其废水处理程度应达到二级或二级以上。

3.14 直接排放 direct discharge

指排污单位直接向环境排放水污染物的行为。

3.15 间接排放 indirect discharge

指排污单位向公共污水处理系统排放水污染物的行为。

4 污染物排放控制要求

4.1 水污染物排放控制要求

4.1.1 自2011年1月1日起至2011年12月31日止，现有企业执行表1规定的水污染物排放限值。

表1 现有企业水污染物排放浓度限值及单位产品基准排水量

单位：mg/L（pH值除外）

序号	污染物项目	限值		污染物排放监控位置
		直接排放	间接排放	
1	pH值	6～9	6～9	企业废水总排放口
2	悬浮物	100（采选）	200（采选）	
		70（其他）	140（其他）	
3	化学需氧量（COD_{Cr}）	120（湿法冶炼）	300（湿法冶炼）	
		100（其他）	200（其他）	
4	氟化物（以F计）	8	15	
5	总氮	20	40	
6	总磷	1.5	2.0	
7	氨氮	15	20	
8	总锌	2.0	4.0	
9	石油类	8	15	
10	总铜	1.0（矿山及湿法冶炼）	2.0（矿山及湿法冶炼）	
		0.5（其他）	1.0（其他）	
11	硫化物	1.0	1.0	
12	总铅	1.0		车间或生产设施废水排放口
13	总镉	0.1		
14	总镍	1.0		
15	总砷	0.5		
16	总汞	0.05		
17	总钴	1.0		
单位产品基准排水量	选矿（原矿）/（m^3/t）	1.65		排水量计量位置与污染物排放监控位置一致
	铜冶炼/（m^3/t）	25		
	镍冶炼/（m^3/t）	35		
	钴冶炼/（m^3/t）	70		

4.1.2 自 2012 年 1 月 1 日起，现有企业执行表 2 规定的水污染物排放限值。

4.1.3 自 2010 年 10 月 1 日起，新建企业执行表 2 规定的水污染物排放限值。

表 2　新建企业水污染物排放浓度限值及单位产品基准排水量

单位：mg/L（pH 值除外）

<table>
<tr><th rowspan="2">序号</th><th rowspan="2">污染物项目</th><th colspan="2">限　值</th><th rowspan="2">污染物排放监控位置</th></tr>
<tr><th>直接排放</th><th>间接排放</th></tr>
<tr><td>1</td><td>pH 值</td><td>6～9</td><td>6～9</td><td rowspan="3">企业废水总排放口</td></tr>
<tr><td rowspan="2">2</td><td rowspan="2">悬浮物</td><td>80（采选）</td><td>200（采选）</td></tr>
<tr><td>30（其他）</td><td>140（其他）</td></tr>
<tr><td rowspan="2">3</td><td rowspan="2">化学需氧量（COD_{Cr}）</td><td>100（湿法冶炼）</td><td>300（湿法冶炼）</td><td rowspan="10">企业废水总排放口</td></tr>
<tr><td>60（其他）</td><td>200（其他）</td></tr>
<tr><td>4</td><td>氟化物（以 F 计）</td><td>5</td><td>15</td></tr>
<tr><td>5</td><td>总氮</td><td>15</td><td>40</td></tr>
<tr><td>6</td><td>总磷</td><td>1.0</td><td>2.0</td></tr>
<tr><td>7</td><td>氨氮</td><td>8</td><td>20</td></tr>
<tr><td>8</td><td>总锌</td><td>1.5</td><td>4.0</td></tr>
<tr><td>9</td><td>石油类</td><td>3.0</td><td>15</td></tr>
<tr><td>10</td><td>总铜</td><td>0.5</td><td>1.0</td></tr>
<tr><td>11</td><td>硫化物</td><td>1.0</td><td>1.0</td></tr>
<tr><td>12</td><td>总铅</td><td colspan="2">0.5</td><td rowspan="6">车间或生产设施废水排放口</td></tr>
<tr><td>13</td><td>总镉</td><td colspan="2">0.1</td></tr>
<tr><td>14</td><td>总镍</td><td colspan="2">0.5</td></tr>
<tr><td>15</td><td>总砷</td><td colspan="2">0.5</td></tr>
<tr><td>16</td><td>总汞</td><td colspan="2">0.05</td></tr>
<tr><td>17</td><td>总钴</td><td colspan="2">1.0</td></tr>
<tr><td rowspan="4">单位产品基准排水量</td><td>选矿（原矿）/（m^3/t）</td><td colspan="2">1.0</td><td rowspan="4">排水量计量位置与污染物排放监控位置一致</td></tr>
<tr><td>铜冶炼/（m^3/t）</td><td colspan="2">10</td></tr>
<tr><td>镍冶炼/（m^3/t）</td><td colspan="2">15</td></tr>
<tr><td>钴冶炼/（m^3/t）</td><td colspan="2">30</td></tr>
</table>

4.1.4 根据环境保护工作的要求，在国土开发密度已经较高、环境承载能力开始减弱，或环境容量较小、生态环境脆弱，容易发生严重环境污染等问题而需要采取特别保护措施的地区，应严格控制企业的污染物排放行为，在上述地区的企业执行表 3 规定的水污染物特别排放限值。

执行水污染物特别排放限值的地域范围、时间，由国务院环境保护行政主管部门或省级人民政府规定。

表 3　水污染物特别排放限值

单位：mg/L（pH 值除外）

<table>
<tr><th rowspan="2">序号</th><th rowspan="2">污染物项目</th><th colspan="2">限　值</th><th rowspan="2">污染物排放监控位置</th></tr>
<tr><th>直接排放</th><th>间接排放</th></tr>
<tr><td>1</td><td>pH 值</td><td>6～9</td><td>6～9</td><td rowspan="4">企业废水总排放口</td></tr>
<tr><td rowspan="2">2</td><td rowspan="2">悬浮物</td><td>30（采选）</td><td>80（采选）</td></tr>
<tr><td>10（其他）</td><td>30（其他）</td></tr>
<tr><td>3</td><td>化学需氧量（COD_{Cr}）</td><td>50</td><td>60</td></tr>
</table>

序号	污染物项目	限值		污染物排放监控位置
		直接排放	间接排放	
4	氟化物（以F计）	2	5	企业废水总排放口
5	总氮	10	15	
6	总磷	0.5	1.0	
7	氨氮	5	8	
8	总锌	1.0	1.5	
9	石油类	1.0	3.0	
10	总铜	0.2	0.5	
11	硫化物	0.5	1.0	
12	总铅	0.2		车间或生产设施废水排放口
13	总镉	0.02		
14	总镍	0.5		
15	总砷	0.1		
16	总汞	0.01		
17	总钴	1.0		
单位产品基准排水量	选矿（原矿）/（m^3/t）	0.8		排水量计量位置与污染物排放监控位置相同
	铜冶炼/（m^3/t）	8		
	镍冶炼/（m^3/t）	12		
	钴冶炼/（m^3/t）	16		

4.1.5 水污染物排放浓度限值适用于单位产品实际排水量不高于单位产品基准排水量的情况。若单位产品实际排水量超过单位产品基准排水量，须按式（1）将实测水污染物浓度换算为水污染物基准排水量排放浓度，并以水污染物基准排水量排放浓度作为判定排放是否达标的依据。产品产量和排水量统计周期为一个工作日。

在企业的生产设施同时生产两种以上产品、可适用不同排放控制要求或不同行业国家污染物排放标准，且生产设施产生的污水混合处理排放的情况下，应执行排放标准中规定的最严格的浓度限值，并按式（1）换算水污染物基准排水量排放浓度。

$$\rho_{基}=\frac{Q_{总}}{\sum Y_i \cdot Q_{i基}}\cdot \rho_{实} \quad (1)$$

式中：$\rho_{基}$——水污染物基准排水量排放浓度，mg/L；

$Q_{总}$——排水总量，m^3；

Y_i——第 i 种产品产量，t；

$Q_{i基}$——第 i 种产品的单位产品基准排水量，m^3/t；

$\rho_{实}$——实测水污染物浓度，mg/L。

若 $Q_{总}$ 与 $\sum Y_i \cdot Q_{i基}$ 的比值小于 1，则以水污染物实测浓度作为判定排放是否达标的依据。

4.2 大气污染物排放控制要求

4.2.1 自 2011 年 1 月 1 日起至 2011 年 12 月 31 日止，现有企业执行表 4 规定的大气污染物排放限值。

表 4 现有企业大气污染物排放浓度限值

单位：mg/m^3

序号	生产类别	工艺或工序	限值										污染物排放监控位置
			二氧化硫	颗粒物	砷及其化合物	硫酸雾	氯气	氯化氢	镍及其化合物	铅及其化合物	氟化物	汞及其化合物	
1	采选	破碎、筛分	—	150	—	—	—	—	—	—	—	—	车间或生产设施排气筒
		其他	800	100		45	70	120					
2	铜冶炼	物料干燥	800	100	0.5	45	—	—	—	0.7	9.0	0.012	
		环境集烟	960										
		其他	900										
3	镍、钴冶炼	全部	960	100	0.5	45	70	120	4.3	0.7	9.0	0.012	车间或生产设施排气筒
4	烟气制酸	一转一吸	960	50	0.5	45	—	—	—	0.7	9.0	0.012	
		两转两吸	860										
单位产品基准排气量		铜冶炼/（m^3/t）	24 000										
		镍冶炼/（m^3/t）	40 000										

4.2.2 自 2012 年 1 月 1 日起，现有企业执行表 5 规定的大气污染物排放限值。

4.2.3 自 2010 年 10 月 1 日起，新建企业执行表 5 规定的大气污染物排放限值。

表 5 新建企业大气污染物排放浓度限值

单位：mg/m^3

序号	生产类别	工艺或工序	限值										污染物排放监控位置
			二氧化硫	颗粒物	砷及其化合物	硫酸雾	氯气	氯化氢	镍及其化合物	铅及其化合物	氟化物	汞及其化合物	
1	采选	破碎、筛分	—	100	—	—	—	—	—	—	—	—	车间或生产设施排气筒
		其他	400	80		40	60	80					
2	铜冶炼	全部	400	80	0.4	40	—	—	—	0.7	3.0	0.012	
3	镍、钴冶炼	全部	400	80	0.4	40	60	80	4.3	0.7	3.0	0.012	
4	烟气制酸	全部	400	50	0.4	40	—	—	—	0.7	3.0	0.012	
单位产品基准排气量		铜冶炼/（m^3/t）	21 000										
		镍冶炼/（m^3/t）	36 000										

4.2.4 企业边界大气污染物任何 1 h 平均浓度执行表 6 规定的限值。

表6　现有和新建企业边界大气污染物浓度限值

单位：mg/m^3

序号	污染物	限值
1	二氧化硫	0.5
2	总悬浮颗粒物	1.0
3	硫酸雾	0.3
4	氯气	0.02
5	氯化氢	0.15
6	砷及其化合物	0.01
7	镍及其化合物[1)]	0.04
8	铅及其化合物	0.006
9	氟化物	0.02
10	汞及其化合物	0.001 2

注：1）镍、钴冶炼企业监控。

4.2.5 在现有企业生产、建设项目竣工环保验收后的生产过程中，负责监管的环境保护主管部门应对周围居住、教学、医疗等用途的敏感区域环境质量进行监测。建设项目的具体监控范围为环境影响评价确定的周围敏感区域；未进行过环境影响评价的现有企业，监控范围由负责监管的环境保护主管部门，根据企业排污的特点和规律及当地的自然、气象条件等因素，参照相关环境影响评价技术导则确定。地方政府应对本辖区环境质量负责，采取措施确保环境状况符合环境质量标准要求。

4.2.6 产生大气污染物的生产工艺和装置必须设立局部或整体气体收集系统和集中净化处理装置，净化后的气体由排气筒排放，所有排气筒高度应不低于 15 m（排放氯气的排气筒高度不得低于 25 m）。排气筒周围半径 200 m 范围内有建筑物时，排气筒高度还应高出最高建筑物 3 m 以上。

4.2.7 炉窑基准过量空气系数为 1.7，实测炉窑的大气污染物排放浓度，应换算为基准过量空气系数排放浓度。生产设施应采取合理的通风措施，不得故意稀释排放，若单位产品实际排气量超过单位产品基准排气量，须将实测大气污染物浓度换算为大气污染物基准排气量排放浓度，并以大气污染物基准排气量排放浓度作为判定排放是否达标的依据。大气污染物基准排气量排放浓度的换算，可参照采用水污染物基准排水量排放浓度的计算公式。在国家未规定其他生产设施单位产品基准排气量之前，暂以实测浓度作为判定是否达标的依据。

5 污染物监测要求

5.1 污染物监测的一般要求

5.1.1 对企业排放废水和废气的采样，应根据监测污染物的种类，在规定的污染物排放监控位置进行，有废水和废气处理设施的，应在处理设施后监控。在污染物排放监控位置须设置永久性排污口标志。

5.1.2 新建企业和现有企业安装污染物排放自动监控设备的要求，按有关法律和《污染源自动监控管理办法》的规定执行。

5.1.3 对企业污染物排放情况进行监测的频次、采样时间等要求，按国家有关污染源监测技术规范的规定执行。

5.1.4 企业产品产量的核定，以法定报表为依据。

5.1.5 企业须按照有关法律和《环境监测管理办法》的规定，对排污状况进行监测，并保存原始监测记录。

5.2 水污染物监测要求

对企业排放水污染物浓度的测定采用表 7 所列的方法标准。

表 7 水污染物浓度测定方法标准

序号	污染物项目	方法标准名称	标准编号
1	pH 值	水质 pH 值的测定 玻璃电极法	GB/T 6920—1986
2	悬浮物	水质 悬浮物的测定 重量法	GB/T 11901—1989
3	化学需氧量	水质 化学需氧量的测定 重铬酸盐法	GB/T 11914—1989
		水质 化学需氧量的测定 快速消解分光光度法	HJ/T 399—2007
4	氟化物	水质 氟化物的测定 离子选择电极法	GB/T 7484—1987
		水质 氟化物的测定 茜素磺酸锆目视比色法	HJ 487—2009
		水质 氟化物的测定 氟试剂分光光度法	HJ 488—2009
5	总氮	水质 总氮的测定 气相分子吸收光谱法	HJ/T 199—2005
		水质 总氮的测定 碱性过硫酸钾消解紫外分光光度法	GB/T 11894—1989
6	总磷	水质 总磷的测定 钼酸铵分光光度法	GB/T 11893—1989
7	氨氮	水质 氨氮的测定 气相分子吸收光谱法	HJ/T 195—2005
		水质 氨氮的测定 纳氏试剂分光光度法	HJ 535—2009
		水质 氨氮的测定 水杨酸分光光度法	HJ 536—2009
		水质 氨氮的测定 蒸馏-中和滴定法	HJ 537—2009
8	总锌	水质 铜、锌、铅、镉的测定 原子吸收分光光度法	GB/T 7475—1987
9	石油类	水质 石油类和动植物油的测定 红外光度法	GB/T 16488—1996
10	总铜	水质 铜、锌、铅、镉的测定 原子吸收分光光度法	GB/T 7475—1987
11	硫化物	水质 硫化物的测定 碘量法	HJ/T 60—2000
		水质 硫化物的测定 亚甲基蓝分光光度法	GB/T 16489—1996
12	总铅	水质 铜、锌、铅、镉的测定 原子吸收分光光度法	GB/T 7475—1987
13	总镉	水质 铜、锌、铅、镉的测定 原子吸收分光光度法	GB/T 7475—1987
14	总镍	水质 镍的测定 火焰原子吸收分光光度法	GB/T 11912—1989
15	总砷	水质 总砷的测定 二乙基二硫代氨基甲酸银分光光度法	GB/T 7485—1987
16	总汞	水质 总汞的测定 冷原子吸收分光光度法	GB/T 7468—1987
17	总钴	水质 总钴的测定 5-氯-2-（吡啶偶氮）-1,3-二氨基苯分光光度法（暂行）	HJ 550—2009

5.3 大气污染物监测要求

5.3.1 采样点的设置与采样方法按 GB/T 16157—1996 执行。

5.3.2 在有敏感建筑物方位、必要的情况下进行监控，具体要求按 HJ/T 55—2000 进行监测。

5.3.3 对企业排放大气污染物浓度的测定采用表 8 所列的方法标准。

表 8 大气污染物浓度测定方法标准

序号	污染物项目	方法标准名称	标准编号
1	颗粒物	固定污染源排气中颗粒物测定与气态污染物采样方法	GB/T 16157—1996
		环境空气 总悬浮颗粒物的测定 重量法	GB/T 15432—1995
2	二氧化硫	固定污染源排气中二氧化硫的测定 碘量法	HJ/T 56—2000
		固定污染源排气中二氧化硫的测定 定电位电解法	HJ/T 57—2000
		环境空气 二氧化硫的测定 甲醛吸收-副玫瑰苯胺分光光度法	HJ 482—2009
		环境空气 二氧化硫的测定 四氯汞盐吸收-副玫瑰苯胺分光光度法	HJ 483—2009
3	硫酸雾	固定污染源废气 硫酸雾的测定 离子色谱法（暂行）	HJ 544—2009

序号	污染物项目	方法标准名称	标准编号
4	氯气	固定污染源排气中氯气的测定　甲基橙分光光度法	HJ/T 30—1999
		固定污染源废气　氯气的测定　碘量法（暂行）	HJ 547—2009
5	氯化氢	固定污染源排气中氯化氢的测定　硫氰酸汞分光光度法	HJ/T 27—1999
		固定污染源废气　氯化氢的测定　硝酸银容量法（暂行）	HJ 548—2009
		空气和废气　氯化氢的测定　离子色谱法（暂行）	HJ 549—2009
6	镍及其化合物	大气固定污染源　镍的测定火焰原子吸收分光光度法	HJ/T 63.1—2001
		大气固定污染源　镍的测定石墨炉原子吸收分光光度法	HJ/T 63.2—2001
7	砷及其化合物	空气和废气　砷的测定　二乙基二硫代氨基甲酸银分光光度法（暂行）	HJ 540—2009
8	氟化物	大气固定污染源　氟化物的测定　离子选择电极法	HJ/T 67—2001
		环境空气　氟化物的测定　滤膜采样氟离子选择电极法	HJ 480—2009
		环境空气　氟化物的测定　石灰滤纸采样氟离子选择电极法	HJ 481—2009
9	汞及其化合物	环境空气　汞的测定　巯基棉富集-冷原子荧光分光光度法（暂行）	HJ 542—2009
		固定污染源废气　汞的测定　冷原子吸收分光光度法（暂行）	HJ 543—2009
10	铅及其化合物	固定污染源废气　铅的测定　火焰原子吸收分光光度法（暂行）	HJ 538—2009
		环境空气　铅的测定　石墨炉原子吸收分光光度法（暂行）	HJ 539—2009

6 实施与监督

6.1 本标准由县级以上人民政府环境保护行政主管部门负责监督实施。

6.2 在任何情况下，企业均应遵守本标准规定的污染物排放控制要求，采取必要措施保证污染防治设施正常运行。各级环保部门在对设施进行监督性检查时，可以现场即时采样或监测的结果，作为判定排污行为是否符合排放标准以及实施相关环境保护管理措施的依据。在发现设施耗水或排水量、排气量有异常变化的情况下，应核定企业的实际产品产量、排水量和排气量，按本标准的规定，换算水污染物基准排水量排放浓度和大气污染物基准排气量排放浓度。

中华人民共和国国家标准
GB 21900—2008

电镀污染物排放标准

前　言

为贯彻《中华人民共和国环境保护法》、《中华人民共和国水污染防治法》、《中华人民共和国大气污染防治法》、《中华人民共和国海洋环境保护法》、《国务院关于落实科学发展观　加强环境保护的决定》等法律、法规和《国务院关于编制全国主体功能区规划的意见》，保护环境，防治污染，促进电镀生产工艺和污染治理技术的进步，制定本标准。

本标准规定了电镀企业水和大气污染物排放限值、监测和监控要求。为促进区域经济与环境协调发展，推动经济结构的调整和经济增长方式的转变，引导工业生产工艺和污染治理技术的发展方向，本标准规定了水污染物特别排放限值。

电镀企业排放恶臭污染物、环境噪声适用相应的国家污染物排放标准，产生固体废物的鉴别、处理和处置适用国家固体废物污染控制标准。

本标准为首次发布。

自本标准实施之日起，电镀企业水和大气污染物排放控制按本标准的规定执行，不再执行《污水综合排放标准》（GB 8978—1996）和《大气污染物综合排放标准》（GB 16297—1996）中的相关规定。

本标准由环境保护部科技标准司组织制订。

本标准主要起草单位：北京中兵北方环境科技发展有限责任公司、环境保护部环境标准研究所、中国兵器工业集团公司、石家庄市环境监测中心站、北京电镀协会、内蒙古北方重工业集团有限公司。

本标准环境保护部 2008 年 4 月 29 日批准。

本标准自 2008 年 8 月 1 日起实施。

本标准由环境保护部解释。

1 适用范围

本标准规定了电镀企业和拥有电镀设施的企业的电镀水污染物和大气污染物排放限值。

本标准适用于现有电镀企业的水污染物和大气污染物排放管理。

本标准适用于对电镀企业建设项目的环境影响评价、环境保护设施设计、竣工环境保护验收及其投产后的水、大气污染物排放管理。

本标准也适用于阳极氧化表面处理工艺设施。

本标准适用于法律允许的污染物排放行为。新设立污染源的选址和特殊保护区域内现有污染源的管理，按照《中华人民共和国大气污染防治法》、《中华人民共和国水污染防治法》、《中华人民共和国海洋环境保护法》、《中华人民共和国固体废物污染环境防治法》、《中华人民共和国放射性污染防治法》、《中华人民共和国环境影响评价法》等法律、法规、规章的相关规定执行。

本标准规定的水污染物排放控制要求适用于企业向环境水体的排放行为。

企业向设置污水处理厂的城镇排水系统排放废水时，有毒污染物总铬、六价铬、总镍、总镉、总银、总铅、总汞在本标准规定的监控位置执行相应的排放限值；其他污染物的排放控制要求由企业与城镇污水处理厂根据其污水处理能力商定或执行相关标准，并报当地环境保护主管部门备案；城镇污水处理厂应保证排放污染物达到相关排放标准要求。

建设项目拟向设置污水处理厂的城镇排水系统排放废水时，由建设单位和城镇污水处理厂按前款的规定执行。

2 规范性引用文件

本标准内容引用了下列文件或其中的条款。

GB/T 6920—1986　水质　pH 值的测定　玻璃电极法

GB/T 7466—1987　水质　总铬的测定　高锰酸钾氧化-二苯碳酰二肼分光光度法

GB/T 7467—1987　水质　六价铬的测定　二苯碳酰二肼分光光度法

GB/T 7468—1987　水质　总汞的测定　冷原子吸收分光光度法

GB/T 7469—1987　水质　总汞的测定　高锰酸钾-过硫酸钾消解法　双硫腙分光光度法

GB/T 7470—1987　水质　铅的测定　双硫腙分光光度法

GB/T 7471—1987　水质　镉的测定　双硫腙分光光度法

GB/T 7472—1987　水质　锌的测定　双硫腙分光光度法

GB/T 7473—1987　水质　铜的测定　2,9-二甲基-1,10 菲啰啉分光光度法

GB/T 7474—1987　水质　铜的测定　二乙基二硫代氨基甲酸钠分光光度法

GB/T 7475—1987　水质　铜、锌、铅、镉的测定　原子吸收分光光度法

GB/T 7478—1987　水质　铵的测定　蒸馏和滴定法

GB/T 7479—1987　水质　铵的测定　纳氏试剂比色法

GB/T 7481—1987　水质　铵的测定　水杨酸分光光度法

GB/T 7483—1987　水质　氟化物的测定　氟试剂分光光度法

GB/T 7484—1987　水质　氟化物的测定　离子选择电极法

GB/T 7486—1987　水质　氰化物的测定　第一部分：总氰化物的测定

GB/T 11893—1989　水质　总磷的测定　钼酸铵分光光度法

GB/T 11894—1989　水质　总氮的测定　碱性过硫酸钾消解紫外分光光度法

GB/T 11901—1989　水质　悬浮物的测定　重量法

GB/T 11907—1989　水质　银的测定　火焰原子吸收分光光度法

GB/T 11908—1989　水质　银的测定　镉试剂 2B 分光光度法

GB/T 11910—1989　水质　镍的测定　丁二酮肟分光光度法

GB/T 11911—1989　水质　铁、锰的测定　火焰原子吸收分光光度法

GB/T 11912—1989　水质　镍的测定　火焰原子吸收分光光度法

GB/T 11914—1989　水质　化学需氧量的测定　重铬酸钾法

GB/T 16157—1996　固定污染源排气中颗粒物的测定与气态污染物采样方法

GB/T 16488—1996　水质　石油类和动植物油的测定　红外光度法

GB 18871—2002　电离辐射防护与辐射源安全基本标准

HJ/T 27—1999　固定污染源排气中氯化氢的测定　硫氰酸汞分光光度法

HJ/T 28—1999　固定污染源排气中氰化氢的测定　异烟酸-吡唑啉酮分光光度法

HJ/T 29—1999　固定污染源排气中铬酸雾的测定　二苯基碳酰二肼分光光度法

HJ/T 42—1999　固定污染源排气中氮氧化物的测定　紫外分光光度法

HJ/T 43—1999　固定污染源排气中氮氧化物的测定　盐酸萘乙二胺分光光度法

HJ/T 67—2001　大气固定污染源　氟化物的测定　离子选择电极法
HJ/T 84—2001　水质　无机阴离子的测定　离子色谱法
HJ/T 195—2005　水质　氨氮的测定　气相分子吸收光谱法
HJ/T 199—2005　水质　总氮的测定　气相分子吸收光谱法
HJ/T 345—2007　水质　铁的测定　邻菲啰啉分光光度法（试行）
《污染源自动监控管理办法》（国家环境保护总局令　第 28 号）
《环境监测管理办法》（国家环境保护总局令　第 39 号）

3 术语和定义

下列术语和定义适用于本标准。

3.1 电镀

指利用电解方法在零件表面沉积均匀、致密、结合良好的金属或合金层的过程。包括镀前处理（去油、去锈）、镀上金属层和镀后处理（钝化、去氢）。

3.2 现有企业

指本标准实施之日前已建成投产或环境影响评价文件已通过审批的电镀企业或生产设施。

3.3 新建企业

指本标准实施之日起环境影响评价文件通过审批的新建、改建和扩建电镀设施建设项目。

3.4 镀锌

指将零件浸在镀锌溶液中作为阴极，以锌板作为阳极，接通直流电源后，在零件表面沉积金属锌镀层的过程。

3.5 镀铬

指将零件浸在镀铬溶液中作为阴极，以铅合金作为阳极，接通直流电源后，在零件表面沉积金属铬镀层的过程。

3.6 镀镍

指将零件浸在金属镍盐溶液中作为阴极，以金属镍板作为阳极，接通直流电源后，在零件表面沉积金属镍镀层的过程。

3.7 镀铜

指将零件浸在金属铜盐溶液中作为阴极，以电解铜作为阳极，接通直流电源后，在零件表面沉积金属铜镀层的过程。

3.8 阳极氧化

指将金属或合金的零件作为阳极，采用电解的方法使其表面形成氧化膜的过程。对钢铁零件表面进行阳极氧化处理的过程，称为发蓝。

3.9 单层镀

指通过一次电镀，在零件表面形成单金属镀层或合金镀层的过程。

3.10 多层镀

指进行二次以上的电镀，在零件表面形成复合镀层的过程。如钢铁零件镀防护-装饰性铬镀层，需先镀中间镀层（镀铜、镀镍、镀低锡青铜等）后再镀铬。

3.11 排水量

指生产设施或企业向企业法定边界以外排放的废水的量，包括与生产有直接或间接关系的各种外排废水（如厂区生活污水、冷却废水、厂区锅炉和电站排水等）。

3.12 单位产品基准排水量

指用于核定水污染物排放浓度而规定的生成单位面积镀件镀层的废水排放量上限值。

3.13 排气量

指企业生产设施通过排气筒向环境排放的工艺废气的量。

3.14 单位产品基准排气量

指用于核定废气污染物排放浓度而规定的生产单位面积镀件镀层的废气排放量的上限值。

3.15 标准状态

指温度为 273.15 K、压力为 101 325 Pa 时的状态。本标准规定的大气污染物排放浓度限值均以标准状态下的干气体为基准。

4 污染物排放控制要求

4.1 水污染物排放控制要求

4.1.1 自 2009 年 1 月 1 日起至 2010 年 6 月 30 日止，现有企业执行表 1 规定的水污染物排放限值。

4.1.2 自 2010 年 7 月 1 日起，现有企业执行表 2 规定的水污染物排放限值。

4.1.3 自 2008 年 8 月 1 日起，新建企业执行表 2 规定的水污染物排放限值。

4.1.4 根据环境保护工作的要求，在国土开发密度较高、环境承载能力开始减弱，或水环境容量较小、生态环境脆弱，容易发生严重水环境污染问题而需要采取特别保护措施的地区，应严格控制设施的污染排放行为，在上述地区的企业执行表 3 规定的水污染物特别排放限值。

表 1　现有企业水污染物排放浓度限值及单位产品基准排水量

单位：mg/L（pH 值除外）

序号	污染物项目		限值	污染物排放监控位置
1	总铬		1.5	车间或生产设施废水排放口
2	六价铬		0.5	
3	总镍		1.0	
4	总镉		0.1	
5	总银		0.5	
6	总铅		1.0	
7	总汞		0.05	
8	总铜		1.0	企业废水总排放口
9	总锌		2.0	
10	总铁		5.0	
11	总铝		5.0	
12	pH 值		6～9	
13	悬浮物		70	
14	化学需氧量（COD_{Cr}）		100	
15	氨氮		25	
16	总氮		30	
17	总磷		1.5	
18	石油类		5.0	
19	氟化物		10	
20	总氰化物（以 CN^- 计）		0.5	
单位产品（镀件镀层）基准排水量/（L/m^2）		多层镀	750	排水量计量位置与污染物排放监控位置一致
		单层镀	300	

表 2　新建企业水污染物排放浓度限值及单位产品基准排水量

单位：mg/L（pH 值除外）

序号	污染物项目		限值	污染物排放监控位置
1	总铬		1.0	车间或生产设施废水排放口
2	六价铬		0.2	
3	总镍		0.5	
4	总镉		0.05	
5	总银		0.3	
6	总铅		0.2	
7	总汞		0.01	
8	总铜		0.5	企业废水总排放口
9	总锌		1.5	
10	总铁		3.0	
11	总铝		3.0	
12	pH 值		6～9	
13	悬浮物		50	
14	化学需氧量（COD_{Cr}）		80	
15	氨氮		15	
16	总氮		20	
17	总磷		1.0	
18	石油类		3.0	
19	氟化物		10	
20	总氰化物（以 CN^- 计）		0.3	
单位产品（镀件镀层）基准排水量/（L/m^2）		多层镀	500	排水量计量位置与污染物排放监控位置一致
		单层镀	200	

执行水污染物特别排放限值的地域范围、时间，由国务院环境保护主管部门或省级人民政府规定。

4.1.5 对于排放含有放射性物质的污水，除执行本标准外，还应符合 GB 18871—2002 的规定。

4.1.6 水污染物排放浓度限值适用于单位产品实际排水量不高于单位产品基准排水量的情况。若单位产品实际排水量超过单位产品基准排水量，须按式（1）将实测水污染物浓度换算为水污染物基准水量排放浓度，并以水污染物基准水量排放浓度作为判定排放是否达标的依据。产品产量和排水量统计周期为一个工作日。

表 3　水污染物特别排放限值

单位：mg/L（pH 值除外）

序号	污染物项目	限值	污染物排放监控位置
1	总铬	0.5	车间或生产设施废水排放口
2	六价铬	0.1	
3	总镍	0.1	
4	总镉	0.01	
5	总银	0.1	
6	总铅	0.1	
7	总汞	0.005	

序号	污染物项目		限值	污染物排放监控位置
8	总铜		0.3	企业废水总排放口
9	总锌		1.0	
10	总铁		2.0	
11	总铝		2.0	
12	pH 值		6～9	
13	悬浮物		30	
14	化学需氧量（COD_{Cr}）		50	
15	氨氮		8	
16	总氮		15	
17	总磷		0.5	
18	石油类		2.0	
19	氟化物		10	
20	总氰化物（以 CN^- 计）		0.2	
单位产品（镀件镀层）基准排水量/（L/m^2）		多层镀	250	排水量计量位置与污染物排放监控位置一致
		单层镀	100	

在企业的生产设施同时生产两种以上产品、可适用不同排放控制要求或不同行业国家污染物排放标准，且生产设施产生的污水混合处理排放的情况下，应执行排放标准中规定的最严格的浓度限值，并按式（1）换算水污染物基准水量排放浓度。

$$\rho_{基} = \frac{Q_{总}}{\sum Y_i \cdot Q_{i基}} \cdot \rho_{实} \qquad (1)$$

式中：$\rho_{基}$——水污染物基准水量排放浓度，mg/L；

$Q_{总}$——排水总量，m^3；

Y_i——某种镀件镀层的产量，m^2；

$Q_{i基}$——某种镀件的单位产品基准排水量，m^3/m^2；

$\rho_{实}$——实测水污染物排放浓度，mg/L。

若 $Q_{总}$与$\sum Y_i \cdot Q_{i基}$的比值小于 1，则以水污染物实测浓度作为判定排放是否达标的依据。

4.2 大气污染物排放控制要求

4.2.1 自 2009 年 1 月 1 日起至 2010 年 6 月 30 日止，现有企业执行表 4 规定的大气污染物排放限值。

表 4　现有企业大气污染物排放浓度限值　　单位：mg/m^3

序号	污染物项目	排放限值	污染物排放监控位置
1	氯化氢	50	车间或生产设施排气筒
2	铬酸雾	0.07	
3	硫酸雾	40	
4	氮氧化物	240	
5	氰化氢	1.0	
6	氟化物	9	

4.2.2 自 2010 年 7 月 1 日起，现有企业执行表 5 规定的大气污染物排放限值。

4.2.3 自 2008 年 8 月 1 日起，新建企业执行表 5 规定的大气污染物排放限值。

4.2.4 现有和新建企业单位产品基准排气量按表 6 的规定执行。

表 5　新建企业大气污染物排放浓度限值　　单位：mg/m^3

序号	污染物项目	排放限值	污染物排放监控位置
1	氯化氢	30	车间或生产设施排气筒
2	铬酸雾	0.05	
3	硫酸雾	30	
4	氮氧化物	200	
5	氰化氢	0.5	
6	氟化物	7	

表 6　单位产品镀件镀层基准排气量　　单位：m^3/m^2

序号	工艺种类	基准排气量	排气量计量位置
1	镀锌	18.6	车间或生产设施排气筒
2	镀铬	74.4	
3	其他镀种（镀铜、镍等）	37.3	
4	阳极氧化	18.6	
5	发蓝	55.8	

4.2.5 产生空气污染物的生产工艺装置必须设立局部气体收集系统和集中净化处理装置，净化后的气体由排气筒排放。排气筒高度不低于 15 m，排放含氰化氢气体的排气筒高度不低于 25 m。排气筒高度应高出周围 200 m 半径范围的建筑 5 m 以上；不能达到该要求高度的排气筒，应按排放限值的 50%执行。

4.2.6 大气污染物排放浓度限值适用于单位产品实际排气量不高于单位产品基准排气量的情况。若单位产品实际排气量超过单位产品基准排气量，须将实测大气污染物浓度换算为大气污染物基准气量排放浓度，并以大气污染物基准气量排放浓度作为判定排放是否达标的依据。大气污染物基准气量排放浓度的换算，可参照采用水污染物基准水量排放浓度的计算公式。

产品产量和排气量统计周期为一个工作日。

5 污染物监测要求

5.1 污染物监测的一般要求

5.1.1 对企业排放废水和废气的采样，应根据监测污染物的种类，在规定的污染物排放监控位置进行，有废水、废气处理设施的，应在该设施后监控。在污染物排放监控位置须设置永久性排污口标志。

5.1.2 新建设施应按照《污染源自动监控管理办法》的规定，安装污染物排放自动监控设备，并与环保部门的监控中心联网，保证设备正常运行。各地现有企业安装污染物排放自动监控设备的要求由省级环境保护行政主管部门规定。

5.1.3 对企业污染物排放情况进行监测的频次、采样时间等要求，按国家有关污染源监测技术规范的规定执行。

5.1.4 镀件镀层面积的核定，以法定报表为依据。

5.1.5 企业应按照有关法律和《环境监测管理办法》的规定，对排污状况进行监测，并保存原始监测记录。

5.2 水污染物监测要求

对企业排放水污染物浓度的测定采用表 7 所列的方法标准。

表 7 水污染物浓度测定方法标准

序号	污染物项目	方法标准名称	方法标准编号
1	总铬	水质 总铬的测定 高锰酸钾氧化-二苯碳酰二肼分光光度法	GB/T 7466—1987
2	六价铬	水质 六价铬的测定 二苯碳酰二肼分光光度法	GB/T 7467—1987
3	总镍	水质 镍的测定 丁二酮肟分光光度法	GB/T 11910—1989
		水质 镍的测定 火焰原子吸收分光光度法	GB/T 11912—1989
4	总镉	水质 镉的测定 双硫腙分光光度法	GB/T 7471—1987
		水质 铜、锌、铅、镉的测定 原子吸收分光光度法	GB/T 7475—1987
5	总银	水质 银的测定 火焰原子吸收分光光度法	GB/T 11907—1989
		水质 银的测定 镉试剂 2B 分光光度法	GB/T 11908—1989
6	总铅	水质 铅的测定 双硫腙分光光度法	GB/T 7470—1987
		水质 铜、锌、铅、镉的测定 原子吸收分光光度法	GB/T 7475—1987
7	总汞	水质 总汞的测定 冷原子吸收分光光度法	GB/T 7468—1987
		水质 总汞的测定 高锰酸钾-过硫酸钾消解法 双硫腙分光光度法	GB/T 7469—1987
8	总铜	水质 铜的测定 2,9-二甲基-1,10 菲啰啉分光光度法	GB/T 7473—1987
		水质 铜的测定 二乙基二硫代氨基甲酸钠分光光度法	GB/T 7474—1987
		水质 铜、锌、铅、镉的测定 原子吸收分光光度法	GB/T 7475—1987
9	总锌	水质 锌的测定 双硫腙分光光度法	GB/T 7472—1987
		水质 铜、锌、铅、镉的测定 原子吸收分光光度法	GB/T 7475—1987
10	总铁	水质 铁、锰的测定 火焰原子吸收分光光度法	GB/T 11911—1989
		水质 铁的测定 邻菲啰啉分光光度法（试行）	HJ/T 345—2007
11	总铝	水质 铝的测定 间接火焰原子吸收法	见附录 A
		水质 铝的测定 电感耦合等离子发射光谱法	见附录 B
12	pH 值	水质 pH 值的测定 玻璃电极法	GB/T 6920—1986
13	悬浮物	水质 悬浮物的测定 重量法	GB/T 11901—1989
14	化学需氧量	水质 化学需氧量的测定 重铬酸钾法	GB/T 11914—1989 HJ/T399
15	氨氮	水质 铵的测定 蒸馏和滴定法	GB/T 7478—1987
		水质 铵的测定 纳氏试剂比色法	GB/T 7479—1987
		水质 铵的测定 水杨酸分光光度法	GB/T 7481—1987
		水质 氨氮的测定 气相分子吸收光谱法	HJ/T 195—2005
16	总氮	水质 总氮的测定 碱性过硫酸钾消解紫外分光光度法	GB/T 11894—1989
		水质 总氮的测定 气相分子吸收光谱法	HJ/T199—2005
17	总磷	水质 总磷的测定 钼酸铵分光光度法	GB/T 11894—1989
18	石油类	水质 石油类和动植物油的测定 红外光度法	GB/T 16488—1996
19	氟化物	水质 氟化物的测定 氟试剂分光光度法	GB/T 7483—1987
		水质 氟化物的测定 离子选择电极法	GB/T 7484—1987
		水质 无机阴离子的测定 离子色谱法	HJ/T 84—2001
20	总氰化物	水质 氰化物的测定 第一部分 总氰化物的测定	GB/T 7486—1987

注：测定暂无适用方法标准的污染物项目，使用附录所列方法，待国家发布相应的方法标准并实施后，停止使用。

5.3 大气污染物监测要求

5.3.1 采样点的设置与采样方法按 GB/T 16157—1996 执行。

5.3.2 对企业排放大气污染物浓度的测定采用表 8 所列的方法标准。

表 8　大气污染物浓度测定方法标准

序号	污染物项目	方法标准名称	方法标准编号
1	氯化氢	固定污染源排气中氯化氢的测定　硫氰酸汞分光光度法	HJ/T 27—1999
2	铬酸雾	固定污染源排气中铬酸雾的测定　二苯基碳酰二肼分光光度法	HJ/T 29—1999
3	硫酸雾	废气中硫酸雾的测定　铬酸钡分光光度法	见附录 C
		废气中硫酸雾的测定　离子色谱法	见附录 D
4	氮氧化物	固定污染源排气中氮氧化物的测定　盐酸萘乙二胺分光光度法	HJ/T 43—1999
		固定污染源排气中氮氧化物的测定　紫外分光光度法	HJ/T 42—1999
5	氰化氢	固定污染源排气中氰化氢的测定　异烟酸-吡唑啉酮分光光度法	HJ/T 28—1999
6	氟化物	大气固定污染源　氟化物的测定　离子选择电极法	HJ/T 67—2001
注：测定暂无适用方法标准的污染物项目，使用附录所列方法，待国家发布相应的方法标准并实施后，停止使用。			

6 实施与监督

6.1 本标准由县级以上人民政府环境保护主管部门负责监督实施。

6.2 在任何情况下，电镀企业均应遵守本标准的污染物排放控制要求，采取必要措施保证污染防治设施正常运行。各级环保部门在对设施进行监督性检查时，可以现场即时采样或监测的结果，作为判定排污行为是否符合排放标准以及实施相关环境保护管理措施的依据。在发现设施耗水或排水量、排气量有异常变化的情况下，应核定设施的实际产品产量、排水量和排气量，按本标准的规定，换算水污染物基准水量排放浓度和大气污染物基准气量排放浓度。

中华人民共和国国家标准

GB 25466—2010

铅、锌工业污染物排放标准

前 言

为贯彻《中华人民共和国环境保护法》、《中华人民共和国水污染防治法》、《中华人民共和国大气污染防治法》、《中华人民共和国海洋环境保护法》、《国务院关于落实科学发展观 加强环境保护的决定》等法律、法规和《国务院关于编制全国主体功能区规划的意见》，保护环境，防治污染，促进铅、锌工业生产工艺和污染治理技术的进步，制定本标准。

本标准规定了铅、锌工业企业生产过程中水污染物和大气污染物排放限值、监测和监控要求，适用于铅、锌工业企业水污染和大气污染防治和管理。为促进区域经济与环境协调发展，推动经济结构的调整和经济增长方式的转变，引导铅、锌工业生产工艺和污染治理技术的发展方向，本标准规定了水污染物特别排放限值。

本标准中的污染物排放浓度均为质量浓度。

铅、锌工业企业排放恶臭污染物、环境噪声适用相应的国家污染物排放标准，产生固体废物的鉴别、处理和处置适用国家固体废物污染控制标准。

本标准为首次发布。

自本标准实施之日起，铅、锌工业企业水和大气污染物排放执行本标准，不再执行《污水综合排放标准》（GB 8978—1996）、《大气污染物综合排放标准》（GB 16297—1996）和《工业炉窑大气污染物排放标准》（GB 9078—1996）中的相关规定。

地方省级人民政府对本标准未作规定的污染物项目，可以制定地方污染物排放标准；对本标准已作规定的污染物项目，可以制定严于本标准的地方污染物排放标准。

本标准由环境保护部科技标准司组织制订。

本标准主要起草单位：长沙有色冶金设计研究院、环境保护部环境标准研究所、中国瑞林工程技术有限公司（原南昌有色冶金设计研究院）。

本标准环境保护部 2010 年 9 月 10 日批准。

本标准自 2010 年 10 月 1 日起实施。

本标准由环境保护部解释。

1 适用范围

本标准规定了铅、锌工业企业水污染物和大气污染物排放限值、监测和监控要求，以及标准的实施与监督等相关规定。

本标准适用于铅、锌工业企业的水污染物和大气污染物排放管理，以及铅、锌工业企业建设项目的环境影响评价、环境保护设施设计、竣工环境保护验收及其投产后的水污染物和大气污染物排放管理。

本标准不适用于再生铅、锌及铅、锌材压延加工等工业，也不适用于附属于铅、锌工业企业的非特征生产工艺和装置。

本标准适用于法律允许的污染物排放行为；新设立存在的污染源的选址和特殊保护区域内现有

污染源的管理，除执行本标准外，还应符合《中华人民共和国大气污染防治法》、《中华人民共和国水污染防治法》、《中华人民共和国海洋环境保护法》、《中华人民共和国固体废物污染环境防治法》、《中华人民共和国环境影响评价法》等法律、法规、规章的相关规定。

本标准规定的水污染物排放控制要求适用于企业直接或间接向其法定边界外排放水污染物的行为。

2 规范性引用文件

本标准内容引用了下列文件或其中的条款。

GB/T 6920—1986　水质　pH 值的测定　玻璃电极法

GB/T 7466—1987　水质　总铬的测定

GB/T 7468—1987　水质　汞的测定　冷原子吸收分光光度法

GB/T 7475—1987　水质　铜、锌、铅、镉的测定　原子吸收分光光度法

GB/T 7484—1987　水质　氟化物的测定　离子选择电极法

GB/T 7485—1987　水质　总砷的测定　二乙基二硫代氨基甲酸银分光光度法

GB/T 11893—1989　水质　总磷的测定　钼酸铵分光光度法

GB/T 11894—1989　水质　总氮的测定　碱性过硫酸钾消解紫外分光光度法

GB/T 11901—1989　水质　悬浮物的测定　重量法

GB/T 11912—1989　水质　镍的测定　火焰原子吸收分光光度法

GB/T 11914—1989　水质　化学需氧量的测定　重铬酸盐法

GB/T 15432—1995　环境空气　总悬浮颗粒物的测定　重量法

GB/T 16157—1996　固定污染源排气中颗粒物的测定与气态污染物采样方法

GB/T 16489—1996　水质　硫化物的测定　亚甲基蓝分光光度法

HJ/T 55—2000　大气污染物无组织排放监测技术导则

HJ/T 56—2000　固定污染源排气中二氧化硫的测定　碘量法

HJ/T 57—2000　固定污染源排气中二氧化硫的测定　定电位电解法

HJ/T 195—2005　水质　氨氮的测定　气相分子吸收光谱法

HJ/T 199—2005　水质　总氮的测定　气相分子吸收光谱法

HJ/T 399—2007　水质　化学需氧量的测定　快速消解分光光度法

HJ 482—2009　环境空气　二氧化硫的测定　甲醛吸收-副玫瑰苯胺分光光度法

HJ 483—2009　环境空气　二氧化硫的测定　四氯汞盐吸收-副玫瑰苯胺分光光度法

HJ 487—2009　水质　氟化物的测定　茜素磺酸锆目视比色法

HJ 488—2009　水质　氟化物的测定　氟试剂分光光度法

HJ 535—2009　水质　氨氮的测定　纳氏试剂分光光度法

HJ 536—2009　水质　氨氮的测定　水杨酸分光光度法

HJ 537—2009　水质　氨氮的测定　蒸馏-中和滴定法

HJ 538—2009　固定污染源废气　铅的测定　火焰原子吸收分光光度法（暂行）

HJ 539—2009　环境空气　铅的测定　石墨炉原子吸收分光光度法（暂行）

HJ 542—2009　环境空气　汞的测定　巯基棉富集-冷原子荧光分光光度法（暂行）

HJ 543—2009　固定污染源废气　汞的测定　冷原子吸收分光光度法（暂行）

HJ 544—2009　固定污染源废气　硫酸雾的测定　离子色谱法（暂行）

《污染源自动监控管理办法》（国家环境保护总局令　第 28 号）

《环境监测管理办法》（国家环境保护总局令　第 39 号）

3 术语和定义

下列术语和定义适用于本标准。

3.1 铅、锌工业 lead and zinc industry

指生产铅、锌金属矿产品和生产铅、锌金属产品（不包括生产再生铅、再生锌及铅、锌材压延加工产品）的工业。

3.2 特征生产工艺和装置 typical processing and facility

指为生产原铅、原锌金属而进行的采矿、选矿、冶炼的生产工艺及与这些工艺相关的装置。

3.3 现有企业 existing facility

指在本标准实施之日前已建成投产或环境影响评价文件通过审批的铅、锌工业企业或生产设施。

3.4 新建企业 new facility

指本标准实施之日起环境影响评价文件通过审批的新建、改建和扩建的铅、锌生产设施建设项目。

3.5 排水量 effluent volume

指生产设施或企业向企业法定边界以外排放的废水的量，包括与生产有直接或间接关系的各种外排废水（如厂区生活污水、冷却废水、厂区锅炉和电站排水等）。

3.6 单位产品基准排水量 benchmark effluent volume per unit product

指用于核定水污染物排放浓度而规定的生产单位铅、锌产品的废水排放量上限值。

3.7 排气筒高度 stack height

指自排气筒（或其主体建筑构造）所在的地平面至排气筒出口计的高度。

3.8 标准状态 standard condition

指温度为 273.15 K、压力为 101 325 Pa 时的状态。本标准规定的大气污染物排放浓度限值均以标准状态下的干气体为基准。

3.9 过量空气系数 excess air coefficien

指工业炉窑运行时实际空气量与理论空气需要量的比值。

3.10 企业边界 enterprise boundary

指铅、锌工业企业的法定边界。若无法定边界，则指实际边界。

3.11 公共污水处理系统 public wastewater treatment system

指通过纳污管道等方式收集废水，为两家以上排污单位提供废水处理服务并且排水能够达到相关排放标准要求的企业或机构，包括各种规模和类型的城镇污水处理厂、区域（包括各类工业园区、开发区、工业聚集地等）废水处理厂等，其废水处理程度应达到二级或二级以上。

3.12 直接排放 direct discharge

指排污单位直接向环境排放水污染物的行为。

3.13 间接排放 indirect discharge

指排污单位向公共污水处理系统排放水污染物的行为。

4 污染物排放控制要求

4.1 水污染物排放控制要求

4.1.1 自 2011 年 1 月 1 日起至 2011 年 12 月 31 日止，现有企业执行表 1 规定的水污染物排放限值。

表 1　现有企业水污染物排放浓度限值及单位产品基准排水量

单位：mg/L（pH 值除外）

序号	污染物项目	限值		污染物排放监控位置
		直接排放	间接排放	
1	pH 值	6～9	6～9	企业废水总排放口
2	化学需氧量（COD_{Cr}）	100	200	
3	悬浮物（SS）	70	70	
4	氨氮（以 N 计）	15	25	
5	总磷（以 P 计）	1.5	2.0	
6	总氮（以 N 计）	20	30	
7	总锌	2.0	2.0	
8	总铜	0.5	0.5	
9	硫化物	1.0	1.0	
10	氟化物	10	10	
11	总铅	1.0		车间或生产设施废水排放口
12	总镉	0.1		
13	总汞	0.05		
14	总砷	0.5		
15	总镍	1.0		
16	总铬	1.5		
单位产品基准排水量	选矿（原矿）/（m^3/t）	3.5		排水量计量位置与污染物排放监控位置一致
	冶炼/（m^3/t）	15		

4.1.2 自 2012 年 1 月 1 日起，现有企业执行表 2 规定的水污染物排放限值。

4.1.3 自 2010 年 10 月 1 日起，新建企业执行表 2 规定的水污染物排放限值。

表 2　新建企业水污染物排放浓度限值及单位产品基准排水量

单位：mg/L（pH 值除外）

序号	污染物项目	限值		污染物排放监控位置
		直接排放	间接排放	
1	pH 值	6～9	6～9	企业废水总排放口
2	化学需氧量（COD_{Cr}）	60	200	
3	悬浮物（SS）	50	70	
4	氨氮（以 N 计）	8	25	
5	总磷（以 P 计）	1.0	2.0	
6	总氮（以 N 计）	15	30	
7	总锌	1.5	1.5	
8	总铜	0.5	0.5	
9	硫化物	1.0	1.0	
10	氟化物	8	8	
11	总铅	0.5		车间或生产设施废水排放口
12	总镉	0.05		
13	总汞	0.03		
14	总砷	0.3		
15	总镍	0.5		
16	总铬	1.5		
单位产品基准排水量	选矿（原矿）/（m^3/t）	2.5		排水量计量位置与污染物排放监控位置一致
	冶炼/（m^3/t）	8		

4.1.4 根据环境保护工作的要求，在国土开发密度已经较高、环境承载能力开始减弱，或环境容量较小、生态环境脆弱，容易发生严重环境污染等问题而需要采取特别保护措施的地区，应严格控制企业的污染物排放行为，在上述地区的企业执行表 3 规定的水污染物特别排放限值。

表 3 水污染物特别排放限值

单位：mg/L（pH 值除外）

序号	污染物项目	限值		污染物排放监控位置
		直接排放	间接排放	
1	pH 值	6～9	6～9	企业废水总排放口
2	化学需氧量（COD_{Cr}）	50	60	
3	悬浮物（SS）	10	50	
4	氨氮（以 N 计）	5	8	
5	总磷（以 P 计）	0.5	1.0	
6	总氮（以 N 计）	10	15	
7	总锌	1.0	1.0	
8	总铜	0.2	0.2	
9	硫化物	1.0	1.0	
10	氟化物	5	5	
11	总铅	0.2		车间或生产设施废水排放口
12	总镉	0.02		
13	总汞	0.01		
14	总砷	0.1		
15	总镍	0.5		
16	总铬	1.5		
单位产品基准排水量	选矿（原矿）/（m^3/t）	1.5		排水量计量位置与污染物排放监控位置一致
	冶炼/（m^3/t）	4		

执行水污染物特别排放限值的地域范围、时间，由国务院环境保护行政主管部门或省级人民政府规定。

4.1.5 水污染物排放浓度限值适用于单位产品实际排水量不高于单位产品基准排水量的情况。若单位产品实际排水量超过单位产品基准排水量，须按式（1）将实测水污染物浓度换算为水污染物基准排水量排放浓度，并以水污染物基准排水量排放浓度作为判定排放是否达标的依据。产品产量和排水量统计周期为一个工作日。

在企业的生产设施同时生产两种以上产品、可适用不同排放控制要求或不同行业国家污染物排放标准，且生产设施产生的污水混合处理排放的情况下，应执行排放标准中规定的最严格的浓度限值，并按式（1）换算水污染物基准排水量排放浓度。

$$\rho_{基}=\frac{Q_{总}}{\sum Y_i \cdot Q_{i基}}\cdot \rho_{实} \tag{1}$$

式中：$\rho_{基}$——水污染物基准排水量排放浓度，mg/L；

$Q_{总}$——排水总量，m^3；

Y_i——第 i 种产品产量，t；

$Q_{i基}$——第 i 种产品的单位产品基准排水量，m^3/t；

$\rho_{实}$——实测水污染物浓度，mg/L。

若$Q_{总}$与$\sum Y_i \cdot Q_{i基}$的比值小于1，则以水污染物实测浓度作为判定排放是否达标的依据。

4.2 大气污染物排放控制要求

4.2.1 自2011年1月1日起至2011年12月31日止，现有企业执行表4规定的大气污染物排放限值。

表4 现有企业大气污染物排放浓度限值

单位：mg/m^3

序号	污染物	适用范围	排放浓度限值	污染物排放监控位置
1	颗粒物	干燥	200	车间或生产设施排气筒
		其他	100	
2	二氧化硫	所有	960	
3	硫酸雾	制酸	35	
4	铅及其化合物	熔炼	10	
5	汞及其化合物	烧结、熔炼	1.0	

4.2.2 自2012年1月1日起，现有企业执行表5规定的大气污染物排放限值。

4.2.3 自2010年10月1日起，新建企业执行表5规定的大气污染物排放限值。

表5 新建企业大气污染物排放浓度限值

单位：mg/m^3

序号	污染物	适用范围	排放浓度限值	污染物排放监控位置
1	颗粒物	所有	80	车间或生产设施排气筒
2	二氧化硫	所有	400	
3	硫酸雾	制酸	20	
4	铅及其化合物	熔炼	8	
5	汞及其化合物	烧结、熔炼	0.05	

4.2.4 企业边界大气污染物任何1 h平均浓度执行表6规定的限值。

表6 现有和新建企业边界大气污染物浓度限值

单位：mg/m^3

序号	污染物项目	最高浓度限值
1	二氧化硫	0.5
2	颗粒物	1.0
3	硫酸雾	0.3
4	铅及其化合物	0.006
5	汞及其化合物	0.000 3

4.2.5 在现有企业生产、建设项目竣工环保验收后的生产过程中，负责监管的环境保护主管部门应对周围居住、教学、医疗等用途的敏感区域环境质量进行监测。建设项目的具体监控范围为环境影响评价确定的周围敏感区域；未进行过环境影响评价的现有企业，监控范围由负责监管的环境保护主管部门，根据企业排污的特点和规律及当地的自然、气象条件等因素，参照相关环境影响评价技术导则确定。地方政府应对本辖区环境质量负责，采取措施确保环境状况符合环境质量标准要求。

4.2.6 产生大气污染物的生产工艺和装置必须设立局部或整体气体收集系统和集中净化处理装置。所有排气筒高度应不低于 15 m。排气筒周围半径 200 m 范围内有建筑物时，排气筒高度还应高出最高建筑物 3 m 以上。

4.2.7 铅、锌冶炼炉窑规定过量空气系数为 1.7。实测的铅、锌冶炼炉窑的污染物排放浓度，应换算为基准过量空气系数排放浓度。生产设施应采取合理的通风措施，不得故意稀释排放。在国家未规定其他生产设施单位产品基准排气量之前，暂以实测浓度作为判定是否达标的依据。

5 污染物监测要求

5.1 污染物监测的一般要求

5.1.1 对企业排放废水和废气的采样，应根据监测污染物的种类，在规定的污染物排放监控位置进行，有废水和废气处理设施的，应在处理设施后监控。在污染物排放监控位置须设置永久性排污口标志。

5.1.2 新建企业和现有企业安装污染物排放自动监控设备的要求，按有关法律和《污染源自动监控管理办法》的规定执行。

5.1.3 对企业污染物排放情况进行监测的频次、采样时间等要求，按国家有关污染源监测技术规范的规定执行。

5.1.4 企业产品产量的核定，以法定报表为依据。

5.1.5 企业须按照有关法律和《环境监测管理办法》的规定，对排污状况进行监测，并保存原始监测记录。

5.2 水污染物监测要求

对企业排放水污染物浓度的测定采用表 7 所列的方法标准。

表 7　水污染物浓度测定方法标准

序号	污染物项目	方法标准名称	标准编号
1	pH 值	水质　pH 值的测定　玻璃电极法	GB/T 6920—1986
2	化学需氧量	水质　化学需氧量的测定　重铬酸盐法	GB/T 11914—1989
		水质　化学需氧量的测定　快速消解分光光度法	HJ/T 399—2007
3	悬浮物	水质　悬浮物的测定　重量法	GB/T 11901—1989
4	氨氮	水质　氨氮的测定　气相分子吸收光谱法	HJ/T 195—2005
		水质　氨氮的测定　纳氏试剂分光光度法	HJ 535—2009
		水质　氨氮的测定　水杨酸分光光度法	HJ 536—2009
		水质　氨氮的测定　蒸馏-中和滴定法	HJ 537—2009
5	总磷	水质　总磷的测定　钼酸铵分光光度法	GB/T 11893—1989
6	总氮	水质　总氮的测定　气相分子吸收光谱法	HJ/T 199—2005
		水质　总氮的测定　碱性过硫酸钾消解紫外分光光度法	GB/T 11894—1989
7	总锌	水质　铜、锌、铅、镉的测定　原子吸收分光光度法	GB/T 7475—1987
8	总铜	水质　铜、锌、铅、镉的测定　原子吸收分光光度法	GB/T 7475—1987
9	硫化物	水质　硫化物的测定　亚甲基蓝分光光度法	GB/T 16489—1996
		水质　硫化物的测定　碘量法	HJ/T 60—2000
10	氟化物	水质　氟化物的测定　离子选择电极法	GB/T 7484—1987
		水质　氟化物的测定　茜素磺酸锆目视比色法	HJ 487—2009
		水质　氟化物的测定　氟试剂分光光度法	HJ 488—2009

序号	污染物项目	方法标准名称	标准编号
11	总铅	水质　铜、锌、铅、镉的测定　原子吸收分光光度法	GB/T 7475—1987
12	总镉	水质　铜、锌、铅、镉的测定　原子吸收分光光度法	GB/T 7475—1987
13	总汞	水质　汞的测定　冷原子吸收分光光度法	GB/T 7468—1987
14	总砷	水质　总砷的测定　二乙基二硫代氨基甲酸银分光光度法	GB/T 7485—1987
15	总镍	水质　镍的测定　火焰原子吸收分光光度法	GB/T 11912—1989
16	总铬	水质　总铬的测定	GB/T 7466—1987

5.3 大气污染物监测要求

5.3.1 采样点的设置与采样方法按 GB/T 16157—1996 执行。

5.3.2 在有敏感建筑物方位、必要的情况下进行无组织排放监控，具体要求按 HJ/T55—2000 进行监测。

5.3.3 对企业排放大气污染物浓度的测定采用表 8 所列的方法标准。

表 8　大气污染物浓度测定方法标准

序号	污染物项目	方法标准名称	标准编号
1	颗粒物	固定污染源排气中颗粒物的测定与气态污染物采样方法	GB/T 16157—1996
		环境空气　总悬浮颗粒物的测定　重量法	GB/T 15432—1995
2	二氧化硫	固定污染源排气中二氧化硫的测定　碘量法	HJ/T 56—2000
		固定污染源排气中二氧化硫的测定　定电位电解法	HJ/T 57—2000
		环境空气　二氧化硫的测定　甲醛吸收-副玫瑰苯胺分光光度法	HJ 482—2009
		环境空气　二氧化硫的测定　四氯汞盐吸收-副玫瑰苯胺分光光度法	HJ 483—2009
3	硫酸雾	固定污染源废气　硫酸雾的测定　离子色谱法（暂行）	HJ 544—2009
		硫酸浓缩尾气　硫酸雾的测定　铬酸钡比色法	GB/T 4920—1985
4	铅及其化合物	固定污染源废气　铅的测定　火焰原子吸收分光光度法（暂行）	HJ 538—2009
		环境空气　铅的测定　石墨炉原子吸收分光光度法（暂行）	HJ 539—2009
5	汞及其化合物	环境空气　汞的测定　巯基棉富集-冷原子荧光分光光度法（暂行）	HJ 542—2009
		固定污染源废气　汞的测定　冷原子吸收分光光度法（暂行）	HJ 543—2009

6 实施与监督

6.1 本标准由县级以上人民政府环境保护行政主管部门负责监督实施。

6.2 在任何情况下，企业均应遵守本标准规定的污染物排放控制要求，采取必要措施保证污染防治设施正常运行。各级环保部门在对设施进行监督性检查时，可以现场即时采样或监测的结果，作为判定排污行为是否符合排放标准以及实施相关环境保护管理措施的依据。在发现设施耗水或排水量有异常变化的情况下，应核定企业的实际产品产量和排水量，按本标准的规定，换算水污染物基准水量排放浓度。

第三节　检测标准

中华人民共和国国家环境保护标准

HJ 542—2009

环境空气　汞的测定
巯基棉富集-冷原子荧光分光光度法（暂行）

前　言

为贯彻《中华人民共和国环境保护法》和《中华人民共和国大气污染防治法》，保护环境，保障人体健康，规范环境空气中汞及其化合物的监测方法，制定本标准。

本标准规定了测定环境空气中汞及其化合物的巯基棉富集-冷原子荧光分光光度法。

本标准的附录 A 和附录 B 为资料性附录。

本标准由环境保护部科技标准司组织制订。

本标准起草单位：北京市环境保护监测中心。

本标准环境保护部 2009 年 12 月 30 日批准。

本标准自 2010 年 4 月 1 日起实施。

本标准由环境保护部解释。

1 适用范围

本标准规定了测定环境空气中汞及其化合物的巯基棉富集-冷原子荧光分光光度法。

本标准适用于环境空气中汞及其化合物的测定。

本标准方法检出限为 0.1 ng/10 ml 试样溶液。当采样体积为 15 L 时，检出限为 6.6×10^{-6} mg/m^3，测定下限为 2.6×10^{-5} mg/m^3。

2 规范性引用文件

本标准内容引用了下列文件中的条款。凡是不注日期的引用文件，其有效版本适用于本标准。

HJ/T 194　环境空气质量手工监测技术规范

GB/T 6682　分析实验室用水规格和试验方法

3 方法原理

在微酸性介质中，用巯基棉富集环境空气中的汞及其化合物。

无机汞反应式如下：

$$Hg^{2+}+2H-SR \rightleftharpoons Hg\begin{matrix} SR \\ SR \end{matrix} + 2H^{+}$$

有机汞反应式如下：

$$CH_3HgCl+H—SR \rightleftharpoons CH_3Hg—SR+HCl$$

元素汞通过巯基棉采样管时，主要为物理吸附及单分子层的化学吸附。

采样后，用 4.0 mol/L 盐酸-氯化钠饱和溶液解吸总汞，经氯化亚锡还原为金属汞，用冷原子荧光测汞仪测定总汞含量。

4 试剂和材料

除非另有说明，分析时均使用符合国家标准的分析纯试剂。水，GB/T 6682，二级。

4.1 高纯氮气：φ=99.999 %。

4.2 重铬酸钾（$K_2Cr_2O_7$）：优级纯。

4.3 硫酸：ρ（H_2SO_4）=1.84 g/ml，优级纯。

4.4 盐酸：ρ（HCl）=1.19 g/ml，优级纯。

4.5 硝酸：ρ（HNO_3）=1.42 g/ml，优级纯。

4.6 重铬酸钾溶液：ω（$K_2Cr_2O_7$）=1.0%。

称取 1.0 g 的重铬酸钾（4.2），溶于水，稀释到 100 ml。

4.7 硫酸溶液：φ（H_2SO_4）=10%。

量取 10 ml 的浓硫酸（4.3），缓慢加入 90 ml 水中。

4.8 盐酸溶液：c（HCl）=4.0 mol/L。

量取 123 ml 盐酸（4.4），用水稀释至 1 000 ml，混匀。

4.9 盐酸溶液：c（HCl）=2.0 mol/L。

量取 12 ml 盐酸（4.4），用水稀释至 1 000 ml，混匀。

4.10 盐酸溶液：pH=3。

吸取 2.0 mol/L 盐酸（4.9）0.50 ml，用水稀释至 1 000 ml，混匀。

4.11 硝酸溶液：φ（HNO_3）=10%。

量取 10 ml 的浓硝酸（4.5），用水稀释至 100 ml，混匀。

4.12 盐酸-氯化钠饱和溶液

将适量的固体氯化钠（NaCl）加入 4.0 mol/L 盐酸溶液（4.8）中加热至沸，直至氯化钠过饱和析出为止。

4.13 溴酸钾-溴化钾溶液

称取 2.8 g 溴酸钾（$KBrO_3$）及 10.0 g 溴化钾（KBr），溶于水，稀释至 1 000 ml。

4.14 盐酸羟胺-氯化钠溶液

称取 12.0 g 盐酸羟胺（$NH_2OH \cdot HCl$）及 12.0 g 氯化钠，溶于水，稀释至 100 ml。

4.15 氯化亚锡盐酸溶液：ω=10%。

称取 11.9 g 氯化亚锡（$SnCl_2 \cdot 2H_2O$）于 150 ml 烧杯中，加 10 ml 浓盐酸（4.4），加热至全部溶解后，用水稀释至 100 ml，以 1.0 L/min 流量通入高纯氮气（4.1），以除去本底汞。

4.16 氯化汞标准贮备液：ρ（$HgCl_2$）=1 000 μg/ml。

准确称取 0.135 3 g 氯化汞（$HgCl_2$），溶解于 5.0 ml 的 10%硫酸溶液（4.7）及 1.0 ml 的 1.0%的重铬酸钾溶液（4.6）中，移入 100 ml 容量瓶中，用水稀释至标线，此溶液每毫升含 1 000μg 汞。

4.17 氯化汞标准使用液：ρ（$HgCl_2$）=0.50 μg/ml。

吸取 1.00 ml 氯化汞标准贮备液（4.16），置于 200 ml 容量瓶中，加 10.0 ml 的 10%硫酸溶液（4.7）及 2.0 ml 的 1.0%的重铬酸钾溶液（4.6），用水稀释至标线，此溶液每毫升含 5μg 汞。临用前，吸取 10.00 ml 上述溶液于 100 ml 容量瓶中，加 5.0 ml 的 10%的硫酸溶液（4.7）及 1.0 ml 的 1.0%的重铬酸钾溶液（4.6），用水稀释至标线，此溶液每毫升含 0.50 μg 汞。

4.18 巯基棉

依次加 20 ml 硫代乙醇酸（$HSCH_2COOH$）、17.5 ml 乙酐[（CH_3CO）$_2O$]、8.5 ml 36%的乙酸（CH_3COOH）、0.10 ml 硫酸（4.3）和 1.6 ml 水于 150 ml 烧杯中，混合均匀。待溶液温度降至 40℃以下后，移入装有 5 g 脱脂棉的棕色广口瓶，将棉花均匀浸润，盖上瓶塞。置于烘箱中，于 40℃放置 4 d 后取出，平铺在有两层中速定量滤纸的布氏漏斗中，抽滤，用水洗至中性。抽干水分，移入培养皿，于 40℃的烘箱中烘干，存于棕色瓶中，然后置于干燥器中备用，可保存 3 个月。

5 仪器和设备

除非另有说明，分析时均使用符合国家标准 A 级玻璃量器。

5.1 空气采样器：流量范围 0～1 L/min。

5.2 冷原子荧光测汞仪。

5.3 巯基棉采样管：石英，如图 1 所示。

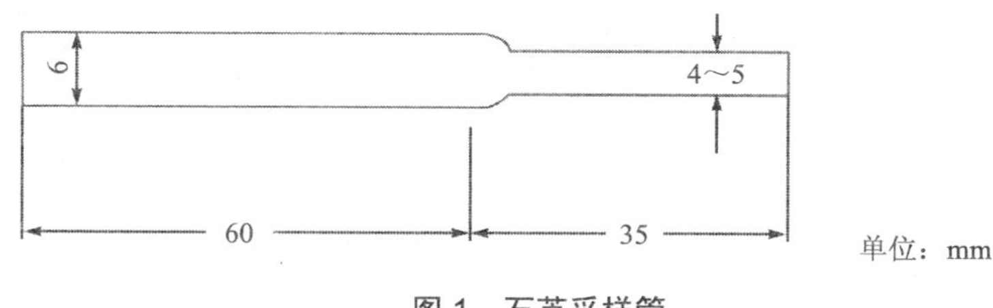

图 1　石英采样管

称取 0.1 g 巯基棉，从石英采样管的大口径端塞入管内，压入内径为 6 mm 的管段中，巯基棉长度约为 3 cm。临用前用 0.40 ml pH=3 的盐酸溶液（4.10）酸化巯基棉。巯基棉采样管两端应加套封口，存放在无汞的容器中。

5.4 布氏漏斗。

5.5 抽滤装置。

5.6 烘箱。

5.7 汞反应瓶：5 ml。

5.8 注射器：50 μl，1 ml。

6 样品

6.1 样品的采集

样品的采集应符合 HJ/T 194 的要求，采样器应在使用前进行气密性检查和流量校准，采样系统由空气采样器和巯基棉采样管组成。

将巯基棉采样管细口端与采样器连接，大口径端朝下，以 0.3～0.5 L/min 流量，采样 30～60 min，操作时应避免手指玷污巯基棉管管端。

6.2 样品的保存

采样后，两端密封，于 0～4℃，冷藏保存。

6.3 试样的制备

将采样后巯基棉采样管固定，并使细端插入 10 ml 容量瓶的瓶口上，以 1～2 ml/min 滴加 4.0 mol/L 盐酸-氯化钠饱和溶液（4.12），洗脱汞及其化合物，用 4.0 mol/L 盐酸-氯化钠饱和溶液（4.12）稀释至标线，摇匀。

6.4 空白试样的制备

取空白巯基棉采样管，按（6.3）样品处理相同步骤同时操作，制备成空白试样。

7 分析步骤

7.1 试料的制备

吸取适量试样溶液（6.3）于 5 ml 汞反应瓶中，用 4.0 mol/L 盐酸-氯化钠饱和溶液（4.12）稀释至标线。

7.2 空白试料的制备

吸取适量空白试样溶液（6.4）于 5 ml 汞反应瓶中，用 4.0 mol/L 盐酸-氯化钠饱和溶液（4.12）稀释至标线。

7.3 标准曲线的绘制

7.3.1 取 7 支 5 ml 汞反应瓶，按表 1 配制标准系列。

表 1 氯化汞标准系列

瓶号	0	1	2	3	4	5	6
氯化汞标准使用液/μl	0.00	5.00	10.0	20.0	30.0	40.0	50.0
汞含量/ng	0.00	2.50	5.00	10.0	15.0	20.0	25.0

7.3.2 用 4.0 mol/L 盐酸-氯化钠饱和溶液（4.12）稀释至 5 ml 标线。

7.3.3 向各瓶中加 0.10 ml 溴酸钾-溴化钾（4.13）溶液，放置 5 min 后，出现黄色，加 1 滴盐酸羟胺-氯化钠溶液（4.14），使黄色褪去，摇匀。

7.3.4 用注射器向瓶中加入 1.0 ml 氯化亚锡盐酸溶液（4.15），振荡 0.5 min 后，用高纯氮气（4.1）将汞蒸气吹入冷原子荧光测汞仪测定，以测汞仪的响应值对汞含量（ng），绘制标准曲线，并计算标准曲线的回归方程。

7.4 测定

按标准曲线的绘制步骤 7.3.3～7.3.4 进行试料（7.1）和空白试料（7.2）的测定，并记录响应值。根据所测得的试料和空白试料的响应值，由标准曲线的回归方程计算试料和空白试料中的汞含量。

8 结果计算

按式（1）计算出环境空气中汞含量：

$$\rho(\mathrm{Hg})=\frac{W-W_0}{V_{\mathrm{nd}}\times 1\,000}\times\frac{V_{\mathrm{t}}}{V_{\mathrm{a}}} \tag{1}$$

式中：ρ（Hg）——环境空气中汞含量，mg/m^3；

W——测定时所取样品中汞的含量，ng；

W_0——测定时所取空白中汞的含量，ng；

V_t——样品溶液总体积，ml；

V_a——测定时所取样品溶液体积，ml；

V_{nd}——标准状态（101.325 kPa，273.15 K）下的采样体积，L。

9 质量保证和质量控制

9.1 质量保证和质量控制参照 HJ/T 194 执行。

9.2 试验用的试剂，包括巯基棉（4.18）、10%氯化亚锡盐酸溶液（4.15）、pH=3 的盐酸溶液（4.10）、溴酸钾-溴化钾溶液（4.13）、盐酸羟胺-氯化钠溶液（4.14）及 4.0 mol/L 盐酸-氯化钠饱和溶液（4.12）

等，均需事先用冷原子荧光测汞仪检查，试剂中汞的空白值应不超过 0.1 ng。

9.3 每批巯基棉制备后先进行汞的回收试验（见附录 A）。

10 注意事项

10.1 盐酸羟胺常含有汞，必须提纯。当汞含量较低时，采用巯基棉纤维管除汞法；汞含量高时，先按萃取法除掉大量汞，再按巯基棉纤维管法除尽汞（见附录 B）。

10.2 如欲分别测定有机汞及无机汞，采样后，将巯基棉采样管放在 5 ml 容量瓶的瓶口上，以 1 ml/min 流量，滴加 2.0 mol/L 盐酸溶液（4.9）解吸有机汞。用 2.0 mol/L 盐酸溶液（4.9）稀释至标线，以下步骤同标准曲线的绘制。继续将上述采样管，用 4.0 mol/L 盐酸-氯化钠饱和溶液（4.12）解吸无机汞，方法同前。

10.3 本方法还可以分别测定颗粒态汞及气态汞，可在巯基棉采样管前加一有机纤维素微孔滤膜捕集颗粒态汞。用 10%硝酸溶液（4.11）溶解，用上述方法测汞。

附 录 A
（资料性附录）
巯基棉吸附效率的测定

于反应瓶中加入氯化汞标准溶液（4.17），加入氯化亚锡盐酸溶液（4.15）后，用氮气（4.1）将产生的元素汞通入巯基棉采样管。用 4.0 mol/L 盐酸-氯化钠饱和溶液（4.12）解吸，测定回收率，以求得巯基棉对汞的吸附效率。

将 1 000 mg/kg 甲基汞（CH_3HgCl）水溶液放在 100 ml 聚乙烯瓶，配以硅橡胶塞，密封，保持温度为 22℃。此时，蒸气中甲基汞浓度为 27.8 ng/ml±4.1 ng/ml，用气密注射器抽取一定体积的蒸气，随采样器气流注入巯基棉采样管，用 2.0 mol/L 盐酸（4.9）溶液解吸有机汞，测定回收率，以求得巯基棉对有机汞的吸附效率。

附 录 B
（资料性附录）
除汞法

巯基棉纤维管除汞法：在内径 6～8 mm，长 100 mm 左右、一端拉细的玻璃管，或 500 ml 分液漏斗放液管中，填充 0.1～0.2 g 巯基棉纤维（4.18），将待净化试剂以 10 ml/min 速度流过一至两次即可除尽汞。

萃取法：取 250 ml 盐酸羟胺溶液注入 500 ml 分液漏斗中，每次加入 15 ml 含二苯基硫巴腙（双硫腙 $C_{13}H_{12}N_4S$）0.1 g/L 的四氯化碳（CCl_4）溶液，反复进行萃取，直至含双硫腙的四氯化碳溶液保持绿色不变为止。然后用四氯化碳萃取，以除去多余的双硫腙。

中华人民共和国环境行业标准
HJ 543—2009

固定污染源废气 汞的测定
冷原子吸收分光光度法（暂行）

前 言

为贯彻《中华人民共和国环境保护法》和《中华人民共和国大气污染防治法》，保护环境，保障人体健康，规范固定污染源废气中汞的监测方法，制定本标准。

本标准规定了测定固定污染源废气中汞的冷原子吸收分光光度法。

本标准由环境保护部科技标准司组织制订。

本标准起草单位：北京市环境保护监测中心。

本标准环境保护部 2009 年 12 月 30 日批准。

本标准自 2010 年 4 月 1 日起实施。

本标准由环境保护部解释。

警告：汞及其化合物毒性很强，操作时应加强室内通风；反应后的含汞废气在排出之前用碘-活性炭吸附，以免污染空气；检测后的残渣残液应做妥善的安全处理。

1 适用范围

本标准规定了测定固定污染源废气中汞的冷原子吸收分光光度法。

本标准适用于固定污染源废气中汞的测定。

方法检出限为 0.025 μg/25 ml 试样溶液，当采样体积为 10 L 时，检出限为 0.002 5 mg/m^3，测定下限为 0.01 mg/m^3。

2 规范性引用文件

本标准内容引用了下列文件或其中的条款。凡是不注日期的引用文件，其有效版本适用于本标准。

GB/T 16157 固定污染源排气中颗粒物测定与气态污染物采样方法

HJ/T 373 固定污染源监测质量保证与质量控制技术规范（试行）

GB/T 6682 分析实验室用水规格和试验方法

3 方法原理

废气中的汞被酸性高锰酸钾溶液吸收并氧化形成汞离子，汞离子被氯化亚锡还原为原子态汞，用载气将汞蒸气从溶液中吹出带入测汞仪，用冷原子吸收分光光度法测定。

4 干扰

有机物如苯、丙酮等干扰测定。

5 试剂和材料

除非另有说明，分析时均使用符合国家标准的分析纯试剂。实验用水，GB/T 6682，二级。

5.1 浓盐酸：ρ（HCl）=1.19 g/ml，优级纯。

5.2 硫酸：ρ（H_2SO_4）=1.84 g/ml，优级纯。

5.3 高锰酸钾（$KMnO_4$）：优级纯。

5.4 氯化汞（$HgCl_2$）：优级纯。

5.5 硫酸溶液：φ（H_2SO_4）=10%。

量取 10.0 ml 硫酸（5.2）至 100 ml 水中。

5.6 硫酸溶液：c（$1/2H_2SO_4$）=0.5 mol/L。

取 6.9 ml 硫酸（5.2）徐徐加入 400 ml 水中，冷却后用水稀释至 500 ml。

5.7 硫酸溶液：c（$1/2H_2SO_4$）=1.0 mol/L。

取 13.8 ml 硫酸（5.2）徐徐加入 400 ml 水中，冷却后用水稀释至 500 ml。

5.8 高锰酸钾溶液：c（$1/5KMnO_4$）=0.1 mol/L。

称取 3.2 g 高锰酸钾（5.3），用水溶解并稀释到 1 000 ml。过滤后，滤液贮存于棕色瓶中备用。

5.9 吸收液

将 0.1 mol/L 高锰酸钾溶液（5.8）与 10%硫酸溶液（5.5）等体积混合，使用前配制。

5.10 氯化亚锡甘油溶液：ω（$SnCl_2 \cdot 2H_2O$）=25%。

称取 25.0 g 氯化亚锡（$SnCl_2 \cdot 2H_2O$）于 150 ml 烧杯中，加 10.0 ml 浓盐酸（5.1），搅拌使其溶解，加入甘油 90 ml，冷却后贮于棕色瓶中。

注：氯化亚锡甘油溶液临用前倒入汞反应瓶中，吹氮气除去其中的本底汞，至测汞仪读数回零。

5.11 盐酸羟胺溶液：ω（$NH_2OH \cdot HCl$）=10%。

称取 10.0 g 盐酸羟胺（$NH_2OH \cdot HCl$）用少量水溶解，并用水稀释至 100 ml。

5.12 汞标准贮备液：ρ（Hg）=1 000 μg/ml。

称取 0.135 4 g 氯化汞（5.4），溶于 0.5 mol/L 硫酸溶液（5.6）中，移入 100 ml 容量瓶中，以 0.5 mol/L 硫酸溶液（5.6）稀释至标线。此溶液每毫升含 1 000 μg 汞。

汞标准贮备液也可使用市售有证标准溶液。

5.13 汞标准中间液：ρ（Hg）= 10.0 μg/ml。

吸取氯化汞标准贮备液（5.12）1.00 ml，移入 100 ml 容量瓶中，用 0.5 mol/L 硫酸溶液（5.6）稀释至标线，此溶液每毫升相当于含 10.0 μg 汞。

5.14 汞标准使用液：ρ（Hg）= 1.00 μg/ml。

临用前，吸取氯化汞标准中间液（5.13）10.00 ml，移入 100 ml 容量瓶中，用 0.5 mol/L 硫酸溶液（5.6）稀释至标线。此溶液每毫升相当于含 1.00 μg 汞。

5.15 碘-活性炭

称取 10 g 碘（I_2）和 20 g 碘化钾（KI）于烧杯中，再加入 200 ml 蒸馏水或去离子水，配成溶液，然后向溶液中加入约 100 g 活性炭，用力搅拌至溶液脱色后倾出溶液，将活性炭在 100～110℃烘干，置于干燥器中备用。

5.16 氮气（N_2）：纯度φ（N_2）=99.999 %。

注：如使用空气作为载气，应经过活性炭净化。

6 仪器和设备

除非另有说明，分析时均使用符合国家标准 A 级玻璃仪器。

6.1 烟气采样器：流量范围 0～1 L/min。

6.2 大型气泡吸收管：10 ml。

6.3 冷原子吸收测汞仪。

6.4 汞反应瓶。

6.5 汞吸收塔：250 ml 玻璃干燥塔，内填充碘-活性炭（5.15）。为保证碘-活性炭的效果，使用 1～2 个月后，应重新更换。

7 样品

7.1 样品的采集

按照 GB/T 16157 进行烟气采样。在采样装置上串联两支各装 10 ml 吸收液（5.9）的大型气泡吸收管，以 0.3 L/min 流量，采样 5～30 min。

注：橡皮管对汞有吸附，采样管与吸收管之间采用聚乙烯管连接，接口处用聚四氟乙烯生料带密封；当汞浓度较高时，可使用大型冲击式吸收采样瓶。

7.2 现场空白

将两支装有 10 ml 吸收液（5.9）的大型气泡吸收管带至采样点，不连接烟气采样器，并与样品在相同的条件下保存、运输，直到送交实验室分析，运输过程中应注意防止玷污。

7.3 样品的保存

采样结束后，封闭吸收管进出气口，置于样品箱内运输，并注意避光，样品采集后应尽快分析。若不能及时测定，应置于冰箱内 0～4℃保存，5 d 内测定。

7.4 试样的制备

采样后，将两支吸收管中的吸收液合并移入 25 ml 容量瓶中，用吸收液（5.9）洗涤吸收管 1～2 次，洗涤液并入容量瓶中，用吸收液（5.9）稀释至标线，摇匀。

7.5 空白试样的制备

按试样的制备（7.4）方法制备空白试样。

8 分析步骤

8.1 标准曲线的绘制

8.1.1 取 7 支汞反应瓶，按表 1 配制汞标准系列。

表 1 汞标准系列

瓶号	0	1	2	3	4	5	6
汞标准使用液/ml	0	0.10	0.20	0.40	0.60	0.80	1.00
吸收液/ml	5.0	4.9	4.8	4.6	4.4	4.2	4.0
汞含量/μg	0	0.10	0.20	0.40	0.60	0.80	1.00

8.1.2 将各瓶摇匀后放置 10 min，滴加 10%盐酸羟胺溶液（5.11），至紫红色和沉淀完全褪去为止。

8.1.3 在瓶中加 1.0 mol/L 硫酸溶液（5.7）至 25 ml，再加 25%氯化亚锡甘油溶液（5.10）3.0 ml，迅速盖严瓶塞。

8.1.4 按测汞仪操作程序进行测定，以仪器的响应值对汞含量（μg）绘制标准曲线，并算出标准曲线的线性回归方程。

注：温度对测定灵敏度有影响，当室温低于 10℃时不利于汞的挥发，灵敏度较低，应采取增高操作间环境温度的办法来提高汞的气化效率。并要注意标准溶液和试样温度的一致性。

8.2 试料的制备

吸取适量试样，放入汞反应瓶中，用吸收液（5.9）稀释至 5.0 ml。同法制备空白试料。

8.3 试料的测定

按标准曲线的绘制步骤（8.1.2～8.1.4）进行试料和空白试料的测定，并记录仪器的响应值。

9 结果计算

根据所测得的试料和空白试料的响应值，由线性回归方程计算试料和空白试料中的汞含量。并由式（1）计算固定污染源废气中的汞的质量浓度（$\mu g/m^3$）。

$$\rho(\mathrm{Hg}) = \frac{W_1 - W_0}{V_{nd}} \times \frac{V_t}{V_a} \tag{1}$$

式中：ρ（Hg）——固定污染源废气中的汞的质量浓度，$\mu g/m^3$；

W_1——试料中的汞含量，μg；

W_0——空白试料中的汞含量，μg；

V_a——测定时所取试样溶液体积，ml；

V_t——试样溶液总体积，ml；

V_{nd}——标准状态（101.325 kPa，273.15 K）下干气的采样体积，m^3。

10 质量保证和质量控制

10.1 质量保证和质量控制按《固定污染源监测质量保证与质量控制技术规范（试行）》（HJ/T 373）相关规定执行。

10.2 全部玻璃器皿在使用前要用 10%硝酸溶液浸泡过夜或用（1+1）硝酸溶液浸泡 40 min，以除去器壁上吸附的汞。

10.3 测定样品前必须做试剂空白试验，空白值应不超过 0.005 μg 汞。

中华人民共和国国家环境保护标准
HJ 597—2011 代替 GB 7468—1987

水质　总汞的测定
冷原子吸收分光光度法

前　言

为贯彻《中华人民共和国环境保护法》和《中华人民共和国水污染防治法》，保护环境，保障人体健康，规范水中总汞的测定方法，制定本标准。

本标准规定了测定地表水、地下水、工业废水和生活污水中总汞的冷原子吸收分光光度法。

本标准是对《水质　总汞的测定　冷原子吸收分光光度法》（GB 7468—87）的修订。

本标准首次发布于 1987 年，原标准起草单位为湖南省环境保护监测站。本次为第一次修订。修订的主要内容如下：

——增加了方法检出限；

——增加了干扰和消除条款；

——增加了微波消解的前处理方法；

——增加了质量保证和质量控制条款；

——增加了废物处理和注意事项条款。

自本标准实施之日起，原国家环境保护局 1987 年 3 月 14 日批准、发布的国家环境保护标准《水质　总汞的测定　冷原子吸收分光光度法》（GB7468—87）废止。

本标准的附录 A 为资料性附录。

本标准由环境保护部科技标准司组织制订。

本标准主要起草单位：大连市环境监测中心。

本标准验证单位：沈阳市环境监测中心站、鞍山市环境监测中心站、抚顺市环境监测中心站、丹东市环境监测中心站、长春市环境监测中心站和哈尔滨市环境监测中心站。

本标准环境保护部 2011 年 2 月 10 日批准。

本标准自 2011 年 6 月 1 日起实施。

本标准由环境保护部解释。

警告：重铬酸钾、汞及其化合物毒性很强，操作时应加强通风，操作人员应佩戴防护器具，避免接触皮肤和衣物。

1 适用范围

本标准规定了测定水中总汞的冷原子吸收分光光度法。

本标准适用于地表水、地下水、工业废水和生活污水中总汞的测定。若有机物含量较高，本标准规定的消解试剂最大用量不足以氧化样品中有机物时，则本标准不适用。

采用高锰酸钾-过硫酸钾消解法和溴酸钾-溴化钾消解法，当取样量为 100 ml 时，检出限为 0.02 μg/L，测定下限为 0.08 μg/L；当取样量为 200 ml 时，检出限为 0.01 μg/L，测定下限为 0.04 μg/L。

采用微波消解法，当取样量为 25 ml 时，检出限为 0.06 μg/L，测定下限为 0.24 μg/L。

2 术语和定义

下列术语和定义适用于本标准。

总汞　total mercury

指未经过滤的样品经消解后测得的汞，包括无机汞和有机汞。

3 方法原理

在加热条件下，用高锰酸钾和过硫酸钾在硫酸-硝酸介质中消解样品；或用溴酸钾-溴化钾混合剂在硫酸介质中消解样品；或在硝酸-盐酸介质中用微波消解仪消解样品。

消解后的样品中所含汞全部转化为二价汞，用盐酸羟胺将过剩的氧化剂还原，再用氯化亚锡将二价汞还原成金属汞。在室温下通入空气或氮气，将金属汞气化，载入冷原子吸收汞分析仪，于 253.7 nm 波长处测定响应值，汞的含量与响应值成正比。

4 干扰和消除

4.1 采用高锰酸钾-过硫酸钾消解法消解样品，在 0.5 mol/L 的盐酸介质中，样品中离子超过下列质量浓度时，即 Cu^{2+} 500 mg/L、Ni^{2+} 500 mg/L、Ag^{+} 1 mg/L、Bi^{3+} 0.5 mg/L、Sb^{3+} 0.5 mg/L、Se^{4+} 0.05 mg/L、As^{5+} 0.5 mg/L、I^{-} 0.1 mg/L，对测定产生干扰。可通过用水（5.1）适当稀释样品来消除这些离子的干扰。

4.2 采用溴酸钾-溴化钾法消解样品，当洗净剂质量浓度大于等于 0.1 mg/L 时，汞的回收率小于 67.7%。

5 试剂和材料

除非另有说明，分析时均使用符合国家标准的分析纯试剂，实验用水为无汞水。

5.1 无汞水：一般使用二次重蒸水或去离子水，也可使用加盐酸（5.4）酸化至 pH=3，然后通过巯基棉纤维管（5.11.1）除汞后的普通蒸馏水。

5.2 重铬酸钾（$K_2Cr_2O_7$）：优级纯。

5.3 浓硫酸：ρ（H_2SO_4）=1.84 g/ml，优级纯。

5.4 浓盐酸：ρ（HCl）=1.19 g/ml，优级纯。

5.5 浓硝酸：ρ（HNO_3）=1.42 g/ml，优级纯。

5.6 硝酸溶液：1+1。

量取 100 ml 浓硝酸（5.5），缓慢倒入 100 ml 水（5.1）中。

5.7 高锰酸钾溶液：ρ（$KMnO_4$）=50 g/L。

称取 50 g 高锰酸钾（优级纯，必要时重结晶精制）溶于少量水（5.1）中。然后用水（5.1）定容至 1 000 ml。

5.8 过硫酸钾溶液：ρ（$K_2S_2O_8$）=50 g/L。

称取 50 g 过硫酸钾溶于少量水（5.1）中。然后用水（5.1）定容至 1 000 ml。

5.9 溴酸钾-溴化钾溶液（简称溴化剂）：c（$KBrO_3$）=0.1 mol/L，ρ（KBr）=10 g/L。

称取 2.784 g 溴酸钾（优级纯）溶于少量水（5.1）中，加入 10 g 溴化钾。溶解后用水（5.1）定容至 1 000 ml，置于棕色试剂瓶中保存。若见溴释出，应重新配制。

5.10 巯基棉纤维：

于棕色磨口广口瓶中，依次加入 100 ml 硫代乙醇酸（$CH_2SHCOOH$）、60 ml 乙酸酐[$(CH_3CO)_2O$]、

40 ml36%乙酸（CH_3COOH）、0.3 ml 浓硫酸（5.3），充分混匀，冷却至室温后，加入 30 g 长纤维脱脂棉，铺平，使之浸泡完全，用水冷却，待反应产生的热散去后，加盖，放入（40±2）℃烘箱中 2～4 d 后取出。用耐酸过滤器抽滤，用水（5.1）充分洗涤至中性后，摊开，于 30～35℃下烘干。成品置于棕色磨口广口瓶中，避光低温保存。

5.11 盐酸羟胺溶液：ρ（$NH_2OH \cdot HCl$）=200 g/L。

称取 200 g 盐酸羟胺溶于适量水（5.1）中，然后用水（5.1）定容至 1 000 ml。该溶液常含有汞，应提纯。当汞含量较低时，采用巯基棉纤维管除汞法；当汞含量较高时，先按萃取除汞法除掉大量汞，再按巯基棉纤维管除汞法除尽汞。

5.11.1 巯基棉纤维管除汞法：在内径 6～8 mm、长约 100 mm、一端拉细的玻璃管，或 500 ml 分液漏斗放液管中，填充 0.1～0.2 g 巯基棉纤维（5.10），将待净化试剂以 10 ml/min 速度流过一至二次即可除尽汞。

5.11.2 萃取除汞法：量取 250 ml 盐酸羟胺溶液（5.11）倒入 500 ml 分液漏斗中，每次加入 0.1 g/L 双硫腙（$C_{13}H_{12}N_4S$）的四氯化碳（CCl_4）溶液 15 ml，反复进行萃取，直至含双硫腙的四氯化碳溶液保持绿色不变为止。然后用四氯化碳萃取，以除去多余的双硫腙。

5.12 氯化亚锡溶液：ρ（$SnCl_2$）=200 g/L。

称取 20 g 氯化亚锡（$SnCl_2 \cdot 2H_2O$）于干燥的烧杯中，加入 20 ml 浓盐酸（5.4），微微加热。待完全溶解后，冷却，再用水（5.1）稀释至 100 ml。若含有汞，可通入氮气或空气去除。

5.13 重铬酸钾溶液：ρ（$K_2Cr_2O_7$）=0.5 g/L。

称取 0.5 g 重铬酸钾（5.2）溶于 950 ml 水（5.1）中，再加入 50 ml 浓硝酸（5.5）。

5.14 汞标准贮备液：ρ（Hg）=100 mg/L。

称取置于硅胶干燥器中充分干燥的 0.135 4 g 氯化汞（$HgCl_2$），溶于重铬酸钾溶液（5.13）后，转移至 1 000 ml 容量瓶中，再用重铬酸钾溶液（5.13）稀释至标线，混匀。也可购买有证标准溶液。

5.15 汞标准中间液：ρ（Hg）=10.0 mg/L。

量取 10.00 ml 汞标准贮备液（5.14）至 100 ml 容量瓶中。用重铬酸钾溶液（5.13）稀释至标线，混匀。

5.16 汞标准使用液Ⅰ：ρ（Hg）=0.1 mg/L。

量取 10.00 ml 汞标准中间液（5.15）至 1 000 ml 容量瓶中。用重铬酸钾溶液（5.13）稀释至标线，混匀。室温阴凉处放置，可稳定 100 d 左右。

5.17 汞标准使用液Ⅱ：ρ（Hg）=10 μg/L。

量取 10.00 ml 汞标准使用液Ⅰ（5.16）至 100 ml 容量瓶中。用重铬酸钾溶液（5.13）稀释至标线，混匀。临用现配。

5.18 稀释液：

称取 0.2 g 重铬酸钾（5.2）溶于 900 ml 水（5.1）中，再加入 27.8 ml 浓硫酸（5.3），用水（5.1）稀释至 1 000 ml。

5.19 仪器洗液：

称取 10 g 重铬酸钾（5.2）溶于 9L 水中，加入 1 000 ml 浓硝酸（5.5）。

6 仪器和设备

6.1 冷原子吸收汞分析仪，具空心阴极灯或无极放电灯。

6.2 反应装置：总容积为 250 ml、500 ml，具有磨口，带莲蓬形多孔吹气头的玻璃翻泡瓶，或与仪器相匹配的反应装置。

注：采用密闭式反应装置可测定更低含量的汞，反应装置详见附录 A。

6.3 微波消解仪：具有升温程序功能。

6.4 可调温电热板或高温电炉。

6.5 恒温水浴锅：温控范围为室温至 100℃。

6.6 微波消解罐。

6.7 样品瓶：500 ml、1 000 ml，硼硅玻璃或高密度聚乙烯材质。

6.8 一般实验室常用仪器和设备。

7 样品

7.1 样品的采集和保存

7.1.1 采集水样时，样品应尽量充满样品瓶，以减少器壁吸附。工业废水和生活污水样品采集量应不少于 500 ml，地表水和地下水样品采集量应不少于 1 000 ml。

7.1.2 采样后应立即以每升水样中加入 10 ml 浓盐酸（5.4）的比例对水样进行固定，固定后水样的 pH 值应小于 1，否则应适当增加浓盐酸（5.4）的加入量，然后加入 0.5 g 重铬酸钾（5.2），若橙色消失，应适当补加重铬酸钾（5.2），使水样呈持久的淡橙色，密塞，摇匀。在室温阴凉处放置，可保存 1 个月。

7.2 试样的制备

根据样品特性可以选择以下三种方法制备试样。

7.2.1 高锰酸钾-过硫酸钾消解法

7.2.1.1 近沸保温法

该消解方法适用于地表水、地下水、工业废水和生活污水。

7.2.1.1.1 样品摇匀后，量取 100.0 ml 样品移入 250 ml 锥形瓶中。若样品中汞含量较高，可减少取样量并稀释至 100 ml。

7.2.1.1.2 依次加入 2.5 ml 浓硫酸（5.3）、2.5 ml 硝酸溶液（5.6）和 4 ml 高锰酸钾溶液（5.7），摇匀。若 15 min 内不能保持紫色，则需补加适量高锰酸钾溶液（5.7），以使颜色保持紫色，但高锰酸钾溶液总量不超过 30 ml。然后，加入 4 ml 过硫酸钾溶液（5.8）。

7.2.1.1.3 插入漏斗，置于沸水浴中在近沸状态保温 1 h，取下冷却。

7.2.1.1.4 测定前，边摇边滴加盐酸羟胺溶液（5.11），直至刚好使过剩的高锰酸钾及器壁上的二氧化锰全部褪色为止，待测。

注：当测定地表水或地下水时，量取 200.0 ml 水样置于 500 ml 锥形瓶中，依次加入 5 ml 浓硫酸（5.3）、5 ml 硝酸溶液（5.6）和 4 ml 高锰酸钾溶液（5.7），摇匀。其他操作按照上述步骤进行。

7.2.1.2 煮沸法

该消解方法适用于含有机物和悬浮物较多、组成复杂的工业废水和生活污水。

7.2.1.2.1 按照 7.2.1.1.1 量取样品，按照 7.2.1.1.2 加入试剂。

7.2.1.2.2 向锥形瓶中加入数粒玻璃珠或沸石，插入漏斗，擦干瓶底，然后用高温电炉或可调温电热板加热煮沸 10 min，取下冷却。

7.2.1.2.3 按照 7.2.1.1.4 进行操作。

7.2.2 溴酸钾-溴化钾消解法

该消解方法适用于地表水、地下水，也适用于含有机物（特别是洗净剂）较少的工业废水和生活污水。

7.2.2.1 样品摇匀后，量取 100.0 ml 样品移入 250 ml 具塞聚乙烯瓶中。若样品中汞含量较高，可减少取样量并稀释至 100 ml。

7.2.2.2 依次加入 5 ml 浓硫酸（5.3）、5 ml 溴化剂（5.9），加塞，摇匀，20℃以上室温放置 5 min

以上。试液中应有橙黄色溴释出，否则可适当补加溴化剂（5.9）。但每 100 ml 样品中最大用量不应超过 16 ml。若仍无溴释出，则该消解方法不适用，可改用 7.2.1.2 或 7.2.3 进行消解。

7.2.2.3 测定前，边摇边滴加盐酸羟胺溶液（5.11）还原过剩的溴，直至刚好使过剩的溴全部褪色为止，待测。

注：当测定地表水或地下水时，量取 200.0 ml 样品置于 500 ml 锥形瓶中，依次加入 10 ml 浓硫酸（5.3）和 10 ml 溴化剂（5.9）。其他操作按照上述步骤进行。

7.2.3 微波消解法

该方法适用于含有机物较多的工业废水和生活污水。

7.2.3.1 样品摇匀后，量取 25.0 ml 样品移入微波消解罐中。若样品中汞含量较高，可减少取样量并稀释至 25 ml。

7.2.3.2 依次加入 2.5 ml 浓硝酸（5.5）和 2.5 ml 浓盐酸（5.4），摇匀，加塞，室温静置 30～60 min。若反应剧烈则适当延长静置时间。

7.2.3.3 将微波消解罐放入微波消解仪中，按照表 1 推荐的升温程序进行消解。消解完毕后，冷却至室温转移消解液至 100 ml 容量瓶中，用稀释液（5.18）定容至标线，待测。

表 1 微波消解升温程序

步骤	最大功率/W	功率/%	升温时间/min	温度/℃	保持时间/min
1	1 200	100	5	120	2：00
2	1 200	100	5	150	2：00
3	1 200	100	5	180	5：00

7.3 空白试样的制备

用水（5.1）代替样品，按照 7.2 步骤制备空白试样，并把采样时加的试剂量考虑在内。

8 分析步骤

8.1 仪器调试

按照仪器说明书进行调试。

8.2 校准曲线的绘制

8.2.1 高质量浓度校准曲线的绘制

8.2.1.1 分别量取 0.00、0.50、1.00、1.50、2.00、2.50、3.00 和 5.00 ml 汞标准使用液 I（5.16），于 100 ml 容量瓶中，用稀释液（5.18）定容至标线，总汞质量浓度分别为 0.00、0.50、1.00、1.50、2.00、2.50、3.00 和 5.00 μg/L。

8.2.1.2 将上述标准系列依次移至 250 ml 反应装置中，加入 2.5 ml 氯化亚锡溶液（5.12），迅速插入吹气头，由低质量浓度到高质量浓度测定响应值。以零质量浓度校正响应值为纵坐标，对应的总汞质量浓度（μg/L）为横坐标，绘制校准曲线。

注：高质量浓度校准曲线适用于工业废水和生活污水的测定。

8.2.2 低质量浓度校准曲线的绘制

8.2.2.1 分别量取 0.00、0.50、1.00、2.00、3.00、4.00 和 5.00 ml 汞标准使用液 II（5.17）于 200 ml 容量瓶中，用稀释液（5.18）定容至标线，总汞质量浓度分别为 0.000 、0.025 、0.050 、0.100 、0.150 、0.200 和 0.250 μg/L。

8.2.2.2 将上述标准系列依次移至 500 ml 反应装置中，加入 5 ml 氯化亚锡溶液（5.12），迅速插入吹气头，由低质量浓度到高质量浓度测定响应值。以零质量浓度校正响应值为纵坐标，对应的总汞质量浓度（μg/L）为横坐标，绘制校准曲线。

注：低质量浓度校准曲线适用于地表水和地下水的测定。

8.3 测定

测定工业废水和生活污水样品时，将待测试样转移至 250 ml 反应装置中，按照 8.2.1.2 测定；测定地表水和地下水样品时，将待测试样转移至 500 ml 反应装置中，按照 8.2.2.2 测定。

8.4 空白试验

按照与试样测定相同步骤进行空白试样的测定。

9 结果计算与表示

9.1 结果计算

样品中总汞的质量浓度ρ（μg/L），按照式（1）进行计算。

$$\rho = \frac{(\rho_1 - \rho_0) \times V_0}{V} \times \frac{V_1 + V_2}{V_1} \tag{1}$$

式中：ρ——样品中总汞的质量浓度，μg/L；

ρ_1——根据校准曲线计算出试样中总汞的质量浓度，μg/L；

ρ_0——根据校准曲线计算出空白试样中总汞的质量浓度，μg/L；

V_0——标准系列的定容体积，ml；

V_1——采样体积，ml；

V_2——采样时向水样中加入浓盐酸体积，ml；

V——制备试样时分取样品体积，ml。

9.2 结果表示

当测定结果小于 10 μg/L 时，保留到小数点后两位；大于等于 10 μg/L 时，保留三位有效数字。

10 精密度和准确度

10.1 高锰酸钾-过硫酸钾消解法

47 家实验室分别对总汞质量浓度为 0.58 μg/L 的统一标准样品进行了测定，实验室内相对标准偏差和实验室间相对标准偏差分别为 8.6%和 28.6%；47 家实验室分别对总汞质量浓度为 0.67 μg/L 的统一标准样品（含有 1.5 mg/L 碘离子）进行了测定，实验室内相对标准偏差和实验室间相对标准偏差分别为 10.2%和 58.0%，详见表 2。

10.2 溴酸钾-溴化钾消解法

47 家实验室分别对总汞质量浓度为 2.27 μg/L 的统一标准样品进行了测定，实验室内相对标准偏差和实验室间相对标准偏差分别为 5.0%和 10.7%；48 家实验室分别对总汞质量浓度为 2.03 μg/L 的统一标准样品进行了测定，实验室内相对标准偏差和实验室间相对标准偏差分别为 4.8%和 11.5%；48 家实验室分别对总汞质量浓度为 2.17μg/L 的统一标准样品（含有 150 mg/L 碘离子）进行了测定，实验室内相对标准偏差和实验室间相对标准偏差分别为 3.5%和 10.7%，详见表 2。

10.3 微波消解法

10.3.1 精密度

6 家实验室分别对总汞质量浓度为 0.40、2.00 和 4.00 μg/L 的统一样品进行了测定：实验室内相对标准偏差分别为 2.8%～5.4%、1.5%～3.0%、1.1%～3.1%；实验室间相对标准偏差分别为 3.5%、5.5%、1.5%；重复性限分别为 0.05、0.13、0.24 μg/L；再现性限分别为 0.06、0.34、0.28 μg/L。

表 2 高锰酸钾-过硫酸钾消解法及溴酸钾-溴化钾消解法精密度和准确度

样品	参加的实验室数目	删除的实验室数目	标准值/（μg/L）	测得平均值/（μg/L）	标准偏差			
					重复性		再现性	
					绝对	相对/%	绝对	相对/%
A	47	3	0.58	0.58	0.050	8.6	0.166	28.6
B	47	5	0.67	0.56	0.057	10.2	0.326	58.0
C	47	5	2.27	2.42	0.121	5.0	0.259	10.7
D	48	6	2.03	2.02	0.097	4.8	0.231	11.5
E	48	7	2.17	2.20	0.077	3.5	0.235	10.7

10.3.2 准确度

6 家实验室分别对工业废水和生活污水实际样品进行了加标分析测定，加标质量浓度为 2.00 μg/L，加标回收率分别为 98.0%～109%、97.0%～105%；加标回收率最终值分别为 102%±7.8%、101%±6.0%。

11 质量保证和质量控制

11.1 每批样品均应绘制校准曲线，相关系数应大于等于 0.999 。

11.2 每批样品应至少做一个空白试验，测定结果应小于 2.2 倍检出限，否则应检查试剂纯度，必要时更换试剂或重新提纯。

11.3 每批样品应至少测定 10%的平行样品，样品数不足 10 个时，应至少测定一个平行样品。当样品总汞含量≤1 μg/L 时，测定结果的最大允许相对偏差为 30%；当样品总汞含量在 1～5 μg/L 之间时，测定结果的最大允许相对偏差为 20%；当样品总汞含量＞5 μg/L 时，测定结果的最大允许相对偏差为 15%。

11.4 每批样品应至少测定 10%的加标回收样品，样品数不足 10 个时，应至少测定一个加标回收样品。当样品总汞含量≤1 μg/L 时，加标回收率应在 85%～115%之间；当样品总汞含量＞1 μg/L 时，加标回收率应在 90%～110%之间。

12 废物处理

试验过程中产生的残渣、废液不能随意倾倒，须妥善处理。

13 注意事项

13.1 试验所用试剂（尤其是高锰酸钾）中的汞含量对空白试验测定值影响较大。因此，试验中应选择汞含量尽可能低的试剂。

13.2 在样品还原前，所有试剂和试样的温度应保持一致（＜25℃）。环境温度低于 10℃时，灵敏度会明显降低。

13.3 汞的测定易受到环境中的汞污染，在汞的测定过程中应加强对环境中汞的控制，保持清洁、加强通风。

13.4 汞的吸附或解吸反应易在反应容器和玻璃器皿内壁上发生，故每次测定前应采用仪器洗液（5.19）将反应容器和玻璃器皿浸泡过夜后，用水（5.1）冲洗干净。

13.5 每测定一个样品后，取出吹气头，弃去废液，用水（5.1）清洗反应装置两次，再用稀释液（5.18）清洗一次，以氧化可能残留的二价锡。

13.6 水蒸气对汞的测定有影响，会导致测定时响应值降低，应注意保持连接管路和汞吸收池干燥。可通过红外灯加热的方式去除汞吸收池中的水蒸气。

13.7 吹气头与底部距离越近越好。采用抽气（或吹气）鼓泡法时，气相与液相体积比应为 1：1～5：1，以 2：1～3：1 最佳；当采用闭气振摇操作时，气相与液相体积比应为 3：1～8：1。

13.8 当采用闭气振摇操作时，试样加入氯化亚锡后，先在闭气条件下用手或振荡器充分振荡 30～60 s，待完全达到气液平衡后才将汞蒸气抽入（或吹入）吸收池。

13.9 反应装置的连接管宜采用硼硅玻璃、高密度聚乙烯、聚四氟乙烯、聚砜等材质，不宜采用硅胶管。

附　录　A
（资料性附录）
密闭式反应装置

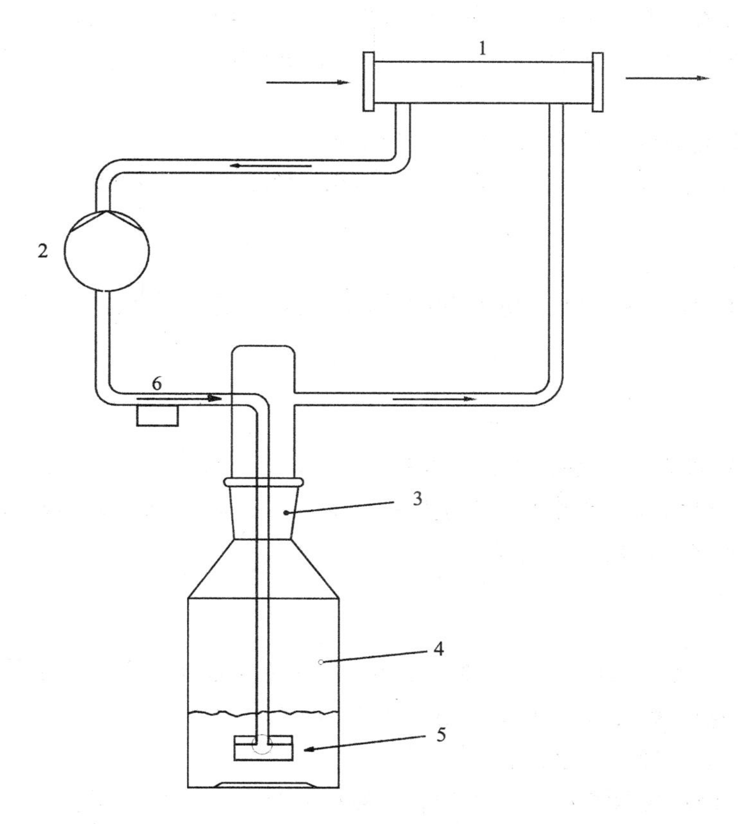

1——吸收池，内径 2 cm，长 15 cm，材质为硼硅玻璃或石英，吸收池的两端具有石英窗；

2——循环泵（隔膜泵或蠕动泵），流量为 1～2L/min；

3——玻璃磨口（29/32）；

4——反应瓶，100 ml、250 ml 和 1 000 ml；

5——多孔玻板；

6——流量计。

注：该反应装置的泵、连接管和流量计宜采用聚四氟乙烯、聚砜等材质。

图 A.1　密闭式反应装置

中华人民共和国国家标准

GB/T 7469—1987

水质　总汞的测定
高锰酸钾-过硫酸钾消解法　双硫腙分光光度法

本标准适用于生活污水、工业废水和受汞污染的地面水。

用双硫腙分光光度法测定汞含量，在酸性条件下，干扰物主要是铜离子。在双硫腙（二苯硫代偕肼腙）洗脱液中加入 1%（m/V）EDTA 二钠（乙二胺四乙酸二钠），至少可掩蔽 300μg 铜离子的干扰。

本方法的摩尔吸光系数$\varepsilon=7.1\times10^4$L/（mol・cm）。

取 250 ml 水样测定，汞的最低检出浓度为 2μg/L，测定上限为 40μg/L。

1 定义

总汞：未过滤的水样，经剧烈消解后测得的汞浓度，它包括无机的、有机结合的、可溶的和悬浮的全部汞。

2 原理

在 95℃用高锰酸钾和过硫酸钾将试样消解，把所含汞全部转化为二价汞。

用盐酸羟胺将过剩的氧化剂还原，在酸性条件下，汞离子与双硫腙生成橙色螯合物，用有机溶剂萃取，再用碱溶液洗去过剩的双硫腙。

3 试剂

除另有说明外，分析中仅使用水（3.1）及公认的分析纯试剂，其中含汞量要尽可能少*。

3.1 去离子水：电阻率在 500 000Ω・cm（25℃）以上。

3.2 无水乙醇（C_2H_5OH）：优级纯。

3.3 氯仿（$CHCl_3$）：重蒸馏并于每 100 ml 中加入 1 ml 无水乙醇（3.2）作保存剂。

3.4 硫酸（H_2SO_4）：ρ_{20}＝1.84 g/ml，优级纯。

3.5 硝酸（HNO_3）：ρ_{20}＝1.48 g/ml，优级纯。

3.6 硝酸：约 0.8 mol/L 溶液。

将 50 ml 硝酸（3.5）用水稀释至 1000 ml。

3.7 高锰酸钾：50 g/L 溶液。

将 50 g 高锰酸钾（$KMnO_4$，优级纯，必要时重结晶精制）溶于水并稀释至 1000 ml。

注：制备操作要小心，避免未溶解颗粒沉淀或悬浮于溶液中（必要时可加热助溶）。

溶液贮存在棕色具磨口塞的玻璃瓶中。

3.8 过硫酸钾：50 g/L 溶液。

---

* 如采用的试剂导致空白试验值偏高，应改用级别更高的或经过提纯精制的试剂。

将 5 g 过硫酸钾（$K_2S_2O_8$）溶于水并稀释至 100 ml。

使用当天配制此溶液。

3.9 盐酸羟胺：100 g/L 溶液。

将 10 g 盐酸羟胺（$NH_2OH \cdot HCl$）溶于水并稀释至 100 ml。

每次用 5 ml 双硫腙溶液（3.12）萃取，至双硫腙不变色为止，再用少量氯仿（3.3）洗两次。

3.10 亚硫酸钠：200 g/L 溶液。

将 20 g 亚硫酸钠（$Na_2SO_3 \cdot 7H_2O$）溶于水并稀释至 100 ml。

3.11 双硫腙：1 g/L 氯仿溶液。

将 0.1 g 双硫腙（$C_6H_5N:NCSNHNHC_6H_5$）溶于 20 ml 氯仿中，滤去不溶物，置分液漏斗中，每次用 50 ml1＋100 氨水提取 5 次，合并水层，用 6 mol/L 盐酸中和后，再用 100 ml 氯仿（3.3）分三次提取，合并氯仿层贮于棕色瓶中，置冰箱内保存。

3.12 双硫腙：透光率约为 70%（波长 500nm，10 mm 比色皿）的氯仿溶液。

将双硫腙溶液（3.11）用氯仿（3.3）稀释而成。

3.13 双硫腙洗脱液

将 8 g 氢氧化钠（NaOH，优级纯）溶于煮沸放冷的水中，加入 10 g EDTA-二钠（$C_{10}H_{14}N_2O_8Na_2 \cdot 2H_2O$），稀释至 1000 ml，贮于聚乙烯瓶中，密塞。

3.14 重铬酸钾：4 g/L 酸溶液。

将 4 g 重铬酸钾（$K_2Cr_2O_7$，优级纯）溶于 500 ml 水中，然后缓慢加入 500 ml 硫酸（3.4）或者 500 ml 硝酸（3.5）。

3.15 汞：相当于 1 g/L 汞的标准溶液。

称取 1.354 g 氯化汞（$HgCl_2$），准确至 0.001 g，通过漏斗转移至 1000 ml 容量瓶，加入少量水（同时冲洗漏斗）和 25 ml 硝酸（3.5），溶解后用水稀释至标线并混匀。

本溶液在硼硅玻琉瓶中可贮存至少一个月。

1.00 ml 此标准溶液含 1.00 mg 汞。

注：在稀释到标线前加入 50 ml 酸性重铬酸钾溶液（3.14）可以稳定此溶液至少三个月。

3.16 汞：相当于 50 mg/L 汞的标准溶液。

将 25.0 ml 的汞标准溶液（3.15）转移至 500 ml 容量瓶内，用硝酸溶液（3.6）稀释至标线并混匀。

1.00 ml 此标准溶液含 50.0μg 汞，当天配制。

3.17 汞：相当于 1 mg/L 汞的标准溶液。

将 10.0 ml 汞标准溶液（3.16）置 500 ml 容量瓶内，用硝酸溶液（3.6）稀释至标线并混匀。

1.00 ml 此标准溶液含 1.00μg 汞，临用前配制。

4 仪器

所有玻璃器皿在两次操作之间不应让其干燥，而应充满硝酸溶液（3.6），临用前倾出硝酸溶液，再用水（3.1）冲洗干净。

第一次使用的玻璃器皿应预先进行下述处理：

用 1＋1 硝酸溶液浸泡过夜；

临用前配制下列混合液：4 份体积硫酸（3.4）加 1 份体积高锰酸钾溶液（3.7）。用这种混合液清洗；

用盐酸羟胺溶液（3.9）清洗，以除去所有沉积的二氧化锰；

最后用水（3.1）冲洗数次。

常用实验室设备即：

4.1 500 ml 锥形瓶：具磨口玻璃塞。

4.2 500 ml 及 600 ml 分液漏斗：活塞上不得使用油性润滑剂。

4.3 水浴锅。

4.4 分光光度计。

5 采样与样品

5.1 实验室样品

每采集 1000 ml 水样后立即加入约 7 ml 硝酸（3.5），调节每个样品的 pH 值，使之低于或等于 1。

若取样后不能立即进行测定，向每升样品中加入高锰酸钾溶液（3.7）4 ml，或者必要时再多加一些，使其呈现持久的淡红色。样品贮存于硼硅玻璃瓶中。

注：记录样品的体积和加入的试剂体积，以便在空白试验中按同样量操作，计算结果时也可使用这些量。注意在样品和空白试验中使用同样的试剂。

5.2 试样

向整个样品（5.1）中加入盐酸羟胺溶液（3.9），使所有二氧化锰完全溶解，然后立即取两份试样，每份 250 ml，取时应仔细，使得到溶解部分和悬浮部分均具有代表性的试样，然后立即按 6.2 进行测定。第二份试样用于制备校核试验（6.4）中使用的试份（D）。

注：如样品中含汞或有机物的浓度较高，试样体积可以减小。

6 步骤

6.1 校准

取 6 个 500 ml 锥形瓶（4.1），分别加入临用前配制的汞标准溶液（3.17）0、0.50、1.00、2.50、5.00、10.00 ml，加入水（3.1）至 250 ml。然后完全按照测定试验的步骤（见 6.2.1 和 6.2.2）立即对每一种标准溶液进行处理。

最后分别以测定的各吸光度减去试剂空白（零浓度）的吸光度后，和对应的汞含量绘制校准曲线。

6.2 测定

6.2.1 消解

将试样（5.2）或已经稀释成 250 ml 的部分待测试样（其中含汞不超过 10μg），放入锥形瓶（4.1）中，小心地加入 10 ml 硫酸（3.4）和 2.5 ml 硝酸（3.5），每次加后均混合之。

加入 15 ml 高锰酸钾溶液（3.7），如果不能在 15 min 内维持深紫色，则混合后再加 15 ml 高锰酸钾溶液（3.7）以使颜色能持久，然后加入 8 ml 过硫酸钾溶液（3.8），并在水浴上加热 2 h*，温度控制在 95℃。冷却至约 40℃。

将第 2 个用于校核试验（6.4）的试份（D）保存起来，然后继续第 1 个试份的测定。

加入盐酸羟胺溶液（3.9）还原过剩的氧化剂，直至溶液的颜色刚好消失和所有锰的氧化物都溶解为止，开塞放置 5～10 min。将溶液转移至 500 ml 分液漏斗中，以少量水（3.1）洗锥形瓶两次，一并移入分液漏斗中。

注：如加入 30 ml 高锰酸钾溶液还不足以使颜色持久，则需要或者减小试样体积，或者考虑改用其他消解方法，在这种情况下，本方法就不再适用了。

6.2.2 萃取和测定

---

* 含悬浮物和（或）有机物较少的水可把加热时间缩短为 1 h；不含悬浮物的较清洁水可把加热时间缩短为 30 min。

分别向各份消解液加入 1 ml 亚硫酸钠溶液（3.10），混匀后，再加入 10.0 ml 双硫腙氯仿溶液（3.12），缓缓旋摇并放气，再密塞振摇 1 min，静置分层。

将有机相转入已盛有 20 ml 双硫腙洗脱液（3.13）的 60 ml 分液漏斗（4.2）中，振摇 1 min，静置分层。必要时再重复洗涤 1～2 次，直至有机相不带绿色。

用滤纸吸去分液漏斗放液管内的水珠，塞入少许脱脂棉，将有机相放入 20 mm 比色皿中，在 485nm 波长下，以氯仿（3.3）作参比测吸光度。

以试份的吸光度减去空白试验（6.3）的吸光度后，从校准曲线（6.1）上查得汞含量。

6.3 空白试验

按 6.2.1 和 6.2.2 的规定进行空白试验，用水（3.1）代替试样，并加入与测定时相同体积的试剂。应把采样时加的试剂量考虑在内（见第 5 章注）。

当测定在接近检出限的浓度下进行时，必须控制空白试验的吸光度不超过 0.01 单位。如超过 0.01 单位，检查所用纯水、试剂和器皿等，换掉含汞量较高的试剂和（或）水并重新配制，或对沾污的器皿重新处理，以确保测定值有意义。

6.4 校核试验

向 6.2.1 中保留的第 2 个试份（D）中加入已知体积的汞标准溶液（3.17）。如果汞浓度太高，则取用试份的一部分，按 6.2.1 最后一段及 6.2.2 的规定，重复进行操作，以确定有无干扰影响。

7 结果的表示

7.1 计算方法

总汞含量 c_1（μg/L）按式（1）计算：

$$c_1=\frac{m}{V}\cdot 1\,000 \qquad (1)$$

式中：m——试份测得含汞量，μg；

V——测定用试样体积，ml。

如果考虑采样时加入的试剂体积，则应按式（2）计算：

$$c_2=\frac{m\cdot 1\,000}{V_0}\cdot\frac{V_1+V_2+V_3}{V_1} \qquad (2)$$

式中：m——试份测得含汞量，μg；

V_0——测定用试样体积，ml；

V_1——采集的水样体积，ml；

V_2——水样加硝酸体积，ml；

V_3——水样加高锰酸钾溶液体积，ml。

结果以两位小数表示。

7.2 精密度与准确度

4 个实验室测定含汞 5.0μg/L 的统一分发标准溶液结果如下：

7.2.1 重复性

各实验室的室内相对标准偏差分别为 1.0%、1.1%、3.6%和 4.7%。

7.2.2 再现性

实验室间相对标准偏差为 6%。

7.2.3 准确度

相对误差为−6%。

附　录　A
本标准一般说明
（参考件）

A.1 氯仿和四氯化碳萃取双硫腙汞均为理想的溶剂。但由于双硫腙铜在四氯化碳和氯仿中的提取常数前者较大，且四氯化碳对人体的毒性较大，因此用氯仿作萃取溶剂较好。

A.2 氯仿在贮存过程中常会生成光气，它会使双硫腙生成氧化产物，不仅失去与汞螯合的功能，还溶于氯仿（不能被双硫腙洗脱液除去）显深黄颜色，用分光光度计测定时有一定吸光度。故所用氯仿应预重蒸馏精制，加乙醇作保护剂，充满经过处理（见正文第 4 章）并干燥的棕色试剂瓶中（少留空间），避光避热密闭保存。

A.3 用盐酸羟胺还原实验室样品中的高锰酸钾时，二氧化锰沉淀溶解，使所吸附的汞返回溶液中，以便均匀取出试样。消解后亦按上述同样操作。应注意在此操作中，所加盐酸羟胺勿过量，并且随即继续以后的操作，切勿长时间放置，以防在还原状态下汞挥发损失。

A.4 用双硫腙氯仿溶液萃取汞时，试份的 pH 值小于 1 时干扰很少。在 250 ml 试样中加入 5 ml 硫酸时，硫酸的浓度为 0.45 mol/L，经计算其 pH 值为 0.92。试验证明每 250 ml 试样中分别加 5、10、15 或 20 ml 硫酸对测定没有影响。

A.5 多数资料报道，双硫腙汞对光敏感，因此强调要避光或在半暗室里操作，或加入乙酸防止双硫腙汞见光分解。也有资料报道“采用不纯的双硫腙时双硫腙汞见光分解很快，而采用纯的双硫腙时，双硫腙汞可在室内光线下稳定几小时以上”。因此，双硫腙的纯化对提高双硫腙汞的稳定性以至分析的准确度是很重要的。

A.6 双硫腙洗脱液有用氨水配制的，是为了去除铜的干扰。但氨水的挥发性大，微溶于有机相而容易出现“氨雾”，影响比色。改用 0.2 mol/L 氢氧化钠－1%（*m*/*V*）EDTA 二钠溶液作为双硫腙洗脱液，就不会出现这种现象而比较理想，但应注意必须使用含汞量很少的优级纯氢氧化钠。

A.7 分液漏斗的活塞若涂抹凡士林防漏，凡士林溶于氯仿可引进正误差；若不涂抹凡士林，则萃取液易漏溅而引入负误差。为此，可改用非油性润滑剂（溶于水，不够理想），或改为直接在锥形瓶（4.1）中振摇萃取（先缓缓旋摇并多次启塞放气，再密塞振摇）后，倾去大部分水分，转移入具塞比色管内分层，用抽气泵吸出水相。以后洗脱过剩双硫腙的操作亦可很方便地在比色管中同样进行。实践证明，这样操作不仅省时省力，还减少了用分液漏斗反复转移溶液而引进的误差。

A.8 鉴于汞的毒性，双硫腙汞的氯仿溶液切勿丢弃，经加入浓硫酸处理以破坏有机物，并与其他杂质一起随水相分离后，用氧化钙中和残存于氯仿中的硫酸并去除水分，将氯仿重蒸回收。含汞废液可加入氢氧化钠溶液中和至呈微碱性，再于搅拌下加入硫化钠溶液至氢氧化物完全沉淀为止，沉淀物予以回收或进行其他处理。

附加说明：
本标准由国家环境保护局规划标准处提出。
本标准由安徽省环境监测中心站负责起草。
本标准主要起草人郑宋。
本标准由中国环境监测总站负责解释。

中华人民共和国国家标准
GB/T 14204—93

水质　烷基汞的测定
气相色谱法

1 主题内容和适用范围

本标准规定了测定水中烷基汞（甲基汞，乙基汞）的气相色谱法。

本标准适用于地面水及污水中烷基汞的测定。

本方法用巯基棉富集水中的烷基汞，用盐酸氯化钠溶液解析，然后用甲苯萃取，用带电子捕获检测器的气相色谱仪测定，实际达到的最低检出浓度随仪器灵敏度和水样基体效应而变化，当水样取 1L 时，甲基汞通常检测到 10ng/L，乙基汞检测到 20ng/L。

样品中含硫有机物（硫醇、硫醚、噻酚等）均可被富集萃取，在分析过程中积存在色谱柱内，使色谱柱分离效率下降，干扰烷基汞的测定。定期往色谱柱内注入二氯化汞苯饱和溶液，可以去除这些干扰，恢复色谱柱分离效率。

2 试剂和材料

2.1 载气

氮气：99.999 %。经脱氧过滤器，氧含量＜1 mg/m^3。

2.2 配制标准样品和试样预处理时使用的试剂和材料

2.2.1 氯化甲基汞 CH_3HgCl（简称 MMC）。

2.2.2 氯化乙基汞 C_2H_5HgCl（简称 EMC）。

2.2.3 甲苯（或苯）：经色谱测定（按照本方法色谱条件）无干扰峰。

2.2.4 盐酸溶液：c（HCl）＝2 mol/L。用甲苯（苯）萃取处理以排除干扰物。

2.2.5 硫酸（H_2SO_4）：优级纯，ρ＝1.84 g/ml。

2.2.6 乙酸酐：分析纯。

2.2.7 乙酸：分析纯。

2.2.8 硫代乙醇酸：化学纯。

2.2.9 脱脂棉。

2.2.10 氯化钠（NaCl）：分析纯。

2.2.11 硫酸铜：分析纯。

2.2.12 硫酸铜溶液：ω($CuSO_4$)＝25 g/100 ml。$CuSO_4 \cdot 5H_2O$50 g 溶于 200 ml 无汞蒸馏水(2.2.14)。

2.2.13 无水硫酸钠（Na_2SO_4）：分析纯，使用前在 300℃马弗炉中处理 4 h。

2.2.14 无汞蒸馏水：二次蒸馏水或电渗析去离子水，也可将蒸馏水加盐酸（2.2.4）酸化至 pH＝3，然后过巯基棉纤维管（3.3.8.2）去除汞。

2.2.15 二氯化汞柱处理液：称量 0.1 g 二氯化汞，在 100 ml 容量瓶中用苯溶解，稀释至标线，此溶液为二氯化汞饱和苯溶液。

2.2.16 解析液（2 mol/LNaCl＋1 mol/LHCl）：称量 11.69 gNaCl，用 100 ml1 mol/LHCl 溶解。

2.2.17 烷基汞标准溶液：见 5.2.2 的有关内容。

2.2.18 甲醇：分析纯。

2.2.19 无水乙醇：分析纯。

2.2.20 盐酸溶液：ω=5%。

2.2.21 盐酸溶液：c（HCl）=0.1 mol/L。

2.2.22 氢氧化钠溶液：c（NaOH）=5 mol/L。

2.3 制备色谱柱时使用的试剂和材料

2.3.1 色谱柱和填充物参考 3.3 条的有关内容。

2.3.2 涂渍固定液用溶剂：二氯甲烷（CH_2Cl_2）分析纯；或丙酮（C_3H_6O）分析纯。

3 仪器

3.1 色谱仪

带有电子捕获检测器的气相色谱仪。

3.2 色谱仪汽化室

全玻璃系统汽化室。

3.3 色谱柱

3.3.1 色谱柱类型

硬质玻璃填充柱：长度 1.0～1.8 m，内径：2～4 mm。

3.3.2 填充物

3.3.2.1 载体

ChromosorbWAWDMCS，80～100 目，或其他等效载体。涂渍固定液之前，在 90℃烘 1.5 h。

3.3.2.2 固定液

a．DEGS（丁二酸二乙二醇酯）：最高使用温度 200℃；或 OV-17（苯基 50%甲基硅酮）：最高使用温度 350℃。

b．液相载荷量：5%DEGS；2%OV-17。

c．涂渍固定液的方法：静态法。

称取一定量的固定液，例如：称 0.5 g 的 DEGS（3.3.2.2），溶解在二氯甲烷（2.3.2）中，待完全溶解后，倒入刚烘过的载体（3.3.2.1）9.5 g，使溶有 DEGS 的二氯甲烷刚好浸没载体，待溶剂完全挥发后，烘干（100℃），即涂渍完毕。

3.3.3 色谱柱的填充方法

用硅烷化玻璃毛塞住色谱柱的一端，接缓冲瓶和减压系统，柱的另一端接软管连漏斗，将填充物缓缓倒入漏斗，同时开启减压系统，轻轻震动柱体（建议使用超声波水浴）以确保填充紧密，填充完成后，用硅烷化玻璃毛塞住色谱柱另一端，注意：在柱的两端都要空出 2cm，填充玻璃毛，以防固定液在进样器和检测器的高温下分解。填充好的色谱柱接检测器一端应与填充时减压吸气一端一致。

3.3.4 色谱柱的老化

将填好的色谱柱一端接在仪器进样口上，另一端不接入检测器。通载气 30 ml/min，柱温维持 200℃，老化 24 h，柱温降至 160℃，注入柱处理液每次 20μl，共五次，间隔 5 min。继续老化 24 h。接检测器，柱温设在使用温度，使用前检查，以基线走直为准（约 10～20 min）。

3.3.4.1 色谱柱处理液的使用见附录 B。

3.3.5 检测器

电子捕获检测器，带镍-63 放射源（ECD-63Ni）或高温氚源（3-H 源）。

3.3.6 记录仪

满标量程 1 mV。

3.3.7 数据处理系统

积分仪。

3.3.8 巯基棉管的制备

3.3.8.1 巯基棉纤维（sulfhydrylcottonfiber 缩写 S．C．F）制备：Nishi 法，见附录 A。

3.3.8.2 巯基棉回收率的测定见附录 A。

3.3.8.3 巯基棉管：在内径 5～8 mm，长 100 mm，一端拉细的玻璃管中填充 0.1～0.2 g（S.C.F）（3.3.8.1），见图 1。使用前用 20 ml 无汞蒸馏水（2.2.14）润湿膨胀，然后接在分液漏斗的放液管上。

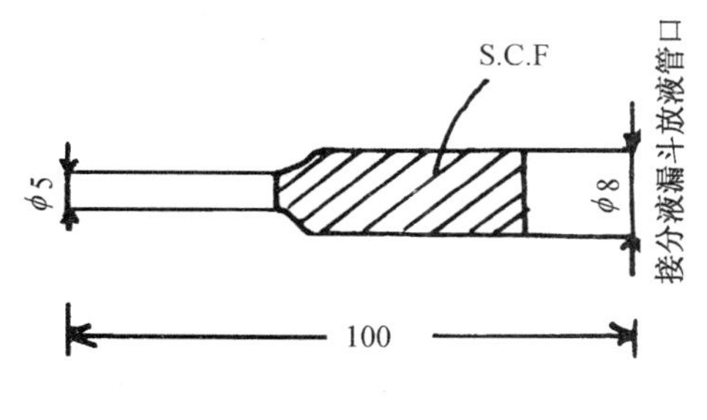

图 1 S.C.F 吸附管

3.3.9 使用的所有玻璃仪器（分液漏斗，试管），要求用 5%盐酸（2.2.20）浸泡 24 h 以上。

3.3.10 样品瓶：2.5L 塑料瓶。

3.3.11 分液漏斗：500 ml，1000 ml，2000 ml。

3.3.12 具塞磨口离心管：10 ml。

4 样品

4.1 样品采集和保存

样品采集在塑料瓶（3.3.10）中，如在数小时内样品不能进行分析，应在样品瓶中预先加入硫酸铜（2.2.11），加入量为每升 1 g（水样处理时不再加硫酸铜溶液），水样在 2～5℃条件下贮存。

4.2 试样的预处理

4.2.1 取均匀水样 1L，置于 2L 分液漏斗（3.3.11）中，加入 1 ml 硫酸铜溶液（2.2.12），使用 2 mol/L 盐酸溶液（2.2.4），或 6 mol/L 氢氧化钠（2.2.22），调 pH 为 3～4，接巯基棉管，让水样流速保持在 20～25 ml/min，待吸附完毕，用洗耳球压出吸附管内残存的水滴，然后加入 3.0 ml 解析液（2.2.16），将巯基棉上吸附的烷基汞解析到 10 ml 具塞离心管（3.3.12）中（用吸耳球压出最后一滴解析液），向试管中加入 1.0 ml 甲苯（苯）（2.2.3），加塞，振荡提取 1 min，静置分层，用离心机 2500r/min 离心 3～5 min，离心分离有机相与盐酸解析液，取有机相进行色谱测定；或者分层后吸出有机相，加入少量无水硫酸钠（2.2.13）脱水，进行色谱测定。

4.2.2 污水试样的处理

取污水水样＞100 ml 置于锥形瓶中，用 2 mol/L 盐酸溶液（2.2.4）酸化至 pH＜1，加入 1 g 硫酸铜（2.2.11）充分搅拌后，调 pH＝3，静置，用快速滤纸过滤，收集滤液 100 ml 转移到分液漏斗中，在漏斗下口塞一些玻璃毛过滤，接巯基棉管富集，解析步骤同上。

5 操作步骤

5.1 仪器调整

5.1.1 温度

5.1.1.1 汽化室温度：180℃，恒温。对于汽化室与检测器加温一致的仪器，设定 220℃。

5.1.1.2 检测器温度：280℃，恒温。（H-源 220℃）。

5.1.1.3 柱箱温度：140℃，恒温。

5.1.2 载气

流速：60 ml/min，根据色谱柱的阻力调节柱前压。

5.1.3 检测器

灵敏度：10 挡。

5.1.4 记录仪

纸速：5 mm/min。

5.2 校准

5.2.1 外标法

5.2.2 标准溶液的制备

5.2.2.1 氯化甲基汞甲苯标准溶液

a．标准储备液：1 000μg/ml。称取 0.116 4 gMMC（2.2.1）（相当于 0.100 0 g 甲基汞），用 3～5 ml 甲醇（2.2.18）溶解，然后用甲苯（苯）稀释，转移到 100 ml 容量瓶中，用甲苯稀释至标线摇匀。

b．标准溶液：40 μg/ml。

c．标准溶液：2 μg/ml。

5.2.2.2 氯化乙基汞甲苯标准溶液

a．标准储备液：1 000 μg/ml。称取 0.115 4 gEMC（2.2.2）（相当于 0.100 0 g 乙基汞），用 3～5 ml 无水乙醇（2.2.19）溶解，然后用甲苯稀释，转移至 100 ml 容量瓶中，再用甲苯稀释至标线摇匀。

b．标准溶液：40 μg/ml。

c．标准溶液：2 μg/ml。

5.2.2.3 甲基汞乙基汞基体加标标准溶液（0.002 ～0.2 μg/ml）

按照 5.2.2.1 和 5.2.2.2 的步骤，用少量甲醇（3～5 ml），少量无水乙醇（3～5 ml）分别溶解甲基汞，乙基汞，用 0.1 mol/L 盐酸（2.2.21）稀释，配制基体加标标准液（加标测回收率，色谱标准工作液），浓度低于 1 mg/L 的烷基汞溶液不稳定。1 mg/L 以下的基体加标标准溶液需要一周重新配制一次。所有烷基汞标准溶液必须避光，低温保存（冰箱内保存）。

5.2.2.4 标准溶液的使用

a．色谱测定使用的标准样品，进样后出单一峰，没有其他物质干扰。标准溶液（溶剂甲苯或苯配制）用于确定烷基汞的保留时间（RT），并考察仪器的线性范围。

b．每次分析样品时，都要用标准进行校准，一般每测定 10 个样品校准一次，当使用 0.02 mg/L 标准溶液，连续进样两次，两峰峰高（或峰面积）相对偏差≤4%，可认为仪器稳定。

c．在同一次分析中，标准样品进样体积要与被测样品进样体积相同，使用外标法定量时，标准样品的响应值应与被测样品的响应值接近。

d．实际分析工作中使用的标准样品的制备：取基体加标标准溶液（5.2.2.3）1.0 ml，加解析液（2.2.16）3 ml，加 1.0 ml 甲苯（苯），振荡萃取 1 min，离心分离。制备过程与试样预处理（4.2.1）步骤中，用甲苯（苯）萃取解析液一致，以减小系统误差。

5.3 校准数据的表示

试样中组分按式（1）校准：

$$X_i = E_i \times \frac{A_i}{A_E} \tag{1}$$

式中：X_i——试样中组分 i 的含量；

E_i——标准试样中组分 i 的含量；

A_i——试样中组分 i 的峰面积，cm^2；

A_E——标准试样中组分 i 的峰面积，cm^2。

5.4 试验

5.4.1 进样方式：使用 10 μl 微量进样器进样。

5.4.2 进样量：2～5 μl。

5.4.3 进样操作：溶剂冲洗进样技术（见附录 C）。

5.5 色谱图的考察

5.5.1 标准色谱图

填充剂：5%DEGS
柱长内径：1.8 m×2 mm
柱　　温：140℃
检测器温：280℃（220℃）
载气流速：60 ml/min

填充剂：2%OV-17
柱长内径：1 m×3 mm
柱　　温：180℃
检测器温：220℃
载气流速：60 ml/min

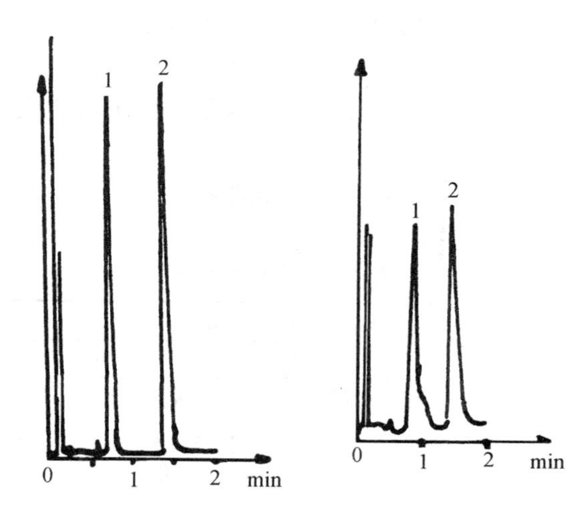

1—甲基汞；2—乙基汞

图 2　标准色谱图

5.5.2 定性分析

5.5.2.1 烷基汞的出峰顺序：1.甲基汞；2.乙基汞。

5.5.2.2 烷基汞保留时间窗：在 72 h 内进三次标准样品，三次保留时间的平均值及三倍的标准偏差，$t\pm3s$。

5.5.2.3 检验可能存在的干扰：采用双柱定性法。即用两支不同极性的色谱柱分析，可确定色谱峰中有无干扰（OV-17 作为证实柱）。

5.5.3 定量分析

5.5.3.1 色谱峰的测量

a．以峰的起点和拐点的连线作为峰底，从峰高最大值对时间轴作垂线，对应的时间即为保留时间（RT）。从峰顶到峰底间的线段为峰高。

b．积分仪自动求出 RT，给出峰面积。

5.5.3.2 计算

a．使用记录仪：

$$C=\frac{m \cdot h_1 \cdot V_1 \cdot K}{h_2 \cdot V_2 \cdot V_3} \quad (2)$$

式中：C——样品中甲（乙）基汞浓度，μg/L；

m——标准物重量，ng；

h_1——样品峰高，mm；

V_1——提取液体积，μl；

K——稀释因子；

h_2——标准物峰高，mm；

V_2——提取液进样体积，μl；

V_3——水样体积，ml。

b．积分仪数据处理（建议使用）。见附录 D。

6 结果的表示

6.1 定性结果

6.1.1 根据标准色谱图给出的保留时间确定甲基汞，乙基汞。

6.2 定量结果

6.2.1 含量的表示方法：按计算公式计算出组分的含量，结果以两位有效数字表示。

6.2.2 精密度和准确度见下表。

五家实验室分析测定统一样品，分析六次的统计结果。

表 1 精密度和准确度

烷基汞	加标浓度/（mg/L）	精密度				准确度
		重复性		再现性		
		标准偏差/（mg/L）	相对标准偏差/%	标准偏差/（mg/L）	相对标准偏差/%	地表水加标回收率/%
甲基汞	0.400	2.8×10^{-2}	7.6	3.4×10^{-2}	9.2	92.2
	0.005	5.3×10^{-4}	12.1	5.5×10^{-4}	12.5	87.5
乙基汞	0.400	2.2×10^{-2}	6.1	3.5×10^{-2}	9.7	86.5
	0.005	5.7×10^{-4}	13.9	7.1×10^{-4}	17.3	92.0

三种污水水样（城市污水、化工污水、电光源行业污水）的加标回收率加标范围：0.05～0.4 mg/L。回收率：甲基汞为 67.5%～104%；乙基汞为 69.6%～123.7%。

6.2.3 检测限

当气相色谱仪设在仪器的最大灵敏度时，以噪声的 3 倍作为仪器的检测限。

甲基汞：1.0×10^{-12} g；乙基汞：1.5×10^{-12} g。

本方法要求仪器的灵敏度不低于 10^{-12} g。按照载气（2.1）的标准，可达到本方法对仪器灵敏度的要求。

7 质量控制

建议采用，见附录 E。

附 录 A
巯基棉（S.C.F）的制备
（补充件）

A.1 Nishi 法

在一个玻璃烧杯中，依次加入 100 ml 硫代乙醇酸（2.2.8），60 ml 乙酸酐（2.2.6），40 ml 乙酸（2.2.7），0.3 ml 硫酸（2.2.5），充分混匀，冷却至室温后，加入 30 g 脱脂棉（2.2.9），浸泡完全，压紧，冷却至室温，降温后加盖，放在 37～40℃烘箱中 48～96 h。取出后放在耐酸漏斗上过滤，用无汞蒸馏水（2.2.14）洗至中性，置于 35～37℃烘箱中烘干。取出置于棕色干燥器中，避光保存。每批巯基棉的性能必须做回收率测定。回收率＞85%，才可使用。

A.2 S.C.F 回收率测定

取基体加标标准液（0.2μg/ml）1.0 ml，加入 1L 试剂水中，按 4.2.1 步骤处理，与基体加标标准液（0.2 μg/ml）1.0 ml 的甲苯（苯）萃取液比较，计算回收率。

附 录 B
二氯化汞柱处理液的使用
（补充件）

B.1 色谱柱处理液的使用

当色谱峰出现拖尾，烷基汞的保留时间值（RT）出现较大变化时，注入 10 μl 柱处理液（2.2.15），2 h 后可继续测定。或者完成一天测定后，注入 50～100 μl 柱处理液，保持柱温过夜。第二天柱液恢复正常。

附 录 C
溶剂冲洗进样技术
（补充件）

用清洁的样品溶剂冲洗进样器几次，把少量样品溶剂（1 μl）抽入进样器，再抽入 0.5 μl 空气，然后将进样器针头插入样品容器内，慢慢地抽入 2～4 μl 样品，使针头离开样品，将进样器柱塞慢慢提起，样品完全抽入针筒内，并抽入 0.5 μl 空气，此时可见两个液体柱两个空气柱：溶剂和样品，中间由空气柱隔开。样品量可由针筒刻度准确计量，针头内不含样品。快速进样。这种进样方式重复性好，可保证同一样品连续进样两针，响应值相对偏差≤4%。

附 录 D
积分仪的使用
（参考件）

D.1 积分仪的调正

按使用说明书的要求，设定适当的衰减和纸速。

D.2 色谱峰的测量

完成进样后，启动积分仪，积分仪自动求出色谱峰的 *RT* 值和相应的峰面积。

D.3 计算（外标法）

计算 *RF* 因子：每个浓度水平的化合物的响应值与注入质量的比值为 *RF* 值。当采用五个浓度水平的标准溶液测定的 *RF* 因子，其相对标准偏差＜20%时，用 *RF* 因子的平均值可以代替标准曲线。

$$RF = X/A \tag{D1}$$

式中：*X*——已知浓度的标准样品，ng/μl；

A——峰面积积分值。

定量计算公式：

$$X_i = \frac{1}{k} \times \frac{RF \times A_i}{m} \times 100 \tag{D2}$$

式中：X_i，A_i——同式（1）；

k——样品浓缩或稀释倍数；

m——样品的重量。

附　录　E
质　量　控　制
（参考件）

E.1 应用本方法的实验室都要执行质量控制计划。质量控制的目的是考察实验室的能力，然后通过加标样品分析考查实验室水平。要求实验室建立实验数据档案，保留反映分析工作水平的一切数据，定期检查现有工作水平是否在方法的准确度和精密度范围之内。

E.1.1 进行样品分析之前，分析人员必须证明有能力用本方法取得可接受的准确度和精密度。这种能力的评定见 E2。

E.1.2 实验室至少要对全部样品的 10%作加标分析，加标浓度应当超过样品背景浓度值的 2 倍，实验方为有效。使用本方法的基体加标溶液，配制所需要的加标浓度，以监测实验室的持续水平。操作步骤见 E.4。

E.2 用下述操作来检验分析人员是否具有能力，以达到方法要求的准确度和精密度。

E.2.1 测定统一的质量控制样品（QC），QC 样品的浓度应比选定的浓度大 1 000 倍。QC 样品是以 0.1 mol/L 盐酸为溶剂，含有一定量烷基汞的溶液，封装在棕色安瓿瓶中。

注：QC 样品可以从北京市环境监测中心得到。

E.2.2 打开 QC 样品安瓿瓶，用移液管向至少四个 1 000 ml 的试剂水中各加入 1.0 mlQC 样品，按 4.2 条的内容分析各份样品。

E.2.3 对分析结果计算平均回收率（*R*）和回收率的标准偏差（*S*）。

E.2.4 将 E.2.3 的计算结果与本方法的平均回收率（*X*）和标准偏差（*P*）相比较。如果 $S > 2P$ 或 $|X - R| > 2P$，应查找可能存在的问题并重新实验，直到达到方法要求。

E.2.5 根据实验室间验证的结果，确定了方法的（*X*）和（*P*）的指标，分析人员在熟悉了方法要求后，必须先满足这些指标，然后才能分析样品。

E.3 分析人员必须计算分析方法的性能指标，确定实验室对各加标浓度（高浓度、低浓度）和待测化合物的分析水平。

E.3.1 计算分析方法回收率的控制上限和控制下限：

控制上限（UCL）$= R + 3S$

控制下限（LCL）$= R - 3S$

式中 *R* 和 *S* 按 E.2.3 计算。UCL 和 LCL 用来绘制观察分析水平变化趋势图。

E.3.2 实验室必须建立该方法分析样品数据的档案，保留表示实验室在分析烷基汞方面准确度的记录。

E.4 要求实验室将部分样品重复分析以测定加标回收率，至少应对全部样品的 10%进行加标回收测定。至少每月作一次加标分析。加标样品要 E.1.2 的要求进行加标。在加标实验中，如果某一种烷基汞的回收率未落在方法控制限内，同一批处理的样品中烷基汞的数据就是可疑的。实验室应监测这种可疑数据的出现频率，以保证这一频率维持在 5%以下。

E.5 做实验方法全程序空白，以证明所有玻璃器皿和试剂的干扰都在控制之下，当更换实验全程序中使用的任何一种物品（试剂、巯基棉和玻璃器皿），必须做一次全程序空白实验。

E.6 建议实验室采取进一步的质量保证措施，对出现可疑数据的样品要反复做，并重新取样，来监测采样技术的精密度。当对一种烷基汞的定性有疑问时，可采用不同极性的色谱柱确证，或采用其他确证方法，比如 GC/MS。

分析人员测定质量控制样品（QC）可接受的范围：

表 E.1

	测试浓度/（μg/L）	*S*/（μg/L）	*X*	*P*/%
甲基汞	25	2.2	22.5～24.8	71.8～92.0
乙基汞	25	2.9	14.6～22.4	76.5～93.8

附加说明：

本标准由国家环境保护局科技标准司提出。

本标准由北京市环境保护监测中心负责起草。

本标准主要起草人李新纪。

本标准委托中国环境监测总站负责解释。

危险废物鉴别标准　浸出毒性鉴别

前　言

为了贯彻《中华人民共和国固体废物污染环境防治法》，加强对危险废物的管理，保护环境，保障人体健康，特制定本标准。

本标准是危险废物鉴别标准的第三部分。

本标准从 1995 年 8 月 1 日起实施。同时代替 GB 5085—85 中第 2 条第 2.1 款的浸出毒性鉴别的内容，并代替 GB 12502—90 中的内容。

自本标准实施之日起，《有色金属工业固体废物污染控制标准》（GB 5085—85）和《含氰废物污染控制标准》（GB 12502—90）作废。

本标准在以下内容有所改变：

鉴于本标准名称为危险废物鉴别标准，因此适用范围扩展到任何过程产生的危险废物，而不再局限于有色金属工业产生的固体废物。

本标准在项目上增加有机汞、总汞、钡及其化合物鉴别标准，并提高了镍及其化合物的标准值。

本标准中氰化物浸出毒性鉴别标准定为 1.0 mg/L，不再按 GB 1252—90 分级制定标准值。

本标准由国家环保局科技标准司提出。

本标准由国家环保局负责解释。

1 主题内容与适用范围

1.1 主题内容

本标准规定了鉴别危险废物的危险特性之一的浸出毒性标准值。

1.2 适用范围

本标准适用于任何生产过程及生活所产生的固态的危险废物的浸出毒性鉴别。

2 术语

2.1 危险废物

指具有腐蚀性、急性毒性、浸出毒性、反应性、传染性、放射性等一种及一种以上危害特性的废物。

2.2 浸出毒性

本标准所指浸出毒性是固态的危险废物遇水浸沥，其中有害的物质迁移转化，污染环境，浸出的有害物质的毒性称为浸出毒性。

3 引用标准

GB/T 15555.1～15555.11 固体废物浸出毒性测定方法。

4 浸出毒性鉴别值

浸出液中任何一种危害成分的浓度超过表 1 所列的浓度值，则该废物是具有浸出毒性的危险废物。

表1 浸出毒性鉴别标准值

序号	项目	浸出液最高允许浓度/（mg/L）
1	有机汞	不得检出
2	汞及其化合物（以总汞计）	0.05
3	铅（以总铅计）	3
4	镉（以总镉计）	0.3
5	总铬	10
6	六价铬	1.5
7	铜及其化合物（以总铜计）	50
8	锌及其化合物（以总锌计）	50
9	铍及其化合物（以总铍计）	0.1
10	钡及其化合物（以总钡计）	100
11	镍及其化合物（以总镍计）	10
12	砷及其化合物（以总砷计）	1.5
13	无机氟化物（不包括氟化钙）	50
14	氰化物（以 CN^-计）	1.0

5 测定方法

表2 测定方法

序号	项目	方法	来源
1	有机汞	气相色谱法	GB/T 14204
2	汞及其化合物（以总汞计）	冷原子吸收分光光度法	GB/T 15555.1
3	铅（以总铅计）	原子吸收分光光度法	GB/T 15555.2
4	镉（以总镉计）	原子吸收分光光度法	GB/T 15555.2
5	总铬	（1）二苯碳酰二肼分光光度法	GB/T 15555.5
		（2）直接吸入火焰原子吸收分光光度法	GB/T 15555.6
		（3）硫酸亚铁铵滴定法	GB/T 15555.8
6	六价铬	（1）二苯碳酰二肼分光光度法	GB/T 15555.4
		（2）硫酸亚铁铵滴定法	GB/T 15555.7
7	铜及其化合物（以总铜计）	原子吸收分光光度法	GB/T 15555.2
8	锌及其化合物（以总锌计）	原子吸收分光光度法	GB/T 15555.2
9	铍及其化合物（以总铍计）	铍试剂Ⅰ光度法**	
10	钡及其化合物（以总钡计）	电位滴定法*	GB/T 14671
11	镍及其化合物（以总镍计）	（1）直接吸入火焰原子吸收法	GB/T 15555.9
		（2）丁二酮分光光度法	GB/T 15555.10
12	砷及其化合物（以总砷计）	二乙基二硫代氨基甲酸银分光光度法	GB/T 15555.3
13	无机氟化物（不包括氟化钙）	离子选择性电极法	GB/T 15555.11
14	氰化物（以 CN^-计）	硝酸银滴定法*	GB 7486

* 暂时参照水质测定的国家标准，待有关固体废物的国家标准方法发布后执行相应国家标准。**暂时参考《矿石及有色金属分析手册》，第 146 页，北京矿冶研究总院分析室编，冶金工业出版社（1990）。待有关固体废物的国家标准方法发布后，执行相应国家标准。

6 标准实施

本标准由县以上地方人民政府环境保护行政主管部门负责监督实施。

中华人民共和国电子行业标准

SJ/T 11365—2006

电子信息产品中有毒有害物质的检测方法（节选）

1 范围

本标准规定了电子信息产品中含有的铅（Pb）、汞（Hg）、镉（Cd）、六价铬[Cr（Ⅵ）]、多溴联苯（PBB）和多溴二苯醚（PBDE）六种限用的有毒有害物质或元素的检测方法。

本标准适用于《管理办法》定义的电子信息产品。

3 术语和定义

本标准采用下列术语和定义。

3.23 冷蒸气原子吸收光谱法　cold vapour generation atomic absorption spectrometry CVAAS

将欲分析试样中的汞离子，还原成自由原子，通过测量该蒸气相中的基态原子对特征电磁辐射的吸收，以确定汞元素含量的方法。

5 用 X 射线荧光光谱仪对电子信息产品中有毒有害物质进行筛选的测试方法

5.1 范围

本章规定了用 X 射线荧光光谱仪对电子信息产品中含有的铅（Pb）、汞（Hg）、镉（Cd）、铬（Cr）以及溴（Br）的筛选测试方法。

本测试方法适用于电子信息产品按附录 A 机械制样后的各种部件和材料中铅（Pb）、汞（Hg）、镉（Cd）、铬（Cr）以及溴（Br）的测试。

5.2 方法概要

用适当方法制备好不同材料的样品放入 X 射线荧光仪样品室内，按所选定的测试模式对试样进行 X 射线分析。根据不同样品不同元素的筛选限值判断试样中铅（Pb）、汞（Hg）、镉（Cd）、铬（Cr）和溴（Br）的含量是否合格以及是否需要进行精确测试。

5.3 仪器设备

5.3.1X 射线荧光仪（波长散射－X 射线荧光仪 WD-XRF 或能量散射－X 射线荧光仪 ED-XRF）：主要由激发源、探测器、样品室以及数据分析系统组成。

5.3.2 附属设备：常用的附属设备有自动进样装置、试料切割机、研磨机、粉碎机、混匀机、压样机、熔融机等，需要时性能应满足使用要求。

5.3.3 参数选择：

元素	首选分析线	次分析线	有机样品分析线	金属类分析线
铅	Lβ	Lα	Lα	Lβ
镉	Kα	—	Kα	Kα
汞	Lα	—	Lα	Lα
铬	Kα	—	Kα	Kα
溴	Kα	Kβ	Kα	Kα

5.4 试剂

5.4.1 硼酸（HBO_3）：分析纯，105℃烘 1 h，置于干燥器内储存；

5.4.2 含铅（Pb）、汞（Hg）、镉（Cd）、铬（Cr）以及溴（Br）五种元素的相应标准样品。

5.4.3 方法中所用到的其他试剂和材料都必须不含待分析的铅、镉、汞、铬、溴等元素或化合物，制样过程中也不能受到这些元素或化合物的污染。

5.5 样品制备

5.5.1 块状匀质样品

对各种块、板或铸件等不定形试样，可用切割机、研磨机等加工成适合测试的一定尺寸的样品。样品的照射面应能代表样品整体。

5.5.2 膜状材料

用薄膜材料制备膜状样品时要特别注意薄膜厚度的一致性及组成的均匀性。测量时为使薄膜平整铺开，可加内衬材料作为支撑物，尽量选用背景低的内衬材料。

5.5.3 电子专用材料

对电子专用材料通常为非均匀材料，可用切割机将样品切割破碎，然后用研磨机将破碎后的样品研磨成粒径不超过 1 mm 的粉末状样品，混合均匀后用硼酸衬底压片制样，厚度不低于 1 mm。

5.5.4 液体样品

测试液体样品时要定量分取试液装入液杯。测试过程中要注意避免试液挥发、泄漏、产生气泡或沉淀等现象。也可取液体样品滴加到适当的载体（如滤纸）上干燥后测量。

5.5.5 样品污染防止

受到污染的样品将造成分析误差。X 射线荧光分析中要特别注意防止样品表面的污染，制样过程中应注意的污染有以下几个方面：

a）来自粉碎机、研磨机材质的污染；

b）在溶解、熔融过程中来自容器的污染；

c）实验室工作环境的污染；

d）试剂的污染；

e）用手触及试料表面时造成的污染；

f）内衬材料的污染；

g）粉末试料加压成型时造成的污染。

5.6 测试步骤

5.6.1 仪器的准备

按仪器厂家提供的说明书使用仪器，应该连续运转以保持最佳的稳定性。

5.6.2 绘制标准曲线

将含有铅（Pb）、汞（Hg）、镉（Cd）、铬（Cr）以及溴（Br）五种元素不同浓度的一组（不少于 3 个不同浓度）标准样品放入样品室，在仪器厂家推荐的时间内对该组标准样品测试，每个浓度的标准样品至少进行 4 次测试，然后计算结果的平均值，最后根据各元素的谱线强度和浓度绘制标准曲线。若配有计算机的分析仪，可自动绘制标准曲线。

5.6.3 校验

在每次分析试样前，应用含有铅（Pb）、汞（Hg）、镉（Cd）、铬（Cr）以及溴（Br）五种元素的标准试样校验标准曲线的有效性。

5.6.4 样品测试

将制备好的试样放入样品室内，按所选定的测试模式对试样进行 X 射线分析，每个试样应至少进行 2 次测试，然后计算结果的平均值。

5.6.5 结果分析

5.6.5.1 结果计算

将试样测得的各元素的谱线强度，按所选定的测试模式计算出试样中各元素的浓度。

5.6.5.2 元素的筛选

根据表 2 中不同样品不同元素的筛选限值，用 X 射线荧光分析对电子信息产品中有毒有害物质的筛选测试结果有三种情况：

合格（P）——如果所有元素的分析结果都低于设定的最低限，则结果为合格。

不合格（F）——如果所测元素中某个元素的测试结果高于设定的最高限值，则结果为不合格。

不确定（X）——如果所测元素的测试结果在设定的最低限值和最高限值之间，则结果为不确定，需要进行精确测试。

表 2　电子信息产品中不同样品不同元素的筛选限值

单位：质量分数（mg/kg）

元素	聚合物材料	金属材料	无机非金属材料	专用电子材料
镉	P≤70－3σ＜X＜130+3σ≤F	P≤70－3σ＜X＜130+3σ≤F	P≤70－3σ＜X＜130+3σ≤F	X＜150+3σ≤F
铅	P≤700－3σ＜X＜1 300+3σ≤F	P≤700－3σ＜X＜1 300+3σ≤F	P≤700－3σ＜X＜1 300+3σ≤F	P≤500－3σ＜X＜1 500+3σ≤F
汞	P≤700－3σ＜X＜1 300+3σ≤F	P≤700－3σ＜X＜1 300+3σ≤F	P≤700－3σ＜X＜1 300+3σ≤F	P≤500－3σ＜X＜1 500+3σ≤F
溴	P≤300－3σ＜X	—	—	P≤250－3σ＜X
铬	P≤700－3σ＜X	P≤700－3σ＜X	P≤700－3σ＜X	P≤500－3σ＜X

σ—测试结果的标准偏差。

5.6.6 适用性

尽管 X 射线荧光光谱仪是一种快速无损便宜的分析仪器，由于 XRF 存在一些局限性，使用时应当充分考虑到限制条件以及结果的适用性。需要特别注意的是对于铬和溴元素的检测结果若为 F，并不能证明样品中含有有害的“六价铬”和“多溴联苯和多溴二苯醚”，但相反，如果检测结果为 P，则可以说明不含有“六价铬”和“多溴联苯和多溴二苯醚”。对于含有异相材料的样品，如塑料表面的油漆样品，对于表面油漆样品的 X 射线荧光分析，既要考虑到膜厚对灵敏度的影响，也要考虑到 X 射线可能会击穿薄层样品到达基材，造成对结果的偏差。此外，还需考虑设备对最小检测面积的要求以及被测样品表面的平整度可能带来的干扰；来自样品基体背景的干扰也不能忽视。

5.6.7 测试结果报告

取两次测试结果的算术平均值报告结果，单位为质量分数（mg/kg）。

7 电子信息产品中铅（Pb）、镉（Cd）以及汞（Hg）的测试方法

7.2 电子信息产品中汞（Hg）的测试方法

7.2.1 范围

本方法适用于在电子信息产品中所使用的聚合物材料、金属材料、电子专用材料以及无机非金属材料中汞含量测试。

7.2.2 方法摘要

称取适量样品，以微波消解、酸消解的方法处理后制成均匀样品溶液。样品溶液应在 4℃保存以减少汞的挥发。为了长期贮存汞溶液，建议采用 5.0%硝酸+0.05%重铬酸钾的介质。

利用冷原子吸收法（CVAAS）、原子荧光法（AFS）、电感耦合等离子体原子发射光谱法（ICP-AES）、电感耦合等离子体质谱法（ICP-MS）或原子吸收光谱法（AAS）测试样品溶液中的汞浓度。采用 CVAAS 与 AFS 时，在分析之前汞（Hg）被还原成原子状态。

7.2.3 仪器设备

a）冷蒸气原子吸收光谱仪（CVAAS）；

b）电感耦合等离子体原子发射光谱仪（ICP-AES/OES）；

c）电感耦合等离子体质谱仪（ICP-MS）；

d）原子荧光光谱仪（AFS）

e）加热回流装置：配有反应瓶、回流冷凝装置和吸收装置；

f）实验室用各种玻璃器皿；

g）耐氢氟酸的容器；

h）加热装置；

i）微波消解系统，配有高压消解罐；

j）电子分析天平，精确到 0.1 mg。

注意：因汞极易被污染，实验中的每一个步骤都应极其小心。所有的取样、储存与操作装置均应无汞（Hg）。所有的器皿在室温下以 50%的硝酸浸泡 24 h，再以 18MΩ去离子水彻底清洗。

7.2.4 试剂

除非另有说明，在分析中仅使用认可的优级纯以上试剂和 18MΩ去离子水或相当纯度的去离子水。

a）硝酸：ρ约 1.40 g/ml，65%；

b）盐酸：ρ约 1.19 g/ml，37%；

c）过氧化氢：ρ约 1.10 g/ml，30%；

d）氢氟酸：浓度大于 40%；

e）硫酸：ρ约 1.84 g/ml，95%；

f）硼酸，分析纯；

g）汞标准溶液，浓度为 1 000 μg/ml；

h）氯化钠－盐酸羟胺溶液：每 100 ml 水溶解 12 g 氯化钠及 12 g 盐酸羟胺；

i）高锰酸钾：5%水溶液，每 100 ml 水溶解 5 g 高锰酸钾；

j）氢氧化钠，分析纯；

k）硼氢化钠；

l）1%硼氢化钠－氢氧化钠 0.05%溶液：向 1 000 ml 的容量瓶中加入超纯水，至接近刻度。再加 0.5 g 氢氧化钠，溶解后，加 10.0 g 硼氢化钠，搅拌、溶解，以水定容至刻度，现配现用；

m）BCR－680，BCR－681：塑料包装和包装材料中的认证参照材料。

7.2.5 样品制备

7.2.5.1 样品的粉碎

按附录 A 将电子信息产品拆解成为各种材料样品，用剪刀或切割机（或其他方式）将样品制成小于 10 mm×10 mm×10 mm 小块。对金属材料和无机非金属材料可直接进行下一步工作，而对聚合物材料和电子专用材料，需继续粉碎成粒径小于 1 mm 的颗粒状或粉末状固体样品，然后混合均匀以备下一步工作。

7.2.5.2 金属材料样品的制备

7.2.5.2.1 酸消解法

a）样品制备的一般方法

称取约 1 g 样品于洁净反应瓶中，精确至 0.000 1 g，加 30 ml 硝酸。反应瓶装有回流冷凝装置及含有 10 ml0.5 mol/L 硝酸溶液的吸收装置。在室温下消解 1 h，升温至 90℃，恒温消解 2 h。冷却至室温，将吸收管内的溶液合并于消解液中。转移至 250 ml 容量瓶，以 5%的硝酸溶液定容至刻度制备成样品溶液。

b）含有锆（Zr）、铪（Hf）、钛（Ti）、铜（Cu）、银（Ag）、钽（Ta）、铌（Nb）或钨（W）的材料的溶解

称取约 1 g 样品于洁净反应瓶中，加入 20 ml 浓盐酸和 10 ml 浓硝酸。反应瓶装有回流冷凝装置及含有 10 ml0.5 mol/L 硝酸溶液的吸收装置。在室温下消解 1 h。升温至（95±5）℃，消解 15 min。取下，冷却。

若试样未被完全消解，反复加王水并加热，直至试样消解完全。每次加酸时，都应沿器壁加入，以将粘在壁上的试样重新冲洗至溶液中。

待试样完全消解后，向反应瓶中加入 20 ml 水与 15 ml 高锰酸钾溶液。充分混匀，并在（95±5）℃加热回流 30 min。冷却到室温，过滤，转移至 100 ml 容量瓶中。用水反复清洗反应瓶、冷凝器与吸收装置。将清洗液并入容量瓶中。可加入 6 ml 氯化钠－盐酸羟胺溶液还原多余的高锰酸钾。用水稀释至刻度，混匀制备成样品溶液。

7.2.5.2.2 微波消解法

称取 0.10 g 样品，精确至 0.000 1 g，置于消解罐中，加入 5 ml 适宜比例的盐酸与硝酸的混合酸（盐酸与硝酸比例通常为 3+1，可根据基体成分进行适当调整）。当样品中含硅（Si），锆（Zr），铪（Hf），钛（Ti），钽（Ta），铌（Nb），钨（W）时（该信息可从第 5 章的筛选试验中获得），再加 1 ml 浓氢氟酸。

待试样反应一段时间后，将整个消解罐置于微波消解仪中，按照仪器操作方法对试样进行微波消解，直至试样被完全溶解。将消解罐取出，冷却至室温，加入适量的硼酸络合过量的氢氟酸（若采用耐氢氟酸的雾化器，可不加硼酸）。转移至 50 ml 的容量瓶中，用水定容至刻度以备分析。根据所采用的分析方法，稀释成相应的浓度制备成样品溶液。

7.2.5.3 无机非金属样品的制备

通常无机非金属样品中含有硅等非金属元素，在样品制备过程中需加入强腐蚀性的氢氟酸，因此要求采用耐氢氟酸器皿。

称取 0.10 g 样品，精确至 0.000 1 g，置于消解罐中。加入 3 ml 适宜比例的盐酸与硝酸的混合酸（盐酸与硝酸比例通常为 3+1，可根据基体成分进行适当调整）、3 ml 浓氢氟酸。待试样反应一段时间后，将整个消解罐放入微波消解仪中，按照仪器操作方法对试样进行微波消解，直至试样被完全溶解。将消解罐取出，冷却至室温，加入适量的硼酸络合过量的氢氟酸（若采用耐氢氟酸的雾化器，可不加硼酸）。转移至 50 ml 的容量瓶中，用水定容至刻度以备分析。根据所采用的分析方法，稀释成相应的浓度制备成样品溶液。

7.2.5.4 聚合材料样品的制备

称取 0.10 g 经粉碎后的样品，精确至 0.000 1 g，置于消解罐中，加入 5 ml 硝酸、1 ml 过氧化氢。当样品中含硅（Si），锆（Zr），铪（Hf），钛（Ti），钽（Ta），铌（Nb），钨（W）时（该信息可从第 5 章的筛选试验中获得），再加入 1 ml 氢氟酸。将整个消解罐置于微波消解仪中，按照仪器操作方法对试样进行微波消解，直至试样被完全溶解。将消解罐取出，冷却至室温，加入适量的硼酸络合过量的氢氟酸（若采用耐氢氟酸的雾化器，可不加硼酸）。转移至 50 ml 的容量瓶中，用水定容至刻度以备分析。根据所采用的分析方法，稀释成相应的浓度制备成样品溶液。

注意：过氧化氢可与易氧化材料发生快速而猛烈的反应。当样品中可能含有大量易氧化有机成分时，不宜添加过氧化氢。

7.2.5.5 电子专用材料样品的制备

称取 0.10 g 经粉碎后的样品，精确到 0.000 1 g，置于消解罐中，加入 5 ml 适宜比例的盐酸与硝酸的混合酸（盐酸与硝酸比例通常为 3+1，可根据基体成分进行适当调整）。当样品中含硅（Si），锆（Zr），铪（Hf），钛（Ti），钽（Ta），铌（Nb），钨（W）时（该信息可从第 5 章的筛选试验中获得），再加入 1 ml 氢氟酸。待试样反应一段时间后，将整个消解罐置于微波消解仪中，按照仪器操作方法对试样进行微波消解，直至试样被完全溶解。将消解罐取出，冷却至室温，加入适量的硼酸络合过量的氢氟酸（若采用耐氢氟酸的雾化器，可不加硼酸）。转移至 50 ml 的容量瓶中，用水定容至刻度以备分析。根据所采用的分析方法，稀释成相应的浓度制备成样品溶液。

7.2.6 测试步骤

7.2.6.1 空白溶液的制备

随同 7.2.5 中样品的制备一起全程制备空白溶液。

7.2.6.2 汞标准溶液的配制

汞标准溶液应贮存于惰性塑料容器中。浓度为 1000 μg/ml 的汞溶液稳定期至多为一年。浓度小于 1 μg/L 的溶液应现用现配。

汞易被吸附在容器内壁，从而对标准溶液的稳定性造成较大影响。因此，建议加入几滴 5%的高锰酸钾溶液以稳定该标准溶液。

因各种分析仪器存在不同程度的基体效应问题，在配制校准溶液时应根据待测材料的种类分别采用外标法（基体匹配）、内标法或标准加入法配制校准溶液。

制备空白校准溶液与至少三种浓度的校准溶液。

当采用内标法时，可在配制时向溶液中加入内标元素，或在测试过程中采用仪器在线加入内标。对于 ICP-AES 法，可选取钪（Sc）或钇（Y）元素作内标；对于 ICP-MS 法，可选取铑元素（Rh）作内标。内标元素的浓度与待测元素的浓度相当。

7.2.6.3 汞校准曲线的绘制

a）ICP-AES/OES 方法

按浓度由低到高的顺序测量校准系列溶液中汞的光谱发射强度读数。根据需要测试内标元素的发射强度读数。

采用外标法时，以校准溶液的浓度为横坐标，以信号强度为纵坐标绘制校准曲线。

采用内标法时，以校准溶液的浓度为横坐标，以汞的信号强度与内标元素的信号强度比为纵坐标绘制校准曲线。

分析时所选择的汞的谱线：194.227 nm。

b）ICP-MS 方法

按浓度由低到高的顺序测量校准系列溶液中汞同位素的计数。根据需要测试内标元素同位素的计数。

采用外标法时，以校准溶液的浓度为横坐标，以信号强度为纵坐标绘制校准曲线。

采用内标法时，以校准溶液的浓度为横坐标，以汞的信号强度与内标元素的信号强度比为纵坐标绘制校准曲线。

内标法或标准加入法分析时所选择汞的同位素：202 m/z。

c）CVAAS 方法

按浓度由低到高的顺序测量校准系列溶液中汞的吸收强度读数。以校准溶液的浓度为横坐标，以汞的吸收强度为纵坐标绘制校准曲线。

吸光度读数范围：为了减少光度测量的误差，吸光度读数一般选在 0.1～0.6 之间，必要时可调节溶液的浓度或光程长度或扩展量程。

仪器参数：

光源：Hg 无极放电灯或空心阴极灯；

波长：253.7nm；

光谱狭缝宽度：0.7nm；

吹扫气：氮气或者氩气；

还原剂：1%硼氢化钠－氢氧化钠 0.05%溶液（可根据需要适当调节浓度）。

d）AFS 方法

按浓度由低到高的顺序测量校准系列溶液中汞的荧光强度读数。以校准溶液的浓度为横坐标，以荧光强度为纵坐标绘制校准曲线。

荧光强度读数范围：为了减少测量的误差，荧光强度读数应落于仪器的线性范围内，必要时可调节溶液的浓度。

仪器参数：

光源：Hg 空心阴极灯；

电流：30 mA；

波长：253.7nm；

负高压：360V；

炉温：800℃；

氩气流量　载气：600 ml/min，屏蔽气：1000 ml/min；

还原剂：1%硼氢化钠－氢氧化钠 0.05%溶液（可根据需要适当调节浓度）。

7.2.6.4 样品分析

校准曲线建立后，测试空白溶液、样品溶液。依据每个试样的信号读数，由校准曲线查得所对应的浓度。每个样品应平行分析两次，且两次结果的相对标准偏差不应该高于 20%。同时在每一批样品中至少取一个样品进行加标回收率的试验，回收率应该在 70%～130%之间。

对于 CVAAS 法与 AFS 法而言，若样品溶液的浓度高于校准溶液的最高点，应将样品进一步稀释，使其浓度落于校准溶液的浓度范围内。

当采用 CVAAS 法与 AFS 法时，应考虑到基体成分对氧化-还原反应的影响。

AFS 法将标准物质或校准溶液作为质控样品，每 10 个样品测试一次，计算测量的准确度。如若需要，应重新绘制校准曲线。

7.2.6.5 结果计算

被测元素含量以质量分数 W_M 计，数值以%表示，按下式计算：

$$W_M = \frac{(C_1 - C_2) \times V \times d \times 10^{-6}}{m} \times 100 \quad (3)$$

式中：C_1——在校准曲线上查得试液中被测元素浓度的数值，单位为微克每毫升（μg/ml）；

C_2——在校准曲线上查得试剂空白液中被测元素浓度的数值，单位为微克每毫升（μg/ml）；

V——试液的体积，单位为毫升（ml）；

d——样品溶液的稀释倍数；

m——试样量，单位为克（g）。

取两次测试结果的算术平均值，报告结果，以质量分数（mg/kg）表示。

7.2.6.6 汞污染防止

在使用各种方法或者器皿时须十分小心，从而将污染降至最低。以下预处理可在一定程度上避免样品的污染：

a）仅采用蒸馏水或者去离子水。与水接触的惰性塑料材料须小心处理。纯水即使贮存于聚四氟乙烯容器（PTFE）中，也会在很短时间内从容器中浸出杂质；

b）制备样品用的化学试剂是污染的主要来源，应使用不含汞的试剂；

c）样品制备所需的化学试剂与还原剂在使用前，均需测量其空白值；

d）烧杯、滴管及容量瓶是金属污染的主要来源，处理样品时建议使用惰性塑料；

e）采用 ICP-AES/OES、ICP-MS、AFS 法时，当汞的浓度很高时，易产生记忆效应。因此在测试汞浓度较高的溶液时应尽量采用选择记忆效应小的进样系统，或将溶液稀释。测量后应彻底清洗进样系统。

7.2.6.7 精密度

在重复性条件下获得的两次独立测试结果的绝对差值不得超过算术平均值的 20%。

附　录　A
（规范性附录）
有毒有害物质检测过程中的机械制样方法（节选）

A.1 电子信息产品的结构

A.1.3 有毒有害物质存在的高风险区域和形态

A.1.3.3 汞：塑料添加剂、着色剂、荧光灯、温控器、传感器、继电器、金属蚀刻剂、电池、防腐剂、消毒剂、粘结剂等。

参考文献

[1] GB/T 16597—1996 冶金产品分析方法　X 射线荧光光谱法通则

[2] GB/T 15337—1994 原子吸收光谱方法通则

[3] GB/T 3260.9—82 锡化学分析方法-原子吸收分光光度法测定铅、铜、锌

[4] GB/T 5121.3—85 铜化学分析方法-原子吸收分光光度法测定铅量

[5] GB/T 8647.6—88 镍化学分析方法-火焰原子吸收分光光度法测定镉、钴、铜、锰、铅、锌量

[6] GB/T 15555.1—1995 固体废物　总汞的测定　冷原子吸收分光光度法

[7] GB/T 15555.1—1995 固体废物　总汞的测定　冷原子吸收分光光度法

[8] GB/T 7467—1987 水质　六价铬的测定　二苯碳酰二肼分光光度法

[9] GB/T 9758.5—1988 色漆和清漆“可溶性”金属含量的测定　第五部分：液体色漆的颜料部分或粉末状色漆中六价铬含量的测定　二苯碳酰二肼分光光度法

[10] GB/T 15555.4—1995 固体废物　六价铬的测定　二苯碳酰二肼分光光度法

[11] ISO17294—1 电感耦合等离子体质谱法测定环境水中的多元素-原理与通则

[12] ISO3613：2000（E），“锌、镉、铝锌合金以及锌铝合金上铬酸盐涂层——测试方法”

[13] IEC111/54/CDV 电子电器产品中六种限用物质铅、汞、镉、六价铬、多溴联苯和多溴二苯醚的检测方法

[14] EPA3540 用索氏提取法提取土壤、污泥和废物中的非挥发性和半挥发性有机物

[15] EPA3050 沉积物、污泥和土壤的酸消解制样方法

[16] EPA3052 沉积物、污泥、土壤以及有机质的微波消解制样方法

[17] EPA7000Pb、Cd、Cr 及 Hg 的系列测试方法

[18] EPA3050 沉积物、污泥和土壤的酸消解制样方法

[19] EPA3052 沉积物、污泥、土壤以及有机质的微波消解制样方法

[20] EPA7471A 固体及半固体中的汞（Hg）（冷蒸气 CV 技术手册）

[21] EPA7470A 废液中的汞（Hg）（冷蒸气 CV 技术手册）

[22] EPA7474 子荧光法测定沉淀物及组织样品中的汞（Hg）
[23] EPA3060A“六价铬的碱性消解”，1996.12
[24] EPA7196A“铬，六价的（比色）”，1992.7
[25] EPA3060A“六价铬的碱性消解”，1996.12
[26] EPA7196A“铬，六价的（比色）”，1992.7
[27] ASTMD3421 样品提取方法和测定聚氯乙烯塑料中混合增塑剂

中华人民共和国国家标准
GB/T 23113—2008

荧光灯含汞量的测定方法

1 范围

本标准规定了定量分析荧光灯中含汞量的测定程序。

本标准适用于所有荧光灯。

2 规范性引用文件

下列文件中的条款通过本标准的引用而成为本标准的条款。凡是注日期的引用文件，其随后所有的修改单（不包括勘误的内容）或修订版均不适用于本标准，然而，鼓励根据本标准达成协议的各方研究是否可使用这些文件的最新版本。凡是不注日期的引用文件，其最新版本适用于本标准。

GB/T 6682 分析实验室用水规格和试验方法（GB/T 6682—2008，ISO 3696：1987，MOD）

GB 18597 危险废物贮存污染控制标准

GB 8978 污水综合排放标准

3 术语和定义

本标准采用下述定义。

3.1 汞 mercury

汞是银白色易流动的金属，最大特点是在室温下成很重的液体，凝固点-38.87℃，沸点358.58℃，相对密度13.593 9。化学符号Hg，原子序数80，原子量200.59，属周期系ⅡB族。

3.2 汞齐 amalgam

汞齐是汞与一种或几种其他金属所形成的合金，汞有一种独特的性质，它可以溶解于多种金属（如金、银、钾、钠、锌等），溶解以后便组成了汞和这些金属的合金。

3.3 原子吸收光谱法 atomic absorption spectrometry，AAS

原子吸收光谱法，又名原子吸收分光光度法，它是基于从光源辐射出具有待测元素特征谱线的光，通过试样蒸气时被蒸气中待测元素基态原子所吸收，由辐射特征谱线光被减弱的程度来测定试样中待测元素含量的方法。

3.4 冷蒸气原子吸收光谱法 cold vapour atomic absorption spectrometry，CV-AAS

将欲分析试样中的汞离子还原成自由原子，通过测量该蒸气相中的基态原子对特征电磁辐射的吸收，以确定汞元素含量的方法。

3.5 电感耦合等离子体原子发射光谱法 inductively coupled plasma atomic emission spectrometry，ICP-AES/OES

利用高频等离子体使试样原子化或者离子化，通过测量激发原子或离子的能量对应的波长来确定试样中存在的元素。

4 测量的表达方式和分析过程的注意事项

4.1 按照次标准测量的汞含量应包含两位有效数字。

4.2 测量应重复进行三次或更多，并计算出平均值。

4.3 在处理样品前应作空白测试，以确定空白值不会影响样品的测量值。

5 样品准备

荧光灯中的汞存在以下三种状态：

——灯中的气态

——液态金属或氧化物

——汞齐

虽然最近部分荧光灯中充的是汞齐以精确控制灯中的汞，但是依然有很多荧光灯充的是金属态汞。

在测量荧光灯中的汞的总量时，考虑到在室温下汞的蒸气压，不需要考虑灯中的气态汞，因为此时气态汞的量是很少的。

测量汞的总量，即测量金属态汞、氧化态汞和汞齐的量。

金属态汞和氧化态汞能够很容易地被硝酸消解，然而一些种类的汞齐（如：Ti/Hg，Bi/Pb/Sn/Hg等）不能被硝酸完全消解掉，因而需要混合别的酸。

本方法包含了消解金属态汞和氧化态汞的方法（6.1），也包含了消解一些汞齐的方法（6.2）。

计算全部的汞含量要将金属态汞、氧化态汞和汞齐的测量值加起来。

6 汞及汞齐的消解

6.1 荧光灯中金属态汞和氧化态汞的消解方法

6.1.1 器具

1）注射器；

2）烧杯，容量瓶，吸液管；

3）滤纸，过滤漏斗；

4）锉刀，剪刀，锤子，钳子，橡胶管，用来加热的Ni/Cr丝和电源，用于玻璃器皿和玻璃棒的炉子；

5）电热板或其他加热装置。

6.1.2 试剂

除非另有说明，在分析中仅使用分析纯以上试剂（且汞含量不能超过1ngHg/ml）和GB/T 6682规定的一级水。

1）硝酸：ρ=1.4 g/ml，65%（*m/m*），以后使用到的硝酸都是该硝酸；

2）硝酸（1+1）：硝酸与水等体积混合；

3）高锰酸钾：5%水溶液（*m/V*），每100 ml水溶解5 g高锰酸钾。

6.1.3 取样方法

不含汞齐的荧光灯按照方法6.1.3.1或6.1.3.2处理。

含有汞齐的荧光灯按照方法6.1.3.2处理。

6.1.3.1 在灯管中注入硝酸消解汞

1）去掉灯头（仅一端的灯头），打破排气管细管封离部。

2）将合适量的硝酸（1+1）注入灯管（例如：30 ml每40W灯）。[1)]

3）润洗荧光灯的内壁，直至没有荧光粉再掉下来。一旦溶液溢出，则终止操作，换另一支灯重

1）如果灯管内壁不能充分地冲洗干净，将对测试结果造成负误差。

新开始。密封排气管细管，用电热板或其他方式加热灯管中的溶液至 80～100℃保持 40 min。此时荧光灯中的汞将被完全消解。

4）在灯管一端靠近电极处切断灯管，将溶液倒入烧杯。

5）将 20 ml 硝酸（1+1）注入灯中，然后倒入前一烧杯中；之后，用大约 20 ml 水清洗灯管内壁。水也应该加入前面的溶液中。

6）在灯管另一端靠近电极处切断灯管。充分冲洗灯管内壁。[2)]

7）将两电极间的灯丝和内导线去掉。用 5 ml 硝酸（1+1）和少量的水冲洗两电极部分，洗液并入前面的烧杯中。

8）溶液经滤纸过滤后，移入容量瓶中。用水充分地冲洗滤纸，向容量瓶中加入 1～2 滴高锰酸钾溶液使溶液呈现浅紫红色，并加水使液面达到标记线，即为测试溶液。[3)]

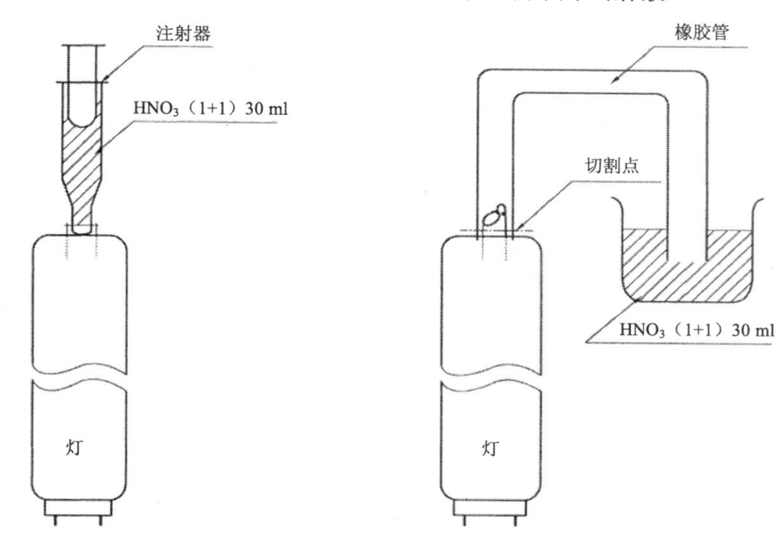

图 1 用注射器注入硝酸 **图 2 吸入方式注入硝酸**

6.1.3.2 打碎灯管在烧杯中消解汞

1）用刀去掉灯头和焊泥。

2）用锉刀在靠近灯头部位划出锉痕。

3）用红热的玻璃棒或 Ni/Cr 丝接触这划痕，使出现裂纹，使灯管漏气至大气压压力。

4）从灯管中取出汞齐，按照 6.2 的方法进行消解。

5）用水润湿灯管内部的所有地方，以防打碎灯管时溅出汞和荧光粉。将这些水收集到烧杯里。

6）把灯管弄碎，可以在厚的塑料袋里用橡皮锤从外部敲碎，也可以在烧杯里用钳子夹碎（为了防止弄破塑料袋，使用钳子可以让碎片更小而不用反复地用锤子敲）。

7）把灯管的碎片移入烧杯，并用水刷洗塑料袋内部。

8）烧杯中加入约 30 ml（1+1）浓度的硝酸。用吸液管冲洗灯管碎片，直到再没有荧光粉从碎片上掉下。在电热板上（或其他加热装置）加热烧杯，保持温度在 80℃至少 1 h。

9）等样品溶液冷却到室温后，用滤纸过滤，移入容量瓶中。用水淋洗滤纸各处，向容量瓶中滴加 1～2 滴高锰酸钾使溶液呈浅紫红色，并加水至标记线处，成为测试溶液。[4)]

2）这个样品溶液能够低温（如：在冰箱中）储存一周，然而，稀释后的测试溶液应该当天进行测试。

3）这个样品溶液可以存放一周，但是稀释后的测试溶液应该当天进行测试。

4）这个样品溶液可以存放一周，但是稀释后的测试溶液应该当天进行测试。

稀释的量取决于灯的形状，因为使用汞齐的灯管里的汞浓度是很低的，稀释的量应该尽可能地小。

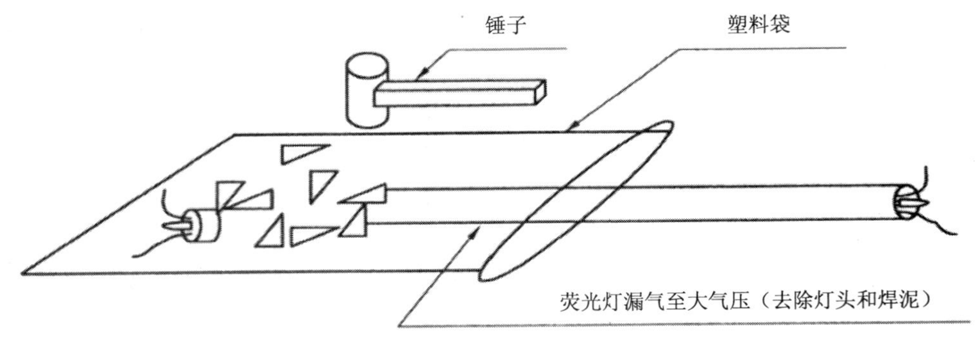

图 3　破碎灯的方法示意图

6.2 汞齐的消解

6.2.1 钛汞齐

图 4 为荧光灯中钛汞齐的示例图。

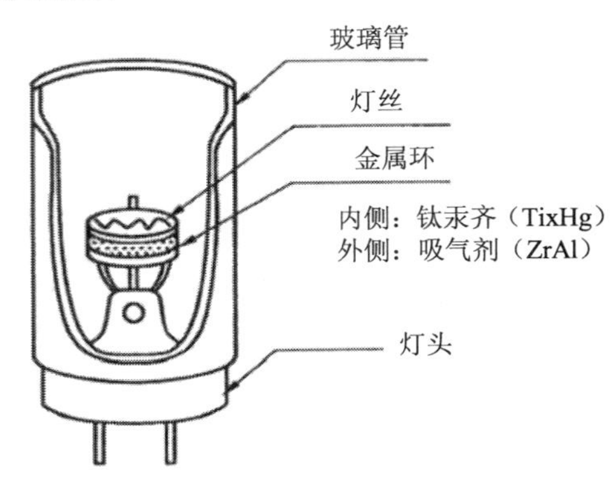

图 4　装在荧光灯电极部分的钛汞齐示意图

6.2.1.1 玻璃器具

1）圆底烧瓶，烧杯；

2）回流冷凝器。

6.2.1.2 试剂

除非另有说明，在分析中仅使用分析纯以上试剂（且汞含量不能超过 1ngHg/ml）和 GB/T 6682 规定的一级水。

1）硫酸：ρ=1.84 g/ml，95%（m/m），下文提到的硫酸均指这样的硫酸；

2）硫酸（1+1）：等体积的硫酸与水混合；

3）硝酸（1+1）：等体积的硝酸与水混合。

6.2.1.3 钛汞齐的分解

从灯里取出汞齐和金属环（6.1.3.2），放在圆底烧杯中，连接上回流冷凝装置，并通冷却水。然后加入 10 ml 硫酸（1+1）并温和加热大约 30 min。再加入 5 ml 硝酸（1+1）并加热，直到白雾都已放出。再加入 5 ml 硝酸（1+1）并加热，直到一些形成的盐完全溶解并冷却。

6.2.2 汞齐球和汞齐网

图 5 为荧光灯中装配的汞齐球和汞齐网的示意图。

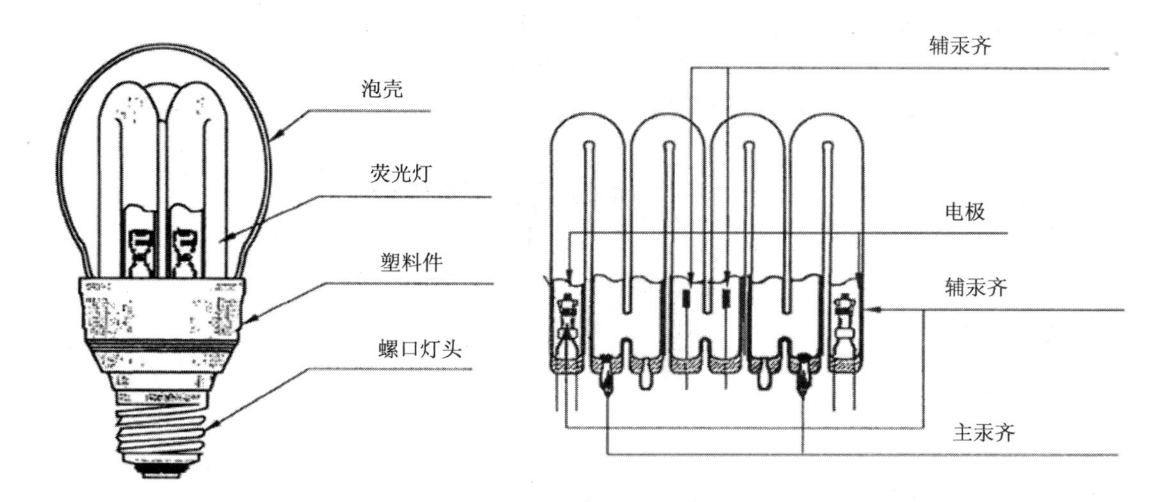

图 5 荧光灯中装配的汞齐球和汞齐网

6.2.2.1 玻璃器具

1）烧杯；

2）表面皿。

6.2.2.2 试剂

除非另有说明，在分析中仅使用分析纯以上试剂和 GB/T 6682 规定的一级水。

1）盐酸：ρ=1.16 g/ml，37%（*m*/*m*）；

2）王水：浓硝酸混合三倍体积的浓盐酸。

6.2.2.3 汞齐球的分解

1）从塑料件中小心地取出荧光灯；

2）让荧光灯缓慢漏气。从荧光灯中取出汞齐球和汞齐网；

3）把它们放在烧杯中，加入 10 ml 王水；

4）加热至 80℃保持 90 min；

5）当样品溶液冷却至室温后，用滤纸过滤溶液，并移入容量瓶中。用水淋洗滤纸各处，最后向容量瓶中加入 1～2 滴高锰酸钾，并加水至标记线，成为测试溶液。

注意：当溶液中含有铋（Bi）时，随着酸度的降低，铋可能析出沉淀。加王水使酸浓度超过 10 *V*/*V*%，避免盐的沉积。

7 测试

使用冷蒸气原子吸收光谱法（AAS）或者电感耦合等离子体原子发射光谱法（ICP-AES/OES）。

7.1 冷蒸气原子吸收光谱法

7.1.1 简述

使用硼氢化钠或氯化亚锡（Ⅱ）作为还原剂，生成原子态的汞，并被送到吸收池中。检测紫外区 253.7nm 谱线的吸光度来测量包含汞和荧光粉的测试溶液中的汞浓度。用高锰酸钾进行前处理的步骤可以省略，因为灯中不含有机化合物。

7.1.2 仪器和玻璃器具

1）容量瓶，吸液管；

2）原子吸收光谱仪：AAS：该仪器能在给定范围内给出原子吸收的信号和精确度；

3）氩气：高纯氩气，纯度至少为 99.99%（*v*/*v*）。

注意：因汞极易被污染，试验中的每一个步骤都应极其小心，所有取样、储存与操作装置均应无汞（Hg）。所有的器皿在室温下以 1 mol/L 的硝酸浸泡 24 h，再以一级水彻底清洗。

下面给出了原子吸收光谱仪系统示意图：

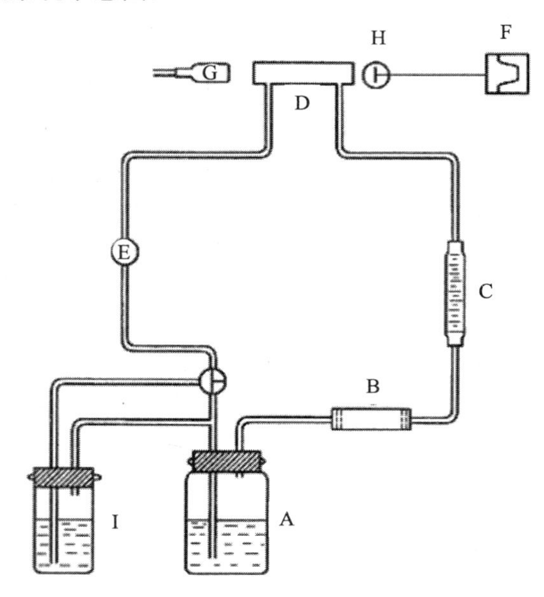

A—还原的容器；B—干燥管；C—流量计；D—吸收池；
E—空气泵；F—记录仪；G—汞空心阴极灯或汞灯；
H—原子吸收光谱仪的探测器；I—汞消除装置

图 6　封闭式装置结构示意图

7.1.3 试剂

除非另有说明，在分析中仅使用分析纯以上试剂（且汞含量不能超过 1ngHg/ml）和 GB/T 6682 规定的一级水。

1）硫酸（1+1）：等体积的硫酸与水混合。

2）硫酸（1+20）：1 体积硫酸与 20 体积水混合。

3）AAS 用还原剂：

3%（*m*/*V*）NaBH 和 1%（*m*/*V*）NaOH：先用水溶解 10.0 gNaOH（分析纯），再加入 30.0 gNaBH，最后在 1000 ml 容量瓶中定容。当天配制。

或 10%（*m*/*V*）SnCl：取 10 g 干燥氯化亚锡（分析纯）于烧杯中，加入 60 ml 硫酸（1+20），加热并搅拌使之溶解。冷却后，在容量瓶中加水定容至 100 ml。该溶液可存放一周。

4）汞标准溶液：1 000 μg/ml。用于校准曲线的汞标准溶液应该在测试的当天稀释。

7.1.4 操作

1）取一定量的样品于还原容器中；[5]

2）加入硫酸（1+1）和水，得到合适的体积；[6]

3）快速加入硼氢化钠或氯化亚锡溶液，并把容器放入仪器中；

4）启动空气泵，得到最合适的流速，并读出 253.7nm 波长处的值；

5）找到校准曲线上对应的汞量，计算出总的汞浓度。

7.1.5 校准曲线

5 取用 1 ml 或更多的样品溶液，以避免误差过大。
6 该溶液应尽快测量，以避免汞浓度的测得值低于实际值。

汞浓度各不相同的三个或更多溶液被用来制定校准曲线。以读取值与浓度值之间的相对校准曲线作为校准线。通过这个校准图，就能得到对应于读取数的测试溶液中的汞浓度。

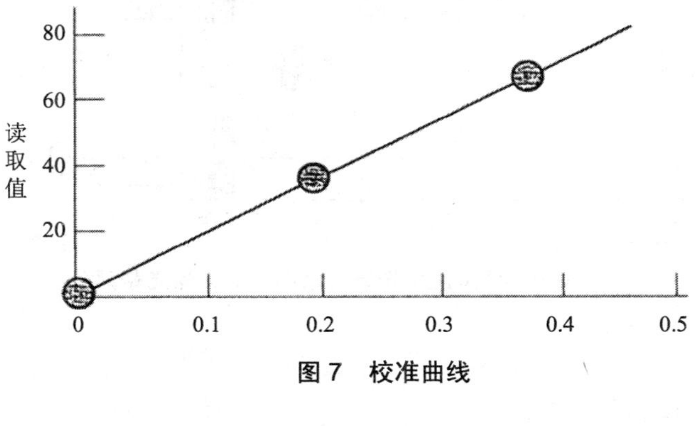

图 7　校准曲线

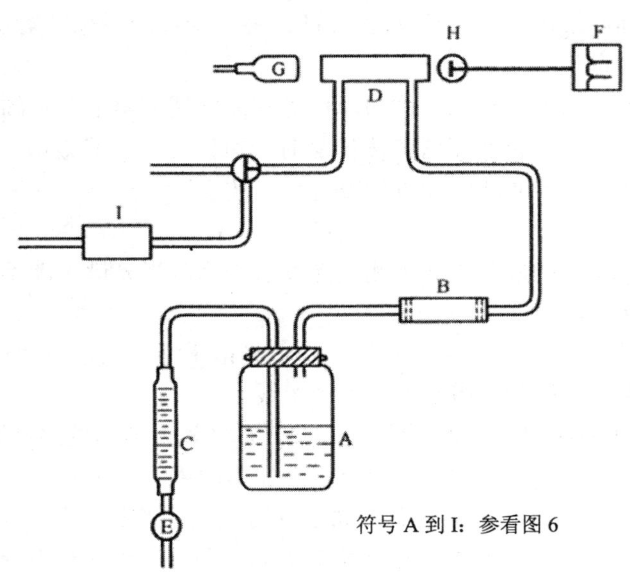

图 8　开放型充气装置示意图

7.2 电感耦合等离子体原子发射光谱

7.2.1 概述

用硝酸或混酸（硝酸和别的酸）消解掉汞以后，不可溶的化合物被过滤除掉。将适当稀释后的样品溶液喷入等离子区，测量汞的原子发射强度。

7.2.2 仪器和玻璃器具

1）电感耦合等离子体原子发射光谱仪：ICP-AES/OES；

该仪器对于一定的目标测量物和浓度范围给出具有合适灵敏度和稳定性的光发射强度；

2）氩气：高纯氩气，纯度至少为 99.992 6（*v*/*v*）；

3）玻璃器具：干净的烧杯和容量瓶。

注意：因汞极易被污染，试验中的每一个步骤都应极其小心，所有取样、储存与操作装置均应无汞。所有的器皿在室温下以 1 mol/L 的硝酸浸泡 24 h，再以一级水彻底清洗。

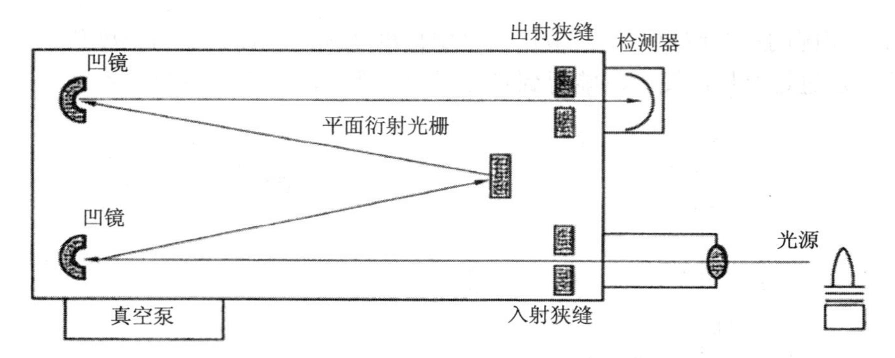

图9 使用连续光谱（示例）的分光光路部分

7.2.3 试剂

1）水：GB/T 6682 规定的一级水；

2）汞标准溶液：1 000 μg/ml。用于校准曲线的溶液，应该用汞标准溶液当天稀释配置。

7.2.4. 测试条件的设定

等离子体输出、光度计高度、载体气体的流量等都需要调节至最适宜的条件。

当测试完高汞浓度的样品后再测试低浓度样品时，可能存在记忆效应。为了避免记忆效应，应确认溶液中的汞浓度，或一定的清洗时间直到没有记忆效应。

7.2.5 定量分析

1）选择波长在 194.2 nm 的汞分析线来测量光发射强度。当光谱干涉不存在时，253.7 nm 的分析线或别的光谱线也可使用。

2）因为样品溶液中的共存元素在汞分析线上存在光谱干涉，故可以通过将溶液喷入等离子区[7)]后在汞分析线附近扫描来选择没有光谱干涉的汞光谱线。

3）为避免荧光粉基质的影响，应使用标准添加法[8)]。将等量的测试溶液制成至少四个样品溶液，其中一个不添加汞元素，另外至少三种溶液中分别添加不同浓度的汞元素。

4）溶液被注入等离子区后，就可测量汞的原子发射强度。光发射强度与测试溶液中汞元素的关系曲线如图 10 所示。根据图中横坐标轴（汞浓度）上的截距可得到测试溶液中的汞元素的光发射强度（浓度）。荧光灯里的汞含量可由下面的公式计算得到：

$$W=AXC\times V/1000$$

式中：W——荧光灯中汞含量（mg）；

A——稀释比例；

C——测试溶液中汞浓度（μgHg/ml）；

V——测试溶液的体积（ml）。

7） 由于等离子体和共存元素的光谱线和连续光谱偶然会相互叠加，形成光谱干涉，推荐选择没有光谱干涉的分析线。当光谱干涉存在时，使用标准添加法计算出来的汞浓度的干涉度应小于测试溶液中汞浓度的 1/100。

8） 该方法仅适用于以下的情况：不存在光谱干涉；或者背景和光谱干涉都经过定期修正，并且在校准曲线的低浓度区域，光的发射强度和汞浓度之间依然保持有良好的线性关系。

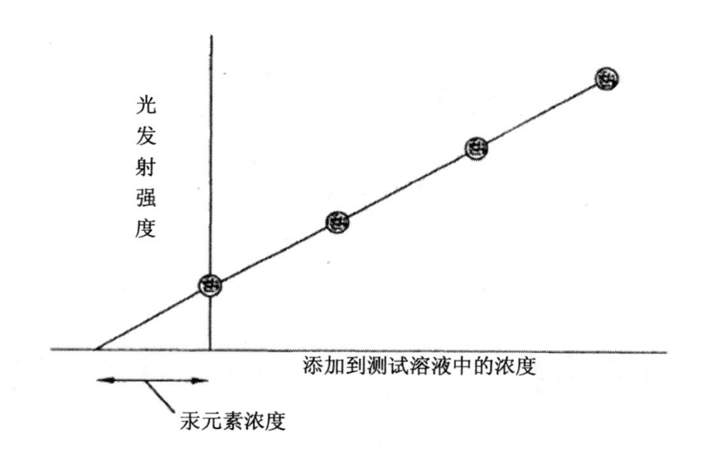

图 10　标准添加法获得浓度的校准曲线

8 废气和废液处理

1）含汞废液应单独存放，符合 GB 18597 规定的贮存要求，并交由具有汞废液处理资质的单位收集处理；

2）测试仪器应具有尾气吸收装置，测试废液的排放应符合 GB 8978 标准的要求。

第四节 技术规范

中华人民共和国国家环境保护标准

HJ/T 2.3—93

环境影响评价技术导则 地面水环境（节选）

6 环境现状调查

6.5 水质调查

6.5.1 水质调查的原则

水质调查时应尽量得用现有数据资料，如资料不足时应实测。

6.5.2 水质参数的选择

所选择的水质参数包括两类：一类是常规水质参数，它能反映水域水质一般状况；另一类是特征水质参数，它能代表建设项目将来排放的水质。

6.5.2.1 常规水质参数以 GB 3838 中所提出的 pH、溶解氧、高锰酸盐指数、五日生化需氧量、凯氏氮或非离子氨、酚、氰化物、砷、汞、铬（六价）、总磷以及水温为基础，根据水域类别、评价等级、污染源状况适当删减。

6.5.2.2 特征水质参数根据建设项目特点、水域类别及评价等级选定。表 8 是按行业编制的特征水质参数表，选择时可适当删减。

表 8 特征水质参数表

序号	建设项目		水质参数
1	生产区及生活娱乐设施		BOD_5、COD、pH、悬浮物、氨氮、磷酸盐、表面活性剂、水温、溶解氧
2	城市及城市扩建		BOD_5、COD、溶解氧、pH、悬浮物、氨氮、磷酸盐、表面活性剂、水温、油、重金属
3	黑色金属矿山		pH、悬浮物、硫化物、铜、铅、锌、镉、汞、六价铬
4	黑色冶炼、有色金属矿山及冶炼		pH、悬浮物、COD、硫化物、氟化物、挥发性酚、氰化物、石油类、铜、锌、铅、砷、镉、汞
5	火力发电、热电		pH、悬浮物、硫化物、挥发性酚、砷、水温、铅、镉、铜、石油类、氟化物
6	焦化及煤制气		COD、BOD_5、水温、悬浮物、硫化物、挥发性酚、氰化物、石油类、氨氮、苯类、多环芳烃、砷、溶解氧、BaP
7	煤矿		pH、COD、BOD_5、溶解氧、水温、砷、悬浮物、硫化物
8	石油开发与炼制		pH、COD、BOD_5、溶解氧、悬浮物、硫化物、水温、挥发性酚、氰化物、石油类、苯类、多环芳烃
9	化学矿开采	硫铁矿	pH、悬浮物、硫化物、铜、铅、锌、镉、汞、砷、六价铬
		磷矿	pH、悬浮物、氟化物、硫化物、砷、铅、磷
		萤石矿	pH、悬浮物、氟化物
		汞矿	pH、悬浮物、硫化物、砷、汞
		雄黄矿	pH、悬浮物、硫化物、砷

序号	建设项目		水质参数
10	无机原料	硫酸	pH（或酸度）、悬浮物、硫化物、氟化物、铜、铅、锌、砷
		氯碱	pH（或酸、碱度）、COD、悬浮物、汞
		铬盐	pH（或酸度）、总铬、六价铬
11	化肥、农药		pH、COD、BOD_5、水温、悬浮物、硫化物、氟化物、挥发性酚、氰化物、砷、氨氮、磷酸盐、有机氯、有机磷
12	食品工业		COD、BOD_5、悬浮物、pH、溶解氧、挥发性酚、大肠杆菌数
13	染料、颜料及油漆		pH（或酸、碱度）、COD、BOD_5、悬浮物、挥发性酚、硫化物、氰化物、砷、铅、镉、锌、汞、六价铬、石油类、苯胺类、苯类、硝基苯类、水温
14	制药		pH（或酸、碱度）、COD、BOD_5、悬浮物、石油类、硝基苯类、硝基酚类、水温
15	橡胶、塑料及化纤		pH（或酸、碱度）、COD、BOD_5、水温、石油类、硫化物、氰化物、砷、铜、铅、锌、汞、六价铬、悬浮物、苯类、有机氯、多环芳烃、BaP
16	有机原料、合成脂肪酸及其他有机化工		pH（或酸、碱度）、COD、BOD_5、悬浮物、挥发性酚、氰化物、苯类、硝基苯类、有机氯、石油类、锰、油脂类、硫化物
17	机械制造及电镀		pH（或酸度）、COD、BOD_5、悬浮物、挥发性酚、石油类、氰化物、六价铬、铅、铁、铜、锌、镍、镉、锡、汞
18	水泥		pH、悬浮物
19	纺织、印染		pH、COD、BOD_5、悬浮物、水温、挥发性酚、硫化物、苯胺类、色度、六价铬
20	造纸		pH（或碱度）、COD、BOD_5、悬浮物、水温、挥发性酚、硫化物、铅、汞、木质素、色度
21	玻璃、玻璃纤维及陶瓷制品		pH、COD、悬浮物、水温、挥发性酚、氰化物、砷、铅、镉
22	电子、仪器、仪表		pH（或酸度）、COD、水温、苯类、氰化物、六价铬、铜、锌、镍、镉、铅、汞
23	人造板、木材加工		pH（或酸、碱度）、COD、BOD_5、悬浮物、水温、挥发性酚、木质素
24	皮革及皮革加工		pH、COD、BOD_5、水温、悬浮物、硫化物、氯化物、总铬、六价铬、色度
25	肉食加工、发酵、酿造、味精		pH、BOD_5、COD、悬浮物、水温、氨氮、磷酸盐、大肠杆菌数、含盐量
26	制糖		pH（或碱度）、COD、BOD_5、悬浮物、水温、硫化物、大肠杆菌数
27	合成洗涤剂		pH、COD、BOD_5、油、苯类、表面活性剂、悬浮物、水温、溶解氧

中华人民共和国国家环境保护标准
征求意见稿

环境影响评价技术导则　地下水环境（节选）

1 适用范围

本标准规定了地下水环境影响评价的一般性原则、内容、工作程序、方法和要求。

本标准适用于以地下水作为供水水源或对地下水环境可能产生影响的建设项目的环境影响评价。

规划环境影响评价中的地下水环境影响评价可参照执行。

2 规范性引用文件

本标准内容引用了下列文件中的条款。凡是不注日期的引用文件，其有效版本适用于本标准。

GB 50027　供水水文地质勘察规范

HJ/T 2.1　环境影响评价技术导则　总纲

HJ/T 19　环境影响评价技术导则　非污染生态影响

HJ/T 338　饮用水水源保护区划分技术规范

附　录　D
（资料性附录）
不同行业特征污染物和固体废物监测项目

D.1 不同行业特征污染物监测项目

不同行业特征污染物监测项目见表 D.1。

表 D.1　不同行业特征污染物监测项目

序号	行业类别	监测项目
1	黑色金属矿山（包括磁铁矿、赤铁矿、锰矿等）	pH 值、硫化物、铜、铅、锌、镉、汞、六价铬等
2	黑色冶金（包括选矿、烧结、炼焦、炼铁、炼钢、轧钢等）	pH 值、COD、硫化物、氟化物、挥发性酚类、氰化物、石油类、铜、铅、锌、砷、镉、汞等
3	选矿药剂	COD、硫化物、挥发性酚类等
4	有色金属矿山及冶炼（包括选矿、烧结、冶炼、电解、精炼等）	pH 值、COD、硫化物、氟化物、挥发性酚类、铜、铅、锌、砷、镉、汞、六价铬等
5	火力发电、热电	pH 值、硫化物、挥发性酚类、砷、铅、镉、石油类、水温等
6	煤矿（包括洗煤）	pH 值、砷、硫化物等
7	焦化	COD、硫化物、挥发性酚类、氰化物、石油类、水温、氨氮、苯类、多环芳烃等
8	石油开发	pH 值、COD、硫化物、挥发性酚类、石油类等
9	石油炼制	pH 值、COD、硫化物、挥发性酚类、氰化物、石油类、苯类、多环芳烃等

<table>
<tr><th>序号</th><th colspan="2">行业类别</th><th>监测项目</th></tr>
<tr><td>10</td><td rowspan="5">化学矿开采</td><td>硫铁矿</td><td>pH 值、硫化物、铜、铅、锌、镉、汞、砷、六价铬等</td></tr>
<tr><td>11</td><td>雄黄矿</td><td>pH 值、硫化物、砷等</td></tr>
<tr><td>12</td><td>磷矿</td><td>pH 值、氟化物、硫化物、砷、铜、磷等</td></tr>
<tr><td>13</td><td>萤石矿</td><td>pH 值、氟化物等</td></tr>
<tr><td>14</td><td>汞矿</td><td>pH 值、硫化物、砷、汞等</td></tr>
<tr><td>15</td><td rowspan="3">无机原料</td><td>硫酸</td><td>pH 值（酸度）、硫化物、氟化物、铜、铅、锌、镉、砷等</td></tr>
<tr><td>16</td><td>氯碱</td><td>pH 值（或酸、碱度）、COD、汞等</td></tr>
<tr><td>17</td><td>铬盐</td><td>pH 值（或酸度）、总铬、六价铬等</td></tr>
<tr><td>18</td><td colspan="2">有机原料</td><td>pH 值（或酸、碱度）、COD、挥发性酚类、氰化物、苯类、硝基苯类、有机氯等</td></tr>
<tr><td>19</td><td rowspan="2">化肥</td><td>磷肥</td><td>pH 值（或酸度）、COD、氟化物、砷、磷等</td></tr>
<tr><td>20</td><td>氮肥</td><td>COD、挥发性酚类、氰化物、硫化物、砷等</td></tr>
<tr><td>21</td><td rowspan="2">橡胶</td><td>合成橡胶</td><td>pH 值（或酸、碱度）、COD、石油类、铜、锌、六价铬、多环芳烃等</td></tr>
<tr><td>22</td><td>橡胶加工</td><td>COD、硫化物、六价铬、石油类、苯、多环芳烃等</td></tr>
<tr><td>23</td><td colspan="2">塑料</td><td>COD、硫化物、氰化物、铅、砷、汞、石油类、有机类、苯类、多环芳烃等</td></tr>
<tr><td>24</td><td colspan="2">化纤</td><td>pH 值、COD、铜、锌、石油类等</td></tr>
<tr><td>25</td><td colspan="2">农药</td><td>pH 值、COD、硫化物、挥发性酚类、砷、有机氯、有机磷等</td></tr>
<tr><td>26</td><td colspan="2">制药</td><td>pH 值（或酸、碱度）、COD、石油类、硝基苯类、硝基酚类、苯胺类等</td></tr>
<tr><td>27</td><td colspan="2">染料</td><td>pH 值（或酸、碱度）、COD、挥发性酚类、硫化物、苯胺类、硝基苯类等</td></tr>
<tr><td>28</td><td colspan="2">颜料</td><td>pH 值、COD、硫化物、汞、六价铬、铅、镉、砷、锌、石油类等</td></tr>
<tr><td>29</td><td colspan="2">油漆</td><td>COD、挥发性酚类、石油类、镉、氰化物、铅、六价铬、苯类、硝基苯类等</td></tr>
<tr><td>30</td><td colspan="2">其他有机化工</td><td>pH 值（酸、碱类）、COD、挥发性酚类、石油类、氰化物、硝基苯类等</td></tr>
<tr><td>31</td><td colspan="2">合成脂肪酸</td><td>pH 值、COD、油、锰等</td></tr>
<tr><td>32</td><td colspan="2">合成洗涤剂</td><td>COD、油、苯类、表面活性剂等</td></tr>
<tr><td>33</td><td colspan="2">机械制造</td><td>COD、挥发性酚类、石油类、铅、氰化物等</td></tr>
<tr><td>34</td><td colspan="2">电镀</td><td>pH 值（酸度）、氰化物、六价铬、铜、锌、镍、镉、锡等</td></tr>
<tr><td>35</td><td colspan="2">电子、仪器、仪表</td><td>pH 值（酸度）、COD、苯类、氰化物、六价铬、汞、镉、铅等</td></tr>
<tr><td>36</td><td colspan="2">水泥</td><td>pH 值</td></tr>
<tr><td>37</td><td colspan="2">玻璃、玻璃纤维</td><td>pH 值、COD、挥发性酚类、氰化物、砷、铅等</td></tr>
<tr><td>38</td><td colspan="2">油毡</td><td>COD、石油类、挥发性酚类等</td></tr>
<tr><td>39</td><td colspan="2">石绵制品</td><td>pH 值等</td></tr>
<tr><td>40</td><td colspan="2">陶瓷制品</td><td>pH 值、COD、铅、镉等</td></tr>
<tr><td>41</td><td colspan="2">人造板、木材加工</td><td>pH 值（酸、碱类）、COD、挥发性酚类等</td></tr>
</table>

序号	行业类别	监测项目
42	食品	COD、pH 值、挥发性酚类、氨氮等
43	纺织、印染	pH 值、COD、挥发性酚类、硫化物、苯胺类、色度、六价铬等
44	造纸	pH 值（碱度）、COD、挥发性酚类、硫化物、铅、汞、木质素、色度等
45	皮革及皮革加工	pH 值、COD、硫化物、氯化物、总铬、六价铬、色度等
46	电池	pH 值（酸度）、铅、锌、汞、镉等
47	火工	铅、汞、硝基苯类、硫化物、锶、铜等
48	绝缘材料	COD、挥发性酚类等
49	生活娱乐设施	pH 值、COD、氨氮、总氮、总磷、表面活性剂、磷酸盐、水温、细菌总数、大肠菌群

注：本表除序号 49 生活娱乐设施废水引自城市废水监测项目，其余均引自《工业污染源调查技术要求及其建档技术规定》。

中华人民共和国环境保护行业标准

HJ/T 239—2006

环境标志产品技术要求　干电池

前　言

为贯彻《中华人民共和国环境保护法》和《中华人民共和国节约能源法》，减少含汞干电池废弃后对环境造成的重金属污染，保障人体健康，改善环境质量，制定本标准。

本标准对《环境标志产品技术要求　无汞干电池》（HJBZ9—1995）的技术内容进行了部分改动并对其进行了全面修改。

本标准与《环境标志产品技术要求　无汞干电池》（HJBZ9—1995）相比主要变化如下：

——对 GB 8897—1998 的引用改为对 GB 8897.1—2003 和 GB 8897.2—2005 的引用；

——对 R、LR 型锌－锰干电池、碱性锌－锰干电池（不含 R40 型）的质量标准改为 GB/T 7112；

——明确了汞含量的检测方法。

本标准为推荐性标准，适用于中国环境标志产品认证。

本标准由国家环境保护总局科技标准司提出。

本标准主要起草单位：国家环境保护总局环境发展中心。

本标准国家环境保护总局 2006 年 1 月 6 日批准。

本标准自 2006 年 3 月 1 日起实施，自实施之日起代替《环境标志产品技术要求　无汞干电池》（HJBZ9—1995）。

本标准由国家环境保护总局解释。

本标准所代替标准的历次版本发布情况为：

——HJBZ9—1995

1 范围

本标准规定了干电池类环境标志产品的基本要求、技术内容和检验方法。

本标准适用于各类无汞干电池类，但不适用于扣式电池。

2 规范性引用文件

下列文件中的条款通过本标准的引用而成为本标准的条款。凡是注日期的引用文件，其随后所有的修改单（不包括勘误的内容）或修订版均不适用于本标准，然而，鼓励根据本标准达成协议的各方研究是否可使用这些文件的最新版本。凡是不注日期的引用文件，其最新版本适用于本标准。

GB 8897.1—2003　原电池　第 1 部分：总则

GB 8897.2—2005　原电池　第 2 部分：外形尺寸和技术要求

GB/T 7112R03、R1、R6、R14、R20 型锌－锰干电池　LR03、LR1、LR6、LR14、LR20 型锌－锰干电池

QB/T11866F22　型锌锰干电池

QB/T1732R40　型锌锰干电池

3 基本要求

3.1 产品性能应符合 GB 8897.1－2003、GB/T 7112、QB/T1186、QB/T1732 的要求；
3.2 生产企业的污染物排放应符合国家或地方规定的污染物排放标准的要求。

4 技术内容

4.1 产品生产过程中不得使用汞及其化合物作为原辅材料；
4.2 产品中汞含量应小于 1ppm（质量百分比）。

5 检验方法

汞含量的要求按 GB 8897.2—2005 的规定进行检测。

中华人民共和国环境保护行业标准

HJ/T 238—2006 代替 HJBZ 7—1994

环境标志产品技术要求　充电电池

前　言

为贯彻《中华人民共和国环境保护法》，促进可再充电电池代替一次性电池的生产和消费，减少资源消耗、有害物质的排放，制定本标准。

本标准对无汞镉铅充电电池的原材料、重金属汞、镉、铅限量、锂电池和镍氢电池的电性能外包装提出了要求。

本标准参考了中国香港、加拿大、北欧的相关环境标志标准，对《环境标志产品技术要求　无汞镉铅充电电池》（HJBZ7—1994）的技术内容进行了部分改动并对其进行了全面修改。

本标准与《环境标志产品技术要求　无汞镉铅充电电池》（HJBZ7—1994）相比主要变化如下：

—增加手机用锂电池和镍氢电池充放电性能指标。

—对产品中汞、镉、铅限量提出了要求。

本标准为指导性标准，适用于中国环境标志产品认证。

本标准由国家环境保护总局科技标准司提出。

本标准主要起草单位：国家环境保护总局环境发展中心。

本标准国家环境保护总局 2006 年 1 月 6 日批准。

本标准自 2006 年 3 月 1 日起实施，自实施之日起替代《环境标志产品技术要求　无汞镉铅充电电池》（HJBZ7—1994）。

本标准由国家环境保护总局解释。

本标准所代替标准的历次版本发布情况为：

—HJBZ7—1994

1 范围

本标准规定了充电电池类环境标志产品的基本要求、技术内容和检验方法。

本标准适用于除镍铬电池外的各类充电电池。

2 引用标准

下列文件中的条款通过本标准的引用而成为本标准的条款。凡是注日期的引用文件，其随后所有的修改单（不包括勘误的内容）或修订版均不适用于本标准，然而，鼓励根据本标准达成协议的各方研究是否可使用这些文件的最新版本。凡是不注日期的引用文件，其最新版本适用于本标准。

北欧白天鹅环境标志：充电电池 Nordic Ecolabelling：Rechargeable batteries 030/3.2

3 基本要求

3.1 产品性能应符合相应产品质量标准的要求。

3.2 产品生产企业的污染物排放应符合国家或地方规定的污染物排放标准的要求。

4 技术内容

4.1 生产原材料中不得使用汞、镉、铅及其化合物以及其它有害物。

4.2 产品中汞、镉含量均应小于 10ppm，铅含量应小于 15ppm。

4.3 手机用锂电池和镍氢电池经充放电 400 次以后，其容量仍须大于其标称容量的 80%。

5 检验方法

5.1 技术内容 4.1 要求通过现场检查结合文件审查来验证。

5.2 技术内容 4.2、4.3 的检测按 Nordic Ecolabelling：Rechargeable batteries 030/3.2 的规定执行。

中华人民共和国环境保护行业标准

HJ/T 230—2006

环境标志产品技术要求 节能灯（节选）

前 言

本标准对《环境标志产品技术要求 节能荧光灯》（HJBZ15.1—1997）和《环境标志产品技术要求 节能低汞型双端荧光灯》（HJBZ15.2—1997）的技术内容进行了部分改动并按 GB/T 1.1—1997 对其进行了全面修改。

本标准与《环境标志产品技术要求 节能荧光灯》（HJBZ15.1—1997）和《环境标志产品技术要求 节能低汞型双端荧光灯》（HJBZ15.2—1997）相比主要变化如下：

——取消了对功率因素的要求；

——分别对不同形式的荧光灯提出了要求；

——提高了对产品寿命和汞含量的要求；

——增加了对回收和再利用、危险物质的使用和公开信息的要求。

本标准自 2006 年 3 月 1 日起实施，自实施之日起代替《环境标志产品技术要求 节能荧光灯》（HJBZ15.1—1997）和《环境标志产品技术要求 节能低汞型双端荧光灯》（HJBZ15.2—1997）。

3 术语和定义

3.1 双端荧光灯：双灯头管型低压汞蒸汽放电灯。其大部分光是由放电产生的紫外线激活荧光粉涂层而发射出来的。

5 技术内容

5.1 双端荧光灯的要求

5.1.3 产品中的汞含量小于等于 10 mg。

5.2 自镇流荧光灯的要求

5.2.3 产品中的汞含量小于等于 10 mg。

5.3 单端荧光灯的要求

5.3.3 产品中的汞含量小于等于 10 mg。

6 检验方法

6.5 对标准中汞含量的检测按附录 A 进行。

附 录 A
（规范性附录）
汞含量测定方法

标准中所指的汞含量应为平均含量。在测试中应对 10 个样品进行测试，并去除一个最大值和一个最小值，并计算出余下八个数值的算术平均值，即为最终结果。

汞含量的测定方法如下所述：首先去一只灯将其发光管与其周边的塑料部件和金属部件分离，尽可能地靠近玻璃处截断灯管和导线。将切割后的碎片放入尺寸合适的永久固定的塑料瓶中，该塑料瓶中装有直径 25 mm 左右的陶瓷小球和 25 ml 的高纯浓硝酸（70%）。将瓶口密封并振荡若干分钟，使发光管碎片被研磨为细颗粒，在这过程中需要松动瓶盖以减小可能产生的压力。然后让混合物反应 30 分钟，并定时摇晃瓶中物质。将瓶中溶液通过防硝酸滤纸收集到 100 ml 的带有刻度的烧瓶中。将高铬酸钾加入烧瓶中，使铬的最终浓度达到 1 000 ppm。烧瓶中加纯水使其达到一定体积。

应得的汞浓度范围最高可达 200 ppm。而后在开启背景校正的状态下，以波长 253.7 nm 火焰原子吸收光谱对溶液进行分析。通过测得的结果和溶液的体积，便可计算出灯泡中初始的汞含量。

中华人民共和国国家环境保护标准
HJ 527－2010

废弃电器电子产品处理污染控制技术规范

前　言

为贯彻《中华人民共和国环境保护法》、《中华人民共和国固体废物污染环境防治法》和《中华人民共和国循环经济促进法》、《废弃电器电子产品回收处理管理条例》及《电子废物污染环境防治管理办法》，保护环境，防治污染，指导和规范废弃电器电子产品的处理工作，制定本标准。

本标准规定了废弃电器电子产品收集、运输、贮存、拆解和处理等过程中污染防治和环境保护的控制内容及技术要求。

本标准附录 A 和附录 B 为规范性附录。

本标准为首次发布。

本标准由环境保护部科技标准司组织制订。

本标准主要起草单位：中国电子工程设计院、中国环境科学研究院、中国环境科学学会、清华大学。

本标准环境保护部 2010 年 1 月 4 日批准。

本标准自 2010 年 4 月 1 日起实施。

本标准由环境保护部解释。

1 适用范围

本标准规定了废弃电器电子产品在收集、运输、贮存、拆解和处理过程中的污染控制技术要求。

本标准适用于废弃电器电子产品在收集、运输、贮存、拆解和处理过程中的污染控制管理。

本标准适用于废弃电器电子产品拆解和处理等建设项目环境影响评价、环境保护设施设计、竣工环境保护验收及投产后的运营管理。

本标准不适用于废弃电池及照明器具等产品的拆解和处理污染控制管理。

2 规范性引用文件

本标准内容引用了下列文件中的条款。凡是不注日期的引用文件，其有效版本适用于本标准。

GB 150　钢制压力容器

GB 5085.1～7　危险废物鉴别标准

GB 8978　污水综合排放标准

GB 13015　含多氯联苯废物污染控制标准

GB 16297　大气污染物综合排放标准

GB 18484　危险废物焚烧污染控制标准

GB 18597　危险废物贮存污染控制标准

GB 18599　一般工业固体废物贮存、处置场污染控制标准

GBZ 2.2　工作场所有害因素职业接触限值第 2 部分：物理因素

HJ/T 364　废塑料回收与再生利用污染控制技术规范（试行）

3 术语和定义

下列术语和定义适用于本标准。

3.1 废弃电器电子产品 waste electrical and electronic equipment

产品的拥有者不再使用且已经丢弃或放弃的电器电子产品（包括构成其产品的所有零（部）件、元（器）件和材料等），以及在生产、运输、销售过程中产生的不合格产品、报废产品和过期产品。废弃电器电子产品类别及清单见附件 A。

3.2 有毒有害物质 hazardous substance

废弃电器电子产品中含有的对人、动植物和环境等产生危害的物质或元素，包括铅（Pb）、汞（Hg）、镉（Cd）、六价铬（Cr^{6+}）、多溴联苯（PBB）、多溴联苯醚（PBDE）、多氯联苯（PCBs）、含有消耗臭氧层的物质以及国家规定的危险废物。

3.3 收集 collection

废弃电器电子产品聚集、分类和整理活动。

3.4 贮存 storage

为收集、运输、拆解、再生利用和处置之目的，在符合要求的特定场所暂时性存放废弃电器电子产品的活动。

3.5 预先取出 advanced fetch

废弃电器电子产品拆解过程中，应首先将特定的含有毒、有害物的零部件、元（器）件及材料进行拆卸、分离的活动。

3.6 拆解 disassembly

通过人工或机械的方式将废弃电器电子产品进行拆卸、解体，以便于再生利用和处置的活动。

3.7 再使用 reuse

废弃电器电子产品或其中的零（部）件、元（器）件继续使用或经清理、维修后并符合相关标准继续用于原来用途的行为。

3.8 再生利用 recycling

对废弃电器电子产品进行处理，使之能够作为原材料重新利用的过程，但不包括能量的回收和利用。

3.9 回收利用 recovery

对废弃电器电子产品进行处理，使之能够满足其原来的使用要求或用于其他用途的过程，包括对能量的回收和利用。

3.10 处理 treatment

对废弃电器电子产品进行除污、拆解及再生利用的活动。

3.11 处置 disposal

采用焚烧、填埋或其他改变固体废物的物理、化学、生物特性的方法，达到减量化或者消除其危害性的活动，或者将固体废物最终置于符合环境保护标准规定的场所或者设施的活动。

4 总体要求

4.1 废弃电器电子产品处理建设项目的选址和建设应符合当地城市规划的要求。

4.2 应采取当前最佳可行的处理技术及必要措施，并符合国家有关环境保护、劳动安全和保障人体健康的要求。

4.3 应优先实现废弃电器电子产品及其零（部）件的再使用。

4.4 应对所有进出企业的废弃电器电子产品及其产生物分类，建立台账，并对其重量和/或数量进行登记。

4.5 应建立废弃电器电子产品处理的数据信息管理系统，并将有关信息提供给主管部门、相关企业和机构。

4.6 禁止废弃电器电子产品直接填埋。

4.7 禁止露天焚烧废弃电器电子产品，禁止使用冲天炉、简易反射炉等设备和简易酸浸工艺处理废弃电器电子产品。

5 收集、运输及贮存污染控制技术要求

5.1 收集污染控制技术要求

5.1.1 废弃电器电子产品应分类收集。

5.1.2 不应将废弃电器电子产品混入生活垃圾或其他工业固体废物中。

5.1.3 收集的废弃电器电子产品不得随意堆放、丢弃或拆解。

5.1.4 应将收集的废弃电器电子产品交给有相关资质的企业进行拆解、处理及处置。

5.1.5 应分开收集废弃阴极射线管（CRT）及废弃液晶显示屏，且不能混入其他玻璃制品。

5.1.6 废弃空调器、冰箱和其他制冷设备在收集过程中，应避免制冷剂泄漏。

5.1.7 当收集含有毒有害物质的零（部）件、元（器）件（见附录B）时，应将其单独存放，并应采取避免溢散、泄露、污染环境或危害人体健康的措施。

5.2 运输污染控制技术要求

5.2.1 对于运输，收集商、运输商、拆解或（和）处理企业应对以下信息进行登记，且记录保存至少3年：

a）相关者信息：收集商、运输商、拆解或（和）处理企业名称；

b）运输工具名称、牌号；

c）出发地点及日期；

d）运达地点及日期；

e）所运输废弃电器电子产品的名称、种类和（或）规格；

f）所运输废弃电器电子产品的重量和（或）数量。

5.2.2 运输商在运输过程中不得随意丢弃废弃电器电子产品，并应防止其散落。

5.2.3 禁止运输商对废弃电器电子产品采取任何形式的拆解、处理及处置。

5.2.4 禁止废弃电器电子产品与易燃、易爆或腐蚀性物质混合运输。

5.2.5 运输车辆应符合下列规定：

a）运输车辆宜采用厢式货车。

b）运输车辆的车厢、底板必须平坦完好，周围栏板必须牢固。

5.2.6 运输废弃阴极射线管（CRT）及废弃印制电路板的车辆应使用有防雨设施的货车。

5.2.7 运输废弃冰箱、空调时应防止制冷剂释放到空气中：在运输、装载和卸载废弃冰箱时应防止发生碰撞或跌落，废弃冰箱应保持直立，不得倒置或平躺放置。

5.3 贮存污染控制技术要求

5.3.1 各种废弃电器电子产品应分类存放，并在显著位置设有标识。

5.3.2 对于属于危险废物的废弃电器电子产品的零（部）件和处理废弃电器电子产品后得到的物品经鉴别属于危险废物时，其贮存场地应符合GB 18597的相关规定。

5.3.3 露天贮存场地的地面应水泥硬化、防渗漏，贮存场周边应设置导流设施。

5.3.4 回收废制冷剂的钢瓶应符合GB 150的相关规定，且单独存放。

5.3.5 废弃电视机、显示器、阴极射线管（CRT）、印制电路板等应贮存在有防雨遮盖的场所。

5.3.6 废弃电器电子产品贮存场地不得有明火或热源，并应采取适当的措施避免引起火灾。

5.3.7 处理后的粉状物质应封装贮存。

6 拆解污染控制技术要求

6.1 一般规定

6.1.1 拆解设施应放置在混凝土地面上，该地面应能防止地面水、雨水及油类混入或渗透。

6.1.2 各种废弃电器电子产品应分类拆解。

6.1.3 应预先取出所有液体（包括润滑油），并单独盛放。

6.1.4 附录 B 所规定的零（部）件、元（器）件及材料应预先取出。废弃电器电子产品中的电源线也应预先分离。

6.1.5 禁止丢弃预先取出的所有零（部）件、元（器）件及材料，应按本标准第 7 章、第 8 章的规定进行处理或处置。

6.2 再使用

6.2.1 对废弃电器电子产品进行清洗及组装时，应设置专用场地，并应设有防电器短路保护的装置。

6.2.2 当采用干式方法清洗可再使用的废弃电器电子产品的整机及零（部）件时，所产生的废气应进行收集和处理，处理后的废气排放应符合 GB 16297 的控制要求。

6.2.3 当采用湿式方法清洗可再使用的废弃电器电子产品的整机及零（部）件时，清洗后的废水应循环使用，处理后的废水排放符合 GB 8978 的控制要求。

6.2.4 废气、废水处理后产生的粉尘、残渣及污泥，应按 GB 5085.1～7 进行鉴别，经鉴别属于危险废物的应按危险废物处置。

6.3 预先取出的零（部）件、元（器）件及材料

6.3.1 预先取出的含有多氯联苯（PCBs）的电容器应单独存放，防止损坏，并标识。

6.3.2 对高度＞25 mm，直径＞250 mm 或类似容积的电解电容器应预先取出，并防止电解液的渗漏。当采用焚烧方法处理印制电路板时，可不预先拆除电解电容器。

6.3.3 对面积＞10 mm^2 的印制电路板应预先取出，并应单独处理。

6.3.4 预先取出的电池应完整，并交给有相关资质的企业进行处理。

6.3.5 预先取出的含汞元（器）件应完整，并贮存于专用容器，交给有相关资质的企业进行处理。

6.3.6 取出阴极射线管（CRT）时，操作人员应有防护措施。

6.3.7 预先取出含有耐火陶瓷纤维（RCFs）的部件时应防止耐火陶瓷纤维（RCFs）的散落，并存放在容器内，交给有相关资质的企业进行处理。

6.3.8 预先取出含有石棉的部件和石棉废物时应防止散落，并存放在容器内，交给有相关资质的企业进行处理。

6.4 废弃冰箱、废弃空调器的拆解

6.4.1 拆解废弃电冰箱、废弃空调器的设备应设排风系统。在拆解压缩机及制冷回路前应先抽取制冷设备压缩机中的制冷剂及润滑油。抽取装置应密闭，确保不泄漏，抽取制冷剂的场所应设有收集液体的设施，碳氢化合物（HCs）制冷剂宜单独回收，应采取必要的防爆措施。

6.4.2 抽取出的制冷剂、润滑油混合物经分离后，制冷剂应存放于密闭压力钢瓶中，润滑油应存放于密闭容器中，并交给有相关资质的企业或危险废物处理厂进行处理或处置。

6.5 废弃液晶显示器的拆解

6.5.1 拆解废弃液晶显示器时应预先完整取出背光模组，不得破坏背光灯管。

6.5.2 拆解背光模组的装置应设排风及废气处理系统，处理后废气排放应符合 GB 16297 的控制

要求。

6.5.3 拆除的背光灯管应单独密闭储存，交给有相关资质的企业进行处置。

6.5.4 拆解背光模组的操作人员应配备防护口罩、手套和工作服。

7 处理污染控制技术要求

7.1 一般规定

7.1.1 废弃电器电子产品的处理技术应有利于污染物的控制、资源再生利用和节能降耗。处理设施应安全可靠、节能环保。

7.1.2 处理废弃电器电子产品应在厂房内进行，处理设施应放置在能防止地面水、油类等液体渗透的混凝土地面上，且周围应有对油类、液体的截流、收集设施。

7.1.3 废弃电器电子产品处理企业应具备相应的环保设施，包括：废水处理、废气处理、粉尘处理、防止或降低噪声等装置，各项污染物排放应符合国家或地方污染物排放标准的有关规定。

7.1.4 采用物理粉碎分选方法处理废弃电器电子产品应设置除尘装置，并采取降低噪声措施，当采用湿式分选时，应设置废水处理及循环再利用系统。

7.1.5 采用化学方法处理废弃电器电子产品应设置废气处理系统、化学药液回收装置和废水处理系统。

7.1.6 采用焚烧方法处理废弃电器电子产品应设置烟气处理系统，处理后废气排放应符合 GB 18484 的有关规定。

7.1.7 对废弃电器电子产品处理中产生的本企业不能处理的固体废物，应交给有相关资质的企业进行回收利用或处置。

7.2 废弃印制电路板的处理

7.2.1 加热拆除废弃印制电路板元器件时，应设置废气处理系统，处理后废气排放应符合 GB 16297 的控制要求。

7.2.2 采用粉碎、分选方法处理废弃印制电路板的设施应设有防粉尘逸出的措施，应有除尘系统、降噪声措施，并应符合下列规定：

a）采用粉碎、分选方法产生的粉尘、废气应经过处理系统，处理后废气排放应符合 GB 16297 的控制要求。

b）采用粉碎、分选方法处理设施应采用降低噪声措施，操作人员所在作业场所的噪声应符合 GBZ 2.2 的有关规定。

c）当采用水力摇床分选时，必须设置废水处理及循环再利用系统，处理后废水排放应符合 GB 8978 的控制要求，产生的污泥应按危险废物处置。

7.2.3 采用焚烧方法处理废弃印制电路板时，必须设有废气处理设施。处理后废气排放应符合 GB 18484 的有关规定。

7.2.4 当采用化学方法处理废弃印制电路板时，应采用自动化程度高、密闭性良好、具有防化学药液外溢措施的设备进行处理；储存化学品或其他具有较强腐蚀性液体的设备、储罐，应设置必要的防溢出、防渗漏、事故报警装置等安全措施；应设置废水处理系统，处理后废水排放应符合 GB 8978 的控制要求。同时应设有废气处理设施，处理后废气排放应符合 GB 16297 的控制要求。

7.3 废弃阴极射线管（CRT）处理

7.3.1 处理阴极射线管（CRT）时，应先泄真空，防止发生意外事故。

7.3.2 宜对彩色阴极射线管（CRT）的锥玻璃和屏玻璃分别进行处理：当锥玻璃和屏玻璃混合时，应按含铅玻璃进行处理或处置。

7.3.3 当采用干法工艺分离彩色阴极射线管（CRT）的锥玻璃和屏玻璃时，应符合下列规定：

a）应设有防止玻璃飞溅装置；

b）当采用物理切割方法时，应设有密闭装置、除尘系统和降低噪声设施，处理后废气排放应符合 GB 16297 的有关规定，噪声控制应符合 GB Z2.2 的有关规定。

7.3.4 当采用湿法工艺分离彩色阴极射线管（CRT）的锥玻璃和屏玻璃时，应设有废液回收系统和废水处理系统，处理后废水排放应符合 GB 8978 的控制要求，同时应设有废气处理系统，处理后废气排放应符合 GB 16297 的控制要求。

7.3.5 当处理屏玻璃上的含荧光粉涂层时，应符合下列规定：

a）采用干法工艺时，应安装粉尘抽取和过滤装置，并妥善收集荧光粉，交给有相关资质的企业处置。

b）采用湿法工艺时，应设置废水处理系统处理洗涤废水，处理后废水排放应符合 GB 8978 的控制要求，含荧光粉的污泥应交给有相关资质的企业处置。

7.3.6 当清洗阴极射线管（CRT）玻璃时，应符合下列规定：

a）干法清洗时，应设置废气处理系统，处理后废气排放应符合 GB 16297 的有关规定。收集的粉尘应交给有相关资质的企业处置。

b）湿法清洗时，应设置废水处理及循环利用系统，产生的洗涤废水应进行处理和回用，处理后废水排放应符合 GB 8978 的控制要求，含玻璃粉的污泥应交给有相关资质的企业处置。

c）清洗时应采取降低噪声的措施，噪声控制应符合 GB Z2.2 的有关规定。

7.3.7 黑白阴极射线管（CRT）的玻璃应按含铅玻璃进行处理。

7.4 废弃硒鼓和墨盒的处理

7.4.1 含有砷化硒或硫化镉涂层的废弃硒鼓应将涂层去除后再进行处理。去除的物质应收集、贮存于密闭容器内，并应交给有相关资质的企业处置。

7.4.2 处理废弃硒鼓时应设置废气处理系统，处理后废气排放应符合 GB 16297 的有关规定。

7.4.3 处理废弃调色墨盒、液体、膏体和彩色墨粉时，应设置废气处理系统，处理后废气排放应符合 GB 16297 的有关规定。

7.5 废塑料处理

7.5.1 禁止直接填埋废弃电器电子产品拆出的废塑料。

7.5.2 废塑料处理应符合 HJ/T364 的规定。

7.5.3 废弃电器电子产品拆出的含多溴联苯（PBB）和多溴联苯醚（PBDE）等阻燃剂的废塑料应与其他塑料分类处理。

7.6 废电线电缆类处理

7.6.1 处理废电线电缆时，应将金属、塑料或橡胶分离，含多溴联苯（PBB）和多溴联苯醚（PBDE）等阻燃剂的电线电缆应与其他电线电缆分类进行处理。

7.6.2 禁止采用露天焚烧、简易窑炉焚烧方法处理废电线电缆。当采用焚烧方法处理废电线电缆时，必须设有废气处理设施，处理后废气排放应符合 GB 18484 的有关规定。

7.6.3 采用粉碎、分选方法处理废电线电缆时，应设有废气处理设施，处理后废气排放应符合 GB 16297 的有关规定。

7.6.4 采用水力摇床分选粉碎后的废电线电缆时，应设置废水处理及循环利用系统，处理后废水排放应符合 GB 8978 的控制要求，产生的污泥应按危险废物处置。

7.6.5 废电线电缆塑料外皮的再生利用应符合 HJ/T364 的规定。

7.7 废弃冰箱绝热层及废弃压缩机的处理

7.7.1 禁止随意处理含有发泡剂的绝热层。

7.7.2 采取粉碎、分选方法处理废弃冰箱绝热层时，应在专用的负压密闭设备中进行，该设备应具有收集发泡剂的装置和废气处理系统，处理后废气排放应符合 GB 16297 的控制要求。

7.7.3 处理聚氨酯硬质发泡材料应采取防爆、阻燃措施。

7.7.4 处理压缩机应设排风和废气处理系统，处理后废气排放应符合 GB 16297 的控制要求。

7.7.5 压编机切割前应清除机内的油脂类物质，清除的油脂应罐装单独贮存，并交危险废物处理厂处置。

7.7.6 使用火焰切割压缩机时，应采取消防措施。

7.7.7 使用机械切割压缩机时，切割场地及操作工位应设防护挡板。

7.8 废弃液晶显示屏的处理

7.8.1 在未解决废弃液晶显示屏的再生利用前，可先对废弃液晶显示屏进行封存或焚烧。

7.8.2 采用焚烧方法时，必须设有废气处理设施，处理后废气排放应符合 GB 18484 的有关规定。

7.9 废电机、废变压器的处理

7.9.1 当采用物理方法处理时，在拆解过程产生的废油等液态废物应通过有效的设施进行单独收集，并按照危险废物进行处置，对所产生的粉尘、废渣应按危险废物处置。

7.9.2 当采用焚烧方法处理时，对所产生的废气应设置废气处理系统，处理后废气排放应符合 GB 18484 的有关规定。

8 待处置废物污染控制技术要求

8.1 对附录 B 要求取出的、不能再生利用的物质及处理过程中产生的不能再生利用的粉尘、废液、污泥及废渣等应分别处置。

8.2 对废弃印制电路板处理后，不能再生利用的粉尘、污泥、废渣应按危险废物处置。

8.3 对含发泡剂的聚氨酯硬质发泡材料进行处理后，当发泡剂的残余量大于 2%（重量比）时，应交给危险废物处理厂处置。

8.4 含发泡剂的聚氨酯硬质发泡材料处理过程中收集的粉尘，应按 CB5085.1～7 进行鉴别，经鉴别属于危险废物的应按危险废物处置。

8.5 用吸附法处理废弃冰箱溢出的制冷剂、发泡剂气体时，当吸附剂不能再使用时应密闭保存，应交给危险废物处理厂处置。

8.6 处理废弃阴极射线管（CRT）后的粉尘、废液、污泥及废渣应按危险废物处置。

8.7 清除废弃硒鼓上含有砷化硒或硫化镉涂层时产生的粉尘应按危险废物处置。

8.8 荧光粉应按危险废物处置。

8.9 含多溴联苯（PBB）和多溴联苯醚（PBDE）等阻燃剂的废塑料不能再生利用时，宜按危险废物处置。

8.10 凡采用化学方法处理废弃电器电子产品产生的废液和污泥，应根据 GB 5085.1～7 进行危险废物鉴别，经鉴别属于危险废物的应按危险废物处置。

8.11 拆解取出有害物的处置

8.11.1 含多氯联苯（PCBs）系列的电容器应按危险废物处置，并应符合 GB 13015 的有关规定。

8.11.2 含汞及其化合物的废物应按危险废物处置。

8.11.3 含有石棉的部件及其废物应按危险废物处置。

8.11.4 润湿处理耐火陶瓷纤维的部件时，应采取防止飞散的措施并进行固化处理。

9 管理要求

9.1 收集商、运输商、拆解或（和）处理企业应建立记录制度，记录内容应包括：

a）接收的废弃电器电子产品的名称、种类、重量和/或数量、来源；

b）处理后各类部件和材料的种类、重量和/或数量、处理方式与去向；

c）处理残余物的种类、重量和/或数量、处置方式与去向。

9.2 收集商、运输商、拆解或（和）处理企业有关废弃电器电子产品收集处理的记录、污染物排放监测记录以及其他相关记录应至少保存 3 年以上，并接受环保部门的检查。

9.3 宜对收集商、运输商、拆解或（和）处理过程可能造成的职业安全卫生风险进行评估。应遵守国家相关的职业安全卫生标准，并制定操作时突发事件的处理规程。对可能受到有害物质威胁的员工应提供完整的防护装备和措施。

9.4 操作人员在拆解、处理新的废物类型时，应有技术部门人员的指导或岗前培训。

9.5 处理企业应对排放的废气、废水及周边环境定期进行监测。

9.6 处理后含有危险物质的材料应有相应的安全检测和风险评估报告，确保无环境和人身健康风险才可再生利用。

9.7 处理企业应按 GB 5085.1～7 危险废物鉴别标准，对处理过程中产生的固体废物进行鉴别，经鉴别属于危险废物的，应交有危险废物经营许可证的单位处置。

10 实施与监督

本标准由县级以上人民政府环境保护主管部门负责监督实施。

附 录 A
（规范性附录）
废弃电器电子产品的类别及清单

A.1 废弃电器电子产品类别

废弃电器电子产品包括计算机产品、通信设备、视听产品及广播电视设备、家用及类似用途电器产品、仪器仪表及测量监控产品、电动工具和电线电缆共七类，并包括构成其产品的所有零（部）件、元（器）件和材料。

A.2 各类废弃电器电子产品清单

A.2.1 计算机产品

a）电子计算机整机产品

b）计算机网络产品

c）电子计算机外部设备产品

d）电子计算机配套产品及材料

e）电子计算机应用产品

f）办公设备及信息产品

A.2.2 通信设备

a）通信传输设备

b）通信交换设备

c）通信终端设备

d）移动通信设备及移动通信终端设备

e）其他通信设备

A.2.3 视听产品及广播电视设备

a）电视机

b）摄录像、激光视盘书等影视产品

c）音响产品
d）其他电子视听产品
e）广播电视制作、发射、传输设备
f）广播电视接收设备及器材
g）应用电视设备及其他广播电视设备
A.2.4 家用及类似用途电器产品
a）制冷电器产品
b）空气调节产品
c）家用厨房电器产品
d）家用清洁卫生电器产品
e）家用美容、保健电器产品
f）家用纺织产品、衣物护理电器产品
g）家用通风电器产品
h）运动和娱乐器械及电动玩具
i）自动售卖机
j）其他家用电动产品
A.2.5 仪器仪表及测量监控产品
a）电工仪器仪表产品
b）电子测量仪器产品
c）监测控制产品
d）绘图、计算及测量仪器产品
A.2.6 电动工具
a）对木材、金属和其他材料进行加工的设备
b）用于铆接、打钉或拧紧或除去铆钉、钉子、螺丝或类似用途的工具
c）用于焊接或者类似用途的工具
d）通过其他方式对液体或气体物质进行喷雾、涂敷、驱散或其他处理的设备
e）用于割草或者其他园林活动的工具
A.2.7 电线电缆
a）电线电缆
b）光纤、光缆

附　录　B

（规范性附录）

预先取出的零（部）件、元（器）件及材料

废电器电子产品预先取出的零（部）件、元（器）件及材料中含有害物质种类及说明见下表：

序号	零（部）件、元（器）件及材料	有毒有害物质	说　　明
1	含多氯联苯（PCBs）系列的电容器	PCBs、PCT	多氯二联苯（PCBs）和多氯三联苯（PCT）常作电容器绝缘散热介质。大的电容器用在功率因素校正和类似的功能的电器上，小的电容器用在荧光和其他放电照明器以及用于家用电器上的分马力电机。大型家用电器用电容器的较多
2	电池	Hg，Pb，Cd 及易燃物	含有重金属，如铅、汞和镉等的电池、氧化汞电池、镍镉电池以及锂电池等
3	含镉的继电器、传感器、开关等电接触件	Cd	触点材料为银氧化镉（AgCdO）的电器等电接触件
4	含汞的开关	Hg	利用汞（水银）位置变化，使电器倾倒时起断电保护的开关、电接触器、温度计、自动调温装置、位置传感器和继电器
5	印制电路板	Pb，Cr^{6+}，Cd，Br，Cl	印制电路板上有各种元器件，其中 SMD 芯片电阻器、红外监测器和半导体中含有镉；封装电子组件用锡铅焊料中含有铅；印制电路板上含有溴化阻燃剂
6	阴极射线管（CRT）	Pb	阴极射线管上含铅的玻璃
7	气体放电灯等背投光源	背投光源里的 Hg	液晶显示器的背投光源及投影系统的高压汞灯
8	含有卤化阻燃剂的塑料	Br，Pb，Cd	既含有作阻燃剂的多溴联苯或多溴二苯醚，又有作稳定剂、脱模剂、颜料的铅与镉
9	氯氟烃（CFCs）、氢氯氟烃（HCFCs）等或含有碳氢化合物（HCs）的制冷剂	CFC，HCFC，HFC，HCs	制冷机、冰箱等的制冷回路中含有消耗臭氧层或温室效应潜能（GWP）大于 15 的制冷剂，如氯氟烃（CFC）、氢氯氟烃（HCFC）、氢氟烃（HFC）或碳氢化合物（HCs）
10	石棉废物及含有石棉废物的元件	粉尘	电器电子中用作保温、绝缘的石棉布、石棉绳、软板等石棉系列
11	调色墨盒、液体、膏体和彩色墨粉	Pb、Cd、特殊碳粉	在打印机、复印机和传真机中使用的调色墨盒、液体、膏体和彩色墨粉，含有铅、镉以及特殊炭粉
12	耐火陶瓷纤维（RCFs）的元件	玻璃状的硅酸盐纤维	用于家用电器中的加热器和干燥炉的内层。它们含有随意方向的碱性氧化物（Na_2O+K_2O+CaO+MgO+BaO），其含量小于或等于 18%（质量分数），与石棉有相同的性质
13	含有放射性物质的部件	离子化辐射	一些类型的烟尘探测器含有放射性元素
14	硒鼓	Cd，Se	涂敷了砷化硒或硫化镉涂层的复印机硒鼓

注：随着科学技术的进步，电器电子产品的绿色设计、处理工艺和方法的改进，表中所列零（部）件、元（器）件及材料，应进行修订。

第五节　其他标准

中华人民共和国国家标准
GB 2762—2005

食品中污染物限量

前　言

本标准全文强制。

本标准代替并废止 GB 14935—1994《食品中铅限量卫生标准》、GB 15201—1994《食品中锡限量卫生标准》、GB 2762—1994《食品中汞限量卫生标准》、GB 4810—1994《食品中砷限量卫生标准》、GB 14961—1994《食品中铬限量卫生标准》、GB 15202—2003《面制食品中铝限量》、GB 13105—1991《食品中硒限量卫生标准》、GB 4809—1984《食品中氟允许量标准》、GB 7104—1994《食品中苯并[a]芘限量卫生标准》、GB 9677—1998《食品中 N-亚硝胺限量卫生标准》、GB 9674—1988《海产食品中多氯联苯限量标准》、GB 15198—1994《食品中亚硝酸盐限量卫生标准》、GB 13107—1991《植物性食品中稀土限量卫生标准》。

本标准与原单项的限量标准相比主要变化如下：

— 按照 GB/T 1.1—2000 对标准文本格式进行修改；

— 本标准将 GB 14935—1994、GB 15201—1994 等 13 项污染物限量标准合并为本标准；

— 依据危险性评估，参照 CAC 标准，部分食品品种和限量指标做了相应修改；

— 个别项目目标物改变，如 GB 9674—1988 中多氯联苯以 PCB1 和 PCB5 为目标物的限量指标，本标准以 PCB28，PCB52，PCB101，PCB118，PCB138，PCB153 和 PCB180 的总和计，并增加 PCB138，PCB153 两项限量指标；

— 等效采用 CAC 标准，取消 GB 4810—1994 中总砷所涉及的部分食物品种，增设糖、食用油脂、果汁及果浆、可可制品五个食品品种的限量指标。

本标准于 2005 年 10 月 1 日起实施，过渡期为一年。即 2005 年 10 月 1 日前生产并符合相应标准要求的产品，允许销售至 2006 年 9 月 30 日止。

本标准的附录 A 为资料性附录。

本标准由中华人民共和国卫生部提出并归口。

本标准起草单位：中国疾病预防控制中心营养与食品安全所、卫生部卫生监督中心。

本标准主要起草人：吴永宁、王绪卿、杨惠芬、赵丹宇。

本标准其他起草单位和起草人参见附录 A。

本标准所代替的标准的历次版本发布情况为：

— GBn 52—1977，GB 2762—1981，GB 2762—1994；

— GB 4809—1984；

— GB 4810—1984，GB 4810—1994；

— GB 7104—1986，GB 7104—1994；

— GB 9674—1988；
— GB 9677—1988，GB 9677—1998；
— GB 13105—1991；
— GB 13107—1991；
— GB 14935—1994；
— GB 14961—1994；
— GB15198—1994；
— GBn 238—1984，GB 15201—1994；
— GB 15202—1994，GB 15202—2003。

1 范围

本标准规定了食品中污染物的限量指标。

本标准适用于各类食品。

2 规范性引用文件

下列文件中的条款通过本标准的引用而成为本标准的条款。凡是注日期的引用文件，其随后所有的修改单（不包括勘误的内容）或修订版均不适用于本标准。然而，鼓励根据本标准达成协议的各方研究是否可使用这些文件的最新版本。凡是不注日期的引用文件，其最新版本适用于本标准。

GB/T 5009.11 食品中总砷及无机砷的测定
GB/T 5009.12 食品中铅的测定
GB/T 5009.15 食品中镉的测定
GB/T 5009.17 食品中总汞及有机汞的测定
GB/T 5009.18 食品中氟的测定
GB/T 5009.26 食品中 N-亚硝胺类的测定
GB/T 5009.27 食品中苯并[a]芘的测定
GB/T 5009.33 食品亚硝酸盐与硝酸盐的测定
GB/T 5009.93 食品中硒的测定
GB/T 5009.94 植物性食品中稀土的测定
GB/T 5009.123 食品中铬的测定
GB/T 5009.182 面制食品中铝的测定
GB/T 5009.190 海产食品中多氯联苯的测定

3 术语和定义

下列术语和定义适用于本标准。

3.1 污染物 contaminant

食品在生产（包括农作物种植、动物饲养和兽医用药）、加工、包装、贮存、运输、销售、直至食用过程或环境污染所导致产生的任何物质，这些非有意加入食品中的物质为污染物，包括除农药、兽药和真菌毒素以外的污染物。

3.2 限量 maximum levels，MLs

污染物在食品中的允许最大浓度。

4 指标要求

4.1 铅

4.1.1 食品中铅限量指标见表 1。

表 1 食品中铅限量指标

食品	限量（MLs）/（mg/kg）
谷类	0.2
豆类	0.2
薯类	0.2
禽畜肉类	0.2
可食用禽畜下水	0.5
鱼类	0.5
水果	0.1
小水果、浆果、葡萄	0.2
蔬菜（球茎、叶菜、食用菌类除外）	0.1
球茎蔬菜	0.3
叶菜类	0.3
鲜乳	0.05
婴儿配方奶粉（乳为原料，以冲调后乳汁计）	0.02
鲜蛋	0.2
果酒	0.2
果汁	0.05
茶叶	5

4.1.2 检验方法：按 GB/T 5009.12 规定的方法测定。

4.2 镉

4.2.1 食品中镉限量指标见表 2。

表 2 食品中镉限量指标

食品	限量（MLs）/（mg/kg）
粮食	
大米、大豆	0.2
花生	0.5
面粉	0.1
杂粮（玉米、小米、高粱、薯类）	0.1
禽畜肉类	0.1
禽畜肝脏	0.5
禽畜肾脏	1.0
水果	0.05
根茎类蔬菜（芹菜除外）	0.1
叶菜、芹菜、食用菌类	0.2
其他蔬菜	0.05
鱼	0.1
鲜蛋	0.05

4.2.2 检验方法：按 GB/T 5009.15 规定的方法测定。

4.3 汞

4.3.1 食品中汞限量指标见表 3。

表 3 食品中汞限量指标

食品	限量（MLs）/（mg/kg）	
	总汞（以 Hg 计）	甲基汞
粮食（成品粮）	0.02	—
薯类（土豆、白薯）、蔬菜、水果	0.01	—
鲜乳	0.01	—
肉、蛋（去壳）	0.05	—
鱼（不包括食肉鱼类）及其他水产品	—	0.5
食肉鱼类（如鲨鱼、金枪鱼及其他）	—	1.0

4.3.2 检验方法：按 GB/T 5009.17 规定的方法测定。

4.4 砷

4.4.1 食品中砷限量指标见表 4。

表 4 食品中砷限量指标

食品	限量（MLs）/（mg/kg）	
	总砷	无机砷
粮食		
大米	—	0.15
面粉	—	0.1
杂粮	—	0.2
蔬菜	—	0.05
水果	—	0.05
畜禽肉类	—	0.05
蛋类	—	0.05
乳粉	—	0.25
鲜乳	—	0.05
豆类	—	0.1
酒类	—	0.05
鱼	—	0.1
藻类（干重计）	—	1.5
贝类及虾蟹类（以鲜重计）	—	0.5
贝类及虾蟹类（以干重计）	—	1.0
其他水产食品（以鲜重计）	—	0.5
食用油脂	0.1	—
果汁及果浆	0.2	—
可可脂及巧克力	0.5	—
其他可可制品	1.0	—
食糖	0.5	—

4.4.2 检验方法：按 GB/T 5009.11 规定的方法测定。

4.5 铬

4.5.1 食品中铬限量指标见表 5。

表 5 食品中铬的限量指标

食品	限量（MLs）/（mg/kg）
粮食	1.0
豆类	1.0
薯类	0.5
蔬菜	0.5
水果	0.5
肉类（包括肝、肾）	1.0
鱼贝类	2.0
蛋类	1.0
鲜乳	0.3
乳粉	2.0

4.5.2 检验方法：按 GB/T 5009.123 规定的方法测定。

4.6 铝

4.6.1 食品中铝限量指标见表 6。

表 6 面制食品中铝限量指标

食品	限量（MLs）/（mg/kg）
面制食品（以质量计）	100

4.6.2 检验方法：按 GB/T 5009.182 规定的方法测定。

4.7 硒

4.7.1 食品中硒限量指标见表 7。

表 7 食品中硒限量指标

食品	限量（MLs）/（mg/kg）
粮食（成品粮）	0.3
豆类及制品	0.3
蔬菜	0.1
水果	0.05
禽畜肉类	0.5
肾	3.0
鱼类	1.0
蛋类	0.5
鲜乳	0.03
乳粉	0.15

4.7.2 检验方法：按 GB/T 5009.93 规定的方法测定。

4.8 氟

4.8.1 食品中氟限量指标见表 8。

表 8　食品中氟限量指标

食品	限量（MLs）/（mg/kg）
粮食	
大米、面粉	1.0
其他	1.5
豆类	1.0
蔬菜	1.0
水果	0.5
肉类	2.0
鱼类（淡水）	2.0
蛋类	1.0

4.8.2 检验方法：按 GB/T 5009.18 规定的方法测定。

4.9 苯并[a]芘

4.9.1 食品中苯并[a]芘限量指标见表 9。

表 9　食品中苯并[a]芘限量指标

食品	限量（MLs）/（μg/kg）
熏烤肉	5
植物油	10
粮食	5

4.9.2 检验方法：按 GB/T 5009.27 规定的方法测定。

4.10 *N*-亚硝胺

4.10.1 食品中 *N*-亚硝胺的限量指标见表 10。

表 10　食品中 *N*-亚硝胺的限量指标

食品	限量（MLs）/（μg/kg）	
	N-二甲基亚硝胺	*N*-二乙基亚硝胺
海产品	4	7
肉制品	3	5

4.10.2 检验方法：按 GB/T 5009.26 规定的方法测定。

4.11 多氯联苯

4.11.1 海产食品中多氯联苯限量指标见表 11。

表 11　海产食品中多氯联苯限量指标

食品	限量（MLs）/（mg/kg）		
	多氯联苯[a]	PCB138	PCB153
海产鱼、贝、虾以及藻类食品（可食部分）	2.0	0.5	0.5

a 以 PCB28、PCB52、PCB101、PCB118、PCB138、PCB153 和 PCB180 总和计。

4.11.2 检验方法：按 GB/T 5009.190 规定的方法测定。

4.12 亚硝酸盐

4.12.1 食品中亚硝酸盐限量指标见表 12。

表 12 食品中亚硝酸盐限量指标

食品	限量（MLs）/（mg/kg）
粮食（大米、面粉、玉米）	3
蔬菜	4
鱼类	3
肉类	3
蛋类	5
酱腌菜	20
乳粉	2
食盐（以 NaCl）	2

4.12.2 检验方法：按 GB/T 5009.33 规定的方法测定。

4.13 稀土

4.13.1 植物性食品中稀土限量指标见表 13。

表 13 植物性食品中稀土限量指标

食品	限量[a]（MLs）/（mg/kg）
粮食 稻谷、玉米、小麦	2.0
蔬菜（菠菜除外）	0.7
水果	0.7
花生仁	0.5
马铃薯	0.5
绿豆	1.0
茶叶	2.0

a 以稀土氧化物总量计。

4.13.2 检验方法：按 GB/T 5009.94 规定的方法测定。

附 录 A
（资料性附录）
本标准其他起草单位、起草人汇总表

表 A.1 本标准其他起草单位、起草人汇总表

序号	污染物	起草单位	起草人
1	铅	上海市疾病预防控制中心、中国疾病预防控制中心营养与食品安全所、浙江省医学科学院	吴其乐、王淮洲、顾伟勤、胡欣、苏雁
2	镉	上海市疾病预防控制中心、中国疾病预防控制中心营养与食品安全所、华西医科大学	吴其乐、韩驰、杨慧芬、王淮洲、顾伟勤、田水碧
3	汞	中国疾病预防控制中心营养与食品安全所、上海市疾病预防控制中心、江苏省卫生防疫站、广东省疾病预防控制中心	杨慧芬、沈文、邹宗富、金传玉、梁春穗
4	砷	中国疾病预防控制中心营养与食品安全所、华西医科大学、山东省卫生防疫站、河北省卫生防疫站、广东省卫生防疫站、江苏省疾病预防控制中心、安徽省卫生防疫站、吉林省卫生防疫站、浙江宁波市卫生防疫站、湖北省十堰市卫生防疫站、辽宁省卫生监督所	杨慧芬、王淮洲、田水碧、陆冰贞、邢俊娥、梁春穗、仓公敖、施宏景、边疆、蒋丽、王耀成、王正
5	铬	青岛医学院、中国疾病预防控制中心营养与食品安全所	李珏声、张秀珍、王淮洲、高俊全、张欣棉
6	铝	中国疾病预防控制中心营养与食品安全所、上海市疾病预防控制中心、广东省疾病预防控制中心、湖南省疾病预防控制中心、华西医科大学、成都市卫生防疫站、天津市公共卫生监督所	苏德昭、王林、王永芳、王绪卿、杨惠芬、赵丹宇、王冶
7	硒	中国疾病预防控制中心营养与食品安全所	王淮洲、杨光圻、韩驰
8	氟	中国疾病预防控制中心营养与食品安全所	王淮洲
9	苯并[a]芘	广西壮族自治区卫生防疫站、中国疾病预防控制中心营养与食品安全所	池凤、王淮洲
10	N-亚硝胺	中国疾病预防控制中心营养与食品安全所、北京医科大学公共卫生学院、福建省卫生防疫站	高俊全、宋圃菊、王淮洲、林升清、蔡一新
11	多氯联苯	中国疾病预防控制中心营养与食品安全所	吴永宁
12	亚硝酸盐	中国疾病预防控制中心营养与食品安全所、河南省疾病预防控制中心、吉林省卫生防疫站、黑龙江省疾病预防控制中心、青岛医学院	杨慧芬、王淮洲、张秀珍、王金凤、罗雁飞
13	稀土	中国疾病预防控制中心营养与食品安全所、辽宁省疾病预防控制中心、湖南省卫生防疫站、上海市疾病预防控制中心、福州市卫生防疫站	苏德昭、翟永信、向良迪、沈文、孙秀钦

中华人民共和国卫生行业标准
WS/T 265—2006

职业接触汞的生物极限

前　言

本标准的附录 A 是资料性附录。

本标准由卫生部职业病诊断标准专业委员会提出。

本标准由中华人民共和国卫生部批准。

本标准起草单位：中国疾病预防控制中心职业卫生与中毒控制所、上海市职业病医院。

本标准主要起草人：朱秋鸿、黄金祥、孙道远、闵珍、张福刚。

1 范围

本标准规定了职业接触汞及其无机化合物的生物监测指标、生物接触限值及监测检验方法。

本标准适用于职业接触汞及其无机化合物劳动者的生物监测。

2 规范性引用文件

下列文件中的条款，通过本标准的引用而成为本标准的条款。凡是注日期的引用文件，其随后的所有修改单（不包括勘误的内容）或修订版均不适用于本标准，然而，鼓励根据本标准达成协议的各方研究是否可使用这些文件的最新版本。凡是不注日期的引用文件，其最新版本适用于本标准。

WS/T 24　尿中汞的酸性氯化亚锡还原-冷原子吸收光谱法

WS/T 25　尿中汞的碱性氯化亚锡还原-冷原子吸收光谱法

WS/T 27　尿中汞的选择性还原-冷原子吸收光谱法

WS/T 97　尿中肌酐分光光度测定方法

WS/T 98　尿中肌酐反相高效液相色谱测定方法

3 生物监测指标和接触限值

接触汞的生物监测指标和生物限值见表 1。

表 1　接触汞的生物监测指标和生物限值

生物监测指标	职业接触生物限值	采样时间
尿总汞	20μmol/mol 肌酐（35μg/g 肌酐）	接触 6 个月后工作班前

4 监测检验方法

4.1 尿总汞的监测检验方法按 WS/T 24 或 WS/T 25 或 WS/T 27 执行。

4.2 尿肌酐的监测检验方法按 WS/T 97 或 WS/T 98 执行。

附　录 A
（资料性附录）
正确使用本标准说明

A.1 适用范围

本标准适用于职业接触汞及其无机化合物劳动者的生物监测，如汞矿开采和冶炼工，氯碱生产工，有机合成用汞作触媒工。荧光灯、整流器、X 射线管球等电器及电池的制造工，仪器仪表的生产，使用和维修工，用汞齐法提取金、银等贵重金属者，用汞齐镀金和馏金工，原子能钚反应堆用汞作冷却剂者，口腔科用银汞齐补牙医技人员，用汞及其无机物作颜料、涂料、医药原料、木材保存、引爆剂等作业者。

A.2 生物监测指标的选择

尿汞是体内汞排泄的主要途径。在接触空气中汞浓度相对恒定条件下，半年至一年后职业接触汞的劳动者尿汞排出量与工作场所空气中汞浓度密切相关，且国内已建立了尿汞测定的标准方法，故本标准选择尿汞作为生物监测指标。

A.3 监测结果的评价

A.3.1 尿汞可作为评价近期金属汞蒸气和无机汞化合物接触量的指标。

A.3.2 尿汞的测定结果主要用于职业接触者的群体评价，也可用于职业接触劳动者的个体评价。

A.3.3 当尿汞测定值超过职业接触生物限值时，表示劳动者有过量接触。

A.3.4 本标准推荐的生物监测指标尿汞测定结果与工作场所空气中汞浓度测定结果结合起来，则可更全面地评价工作场所职业卫生条件和劳动者的接触水平。

A.3.5 影响尿汞的因素较多，个体变异较大，应经多次反复测定（如每月 1 次，连续 2～3 次），才能更准确地评价接汞量和健康危险度。

A.4 监测检验的要求

A.4.1 汞在人体内的生物半减期较长，因此，尿汞采样时间可不作严格要求。为避免采样过程中周围环境和工作服污染对测定结果的影响，并保证各次测定结果的可比性，规定采集工作班前尿。

A.4.2 采样时要严防污染。采集的尿样在 4℃冰箱可保存 1 周，在－20℃低温冰箱可保存 4 周。根据选用的测定方法，可在收集的尿样中加入盐酸或氢氧化钠以酸化或碱化尿液，以防容器吸附。

A.4.3 在尿样的运送和保存中，应特别注意防止细菌生长造成某些汞化合物还原成元素汞，经挥发而损失。

中华人民共和国电子行业标准

SJ/T 11363—2006

电子信息产品中有毒有害物质的限量要求

前　言

本标准的附录 A 为资料性附录。

本标准由中国电子技术标准化研究所归口。

本标准主要起草单位：信息产业部电子第五研究所。

本标准参与起草单位：参见附录 A。

本标准主要起草人：王晓晗、罗道军。

引　言

目前许多电子信息产品由于功能和生产技术的需要，仍含有大量如铅、汞、镉、六价铬、多溴联苯、多溴二苯醚等有毒有害物质或元素。这些含有毒有害物质或元素的电子信息产品在废弃之后，如处置不当，不仅会对环境造成污染，也会造成资源的浪费。因此，以有害物质或元素的减量化、替代为主要任务的电子信息产品污染控制工作已经提到政府主管部门的议事日程。

为了达到资源节约、环境保护的目的，信息产业部等国务院七部委“从源头抓起，立法先行”，制定了《电子信息产品污染控制管理办法》（信息产业部第 39 号令），以立法的方式，推动电子信息产品污染控制工作。旨在从电子信息产品的研发、设计、生产、销售、进口等环节限制或禁止使用上述六种有害物质或元素。

为了配合《电子信息产品污染控制管理办法》的实施，特制定本标准。本标准在考虑了电子信息产品的生产者和进口者从源头控制有毒有害物质或元素污染的需要的同时，又考虑到监督检查机构实施监管或测试的可行性，与国际相关标准衔接的要求，结合行业的现状、经济与技术上的可行性等，制定出限制使用的有害物质合理的限值指标。

1 范围

本标准规定了电子信息产品中含有毒有害物质的最大允许浓度。

本标准适用于《电子信息产品污染控制管理办法》中规定的进入污染控制重点管理目录的电子信息产品。

2 规范性引用文件

下列文件中的条款通过本标准的引用而成为本标准的条款。凡是注日期的引用文件，其随后所有的修改单（不包括勘误的内容）或修订版均不适用于本标准，然而，鼓励根据本标准达成协议的各方研究是否可使用这些文件的最新版本。凡是不注日期的引用文件，其最新版本适用于本标准。

SJ/T 11365—2006《电子信息产品中有毒有害物质的检测方法》。

3 术语和定义

下列术语和定义适用于本标准。

3.1 物质 substance

自然界中存在的由化学元素组成的单质或化合物。

3.2 有毒有害物质或元素 hazardous substance，HS

电子信息产品中含有的铅、汞、镉、六价铬、多溴联苯（PBB）、多溴二苯醚（PBDE，不包括十溴二苯醚）。

3.3 电子信息产品 electronic information products，EIP

采用电子信息技术制造的电子雷达产品、电子通信产品、广播电视产品、计算机产品、家用电子产品、电子测量仪器产品、电子专用产品、电子元器件产品、电子应用产品以及电子材料产品等产品及其配件。

3.4 生产者 producer

在中华人民共和国境内从事电子信息产品生产的自然人或法人。

3.5 进口者 importer

在中华人民共和国境内从事电子信息产品进口的自然人或法人。

3.6 材料 materials

一种物质，或几种物质的混合物，如金属（镀层、焊料合金、黄铜）、塑料（ABS、尼龙、PVC）、陶瓷（介电材料）等。

3.7 均匀材料 homogeneous materials

由一种或多种物质组成的各部分均匀一致的材料。

3.8 有意添加（有毒有害物质）adding（HS）intentionally

生产者或进口者为使其产品达到某种性能指标而故意使用有毒有害物质，并且所使用有毒有害物质符合下列情况之一者，即视为有意添加：

a）利用 SJ/T 11365—2006 中第 5 章规定的方法所检测的铅、汞、镉为不合格的；

b）利用 SJ/T 11365—2006 中 8.1 规定的方法检测出含六价铬的。

3.9 零部件 components

电子信息产品中具有一定功能或用途的结构单元，如元器件、机箱、支架、螺丝钉、开关、导线等。

3.10 检测单元 testunit

可以直接提交进行定量检测的不需要进一步机械拆分的样品。

4 要求

电子信息产品一般由零部件以及材料构成，其基本的构成单元则是材料。为了达到控制有毒有害物质使用的目的，首先将电子信息产品的这些组成单元按表 1 进行分类，当分类有重合或矛盾时，应该依照 EIP-A/EIP-B/EIP-C 的顺序进行归类，即如果能按 EIP-A 归类的则不宜归为 EIP-B 或 EIP-C 类。构成电子信息产品的各材料或部件均必须分别符合相应的技术要求，具体要求见表 2。

表 1 电子信息产品的组成单元分类

组成单元类别	组成单元定义
EIP-A	构成电子信息产品的各均匀材料
EIP-B	电子信息产品中各部件的金属镀层
EIP-C	电子信息产品中现有条件不能进一步拆分的小型零部件或材料，一般指规格小于或等于 4 mm^3 的产品

表 2 有毒有害物质的限量要求 单位：质量分数

单元类别	限量要求
EIP-A	在该类组成单元中，铅、汞、六价铬、多溴联苯、多溴二苯醚（十溴二苯醚除外）的含量不应该超过 0.1%，镉的含量不应该超过 0.01%
EIP-B	在该类组成单元中，铅、汞、镉、六价铬等有害物质不得有意添加
EIP-C	在该类组成单元中，铅、汞、六价铬、多溴联苯、多溴二苯醚（十溴二苯醚除外）的含量不应该超过 0.1%，镉的含量不应该超过 0.01%

5 检测规则

5.1 检测单元

检测单元应该是表 1 中所列的构成电子信息产品的各组成单元。

5.2 检测方法

电子信息产品中有毒有害物质的详细检测方法依照 SJ/T 11365—2006 执行。

6 合格判定

电子信息产品中所有组成单元中的有毒有害物质含量经检测后均满足表 2 的要求，则判该电子信息产品合格；如果任意一组成单元不满足表 2 的要求，则判为不合格。

附 录 A
（资料性附录）
本标准参与起草单位名单

（按首字拼音顺序，排名不分先后）

爱立信（中国）有限公司

爱普生（中国）有限公司

安捷伦科技有限公司

北京达博长城锡焊料有限公司

北京谱尼理化分析测试中心

北京瑞利分析仪器公司

北京首信诺基亚移动通讯有限公司

超威半导体（中国）有限公司

戴尔（中国）有限公司

东陶机器（中国）有限公司

方正科技集团股份有限公司

飞利浦（中国）投资有限公司

福建省电子产品监督检验所

钢铁研究总院

广州有色金属研究院

国际商业机器（IBM）中国有限公司

海尔集团技术研发中心

华为技术有限公司

惠州市 TCL 电脑科技有限责任公司

佳能（中国）有限公司

江苏省电子产品监督检验所
京东方科技集团股份有限公司
浪潮集团有限公司
朗讯科技（中国）有限公司
联想（北京）有限公司
摩托罗拉（中国）电子有限公司
青岛海信集团
清华大学材料科学与工程研究院
日电（中国）有限公司
日立（中国）有限公司　上海分公司
三星电子（北京）技术服务有限公司
上海贝尔阿尔卡特股份有限公司
上海广电（集团）有限公司
上海天祥质量技术服务有限公司
绍兴市天龙锡材有限公司
深圳市华测检测技术有限公司
深圳市中科佳电子高新科技有限公司
松下电器（中国）有限公司
索尼（中国）有限公司
苏州 UL 美华认证有限公司
苏州市电子产品检验所有限公司（苏州质监站）
天津市电子学会
通标标准技术服务有限公司
夏普办公设备（常熟）有限公司
厦门华侨电子企业有限公司
香港科技大学封装实验室
香港利盟国际（中国）有限公司
信息产业部电信研究院
信息产业部电子第四研究所
信息产业部电子第五研究所
信息产业部专用材料质量监督检验中心
兄弟（中国）商业有限公司
熊猫电子集团有限公司
雅保化工（上海）公司
亚通电子有限公司
英特尔（中国）有限公司
中国电子质量管理协会
中国惠普有限公司
中国家用电器协会废旧电子电器再生利用分会
中国家用电器研究院
中国阻燃学会
中兴通讯股份有限公司

第七章　涉汞地方标准

北京市地方标准

DB11/501—2007

大气污染物综合排放标准（北京）

前　言

为控制本市固定污染源大气污染物排放，保障人体健康、保护生态环境、改善环境空气质量，根据《中华人民共和国大气污染防治法》和《北京市实施〈中华人民共和国大气污染防治法〉办法》，制定本标准。本标准为强制性标准。

本标准实施后，《北京市废气排放标准》（试行，1984 年）废止。下列标准适用的污染源执行以下相应标准：

DB 11/139—2007　锅炉大气污染物排放标准

DB 11/206—2003　储油库油气排放控制和限值

DB 11/207—2003　油罐车油气排放控制和检测规范

DB 11/208—2003　加油站油气排放控制和限值

DB 11/237—2004　冶金、建材行业及其它工业炉窑大气污染物排放标准

DB 11/447—2007　炼油与石油化学工业大气污染物排放标准

DB 11/502—2007　生活垃圾焚烧大气污染物排放标准

DB 11/503—2007　危险废物焚烧大气污染物排放标准

除上述污染源执行北京市地方标准，饮食业油烟排放执行国家《饮食业油烟排放标准（试行）》（GB 18483—2001）外，其它固定污染源大气污染物排放控制执行本标准。本标准发布后，若本市再行发布新的适用相关行业的地方大气污染物排放标准，该行业执行相应的新发布的排放标准。

本标准与国家《大气污染物综合排放标准》和《北京市废气排放标准（试行）》相比，主要修改如下：

——本标准增加规定了国家 GB 16297—1996《大气污染物综合排放标准》和《北京市废气排放标准（试行）》中未规定的 14 项大气污染物排放限值；

——本标准规定了典型 VOCs 污染源排放要求。

本标准的附录 A、附录 B 为规范性附录、附录 C 为资料性附录。

本标准由北京市环境保护局提出并负责解释。

本标准由北京市人民政府于 2007 年 10 月 31 日批准。

本标准起草单位：国家环境保护总局环境标准研究所、北京工业大学环境与能源工程学院、北京市环境保护监测中心。

本标准主要起草人：张国宁 江梅 程水源 华蕾 黄青 王慧丽 徐成 邹兰 周羽化 孙悦凤

1 范围

本标准规定了本市固定污染源大气污染物排放控制要求。

本标准适用于现有固定污染源的大气污染物排放控制，以及新、改、扩建项目的环境影响评价、设计、竣工验收及其建成后的大气污染物排放控制。

本标准不适用于锅炉，储油库、油罐车、加油站，冶金、建材行业及其它工业炉窑，炼油与石油化学工业、饮食业油烟、生活垃圾和危险废物焚烧的大气污染物排放控制。前述固定污染源执行本市或国家相应的大气污染物排放标准。

2 规范性引用文件

下列文件中的条款通过本标准的引用而成为本标准的条款。凡是注明日期的引用文件，其随后所有的修改单（不包括勘误的内容）或修订版均不适用于本标准，然而，鼓励根据本标准达成协议的各方研究是否可使用这些文件的最新版本。凡是未注明日期的引用文件，其最新版本适用于本标准。

GB 14554　恶臭污染物排放标准

GB/T 15089　机动车辆及挂车分类

GB/T 16157　固定污染源排气中颗粒物测定与气态污染物采样方法

GBZ 2　工业场所有害因素职业接触限值

GBZ/T 160　工业场所空气有毒物质测定

HJ/T 1　气体参数测量和采样的固定位装置

HJ/T 38　固定污染源排气中非甲烷总烃的测定 气相色谱法

HJ/T 55　大气污染物无组织排放监测技术导则

QB/T 2326　四氯乙烯干洗机

QB/T 2639　石油干洗机

空气和废气监测分析方法（中国环境科学出版社，2003，第四版）

大气固定源的采样和分析（中国环境科学出版社，1993）

3 术语和定义

下列术语和定义适用于本标准。

3.1 挥发性有机物 volatile organic compounds

在 20℃条件下蒸气压大于或等于 0.01 kPa，或者特定适用条件下具有相应挥发性的全部有机化合物的统称，简写作 VOCs。根据控制对象与控制方法的不同，本标准规定了不同的 VOCs 控制指标：

a）针对排气筒排放废气中的 VOCs 以及厂界环境空气中的 VOCs，以“非甲烷总烃”和几种特定的单项物质作为控制指标；

b）针对包括逸散性排放在内的 VOCs 总量排放控制，以单位产品向环境中排放的有机溶剂质量作为控制指标。

3.2 非甲烷总烃 non-methane hydrocarbon

采用规定的监测方法 HJ/T 38，检测器有明显响应的除甲烷外的碳氢化合物的总称（以碳计）。本标准使用“非甲烷总烃（NMHC）”作为排气筒及厂界 VOCs 排放的综合控制指标。

3.3 大气污染物排放浓度 air pollutants emission concentration

标准状态下（温度 273K，压力 101.3 kPa），排气筒中每立方米干排气中所含大气污染物的质量，单位 mg/m^3。本标准规定的大气污染物排放浓度限值是指排气筒中污染物任何 1 小时浓度平均值不得超过的值。

3.4 大气污染物排放速率 air pollutants emission rate

一定高度的排气筒任何 1 小时排放污染物的质量，单位 kg/h。

3.5 无组织排放 fugitive emission

大气污染物不经过排气筒的无规则排放。

3.6 无组织排放监控点浓度限值 concentration limit at fugitive emission reference point

标准状态下（温度 273K，压力 101.3 kPa），监控点（根据 HJ/T 55 确定）的大气污染物浓度在任何 1 小时的平均值不得超过的值，单位 mg/m^3。

3.7 半导体及电子产品制造 manufacture of semiconductor and other electronic products

半导体分立器件（晶体二极管、三极管等）和集成电路的制造以及封装测试，以及电子元器件（电容、电阻等）制造、印刷电路板制造、LCD/CRT 显示器制造、电子终端产品装配、光碟片制造等。

3.8 人造板 wood-based panels

以植物纤维为原料经机械加工分离成各种形状的单元材料，再经组合并加入胶粘剂压制而成的板材，包括胶合板、纤维板、刨花板、装饰单板贴面人造板、浸渍胶膜纸饰面人造板、细木工板、实木复合地板、浸渍纸层压木质地板等。

3.9 印刷 printing

使用印版或其它方式将原稿上的图文信息转移到承印物上的工艺过程，主要包括出版物印刷和包装印刷（纸及纸板印刷、塑料印刷、金属印刷等）。

3.10 皮革制品加工 leather products manufacture

采用天然革、合成革等材料通过表面处理、裁剪、缝纫、粘合等方法制成相关产品的生产过程。

3.11 服装干洗 dry cleaning

使用四氯乙烯或其它干洗溶剂从事衣物的清洗、溶剂脱除、烘干等作业的过程。

3.12 有机溶剂使用工艺 process of using organic solvents

使用有机溶剂进行涂装（包括涂布和喷涂）、印刷、烘干、清洗、拌合、含浸、成型等作业，溶剂本身不发生化学变化的生产过程。

3.13 初始排放量 initial emission quantity

单位时间内（以小时计），大气污染物未经净化处理的排放量，单位 kg/h。

3.14 密闭排气系统 closed vent system

将工艺设备或车间排出或逸散出的大气污染物，捕集并输送至污染控制设备或排放管道，使输送的气体不直接与大气接触的系统。

3.15 挥发性有机物控制设备 control device for VOCs

处理挥发性有机物的燃烧装置、吸收装置、吸附装置、冷凝装置、生物处理设施或其它有效的污染控制设备。

4 指标体系、污染源界定与时段划分

4.1 指标体系

标准规定的主要技术内容和指标体系如下：

4.1.1 标准第 5 章规定了一般污染源排放要求，包括“大气污染物最高允许排放浓度”、“排气筒高度与大气污染物最高允许排放速率”、“无组织排放监控点浓度限值” 三项指标。

4.1.2 标准第 6 章规定了典型 VOCs 污染源排放要求，包括工艺设备或车间排气筒 VOCs 排放浓度限值，以及总量排放限值。但这些典型 VOCs 污染源的排气筒 VOCs 排放速率和厂界 VOCs 无组织排放浓度，以及其它大气污染物排放控制则按第 5 章规定执行。

4.1.3 标准第 7 章规定了固定污染源应遵守的技术与管理规定，主要包括排气筒高度与排放速率、有机溶剂使用工艺通用控制要求等。

4.2 污染源界定与时段划分

4.2.1 现有源是指本标准实施之日（2008 年 1 月 1 日）前已建成投产或环境影响评价文件已获批准的污染源；新源是指自本标准实施之日（2008 年 1 月 1 日）起环境影响评价文件通过审批的新、改、扩建污染源。

4.2.2 本标准对现有源和新源分时段执行不同的排放限值：现有源自本标准实施之日起至 2009 年 12 月 31 日止执行第 I 时段标准，自 2010 年 1 月 1 日起执行第 II 时段标准；新源自本标准实施之日起执行第 II 时段标准。

4.2.3 如排放限值、技术与管理规定未划分时段，则自本标准实施之日起执行。

5 一般污染源排放要求

一般污染源大气污染物排放控制按表 1 规定执行。

表 1 一般污染源大气污染物排放限值

序号	污染物项目	大气污染物最高允许排放浓度/（mg/m^3）		与排气筒高度对应的大气污染物最高允许排放速率/（kg/h）					无组织排放监控点浓度限值/（mg/m^3）
		I 时段	II 时段	15 m	20 m	30 m	40 m	50 m	
（一）极度毒性物质									
1	二噁英和呋喃	0.1ng-TEQ/m^3							
2	多氯联苯（PCBs）	0.1ng-TEQ/m^3							
3	苯并[a]芘	0.3 μg/m^3		3.6×10^{-5}	6.1×10^{-5}	2.1×10^{-4}	3.5×10^{-4}	5.4×10^{-4}	0.008 μg/m^3
（二）颗粒物									
4	铍及其化合物	0.010	0.010	7.3×10^{-4}	1.2×10^{-3}	4.1×10^{-3}	7.1×10^{-3}	0.011	0.000 2
5	汞及其化合物	0.010	0.010	1.1×10^{-3}	1.8×10^{-3}	6.2×10^{-3}	0.011	0.016	0.000 3
6	铅及其化合物	0.50	0.50	2.5×10^{-3}	4.3×10^{-3}	0.014	0.025	0.038	0.000 7
7	砷及其化合物	—	0.50	0.011	0.018	0.062	0.11	0.16	0.003 0
8	镉及其化合物	0.85	0.50	0.036	0.061	0.21	0.35	0.54	0.010
9	镍及其化合物	4.3	1.0	0.11	0.18	0.62	1.1	1.6	0.030
10	锡及其化合物	8.5	5.0	0.22	0.37	1.2	2.1	3.3	0.060
11	石棉纤维及粉尘	10 或 1 根纤维/cm^3	1.0 或 1 根纤维/cm^3	0.38	0.65	2.5	4.3	6.6	生产设备不得有明显的无组织排放
12	碳黑尘、染料尘、颜料尘、医药尘、农药尘、木粉尘	18	10	0.36	0.61	2.3	4.0	6.2	肉眼不可见

序号	污染物项目	大气污染物最高允许排放浓度/（mg/m³）		与排气筒高度对应的大气污染物最高允许排放速率/（kg/h）					无组织排放监控点浓度限值/（mg/m³）
		Ⅰ时段	Ⅱ时段	15 m	20 m	30 m	40 m	50 m	
13	SiO_2粉尘；玻璃棉、矿渣棉、岩棉粉尘；树脂尘（漆雾）、橡胶尘、有机纤维粉尘；焊接烟尘	30	20	1.3	2.2	8.4	14	22	0.50
14	沥青烟	40	20	0.11	0.19	0.82	1.4	2.2	生产设备不得有明显的无组织排放
15	其它颗粒物	50	30	2.1	3.5	14	24	36	1.0
（三）无机气态污染物									
16	铬酸雾	0.070	0.070	5.5×10^{-3}	9.2×10^{-3}	0.031	0.053	0.081	0.001 5
17	砷化氢	—	1.0	3.6×10^{-3}	6.1×10^{-3}	0.021	0.035	0.054	0.001 0
18	磷化氢	—	1.0	0.022	0.037	0.12	0.21	0.33	0.006 0
19	光气	3.0	1.0	—	0.073 *1	0.12	0.41	0.71	0.020
20	氰化氢	1.9	1.9	—	0.11*1	0.18	0.62	1.1	0.024
21	氟化物（以F计）	9.0	5.0	0.073	0.12	0.41	0.71	1.1	0.020
22	氯气	65	5.0	—	0.36*1	0.61	2.1	3.5	0.10
23	硫化氢	—	5.0	0.11	0.18	0.62	1.1	1.6	0.030
24	硫酸雾	45	5.0	1.1	1.8	6.2	11	16	0.30
25	磷酸雾	—	5.0	0.55	0.92	3.1	5.3	8.1	0.15
26	硝酸雾	—	30	1.5	2.4	8.2	14	22	0.40
27	氯化氢	100	30	0.18	0.31	1.0	1.8	2.7	0.050
28	氨	—	30	3.6	6.1	20	35	54	1.0
29	二硫化碳	—	30	0.15	0.24	0.82	1.4	2.2	0.040
30	氮氧化物	240	200	0.47	0.77	2.6	4.6	7.0	0.12
31	二氧化硫	550	200	1.6	2.6	8.8	15	23	0.40
32	一氧化碳	—	200	11	18	62	110	160	3.0
（四）有机气态污染物									
33	环氧乙烷	—	5.0	0.15	0.24	0.82	1.4	2.2	0.040
34	1,3-丁二烯	—	5.0	0.36	0.61	2.1	3.5	5.4	0.10
35	1,2-二氯乙烷	—	5.0	0.51	0.86	2.9	5.0	7.6	0.14
36	丙烯腈	22	5.0	0.55	0.92	3.1	5.3	8.1	0.15
37	苯	12	8.0	0.36	0.61	2.1	3.5	5.4	0.10
38	氯乙烯	36	10	0.55	0.92	3.1	5.3	8.1	0.15
39	硝基苯类	16	16	0.036	0.061	0.21	0.35	0.54	0.010
40	丙烯醛	16	16	0.36	0.61	2.1	3.5	5.4	0.10
41	甲醛	25	20	0.18	0.31	1.0	1.8	2.7	0.050
42	乙醛	125	20	0.036	0.061	0.21	0.35	0.54	0.010
43	酚类	100	20	0.073	0.12	0.41	0.71	1.1	0.020
44	苯胺类	20	20	0.36	0.61	2.1	3.5	5.4	0.10
45	氯甲烷	—	20	4.4	7.3	25	43	65	1.2
46	甲苯	40	25	2.2	3.7	12	21	33	0.60
47	二甲苯	40	40	0.73	1.2	4.1	7.1	11	0.20
48	氯苯类	60	40	0.36	0.61	2.1	3.5	5.4	0.10
49	甲醇	190	80	3.6	6.1	21	35	54	1.0

序号	污染物项目	大气污染物最高允许排放浓度/（mg/m^3）		与排气筒高度对应的大气污染物最高允许排放速率/（kg/h）					无组织排放监控点浓度限值/（mg/m^3）
		I 时段	II 时段	15 m	20 m	30 m	40 m	50 m	
50	非甲烷总烃	120	80	6.3	10	35	61	95	2.0
51	其它 A 类物质*2	—	20	—	—	—	—	—	X/50 *4
52	其它 B 类物质*3	—	80	—	—	—	—	—	

注：*1 为最低排气筒高度 25 m 时的限值。

*2 其它 A 类物质是指根据 GBZ 2《工业场所有害因素职业接触限值》，工业场所空气中有毒物质容许浓度 TWA 值（8 小时时间加权平均容许浓度）或 MAC 值（最高容许浓度）小于 20 mg/m^3 的有机气态物质（表中已规定的污染物项目除外）。

*3 其它 B 类物质是指根据 GBZ 2《工业场所有害因素职业接触限值》，工业场所空气中有毒物质容许浓度 TWA 值（8 小时时间加权平均容许浓度）或 MAC 值（最高容许浓度）大于等于 20 mg/m^3 的有机气态物质（表中已规定的污染物项目除外）。

*4 X 代表 GBZ2《工业场所有害因素职业接触限值》中规定的工业场所空气中有毒物质容许浓度 TWA 值或 MAC 值。

6 典型 VOCs 污染源排放要求

6.1 排放浓度与总量排放限值

6.1.1 以下典型 VOCs 污染源经工艺设备或车间排气筒排放的 VOCs 浓度以及总量排放限值应符合表 2 规定。

表 2 排气筒 VOCs 排放浓度与总量排放限值

污染源	污染物项目	最高允许排放浓度/（mg/m^3）		总量排放限值
		I 时段	II 时段	
汽车制造涂装 汽车维修保养	苯	1	1	汽车制造涂装生产线应同时执行表 3 中规定的总量排放限值。
	甲苯与二甲苯合计	30	18	
	非甲烷总烃	50	30	
金属铸造	非甲烷总烃	30	20	—
半导体及电子产品制造	苯	1	1	—
	甲苯与二甲苯合计	30	12	
	非甲烷总烃	50	20	
人造板与木制家具制造	苯	1	1	—
	甲醛	15	5	
	甲苯与二甲苯合计	40	20	
	非甲烷总烃	100	50	
印刷 制鞋与皮革制品加工	苯	1	1	—
	甲苯与二甲苯合计	30	15	
	非甲烷总烃	100	50	
涂料、油墨和粘合剂生产 医药与农药制造	非甲烷总烃	100	20	—
服装干洗	单位产品有机溶剂损耗量	—	—	20 g/kg 干衣物

6.1.2 汽车制造涂装生产线以单位底涂面积核算的 VOCs 排放总量不得超过表 3 规定的限值。排放总量是指从电泳开始（或者其他任何类型的底漆涂装），到最后的面涂罩光、修补、注蜡所有工艺阶段的 VOCs 排放量，以及溶剂用作工艺设备（喷漆室、其他固定设备）的清洗（既包括在线清洗

也包括停机清洗）的合计排放量。

表 3　汽车制造涂装生产线 VOCs 总量排放限值

车型	总量排放限值/（g/m^2）		说明
	Ⅰ时段	Ⅱ时段	
小汽车	60	45	指 GB/T 15089 规定的 M1 类汽车。
货车驾驶仓	75	55	指 GB/T 15089 规定的 N2、N3 类车的驾驶仓。
货车、箱式货车	90	70	指 GB/T 15089 规定的 N1、N2、N3 类车，但不包括驾驶仓。
客车	225	150	指 GB/T 15089 规定的 M2 类、M3 类车。

注：根据 GB/T 15089《机动车辆及挂车分类》，M1、M2、M3、N1、N2、N3 类车定义如下：
M1 类车指包括驾驶员座位在内，座位数不超过 9 座的载客汽车；
M2 类车指包括驾驶员座位在内座位数超过 9 座，且最大设计总质量不超过 5 000 kg 的载客汽车；
M3 类车指包括驾驶员座位在内座位数超过 9 座，且最大设计总质量超过 5 000 kg 的载客汽车；
N1 类车指最大设计总质量不超过 3 500 kg 的载货汽车；
N2 类车指最大设计总质量超过 3 500 kg，但不超过 12 000 kg 的载货汽车；
N3 类车指最大设计总质量超过 12 000 kg 的载货汽车。

6.2 其他指标要求

6.2.1 表 2 所列典型 VOCs 污染源受控工艺设施和污染物项目见附录 A。

6.2.2 典型 VOCs 污染源的排气筒 VOCs 排放速率和厂界 VOCs 无组织排放浓度，以及其它大气污染物排放限值执行表 1 规定。

7 技术与管理规定

7.1 排气筒高度与排放速率

7.1.1 排放氯气、氰化氢、光气的排气筒不得低于 25 m。其它大气污染物的排气筒高度不应低于 15 m，如低于 15 m，排气筒中大气污染物排放浓度应按表 1“无组织排放监控点浓度限值”的 5 倍执行。

7.1.2 排放速率以企业为单位核算：企业内如有排放同种污染物的多根排气筒，按合并后的一根代表性排气筒高度确定全厂应执行的最高允许排放速率限值。代表性排气筒高度按下式计算：

$$h=\sqrt{\frac{1}{n}\cdot\sum_{i=1}^{n}h_i^2}$$

式中：h——代表性排气筒高度，m；
n——排气筒数量（$n\geqslant2$）；
h_i——第 i 根排气筒的实际几何高度，m。

7.1.3 若排气筒高度处于标准列出的两个值之间，其执行的最高允许排放速率以内插法计算，内插法计算式见本标准附录 B。当排气筒高度大于 50 m 时，以外推法计算其最高允许排放速率；当排气筒高度低于表 1 所列的最低排气筒高度时，在外推法计算的排放速率限值基础上再严格 50%执行，外推法计算式见本标准附录 B。

7.1.4 排气筒高度除满足排放速率限值外，还应高出周围 200 m 半径范围内的建筑物 5 m 以上，不能达到该项要求的，最高允许排放速率应在表列排放速率标准值或根据 7.1.3 条确定的排放速率限值基础上严格 50%执行。

7.2 有机溶剂使用工艺通用控制要求

7.2.1 有机溶剂使用工艺（含表 2 所列典型 VOCs 污染源），如工艺设备或车间排气筒中非甲烷总烃初始排放量大于等于 1 kg/h，应安装 VOCs 控制设备净化处理后排放，净化效率应大于等于 90%，但第 6 章已采取总量排放控制的行业或工艺除外。

7.2.2 设置有效密闭排气系统，变无组织逸散为有组织排放：有机溶剂的使用和操作应在密闭空间或设备中进行，产生的 VOCs 经由密闭排气系统导入污染控制设备或排放管道，达标排放。密闭排气系统、污染控制设备应与排污工艺设施同步运转。

7.2.3 有机溶剂应密闭储存。对于储存物料的实际蒸气压大于 2.8 kPa、容积大于等于 100 m^3 的有机液体储罐，以及容积大于等于 100 m^3 的二甲苯储罐，应符合以下规定之一：

（1）采用高效密封方式（如液体镶嵌式密封、机械式鞋形密封、双封式密封等）的浮顶罐；

（2）采用固定顶罐，应安装密闭排气系统，排气至污染控制设备，净化处理后非甲烷总烃排放浓度小于 100 mg/m^3 或净化效率大于等于 90%；

（3）其它等效措施（如合理设计的蒸汽平衡系统）。

7.3 其他

7.3.1 生产车间敞开的天窗、门窗等处不得有可见无组织排放存在。

7.3.2 燃烧后排放的烟气，其林格曼黑度应不大于 1 级。

7.3.3 除 NH_3、H_2S、CS_2 外，其它恶臭污染物排放控制和监测应符合 GB 14554 的要求。

7.3.4 VOCs 污染控制的记录要求见附录 C。

8 监测

8.1 排气筒监测

8.1.1 生产设施排气筒应设置永久采样口，安装符合 HJ/T 1 要求的气体参数测量和采样的固定位装置，并满足 GB/T 16157 规定的采样条件。

8.1.2 排气筒中颗粒物或气态污染物的监测采样应按 GB/T 16157 执行。大气污染物的分析测定按国家环境保护总局规定的方法执行；暂未规定方法的，执行《空气和废气监测分析方法》（中国环境科学出版社，2003，第四版）或《大气固定源的采样和分析》（中国环境科学出版社，1993）。前述文件均未作规定的，按 GBZ/T 160 的分析方法执行。

8.1.3 采样期间的工况应与日常实际运行工况相同，排污单位人员和实施监测人员不得任意改变实际运行工况。

8.1.4 本标准规定的排气筒中大气污染物浓度限值是指任何 1 小时浓度平均值不得超过的限值，可以任何连续 1 小时的采样获得平均值；或在任何 1 小时内以等时间间隔采集 3 个以上样品，计算平均值。对于间歇性排放且排放时间小于 1 小时，则应在排放时段内实行连续监测，或以等时间间隔采集 3 个以上样品并计平均值。

8.1.5 对于 VOCs 燃烧处理装置排气，应同时对排气中氧含量进行监测，实测排气筒中大气污染物排放浓度，应换算为 11%含氧量时的数值。其它工艺排气按实测浓度计算，但不得人为稀释排放。

8.1.6 对于颗粒物、二氧化硫、氮氧化物、非甲烷总烃以及其它可实现连续自动监测的大气污染物，如排气筒中初始排放量大于等于 10 kg/h（各污染物项目单独考核），应安装大气污染物连续自动监测设备。

8.2 无组织排放监测

8.2.1 对无组织排放监控点环境空气中污染物浓度的监测，一般采用连续 1 小时采样计平均值。若浓度偏低，需要时可适当延长采样时间。若分析方法灵敏度高，仅需用短时间采集样品时，应在 1 小时内以等时间间隔采集 3 个以上样品，计平均值。

8.2.2 监控点设置及监测方法按 HJ/T 55《大气污染物无组织排放监测技术导则》执行。

8.2.3 环境空气中污染物的分析方法按国家环境保护总局规定的方法执行；暂未规定方法的，执行《空气和废气监测分析方法》（中国环境科学出版社，2003，第四版）。前述文件均未作规定的，按 GBZ/T 160 的分析方法执行。

8.2.4 低矮排气筒的排放属于有组织排放，但在一定条件下也可造成与无组织排放相同的后果。因此，在执行“无组织排放监控点浓度限值”指标时，由低矮排气筒造成的监控点污染物浓度增加不予扣除。

8.3 汽车涂装生产线 VOCs 总量排放核算

8.3.1 总量排放限值的计算考核是以每月表面涂装工艺所有排放的 VOCs 总量（含逸散性排放量）除以底涂总面积为依据。每辆车的底涂面积计算公式如下：

底涂面积（m^2）＝2×钢板净重（kg）/（钢板原始厚度 m×钢板密度 kg/m^3），或者

底涂面积（m^2）＝电泳涂料干膜净重（kg）/（电泳涂料干膜平均厚度 m×电泳涂料干膜密度 kg/m^3）。底涂总面积以每月产量计。

计算机辅助设计系统设计的钣金钢板面积，也可作为底涂面积确定的依据。

8.3.2 汽车涂装生产线每月 VOCs 排放总量以物料衡算法计算：

$$\text{VOCs 排放总量} = I - O_1 - O_2$$

其中：I 为各涂装单元每月使用涂料、稀释剂、密封胶及清洗溶剂中 VOCs 的量，kg/月；

O_1 为每月回收 VOCs 的量（可再利用或进行废物处置），kg/月；

O_2 为每月污染控制设备破坏掉的 VOCs 的量，kg/月。

8.4 干洗设备 VOCs 总量排放监测与核算

8.4.1 总量排放限值的监测考核是用标准洗涤物或其他符合规定的衣物，进行标准洗涤循环的干洗，以所消耗的有机溶剂质量除以被洗物质量（即洗涤剂耗量）作为考核依据。

8.4.2 干洗设备洗涤剂耗量的监测按 QB/T 2326、QB/T 2639 的规范方法进行。

9 标准实施

本标准由本市各级环境保护行政主管部门统一监督实施。

北京市地方标准
DB 11/502—2007

生活垃圾焚烧大气污染物排放标准（北京）

前　言

为控制本市生活垃圾焚烧大气污染物排放，保障人体健康和生态环境，改善环境空气质量，根据《中华人民共和国大气污染防治法》第七条的规定，制定本标准。本标准为强制性标准。

本标准规定了生活垃圾焚烧装置11项大气污染物排放限值，其中，烟尘、一氧化碳、氮氧化物、二氧化硫、氯化氢以及二噁英的排放限值严于国家标准；烟气黑度、汞、镉、铅的排放限值与国家标准相同；新增加了不透光率指标。本标准新增加了生活垃圾焚烧的污染控制技术要求。本标准未做规定的，执行国家《生活垃圾焚烧污染控制标准》（GB 18485）中有关规定。

本标准附录A为资料性附录。

本标准为第一次发布。

本标准由北京市环境保护局提出并归口。

本标准由北京市人民政府2007年10月31日批准。

本标准起草单位：北京大学环境学院、北京市固体废物管理中心。

本标准主要起草人：刘阳生、李立新、易莎、黄海林、马兰兰。

本标准由北京市环境保护局负责解释。

1 范围

本标准规定了本市生活垃圾焚烧炉大气污染物排放限值及污染控制技术要求。

本标准适用于本市现有生活垃圾焚烧设施的大气污染物排放控制以及新建、改建、扩建项目的设计、环境影响评价、竣工验收以及建成后的污染控制。

2 规范性引用文件

下列文件中的条款通过本标准的引用而成为本标准的条款。凡是注明日期的引用文件，其随后所有的修改单（不包括勘误的内容）或修订版均不适用于本标准，然而，鼓励根据本标准达成协议的各方研究是否可使用这些文件的最新版本。凡是未注明日期的引用文件，其最新版本适用于本标准。

GB 14554　恶臭污染物排放标准

GB 18485　生活垃圾焚烧污染控制标准

GB 5468　锅炉烟尘测试方法

GB/T 16157　固定污染源排气中颗粒物测定与气态污染物采样方法

DB 11/237　冶金、建材行业及其它工业炉窑大气污染物排放标准

大气固定源的采样和分析（中国环境科学出版社，1993）

3 术语和定义

下列术语和定义适应于本标准。

3.1 生活垃圾 municipal solid waste

在日常生活中或者为日常生活提供服务的活动中产生的固体废物以及法律、行政法规规定视为生活垃圾的固体废物。

3.2 焚烧炉 incinerator

利用高温氧化作用处理生活垃圾的装置。

3.3 处理量 incineration capacity

焚烧炉单位时间焚烧垃圾的重量。

3.4 烟气停留时间 residence time

燃烧气体从最后空气喷射口或燃烧器到换热面（如余热锅炉换热器等）或烟道冷风引射口之间的停留时间。

3.5 焚烧温度 incineration temperature

焚烧炉燃烧室出口中心的温度。

3.6 二噁英类 dioxins

多氯代二苯并-对-二噁英和多氯代二苯并呋喃的总称。

3.7 二噁英类毒性当量 toxicity equivalence quantity（TEQ）

二噁英类毒性当量因子（TEF）是二噁英类毒性同类物与 2,3,7,8-四氯代二苯并-对-二噁英对 Ah 受体的亲和性能之比。二噁英同类物毒性当量因子表见附录 A。二噁英类毒性当量可以通过下式计算：

TEQ＝Σ（二噁英毒性同类物浓度×TEF）

3.8 标准状态 standardized condition

烟气温度为 273.16 K，压强为 101.325 kPa 时的状态。

3.9 烟气不透光率 opacity

入射光线通过烟气介质，光线被吸收及散射后强度衰减的百分率。本标准中所规定的烟气不透光率排放限值均指折算至排放口处的烟气不透光率数值，用“Op”表示。

4 生活垃圾焚烧厂大气污染物排放限值

4.1 焚烧炉大气污染物排放限值

生活垃圾焚烧炉大气污染物排放应执行表 1 设定的排放限值。

表 1 焚烧炉大气污染物排放限值[1)]

序号	项目	单位	数值含义	最高允许排放浓度限值
1	烟尘	mg/m^3	小时均值	30
2	烟气黑度	林格曼黑度，级	测定值[2)]	1
3	烟气不透光率	%	小时均值	10
4	一氧化碳	mg/m^3	小时均值	55
5	氮氧化物	mg/m^3	小时均值	250
6	二氧化硫	mg/m^3	小时均值	200
7	氯化氢	mg/m^3	小时均值	60
8	汞	mg/m^3	测定均值	0.2
9	镉	mg/m^3	测定均值	0.1
10	铅	mg/m^3	测定均值	1.6
11	二噁英类	ng TEQ/m^3	测定均值	0.1

1）本表规定的各项标准限值，均以标准状态下含 11% O_2 的干烟气为参考值换算。

2）在任何 1 小时内，烟气黑度超过林格曼 1 级的累计时间不得超过 5 分钟。

4.2 恶臭控制

生活垃圾焚烧厂应设计、建设焚烧系统停炉检修期间垃圾贮存仓臭气的收集和处理系统，并在停炉检修期间运行。

焚烧厂恶臭污染控制应符合 GB 14554 中的有关规定。

5 生活垃圾焚烧技术要求

本市生活垃圾焚烧设施除了执行 GB 18485 等国家标准、规范的管理和技术要求外，还必须满足以下要求。

5.1 单台焚烧炉的处理能力不低于 200 吨/天。

5.2 焚烧炉运行过程中必须保证系统处于负压状态，避免有害气体逸出。

5.3 烟气净化系统脱酸工艺优先采用干法/半干法工艺，为控制二噁英、重金属排放，除尘系统应采用活性炭喷射加布袋除尘器的组合工艺。

5.4 自动控制系统应能使焚烧系统和烟气处理系统实现自动连锁控制，使烟气中污染物排放浓度达到表 1 所列的排放限值要求。

5.5 焚烧厂厂界距离居（村）民住宅、学校、医院等公共设施和类似建筑物的直线距离不得小于 300 米。

6 监测方法

6.1 监测工况要求

在对焚烧炉进行日常监督性监测时，采样期间的工况应与正常运行工况相同（不低于焚烧炉额定处理能力的 75%），生活垃圾焚烧厂的人员和实施监测的人员都不应任意改变运行工况。

6.2 在线监测系统和监视系统

6.2.1 应对焚烧系统的主要工艺参数以及表征焚烧系统运行性能的指标包括烟气中 CO、CO_2、NO_x、SO_2、烟尘、O_2、HCl 浓度和烟气不透光率实施在线监测。焚烧炉在线监测系统应具备对外联网的接口和数据传输功能。

6.2.2 焚烧厂所有在线监测数据至少保存 3 年。

6.2.3 所有在线监测的污染物在任意一个小时的时段内，只要其排放浓度的平均值超过表 1 中的排放限值则属于超标排放。

6.2.4 排气筒不透光率监测

采用经有关部门核准的不透光率监测设备（包括手动监测设备、连续在线监测设备、激光雷达遥测设备）。激光雷达遥测暂时执行《大气固定源的采样和分析》（中国环境科学出版社，1993.12）第十五章暗度“二、激光雷达遥测固定源排放物的暗度”有关规定，手动监测设备和连续在线监测设备暂时按 DB 11/237—2004 中的附录 C 规定执行。待国家标准或环保行业标准颁布后，执行相应标准。

在烟道中监测不透光率数值，需折算至排放口处，折算公式如下：

$$\log(1-Op_2)=\frac{L_2}{L_1}\times\log(1-Op_1)$$

式中：Op_1——L_1 光径之不透光率，%；

Op_2——L_2 光径之不透光率，%；

L_1——监测系统光径长度，m；

L_2——排放口径长度，m。

6.3 重金属和二噁英监测

烟气中重金属含量每季度至少监测一次，二噁英每年至少监测一次。

7 标准实施

7.1 本标准由本市各级环境保护行政主管部门组织实施。

7.2 新建、改建、扩建生活垃圾焚烧项目自本标准实施之日起执行；现有焚烧设施不符合本标准要求的，应于2010年1月1日起达到本标准的要求，在此之前执行GB 18485中的大气污染物排放限值。

新建、改建、扩建生活垃圾焚烧项目是指在本标准实施之日（含）后批准其环境影响评价文件的项目。

附录A
（标准的资料性附录）
二噁英同类物毒性当量因子表

PCDDs	TEF	PCDFs	TEF
2,3,7,8－TCDD	1.0	2,3,7,8－TCDF	0.1
1,2,3,7,8－P_5CDD	0.5	1,2,3,7,8－P_5CDF	0.05
		2,3,4,7,8－P_5CDF	0.5
2,3,7,8－取代 H_6CDD	0.1	2,3,7,8－取代 H_6CDF	0.1
1,2,3,4,6,7,8－取代 H_7CDD	0.01	2,3,7,8－取代 H_7CDF	0.01
OCDD	0.001	OCDF	0.001

注：PCDDs：多氯代二苯并－对－二噁英（Polychlorinated dibenzo－p－dioxins）；
PCDFs：多氯代二苯并呋喃（Polychlorinated dibenzofurans）。

北京市地方标准
DB 11/503—2007

危险废物焚烧大气污染物排放标准（北京）

前 言

为控制本市危险废物焚烧大气污染物排放，保障人体健康、保护生态环境、改善环境空气质量，根据《中华人民共和国大气污染防治法》第七条的规定，制定本标准。本标准为强制性标准。

本标准规定了14项危险废物焚烧大气污染物排放限值，其中，烟尘、一氧化碳、氟化氢以及二噁英的排放限值严于国家标准中针对大型焚烧设施（焚烧容量≥2500公斤/小时）的排放限值；烟气黑度、氮氧化物、二氧化硫、氯化氢，以及汞、镉、铅、砷、铬的排放限值与国家标准相同；新增加了不透光率指标。

本标准新增加了危险废物焚烧的污染控制技术要求。

医疗废物集中焚烧设施的大气污染物排放限值执行本标准。

本标准未做规定的，执行GB 18484《危险废物焚烧污染控制标准》有关规定。

本标准附录A为资料性附录。

本标准为第一次发布。

本标准由北京市环境保护局提出并归口。

本标准由北京市人民政府2007年10月31日批准。

本标准起草单位：北京大学环境学院、北京市固体废物管理中心。

本标准主要起草人：刘阳生、李立新、易莎、黄海林、马兰兰。

1 范围

本标准规定了危险废物焚烧设施大气污染物排放标准限值及污染控制技术要求。

本标准适用于以焚烧方式处理危险废物的现有设施的大气污染控制，以及新建、改建、扩建项目的设计、环境影响评价、竣工验收以及建成后的污染控制。

2 规范性引用文件

下列文件中的条款通过本标准的引用而成为本标准的条款。凡是注明日期的引用文件，其随后所有的修改单（不包括勘误的内容）或修订版均不适用于本标准，然而，鼓励根据本标准达成协议的各方研究是否可使用这些文件的最新版本。凡是未注明日期的引用文件，其最新版本适用于本标准。

GB 4915　水泥工业大气污染物排放标准

GB 14554　恶臭污染物排放标准

GB 18484　危险废物焚烧污染控制标准

HJ/T 76　固定污染源排放烟气连续监测系统技术要求及检测方法

DB11/ 237　冶金、建材行业及其它工业炉窑大气污染物排放标准

3 术语和定义

下列术语和定义适应于本标准。

3.1 危险废物 hazardous waste

列入国家危险废物名录或者根据国家规定的危险废物鉴别标准和鉴别方法判定的具有危险特性的废物。

3.2 焚烧 incineration

焚化燃烧危险废物使之分解并无害化的过程。

3.3 焚烧炉 incinerator

焚烧危险废物的主体装置。

3.4 焚烧量 incineration capacity

焚烧炉单位时间焚烧危险废物的重量。

3.5 焚烧残余物 incineration residues

焚烧危险废物后排出的燃烧残渣、飞灰和经尾气净化装置产生的固态物质。

3.6 烟气停留时间 residence time

燃烧所产生的烟气从最后的空气喷射口或燃烧器出口到换热面（如余热锅炉换热器）或烟道冷风引射口之间的停留时间。

3.7 焚烧温度 incineration temperature

焚烧炉燃烧室出口中心的温度。

3.8 二噁英类 dioxins

多氯代二苯并-对-二噁英和多氯代二苯并呋喃的总称。

3.9 二噁英毒性当量 toxicity equivalence quantity（TEQ）

二噁英类毒性当量因子（TEF）是二噁英类毒性同类物与 2,3,7,8-四氯代二苯并-对-二噁英对 Ah 受体的亲和性能之比。二噁英同类物毒性当量因子表参见附录 A。二噁英类毒性当量可以通过式（1）计算：

$$\text{TEQ} = \Sigma（\text{二噁英毒性同类物浓度} \times \text{TEF}） \quad (1)$$

3.10 标准状态 standardized condition

烟气温度为 273.16 K，压强为 101.325 kPa 时的状态。

3.11 烟气不透光率 opacity

入射光线通过烟气介质，光线被吸收及散射后强度衰减的百分率。本标准中所规定的烟气不透光率排放限值均指折算至排放口处的烟气不透光率数值，用“Op”表示。

4 危险废物焚烧大气污染物排放限值

4.1 焚烧炉大气污染物排放限值

焚烧炉大气污染物排放应执行表 1 规定的排放限值。

4.2 对于水泥窑共处置危险废物，排气中颗粒物、SO_2、NO_x、HF 的排放限值执行 DB 11/237 的要求，$HCl+Cl_2 \leqslant 60\ mg/m^3$，其他污染物执行表 1 中的排放限值要求。

4.3 臭气控制

焚烧厂恶臭污染物控制应按照 GB 14554 有关规定执行。

表 1　危险废物焚烧炉大气污染物排放限值 [a]

序号	项目	单位	数值含义	最高允许排放浓度限值
1	烟尘	mg/m^3	小时均值	30
2	烟气黑度	林格曼，级	测定值 [b]	1
3	烟气不透光率	%	小时均值	10
4	一氧化碳	mg/m^3	小时均值	55
5	氮氧化物	mg/m^3	小时均值	500
6	二氧化硫	mg/m^3	小时均值	200
7	氯化氢	mg/m^3	小时均值	60
8	氟化氢	mg/m^3	小时均值	4.0
9	汞及其化合物（以 Hg 计）	mg/m^3	测定均值	0.1
10	镉及其化合物（以 Cd 计）	mg/m^3	测定均值	0.1
11	砷、镍及其化合物（以 As+Ni 计） [c]	mg/m^3	测定均值	1.0
12	铅及其化合物（以 Pb 计）	mg/m^3	测定均值	1.0
13	铬、锡、锑、铜、锰及其化合物（以 Cr+Sn+Sb+Cu+ Mn 计） [d]	mg/m^3	测定均值	4.0
14	二噁英类	ng TEQ/m^3	测定均值	0.1

[a] 本表规定的各项标准限值，均以标准状态下含 11% O_2 的干烟气为参考值换算。

[b] 在任何 1 小时内，烟气黑度超过林格曼 1 级的累计时间不得超过 5 分钟。

[c] 指砷和镍的总量。

[d] 指铬、锡、锑、铜和锰的总量。

5 危险废物焚烧技术要求

危险废物焚烧应执行 GB 18484 等国家标准的管理和技术要求，并应满足以下要求：

a）新建区域集中危险废物焚烧炉的处理能力不应低于 400 公斤/小时。

b）焚烧炉运行过程中要保证系统处于负压状态。

c）自动控制系统应能使焚烧系统和烟气处理系统实现自动连锁控制，使 烟气中污染物排放浓度达到表 1 所列的排放限值要求。

6 监测方法

6.1 监测工况要求

在对焚烧炉进行日常监督性监测时，采样期间的工况应与正常运行工况相同（不低于焚烧炉额定处理能力的 75%），不应任意改变运行工况。

6.2 在线监测系统和监视系统

6.2.1 焚烧系统的主要工艺参数和表征焚烧系统运行性能的指标（包括烟气中 CO、CO_2、NO_x、SO_2、烟尘、O_2、HCl 浓度和烟气不透光率）应实施在线监测。

6.2.2 焚烧炉在线监测系统应具备对外联网的接口和数据传输功能。

6.2.3 焚烧厂所有在线监测数据应至少保存 3 年。

6.2.4 所有在线监测的污染物在任意一个小时的时段内，排放浓度的平均值超过表 1 中的排放限值则属于超标排放。

6.2.5 排气筒不透光率监测

6.2.5.1 应采用经过核准的不透光率监测设备，包括手动监测设备、连续在线监测设备、激光雷达遥测设备。

6.2.5.2 激光雷达遥测参照《大气固定源的采样和分析》（中国环境科学出版社，1993）第十五章暗度“二、激光雷达遥测固定源排放物的暗度”有关规定执行。手动监测设备和连续在线监测设备按 DB 11/237—2004 中的附录 C 规定执行。

6.2.5.3 在烟道中监测不透光率数值，需折算至排放口处，按公式（2）计算：

$$\log(1-Op_2)=\frac{L_2}{L_1}\times\log(1-Op_1) \qquad (2)$$

式中：Op_1——L_1 光径之不透光率，%；

Op_2——L_2 光径之不透光率，%；

L_1——监测系统光径长度，单位为米（m）；

L_2——排放口径长度，单位为米（m）。

6.3 氟化氢、重金属及二噁英监测

烟气中氟化氢、重金属及其化合物含量每季度应至少监测一次，二噁英每年应至少监测一次。

7 标准实施

7.1 新建、改建、扩建危险废物焚烧项目自本标准实施之日起执行；新建、改建、扩建危险废物焚烧项目是指在本标准实施之日（含）后批准其环境影响评价文件的项目。

7.2 现有危险废物焚烧设施不符合本标准要求的，应于 2010 年 1 月 1 日起达到本标准的要求，在此之前执行 GB 18484 中的大气污染物排放限值。

附录 A
（资料性附录）
二噁英同类物毒性当量因子表

表 A.1 二噁英同类物毒性当量因子表

PCDDs	TEF	PCDFs	TEF
2,3,7,8－TCDD	1.0	2,3,7,8－TCDF	0.1
1,2,3,7,8－P_5CDD	0.5	1,2,3,7,8－P_5CDF	0.05
		2,3,4,7,8－P_5CDF	0.5
2,3,7,8－取代 H_6CDD	0.1	2,3,7,8－取代 H_6CDF	0.1
1,2,3,4,6,7,8－取代 H_7CDD	0.01	2,3,7,8－取代 H_7CDF	0.01
OCDD	0.001	OCDF	0.001

注 1：PCDDs：多氯代二苯并－对－二噁英（Polychlorinated dibenzo－p－dioxins）。

注 2：PCDFs：多氯代二苯并呋喃（Polychlorinated dibenzofurans）。